# 配电网
# 关键技术及应用

主编 张薛鸿

中国电力出版社
CHINA ELECTRIC POWER PRESS

# 内 容 提 要

本书立足行业需求，系统梳理配电网核心技术及其实际应用，旨在为行业人员提供兼具理论深度与实践价值的专业指导。全书共分九章，包括：配电网基础、配电网网架结构、配电网智能设备、配电自动化系统主站及通信、配电网继电保护、智能馈线自动化与自愈控制、小电流接地配电系统故障处理技术、分布式电源接入及储能技术、智能配电网新技术展望。

本书既可作为电力企业技术骨干、配电网规划运维人员的专项培训教材，也可为电力类专业院校师生提供教学参考。

**图书在版编目（CIP）数据**

配电网关键技术及应用 / 张薛鸿主编. -- 北京：
中国电力出版社，2025. 4. -- ISBN 978-7-5198-9519
-8

Ⅰ. TM727

中国国家版本馆 CIP 数据核字第 2024EK0531 号

出版发行：中国电力出版社
地　　址：北京市东城区北京站西街 19 号（邮政编码 100005）
网　　址：http://www.cepp.sgcc.com.cn
责任编辑：张冉昕（010-63412364）　胡　帅
责任校对：黄　蓓　李　楠　郝军燕
装帧设计：张俊霞　郝晓燕
责任印制：石　雷

印　　刷：北京雁林吉兆印刷有限公司
版　　次：2025 年 4 月第一版
印　　次：2025 年 4 月北京第一次印刷
开　　本：787 毫米×1092 毫米　16 开本
印　　张：30.5
字　　数：702 千字
印　　数：0001—1000 册
定　　价：125.00 元

能源安全事关国计民生，是须臾不可忽视的"国之大者"。党的十八大以来，习近平总书记站在统筹中华民族伟大复兴战略全局和世界百年未有之大变局的高度，提出了"四个革命、一个合作"能源安全新战略，作出加快构建新型电力系统、建设新型能源体系的重大战略决策，为新时代我国能源高质量发展指明了方向、提供了根本遵循。

电力是现代社会的命脉，是经济发展的重要动力。推动构建新型电力系统，以高水平电力安全保障经济高质量发展，助力强国建设、民族复兴伟业，是电力行业肩负的重大使命。近年来，国网陕西省电力有限公司立足陕西电网融合发展新起点，深入贯彻习近平新时代中国特色社会主义思想的"能源电力篇"，主动服务国家重大战略部署，将提供安全可靠、清洁低碳的电力产品和优质高效的电力服务作为立身之本，保证电力供应、保障能源安全、推动能源转型，确保能源饭碗牢牢端在自己手里。

配电网作为重大能源基础设施，是电网连接千家万户的"最后一公里"，是"人民电业为人民"的最前沿。特别是在"双碳"目标背景下，配电网的支撑性作用更加凸显。国网陕西省电力有限公司坚持一手抓安全生产、一手抓电网建设，持续创造电网基础设施建设新速度，全力推动电网高质量发展，加快向新型电力系统转型升级，努力让人民群众满意、让党和政府满意！

随着新型电力系统建设的推进，配电网正逐步由单纯接受、分配电能给用户的电力网络转变为源网荷储融合互动、与上级电网灵活耦合的电力网络，配电网系统装机结构、运行特征、控制基础等发生深刻变化，相关安全理论、方法和技术创新迫在眉睫。新形势下，唯有主动识变、应变、求变，围绕增强核心功能、提高核心竞争力，针对性提升配电网关键技术，大力拓展技术应用，才能有效防范化解风险，促进配电网高质量发展。

科技创新是高质量发展的核心驱动力。"十四五"期间，国网陕西省电力有限公司高度重视科技创新，发挥企业主体作用，紧紧围绕加快推动关键技术、核心产品迭代升级和新技术智慧赋能要求，紧密结合陕西配电网生产实际，集中力量深入研究和实践，着力提升配电网数字化水平，推动配电网发展从规模速度型向质量效益型转变。在此过程中，逐步形成对配电网关键技术的理论研究和实践成果，在系统内外相关单位和专家的大力支持下，编写了《配电网关键技术及应用》。望此书能为相关从业者提供实际指导作用，并在广大电力人的共同努力、拼搏奉献中，让"科技创新之花"结出更多"电网发展之果"。

风好正是扬帆时！党的二十大擘画了全面建设社会主义现代化国家、以中国式现代化全面推进中华民族伟大复兴的宏伟蓝图，吹响了奋进新征程的时代号角。国网陕西省电力有限公司将坚持高质量发展主题，紧扣新形势下电力保供和转型目标，全面提升配电网供电保障能力和综合承载能力，以配电网高质量发展助力新型能源体系和新型电力系统建设，坚定不移走中国式现代化电力发展之路。

国网陕西省电力有限公司董事长、党委书记

张薛鸿

2024 年 12 月

# 前 言

　　配电网是连接输电网、分布式电源和各类终端用户的重要环节，是实现电能安全供应、服务经济社会发展、服务民生的重要基础设施。随着配电网的快速发展、各类分布式电源的大量接入、智能化和储能等技术的发展日新月异，正在改变着当前和未来配电网的形态，配电网的运行特性越来越复杂，对从事配电网工作人员的要求也越来越高。

　　本书紧密结合陕西配电网的生产实际，在介绍配电网概念、安全要求及发展趋势等基础知识，配电网典型网架结构及智能配电开关设备和配电自动化系统最新进展的基础上，围绕保障配电网安全可靠运行所涉及的继电保护技术、馈线自动化与自愈控制技术、小电流接地配电系统故障处理技术、分布式电源接入及储能技术等关键技术内容进行了详细阐述，并对新型配电系统重点技术和方向进行了展望。

　　全书由国网陕西省电力有限公司董事长张薛鸿担任主编，国网陕西省电力有限公司电力科学研究院张志华负责统稿，国网陕西省电力有限公司罗建勇、李石、纪晓军、王峰对本书进行了认真的审阅，中国农业大学苏娟教授对本书提出很多宝贵意见，在此表示衷心的感谢！在编写过程中，得到了西安交通大学电气工程学院、国网上海能源互联网研究院有限公司、中国电力科学研究院有限公司新能源中心、国网西安供电公司、国网陕西省电力有限公司电力科学研究院、国网陕西省电力有限公司经济技术研究院、国网陕西综合能源服务有限公司、西安电力高等专科学校等相关单位的大力支持和帮助，在此表示诚挚的谢意。

　　本书可以作为电力公司从事配电网技术和专业管理岗位人员的培训用书，也可作为电力类职业学校学生的教材使用。由于编者水平所限、编写时间仓促，书中难免有疏漏和不足之处，敬请读者和专家不吝指正。

编 者

2025 年 2 月

# 目录

# 第一章 配电网基础

## 第一节 概　述

　　配电网是由架空线路、电缆、杆塔、配电变压器、隔离开关、无功补偿器及一些附属设施等组成的，在电力网中起分配电能作用的重要网络。本节介绍了配电网的基本概念，包括配电网的作用、特点和运行要求，并阐述了配电网的发展历程及未来的发展方向。

### 一、配电网基本概念

#### 1. 配电网的作用

　　电力系统中传输和分配电能的部分称为电力网，它由变压器和电力线路组成。电力网按其职能分为输电网和配电网，其中，配电网承担着电能分配和供应的作用，指从输电网或地区发电厂接收电能，通过配电设施就地分配或按电压逐级分配给各类用户的电网。配电网如同电力系统中的"血脉"，发挥着至关重要的作用，负责将发电厂或上级变电站输送的电能，经过合理的分配和传输，送达各个用户终端。无论是城市的高楼大厦、工厂车间，还是乡村的农家小院，都离不开配电网的支持。配电网不仅为人们的日常生活提供了稳定的电力保障，还支撑着工业生产、商业运营等各个领域的正常运转。配电网的良好运行有助于提高供电质量、减少电能损耗、实现能源的高效利用，同时，它也是新能源接入和消纳的重要平台，为推动能源转型和可持续发展贡献力量。总之，配电网是电力系统中不可或缺的组成部分，对于保障社会经济的稳定发展具有重要意义。

#### 2. 配电网的特点

　　配电网作为连接用户的重要环节，具有以下特点：

　　（1）电压等级多，网络结构复杂。为了提高运行的灵活性和供电的可靠性，配电网通常采用闭环结构设计，而开环运行则是为了限制短路故障电流和防止断路器超出遮断容量，同时控制故障波及范围，避免故障停电范围扩大。

　　（2）地域集中，传输功率和距离有限。配电网主要服务于城市、工业区域和乡村等地区，其单条馈线传输功率和距离一般不大，网络接线方式包括辐射状网、树状网和环网等。

　　（3）多种运行方式和设备类型。配电网可以使用电缆、架空线路等方式传输电能，并且包含多种类型的设备,如变压器、断路器、环网单元等。

(4)供电方向广泛。配电网可以向工业、商业、住宅、工业等多种用户供电。

(5)注重供电可靠性。配电网必须满足高水平的供电可靠性要求,确保用户在任何时候都能获得所需的电力供应。

(6)具有灵活性和维护性。配电网可以根据需求进行不同电压等级的配置和安装,其运行状态和使用情况也可以随时进行监测和评估。

(7)负荷集中但季节性强。城市配电网的负荷相对集中,而农村配电网的负荷则较为分散,且季节性较强。

(8)自动化水平提高。随着自动化水平的提高,对供电管理水平的要求也越来越高。

(9)含分布式电源。配电网中可能包含分布式电源,从而影响网络结构和管理。

3. 配电网的运行要求

配电网的运行有着一系列严格的要求,以确保其安全、稳定、高效地为用户提供电力服务。配电网的运行要求如下:

(1)需具备良好的网架结构,保证电力的有效传输和分配。

(2)应具备较高的供电可靠性,尽量减少停电事故的发生,以满足用户对电力的持续需求。

(3)需实现经济运行,降低能耗和成本。

(4)在运行过程中,配电网要严格遵守相关的技术标准和规范,确保设备和线路的安全稳定运行。

(5)配电网的调度应具备科学性和灵活性,能够根据负荷变化及时调整运行方式。

(6)需要配备先进的监测与控制系统,实时掌握电网的运行状态,及时发现并处理故障。

(7)为了适应社会发展和用户需求的变化,配电网要具备良好的扩展性和适应性,能够容纳新能源的接入和配电网的升级改造。

总之,配电网的运行要求高度的安全性、可靠性、经济性和灵活性。据此,陕西配电网着眼构建新型电力系统,着力建设新型能源体系,形成新质生产力,打造数智化坚强电网,不断提升配电网建设质量,保障用户可靠用电。

## 二、配电网的发展

新型电力系统是推进碳达峰碳中和的支撑平台。近年来,我国积极应对全球气候变化,践行人类命运共同体理念,提出碳达峰碳中和("双碳")战略目标,并不断完善相关实践路径和政策措施。大力发展以风能、太阳能为代表的新能源技术,构建新型电力系统,促进电力领域脱碳,推动能源清洁低碳转型。新型电力系统是以确保能源电力安全为基本前提,以绿色电力消费为主要目标,以坚强智能电网为枢纽平台,以电源、电网、负荷、储能(源网荷储)互动及多能互补为支撑,具有绿色低碳、安全可控、智慧灵活、开放互动、数字赋能、经济高效等特征的电力系统。

配电网形态变化对运行提出了更高要求。在"双碳"背景下,新能源、分布式电源和多元化负荷大量接入,配电网的功能和形态发生深刻变化,由"无源"变为"有源",

潮流由单向变为多向，呈现变化大、多样化的新趋势，对配电网运行安全性、可靠性、经济性和电能质量提出了更高要求。

配电网数字化转型潜力十足。大规模分布式电源、充电桩等用户侧设备将接入配电网，我国配电网将在形态上呈现出分布式电源、脉冲型负荷、电力电子设备高比例接入的特点。在系统层面，由于大量分布式资源接入，配电网将由单一的电能配送网络演化为多能互补配置平台，呈现出网络结构复杂、运行工况复杂、运营环境复杂的特点。作为电力供应、能源转型、资源配置的关键平台，配电网数字化转型成为必然。对政府而言，数字化配电网能促进关键基础设施升级，实现电、热、冷、气等多种能源协同互济，保障能源电力安全稳定优质供应，不断提升能源系统的整体利用效率，支撑经济社会高质量发展。对电网而言，通过电网物理系统与数字基础设施融合发展，可以提升配电网的弹性、韧性，不断开放电网资源平台，支撑多元化源荷灵活接入，促进高渗透率分布式清洁能源就地消纳，实现电网价值挖掘、平台业务拓展和品牌信誉提升。对用户而言，依托数字化技术形成电网和用户的双向互动平台，可以拓展微电网、储能、虚拟电厂等开放共享的市场化新业态，提供优质的综合能源服务、电动汽车服务，有效提升民生供电保障能力，满足多元化、互动化、个性化用能需求。

配电网未来发展方向即建设成适应新型电力系统的现代智慧配电网，通过大数据、云计算、物联网、移动互联、人工智能（"大云物移智"）等现代信息通信技术与有源配电网深度融合，以数字化、智能化、智慧化赋能新型配电系统，实现安全可靠、经济高效、清洁低碳的现代配电网发展目标。其中，"现代"是配电网中国式现代化下的新要素、新业态及新经济发展的必然演进，是传统配电网升级的客观需求，是迈向国际领先配电网的本质要求，重点强调配电管理体系、服务能力、网架结构、设施装备、技术水平"现代化"。"智慧"是现代配电网满足电力安全保障、能源绿色转型、资源优化配置的必然选择，是配电网升级的主观要求和内生动能，重点实现配电网运行监控、商业运营、多能互补、灵活互动的"智慧化"。

# 第二节　配电网供电安全要求

电网安全可靠供电是服务电网发展和人民美好用电的基础，直接关系到国民经济的发展和社会的正常生活秩序。本节首先介绍了配电网供电安全标准的一般原则，详细描述了各级供电安全水平的要求；其次介绍了短路电流对电网安全水平的影响和限制措施，并给出配电网接地方式的选择依据。

## 一、供电安全要求

近年来，随着配电网的不断壮大，对电网稳定性及设备可靠性的要求越来越高，技术导则 Q/GDW 10738—2020《配电网规划设计技术导则》对电网安全运行的 $N-1$ 准则提出了不同要求。A+、A、B、C 类供电区域高压配电网及中压主干线应满足"$N-1$"原则，A+类供电区域按照供电可靠性的需求，可选择性满足"$N-1-1$"原则。"$N-1$"停运后的配电网供电安全水平应符合 DL/T 256《城市电网供电安全标准》的要求，

"$N-1-1$"停运后的配电网供电安全水平可因地制宜制定。配电网供电安全标准的一般原则为：接入的负荷规模越大、停电损失越大，其供电可靠性要求越高、恢复供电时间要求越短。根据组负荷规模的大小，配电网的供电安全水平可分为三级，见表1-1。各级供电安全水平要求如下：

（1）第一级供电安全水平要求。

1）对于停电范围不大于2MW的组负荷，允许故障修复后恢复供电，恢复供电的时间与故障修复时间相同。

2）该级停电故障主要涉及低压线路故障、配电变压器故障或采用特殊安保设计［如分段及联络开关均采用断路器，且全线采用纵联差动保护（简称纵差保护）等］的中压线段故障。停电范围仅限于低压线路、配电变压器故障所影响的负荷或特殊安保设计的中压线段，中压线路的其他线段不允许停电。

3）该级标准要求单台配电变压器所带的负荷不宜超过2MW，采用特殊安保设计的中压分段上的负荷不宜超过2MW。

（2）第二级供电安全水平要求。

1）对于停电范围在2~12MW的组负荷，其中不小于组负荷减2MW的负荷应在3h内恢复供电；余下的负荷允许故障修复后恢复供电，恢复供电时间与故障修复时间相同。

2）该级停电故障主要涉及中压线路故障，停电范围仅限于故障线路所供负荷，A+类供电区域的故障线路的非故障段应在5min内恢复供电，A类供电区域的故障线路的非故障段应在15min内恢复供电，B、C类供电区域的故障线路的非故障段应在3h内恢复供电，故障段所供负荷应小于2MW，可在故障修复后恢复供电。

3）该级标准要求中压线路应合理分段，每段上的负荷不宜超过2MW，且线路之间应建立适当的联络。

（3）第三级供电安全水平要求。

1）对于停电范围在12~180MW的组负荷，其中不小于组负荷减12MW的负荷或者不小于2/3的组负荷（两者取小值）应在15min内恢复供电，余下的负荷应在3h内恢复供电。

2）该级停电故障主要涉及变电站的高压进线或主变压器，停电范围仅限于故障变电站所供负荷，其中大部分负荷应在15min内恢复供电，其他负荷应在3h内恢复供电。

3）A+、A类供电区域故障变电站所供负荷应在15min内恢复供电，B、C类供电区域故障变电站所供负荷，其大部分负荷（不小于2/3）应在15min内恢复供电，其余负荷应在3h内恢复供电。

4）该级标准要求变电站的中压线路之间宜建立站间联络，变电站主变压器（简称主变）及高压线路可按$N-1$原则配置。

表1-1　　　　　　　　　　　　配电网的供电安全水平

| 供电安全等级 | 组负荷范围 | 对应范围 | $N-1$停运后停电范围及恢复供电时间要求 |
|---|---|---|---|
| 第一级 | ≤2MW | 低压线路、配电变压器 | 维修完成后恢复对组负荷的供电 |
| 第二级 | 2~12MW | 中压线路 | （1）3h内恢复（组负荷-2MW）；<br>（2）维修完成后恢复对组负荷的供电 |

| 供电安全等级 | 组负荷范围 | 对应范围 | N-1停运后停电范围及恢复供电时间要求 |
|---|---|---|---|
| 第三级 | 12～180MW | 变电站 | （1）15min 内恢复负荷大于等于组负荷－12MW 或 2/3 组负荷（取两者中较小值）；<br>（2）3h 内：恢复对组负荷的供电 |

为了满足上述三级供电安全标准，配电网规划应从电网结构、设备安全裕度、配电自动化等方面综合考虑，为配电运维抢修缩短故障响应和抢修时间奠定基础。

B、C 类供电区域的建设初期及过渡期及 D、E 类供电区域，高压配电网存在单线单变，中压配电网尚未建立相应联络，暂不具备故障负荷转移条件时，可适当放宽标准，但应结合配电运维抢修能力，达到对外公开承诺要求。其后应根据负荷增长，通过建设与改造，逐步满足上述三级供电安全标准。

配电网应通过供电安全水平分析校核电网是否满足供电安全准则，可按典型运行方式对配电网的典型区域进行供电安全水平分析，即通过模拟低压线路故障、配电变压器故障、中压线路（线段）故障、110～35kV 变压器或线路故障对电网的影响，校验负荷损失程度，检查负荷转移后相关元件是否过负荷，电网电压是否越限等。

## 二、短路电流水平及中性点接地方式的要求

### 1. 短路电流水平

短路电流是电力系统运行中相与相之间或相与地之间发生非正常连接（即短路）时流过的电流，电流值远大于额定电流，直接取决于短路点距离电源的电气距离。配电网中发生短路时，短路电流会使配电设备过热或受电动力作用而遭到损坏，同时网络内的电压大幅降低，破坏了配电网设备的正常工作条件。因此，电网短路电流水平和中性点接地与配电网安全密切相关，具体影响如下。

（1）短路电流水平过高可能导致设备损坏：短路时电流急剧增大，超出设备的承受能力，造成设备的热损坏、机械损坏。

（2）影响保护装置的正确动作：可能干扰保护装置的判断和动作，导致保护失灵。

（3）对系统稳定性产生影响：引起系统电压波动、频率变化等，影响配电网的稳定运行。

（4）接地方式影响故障电流大小：不同的中性点接地方式会改变故障电流的路径和大小。

（5）对过电压有影响：接地方式会影响系统中的过电压水平。

（6）涉及绝缘配合和继电保护：影响设备的绝缘设计和保护装置的配置。

### 2. 短路容量要求

配电网规划应从网架结构、电压等级、阻抗选择、运行方式和变压器容量等方面合理控制各电压等级的短路容量，使各电压等级断路器的开断电流与相关设备的动、热稳定电流相配合。各电压等级的短路电流限定值见表 1-2，变电站内母线正常运行方式下的短路电流水平不应超过表 1-2 中的对应数值，并符合下列规定：

（1）对于主变容量较大的 110kV 变电站（40MVA 及以上）、35kV 变电站（20MVA 及以上），其低压侧可选取表 1-2 中较高的数值，对于主变压器容量较小的 110～35kV

变电站的低压侧可选取表 1-2 中较低的数值。

（2）220kV 变电站 10kV 侧无馈出线时，10kV 母线短路电流限定值可适当放大，但不宜超过 25kA。

表 1-2 各电压等级的短路电流限定值

| 电压等级（kV） | 短路电流限定值（kA） | | |
| --- | --- | --- | --- |
| | A+、A、B 类供电区域 | C 类供电区域 | D、E 类供电区域 |
| 110 | 31.5、40 | 31.5、40 | 31.5 |
| 66 | 31.5 | 31.5 | 31.5 |
| 35 | 31.5 | 25、31.5 | 25、31.5 |
| 10 | 20 | 16、20 | 16、20 |

为合理控制配电网的短路容量，可采取以下主要技术措施：

1）配电网络分片、开环，母线分段，主变分列。

2）控制单台主变压器容量。

3）合理选择接线方式（如二次绕组为分裂式）或采用高阻抗变压器。

4）主变压器低压侧加装电抗器等限流装置。

对处于系统末端、短路容量较小的供电区域，可通过适当增大主变容量、采用主变并列运行等方式，增加系统短路容量，保障电压合格率。

3. 110（66）及 35kV 配电网中性点接地方式要求

中性点接地方式对供电可靠性、人身安全、设备绝缘水平及继电保护方式等有直接影响。配电网应综合考虑可靠性与经济性，选择合理的中性点接地方式。中压线路有联络的变电站宜采用相同的中性点接地方式，以利于负荷转供；中性点接地方式不同的配电网应避免互带负荷。

中性点接地方式一般可分为有效接地和非有效接地两大类，非有效接地又分为不接地、消弧线圈接地和阻性接地。110（66）、35kV 配电网中性点接地方式的选择应遵循以下原则：

（1）110kV 系统应采用有效接地方式，中性点应经隔离开关接地。

（2）66kV 架空网系统宜采用经消弧线圈接地方式，电缆网系统宜采用低电阻接地方式。

（3）35、10kV 系统可采用不接地、消弧线圈接地或低电阻接地方式。

（4）35kV 架空网宜采用中性点经消弧线圈接地方式；35kV 电缆网宜采用中性点经低电阻接地方式，宜将接地电流控制在 1000A 以下。

4. 10kV 配电网中性点接地方式要求

10kV 配电网中性点接地方式的选择应遵循以下原则：

（1）单相接地故障电容电流在 10A 及以下，宜采用中性点不接地方式。

（2）单相接地故障电容电流超过 10A 且小于 100A，宜采用中性点经消弧线圈接地方式。

（3）单相接地故障电容电流超过 150A 或以电缆网为主时，宜采用中性点经低电阻接地方式。

10kV 配电设备应逐步推广一二次融合开关等技术，快速隔离单相接地故障点，缩短接地运行时间，避免人身触电事件。10kV 电缆和架空混合型配电网，如采用中性点经低电阻接地方式，应采取以下措施：

（1）提高架空线路绝缘化程度，降低单相接地跳闸次数。

（2）完善线路分段和联络，提高负荷转供能力。

（3）降低配电网设备、设施的接地电阻，将单相接地时的跨步电压和接触电压控制在规定范围内。

5. 中性点经消弧线圈改低电阻接地方式要求

消弧线圈改低电阻接地方式应符合以下要求：

（1）馈线设零序保护，保护方式及定值选择应与低电阻阻值相配合。

（2）低电阻接地方式改造，应同步实施用户侧和系统侧改造，用户侧零序保护和接地宜同步改造。

（3）10kV 配电变压器保护接地应与工作接地分开，间距经计算确定，防止变压器内部单相接地后低压中性线出现过高电压。

（4）根据电容电流数值并结合区域规划成片改造。

配电网中性点低电阻接地改造时，应对接地电阻大小、接地变压器容量、接地点电容电流大小、接触电位差、跨步电压等关键因素进行相关计算分析。

220/380V 配电网主要采用 TN、TT、IT 接地方式，其中 TN 接地方式主要采用 TN–C–S、TN–S。用户应根据用电特性、环境条件或特殊要求等具体情况，正确选择接地方式，配置剩余电流动作保护装置。

# 第三节　配电网供电可靠性

配电网的供电可靠性是指配电系统为了满足用户的需求而提供的连续、可用、充裕优质电力的能力，是对用户供电服务中的一项关键指标，反映了电力工业对国民经济电能需求的满足程度，已经成为衡量一个国家经济发达程度的标准之一。本节介绍了配电网供电可靠性的目标要求和可靠性统计内容，并列出配电网可靠性分析指标，作为配电网可靠性实用化计算的依据。

## 一、供电可靠性

### 1. 可靠性目标

在配电网规划中，供电可靠性目标值是一项重要规划指标，也是校核和比较规划方案合理性的重要依据。供电可靠性目标值需要根据规划水平年的目标网架、预测负荷水平和元件故障率参数，通过理论计算得出。配电网规划应分析供电可靠性远期目标和现状指标的差距，提出改善供电可靠性指标的投资需求，并进行电网投资与改善供电可靠性指标之间的灵敏度分析，提出供电可靠性近期目标。

2. 指标要求

配电网近中期规划的供电质量目标不应低于承诺标准：城市电网平均供电可靠率应达到 99.9%，居民客户端平均电压合格率应达到 98.5%；农村电网平均供电可靠率应达到 99.8%，居民客户端平均电压合格率应达到 97.5%；特殊边远地区电网平均供电可靠率和居民客户端平均电压合格率应符合国家有关监管要求。饱和期供电质量规划目标见表 1-3，各类供电区域达到饱和负荷时的规划目标平均值应满足表 1-3 的要求。

表 1-3                              饱和期供电质量规划目标

| 供电区域类型 | 平均供电可靠率 | 综合电压合格率 |
| --- | --- | --- |
| A+ | ≥99.999% | ≥99.99% |
| A | ≥99.990% | ≥99.97% |
| B | ≥99.965% | ≥99.95% |
| C | ≥99.863% | ≥98.79% |
| D | ≥99.726% | ≥97.00% |
| E | 不低于向社会承诺的指标 | 不低于向社会承诺的指标 |

## 二、供电可靠性统计内容

1. 可靠性统计用户分类

（1）低压用户。低压用户是指以 380/220V 电压受电的用户。统计低压用户时，是以一个接受电网企业计量收费的电力用户作为一个低压用户统计单位。

（2）中压用户。中压用户是指以 10（20、6）kV 电压受电的用户。统计中压用户时，是以一个接受电网企业计量收费的中压电力用户作为一个中压用户统计单位［在低压用户供电可靠性统计工作普及之前，以 10（20、6）kV 供电系统中的公用配电变压器作为用户统计单位，即一台公用配电变压器作为一个中压用户统计单位］。

（3）高压用户。高压用户是指以 35kV 及以上电压受电的用户。统计高压用户时，是以一个用电单位的每一个受电降压变电站作为一个高压用户统计单位。

2. 可靠性统计的系统状态

供电可靠性是反映配电网持续供电能力的重要指标，主要是通过电网停电持续时间分析系统的持续供电能力。配电网停电性质分类如图 1-1 所示。

（1）故障停电。故障停电是指配电网无论何种原因未能按规定程序向调度提出申请，并未在 6h（或按供电合同要求的时间）前得到批准且通

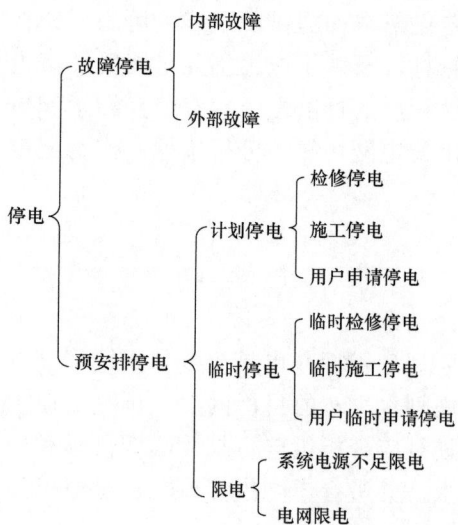

图 1-1  配电网停电性质分类

停电
├─ 故障停电
│   ├─ 内部故障
│   └─ 外部故障
└─ 预安排停电
    ├─ 计划停电
    │   ├─ 检修停电
    │   ├─ 施工停电
    │   └─ 用户申请停电
    ├─ 临时停电
    │   ├─ 临时检修停电
    │   ├─ 临时施工停电
    │   └─ 用户临时申请停电
    └─ 限电
        ├─ 系统电源不足限电
        └─ 电网限电

知主要用户的停电，包括内部故障停电和外部故障停电，内部故障停电是指电网企业管辖范围以内的电网或设施故障引起的故障停电；外部故障停电是指电网企业管辖范围以外的电网或设施等故障引起的故障停电。

（2）预安排停电。预安排停电是指预先已做出安排，或在 6h 前得到调度批准（或按供用电合同要求的时间）并通知主要用户的停电，包括计划停电、临时停电和限电。

1）计划停电。计划停电是指有正式计划安排的停电，包括检修停电、施工停电及用户申请停电。其中检修停电是指按检修计划要求安排的停电；施工停电是指电网扩建、改造及迁移等施工引起的有计划安排的停电；用户申请停电是指由于用户本身的要求得到批准，且影响其他用户的停电。

2）临时停电。临时停电是指事先无正式计划安排，但在 6h（或按供电合同要求的时间）以前按规定程序经过批准并通知主要用户的停电，包括临时检修停电、临时施工停电及用户临时申请停电。临时检修停电是指系统在运行中发现危及安全运行、必须处理的缺陷而临时安排的停电；临时施工停电是事先未安排计划而又必须尽早安排的施工停电；用户临时申请停电指由于用户本身的特殊要求而得到批准，且影响其他用户的停电。

3）限电。限电是在配电网计划的运行方式下，根据电力的供求关系，对于求大于供的部分进行限量供应，包括系统电源不足限电、电网限电。系统电源不足限电指由于电力系统电源容量不足，由调度命令对用户以拉闸或不拉闸的方式限电；电网限电指由于供电系统本身设备容量不足或供电系统异常，不能完成预定的计划供电而对用户的拉闸限电或不拉闸限电。

从系统停电性质来看，影响配电网可靠性水平的主要因素是预安排停电，根据某区域统计数据，预安排停电占总停电时间的 70%左右，故障停电占停电时间的 30%左右。在预安排停电中，主要以检修停电和施工停电为主，均占预安排停电的 48%左右；在故障停电中，因自然因素和外力因素造成的外部停电占 55%左右，因设备原因、运行维护及用户影响等内部因素造成的停电占故障停电的 45%左右。

## 三、供电可靠性分析指标

1. 供电可靠性统计指标

（1）供电可靠率。在统计期间内，对用户有效供电时间总小时数与统计期间小时数的比值，记作 RS-1；若不计外部影响时，则记作 RS-2；若不计系统电源不足限电时，则记作 RS-3。计算方法如下：

$$\text{RS}-1=\left(1-\frac{用户平均停电时间}{统计期间时间}\right)\times100\% \qquad (1-1)$$

$$\text{RS}-2=\left(1-\frac{用户平均停电时间-用户平均受外部影响停电时间}{统计期间时间}\right)\times100\% \quad (1-2)$$

$$\text{RS}-3=\left(1-\frac{用户平均停电时间-用户平均限电停电时间}{统计期间时间}\right)\times100\% \qquad (1-3)$$

（2）用户平均停电时间。用户在统计期间内的平均停电小时数，记作 AIHC-1（h/户）；若不计外部影响时，则记为 AIHC-2（h/户）；若不计系统电源不足限电时，则记作 AIHC-3（h/户）。计算方法如下：

$$AIHC-1 = \frac{\sum 每户每次停电时间}{总用户数} = \frac{\sum(每次停电持续时间 \times 每次停电户数)}{总用户数} \quad (1-4)$$

$$AIHC-2 = (AIHC-1) - \frac{\sum(每次外部影响停电持续时间 \times 每次受其影响的停电户数)}{总用户数} \quad (1-5)$$

$$AIHC-3 = (AIHC-1) - \frac{\sum(每次限电停电持续时间 \times 每次限电停电户数)}{总用户数} \quad (1-6)$$

（3）用户平均停电次数。用户在统计期内的平均停电次数，记作 AITC-1（次）；若不计外部影响时，则记为 AITC-2（次）；若不计系统电源不足限电时，则记作 AITC-3（次）。计算方法如下：

$$AITC-1 = \frac{\sum 每户每次停电时间}{总用户数} \quad (1-7)$$

$$AITC-2 = \frac{\sum 每次停电用户数 - \sum 每次受外部影响的停电户数}{总用户数} \quad (1-8)$$

$$AITC-3 = \frac{\sum 每次停电用户数 - \sum 每次限电停电用户数}{总用户数} \quad (1-9)$$

（4）用户平均短时停电次数。用户在统计期间内的平均短时停电次数，记作 ATITC（次/户）。

$$ATITC-1 = \frac{\sum 每次短时停电用户数}{总用户数} \quad (1-10)$$

（5）系统停电等效小时数。在统计期间内，将系统对用户停电的影响等效全系统（全部用户）停电的等效小时数，记作 SIEH（h）。

$$SIEH = \frac{\sum(每次停电容量 \times 每次停电时间)}{系统供电总容量} \quad (1-11)$$

2. 供电可靠性预测指标

（1）系统平均停电频率指标（SAIFI）。系统平均停电频率指标是指每个由系统供电的用户在每单位时间内的平均停电次数，该指标可以用一年中用户停电的积累次数除以系统供电的总用户数来估计。

$$SAIFI = \frac{用户总停电次数}{总用户数} = \frac{\sum \lambda_i N_i}{\sum N_i} \quad (1-12)$$

式中　SAIFI——系统平均停电频率指标，次/（用户·年）；

　　　$\lambda_i$——负荷点 $i$ 的故障率；

　　　$N_i$——负荷点 $i$ 的用户数。

（2）用户平均停电频率指标（CAIFI）。用户平均停电频率指标是指每个受停电影响的用户在每一单位时间里经受的平均停电次数。它可以用一年中观察到的用户停电次数除以受停电影响的用户数来估计。每个受停电影响的用户每年只计算一次停电，不考虑用户在一年中实际经受的一次以上的停电次数。

$$CAIFI = \frac{用户总停电次数}{受停电影响的总用户数} \qquad (1-13)$$

式中　CAIFI——用户平均停电频率指标，次/（停电用户·年）。

（3）系统平均停电持续时间指标（SAIDI）。系统平均停电持续时间指标是指每个由系统供电的用户在一年中经受的平均停电持续时间。它用一年中用户经受的停电持续时间的总和除以该年中由系统供电的用户总数来估计。

$$SAIDI = \frac{用户停电持续时间的总和}{总用户数} = \frac{\sum U_i N_i}{\sum N_i} \qquad (1-14)$$

式中　SAIDI——系统平均停电持续时间指标，min/（用户·年）或 h/（用户·年）；
　　　$U_i$——负荷点 $i$ 的年停电时间；
　　　$N_i$——负荷点 $i$ 的用户数。

（4）用户平均停电持续时间指标（CAIDI）。用户平均停电持续时间指标是指一年中被停电的用户经受的平均停电持续时间，它可用一年中用户停电的持续时间的总和除以该年停电用户总户数来估计，即

$$CAIDI = \frac{用户停电持续时间的总和}{停电用户总户数} = \frac{\sum U_i N_i}{\sum \lambda_i N_i} \qquad (1-15)$$

式中　CAIDI——用户平均停电持续时间指标，min/（停电用户·年）或 h/（停电用户·年）；
　　　$U_i$——负荷点 $i$ 的年停电时间；
　　　$\lambda_i$——负荷点 $i$ 的故障率；
　　　$N_i$——负荷点 $i$ 的用户数。

（5）平均供电可用率指标（ASAI）。平均供电可用率指标是指一年中用户经受的不停电小时总数与用户要求的总供电小时数之比。用户要求的总供电小时数采用全年 12 个月平均运行的用户数乘以一年的小时数 8760，即

$$ASAI = \frac{用户总供电小时数}{用户要求的总供电小时数} = \frac{\sum N_i \times 8760 - \sum U_i N_i}{\sum N_i \times 8760} \qquad (1-16)$$

式中　ASAI——平均供电可用率指标。

（6）平均供电不可用率指标（ASUI）。平均供电不可用率指标是指一年中用户的积累停电小时总数与用户要求的总供电小时数之比。

$$ASUI = 1 - ASAI = \frac{用户的积累停电小时总数}{用户要求的总供电小时数} = \frac{\sum U_i N_i}{\sum N_i \times 8760} \qquad (1-17)$$

# 第四节  配电网电能质量

电能质量是配电网规划设计中需要考虑的重要因素之一，高品质电能质量对于保障电网安全经济运行、提升工业产品质量、促进节能降耗等均具有重要意义。

电能质量描述的是通过公用电网供给用户端的交流电能的品质，理想状态的公用电网应该以恒定的频率、正弦波形和标准电压对用户供电。由于系统中的发电机、变压器、输电线路与各种设备的非线性和不对称性及运行操作、外来干扰和各种故障的原因，这种理想状态并不存在。电能质量包括电压质量、电流质量，从电能质量管理角度可分为供电质量和用电质量，其主要指标包括频率偏差、电压偏差、电压波动与闪变、三相不平衡、波形畸变（谐波）及供电连续性等。

## 一、电压质量

1. 电压偏差

（1）计算方法。供电系统在正常运行方式下，某一节点的实际电压与系统标称电压之差占系统标称电压的百分数称为该节点的电压偏差。其数学表达式为

$$\Delta U = \frac{U_{re} - U_N}{U_N} \times 100\% \qquad (1-18)$$

式中　$\Delta U$——电压偏差，%；

　　　$U_{re}$——实际电压，kV；

　　　$U_N$——系统标称电压，kV。

供电电压偏差的测量方法为：获得电压有效值的基本测量时间窗口应为 10 周波，并且每个测量时间窗口应该与紧邻的测量时间窗口接近且不重叠，连续测量并计算电压有效值的平均值，最终计算获得供电电压偏差值。

（2）限值要求。GB/T 12325—2008《电能质量　供电电压偏差》对电压偏差的具体规定如下：

1）110~35kV 供电电压正负偏差的绝对值之和不超过标称电压的 10%；

2）10kV 及以下三相供电电压允许偏差为标称电压的 ±7%；

3）220V 单相供电电压允许偏差为标称电压的 +7% 与 -10%；

4）对供电点短路容量较小、供电距离较长及对供电电压偏差有特殊要求的用户，由供电、用电双方协议确定。

（3）电压合格率。按照监测点的电压偏差进行统计，电网电压监测分为 A、B、C、D 四类监测点。A 类监测点为地区供电负荷的变电站和发电厂的 20、10（6）kV 母线电压；B 类监测点为 20、35、66kV 专线供电和 110kV 及以上供电电压；C 类监测点为 20、35、66kV 非专线供电的和 10（6）kV 供电电压，每 10MW 负荷至少应设一个电压监测点；D 类监测点为 380/220V 低压网络供电电压，每百台配电变压器至少设 2 个电压监测点，且监测点应设在有代表性的低压配电网首末两端和部分重要电力用户处。

电压合格率是指实际运行电压偏差在限值范围内电压超限时间与对应的总运行统计

时间的百分比，统计的时间单位为 min，通常每次以月（或周、季、年）的时间为电压监测的总时间，供电电压偏差超限的时间累计之和为电压超限时间，监测点电压合格率计算见式（1-19）。

$$\gamma_0 = \left(1 - \frac{T_U}{T_S}\right) \times 100\% \tag{1-19}$$

式中　$\gamma_0$——电压合格率，%；

　　　$T_U$——电压超限时间，min；

　　　$T_S$——总运行统计时间，min。

电网年度综合电压合格率计算公式如下

$$\gamma = 0.5 \times \gamma_A + 0.5 \times \left(\frac{\gamma_B + \gamma_C + \gamma_D}{3}\right) \tag{1-20}$$

式中　$\gamma_A$——A 类监测点年度电压合格率，%；

　　　$\gamma_B$——B 类监测点年度电压合格率，%；

　　　$\gamma_C$——C 类监测点年度电压合格率，%；

　　　$\gamma_D$——D 类监测点年度电压合格率，%。

各类监测点年度电压合格率的计算公式如下

$$\gamma_X = \frac{\sum\limits_{j=1}^{m} \dfrac{\sum\limits_{j=1}^{m} \gamma_{Oij}}{n}}{m} \tag{1-21}$$

式中　$\gamma_{Oij}$——该类监测点的电压合格率，%；

　　　$n$——该类监测点的电压监测点个数；

　　　$m$——年度电压合格率统计月数。

（4）低电压治理与改善措施。低电压问题一般发生在农网地区，主要是指 220V 电力用户正常用电时段电压低于 200V，负荷高峰时段电压低于 190V 的现象。低电压问题的根源在于负荷与电网非正常匹配，涉及管理和技术两方面原因。其中，管理原因主要包括三相负荷不平衡调整不及时、无功设备自动投切率不高和综合管理的动态机制不健全等；技术原因主要包括网架结构不合理、配电变压器容量配置不足、供电半径过长、导线截面积偏小、无功设备配置不足等。

1）管理类低电压问题解决方式：

a. 加强低压用户负荷需求管理，满足台区内客户用电基本需求。

b. 切实加强台区基础管理，开展三相不平衡治理，调整配电变压器（简称配变）三相负荷。

c. 加强电力设备运行维护管理，及时处理电压无功设备存在的缺陷，避免因线路损耗大、电压压降大而产生低电压。

2）技术类低电压问题解决方式。技术类低电压问题按影响程度分为台区低电压和用户低电压。其中，变电站出口低电压、中压配网线路末端低电压、无功补偿不足是产生台区低电压的主要原因；低压线路供电距离长、线径小等是造成局部用户低电压的主要原因。

a. 台区低电压解决方式：

a）增加电源点，缩小供电半径。建设改造 35～110kV 变电站，提升农村电力网供电能力，缩短 10kV 供电半径；对于供电线路超长（如超 60km）的 35kV 变电站，进行升压改造或根据电网发展就近接入；对线路供电半径超 30km 的，可采取建设小容量紧凑型 35kV 变电站；当同一变电站 50%以上的 10kV 线路供电半径大于 15km，或该变电站供区内存在"低电压"情况的行政村数量大于 30%时，可增加变电站布点。

b）提升 10kV 线路供电能力。对供电半径大于 15km、小于 30km 的 10kV 重载和过载线路，优先采取在供电区域内将负荷转移到其他 10kV 线路的方式进行改造，其次开展新增变电站出线回路数，对现有负荷进行再分配的方式改造；若区域内 5 年发展规划中无新增变电站布点建设计划，可采取加大导线截面积或同杆架设线路转移负荷的方式进行改造；对于迂回供电、供电半径长且电压损耗大的 10kV 线路，可采取优化线路结构、缩短供电半径、减小电压损失的方式进行改造。

c）提升变电站调压能力。新建变电站原则上全部采用有载调压变压器；将运行时限超过 15 年的无载调压主变压器，结合电网建设改造逐步更换为有载调压主变压器；对运行时限低于 15 年的无载调压主变压器，可采取不增加抽头的方式改造为有载调压变压器。

d）提升配电变压器调压能力。对接于 10kV 线路末端的配电变压器，可选用分头定制型配电变压器（如采用分头为书$_{-4}^{+0}$×2.5%、$_{-3}^{+1}$×2.5% 的配电变压器）进行改造。

e）提升 10kV 线路调压能力。对供电半径大于 30km，规划期内无变电站建设计划，合理供电半径所带配电变压器数量超过 35 台，所带低压用户长期存在"低电压"现象的 10kV 线路，可采用加装线路自动调压器的方式进行改造；对供电半径大于 15km 但小于 30km，所带低压用户存在"低电压"情况的 10kV 线路，可采取提高线路供电能力的方式进行改造。

f）提升变电站无功补偿能效。进行全网无功优化补偿，根据无功需求和无功优化补偿模式，开展电网无功优化补偿建设；根据负荷特点优化变电站电容器的容量配置和分组：对于电容器组，一般不应少于两组，对于集合式电容器，可配置两台不同容量电容器，实现多种组合方式；有条件地区，可采用动态平滑调节无功补偿装置。

g）提升 10kV 线路无功补偿能力。在采取多项治理措施后，功率因数仍低于 0.85 的 10kV 线路，可安装线路分散无功自动跟踪补偿装置。

b. 用户低电压解决方式：

a）新增配电台区。对长期存在农村配电台区过载及用户低电压问题的区域，优先采取小容量、密布点方式进行改造，缩短低压供电半径，提高供电能力。校核供电半径满足要求时，对因季节性负荷波动较大造成过载的农村配电台区，可采用组合变供电的方式进行改造；对因日负荷波动较大造成短时过载的配电台区，可采用增大变压器容量或更换过载能力较强变压器的方式进行改造；对供电半径大于 500m 且后端有一定数量低压用户数，可采取增加配电变压器布点的方式进行改造，所带低压用户数极少，可采用加装调压器的方式加以解决。

b）主干线三相四线改造。所有严重的用户"低电压"，主要是单相供电引起。对于三相配电变压器，因台区出口低压仅在较短距离时为三相四线供电，其他线路主要以低压单相配出导致的低电压问题，应首先考虑单线改三相，满足用户电压质量同时解决三相动力电问题。

c）提升用户侧无功补偿能力。一是对功率因数不达标的 100kVA 及以上专用变压器用户，应在用户侧配置无功补偿装置；对低压用户 5kW 以上的电动机开展随机无功补偿，减少低压线路无功传输功率。二是提升公用配电变压器无功集中补偿能力，在 100kVA 及以上公用配电变压器低压侧，安装无功自动跟踪补偿装置；对无功需求大，配电变压器二次侧首端电压低的 80kVA 及以下配电变压器，安装无功自动跟踪补偿装置；根据农村负荷波动特点，优化公用配电变压器电容器容量组合，提高电容器投入率。

2. 三相不平衡

（1）计算方法。三相不平衡度是电能质量的重要指标之一。电力系统在正常运行方式下，三相电压（电流）不平衡度根据对称分量法，电压（电流）的负序基波分量均方根值与正序基波分量均方根值之比为该电压（电流）的三相不平衡度。

$$\begin{cases} \varepsilon_U = \dfrac{U_2}{U_1} \times 100\% \\ \varepsilon_I = \dfrac{I_2}{I_1} \times 100\% \end{cases} \tag{1-22}$$

式中  $\varepsilon_U$ ——三相电压不平衡度；

$\varepsilon_I$ ——三相电流不平衡度；

$U_1$ ——电压正序分量均方根值，kV；

$U_2$ ——电压负序分量均方根值，kV；

$I_1$ ——电流正序分量均方根值，kA；

$I_2$ ——电流负序分量均方根值，kA。

在有零序分量的三相系统中应用对称分量法分别求出正序分量和负序分量，由式（1-22）求出不平衡度。在没有零序分量的三相系统中，当已知三相量 $a$、$b$、$c$ 时，用下式求不平衡度 $\varepsilon$。

$$\varepsilon = \sqrt{\dfrac{1-\sqrt{3-6L}}{1+\sqrt{3-6L}}} \times 100\% \tag{1-23}$$

式中  $L$ ——中间系数，$L = (a^4 + b^4 + c^4)/(a^2 + b^2 + c^2)^2$。

工程上为了估算某个不对称负荷在公共连接点上造成的三相电压不平衡度，可用下式进行近似计算

$$\varepsilon_U \approx \dfrac{\sqrt{3}I_2 U_L}{10^3 S_d} \times 100\% \tag{1-24}$$

式中  $I_2$ ——负荷电流的负序分量，A；

$U_L$ ——公共连接点的线电压均方根值，kV；

$S_d$ ——公共连接点的三相短路容量，MVA。

在三相对称系统中，由于在某一相上增设了单相负荷而引起的三相电压不平衡度也可按式（1-25）估算

$$\varepsilon_U \approx \frac{S_L}{S_d} \times 100\% \qquad (1-25)$$

式中　$S_L$ ——单相负荷容量，MVA；

　　　 $S_d$ ——计算点的三相短路容量，MVA。

（2）限值要求。GB/T 15543—2008《电能质量　三相电压不平衡》规定：

1）电力系统公共连接点，电网正常运行时，负序电压不平衡度不超过 2%，短时不得超过 4%。

2）接于公共连接点的每个用户，引起该点负序电压不平衡度允许值一般为 1.3%，短时不超过 2.6%。根据连接点的负荷状况及邻近发电机、继电保护和自动装置安全运行要求，该允许值可作适当变动，但必须满足 1）的规定。

（3）改善措施。改善系统三相不平衡的常用方法如下：

1）将不对称负荷合理分布于三相中，使汇集点各相负荷尽可能平衡。

2）将不对称负荷分散接于不同的供电点，减少集中连接造成的不平衡度过大。

3）将不对称负荷接入高一级电压供电。电压等级越高，系统短路容量越大，不对称负荷在系统总负荷中所占的比例就越小，电压三相不平衡度也随之减小。

4）将不对称负荷采用单独的变压器供电。

5）采用特殊接线的平衡变压器供电。

6）加装三相平衡装置。

3. 电压波动

（1）计算方法。电压波动是指电压均方根值一系列的变动或连续的改变，其变化周期大于工频周期。电压波动常用相对电压变动量来描述，电压波动取值为一系列电压均方根值变化中的相邻两个极值之差与标称电压的相对百分数。

$$d = \frac{U_{max} - U_{min}}{U_N} \times 100\% \qquad (1-26)$$

式中　$U_{max}$ ——最大电压均方根值；

　　　 $U_{min}$ ——最小电压均方根值；

　　　 $U_N$ ——标称电压。

在配电系统运行中，电压波动现象有可能多次出现，变化过程可能是规则的、不规则的或是随机的。为了便于对不同的电压波动过程采用不同的评价方法，在电压质量标准化工作中，将可能出现的电压波动图形整合为四种形式，电压波动示意图如图 1-2 所示。图 1-2（a）所示如单一阻性负荷投切引起的电压波动；图 1-2（b）所示如电压波动幅值可能相等或不等，可能为正跃变或者为负跃变，如多重负荷投切引起的电压波动；

图1-2（c）所示如非线性电阻负荷运行引起的电压波动；图1-2（d）所示如循环的或随机的功率波动负荷运行引起的电压波动。

（2）限值要求。根据用电设备的工作特点和对电压特性的影响，波动性负荷可分为两大类型：一类是由于频繁启动和间歇通电时引起电压按一定规律周期变动的负荷，如轧钢机和绞车、电动机、电焊机等；另一类是引起供电点出现连续不规则的随机电压变动的负荷，如炼钢电弧炉等。

GB/T 12326—2008《电能质量　电压波动和闪变》中对各级电压在一定频度范围内的电压波动限值做了规定，各级电网电压波动限值见表1-4。

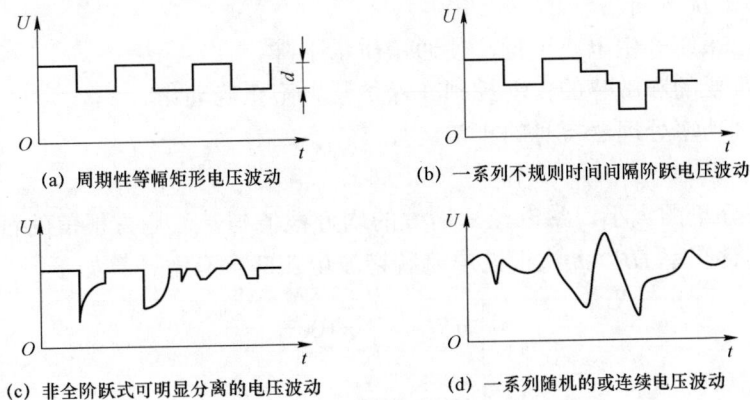

(a) 周期性等幅矩形电压波动　(b) 一系列不规则时间间隔阶跃电压波动

(c) 非全阶跃式可明显分离的电压波动　(d) 一系列随机的或连续电压波动

图1-2　电压波动示意图

表1-4　　各级电网电压波动限值

| 变动频率 r（h-1） | 波动限值 d | |
|---|---|---|
| | 380/220V、10kV、35kV | 110（66）kV |
| r≤1 | 4% | 3% |
| 1<r≤10 | 3% | 2.5% |
| 10<r≤100 | 2% | 1.5% |
| 100<r≤1000 | 1.25% | 1% |

对于变动频度少于1次/日的，电压波动限值还可放宽。对于随机性不规则的电压波动，如电弧炉负荷引起的电压波动，表中标的值为其限值。

## 二、电网谐波

1. 主要谐波源

系统中产生谐波的设备即谐波源，是具有非线性特性的用电设备。目前，电力系统的谐波源就其非线性特性而言主要有三大类：

（1）铁磁饱和型：各种铁芯设备，如变压器、电抗器等，其铁磁饱和特性呈现非线性。

（2）电子开关型：主要为各种交直流换流装置、双向晶闸管可控开关设备及脉冲宽度调制（Pulse Width Modulation，PWM）变频器等电力电子设备。

17

（3）电弧型：交流电弧炉和交流电焊机等。这些设备即使提供理想的正弦波电压，其工作电流也是非正弦的，即有谐波电流的存在。其谐波电流含量主要决定于设备本身的特性、工作状况及施加的电压，而与系统的参数关系不大，属于谐波恒流源。

谐波的污染与危害主要表现在对电力与信号的干扰影响方面：

（1）电力方面。

1）旋转电机等的（换流变压器过负荷）附加谐波损耗与发热，缩短使用寿命。

2）谐波谐振过电压，造成电气元件及设备的故障与损坏。

3）电能计量错误。

（2）信号干扰方面。

1）对通信系统产生电磁干扰，使通信质量下降。

2）导致重要的和敏感的自动控制、保护装置不正确动作。

3）危害到功率处理器自身的正常运行。

2. 谐波分析

某次谐波分量的大小，常以该次谐波的均方根值与基波均方根值的百分比表示，称为该次谐波的含有率 $HR$，$h$ 次谐波电流和谐波电压的含有率计算如下：

$$\begin{cases} HRI_h = \dfrac{I_h}{I_1} \times 100\% \\ \\ HRU_h = \dfrac{U_h}{U_1} \times 100\% \end{cases} \quad （1-27）$$

式中　$I_h$——第 $h$ 次谐波电流的均方根值，kA；

　　　$U_h$——第 $h$ 次谐波电压的均方根值，kV；

　　　$I_1$——基波电流的均方根值，kA；

　　　$U_1$——基波电压的均方根值，kV。

畸变波形因谐波引起的偏离正弦波形的程度，以总谐波畸变率 $THD$ 表示，它等于各次谐波均方根值的平方和的平方根值与基波均方根值的百分比。电流和电压总谐波畸变率 $THD_I$、$THD_U$ 分别计算如下。

$$\begin{cases} THD_I = \dfrac{\sqrt{\sum\limits_{h=2}^{\infty}(I_h)^2}}{I_1} \times 100\% \\ \\ THD_U = \dfrac{\sqrt{\sum\limits_{h=2}^{\infty}(U_h)^2}}{U_1} \times 100\% \end{cases} \quad （1-28）$$

3. 谐波电压限值和谐波电流允许值

（1）不同谐波源的谐波叠加计算。当系统中两个谐波源分别产生的同次谐波 $A_{hi}$ 和 $A_{hj}$ 之间的相位角 $\theta_h$ 是确定时，其合成的同次谐波按余弦定理计算。

$$M_h = \sqrt{A_{hi}^2 + A_{hj}^2 + 2A_{hi}^2 A_{hj}^2 \cos\theta_h} \quad （1-29）$$

当同次谐波 $A_{hi}$ 和 $A_{hj}$ 之间的相位角为随机变量时，可按下式进行合成。

$$M_h = \sqrt{A_{hi}^2 + A_{hj}^2 + K_h A_{hi} A_{hj}^2}$$ （1-30）

式中　$K_h$——同次谐波 $A_{hi}$ 和 $A_{hj}$ 的随机系数。

$K_h$ 采用概率统计分析结果，$K_h$ 的估计值见表 1-5。

表 1-5　　　　　　　　　　　　　$K_h$ 的 取 值

| $h$ | 3 | 5 | 7 | 11 | 13 | 9、>13、偶次 |
|---|---|---|---|---|---|---|
| $K_h$ | 1.62 | 1.28 | 0.72 | 0.18 | 0.08 | 0 |

计算两个以上同次谐波叠加时，应首先将两个谐波叠加，然后再与第 3 个谐波源产生的同次谐波相叠加，以此类推。

（2）低压配电系统电压总谐波畸变率允许值。低压配电系统的电压总谐波畸变率允许值是确定中压、高压各级电力系统电压总谐波畸变率的基础。根据国外经验和我国电力系统中谐波影响的具体情况，低压 380V 配电系统的电压总谐波畸变率允许值为 5%，主要分析如下：

1）对于交流感应电动机，根据定子绕组等值发热条件，可以求出等值负序电压与谐波电压的关系。考虑在正常负序电压 2% 的情况下，不应显著地缩短电机的寿命，允许电压总谐波畸变率约为 5%。

2）根据电容器的过电压和过电流能力，分析了各次谐波电流和基波电压的叠加后得出，为避免因局部放电或发热而使电容器的寿命显著缩短，低压配电系统电压总谐波畸变率应控制在 5% 以内。

3）具有代表性的计算机生产厂家，对计算机电源电压总谐波畸变率的要求为 3%～5%。GB 50174—2017《数据中心设计规范》中，A 级标准的电源电压总谐波畸变率要求是 5%。

4）固态继电保护装置及远动装置，要求向其供电的电源电压总谐波畸变率在 5% 以内。

（3）各级电网谐波电压含有率允许值。当低压配电系统电压总谐波畸变率为 5% 时，随着配电系统电压等级的升高，各级高压配电系统电压总谐波畸变率逐渐降低。各级电网电压波动限值见表 1-6。

表 1-6　　　　　　　　　　各级电网电压波动限值

| 供电电压等级（kV） | 谐波电压畸变率总极限值 | 不同谐波电压畸变率极限值 | |
|---|---|---|---|
| | | 奇次 | 偶次 |
| 0.38 | 5.0 | 4.0 | 2.0 |
| 6～10 | 4.0 | 3.2 | 1.6 |
| 35～66 | 3.0 | 2.4 | 1.2 |
| 110 | 2.0 | 1.6 | 0.8 |

（4）用户注入配电系统的谐波电流允许值。控制配电系统的谐波电压，就必须限制谐波源注入配电系统的谐波电流，确定用户注入配电系统的谐波电流允许值的方法如下：

1）首先确定谐波源在本级配电系统引起的总谐波电压允许值。由于各级配电系统电压谐波畸变率中，包含有上一级配电系统的谐波传递到本级配电系统的谐波电压，所以按谐波叠加原理，扣除上一级配电系统传递到本级配电系统的谐波电压后，才是允许本级配电系统谐波源生成的谐波电压。

2）求得允许谐波源在本级配电系统生成的谐波电压后，即可求出在一个公共连接点的各谐波源注入配电系统的各次总谐波电流允许值，注入公共连接点的谐波电流允许值见表1-7。

表1-7　　　　　　　　注入公共连接点的谐波电流允许值

| 标称电压（kV） | 基准短路容量（MVA） | 谐波次数对应的谐波电流允许值（A） | | | | | | | | | | | |
|---|---|---|---|---|---|---|---|---|---|---|---|---|---|
| | | 2 | 3 | 4 | 5 | 6 | 7 | 8 | 9 | 10 | 11 | 12 | 13 |
| 0.38 | 10 | 78 | 62 | 39 | 62 | 26 | 44 | 19 | 21 | 16 | 28 | 13 | 24 |
| 6 | 100 | 43 | 34 | 21 | 34 | 14 | 24 | 11 | 11 | 8.5 | 16 | 7.1 | 13 |
| 10 | 100 | 26 | 20 | 13 | 20 | 8.5 | 15 | 6.4 | 6.8 | 5.1 | 9.3 | 4.2 | 7.9 |
| 35 | 250 | 15 | 12 | 7.7 | 12 | 5.1 | 8.8 | 3.8 | 4.1 | 3.1 | 5.6 | 2.6 | 4.7 |
| 66 | 500 | 16 | 13 | 8.1 | 13 | 5.4 | 9.2 | 4.1 | 4.3 | 3.3 | 5.9 | 2.7 | 5.0 |
| 110 | 750 | 12 | 9.6 | 6.0 | 9.9 | 4.0 | 6.8 | 3.0 | 3.2 | 2.4 | 4.2 | 2.0 | 3.7 |
| 标称电压（kV） | 基准短路容量（MVA） | 谐波次数对应的谐波电流允许值（A） | | | | | | | | | | | |
| | | 14 | 15 | 16 | 17 | 18 | 19 | 20 | 21 | 22 | 23 | 24 | 25 |
| 0.38 | 10 | 11 | 12 | 9.7 | 18 | 8.6 | 16 | 7.8 | 8.9 | 7.1 | 14 | 6.5 | 12 |
| 6 | 100 | 6.1 | 6.8 | 5.3 | 10 | 4.7 | 9.0 | 4.3 | 4.9 | 3.9 | 7.4 | 3.6 | 6.8 |
| 10 | 100 | 3.7 | 4.1 | 3.2 | 6.0 | 2.8 | 5.4 | 2.6 | 2.9 | 2.3 | 4.5 | 2.1 | 4.1 |
| 35 | 250 | 2.2 | 2.5 | 1.9 | 3.6 | 1.7 | 3.2 | 1.5 | 1.8 | 1.4 | 2.7 | 1.3 | 2.5 |
| 66 | 500 | 2.3 | 2.6 | 2.0 | 3.8 | 1.8 | 3.4 | 1.6 | 1.9 | 1.5 | 2.8 | 1.4 | 2.6 |
| 110 | 750 | 1.7 | 1.9 | 1.5 | 2.8 | 1.3 | 2.5 | 1.2 | 1.4 | 1.1 | 2.1 | 1.0 | 1.9 |

表1-7中的谐波电流允许值指公共连接点的所有用户向该点注入的各次总谐波电流分量。该谐波电流允许值是按表中的基准短路容量计算得出的，即

$$I_h = \frac{10 S_d HR U_h}{\sqrt{3} U_N h} \tag{1-31}$$

式中　　$S_d$——公共连接点的三相短路容量，MVA；

$U_N$——系统标称电压，kV。

当连接点的实际短路容量不同于表中的基准短路容量时，连接点的谐波电流允许值应按系统实际的最小短路容量进行换算，即

$$I_h = \frac{S_{d1}}{S_{d2}} I_{hp} \tag{1-32}$$

式中 $I_h$——短路容量为 $S_{d1}$ 时的第 $h$ 次谐波电流允许值，A；

$S_{d1}$——公共连接点的最小短路容量，MVA；

$S_{d2}$——基准短路容量，MVA；

$I_{hp}$——表中的第 $h$ 次谐波电流允许值，A。

按以上方法换算，得出公共连接点所有用户向配电系统注入的各次总谐波电流允许值后，即可用下式算出同一公共连接点允许第 $i$ 个用户注入的第 $h$ 次谐波电流的允许值 $I_{hi}$：

$$I_{hi} = I_h \left( \frac{S_i}{S_T} \right)^{\frac{1}{\alpha}} \tag{1-33}$$

式中 $I_h$——按式（1-32）换算后的第 $h$ 次谐波电流允许值，A；

$S_i$——第 $i$ 个用户的用电协议容量，MVA；

$S_T$——公共连接点的供电设备容量，MVA；

$\alpha$——相位叠加系数，$\alpha$ 的取值见表 1-8。

表 1-8                            $\alpha$ 的 取 值

| $h$ | 3 | 5 | 7 | 11 | 13 | 9、>13、偶次 |
|---|---|---|---|---|---|---|
| $\alpha$ | 1.1 | 1.2 | 1.4 | 1.8 | 1.9 | 2.0 |

# 第五节　新型电力系统背景下配电网发展趋势

为推动新形势下配电网高质量发展，助力构建清洁低碳、安全充裕、经济高效、供需协同、灵活智能的新型电力系统，需紧扣新形势下电力保供和转型目标，坚持规划引领、强化全程管理、协同推进建设，全面提升城乡配电网供电保障能力和综合承载能力，加快推进配电网数字化转型，促进配电网高质量发展。

## 一、新技术的应用

随着电力系统在电源构成、电网形态、负荷特性、技术基础、运行特性等方面出现新的转变，新型电力系统源网荷储各环节的技术需求在自身特征、发展水平和紧迫程度等方面将产生系统性的深刻变化，现有技术体系无法满足新型电力系统构建的需求，亟须构建适应新型电力系统的技术创新体系，有力支撑能源电力系统转型发展。

从技术发展趋势看，未来新型电力系统的平衡模式将从传统源荷实时平衡模式向源网荷储协同互动的非完全源荷间实时平衡模式转变，电力系统技术创新将由源网技术为主向源网荷储全链条技术延伸，由电磁输变电技术为主向电力电子技术、数字化技术延伸，由单一的能源电力技术向跨行业、跨领域技术协同转变。

## 二、发展所面临的瓶颈

当新型电力系统成为未来趋势，配电网的发展成为关键一环。随着配电网的发展，它可能会面临一些瓶颈，例如，随着分布式能源的大量接入，配电网的结构和运行方式可能需要进行重大调整，以确保系统的稳定性和可靠性；另外，配电网的智能化发展可能受到技术标准不统一、数据安全等问题的制约；同时，配电网的扩展和升级可能会面临土地资源紧张、建设成本高昂等挑战。在能源转型的背景下，如何有效地整合新能源和传统能源，实现配电网的优化运行，也是一个亟待解决的问题。此外，配电网还可能面临极端天气等自然灾害的影响，对其抗灾能力提出了更高的要求。为了应对这些瓶颈，需要不断推进技术创新，共同推动配电网的可持续发展。

## 三、未来的发展方向

配电网作为电力系统的重要组成部分，其未来发展方向充满着无限的可能性，它将朝着智能化、绿色化、高效化的方向不断迈进。智能化是未来配电网的核心特征，通过先进的信息技术和通信技术，实现对配电网的全面监测、控制和优化，如 5G 技术的应用；绿色化体现在对可再生能源的充分利用和整合，以减少对环境的影响，如使用配电网柔性互联技术解决高比例分布式电源消纳的难题；高效化意味着更合理的能源分配和更高的供电可靠性，以满足用户日益增长的用电需求，如采用配电网柔性接地技术或灵活接地技术，保障用户用电可靠性。配电网还将更加注重与用户的互动，实现用户侧的智能管理和能效提升。同时，配电网的网架结构也将不断优化，以适应新型电力负荷的发展。总之，未来的配电网将成为一个更加智能、绿色、高效的能源网络，为社会的可持续发展提供有力支撑。

# 第二章 配电网网架结构

## 第一节 配电网网架的概述

本章探讨配电网网架结构的规划与设计，重点介绍配电网电压等级和总体原则，并分析高压配电网、低压配电网的典型网架结构和结构选择要求；进一步分析典型新型配电网架构案例的特点及应用场景，并探讨未来配电网在不同应用场景下可能的发展趋势和演变路径。

### 一、电压等级构成

合理的电压等级协调设置能够更好地促进城市经济发展。对于城区扩展规划初期，鉴于预测未来电力增长情况，设置较为合理的电压等级是非常重要的。对于电力负荷相对已经饱和的城市中心区域，综合考虑电网电压等级升级成本和社会影响成本，逐步完成较为合理的电压等级升级。

我国高压配电网主要有 110、66kV 和 35kV 三个电压等级，中压配电网以 10kV 为主，局部地区采用 20kV 或 6kV，低压配电网为 0.38kV，各地区配电网电压序列选择使用情况见表 2-1。

表 2-1　　　　　　　　各地区配电网电压序列选择使用情况

| 序号 | 电压序列 | 使用区域 |
|------|----------|----------|
| 1 | 110/10/0.38kV | 三华地区和西北地区的市辖供电区以及东北地区的蒙东和黑龙江地区 |
| 2 | 110/35/10/0.38kV | 三华地区和西北地区的县级供电区以及东北地区的蒙东和黑龙江地区 |
| 3 | 66/10/0.38kV | 东北地区的辽宁和吉林以及蒙东和黑龙江部分地区 |
| 4 | 35/10/0.38kV | 天津市、青岛市和威海市的市辖供电区 |
| 5 | 110/35/0.38kV | 偏远农牧区 |
| 6 | 110/20/0.38kV | 江苏、浙江省局部地区 |

电压等级和最高电压等级的选择应根据现有实际情况和远景发展进行慎重研究后确定。配电网应尽量简化变电层级，一般情况下应少于四个变电层级。

## 二、总体原则

（1）总体目标。合理的配电网结构是满足供电可靠性、提供运行灵活性、降低网络损耗的基础。网架构建的总体目标是在满足供电安全可靠性、提高运行灵活性、降低网络损耗的基础上，使高压、中压、低压配电网三个层级应相互协调适配、强简有序、相互支持，以实现配电网技术经济的整体最优。

（2）总体原则。合理的电网结构是满足供电可靠性、提高运行灵活性、降低网络损耗的基础。A+、A、B、C 类供电区的配电网结构应满足以下基本要求：

1）正常运行时，各变电站应有相互独立的供电区域，供电区不交叉、不重叠，故障或检修时，变电站之间应有一定比例的负荷转供能力。

2）在同一供电区域内，变电站中压出线长度及所带负荷宜均衡，应有合理的分段和联络；故障或检修时，中压线路应具有转供非停运段负荷的能力。

3）接入一定容量的分布式电源时，应合理选择接入点，控制短路电流及电压水平。

4）高可靠性的配电网结构应具有网络重构和故障自愈的能力，D、E 类供电区的配电网以满足最基本的供电需求为主，可采用辐射状结构。

# 第二节　配电网典型网架结构

现阶段我国高压配电网有 110、66、35kV 三个电压等级，目前城市高压配电网以 110kV 电压等级为主，66kV 电网主要存在于我国东北地区，35kV 电网在一段时间内曾大范围的存在，近年来除个别以 220/35kV 电压等级序列为主的城市仍保留并发展外，其他城市 35kV 电压等级正逐步退出公用电压等级序列。

城市高压配电网目标网架结构选择要以安全可靠、运行灵活、经济高效为原则，一般采用双侧链式接线，确保失去一侧电源情况下仍可以进行有效供电，同时便于高压送电电源点之间负荷转移与运行方式调整；根据变电站主变压器容量、主接线方式及系统利用效率不同，总体上可以分为链式接线、环式接线两大类，变电站接入方式分为 T 接和 π 接两种，通过不同的组合形成多种接线方式。

## 一、高压配电网典型结构

根据上级 220/330kV 不同变电站、区域负荷发展不同阶段及不同供电可靠性要求，110kV 配电网接线方式有所差异，主要分为链式接线、环式接线和辐射式接线三类。链式接线分为单链（环/辐射）、双链（环/辐射）和三链。

1. 110～35kV 电网典型结构

（1）辐射式。高压配电网较常见的接线分为辐射接线及环式接线两类，辐射接线可分为单辐射及双辐射接线。

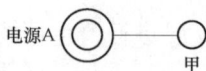

单辐射接线指从电源点出一回线至用户的接线形式，通常用于可靠性要求较低、负荷密度不高的情况，单辐射接线结构示意图如图 2-1 所示。单辐射接线供电可靠性

图 2-1　单辐射接线结构示意图

低，不满足 $N-1$ 原则，运行不灵活；在负荷密度低、供电可靠性需求较低的地区有一定适应性；设备利用效率较高，建设成本较低。

双辐射接线指从电源点出两回线至用户的接线形式，双辐射接线结构示意图如图 2-2 所示。双辐射接线可以满足高压线路、主变压器 $N-1$ 原则，具有一定的可靠性；运行方式灵活性不高；在上级电源不完备的情况下具有较高的适应性；建设成成本较低。

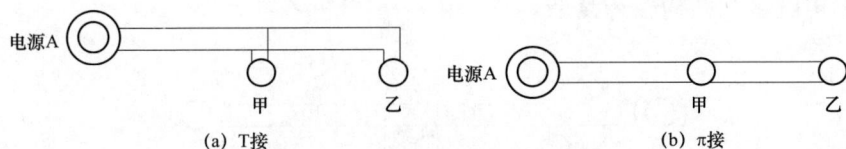

图 2-2　双辐射接线结构示意图

（2）环网型（环型结构，开环运行）。环网型结构主要包括单环网和双环网两种结构。单环网结构示意图如图 2-3 所示，其特点是满足 $N-1$ 原则，具备一定供电可靠性，但失去一侧电源时另一侧供电线路负载水平较高；运行方式不灵活，在上级电源不完备的情况下有一定的适应性；建设成本较低。

双环网结构示意图如图 2-4 所示，其特点是满足 $N-1$ 原则，具备较高供电可靠性，运行方式相对灵活，适用于上级电源不完备，但是区域供电可靠性需求较高的区域；建设成本较高。

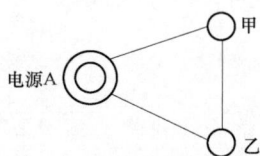

图 2-3　单环网结构示意图　　　　　图 2-4　双环网结构示意图

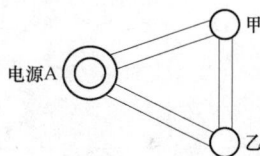

（3）链式。链式结构主要包括单链、双链和三链三种结构。单链结构示意图如图 2-5 所示，其特点是满足 $N-1$ 原则，失去一侧电源时里一侧供电线路负载水平较高；运行方式不灵活，适用于负荷密度不高，供电可靠性需求不高区域，建设成本较低。

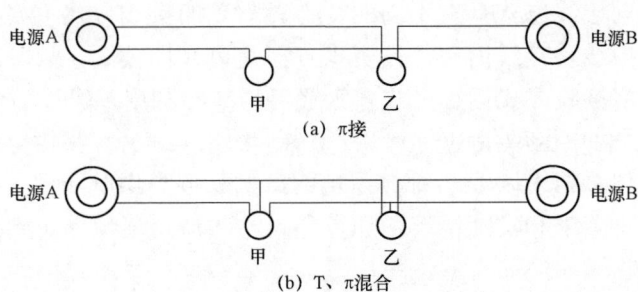

图 2-5　单链结构示意图

双链结构示意图如图 2-6 所示，其特点是满足 $N-1$ 导则，供电可靠性高，运行方式相对灵活，适用于大部分地区高压电网。T 接方式需要变电站为两台主变压器，运行

灵活性较 π 接方式弱。实际建设中，两种方式可以混合使用，整体经济性较高。

三链结构示意图如图 2−7 所示，其特点是 T 接方式满足 $N-1$ 导则，供电可靠性高；运行方式灵活，可以作为高负荷密度地区目标网架接线，变电站可用容量及线路利用率高达 67%，具有一定的经济性。π 接适用于 220kV 变电站间 110kV 联络较强且负荷密度高、线廊资源紧张、对供电安全性要求高的地区；适用于同塔多回架空线路。电网建设投资较大，电网接线结构较为复杂。

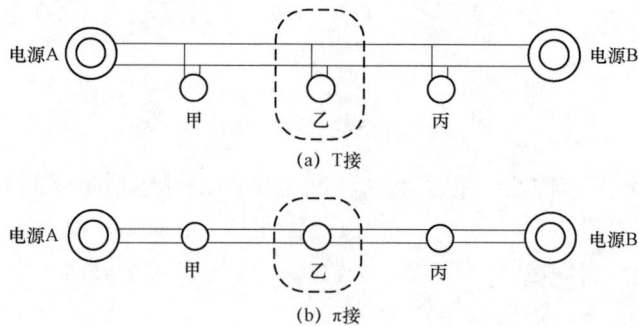

图 2−6　双链结构示意图

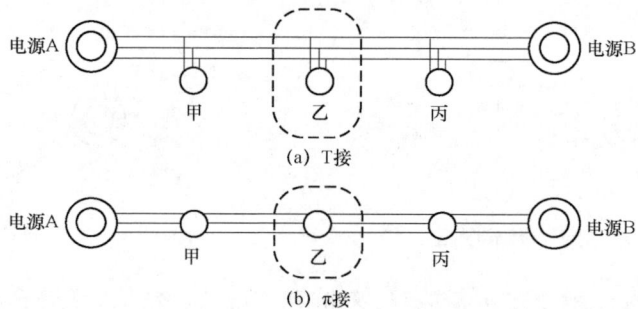

图 2−7　三链结构示意图

### 2. 10kV 电网典型结构

中压配电网不同接线方式具有不同的特点。常见的接线方式主要是单辐射接线和多分段单联络。单辐射线路接线简单、投资少，但是可靠性较低，故障或检修时不能满足转供电要求。单联络接线方式运行方式较为灵活，线路利用率可以达到 50%。

依据 A+～E 类供电区域供电安全水平要求，给出 A+～E 类供电区域推荐采用的目标电网结构，共梳理总结出以下 7 种典型电网结构。各类供电区域内的电网可根据发展阶段、供电安全水平要求和实际情况，通过建设与改造，逐步过渡到推荐采用的目标电网结构。

（1）多分段单联络。在周边电源点数量有限、不具备多联络条件且拟联络线路平均负载率低于 50% 的情况下，通过线路末端联络构建单联络接线，其示意图见图 2−8。多分段单联络结构在提高供电可靠性和灵活性方面具有明显优势，但也存在初期投资较高和线路负载率不高的问题。

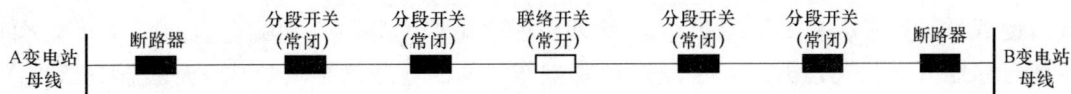

图 2-8　多分段单联络

（2）多分段单辐射。在周边没有其他电源点、目前暂不具备与其他线路联络条件且供电可靠性要求较低的地区，可采取多分段单辐射接线方式，其示意图见图 2-9。分段单辐射结构适用于对供电可靠性要求不高、负荷分布较为均匀或者负荷增长可预测的区域。经济性和简单性是其主要优势，但在供电可靠性方面存在明显的局限性。

图 2-9　多分段单辐射

（3）多分段适度联络。在周边电源点数量充足，10kV 架空线路宜环网布置开环运行，一般采用负荷开关将线路多分段适度联络，以缩小停电范围，提高线路间的负荷转移能力，其示意图见图 2-10。多分段适度联络结构较为复杂，运行方式灵活，线路利用率较高，可以满足 $N-1$，但是线路联络较为复杂，可能导致运行风险增加。

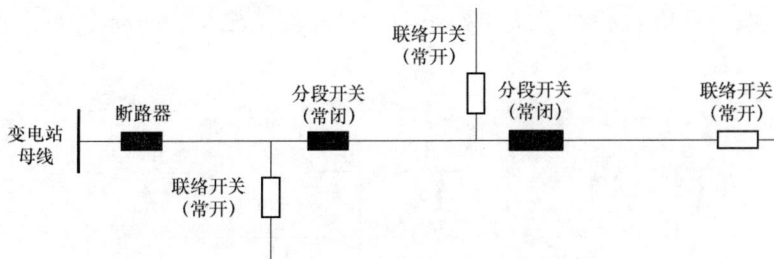

图 2-10　多分段适度联络（典型三分段三联络）

（4）单环式。自同一供电区域两座变电站的中压母线（或一座变电站的不同中压母线）、或两座中压开关站的中压母线（或一座中压开关站的不同中压母线）各馈出单回线路，构成单环式结构，其示意图见图 2-11。

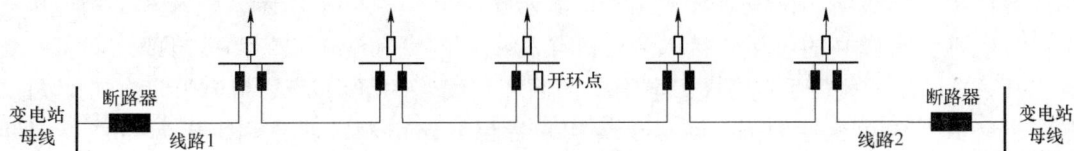

图 2-11　单环式

单环式结构应开环运行，开环点宜设置在单环网中段，两侧所供负荷应均衡，两回环网线路的平均负载率应控制在 50% 以内。电缆单环式接线方式简单，供电可靠性高，运行灵活，满足 $N-1$，线路最大利用率为 50%。

（5）双射式。自一座变电站（或中压开关站）的不同中压母线各馈出单回线路，构成双射式结构,其示意图见图 2-12。接入双射式结构的环网室和配电室的两段母线之间可配置联络开关,母联开关可手动或电动操作,两回线路的平均负载率应控制在 50%以内。双射式结构通过提供双回路供电,增强了供电的可靠性,适用于对供电质量有较高要求的区域,并且具有一定的灵活性和扩展性。

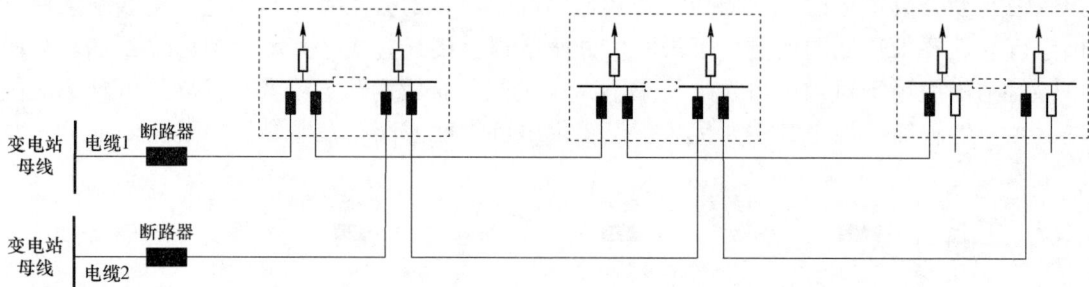

图 2-12 双射式

(6)对射式。自同一供电区域的不同变电站(或中压开关站)的中压母线各馈出单回线路,构成对射式结构,其示意图见图 2-13。接入对射式结构的环网室和配电室的两段母线之间可配置联络开关,母联开关可手动或电动操作,两回线路的平均负载率应控制在 50%以内。对射式结构增强了配电网的供电可靠性和灵活性,适用于对供电质量有较高要求的区域。双射式和对射式结构是两种过渡网架结构,具体选择过程可以结合实际来选择。

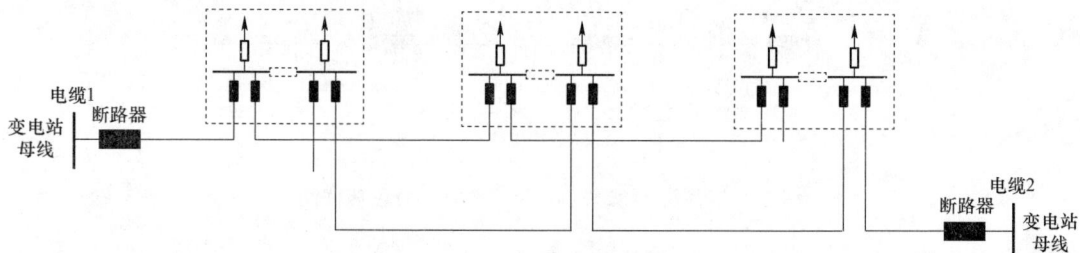

图 2-13 对射式

(7)双环式结构。自同一供电区域的两座变电站(或两座中压开关站)的不同中压母线各馈出两回线路,构成双环式结构,其示意图如图 2-14 所示。双环式结构适用于供电可靠性要求较高的区域,接入双环式结构的环网室和配电室的两段母线之间可配置联络开关,母联开关可手动或电动操作,四回环网线路的平均负载率应控制在 50%以内。电缆双环式供电可靠性较高,可就近为用户提供双路电源,线路利用率为 50%,满足 $N-1-1$ 要求。电网建设投资较高。

## 二、低压电网典型结构

低压电网应保证简单安全,宜采用辐射式结构,如图 2-15 所示。低压配电网应以配电站供电范围实行分区供电,低压架空线路可与中压架空线路同杆架设,但不应跨越中压分段开关区域。采用双配变配置的配电站,两台配变的低压母线之间可装设联络开关。

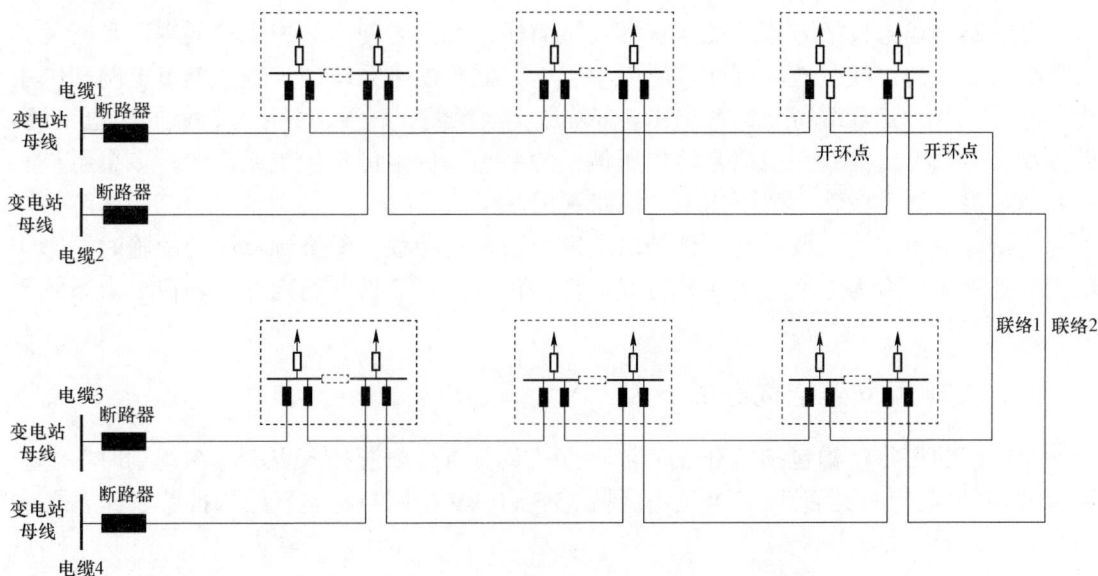

图 2-14 双环式

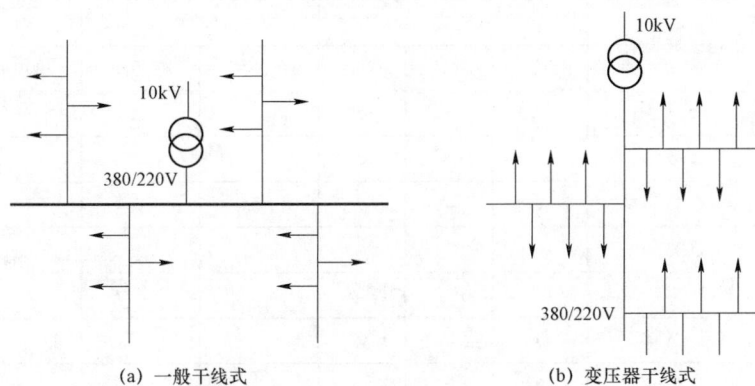

(a) 一般干线式                    (b) 变压器干线式

图 2-15 低压配电网的辐射式接线方式

（1）一般干线式。一般干线式接线也称为树干式接线。其核心特征是从一个电源点引出一条主干线路，沿着干线路径，依次连接多个用电设备或配电箱。一般干线式接线方式在经济性和灵活性方面具有优势，但相对于放射式接线，其供电可靠性较低。树干式接线方式一般用于三级负荷供电，每条线路装设的变压器台数不宜超过 5 台，通常不超过 2000kVA。

一般干线式接线方式的优点包括经济性和灵活性。由于使用的高压开关数量较少，因此投资成本较低。此外，这种接线方式使得网络结构简单，便于增加或减少配电变电所的数目。但其缺点是供电可靠性较低，当干线发生故障时，所有接引于干线的变电所都会停电。此外，自动化实现方面较差，不适合对供电可靠性要求较高的场合。

（2）变压器干线式。变压器干线式接线方式是树干式接线的一种特殊形式，通常应用于变压器为干线供电的情况。这种接线方式的特点与一般干线式接线方式相似，但更侧重于变压器与干线之间的连接。

变压器干线式接线方式的优点包括连接简便、维护方便，故障率较低等，是一种具有较高稳定性的接线方式。因此广泛应用于中、低压配电系统中，例如城市电网配电系统、电站及电力变电站的配电系统、城市轨道交通系统、石油、石化等行业的配电系统。但当线路较长时，其存在线路末端电压偏低的不足，供电可靠性较低。同时多个用户共享同一线路，导致线路负载不均衡，线路利用率不高。

在实际应用中，需要结合具体的供电需求、负荷特性、经济预算以及故障时的影响范围等因素来综合考虑适宜的接线方式，提高供电的可靠性和稳定性，确保电力系统的安全稳定运行。

### 三、配电网网架结构选择

配电网的拓扑结构包括常开点、常闭点、负荷点、电源接入点等，在规划时需合理配置，以保证运行的灵活性。各类供电区域35～110kV电网目标电网结构推荐表如表2－2所示。

表2－2　　　　　　　各类供电区域35～110kV电网目标电网结构推荐表

| 电压等级 | 供电区域类型 | 链式 | | | 环网 | | 辐射 | |
|---|---|---|---|---|---|---|---|---|
| | | 单链 | 双链 | 三链 | 单环网 | 双环网 | 单辐射 | 双辐射 |
| 110（66）kV | A+、A类 | | √ | √ | | √ | | √ |
| | B类 | √ | √ | √ | | √ | | √ |
| | C类 | √ | √ | √ | √ | √ | | |
| | D类 | | | | √ | | √ | √ |
| | E类 | | | | | | √ | |
| 35kV | A+、A类 | √ | √ | √ | | √ | | √ |
| | B类 | √ | √ | | | | | √ |
| | C类 | √ | √ | | | | | √ |
| | D类 | | | | √ | | √ | √ |
| | E类 | | | | | | √ | |

注　1. A+、A、B类供电区域供电安全水平要求高，35～110kV电网宜采用链式结构。在上级电网较为坚强且10kV具有较强的站间转供能力时，也可采用双环网、双辐射结构。

2. C类供电区域供电安全水平要求较高，35～110kV电网宜采用链式、环网结构，也可采用双辐射结构。

3. D类供电区域35～110kV电网可采用单辐射结构，有条件的地区也可采用双辐射或环网结构。

4. E类供电区域35～110kV电网一般可采用单辐射结构。

（1）同一地区同类供电区域的电网结构应尽量统一。

（2）A+、A、B类供电区域的35～110kV变电站宜采用双侧电源供电，条件不具备时，也可同杆架设双电源供电，但应加强10kV配电网的联络。

电力系统中用于传输和分配电能有两种不同的网络结构，即电缆网和架空网。

电缆网是指使用电缆作为导体来传输电能的网络，适用于城市、地下或难以架设架空线路的地区；其特点是占地空间小、不易受气候因素影响、安全性较高等，但建设成本较高且安装和维护相对复杂。

架空网是指使用架空线路来传输电能的网络，适用于城市以外的地区，尤其是在开阔地带；其特点是建设成本较低、便于维护检修、易于扩展等，但受气候因素影响较大、安全性较低。

在实际应用中，需结合据具体的配电网网络结构和供电区域选择合适的网架结构。

各类供电区域 10kV 配电网目标电网结构推荐表见表 2-3。

表 2-3　　　　　　　　各 10kV 配电网目标电网结构推荐表

| 供电区域类型 | 推荐电网结构 |
| --- | --- |
| A+、A 类 | 电缆网：双环式、单环式 |
| | 架空网：多分段适度联络 |
| B 类 | 架空网：多分段适度联络 |
| | 电缆网：单环式 |
| C 类 | 架空网：多分段适度联络 |
| | 电缆网：单环式 |
| D 类 | 架空网：多分段适度联络、辐射状 |
| E 类 | 架空网：辐射状 |

# 第三节　新型配电网网架结构

新型配电网网架是指在传统配电网的基础上，通过技术革新和结构优化，形成的更加灵活、高效、可靠和环保的电力网络。这种网络能够更好地适应分布式能源的接入，提高对新能源的承载能力，增强电网的互动性和智能化水平，以满足现代电力系统的需求。新型配电网网架的提出是为了适应电力系统发展的新形势，提高电网的效率和可靠性，支持新能源的发展，并促进能源的可持续发展，满足"双碳"目标下的能源转型需求。

## 一、新型配电网网架结构案例分析

随着经济的迅速发展和对电力供应可靠性要求的不断提高，我国许多城市的配电网正在经历从传统模式向先进模式的转变，配电网的规划和建设正朝着更加科学、合理、安全的方向发展。各城市结合自身特点形成了各类新型配电网网架结构，下面分析几种国内城市的新型配电网网架结构案例。

1. A 城"双花瓣"结构

A 城"双花瓣"结构配电网是 2021 年建成的，包括 A、B 两个行政办公区，共有 8 座开关站，22 座不同电压等级的变电站为开关站供电。城区主干网规划建设采用"双花瓣"式中压网络。该接线方式由两个"花瓣"组成，每一个"花瓣"来自同一个变电站同一母线，形成一个合环运行线路，接线方式示意图见图 2-16（图 2-16 中左侧环网和右侧环网分别为一个花瓣）。

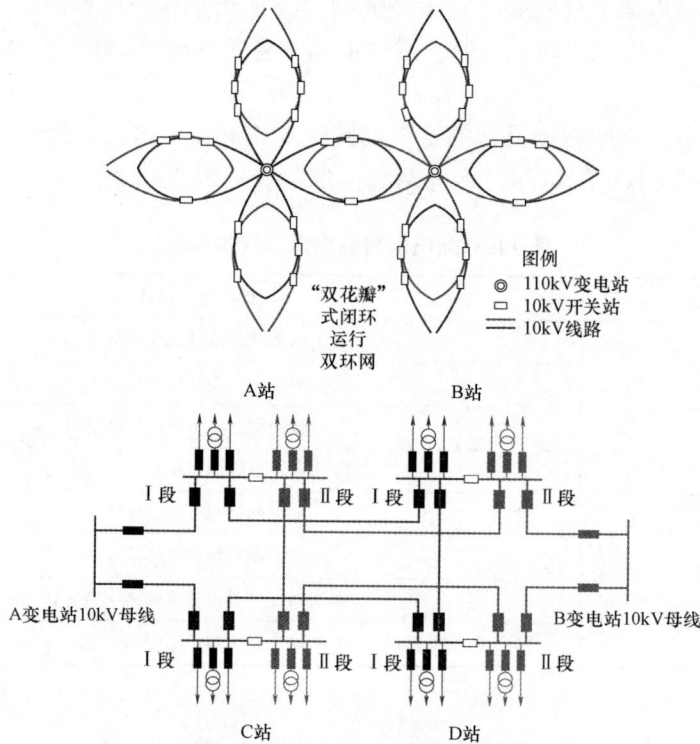

图 2-16 "双花瓣"式接线

"双花瓣"之间接入的开关站分段开关开环运行、互为备用，每个单元均具备 2 个及以上电源点支撑，负荷转供能力 100%。启动区供电单元接线见图 2-17。

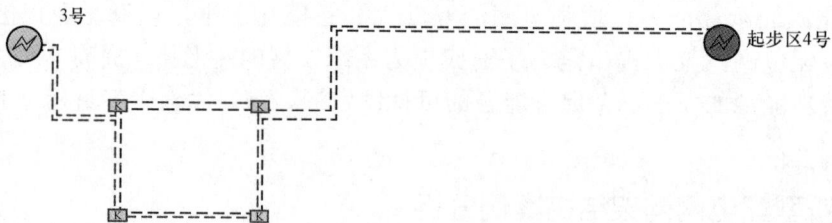

图 2-17 启动区供电单元典型接线图

（1）接线模式。

1）双环网合环运行环间联络。行政办公区 A 地块内建设 6 座开关站，采用双环网合环运行带环间联络接线方式，具备 4 路电源和 $N-2$ 供电能力。每座开关站由 3 座不同变电站供电。具体接线见图 2-18。

2）双环网合环运行带站内联络。行政办公区 B 地块内建设 2 座开关站，采用双环网合环运行带母联接线方式，具备 2 个电源和 $N-2$ 供电能力。每座开关站由 2 座不同变电站供电。具体接线见图 2-19。

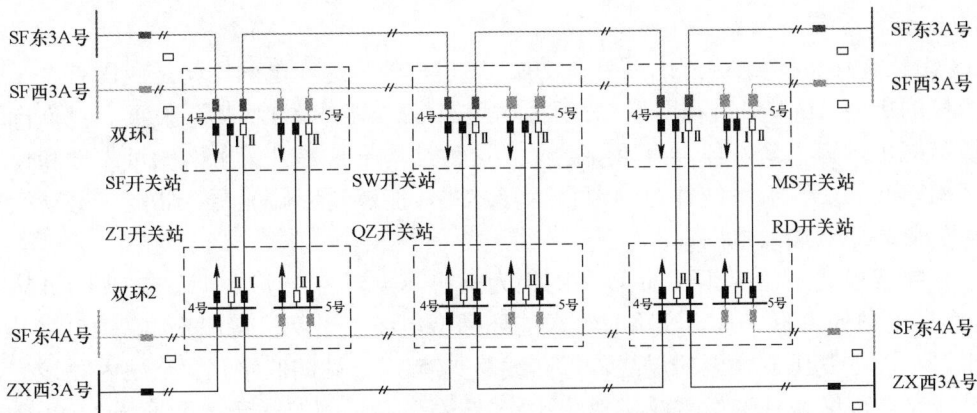

图 2-18 双环网合环运行环间联络接线图

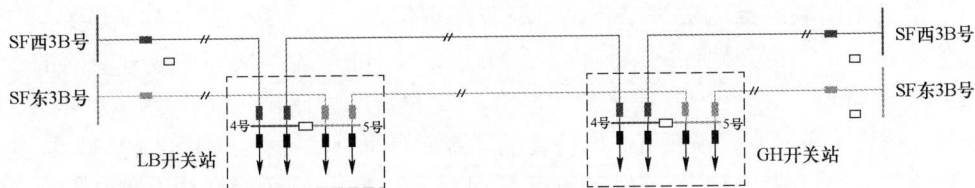

图 2-19 双环网合环运行带站内联络接线图

（2）主要特点。"双花瓣"网架结构在供电可靠性、经济性等方面主要呈现以下特点：

1）供电可靠性高，由于正常方式下"花瓣"合环运行，因此当一段供电线路或一个供电设备故障时，"双花瓣"能够通过配电自动化快速将故障隔离，故障段实现"零秒"自动隔离，非故障段不需要联络开关转供，实现不间断供电，供电可靠性可达 99.9999%，为高可靠性用户提供坚实的供电保障。

2）经济性有待提升，由于增加开关站和相关线路建设，增加了该网架结构的造价成本和占地面积，也占用了较多的出线间隔和廊道资源，加之设备利用率相对较低，经济性有待进一步提升。

（3）适用场景。"双花瓣"网架结构在不考虑过载情况下，线路负载率可达 75%，设备实现安全经济运行；但变压器负载率仅为 50%，设备性能发挥不充分。该结构适用于供电可靠性要求极高、区域采用高标准建设、变电站站址确定的 A+类供电区域。主要分为以下五个应用场景：

1）负荷重要等级高的场景，可优先考虑在特级、一级等重要用户聚集地区建设"双花瓣"网架。

2）多方向电源的场景，优先在电源条件好（如三方向电源、双方向电源）的地区建设"双花瓣"网架，降低外引电源投资成本。

3）供电距离短的场景，选取负荷密度高、变电站距离短的地区建设"双花瓣"网架，充分发挥高可靠供电优势特点。

4）运行条件好的场景，优先选取具备良好电缆管廊的区域开展"双花瓣"网架建设，降低管廊建设及运营成本。

5）外部投资多的场景，积极争取外部客户出资建设"双花瓣"网架。

2. B 城"雪花网"结构

B 城的"雪花网"结构配电网是在 2022 年建成的。这一电网结构是我国首个全自主知识产权的电力 10kV"雪花网",对于推动我国配电网建设向高质量发展、打造国际领先型城市配电网迈入新阶段具有重要意义。这种结构不仅提升了电网的可靠性和使用效率,还构建起了交直流系统并存的混合运行方式,能够适应新能源、储能、电动汽车等多元化负荷高比例接入电网。

(1)接线模式。"雪花网"是以环网箱为核心节点,由 4 座变电站的 8 回 10kV 线路(或 3 座变电站的 6 回 10kV 线路)组成的环网型电缆主干网。每座变电站 10kV 出线 2 回,来自不同主变压器供电的母线,每回线路具有 1 个站间联络,1 个站内联络,开环运行,线路合围区域外形像雪花瓣形状。"雪花网"主干网接线示意图见图 2-20。

以四站式"雪花网"为例,如图 2-20(a)所示,具有 4 个站间联络点、4 个站内联络点。定义站间联络点为关键节点,用深灰色点标识;定义站内联络点为次关键节点,用浅灰色点标识;定义其他环网节点为一般节点,与 10kV 线路共同构成雪花网的"边"。

(2)主要特点。"雪花网"通过新建联络、优化联络,升级现状单环网、双环网,形成馈线集群,搭建了更坚强、易拓展、网格化的能源配置平台,拓扑结构简明清晰,网架灵活可靠,支持负荷大范围转移,显著提高线路利用效率,夯实了网架结构功能发挥的基础,具有负荷转移灵活、效率效益高、适应包容更多能源互联网新元素等特点,具体表现为三大特征:

1)安全可靠。抵御事故风险能力和自愈能力强,确保电力供应的稳定性。

2)稳定可靠。线路 $N-1$、变电站 $N-1$ 故障时,可实现非故障区域不损失负荷。此外,可均衡上级 4 座电源变电站的负荷,解决地区变电站轻重载并存问题。

3)经济高效。实现供电可靠性与效率效益相协调,通过负荷灵活转移提高设备利用效率。通过网络重构,线路平均负载率控制在 87.5%,大于单环网的 50%,双环网的 75%。

与现状网架结构相比,"雪花网"在建设实施方面也存在一些难点,一是技术上,其他网架结构一般为 2 站 4 线的馈线集群,"雪花网"构建了 4 站 8 线(3 站 6 线)的馈线集群,处理的电网设备更多,依赖于较高的电网智能化水平,需要补强通信网、智能终端和主站功能模块,在一次网架完善的基础上迫切需要二次系统智慧化升级。光纤敷设困难的区域需要细化 5G 通信遥控的技术方案,完善安全防护、认证加密等技术细节。二是管理上,将现状主干网与用户接入网混合的一个层级电网转变为主干网、用户接入网两个层级电网,目前运维管理习惯、调度运行 FA 策略需要做相应调整。

(3)适用场景。10kV 电网应全面推广网格化规划方法,电缆主干网以单环网、双环网为目标网架结构,坚持新建与改造相结合,并考虑配电网智能化提升需求,同步规划建设配电终端、通信系统并升级配电自动化主站高级功能,为"雪花网"的全面推广建设奠定基础。

1)新建电网大力推广。结合新建居民小区供电配套工程、非居民用户业扩工程等,在上级电源变电站、单环网、双环网具备条件时,新建 10kV 电缆主干网宜按"雪花网"规划建设,有规则增加站内联络和站间联络。用户接入网采用辐射或者环网方式接入主干网,不破坏主干网架结构。

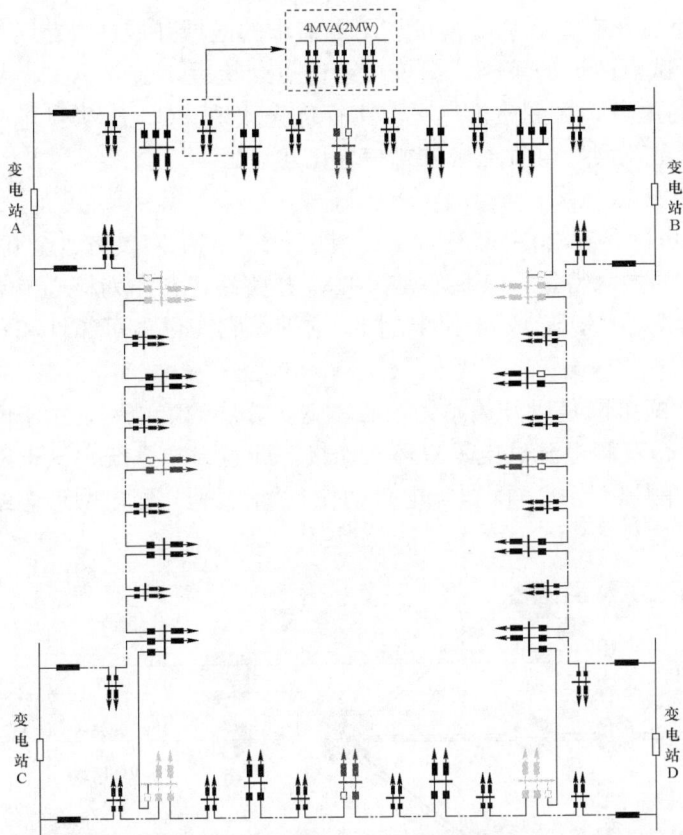

(a) 四站式"雪花网"

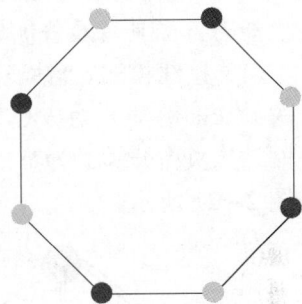

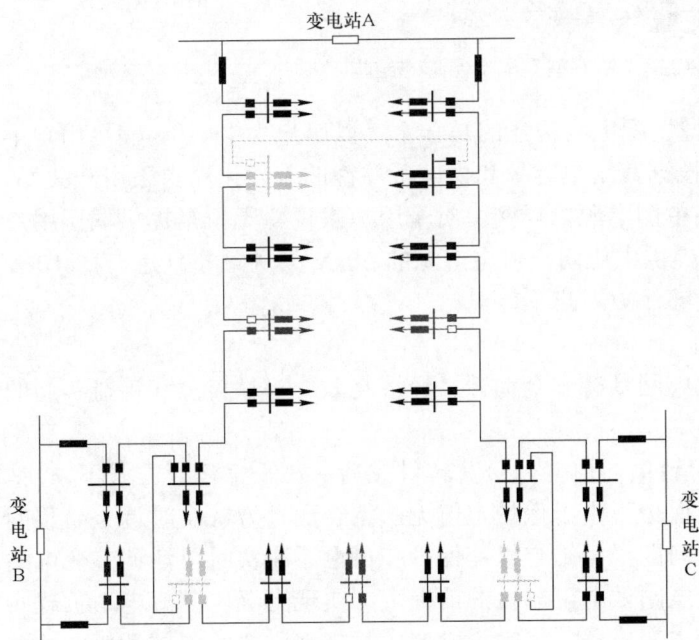

(b) 三站式"雪花网"

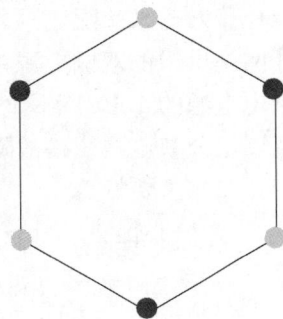

图 2-20　"雪花网"主干网接线示意图

2）有序开展电网改造。重点在有高品质、高可靠用电需求的区域开展"雪花网"升级改造，选取试点区域，实行试点改造的策略。提炼总结试点经验后，选取 A+、A 类供电区域以及 B 类供电区域的重点园区划分推广区，实行优先改造。C、D 类供电区域的农村区域架空线路可参照"雪花网"电气连接方式差异化建设。

3. C 城"钻石型"结构

C 城的"钻石型"结构配电网是在 2020 年建成的。"钻石型"配电网具有"全互联、全电缆、全断路器、全自愈"的技术特征，其核心是 10kV 开关站，它作为核心节点，采用双侧电源供电，并配置自愈功能，形成双环网结构。这使得它在供电可靠性和负荷转供能力方面具有显著优势。

（1）接线模式。"钻石型"配电网是以开关站为核心、主次分层的配电网，主干网以开关站（断路器）为核心节点、双侧电源供电、双环式连接、配置自愈系统，次干网以环网站（负荷开关）为节点、单环网连接、配置配电自动化。"钻石型"配电网形态结构如图 2-21 所示。

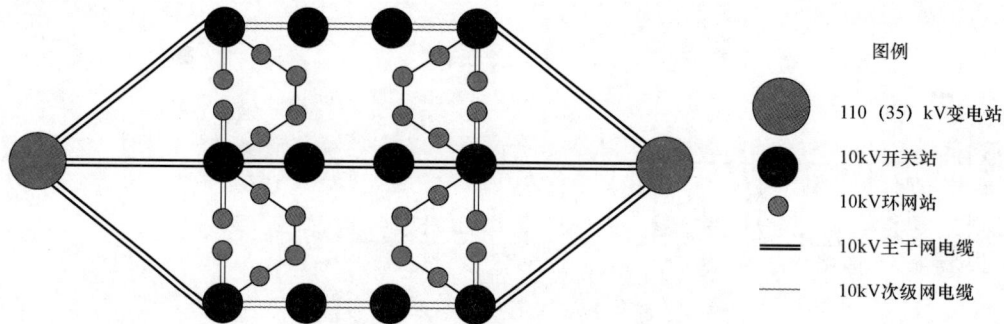

图例
- 110（35）kV变电站
- 10kV开关站
- 10kV环网站
- ━━ 10kV主干网电缆
- ── 10kV次级网电缆

图 2-21 "钻石型"配电网形态结构

从用户供电视角看，"钻石型"配电网构建的是一个"以用户为中心"、满足用户多元化接入需求的配电网。用户可根据其用电容量和供电可靠性的差异化需求采用开关站、环网站供出的双侧电源单环网或单侧电源单环网。对于用户来说，无论是提供低压用户供电电源的 10kV 环网站、还是提供中压用户供电电源的 10kV 开关站，任意一回 10kV 及以上公共电网线路故障时都能够保障用户不停电。

（2）主要特点。

1）核心优势。"钻石型"配电网具有安全韧性、经济高效、可靠自愈和精益实施的特点：

a. 安全韧性方面，站间负荷转供通道多，负荷转供灵活。在正常运行方式下，"钻石型"配电网解决了传统过电流保护下由于保护定值无法结合运行方式实时调整导致的正常运行方式下网架灵活性不足问题，可结合纵差保护和自愈系统实时灵活调节变电站所供的开关站数量，在不降低配电网供电可靠性的前提下，实现上级电源变电站负载实时有效平衡，非常适用于大容量主变压器、小容量主变压器交叉供电的区域及变电站负载率不均衡的区域，可延缓变电站新建或增容投资。

b. 可靠自愈方面，结合"钻石型"配电网形态特点简化保护配合层级，在主干网配置光纤纵差保护，配置分布式自愈系统，简化了保护层级，满足单重、多重故障下的快速自愈，解决了"钻石型"配电网开关站保护多级配合困难的问题，实现毫秒级隔离及百毫秒级供电恢复，供电可靠率达到 99.999% 以上水平。

c. 经济高效和精益实施方面，对于网架基础条件比较好的区域，如基于上海市现状已建成开关站单环网，改造成"钻石型"配电网可有效利用原单环网中的开关站和进出线，在基本保留已建电缆网的基础上，通过站内线路并接、已建线路开断改接、线路加绑等方式即可完成"钻石型"配电网改造，可实施性较强。对于新建区域，提前谋划开关站布局，也可以实现经济可控。

2）主要不足。"钻石型"配电网是非并列运行的双环网，单一故障（单台主变压器、单回线路停电）需要切换，存在瞬时失电风险。

（3）适用场景。"钻石型"配电网适用于负荷密度大于等于 15MW/km$^2$ 的高负荷密度区域、负荷转移不足区域、存在重要用户或分布式电源大量接入的区域。

1）以电缆网为主，把开关站定位为配电网主要电源、供电安全性和可靠性要求高的地区。

2）"钻石型"配电网可结合纵差保护和自愈系统实时灵活调节变电站所供的开关站数量，在不降低配电网供电可靠性的前提下，实现上级电源变电站负载实时有效平衡，尤其适用于大容量主变压器、小容量主变压器交叉供电的区域以及变电站负载率不均衡的区域。

3）"钻石型"配电网具有分布式电源和大容量用户接入的友好性，可为重要用户提供双侧或多侧电源，适用于存在重要用户或分布式电源大量接入的区域。

4. D 城"星型"结构

D 城的"星型"结构配电网是在 2020 年建成的。这种配电网的设计灵感来源于星光的辐射模式，通过构建以开关站为节点的双环网作为主干网，实现开关站之间的相互连接；同时，以环网柜为节点形成单环网作为次干网，从而打造出"星型"接线结构。

（1）接线模式。示范区推荐采用主干网自愈模式网架建设技术路线，采用"星型"结构组网模式构建配电网典型网架结构，形成"主次双层、双通互济、主配协同、全停全转"的坚强配电网。

示范区 10kV "星型"网架结构示意图如图 2-22 所示，"星型"结构组网模式是以变电站为源点，开关站为主节点，与周边变电站形成电缆双环主干网，以环网柜为节点形成双环网内或双环网间的次干网，实现各种情况下的负荷灵活转供。每一组与相邻变电站组成的双环网可视作变电站为星源的一束星光，实现"星星相连，可靠供电"。"星型"网架主干、次干网站内接线示意图如图 2-23 所示。

"主次双层、双通互济"构建主干网、次干网两级中压网架结构。10kV 主干电缆网以开关站为核心节点，形成双环网网架结构。开关站开关设备均为断路器，采用单母线分段接线。任一线路停运情况下，负荷可经由开关站母线联络由至少 2 回线路转供，实现智能分布式自愈控制。线路所供负荷能够满足高峰负荷正常方式"N-1"和检修方式"N-1-1"。10kV 次干电缆网以环网柜为节点，由开关站供出，形成单环网网架结构。通过次干单环网，实现开关站母线或开关站配出线路停运情况下的远程局部负荷转供，进一步减少停电范围和停电时间。

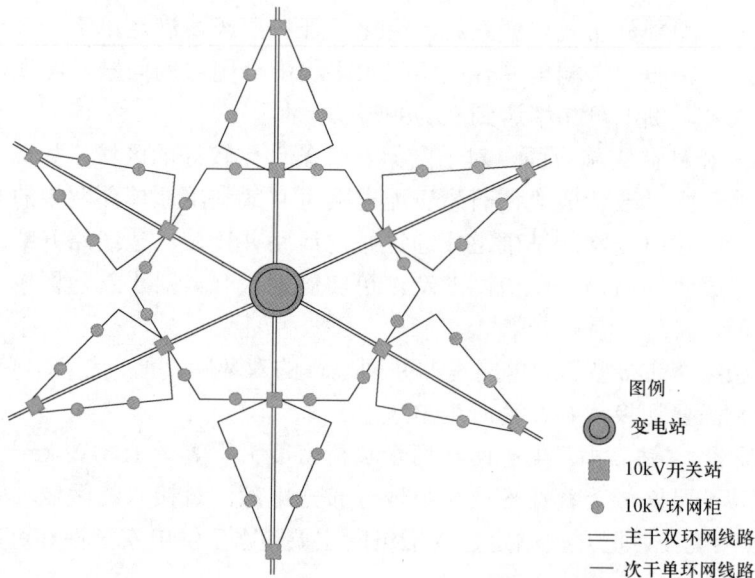

图 2-22　示范区 10kV "星型" 网架结构示意图

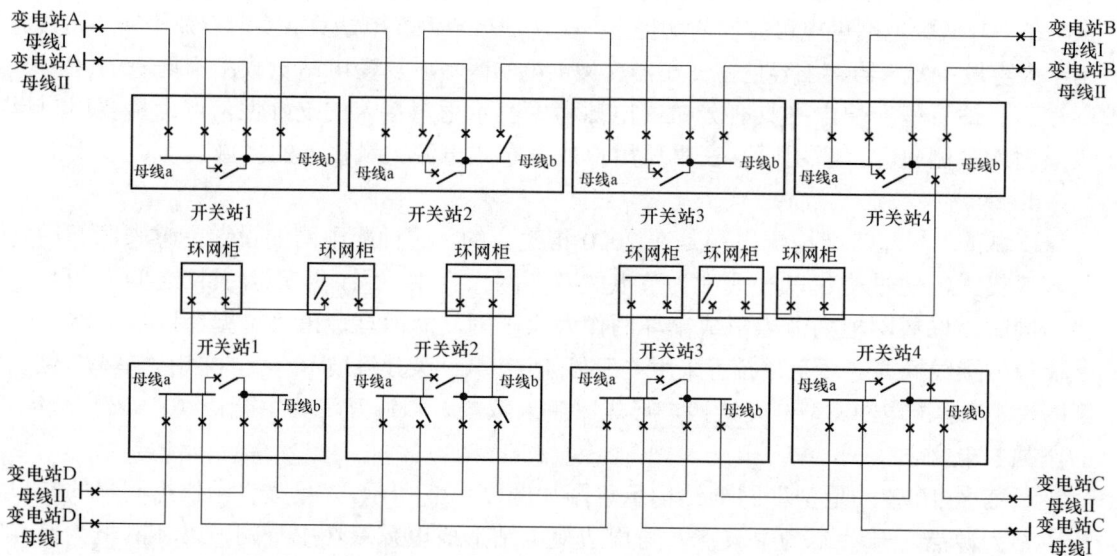

图 2-23　"星型" 网架主干、次干网站内接线示意图

　　"主配协同、全停全转" 主干双环网两侧电源来自不同变电站，变电站全部出线均形成站间联络，变电站站间联络率达到 100%，站间负荷转供能力达到 100%。通过 10kV 主干开关站双环网灵活负荷转供通道，实现变电站正常运行方式下的负载均衡，除满足 10kV 电网 "$N-1$" 安全供电外，可支撑上级变电站满足检修方式下 "$N-1$" 安全供电。实现变电站母线或主变压器故障、检修停运情况下的负荷全停全转。

　　（2）主要特点。

　　1）优点。

　　a. 充分结合了 E 城电网的实际。对于单双电缆环网、开关站与环网柜并存的地区而言，基于现状电网物质基础，通过较小的改动、较少的投资，即可实现设备、通道的利用效率以及供电可靠性的阶跃式提升。

b. 未突破国家电网有限公司现有标准网架范畴。本质上"星型"网架主干网为双环网，次干网为单环网，均为标准网架。在此基础上，现有设备选型标准，自动化动作逻辑对于"星型"网架全部适用，电网建设在具有很好的延续性、快速组网的同时，避免了大拆大建。

c. 符合智慧化配电网发展方向。"星型"网架在标准网架的基础上，采用了差动保护、分布式自愈、智能融合终端、5G通信等技术，能够有效满足分布式电源的广泛接入需求，有效满足多元负荷接入需求，能够有力支撑新型电力系统建设，是对智慧化配电网发展的有益探索。

2）缺点。

a. 次干网形成单环网，增加了一侧开关站馈线电源，增加了开关站间隔和电缆通道需求。

b. 纵差保护及自愈功能实现，对通信的可靠性、安全性、实时性要求较高。

（3）适用场景。

单双电缆环网、开关站与环网柜并存的建成区现状非标准网架梳理和改造，而是负荷密度高、具有开关站建设条件、对供电可靠性要求较高的新建区。

5. E 城"蜂巢"结构

E 城的"蜂巢"结构配电网是在 2021 年建成的以蜂巢结构为模型构建的城市形态。它借鉴自然界的蜂巢设计原理，将城市的各个部分视为相互关联、紧密配合的组成部分。这种城市规划理念强调高效利用空间，注重城市内部结构的合理布局，以实现城市的可持续发展。

（1）接线模式。中压蜂巢网架结构是一种通过 6 回 10kV 线路两两互联作为主干网架，以相邻小型交直流微网通过各自的公共连接点与配电网主干网架连接，从而组成蜂巢状有源配电网。通过这种结构，可以实现更智能、更经济的电力供应，满足现代城市对高效率和高可靠性电力系统的需求。

中压蜂巢结构分为交流组网、交直流混合组网两大方向，中压蜂巢组网拓扑结构示意图如图 2-24 所示。

（2）主要特点。"蜂巢立体弹性能源互联网"是受蜂巢形状启发而提出的一种新型电力系统拓扑，其将现状电网分割为若干个"源网荷储"规范配置的自治单元（局部电网、微电网），每个"蜂巢"内源网荷储规范配置、高效协同，且具有一定自平衡和自持能力，具有高可靠性、高互动性、高自治性、高扩展性四大核心特征。实现了"电力保供能力更强""能源转型支撑更强"，推动电网从"被动适应新能源并网带来的不确定性"的模式转向"主动适应强不确定性的源网荷储协同互动"的模式。转变交流组网的优点是可直接由现状的线路改造实现，柔性开关造价较低；缺点是直流资源需要经过逆变才可接入电网，损耗较高。因此，交流组网适用于直流资源开发强度不高的区域。

交直流混合组网的优点是直流资源接入可直接接入直流电网，损耗低，缺点是柔性开关价格相对较高，并且需要新建直流线路。因此，交直流混合组网适用于直流资源开发强度高的区域。

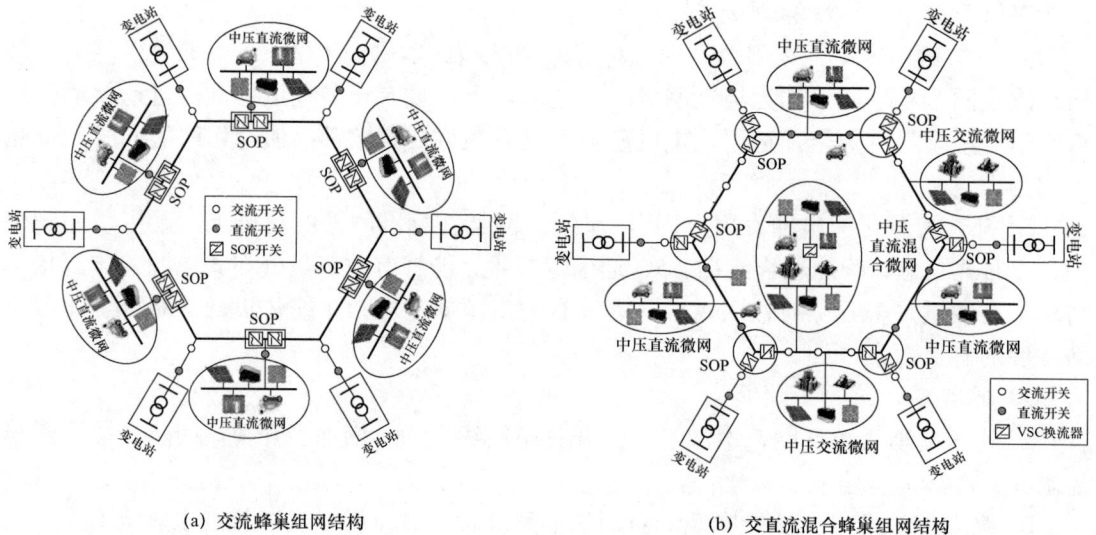

(a) 交流蜂巢组网结构　　　　　　　(b) 交直流混合蜂巢组网结构

图 2-24　中压蜂巢组网拓扑结构示意图

（3）适用场景。通过分析不同电压等级现状电网的接线模式、可靠性要求，结合"源-网-荷-储"资源规模发展情况，明晰了蜂巢组网的适用电压等级，即以中压为主、低压为辅、高压基本保持不变。

6. F 城"三供一备"+"光纤纵差"接线

（1）接线模式。"三供一备"接线为 3 条电缆线路连成电缆环网运行，另外 1 条线路作为公共的备用线路。接线模式示意图见图 2-25。非备用线路可满载运行，若某条运行线路出现故障，可以通过公共联络点切换将备用线路投入运行。

（2）主要特点。与常规三供一备接线不同的是，本接线模式中，3 回主供线路内部采用光纤纵差保护快速隔离故障，备用线路的公共联络点通过配电网自愈，自动进行负荷转供。这种设计确保了在任何一路电源发生故障时，其他电源仍然可以提供供电，从而大大提高了供电的可靠性和系统的稳定性。此外，这种接线模式还通过科学的分段和联络开关设置，实现了线路的高利用率，满足 $N-1$ 原则要求下，设备利用率为 75%，远高于传统单辐射接线的 50% 利用率。

光纤纵差保护是一种高可靠性的保护方式，它通过光纤通信网络实现纵联保护，能够在极短的时间内检测并切除故障，从而保证系统的稳定运行。光纤纵差保护具有传输容量大、抗干扰能力强、传输可靠性高等特点，并且具有自愈切换保护功能，能够在通道故障时迅速切换到备用通道，保证供电的连续性。

（3）适用场景。"三供一备"+"光纤纵差"接线模式适用于需要高可靠供电和快速故障响应的场景。例如，在关键基础设施、工业生产和医院等对供电连续性要求极高的场所，这种接线模式能够确保在故障发生时快速切换到备用线路，减少停电时间。此外，光纤纵差保护的高可靠性和快速响应特性使其特别适合用于长距离输电线路和重要电力网络的主保护。

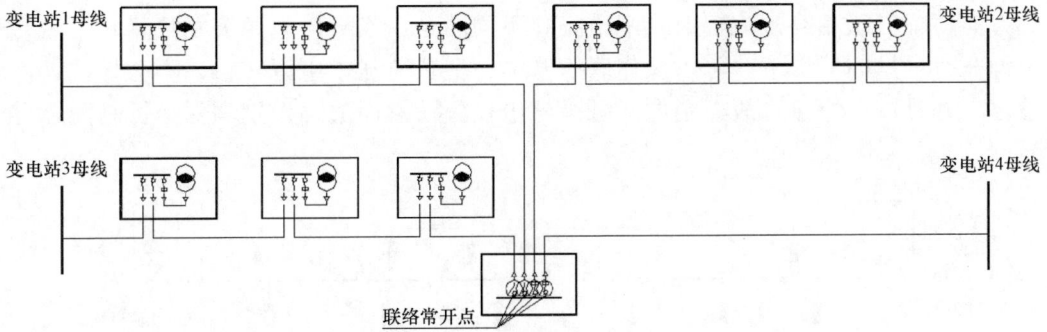

图2-25 三供一备（光纤纵差）接线模式示意图

## 二、交直流配电网网架

### 1. 交直流配电网拓扑结构

结合现有直流配电领域拓扑结构，根据不同的适用场合以及直流线路的架设情况，交直流配电系统（Distribution System，DS）拓扑结构主要包括3种类型：辐射状交直流 DS、两端供电型交直流 DS 以及环状交直流 DS。在原有交流 DS 基础上构建交直流 DS，目前只需要规划相应的直流 DS。

（1）辐射状直流 DS。辐射状拓扑又称放射或者树状拓扑，是配电网拓扑类型中最基本的结构。其网络拓扑如图2-26，每一条负载线路都只能通过单条线路从电源获取电能。该网络比较简单，保护需求比较低，电能可以通过高压直流输电直流-直流（Direct Current to Direct Current，DC/DC）变换、交流输电交流-直流（Alternating Current to Direct Current，AC/DC）变换以及分布式电源（Distributed Generation，DG）一起将电能传输到中低压直流 DS 直流母线上，单向给 DS 供电，与储能设备双向交换电能。但辐射型网络结构具有一个明显缺陷，当直流母线或者更高电压线路发生事故，DS 全体都会终止电能供应，发生大范围停电事故。

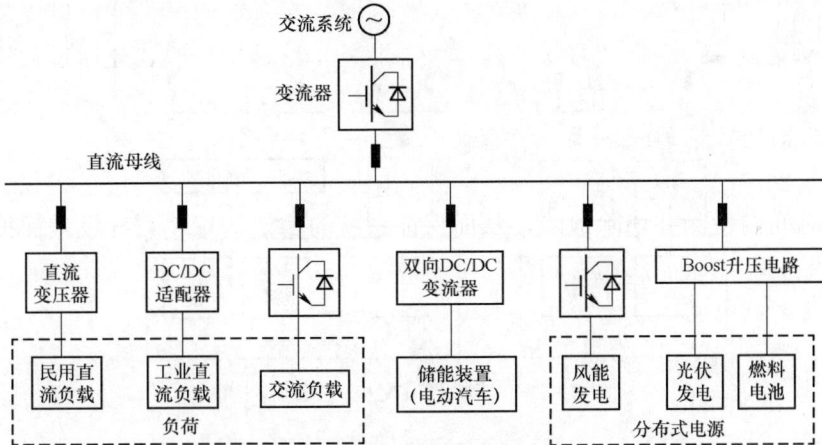

图2-26 辐射型直流配电网拓扑结构

（2）两端供电型直流 DS。两端供电型直流配电网拓扑结构如图2-27所示，其电能流通方向与辐射状相同，与辐射状配电拓扑不同的是，当一侧电源突发故障时，另外一侧电源在有余量的情形下，可以操作联络开关，把负荷从该电源转移，不会导致大片地区停电，并且可以快速对故障定位，减少停电损失，然而故障识别和保护控制配合有一定难度。

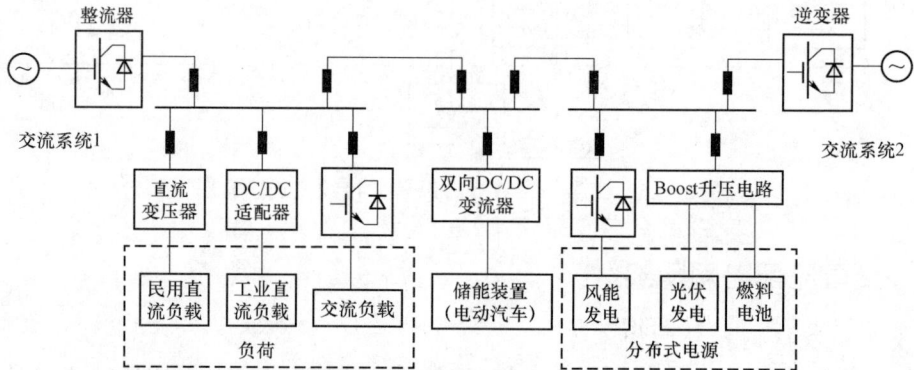

图 2-27　两端供电型直流配电网拓扑结构

环状直流配电网拓扑结构如图 2-28 所示，当网络中任意一点发生故障，直流断路器将迅速动作，待故障位置确定并且被隔离之后，其余部分仍可以正常工作，减少了分布式能源与储能配置的功率损失。相比于点对点供电，环状 DS 的联络开关动作更快，拥有更高的可靠性，但其对保护的配置要求更严格，将会增加系统的投资建设成本。

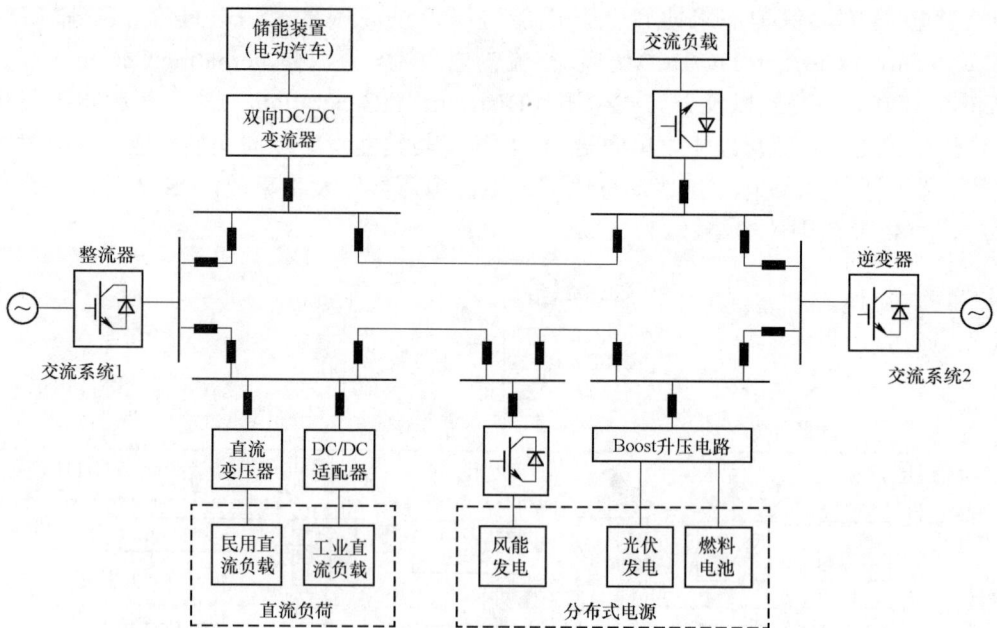

图 2-28　环状直流配电网拓扑结构

在现代城市 DS 中，交流 DS 处于主导地位，随着直流相关技术的发展和直流 DS 的建设，以交直流混合 DS 为基础，直流 DS 的规模会逐步扩大，最终构成大区域互联的交直流 DS。选取直流 DS 拓扑结构要求全面计及直流可靠性、输送范围和建设等工程项目需求。通常，网状结构主要用在直流输电的系统，而辐射状拓扑主要用在直流配电系统。

2. 典型应用场景

交直流配电存在不同的电压等级、不同的负荷需求及不同的可再生能源消纳方式，其网络拓扑与电气组成也随其应用场景的不同而不同。对不同的直流 DS 应用场景，按照不同的负荷需求与新能源接入方式进行拓扑形式的详细划分，并在现有直流技术水平的基础上对各种拓扑结构的电气组成展开分析，指导交直流配电网的设计。典型应用场景如下：

（1）直流负载集中区。该场景主要是中压和低压直流负载。低压直流负载主要包括居民用电、商业用电、公共服务用电等用电类型，此种负载的特点是负荷波动较小、时间分布较集中、负荷总量增长平缓、可预测性强。中压直流负载如工业用电、大型游乐园区用电等，此种负载的特点是负荷波动较大、用电时间固定且负荷增长为阶梯性增长。

直流负载集中区场景下的电气组成主要是中压 DC 负载和低压 DC 负载，以及高压交流或直流输电网，中间通过中低压直流 DS 进行连接。高压交流输电网通过降压变压器和交直流换流器连接中压直流，通过直流型变压器连接中压直流。各 DC 母线之间使用直流变压器连接，保证功率的双向流通和运行形式的匹配。由于当前直流负载集中区相对较小，故障概率较小，因此采用了放射式网络结构。在直流负载集中区应用直流配电网，可以节省负载连接交流电网时各自配备的整流器，有效降低整个系统的成本并增大系统可靠性和效率。

（2）居民旧城改造。此场景由于是居民旧城改造的直流 DS，所以主要负荷为低压交流负荷，可能还带有一些 DG 设备和相关储能设备。该地区的电网容量过小，已经不再适合日益发展的负荷需求。居民区旧城改造的主要技术需求是通过发挥直流配电网供电能力强的优势，解决老城区扩容改造过程中供电走廊紧张的问题。该应用场景下的电气组成主要是老旧居民区的低压交流配电网，以及高压交流或直流输电网，中间通过中压直流 DS 实现联通。

根据城区的位置临近选取高压交流或者直流作为直流 DS 的上级。高压交流降压变压器与交直流换流器连接中压直流配电系统（Medium Voltage Direct Current Distribution System，MVDC-DS），高压直流经过直流型变压器联通 MVDC-DS。因为居民区可靠性需求不高，同时直流线路自身可靠性很高，考虑经济性，采用中压放射型网络配电至各居民区，最后经交直流换流器输出 380V 交流和当前低压配电线路匹配。也可以将一部分交流低压 DS 改造为直流低压 DS，为预期的直流负荷提供电源，节省 AC/DC 换流器的开支，且方便直流输出的 DG 接入，增大该地区 DS 的 DG 渗透率，减少网损，且直流配电网可以辅助交流 DS 进行潮流优化，并增加交流 DS 的稳定性、可靠性。

（3）工业园区。工业园区直流 DS 的负荷主要是可靠性需求大的负荷和负荷功率大的工业园区。其主要技术需求是充分发挥直流 DS 供电可靠性强的优势，保证大功率重要负荷供电的高可靠性。该应用场景下的电气组成主要是负荷供电可靠性要求高、负荷功率大的工业园区，以及高压交流或直流输电网，中间通过中压直流 DS 实现联通。

对于工业园区的供电特点，其主要是以高压直流或高压交流输电网的落点为电源点，通过中压直流配电网进行送电，利用直流 DS 潮流可控的特点，使用手拉手结构，实现直流 DS 的双端供电合环，比交流 DS 闭环设计的开环运转具有更高的可靠性。手拉手结构两端的电源来自两个高压输电网，根据工业区的位置，两路高压电源可以是两路高压交流、两路高压直流或一路高压交流和一路高压直流。在工业园区中应用直流配电网，由于直流线路具有可靠性更高、可以采用手拉手结构进行合环运行以及便于储能接入等优势，满足了工业园区客户的高强度可靠供电需求。

（4）集结可再生能源区。集结可再生能源发电的直流 DS 主要为大型风电资源的并网。高压交流输电虽然技术相对成熟、价格较为低廉，但因受到充电功率的限制，传输距离较近。就线路较长的海上风机群而言，柔性直流显然更符合需求，其主要技术需求是通过直流 DS 实现 DG 的高效可靠接入及输送。对于大规模风电场或太阳能电站，发电单元数量较多，基于光伏和风电的直流电源形式采用直流 DS 集结效率更高、可靠性更好。

该场景使用中压电压等级环网，以便多电源并入和提高配电网效率。光伏电源的输出电压较低，需要多组串联或由直流变压器升压，风电经整流后可以直接并入。中压直流环网还应具备直流升压站或交直流换流站和交流升压站，用于把可再生发电高压远距离传输。中压直流环网还建有中压交直流换流站，用于连接中压交流 DS 或中压直流 DS，满足对附近用电负荷的供电和新能源发电的就地消纳。集可再生能源发电的直流 DS 灵活满足了 DG 的高效入网、就地吸收和广范围传送。同时，海上风电机群一般是成块分布，距离较大，采用多端直流的结构更符合场景需求。

# 第四节　不同场景下配电网发展形态发展和演变路径

我国各地经济社会发展和电网特点差异明显，若按统一的标准建设配电网，会造成设备资产利用率不高甚至严重浪费的情况。结合自然资源分布、分布式新能源和柔性负荷的发展趋势及其对配电网形态影响，重点开展面向城市、农村、园区三大场景的配电网形态发展及演变路径研究。

## 一、城市配电网形态发展和演变路径

城市场景下，分布式能源占比不高，但多元柔性负荷发展较快，城市配电网形态演化目标是满足多元负荷不断增长的发展需求。

1. 近中期

网架形态方面，城市配电网主要为交流骨干网络，目标网架结构有链式和环式。随着城市社会经济发展，电动汽车等直流负荷呈现快速增长态势，考虑到直流输电具有传输容量大、损耗小等优势以及直流配电技术发展，局部区域开展直流配电示范建设。随着城市经济的进一步发展，城市负荷将呈现多样化趋势，局部具有极高可靠性需求的区域可因地因需发展花瓣、蜂窝、雪花等高可靠网架。

数字形态方面，随着城市用户侧资源的不断挖潜开发，通过构建包括调度层、负荷聚合层、用户设备层的三层调控架构，支撑用户侧灵活资源的协调控制，实施多时间尺度下的"电源＋电网＋用户侧资源"协调优化调度，实现信息物理系统深度融合，柔性负荷资源融入源网荷储智慧协同建设，形成多资源、多时空的源网荷储资源协同优化互动体系。

商业形态方面，用户侧资源利用以能效管理、需求响应为基础，以精准实时负荷控制作紧急保障，以有序用电作保底，更加注重需求响应和精准实时负荷控制的友好互动性，商业模式处于起步阶段。随着全国统一电力市场体系建设推进，相关市场机制日益成熟，逐步实现市场融合和效率提升。从负荷侧资源参与需求响应竞价和辅助服务市场起步，着力节约电力投资和促进新能源消纳。加快推动负荷侧资源参与现货市场和中长期市场，并逐步与辅助服务市场融合，提高市场整体效率。

2. 中远期

城市负荷发展处于成熟期，产业结构稳定，各类负荷基本无增长。预计城市配电网网架形态基本成熟，呈现环式、网式、微网、交直流等多种网架形态并存格局，具备广泛互联、坚强可靠、智能高效、柔性灵活等特点，足以满足数字化管控和市场形态发展需要。基于智慧能源服务平台（源网荷储资源聚合平台），聚合各类优质可调节资源、社会聚合商，提供能效管理、需求响应、现货交易、多能协同、智能运维、项目管理、能源大数据、能源金融支撑、能源生态圈等主要业务，与源网荷储调控平台实现对接，打造源网荷储协同互动产业生态圈。

## 二、农村配电网形态发展和演变路径

农村场景下，分布式新能源渗透率不断提升，但负荷密度低。农村配电网形态演化目标是服务于分布式新能源的发展需求。

1. 近中期

网架形态方面，农村配电网主要面临有限承载力与分布式电源及负荷快速增长之间不平衡的矛盾；需要挖掘配电网的内在潜力，提升承载能力和整体利用率。针对分布式电源规模化接入需求，开展配电网可开放容量分析与计算，逐步升级农村配电网；局部开展台区柔性互联，提升区域新能源消纳水平；大量分布式电源与本地负荷、储能等形成不同大小规模的微电网形态接入配电网；大电网延伸受限的偏远地区建设离网型微电网。

数字形态方面，采用局域自平衡电网集群控制，实现不同电压等级及不同区域内分布式电源和负荷的最佳匹配。重点利用配电自动化系统、现有台区智能融合终端、用电信息采集系统实时感知优势，提高分布式资源调度控制能力，试点应用区域集群控制，促进农村分布式电源就地消纳。

商业形态方面，以机制模式创新促进分布式电源就地消纳、满足多主体利益诉求，强化分布式电源市场主体地位，促进储能等调节资源市场化配置，邻近农村地区开展分布式市场化交易。近中期主要以政策引导农村分布式电源接入规模及用电行为，通过储能强制配置政策为自平衡创造条件。

2. 中远期

农村分布式电源发展成熟，柔性互联控制能力显著提升，储能市场化配置强化分布式电源就地自平衡比例，极大促进了群内自治、群间协调。分层协同的分布式电源集群调控形成，"云、管、边、端"调控架构更加成熟，主配网调度与自平衡局域电网调度高度融合互动。市场化开发利用机制完善，自平衡机制更趋完善，多元市场交易模式促进农村能源互联互通，与绿电交易、碳排放权交易等市场机制有效衔接。

### 三、园区配电网形态发展和演变路径

园区场景下，分布式新能源和柔性负荷比例相对较高，主要包括绿色微电网（简称微网）型园区和综合能源服务型园区。

1. 近中期

网架形态方面，绿色微电网园区对于大电网依赖程度减弱，根据构成要素不同，形成以电为核心且集成多种能源形式的商企建筑微网、以分布式光伏为主的工业厂房微网等类型。综合能源服务园区仍要依赖大电网支撑，根据园区资源情况，可发展基于多能互补的微能网、基于冷热电联的园区分布式能源站等类型。

数字形态方面，当前微网建设处于试点阶段，尚未建立一体化协同运行模式。随着"源网荷储"及微网技术的快速发展，微网和微网群控制策略日趋成熟。综合能源服务园区供给途径灵活多样，且每种能源都有两种及以上的供给途径。不同季节和应用主体会导致园区具有不同的用能需求，进而需采取差异化运行控制模式。

商业形态方面，市场机制尚不成熟，政策需求有待进一步完善，存在作为独立运营主体的市场定位需进一步明确、参与需求侧响应市场效益不高、运营流程及各参与方职责尚不明确等问题，亟需从规划设计、投资建设、调控运行、交易结算、体制机制等方面提出相应解决方案。

2. 中远期

中远期绿色微网园区逐步形成多微网群形态，实现微网内部自治、微网群间协同互济。综合能源服务园区逐步实现园区内多种能源互补互济，形成多微能源网形态。随着市场交易、价格机制完善，安全责任边界厘清，系统容量成本、调节成本统筹，园区可作为需求侧响应主体，参与电力辅助服务，开展余电上网交易。

# 第三章 配电网智能设备

本章对配电网中各类智能设备进行分析，在介绍智能配电设备概况后，分别对智能开关设备、新型故障指示器、智能配电站房、智能配电台区的类型、关键技术及应用情况等详细介绍。

## 第一节 智能配电设备概述

配电网管理的物理对象是配电线路、配电设备和终端用户。配电线路网络结构复杂，供电方式多变，架空线路、电缆线路运行状态和环境不同；配电设备的种类多、数量大，应用方式多；终端用户包括工业用户、居民用户、商业用户和重要用户（如政府、银行、医院等），供电负荷特点多变，对配电网管理带来了巨大的挑战。

提高配电网的供电安全可靠性、提升电能质量，需对配电网供电运行状况的"一举一动"瞬间掌握，使配电网从静态管理上升到动态管理。配电设备作为配电网中的节点设备，其智能化水平是智能配电网得以实现的重要保障。

### 一、配电设备智能化

#### （一）智能配电网对配电设备的要求

智能配电网是指以物理配电网为基础，建立在集成的、高速双向通信的网络上，利用先进的传感量测技术、电力电子技术、智能控制技术、现代信息技术、计算机通信技术、物联网技术和电力新能源技术，将配电网在线数据和离线数据、配电网数据和用户数据、电网结构和地理图形等信息进行高度集成管理，具备支持分布式电源、储能装置、电动汽车等设备接入和微电网运行的新型配电网形态。

智能配电设备是根植于智能配电网上，支撑智能配电网有效运行管理的主要设备。因此，智能配电网的需求是智能配电设备设计应用的基础。

1. 更高的供电可靠性

提升配电网供电可靠性，要求其具有抵御自然灾害和外部破坏的能力，并能够进行配电网安全隐患的实时预测和故障的智能处理，最大限度地减少配电网故障对用户的影响。自愈控制是提升配电网供电可靠性的重要手段，基于可靠的电气设备构成的坚强配电网架是实现自愈控制的基础。

自愈控制包括预防性控制和故障处理。预防性控制是利用智能配电设备提供的各电气量和状态采集量，通过配电主站对数据进行有效分析，减少缺陷对用户影响，避免障发生。

故障处理需要有可靠的智能配电设备，以降低电气设备自身故障发生的概率，避免故障处理过程中的障碍。利用智能配电设备就地化的保护功能，实现各类故障的有效处理并具备必要的容错能力。通过快速故障隔离、及时切除故障区域，最大限度地保障健全区域供电，避免故障影响范围扩大。

2. 更优质的电能质量

利用先进的电力电子、电能质量在线监测和补偿技术，实现电压、无功功率的优化控制，保证电压合格，实现对电能质量敏感设备的不间断、高质量、连续性供电，智能配电设备为此提供了基础的功能和保障。

3. 更好的兼容性

在配电网侧接入大量分布式电源、储能装置、可再生能源，与配电网无缝隙连接智能配电设备是实现"即插即用"的重要节点。通过合理地控制智能配电设备的运行状态，可以有效地增加配电网运行的灵活性、提升负荷供电的可靠性。

4. 更强的互动能力

随着新能源高比例接入、储能规模化应用，配电网的物理特性、运行模式、功能形态发生了深刻变化，电网与用户的互动性将大为增强。智能配电设备作为配电网和用户互动的衔接点，通过衔接智能表计，支持用户需求响应；利用智能配电设备对拥有分布式发电单元的用户在用电高峰时向电网送电的管理，电网可为用户提供更多的附加服务，逐步实现电力企业以用户为中心的服务意识转变。

5. 更高的配电网资产利用率

有选择地实时在线监测智能配电设备的运行状态，通过充分利用设备容量、有效实施状态检修、优化运行管理，延长配电设备使用寿命，提升设备资产利用率。

6. 集成的可视化管理

在智能配电设备配合下，实时采集配电网运行数据，这些数据与离线管理数据高度融合、深度集成，可实现设备管理、检修管理、停电管理及用电管理的信息化。

**（二）智能配电设备的特征**

智能配电设备将传感技术、控制技术、电子技术、计算机技术、信息技术、通信技术与常规配电设备有机结合，具备了测量数字化、控制网络化、状态可视化、信息互动的新特征，实现了从模拟接口到数字接口、从电气控制到智能控制的跨越，提升了配电设备与配电网的互动水平。

虽然智能配电设备种类繁多、结构功能各异，但在一体化结构、集成式功能、自我诊断、交互和效能等方面，具有明显的智能化特征。

1. 一体化结构是智能配电设备最直观的特征

普通配电一次设备和二次设备分别独立设计，通过外部标准化接口实现成套。智能配电设备的一次和二次部分采用一体式设计，解决了一次和二次设备寿命匹配性问题。智能配电设备一次本体集成更多的电气量、状态量传感器，二次部分小型化和模块化设计，一次和二次设备通过内部标准化机械、电气、通信等接口实现融合。因此，一体化结构是智能配电设备最直观的特征。

2. 集成式功能是智能配电设备最实用的特征

普通配电开关、配电变压器等设备的测量、控制、保护、计量等功能，一般由不同的互感器、二次回路和控制器/装置实现，存在不同程度的功能重复。智能配电设备采用宽范围、高精度的传感器/互感器，通过一套高性能的综合装置，集成实现测量、控制、保护、计量等功能，同时满足各类业务的应用需求。因此，集成式功能是智能配电设备最实用的特征。

3. 自我诊断是智能配电设备最核心的特征

配电设备数量庞大、单体设备成本低，通常缺少有效的自检手段，现场巡视和运维难以发现一些潜在隐患，通常是事故后被动抢修为主。智能配电设备具备关键状态在线监测和整体健康状态评估的自诊断能力，定位并指示设备异常，为配电设备主动运维、检修提供支撑。因此，自我诊断是智能配电设备最核心的特征。

4. 友好交互性是智能配电设备最基本的特征

普通配电二次设备的通信方式和通信规约多样，设备模型和交互信息模型不统一，相互交互，依赖人工配置。智能配电设备采用统一、规范的接口和模型，具备自描述、自发现、自注册的即插即用交互机制。因此，友好交互性是智能配电设备最基本的特征，是配电设备智能化的直接体现。

5. 经济高效实用是智能配电设备高价值的特征

智能配电设备是传统配电一次、二次设备的升级，智能化不应与高成本、复杂化、维护难、易损坏等问题等同，经济、实用、高效是其高价值的特征。智能配电设备通过支持现场环境自适应、人工配置最小化、日常运行免维护、缺陷故障自定位，有效提升配电网运行可靠性和运维精益化水平。

**（三）智能配电设备的应用要求**

近年来，以一二次融合柱上开关、环网箱等为代表的智能配电设备，在国内配电自动化建设中推广并开始了规模化的使用。面向智能配电设备的规划设计、招标采购、检验检测、安装调试、运维检修等整个设备全寿命周期的管理，对智能配电设备提出了进一步的应用需求。

1. 安全可靠性

配电设备应用地域环境复杂，存在大量户外设备，相对于输变电设备的高度集中，配电设备管理难度大，因此，配电设备坚固、耐用是基础。特别是智能配电设备因大量电子元器件的使用，更需要提升整体品质、保证其户外适应性。

智能配电设备必须在设计环节、材料选型、生产管控、安装规范等方面保障设备坚固耐用。此外，无论是正常运行、自身故障、相邻故障、自然灾害等情况，智能配电设备的应用需要保证人身安全、设备安全。通过采用成熟技术和可靠元器件，具备完善的自诊断、防误操作和保护闭锁功能，可确保智能配电设备在试验检测、长期运行、操作控制、异常或故障、维护检修方面的安全性和可靠性。

**2. 环境适应性**

大量配电设备安装在户外，直接受海拔、气象条件等影响，运行环境复杂多变。配电设备一般要求能在 $-40\sim+70℃$ 的温度范围内正常运行，沿海、盐雾及严重化工污秽区域更需要采用耐腐蚀材料，以满足防尘、防潮、防凝露要求，防护等级要达到 GB/T 4208—2017《外壳防护等级（IP 代码）》规定的 IP54 或更高要求，适应平均值 95% 的环境相对湿度。此外，因户外配电设备的防雷设施和接地条件一般，这对配电设备的抗电磁干扰设计提出了更高的要求。

**3. 少（免）维护性**

配电设备使用地域广泛、运行数量庞大，户外作业维护的工作量大且维护成本高，因此，少（免）维护的配电设备尤其重要。

智能配电设备一二次融合技术的应用，可以解决运维难题。通过标准化，减少电源系统、操作系统、测量系统因一次和二次系统之间不匹配带来的现场安装调试难度及投运后的责任归属问题。此外，配电开关设备内置隔离开关、内置互感器或传感器、配电终端可视化指示等措施，可以大量减少现场运维工作量。

**4. 轻量与小型化**

因需要大量户外安装作业，配电设备的轻量化和小型化显得尤为重要。智能配电设备增加了配电终端、采样和取电装置，户外安装更复杂。通过配电一次和二次设备的深度融合，优化一次设备材料、绝缘和结构设计，应用电子式传感、微功率通信、微处理和低功耗等技术，可以使智能配电设备在小型化、轻量化上得到进一步提升。

**5. 友好互动性**

智能配电设备不仅应具备监测配电网电压、电流、有功功率、无功功率等信息的能力，还需要逐步提升设备自身的感知能力。通过配套能够采集配电设备内部、外部信息的各类传感装置，增加对设备自身运行状态的评价预警，与配电管理系统形成友好互动。

近年来，光伏发电、风电、小型燃气轮机发电、大容量储能装置等分布式电源及电动汽车充换电设施开始接入配电网，对配电网现有继电保护配置、系统短路电流水平、配电自动化系统功能应用、电能质量、现场作业安全等产生影响，需要使用如实现公共电网和分布式电源的故障分界、并离网管控及接入后的电能质量仲裁的分界智能配电设备，从而形成与用户的友好互动。

**6. 成本经济性**

智能配电设备从技术研究、样机试制、试点应用到产品定型、应用推广，应有合理的发展周期，不应违背产品成熟规律。智能配电设备进行批量应用推广前，应通过技术经济性分析，实现产品化量产的智能配电设备应具有合理的综合性价比。

## 二、智能配电设备的发展过程

20 世纪初，英国、美国、日本等国家开始使用采用时间顺序送电方式的配电设备隔离故障区间、恢复非故障区段的供电，以减少故障停电范围、加快馈线故障地点的查找。随着自动控制技术的发展，国外电力企业陆续开发了自动重合器、自动分段器、故障指示器等馈线自动化设备，推动了馈线自动化（FA）技术的发展。

1998 年，我国启动了城乡电网改造工程，改造的重点是通过新技术的应用，提高城乡电网供电可靠性，解决配电网网架过分薄弱所造成的制约中国经济发展的供电瓶颈问题，配电自动化试点工程在全国相继展开。

当时，配电网网架薄弱，除了一些核心城市中心区域和新建重要工业区采用电缆线路外，大量架空线路如蜘蛛网般遍布城乡的供电角落，简陋的运行条件和环境造成配电网发生突发性事故的概率较高。由于配电网络多为辐射网，一旦发生事故时无法快速恢复供电，因此，城乡电网改造的一大重点是改善配电线路的网架，通过布点配电设备，增加配电线路的分段和联络，实现对配电线路故障的快速响应和恢复。由此，我国配电设备开启了自动化、智能化的历程。

1. 配电设备自动化

1998—2008 年是配电设备智能化的起步阶段。在长达十余年的发展过程中，配电设备经历了从手动到保护自动再到功能化自动的演进，奠定了配电设备向智能化发展的基础。

20 世纪 90 年代初，国内中压配电系统以架空线路为主，并且大量使用柱上油断路器作为隔离断口。然而油断路器自身性能（如几次开断后油碳化造成的绝缘下降易爆炸）及户外环境适应性等多方面因素，限制了其在自动化上的应用，$SF_6$ 配电开关和真空配电开关开始在配电自动化领域推广应用。

自动化应用的初期，通过加装配电开关实现线路分段、小区间化，配电开关以线路隔离为主，依托变电站馈线开关顺序送电查找故障，采用手动操作开关关合来实现线路的分段控制及线路故障的排查。这时，配电设备功能简单、应用范围小，属于探索性应用。

随着电子、计算机、通信技术的不断成熟，利用配电开关自动实现配电网故障隔离功能开始进入实质性的应用。配电开关配套控制终端实现配电线路故障隔离，代表了配电设备具备自动化的基本特征。配电开关的电动操动机构、电流互感器（TA）/电压互感器（TV）、分合信号反馈成为标配，配电开关具备了"三遥"功能、保护功能、参数配置功能、通信功能等。典型代表产品有基于电压—时间型与电压—电流型的就地馈线自动化配电设备、基于分界开关的就地保护型配电设备、基于电流型的主站控制集中型配电设备等。

伴随着配电自动化主站系统技术的日臻成熟，配电网形成了配电主站—通信—配电自动化设备的系统化产品格局，配电设备开始进入真正的自动化阶段。

配电设备自动化阶段，产品标准发展还不成熟，配电一二次设备分别以不同技术范畴的国家标准、行业标准为基础，各自独立检验、简单组合运行。期间，DL/T 721—2000《配电自动化远方终端》是完成配电设备向智能化发展的重要标准。当时，尽管智能配电设备的功能、性能不统一，各有特色、百花齐放，但这一阶段的探索实践为后续智能配电设备实用化、标准化、成套化、融合化奠定了技术基础。

2. 配电设备标准规范化

2009—2015 年是配电设备自动化发展成果的固化阶段。经过十多年的探索和技术沉淀，无论是配电设备功能性能需求、还是对产品应用的认识都已上升了一个高度，这时，迫切需要对具备自动化功能的配电设备进行标准化规范、应用规模化，真正辅助提升配电网的高效经济运行。

2009 年 8 月，国家电网公司在北京、杭州、银川、厦门 4 个城市的中心区域启动第一批配电自动化试点工程，试点区域平均故障处理时间从 68min 降至 9min，实用化取得了显著成效；2011 年又扩大到上海、南京、天津、西安等 19 个重点城市，2009 年，中国南方电网有限责任公司（简称南网公司）率先在深圳、广州开展配电自动化试点，取得初步成效后又扩大到中山、佛山、贵阳、南宁等 15 个城市。

随着示范工程的试点建设和应用，形成了一批配电设备技术原则、设计规范，对功能、选型、布点、配置、安装、通信、FA 模式等进行了定义和要求。如根据应用功能划分，有智能分布型、集中型、电压—时间型、用户分界型、重合器型、故障指示型等配电自动化开关设备及配电变压器监测配电自动化设备。

配电设备种类的丰富满足了不同经济水平、设备基础、应用特点的城市建设需求，配电设备的标准化水平得到提升并进入规模化应用，部分省域配电自动化建设实现了市级供电公司城区、县级供电公司核心区的全覆盖，配电网进入了高速发展期。

然而，在智能配电设备标准化规范过程中依然存在以下问题：

（1）配电自动化设备类别繁杂。因技术门槛较低、准入要求不高、执行技术标准不一致，配电设备的通用性差、互换性不高。

（2）配电自动化设备质量问题多。国内智能配电设备的设计水平还处于仿制和跟随阶段，设备在稳定性和可靠性方面与国际知名公司的产品有较大差距。

（3）配电自动化设备选型未充分考虑未来发展需求，缺乏前瞻性，一次容量预留不足、二次扩展考虑不充分，导致后期拆改工作量大。

2013 年，国家电网公司组织各领域专家制定典型设计，形成了一系列标准化设计成果，包括《配电自动化典型设计》《配电自动化技术导则》《配电自动化建设改造标准化设计技术规定》《配电自动化终端技术规范》等，规范了馈线终端、站所终端、配电子站的典型应用方案，提供了配电自动化系统建设过程中终端、通信、配套设施等选型及配置方法，描述了一次设备配套设计、电源配套设计、通信配套设计、结构及安装方式等内容的典型设计，制定了招标技术条件并配套检测大纲同步执行，配电自动化设备执行标准进入规范化阶段。

3. 配电设备成套化

2016—2018 年是配电设备自动化发展的再提升阶段。随着社会经济飞速发展，对电力可靠性要求越来越高，研究配电设备的可靠性提升成为配电设备智能化发展的关键。从前期实践看，影响智能配电设备应用效果主要有以下几个问题：

（1）配电一二次设备采购分离。虽然配电设备标准化阶段对一二次设备配套做了详细的要求，但分开采购、分离验收，难以保证成套质量。

（2）不同制造企业质控能力差异大。由于技术理解与质控水平不一、设计兼容性差。在工程现场一二次配电设备组合时，配套兼容性与稳定性得不到保证，表现为单体合格不等于成套合格。

（3）质量责任难界定、多界面维护困难，造成运维人员出现不愿意用的倾向。

为了解决上述问题，首先开展了配电设备一二次成套化验证。成套化验证阶段主要完成配电设备一二次单独采购向成套采购的转变，解决了现场成套向工厂内成套前移、责任界定成套归属以及成套匹配性差的问题。国家电网公司采用成套化招标、一线一案试点、租赁建设模式等方式推进了配电设备一二次成套化应用，为下一步体系化打好基础。

成套化定型阶段则是在成套化验证阶段基础上，完善成套化体系，包括技术标准体系、检测标准体系、投标资格入围流程等，从标准、制度上进一步保障成套化的成效。

在技术标准方面，形成了系列产品招标技术条件、入网检测大纲，重点细化了成套技术指标、完善了成套产品功能性能要求；在检验流程方面，依托入网检测大纲增加了配电设备成套产品入网检测要求；在质量保证方面，入网检测研制了全自动联调检验平台，到货抽检逐渐向到货全检过渡，配电设备运行质量开启了最严格的质量事件问责；在供应商资格能力方面，细化了供应商资质能力审查及厂验，资格认证实现线上申报、透明化审查。

配电设备经过成套化的探索实践，无论是产品的功能与性能，还是产品的运行与管理，都得到了极大提升，为配电网的高可靠性发展提供了基础保障。

4. 配电设备融合智能化

2019 年，物联网、5G 通信等技术在电力系统开始深入应用，配电物联网的发展和应用场景成为关注热点。配电网已逐步演变为物联网与配电网深度融合的一种新型配电网络形态，智能配电设备承担中低压配电网高效运行、精益运维和优质服务的保障作用更加凸显。

更多的新技术和新材料应用，使传感器的性能、功能可以满足多样化的应用方案，小型化、低功耗、数字化、信息化、物联化的配电设备一二次深度融合成为方向。国家电网公司充分发挥顶层设计优势，率先启动了标准化一二次融合成套设备的标准制定，形成了柱上开关、环网箱、配电变压器融合产品三大系列产品。

（1）标准一二次融合柱上开关成套设备。综合评估柱上开关设备应用功能需求和性价比，考虑到负荷开关与断路器技术同质化，柱上开关设备推荐选用断路器，形成了采用 $SF_6$ 气体绝缘下的 $SF_6$ 灭弧和真空灭弧两大类产品。由于固体绝缘材料技术逐渐成熟，开关结构形成共箱式和绝缘支柱式两大结构。为了满足环保需要，灭弧采用真空方式，绝缘开始采用真空或环保气体操动机构逐渐统一为弹簧操动和永磁操动两大类机构，以解决操动机构一次二次自动化匹配问题。传感器从电磁式转变为采用电子式/数字式为主，满足不同应用场景的实用化需求。

（2）标准一二次融合环网箱成套设备。为了提高标准化程度，单元柜统一采用断路器，断路器组合形式统一以 2 进 2 出、2 进 4 出为主。成套设备控制终端的集成方式划分为集中式和分散式两类，一次部分采用标准化兼容设计。

（3）以融合终端配电变压器监测终端（Distribution Transformer Supervisory Terminal Unit，TTU）为核心的配电变压器融合终端。以融合终端 TTU 为核心，以配电变压器监控为主功能扩展到配用电端设备的集成管理，通过功能模块、端设备的集成实现 App 化，为即插即用实用化打下基础。让物联网代理单元管理功能成为配电变压器融合产品的核心。依托物联网统一平台，设计的标准化程度更高。

从技术发展变化的角度分析，标准化一二次融合智能配电设备有以下几个特点：电子式/数字式传感器逐渐成熟，满足更小体积、更低功耗、更高精度的要求；结构形式、接口组件、电源模块等关键部件统一设计，通用性更高；扩展了北斗/GPS 定位、智能电源管理、开关状态监测等功能，设备功能更丰富、更强大；基于产品全生命周期动态管理，丰富端设备接入的物联网化，是智能配电设备技术提升的方向。

配电设备融合化设计的发展，开启了应用技术的革新，"基础平台＋灵活模块化组合"的产品设计体系逐渐成熟，配电设备的智能化程度越来越高。

回顾智能配电设备的发展历程，自动化阶段奠定了智能配电设备的基础，标准化规范阶段固化了智能配电设备产品体系，成套化阶段实现了智能配电设备的再提升，融合化设计阶段开启了智能配电设备新一轮技术革新。

下一步将围绕着"高可靠性、低成本化"的故障主动预防、源头仿真设计、状态监测实用化，智能配电设备将会在技术的推动下逐步颠覆传统的认知，向着功能更丰富、应用更灵活转变，充分满足差异化、定制化需求的方向发展。

# 第二节　智能配电开关设备

智能配电开关设备包括柱上开关及环网柜等设备，在配电网实现智能化的过程中起到了关键性作用，本节将分别对柱上开关、环网柜的发展、核心技术、典型设备、功能及应用情况进行依次介绍。

## 一、配电开关发展历程

### （一）配电柱上开关设备智能化技术发展

配电柱上开关属于配电网架空线路中的一次执行设备，有柱上断路器、柱上负荷开关、柱上隔离开关等。目前，满足配电自动化应用的柱上开关设备以柱上断路器和柱上负荷开关为主。

1. 配电柱上开关设备基础技术发展

配电柱上开关设备基础技术有导流技术、开断技术、绝缘技术和传动技术等，主要应用场景是线路分段、线路联络和分支 T 接。因此，其技术发展路线是按照配电开关设备基础技术发展和应用场景的自动化、智能化技术要求而发展的。

按开关技术应用的灭弧介质分类，配电柱上开关设备主要有柱上油开关、柱上空气开关（有产气、压气、磁吹等方式）、柱上 $SF_6$ 开关、柱上真空开关等。其灭弧介质的变迁，代表了配电柱上开关的发展趋势，是支撑配电开关智能化技术应用的基本趋势。20 世纪 80 年代初，配电柱上 $SF_6$ 开关应用于中压领域，取代油绝缘开关设备，是配电开关设备高可靠性、小型化、免维护应用需求所带来的设备技术变化。$SF_6$ 气体具有很强的电负性，因此拥有很好的绝缘、灭弧性能，应用于电力行业具有绝缘耐受性能高、热传导性好、热稳定性高且惰性、对周围环境（如潮湿、高海拔、污染等区域）不敏感、可循环使用等特性，因此，$SF_6$ 开关在中压配电领域应用广泛。然而，$SF_6$ 气体温室效应问题突出，被指定为抑制排放气体，为此，寻找替代 $SF_6$ 气体灭弧和绝缘的技术研究成为电力开关行业主要研究方向。

随着真空灭弧技术和灭弧室制造工艺技术的成熟，真空灭弧室开始逐步替代 $SF_6$ 气体灭弧，成为中压配电网开关设备主流的灭弧手段。

在绝缘技术方面，干燥空气或其他环保气体绝缘方式、复合绝缘方式等以其经济和环保性成为配电柱上开关设备绝缘技术的发展方向。为了满足配电柱上开关设备绝缘可靠性和小型化应用需求，三相共箱式充气绝缘结构和固体绝缘支柱式结构成为主流配电开关结构形式。

配电柱上开关的操动机构，从机电特性上分，主要有电磁操动机构、弹簧操动机构、永磁操动机构。电磁操动机构曾经是少油断路器主流操动机构；弹簧操动机构的优点是能量输出稳定且要求的电源容量小，目前是配电开关的主要操动机构；永磁操动机构因其机械结构简化、活动部件少，机械可靠性提高显著，适于频繁操作。

为满足配电自动化的需求，无论采用何种操动机构，都需要具备电动操作控制、电量测量及状态信号输出接口等基本功能，且操动机构应满足频繁操作要求。

随着微处理器技术、计算机和控制技术、传感器技术、通信网络技术、取能技术、线路保护技术等新技术的发展，我国配电柱上开关设备也加速向自动化成套和一二次融合智能化方向发展。

2. 智能配电柱上开关设备应用技术发展

针对配电网架空线路的网架结构、应用地域及配电自动化发展阶段应用需求的差异，配电柱上开关设备智能化成套形成了多种应用模式。

（1）基于重合技术的配电柱上开关设备。基于重合技术的配电柱上开关设备依靠开关设备自身的自动化功能，通过设备间的相互动作配合，实现自动检测和隔离线路故障点，具备配电自动化基本功能。这个阶段早期配电开关设备有重合器和分段器等，主要特点是不依赖于建设通信网络和配电主站。

这类配电柱上开关以就地自动化为主，与配电自动化主站系统互动信息相对较少，就地化特点明显。具体体现在：① 在电网发生故障时，可以不依赖于通信发挥作用，只需就地化可靠性保证，进行自动化功能整定配合。正常运行时，通信系统仅监视正常线路的电压、电流，不能优化运行方式。② 调整运行方式需要到现场对设备重新整定。③ 预设好了恢复健全区供电方式，不能实现优化运行。④ 大部分馈线自动化方案的隔离故障需要经过多次重合闸，会对设备有一定的冲击，并且影响用户的用电感受。

（2）基于通信技术的配电柱上开关设备。基于通信技术的配电柱上开关设备充分运用通信功能，进行配电柱上开关设备和配电自动化主站系统的配合，完成遥信、遥测、遥控、遥调，实现馈线自动化。通过利用配电主站系统级的研判操控，完成配电网正常运行时的监测、故障状态时的优化处理（故障隔离、负荷转供及状态恢复），实现配电网区域或全网的运行监控。

（3）基于传感技术和网络通信的配电柱上开关设备。此类设备在最新计算机技术、传感技术、网络通信技术及物联网技术的支撑下，配合配电网数据采集和监控系统（SCADA）、配电地理信息系统（GIS）、馈线自动化、需求侧管理、调度仿真、故障呼叫服务系统和运维服务管理等一体化的综合自动化系统，实现馈线分段控制、电容器组调节控制、用户负荷控制、远方自动抄表、设备状态和线损管理等多方位监控管理功能，即一二次融合智能配电柱上开关设备的功能。

上述不同应用模式的智能配电柱上开关设备，可以满足用户灵活选择实现主站集中型馈线自动化或就地型馈线自动化（如就地重合式、智能分布式馈线自动化等）。

自动化、智能化、模块化是配电柱上开关技术发展的基础，为满足用户应用需求的不断变化，配电柱上开关设备将向多方位技术融合模式发展，并开始成为真正意义上的智能设备，为未来智能电网全面自动化发展打下良好的基础。

3. 一二次融合智能配电柱上开关设备要求

近年来，配电柱上开关设备全面展开了一二次融合的技术提升，使其向着更加满足智能化应用的方向发展。

智能配电设备的一二次融合技术就是将实现配电网主回路功能配电设备的一次回路和对一次回路设备进行保护、控制、测量设备的二次回路通过合理方式设计、连接和优化，以解决智能配电设备的功能效率、安全可靠、使用配合、现场调试协调以及运维效率等问题。

一二次融合智能配电设备可通过二次设备内置或集成安装于一次配电设备，互感器/传感器、配电终端与配电开关一体化设计，以高可靠、少（免）维护为目标，实现配电设备的智能化、标准化和集成化。

一二次融合智能配电柱上开关具备配电自动化的"三遥"或"二遥动作型"功能，线损管理的电能计量与统计功能，事件、定点、极值等记录功能及电源管理功能，通信安全管理及远方维护功能，内嵌安全防护芯片，故障监测告警功能及保护跳闸、重合闸和后加速保护功能；还支持小电流接地系统的单相接地故障监测及选线选段功能，支持多种就地式馈线自动化 FA 功能，支持无线通信状态、终端状态等设备状态自监测功能，支持配电设备即插即用功能，支持设备自描述及唯一标识。

通过将体积小、高精度、高可靠性的电压/电流传感器（EVT/ECT）内置于开关本体，可实现对配电线路电压、电流的精确采集，馈线终端内置线损计量模块，支持线损计量功能；通过应用电子式防跳跃及分、合闸回路监视装置，优化馈线终端的后备电池充放电管理装置，从而实现馈线终端收发信号稳定、控制输出精确、电源供电可靠等功能要求；为提高无线通信的可靠性，馈线终端通信要求支持双 4G 全网通（双卡、五模），可配置支持移动/联通/电信 4G 无线网络的双卡双通模块，实现无线通信的双通道、双卡备份或支持高速、低功耗、低延时 5G 通信。

上述性能和功能的提升可以支持一二次配电设备真正实现接口、电源和功能等方面的成套与融合。

**（二）环网柜智能化技术发展需求**

1. 环网柜技术的发展

环网柜最早在欧美国家地区开始设计使用，主要是为了解决城市快速发展、电网负荷密度增大带来的供电问题。通过环网接线、开环运行方式，改善单电源供电的缺陷，并将用电负荷进行合理分配，缩短供电半径，提升用户端供电质量。

早期环网柜以负荷开关为主，如空气灭弧负荷开关，包括充油式、产气式和压气式。

产气式环网柜由于开断负荷时弧光外露、电寿命较低，检修维护工作量大，且分合小电流能力较弱；压气式环网柜因开断负荷时弧光外露、操动机构不易被设计成电动机构、机械寿命低、可靠性不高等缺陷，目前都已停用或少用了。

1978 年德国汉诺威博览会上，由德国德雷希尔（Driescher）公司首推了一款 Minex 型环网柜，采用了 $SF_6$ 气体绝缘和灭弧，因性能优越且体积小、占地空间小，得到了广泛认可。随后许多国家的环网柜制造厂家开发出了各具特色的 $SF_6$ 环网柜，$SF_6$ 环网柜得以大量应用。"九五"期间，随着城市配电网电缆化发展进程的加快，国内开始使用以 $SF_6$ 环网柜为主的配电设备。早期以引进环网柜为主，按技术设计来源（地区）分为美式环网柜和欧式环网柜。

美式环网柜一般采用美式共箱式设计，多路进出线设计在同一箱体中，结构紧凑，通过全密封预制式电缆连接件，安装简单，抗外力和防爆能力较强，体积小、免维护。

欧式环网柜分气包单元式环网柜和共箱式环网柜，气包单元式环网柜使用环氧树脂浇注而成的壳体或不锈钢制成的壳体，负荷开关密封在充有 $SF_6$ 气体的壳体内，通过顶部母线扩展接口实现自由扩展和组合；共箱式环网柜壳体一般采用 3mm 不锈钢板，用氩弧焊焊接而成，主母线、负荷开关、组合电器单元密封在同一个 $SF_6$ 气室内。

2000 年后，环网柜开始了国产化进程。环网柜最初是以满足配电线路架空入地需求的手动负荷开关柜和负荷开关—熔断器组合电器柜为主，随着配电自动化的深入推进，环网柜操作方式逐步由手动操作到电动操动。真空灭弧技术进入配电领域，环网柜开始采用断路器柜组柜。全社会对环保意识的加强，固体绝缘技术、环保气体绝缘技术的应用催生出环网柜更多的绝缘结构形式。

近年来，智能配电环网柜（箱）设备发展快、应用广。2016 年国家电网公司根据新的发展要求进行了配电网设备标准化设计的一系列工作，为环网柜智能化应用奠定了良好的基础，但是满足一二次深度融合需求的智能环网柜设备还有很多技术需要进一步提升。

2. 环网柜智能化需求

随着我国城市配电线路电缆化进程的不断加快，越来越多的环网柜进入到城市配电网成为骨干设备。环网柜具有各单元柜功能模块化，易于安装扩展；各部件排列紧凑集成设计，土地面积、空间利用率高；设备可见断口，可快速区分开关合分状态；全案封、全绝缘结构设计等特点为提升城市配电网供电能力发挥了重要作用。

经过十几年配电网电缆化大规模改造，大量存量的环网柜已运行到寿命中期，这些环网柜智能化普及程度不足，主要表现在早期环网柜缺乏电动操动机构、没有配备可以采集信息的传感设备、缺乏可用的数据通道和供智能设备用的本地电源等，存量环网柜亟需智能化改造来配合运维解决在线监测、故障判断预警等需求。

无论是存量还是新增环网柜，运行环境带来的故障隐患（如比较突出的凝露问题）和负荷不均衡带来设备自身可靠性问题，都是引发配电线路故障的一大隐患。因此，围绕着环网柜集成设计带来的运行安全可靠性提升和自动化响应能力（有效监控、协同故障处理等）成为环网柜智能化的重点工作。

（1）环网柜运行安全可靠性的提升。环网柜运行现场环境复杂多变，在实际运行过程中，会出现凝露、污秽、盐雾、发霉、浸水等多种问题，特别是环网柜电缆室、二次室、机构室受影响较为严重。为了有效监控环网柜自身运行的可靠性，需要了解环网柜常见故障情况，并针对性地配置相应的监控传感设备。

环网柜常见的故障主要分为热故障、绝缘故障和机械故障。

1）热故障。环网柜内开关的软连接、电缆接头、隔离开关触点等部位因装配不当、环境氧化等造成接触电阻过大，从而导致绝缘件烧蚀甚至酿成火灾。统计表明，50%～65%的电缆事故都是电缆接头过热、老化所致。

2）绝缘故障。绝缘故障多为环境污秽严重、绝缘材料老化、电缆装配不当导致应力及绝缘气体泄漏等因素引起。如以 $SF_6$ 为绝缘介质的环网柜，绝缘气体一旦发生泄漏，极大可能造成设备短路故障。

3）机械故障。因环网柜的机构受到湖气腐蚀、弹簧操动机构长期拉伸影响，机构性能出现不同程度的下降，导致操作时发生机构拒动、卡涩，影响机构活动行程和分合闸速度。当发生故障需要环网柜开断时，有可能合分迟缓或失败，造成故障扩大。

尽管环网柜一般安装有带电显示器、故障指示器等监测装置，但各装置独立工作，需要现场检查，传统的人工巡检很难发现上述潜在的隐患。借助各类传感和监测技术（如 T 接头处温度的传感、气体压力密度的监测、局部放电监测、动作特性测试等），可以有效发现问题，防患于未然。通过合理植入各类针对上述常见问题监测用传感器，将环网柜运行工况多维度数据有效上传，实现环网柜精准的在线运维。

（2）自动化响应能力。组柜是电缆线路配电开关设备使用的一个特点。由于配电开关设备智能化应用过程中，根据网架结构、应用地域、应用需求和负荷状况的差异形成了多种自动化应用模式，因此，不同功能单元柜组柜构成的同一环网柜（箱），每个开关单元柜都可以根据应用需求设置不同的自动化功能。组柜后的智能环网柜运行状态比柱上开关复杂，高效的运行和维护都需要智能化手段支撑。

首先，需要解决环网柜设备组柜后的绝缘配合、电磁兼容、寿命匹配等问题，通过植入传感器采集信息及采用宽范围的电流和电压检测、高精度的功率和电能质量测量，实现对环网柜（箱）的状态评估和其管理区域配电网实时状态的全面感知；其次，智能环网柜的功能设计和匹配需要提升其配电自动化响应能力，包括单元柜的馈线自动化模式、单相接地故障检测方案、环网柜（箱）不同单元柜间的自动化功能匹配等。此外，电缆线路的环网柜（箱）之间、架空电缆混合线路的各环网柜（箱）中的单元柜与柱上开关之间都需要设计其馈线自动化协同应用能力。

近几年，围绕着配电环网柜的智能化运维和自动化应用开展了大量的工作。基础工作包括环网柜如何实现装置级互换、工厂化维修、即插即用和自动化检测等。智能化工作主要以提升环网柜智能化配置为主，通过植入智能传感设备、应用开关设备健康状态专家诊断系统，实现设备运行状态的在线监测和主动管控，执行个性差异化运维和主动检修管理；通过一二次深度融合技术，实现灵活、可配置的馈线自动化功能，提升自动化响应能力等。

未来，高性能、小型化的智能配电环网柜设备通过应用新材料满足绿色环保社会发展需求，通过融合多种传感器技术构成多功能组合电气设备，实现物联网技术下融合创新应用带来的配电网应用和管理提升。

## 二、配电开关智能化

随着配电开关智能化需求的不断提高，互感器技术、取能技术、后备电源技术、接口标准化技术、智能组件集成技术、配电终端技术、通信技术等也不断成熟并深化应用。

### （一）互感器技术

2016 年，为深化应用配网标准化建设成果，国家电网公司提出了高水平开展 10kV 分线线损管理工作，明确 10kV 分线线损计量需要一二次设备融合，同时在 2016 年 5 月国家电网公司运检部组织专题会，明确了《配电设备一二次融合技术方案》。一二次融合技术是当前配网自动化发展紧迫急需的，传统一二次成套设备中所采用的电磁式电压互感器存在铁磁谐振潜在事故隐患，一旦出现事故，既不能保证线路保护测控和线损计量的正常运行，又会增大故障维护处的停电检修工作量。由于配电网建设新增的大量自动化成套装置都配有传统 TV，且数量比过去大很多，因此线路上的操作过电压等扰动难免触发 TV 谐振，导致 TV 烧毁，即使 TV 有熔断器保护，也会导致计量功能丧失。交流电压/电流传感器一方面可以满足配电开关设备采样的高精度和宽范围要求；另一方面便于植入到配电开关设备内，从而实现安装维护便利化。

电压传感器主要涉及为电阻式分压器、阻容式分压器、纯电容分压器三种。

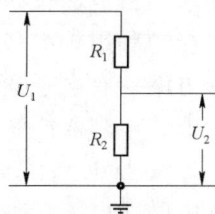

图 3-1　电阻式分压原理图

1. 电阻式分压器

电阻式分压器由电阻元件串联而成，内部电阻为纯电阻，电阻式分压原理图如图 3-1 所示。电阻式分压器的分压计算式如下。

$$U_2 = \frac{R_2}{R_1 + R_2} \times U_1 \tag{3-1}$$

电阻式分压器结构简单、使用方便、测量精度高、稳定性好，但受环境影响较大，易发热。用此方案设计的电阻式互感器绝缘不可靠、抗干扰能力差，同时系统对地绝缘电阻会降低。

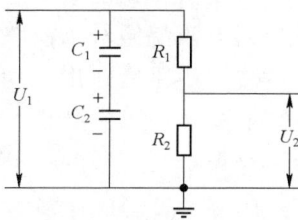

图 3-2　阻容式分压原理图

2. 阻容式分压器

阻容式分压器由电阻和电容混合构成，阻容式分压原理图如图 3-2 所示。阻容式分压器的分压原理为：

$$\beta = \frac{U_2}{U_1} = \frac{R_1(1 + j\omega R_2 C_2) + R_2(1 + j\omega R_1 C_2)}{R_2(1 + j\omega R_1 C_1)} \tag{3-2}$$

阻容式分压器也称为阻尼电容分压器，具有电阻分压器低频性能好及电容分压器高频性能好的优点，精度较高、功耗小、绝缘性能好；缺点是高阻低电容网络测试复杂。同时，电阻的接入，使得阻容式分压器的响应时间受到影响。

3. 纯电容分压器

电容分压原理图如图 3-3 所示。纯电容分压器的电容分压计算式为：

$$低压侧输入电压 = \frac{C_1}{C_1 + C_2} \times 高压侧输入电压 \qquad (3-3)$$

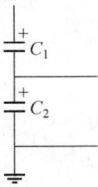

图 3-3 纯电容分压原理图

纯电容分压是根据高低压侧容抗值进行分压的，不带电气隔离，相对于电阻分压，耐压强度大，不易击穿。纯电容分压利用电容分压原理，电压从低压电容 $C_2$ 侧采集。

通过比较，电容分压方式做成的电子式互感器，其电容参数变化引起的精度变化较小，且功耗低、体积小、质量轻、绝缘性能好，元件为同一种，因此，在电容选择合适的情况下，低压侧分压较稳定，不会存在铁磁谐振等问题。

电流传感器主要采用低功率线圈或罗氏线圈电流传感器，电流传感器的采集范围可以从 0.2 倍额定电流至 30 倍额定电流～40 倍额定电流，因此，完全满足智能开关设备的保护、测量和计量要求。

**（二）取能技术**

安全、可靠、稳定、经济的电源取电技术是智能配电设备的一项共性技术。随着电力需求的日益增长和可再生能源的快速发展，配电网取能技术在保障电力供应稳定性、提高能源利用效率和推动可持续发展等方面发挥着重要作用。现阶段配电开关存在多种取能方案，有电压互感器取能（俗称 TV 取能）、电流互感器取能（俗称 TV 取能）、光伏取能、电容取能等。

1. 电压互感器取能

电磁式电压互感器取能广泛用作智能柱上开关和智能环网箱/室的取电电源。

电压互感器主要由铁芯、一次绕组、二次绕组及绝缘结构等部件组成。电压互感器取能原理基于电磁感应定律，电磁式电压互感器取能基本原理图如图 3-4 所示。当一次绕组接入电力系统的高电压时，通过改变一次绕组及二次绕组的匝数，产生不同的匝数比，铁芯中的磁通量会随之变化，从而在二次绕组中感应出电动势，实现电压的转换。

电磁式电压互感器有成本高、体积大、安装不便捷的不足，且会受铁磁谐振的影响。

2. 电流互感器取能

电流互感器的工作原理基于电磁感应定律。在互感器内部，一次电流产生的磁通量穿过铁芯，在二次绕组中感应出电动势。通过选择合适的匝数比（即一次绕组与二次绕组的匝数之比），可以实现电流的测量和转换。电流通过整流、滤波及稳压后输出，为配电终端等用电设备提供电源，电流互感器取能原理图如图 3-5 所示。

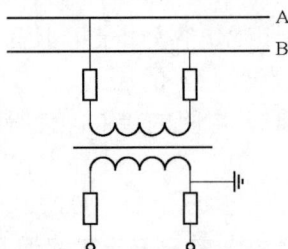

图 3-4 电磁式电压互感器取能基本原理图

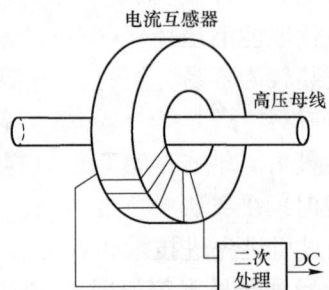

图 3-5 电流互感器取能原理图

现阶段电流互感器取能采用两种方式：一种是电流互感器取能电源直接从高压线路上感应获得二次电流，经过整流、滤波及稳压后直接为配电终端进行供电；另一种是含有蓄电池，当线路电流过小时，电流互感器取能装置所获得的电能不能达到配电终端的供电需求，则由蓄电池对配电终端进行供电。当线路电流足够大时，电流互感器取能装置取得的电能一部分给配电终端供电，部分电能用来给蓄电池充电。

电流互感器取能装置体积小、结构简单、维护成本低、安装方便。电流互感器取能装置还存在一定的问题。

（1）由于电流互感器取能装置是通过高压导线电流进行感应取能，所以取能装置的稳定性易受到配电线路上电流大小的影响。

（2）电流互感器取能装置在长时间运行过程中可能出现故障，如过热、二次侧开路等。这些故障不仅会影响电流互感器的正常工作，还可能对电力系统造成安全隐患。

为解决以上问题，可以采取多种方法，如改变铁芯的结构来避免铁芯饱和，采用更稳定的控制电路，采用较高磁导率的铁芯材料等。

3. 光伏取能

光伏取能原理主要基于光伏效应，这是一种将光能直接转换为电能的技术。其核心元件是太阳能电池，通常由半导体材料制成，如硅。当太阳光照射在太阳能电池上时，光子（光的量子单位）与太阳能电池中的半导体材料相互作用。

光伏取能设备一般由太阳能电池、充放电系统及蓄电池三个部分组成，光伏取能原理图如图 3-6 所示。太阳能电池板在光照的条件下，可以产生电能。光照充足时，一部分电能给智能开关供电，另一部分给蓄电池充电。光照不足时，智能开关由蓄电池供电。

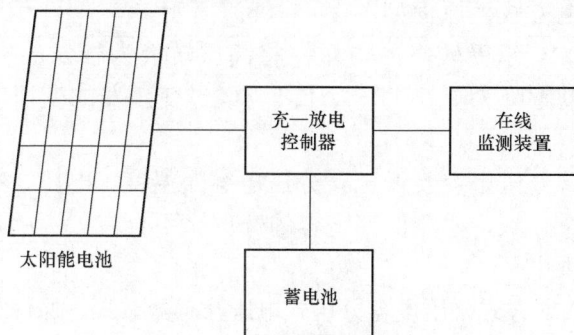

图 3-6　光伏取能原理图

光伏取能清洁环保，具有可再生性，无噪声污染，应用灵活，光伏取能设备结构简单，安装较为容易。然而，光伏取能受环境因素影响较大，储能技术也受到限制，提供的能量有限。

近年来，陕西在配电光伏取能领域取得了显著成果。随着技术的进步和成本的降低，光伏发电系统安装量持续增长，投资规模不断扩大。同时，陕西还注重提升光伏技术水平，通过引进先进技术和设备，不断提高光伏发电效率和稳定性。政府对于推动配电光伏取能发展给予了高度重视，出台了一系列政策措施。例如，提供税收优惠、补贴和贷款支持等，以鼓励企业和个人投资光伏发电项目。同时，随着电力市场的逐步开放和电价机制的不断完善，配电光伏取能项目的盈利空间也在逐步扩大。

4. 电容取能

电磁式电压互感器取能存在二次出线易短路、铁磁谐振、安装和运行维护工作量大等问题，为了解决以上问题，近年来，电容取能技术得到了应用。

（1）电容取能原理。电容取能有 C-L、C-CL、CVT 三种方式，电容取能原理图如图 3-7 所示。

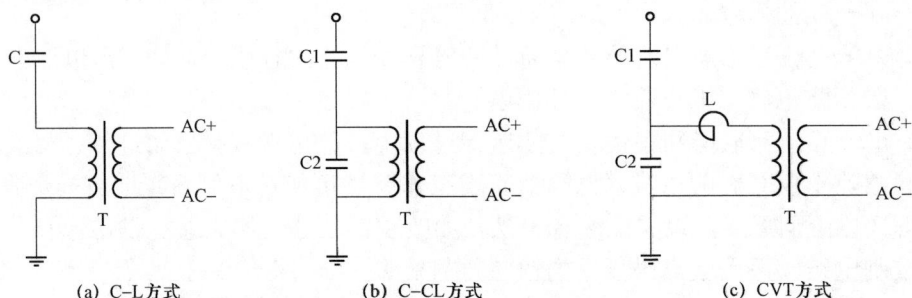

图 3-7　电容取能原理图

(a) C-L方式　　(b) C-CL方式　　(c) CVT方式

1）C-L 方式。C-L 方式是采用电容、变压器分压的取电方式，原理图如图 3-7（a）所示。通过高压电容器 C 与变压器的一次侧串联分压，使得高压电容器 C 承受较高的电压，变压器一次侧分得一个比较小的电压；再经过变压器二次降压、整流、滤波及稳压，给智能终端设备供电。该方法取能装置结构简单、体积小、易于安装、可靠性高。

2）C-CL 方式。C-CL 方式是采用高压臂分压电容 C1 及低压臂分压电容 C2 分压后经变压器变压的取电方式，原理如图 3-7（b）所示。

高压臂分压电容 C1 承受较高的电压，将高压转换为较低的电压，再通过低压分压电容 C2 的容值将电压降为更小的一个值，再经过变压器的变压获得所需要的一个电压值。

该方法要求高压臂分压电容及低压臂分压电容随温度、电压、频率等因素的变化而引起的性能变化要尽量一致，才能保证电容的分压比不会有太大的变化，从而保证重稳定地为终端设备进行供电。

3）CVT 方式。CVT 方式采用电容分压式电压互感器方式，原理如图 3-7（c）所示。这种结构与 C-CL 方式类似，只是在变压器的一次侧串联一个补偿电抗器，以消除电容带来的容性阻抗的影响，通过减小回路中的阻抗，提高输出电压的稳定性。然而，由于电抗器的接入会带来铁磁谐振的影响，所以通常在二次侧会加装阻尼器来防止铁芯饱和，消除谐振能量。该方法结构较为复杂，体积较前两种方式较大，但是可以获取较高的取电功率。

（2）电容取能的特点。

1）响应速度快。电容具有高速充放电的特性，可以快速储存和释放电能，因此在需要瞬态功率输出的场景中，电容取能可以迅速响应并满足需求。相比之下，传统电磁式 TV 取能可能由于内部机制的限制，响应速度较慢。

2）稳定性高。电容作为电源时，可以提供稳定的电压输出，因为它内部几乎没有电阻，且不易受外界环境干扰。而传统电磁式 TV 取能可能会受到电磁干扰、温度变化等因素的影响，导致输出不稳定。

3）节能环保。电容取能在负载电流较大时，能有效减小负载电流，降低电网的线损率和电能损失，从而达到节约能源的目的。同时，电容取能方式也无需使用重金属等对环境有害的物质，符合环保理念。

4）体积小、质量轻。高压电容具有高能量密度和高功率密度，因此，相比传统的电磁式 TV，电容取能设备具有更小的体积和质量，可以灵活布局在各种设备中，提高装备的集成度和便携性。

5）寿命长。电容在使用中几乎没有损耗，因此可以使用较长时间。而电磁式 TV 可能会因为长期使用或环境因素导致性能下降，需要定期维护和更换。

6）安全性高。电容可以承受较高的过电流和过电压，遇到短路时不会烧坏，相比于电磁式 TV 更加安全。

电容取能单元除了独立做成一个部件外，也可以集成在配电设备中，如现阶段的一二次深度融合的柱上开关将取能电容集成于断路器极柱内。

当电容取能集成于配电设备时，需要综合考虑电压和电流匹配、环境条件适应性、电磁兼容性、安全性、维护与检修便利性及经济性等多个方面的因素，以确保取能装置能够有效地满足配电设备的实际需求，并保障整个配电系统的稳定运行。

电压互感器取能、电流互感器取能、光伏取能和电容取能是目前最常见的取能方式，未来也将进一步发展激光取能、微波取能、超声波取能、电场感应取能等无线取能技术，将会是解决取能的技术手段。

**（三）后备电源技术**

配电设备作为电力系统中的重要组成部分，承担着电能传输、分配和控制的关键任务。而在市电故障、断电等异常情况发生时，配电设备的正常运行对于维持电力系统的稳定性至关重要。因此，后备电源技术在配电设备中扮演着不可或缺的角色。

1. 蓄电池

蓄电池作为后备电源的典型代表，其工作原理是基于化学反应产生电能。通常蓄电池是指铅酸蓄电池，在充电过程中，电能被转化为化学能储存在蓄电池中；在放电过程中，化学能再次被转化为电能供给负载。

蓄电池的优点包括容量大、可靠性高、技术成熟等，然而，其缺点也不可忽视，如自放电率高、寿命有限、维护成本较高等。

2. 锂电池

锂电池是指电化学体系中含有锂（包括金属锂、锂合金和锂离子、锂聚合物）的电池。锂电池与铅酸蓄电池相比，除了环保外还具有以下优势：① 锂电池的能量密度较高，意味着在相同体积或质量下，锂电池能够存储更多的电能。② 锂电池的使用寿命相对较长，可以经受更多次的充放电循环，而不会出现明显的性能衰减，而铅酸蓄电池的循环寿命相对较短，需要更频繁的更换和维护；磷酸铁锂电池的寿命可高达 2000 次以上，而普通铅酸蓄电池寿命为 300~500 次。③ 磷酸铁锂电池多用于电动汽车等大功率场合，放电电流非常大，能够满足智能配电设备的分合闸需求。④ 磷酸铁锂电池工作温度很宽（−20～+75℃），磷酸铁锂电池解决了钴酸锂和锰酸锂碰撤时会发生爆炸的危险，降低了用户使用时的安全隐患。

总的来说，锂电池在能量密度、质量、使用寿命和环保方面相对于铅酸蓄电池具有优势，而铅酸蓄电池则在价格和成熟技术方面具有优势。随着智能配电设备的广泛应用，锂电池将逐渐成为后备电源的主流。

**3. 超级电容**

超级电容也称为双电层电容器或电化学电容器，是一种介于传统电容器和电池之间的储能元件，其基本原理是通过在电极表面形成双电层或发生法拉第准电容反应来储存电荷。双电层电容器的储能过程主要基于物理吸附，而法拉第准电容反应则涉及电极材料的氧化还原反应。

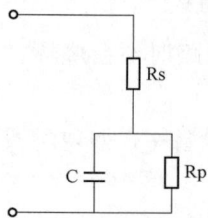

图 3−8　超级电容等效电路图

超级电容等效电路图如图 3−8 所示，图 3−8 中 Rp 为等效并联内阻，Rs 为等效串联内阻，C 为理想电容器。等效并联内阻 Rp 决定了超级电容总的漏电大小，在电容长期储能的过程中其影响较大，也称之为漏电电阻。

等效串联内阻 Rs 指超级电容总的串联阻抗，在充放电过程中会消耗一部分能量，产生一定的热量，此外，因为阻抗两端的电压还会产生电压纹波。

超级电容功率密度高、寿命长、循环稳定性高、快速充放电、尺寸小，容量大、使用温度范围宽、环保无污染，但存在能量密度低、存在电压限制、成本高等缺陷。

常见供电方式有单超级电容供电方式和超级电容＋电池供电方式两种。为了提高应急情况下的临时遥控处理能力，往往采用超级电容＋电池供电方式。

**4. 电容型锂离子电池**

电容型锂离子电池是一种新型的锂离子电池，它采用电容器结构来存储和释放电能。与传统的锂离子电池相比，电容型锂离子电池具有更高的能量密度和更长的循环寿命。

电容型锂离子电池的核心是电容器，它由两个极板和介质组成，其中，一个极板充当正极，另一个极板充当负极。而介质则是一种能储存离子的材料，通常采用锂盐或者具有高离子导电性的聚合物。

在充电期间，锂离子从正极的锂离子嵌入材料中迁移至负极，而在放电期间，锂离子则从负极回迁到正极。这种在正负极之间的扩散过程受到材料的晶格结构和电子的影响。同时，电极的多孔结构和电解液共同作用，形成了大量的电容型电极。锂离子在正负极之间迁移时，会在电容型电极的表面附着，同时电荷也会在表面上储存下来。这种电容型结构使得电容式锂电池的电容量得以增加，而且具有更高的能量密度和更短的充电时间。此外，电容型锂离子电池还具有低自放电率、无热失控风险等特点，使其在高温环境下也能保持长时间的充电状态。因此，电容型锂离子电池正在越来越多地应用于制造和医疗设备中的补充电源，以及服务器和其他设备中电源中断的备份解决方案。

5. 智能电源管理技术

随着电力需求增长与稳定性要求的提升，传统的后备电源管理方式通常采用人工巡检、定期维护的方式，这种方式不仅效率低下，而且容易出错。同时，传统的后备电源系统缺乏智能化管理，无法对电源状态、电量、使用情况等进行实时监控和优化，难以满足现代电力管理的需求。

结合节能减排与可持续发展需求，在物联网、云计算、大数据等技术快速发展的背景下，为智能电源管理提供了强大的技术支持。这些技术的应用使得后备电源的实时监控、数据分析、智能决策成为可能。同时，随着技术的进步和规模化生产的应用，智能电源管理的成本在不断降低，使得更多企业和组织能够采用这种先进的电源管理方式。

智能电源管理技术是提升后备电源效率和稳定性的关键。当前，智能电源管理主要涉及监控系统、自动切换、充电优化等技术手段。监控系统可以实时监控电源的状态和电量，当主电源出现问题时，能够迅速启动后备电源，确保电力供应的连续性。自动切换技术则可以在主电源和后备电源之间实现无缝切换，避免了因切换过程中的电力中断造成的设备损坏或数据丢失。充电优化技术则通过智能算法，根据后备电源的电量和使用情况，优化充电时间和充电量，延长后备电源的使用寿命。这些技术手段的应用，不仅提高了后备电源的效率和稳定性，也降低了管理成本和维护成本，使得后备电源能够更好地发挥其保障作用。

（四）接口标准化技术

早期配电自动化实用效果不佳的原因之一往往是因接口可靠性而引起配电开关设备拒动、误动。接口可靠性差的主要原因有：① 一次配电开关和二次配电终端较多情况是不同的厂家供货，不同厂家之间设备匹配性不佳；② 线路上存量开关设备的电动开关早期缺三接口设计、手动开关设备改造加装电动机构，都采用端子排接线，接线复杂易错，存在现场施工及后续维护工作量大等问题。

后续电力公司开始采用一二次成套智能配电开关设备招标，使配电开关设备自动化的可靠性得到了一定地提升，但标准和规范对接口部分只约定了基本的功能和性能指标，导致不同厂家设计生产的同类设备依旧在一定的差异，普遍存在一二次设备接口标准化低、扩展性兼容性较差、运维备品备件不通用的情况。

近年来，随着配电网智能化建设的快速推进，大量智能配电设备投入运行，智能配电设备一二次接口问题日益突出，无论是设备的性能的稳定性、功能的一致性，还是设备的维护难度要求，都对智能配电设备的标准化、集成化、一二次融合等方面提出了更高的要求。因此，自 2016 年以来，国家电网公司一直在实施配电设备一二次融合技术方案，其中一个重要的举措是一二次设备接口实现标准化，实现一二次设备间的即插即用，不同厂家的同类设备可以互换和兼容。

1. 一二次设备接口要求

智能配电设备的一二次设备接口是指位于配电一次设备、配电终端及电压互感器三者之间，物理上通过结构连接实现设备间的桥梁枢纽作用，电气上可以实现信号互通、相互影响的部分。

物理连接主要通过电缆（或导线）与航空接插件、电缆（或导线）与接线端子等连接类型实现。电气接口按功能可分为电源/电压接口、遥信控制接口、电流接口、通信接口、后备电源接口、配电一次设备接口等。

接口要求在物理上可以对接，电气定义一致，电气参数（包括电压、电流、功率等）能相互匹配，绝缘性能、电磁兼容指标、接口防护等级满足标准要求，不同接口需要设计防误插功能，整体接口需要具有良好的户外适应性及维护的便利性。

智能配电设备的一二次设备接口需实现接口的可靠性、通用性、精简性、兼容性、小型化、先进性，即：

（1）从整体结构、电气接口、功能定义和配置、运行维护等方面，充分考虑设备整体运行的稳定性、安全性，达到可靠性目标。

（2）可以通过调整运行参数、切换开关、压板等方式实现功能灵活配置，对负荷开关、断路器等不同配电一次设备类型，根据成套设备在线路中不同的安装位置（首台、分段、联络、分界），灵活设置为不同的馈线自动化模式，实现通用性。

（3）通过优化不同类别产品功能，实现不依赖于控制方式、应用模式、通信方式和操动机构等差异化的应用，实现接口的精简化。

（4）满足工业化生产和自动化检测要求，统一电气接口尺寸和定义，实现接口结构小型化、定义标准化、兼容性强。

（5）满足技术先进性要求，接口可支持电子式传感器及就地数字化等新技术的应用。

2. 结构工艺标准化

（1）接口结构工艺标准化要求。标准化要求规定了电气接口采用航空接插件形式连接，调试接口采用 RJ45 形式。根据国家电网公司一二次融合技术方案，智能配电柱上开关设备和智能配电环网柜设备的一二次接口采用不同的结构形式，要求不同厂家连接器可互配，并规定了兼容互配的关键尺寸。

柱上开关设备和馈线终端（FTU）的连接电缆双端预制，全部采用航空接插件形式。柱上开关设备和 FTU 安装插座，连接电缆安装插头，配电设备用接插件结构示意图如图 3-9 所示，航空插头如图 3-9（a）所示；环网柜和站所终端（DTU）的连接电缆双端全部采用矩形连接器，矩形连接器如图 3-9（b）所示。

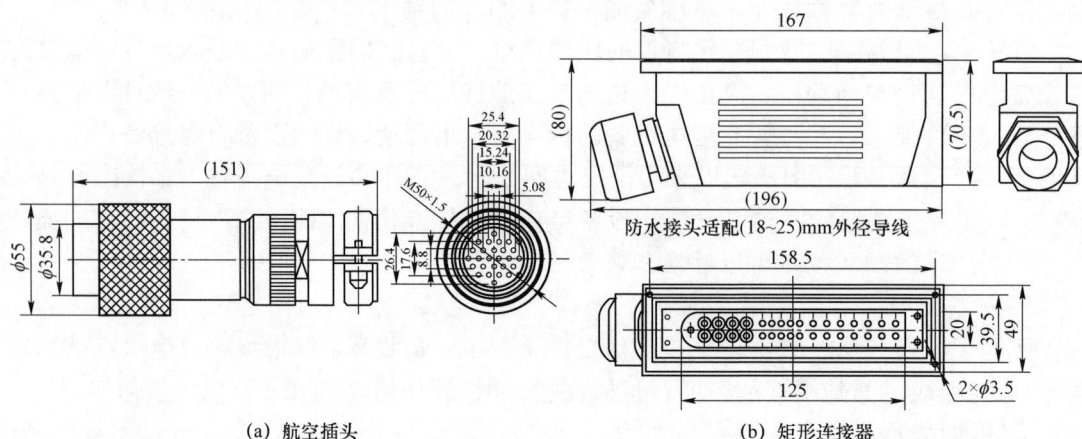

(a) 航空插头　　　　(b) 矩形连接器

图 3-9　配电设备用接插件结构示意图

接插件采用航空插头形式时，配电终端安装航空插座，连接电缆采用航空插头。配电设备采用的航空接插件类型主要有 4 芯、5 芯、6 芯、6 芯防开路、10 芯、14 芯、26 芯和以太网航空接插件。插针与导线的端接采用焊接方式及灌胶密封方式，航空接插件插头、插座采用螺纹连接锁紧，各功能具有接口防误插功能。

一二次设备接口部分的航空接插件结构要求见表 3-1，接插件技术参数见表 3-2

表 3-1 一二次设备接口部分的航空接插件结构要求

| 类型 | 3、4、5 芯 | 6 芯 | 6 芯防开路 | 10 芯 | 14 芯 | 26 芯 | 以太网 |
|---|---|---|---|---|---|---|---|
| 插座 | 针式 | 针式 | 针式 | 针式 | 针式 | 针式 | 孔式 |
| 插头 | 孔式 | 孔式 | 孔式 | 孔式 | 孔式 | 孔式 | 针式 |
| 锁定方式 | 螺纹锁定 | 螺纹锁定 | 螺纹锁定 | 螺纹锁定 | 螺纹锁定 | 螺纹锁定 | 螺纹锁定 |

表 3-2 插 件 技 术 参 数

| 类型 | 航空接插件 | | | | | | 以太网接插件 | |
| | 3 芯、4 芯、5 芯 | 6 芯 | 6 芯防开路 | 10 芯 | 14 芯 | 26 芯 | 两侧 RJ45 | 三芯 |
|---|---|---|---|---|---|---|---|---|
| 额定电流 | ≥20A | ≥20A | ≥40A | ≥20A | ≥10A | ≥25 | — | ≥1A |
| 工作电压 | 250V（AC） | | | | | | — | ≥220V（AC） |
| 耐电压 | 2000V（AC） | | | | | | ≥500V（AC） | ≥1500V（AC） |
| 传输速率 | — | | | | | | ≥100Mbit/s | — |
| 工作温度 | −40～+105℃ | | | | | | | |
| 相对湿度 | 90%～95%（40℃±2℃时） | | | | | | | |
| 盐雾 | 5% NaCl 雾气中 96h | | | | | | | |
| 密封性 | 头座配合 0.5m 水深 0.5h 不涉水（防雨淋） | | | | | | | |
| 振动 | 10～2000Hz，147m/s²，瞬断≤1μs | | | | | | | |
| 冲击 | 加速度峰值 490m/s²，瞬断≤1μs | | | | | | | |
| 抗拉力 | ≥500N | | | | | | | |
| 机械寿命 | ≥500 次 | | | | | | | |
| 绝缘电阻 | 常态下≥2000MΩ | | | | | | 常态下≥500MΩ | |
| 材料 | 接触件铜合金镀金 | | | | | | | |
| 基体硬度 | 维氏（HV）≥170 [布氏（HB）≥160] | | | | | | | |
| 接触电阻 | ≤2mΩ | ≤0.75mΩ | ≤1mΩ | ≤2mΩ | ≤3mΩ | ≤2mΩ | ≤20mΩ | ≤7.5mΩ |

一二次接口通过结构工艺标准化，对配电一次设备、配电终端接口的芯数、接插件个数、传输信号量做了明确规定。

（2）连接器。智能配电设备中的一二次设备接口所使用的连接器，在电力系统中扮演着至关重要的角色。连接器一般由接触件、绝缘体、外壳、附件及密封件、防尘罩等辅助部件组成，其基本性能主要有机械性能、电气性能和环境性能。

机械性能是连接器的重要特性之一，它涵盖了连接器的机械寿命、插拔力等关键指标。机械寿命反映了连接器在反复插拔和使用过程中的耐用程度，而插拔力的大小则直接关系到连接器操作的便捷性和连接的稳定性。在智能配电设备中，由于设备需要频繁地进行连接和断开操作，因此连接器的机械性能尤为重要。

电气性能是连接器性能的另一大关键方面，它主要包括接触电阻、绝缘电阻和抗电强度等。接触电阻反映了连接器接触件之间的导电性能，对于保证电流传输的稳定性和可靠性至关重要。绝缘电阻衡量了连接器接触件之间及接触件与外壳之间的绝缘性能，确保在正常使用条件下不会发生电气击穿或漏电现象。抗电强度表征了连接器在承受额定电压时的耐受能力，是评价连接器电气安全性的重要指标。

环境性能也是连接器不可忽视的性能之一，由于智能配电设备可能部署在各种复杂环境中，因此连接器需要具备良好的耐温、耐湿、耐盐雾、耐振动和冲击等特性，以确保在各种恶劣环境下都能保持稳定的性能。

根据不同的应用场景，正确地选用连接器是保证智能配电设备各部件之间可靠连接的重要保证，选用时除了要考虑连接器所占空间和尺寸限制外，还需考虑电参数、机械参数、自然环境参数。

航空插头/座（简称航插）是智能配电设备目前普遍使用的一二次接口连接器，对设备安全可靠运行起到了关键作用，航插的选用需考虑以下几方面的性能：

1）防水性能。航插防水性能主要通过密封元件实现，密封元件一般使用硅胶材料，可以保证可靠的密封性、耐候性及良好的弹性恢复力、长使用寿命。

2）耐环境性能。环境性能是航插的主要性能之一。航空插头的耐环境性主要体现在其出色的耐热性、耐腐蚀性能、耐振动和冲击性能及耐潮湿、耐盐雾等特性，主要由其外壳材质及表面镀层来保证，目前主要的外壳材质及镀层有铜合金镀铬、铝合金镀铬、不锈钢钝化（较少应用）。

3）使用寿命。配电设备使用寿命可达 20 年或更长，因此要求配套航插的使用寿命与配电设备使用寿命相匹配。为保证航插的长期使用性能，航插的外壳材质、电镀层、接触件材质及密封性能必须满足长期可靠工作的要求。

接触件的电镀层一般采用电镀镍底，再电镀金，电镀金的耐腐蚀性能及耐磨性能优良；接触件的插针使用黄铜即可满足要求；接触件的插孔所用材质很关键，较多使用锡青铜作为插孔的基础材质，锡青铜的弹性性能优良，在长期受力情况下，应力松弛程度小，可以满足长寿命的要求。

3. 电气设计标准化

接口的电气性能是配置的情况，直接影响智能配电设备控制和信号采集的可靠性。

以智能配电开关设备为例，一次配电开关设备及配电终端间相关的电气接口有电源接口、控制接口、电流信号接口、电压信号接口、状态量接口，配电开关设备电气接口示意图如图 3-10 所示。

图 3-10 中，电源接口包括 TV 电源接口、后备电源接口；控制接口包括分闸、合闸、储能三个最基本的接口；状态量接口包括硬压板的逻辑接口、开关位置接口及其他开关量接口。

（1）电源接口。标准化设计规定了智能配电设备的交流电源、直流电源、后备电源、其他配套电源的技术参数要求。目前采用电容分压取电、电流取电、太阳能取电等取电技术来优化智能配电设备的供电电源配置。

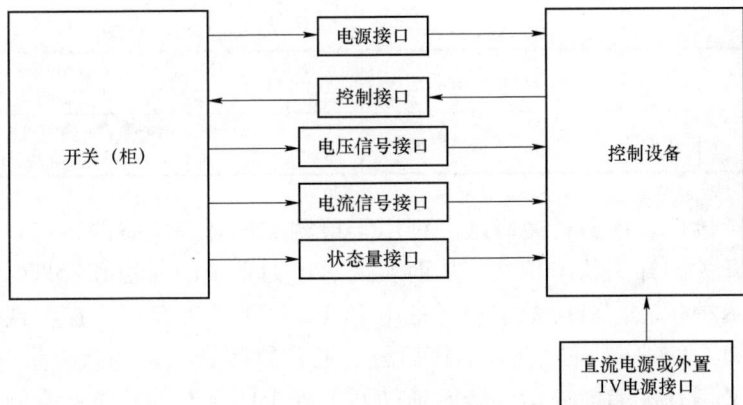

图 3－10　配电开关设备电气接口示意图

主电源和后备电源输出需要同时满足为配电终端、通信设备、线损模块、开关分合闸提供工作电源，且电源输出和输入应电气隔离。一般柱上开关配套电压互感器电源输出容量大于等于 300V·A，短时容量大于等于 500V·A/s，环网柜配套电压互感器输出容量大于等于 3×300V·A。

后备电源采用免维护阀控铅酸蓄电池、超级电容或锂电池。FTU 后备电源额定电压一般为 DC24V，DTU 后备电源额定电压一般 DC48V。

（2）电压信号、电流信号接口。电压信号、电流信号接口通常用于测量和控制配电系统中的电压和电流，这些接口允许配电设备与系统监控和管理系统之间进行数据交换，从而实现对电压和电流的实时监测、调整和保护。电压信号、电流信号接口包括模拟量输入接口和数字量接口，用于接收来自电压和电流传感器的信号。模拟量输入接口可以接收连续的电压和电流信号，而数字量接口可以接收经过模数转换后的离散信号。目前，智能配电设备的电压、电流信号大多采集模拟量信号进行传输，模拟量通过电压/电流互感器或电子式传感器采集，为了进一步提升信号传输质量，智能配电设备也在尝试一些数字化传输技术，如在开关内部集成数字化模块，将采集到的模拟量转换成数字量后再进行传输。

标准化设计规范规定了电压互感器、电流互感器、电子式零序电压传感器的技术参数，电子式电压传感器、电子式电流传感器的数据采集要求及传感器数字化单元的技术要求。

（3）控制接口。智能配电设备的控制回路接口类型包括储能接口、合闸接口、分闸接口。控制回路接口标准化的核心是开关设备操动机构电压等级、功耗与配电终端电源输出能的匹配。因此，需要对智能配电设备的额定电压、短时负载、持续时间等技术参数进行规范。最常用电磁式操动机构控制回路要求见表 3－3。

表 3－3　　　　　　　　　最常用电磁式操动机构控制回路要求

| 智能配电柱上开关设备配套电源 | 电源管理模块输出要求 | 额定 DC24V，额定功率≥50/80W，短时输出功率≥300W，持续时间≥15s |
|---|---|---|
| | 配套操动机构电源要求 | 分/合闸/储能电源：额定 DC24V，短时输出≥24V/10A、储蓄时间≥15s |

| 智能配电环网柜设备配套电源 | 电源管理模块输出要求 | 额定 DC48V，额定功率≥100W，短时输出功率≥500W，持续时间≥15s |
| --- | --- | --- |
| | 配套操动机构电源输出要求 | 分/合闸/储能电源：额定 DC48V，短时输出≥48V/5A、储蓄时间≥15s |

（4）状态量接口。状态量接口是一种用于检测配电开关状态的接口，这种接口能够实时获取配电开关的开关状态信息，从而实现对电力系统的监控和管理。开关量接口通常只有开和关两种状态，对应数字信号的 0 和 1，属于数字接口。在实现方式上，常见的有并口、串口、USB 接口、以太网接口等。通常以闭合状态为状态量的名称，例如，储能状态的含义指开关储能完后，储能辅助开关处于闭合时的状态；合闸状态的含义指开关合闸后，位置辅助开关处于闭合时的状态。常见的状态量类型见表 3-4。

表 3-4　　　　　　　　常见的状态量类型

| 信号量位置 | 重要度 | 备注 |
| --- | --- | --- |
| 配电一次开关合闸位置状态量 | 重要 | |
| 配电一次开关分闸位置状态量 | 重要 | |
| 储能状态量（储能/未储能） | 重要 | （1）双弹簧操动机构型断路器通常提供储能信号；（2）单弹簧操动机构型负荷开关通常提供未储能信号 |
| 接地开关合闸位置状态量 | 重要 | 通常提供的是合闸信号 |
| 接地开关分闸位置状态量 | | |
| 隔离开关状态量 | 一般 | |
| 气体浓度（压力）报警状态量 | 一般 | （1）开关设备内气压；（2）零表压的推荐选用气体浓度报警信号；（3）非零表压的推荐选用气体压力报警信号 |
| 熔丝熔断状态量 | 一般 | |
| 柜门开启状态量 | 一般 | |
| 远方/就地状态量 | 一般 | |

### （五）智能组件集成技术

在智能配电设备中，智能组件主要指电压互感器/传感器、电流互感器/传感器、各类状态检测传感器或可视化设备状态监测、绝缘性能监测、开关特性监测、温度在线监测等传感装置及配电终端的测控与保护功能等。这些组件集成到配电开关设备后，会对配电开关的电场分布、电磁兼容等方面造成影响，因此，需要对智能组件集成到配电一次设备后，智能配电设备整体状态进行技术研究。

1. 电压/电流传感器集成技术

电压/电流传感器技术在本章第二节配电开关智能化互感器技术中已做了详细的介绍，在满足配电开关设备采样的高精度和宽范围要求的同时，便于植入到配电开关设备内，从而实现安装维护的便利化。

在植入电流/电压传感器或其他智能组件后，需要充分考虑智能配电设备电磁兼容的情况，并对整体设备的电场分布进行分析，因此，电磁兼容和电场仿真技术应用尤为重要。

2. 电磁兼容设计技术

智能配电设备是一次强电设备和二次弱电设备集成组合运行，因此，电磁兼容（EMC）设计非常重要。

电磁兼容是指设备或系统在其电磁环境中符合要求运行并不对其环境中的任何设备产生无法忍受的电磁干扰的能力，简而言之，就是要求在同一电磁环境中的设备能够互不干扰、协调地完成各自的功能。这涉及设备或系统之间在电磁环境中的相互兼顾及它们在自然界电磁环境中按设计要求正常工作的能力。

电磁兼容性的原理主要包括电磁耦合、电磁辐射和电磁感应。电磁耦合是电子设备之间互相干扰的主要传递方式，包括导线耦合和空间耦合两种形式。电磁辐射则是任何电子设备在工作时都会产生的，并以一定频率振荡传播到空气中，不同频率的电磁波对其他设备的干扰程度也不同。而电磁感应则是电子设备在接收到其他设备的电磁波时产生的干扰。

配电设备易受到的电磁干扰包括雷电等自然干扰源、工频电力设备、瞬态电磁脉冲、静电放电短路故障谐波电压、无线电通信及人为干扰等，配电设备所受电磁干扰示意图如图3-11所示。

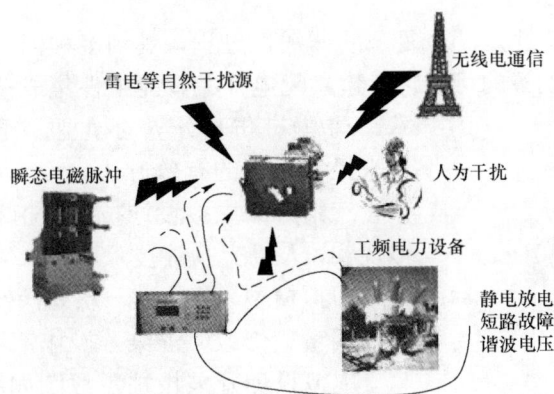

图3-11　配电设备所受电磁干扰示意图

配电开关设备本体抗电磁干扰的能力相对强一些，但集成了大量包含着各类电子元器件的设备，同时又需要具备各类信息的采集、控制信息的收发处理等功能，这些智能组件自身又运行在高压开关设备近旁或内部，电磁环境严酷，因此，配电开关设备面临着复杂的电磁兼容问题。

智能配电设备的干扰源主要来自电磁干扰。电磁干扰可能由多种因素产生，包括电源线交错导致的电源干扰、微控制单元（Micro Controller Unit，MCU）系统内部集成电路和模块之间的干扰及外界电磁波环境产生的电磁干扰等。这些干扰源可能导致智能配电设备的测量误差、通信信号中断，甚至损坏设备或丢失数据。

电磁兼容设计是智能配电设备运行中不可忽视的重要因素，对于确保设备的正常运行、提高产品的可靠性及保障人身和环境保护具有重要意义。

3. 电场仿真设计技术

早期的配电开关设备设计体积都比较大，一般会留有较大的绝缘裕量，开关本体内的电磁场分布对设备运行影响不是很突出，而开关整体电磁场分析又过于复杂，因此，很少进行专门的优化设计。

近年来，城市化带来的负荷增长与土地资源的矛盾，加之受维护、安装、成本等因素的影响，使得配电开关设备尤其是智能配电环网柜设备体积要求越来越小，紧凑的结构设计已成为主要的发展方向。同时，智能化需求使配电开关设备内置越来越多的感知元件，包括电压互感器/传感器、电流互感器/传感器及其他各类传感元件，电磁场分析显得异常重要。

电场仿真设计技术作为一种强大的分析工具，近年来在电力、通信、电子等领域得到了广泛的应用。该技术利用计算机技术和数学模型对电场进行精确模拟和预测，为解决复杂电场问题提供了有效手段。通过模拟配电开关设备空间内部电场集中点及薄弱点，根据仿真结果对配电开关设备进行结构与电场优化设计，增加设计裕度，从源头提高配电开关的可靠性。应用电场分析软件进行仿真计算，对配电开关整体、电压互感器/传感器、电流互感器/传感器、出线端子等分别建模，实现对集成了互感器/传感器等智能组件的配电开关电场分析和优化设计。

4. 三维产品虚拟设计技术

配电开关的动作特性是一个复杂的非线性过程，受到多种因素的影响。为了在小型化的基础上提升配电设备的可靠性，建立配电开关智能组件集成技术、电场优化设计技术、动/静态仿真分析的模型，开展虚拟设计技术是近年来经常采用的有效方法。

图 3 – 12　虚拟设计开关极柱示意图

三维产品虚拟设计技术是指利用计算机图形学、虚拟现实、人机交互等技术，在计算机环境中构建产品的三维虚拟模型，并通过一系列操作和设计工具，对模型进行编辑、修改、渲染等操作，以完成产品的设计。

虚拟设计开关极柱示意图如图 3 – 12 所示，采用多边形建模、曲面建模、参数化建模等三维建模，配合高质量的渲染效果能够真实展现产品的外观和材质。通过动画技术，可以模拟产品的运动状态和交互效果，有助于更直观地评估设计方案的可行性。

在配电开关的设计和开发中使用虚拟设计技术，通过动态仿真分析，不但可以检查构件之间的机械和电气干涉，还利用其参数化建模和分析功能，可以方便地找到对机构运动影响最大、敏感性最高的构件，从而实现优化设计。

尽管三维产品虚拟设计技术取得了显著进展，但在实际应用过程中仍面临一些挑战。例如，数据精度问题可能导致模型与实际产品存在偏差；交互性能不足可能影响用户体验；硬件限制则可能制约技术的发展速度。随着人工智能、虚拟现实等技术的不断发展，必将进一步提升智能配电设备的可靠性设计和制造技术的完善发展。

#### （六）配电终端技术

1. 馈线自动化终端

柱上开关用配电终端经历了从配套简单的控制元件（如复合控制器），到就地式故障检测控制器（如时限式故障检测控制器），最终到现在形成了满足不同功能应用的柱上配电终端——馈线终端。

（1）配电终端的发展方向。近年来，配电物联网技术推进了配电终端开始向着物联网化终端方向发展。

1）产品结构。FTU 早期主要以箱式结构为主，20 世纪 90 年代末从日本东芝引进了真空自动配电开关成套设备，其故障检测控制器（FDR）/遥控信号单元（RTU）采用了独特的户外耐气候性、免维护的罩式结构，得到了电力用户的广泛认可，由此形成了目前标准化设计中可以选用的两大结构——标准化罩式和箱式结构。

2）电气接口。初期只设计有电压接口、控制接口，为了满足测量和通信需求，增加了电流接口和串行通信接口。随着配电自动化技术和通信技术的发展，目前的 FTU 有电压接口、控制接口、电流接口、串行通信接口、网络通信接口和后备电源接口。

3）终端定值和模式设定。早期由安装在 FTU 上的旋钮开关/拨杆开关就地完成。目前，根据需要可以选择就地设计的旋钮开关/拨杆开关/拨码/液晶和后台软件进行现地操作或远程整定。

4）通信方式。配电终端（FTU、DTU、TTU）从采用串行通信系统扩展到串行网络型通信系统。

5）采集方式。模拟量的采集方式由原来采用电磁式电压/电流互感器采样发展到现在可采用电磁式互感器和电子式传感器（电压/电流）方式，并开始向着数字化输出的方向发展。

6）电源系统。配电终端的电源系统采用 AC200V/DC48V/DC24V，终端的后备电源早期主要采用低成本的铅酸蓄电池，目前根据应用场合，可通过组合铅酸蓄电池、超级电容或锂电池等后备电源方案来满足应用需求。

7）系统软硬件架构。配线终端的主控系统软件架构由中断加循环的模式发展到基于嵌入式实时操作系统的多任务并发模式。近年来，物联网技术发展正在推进终端产品硬件标准化、平台化，软件由标准化的系统软件平台加应用软件（App）组成，可实现真正意义上的"高内聚、低耦合"，将为配电终端软件的开发和维护带来极大的方便。

（2）罩式馈线终端 FTU 产品发展历程。以罩式馈线终端 FTU 产品发展为例，不同罩式 FTU 外形和底盖（面板）的电气接口状态见表 3-5。

1）时限式故障检测控制器。时限式故障检测控制器是在通信手段有限条件下，针对架空线路就地型馈线自动化应用而设计的，时限式故障检测控制器以户外应用的便捷性和免维护性为目标，仅有电压接口和控制接口，见表 3-5 的序号 1。

时限式故障检测控制器不进行电压、电流模拟量采集，采用由电压互感器提供的 AC220V 电源，无后备电源，以避免采用蓄电池带来的安全隐患和维护费用，无通信功能。通过采样两侧电压信号，设定检测时限，利用重合时序的整定配合，实现时限顺送/逆送功能（分段点功能，简称 S 功能）、环网点功能（简称 L 功能）、S/L 模式切换、手动操作开关分合闸和指示及定值设定等功能，是一款简单实用的馈线自动化开关用控制终端。

表 3-5　　　　　　　不同罩式 FTU 外形和底盖（面板）的电气接口状态

| 序号 | 名称 | 实物图 | 底盖（面板） |
|---|---|---|---|
| 1 | 时限式故障检测控制器 | | 电源插座　接地端子　开关/遥控插座 |
| 2 | 时限式远程馈线终端 | | 电源接口　电流信号接口　接地端子　通信信号接口　控制信号接口 |
| 3 | 用户分界开关控制器 | | 扩展接口　告警指示灯　接地端子　电流信号接口　控制信号接口 |
| 4 | 功能集约化馈线终端 | | 电源及采样电压信号接口　后备电源接口　运行状态灯　告警指示灯　接地端子　通信信号接口　电流信号接口　控制信号及零序电压接口 |

2）时限式远程馈线终端。在 FDR 功能特点基础上，通过增加了相/零序电流采集、电流型故障检测、串行通信和三遥等功能，设计了时限式远程馈线终端，见表 3-5 的序号 2。

该系列的配电终端增加了电流接口，并具有 RS-232 串行通信接口和无线通信功能（2G/3G）。通过与具有零序电压检测的电压互感器和电磁机构配电开关配合使用，采集电压/电流模拟量，用重合时序整定配合方式，完成配电线路短路故障的自动隔离，与变电站绝缘监测配合，完成单相接地故障点自动隔离。其远方通信功能实现设备的远程合、分控制并完成对线路状态的监测。

3）用户分界开关控制器。同一时期针对用户分界点功能需求，设计了用户分界开关控制器（俗称看门狗终端），见表 3-5 序号 3。用户分界开关控制器与内置 TV 的弹簧操动机构配电开关配合使用，安装于配电线路用户进线的责任分界点或分支线、末端线路位置，具备故障检测、保护控制和通信功能，可以隔离被控线路的单相接地故障和相间短路故障。

4）功能集约化馈线终端。馈线自动化技术多元化发展和配电终端主板能力的提升，使配电终端开始进入了功能集约化阶段，这一阶段的配电终端集测量、保护、监控、馈线自动化多功能为一体，主要采用无线通信（3G/4G/5G）和网络通信方式，见表 3-5 的序号 4。

该阶段的馈线终端具备了馈线自动化模式（就地型、集中型、智能分布式）选择、三段式保护控制、网络通信、故障录波、线损计量及液晶显示等功能，电源系统增加了直流后备电源供电，后备电源支持铅酸蓄电池、超级电容和锂电池，可以配套电动弹簧操动机构、永磁/磁控操动机构的断路器/负荷开关。

（3）标准化罩式馈线终端。近几年，国家电网有限公司从配电终端整体结构、电气接口、功能定义和配置、运行维护方面进行了标准化设计，统一外观尺寸和电气接口，功能上明确了馈线自动化、"三遥"、数据处理、安全防护、三段式保护、故障录波、线损计量等标准化要求，新增了北斗/GPS 对时和定位、开关合分闸、储能电压/电流状态检测等功能，形成了标准化产品。

标准化 FTU 实物如图 3-13 所示，非液晶板和液晶板如图 3-13（a）、（b）所示，罩式终端底盖如图 3-13（c）所示，箱式馈线终端结构和面板如图 3-13（d）、（e）所示。

2. 站所自动化终端设备

（1）站所自动化终端设备（Distvibute Terminal Unit，DTU）的分类。站所终端根据应用场景和功能要求，可分为集中式 DTU 和分散式 DTU。

集中式 DTU 主要用于集中管理和传输多个终端设备的数据，它具备将各个终端设备的数据汇总并传输到中央控制系统或服务器的功能，通常用于监控和管理多个终端设备的数据，以提高数据传输效率和管理效果。集中式 DTU 具备高稳定性、强可靠性、良好的实时性和广泛的环境适应性等特点。它主要应用于配电网中的环网柜、开关站、箱式变电站等设备，与配电主站结合使用，能够快速可靠地实现配电网故障定位、隔离及非故障区段的恢复供电。

相比之下，分散式 DTU 将控制和管理任务分散到多台计算机上，由多台计算机协同完成所有的工作。这种分散化的设计可以提高系统的可靠性，因为即使某台计算机出现故障，也不会影响系统的正常运行。此外，分散式 DTU 还可以提高系统的安全性，因为数据分散存储，可以更有效地防止数据泄露。

（2）集中式站所终端构成及特点。一直以来，环网柜（箱）配套的站所终端根据馈线自动化方案选择、传统环网柜改造、设备维护以及成本等因素选用，较多采用集中式DTU。

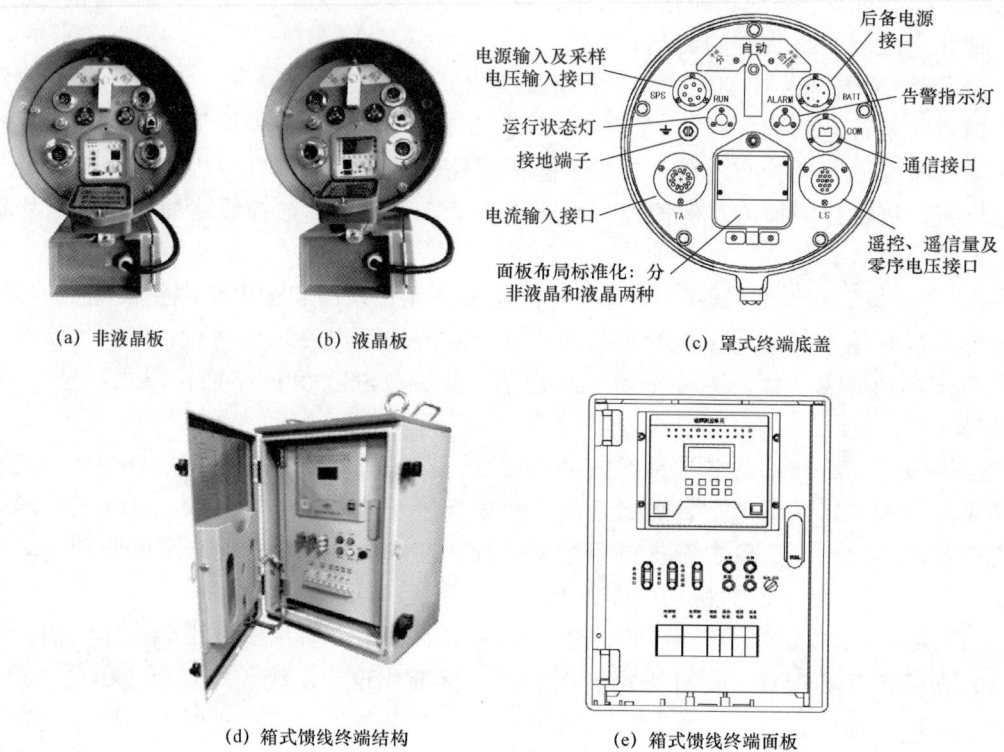

(a) 非液晶板　　　　(b) 液晶板　　　　(c) 罩式终端底盖

图中标注：电源输入及采样电压输入接口、后备电源接口、告警指示灯、运行状态灯、接地端子、通信接口、电流输入接口、遥控及遥信量及零序电压接口、面板布局标准化：分非液晶和液晶两种

(d) 箱式馈线终端结构　　　　(e) 箱式馈线终端面板

图 3-13　标准化 FTU 实物

集中式 DTU 主要由测控单元、电源系统、通信设备、人机界面等组件构成，集中式 DTU 基本构成图如图 3-14 所示。

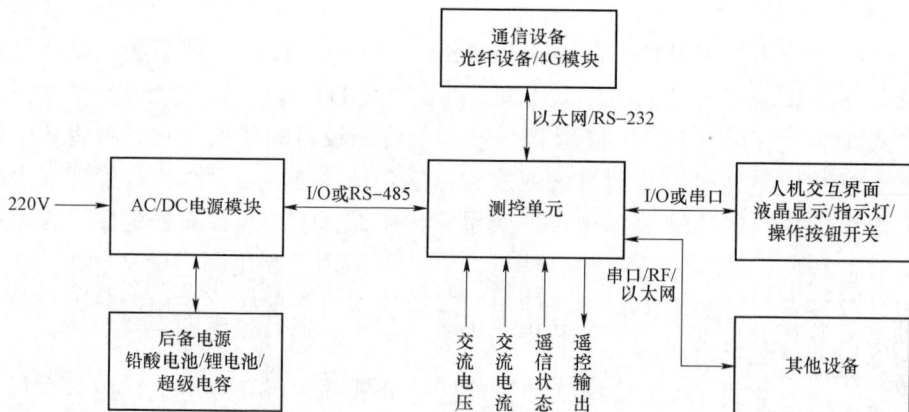

图 3-14　集中式 DTU 基本构成图

DTU 配电网终端测控单元是构成配电网自动化终端 DTU 柜的主要核心元件，主要适用于 35kV 及以下开关站、变电站、配电室、配电房的 1～24 回路的线路测控，与配电网自动化主站和子站系统配合，实现多条线路的电量的采集和控制。

电源系统负责为 DTU 自身和单元柜的开关电动操动机构供电，一般由双路切换模块、AC/DC 电源变换模块和后备电源组成。由 TV 柜输出的双路 220V 交流电源接入双路切换模块，切换模块根据设定原则优先选择其中一路电源作为后级 AC/DC 模块输入，经 AC/DC 模块整流变换后输出多路直流电源（DC24V 或 DC48V）供测控单元、通信设备、开关电动操动机构使用；当其中一路交流电源失电后，AC/DC 模块可无缝切换到另一路交流电源，若双路交流电源均失电，则后备电源可无缝投入，保证电源输出的连续性。

由于优良的安全性和低廉的使用成本，铅酸蓄电池是目前主流的后备电源，但也有场合配备锂离子电池或超级电容模组。AC/DC 模块具备后备电源管理功能，与测控单元通过 I/O 接线或者 RS-485 通信方式连接。

配套集中式 DTU 智能环网柜电气连接示意图如图 3-15 所示。DTU 一般采用交流电源供电。工作现场具备外部电源时（交流电源或直流电源），优先采用外部电源；工作现场不具备外部电源时，采用电压互感器供电。DTU 与配电主站的主要通信方式有光纤通信和无线通信，一般测控单元通过以太网与光纤通信设备连接，通过 RS-232 与无线通信模块连接，DTU 预留一定的通信接口，用于扩展使用。DTU 具备指示灯（指示装置及线路状态）、操作按钮（手动分合闸等），也可配备液晶显示组件，提供更好的人机交互体验。

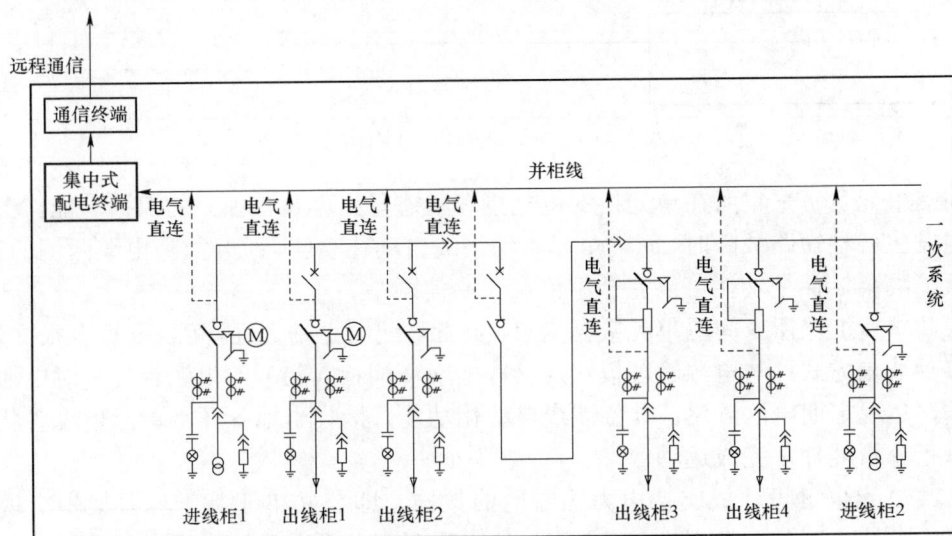

图 3-15　配套集中式 DTU 智能环网柜电气连接示意图

（3）分散式 DTU 构成及特点。分散式 DTU 由若干个间隔单元和公共单元组成，间隔单元独立安装在各单元柜内，公共单元为独立屏柜，通过以太网总线等方式互联，共同完成配电站所终端需要完成的功能，分散式 DTU 基本构成图如图 3-16 所示。

相比集中式 DTU，分散式 DTU 最大的差异在于每个间隔单元单独监测一路环网柜内的线路和设备，间隔单元可具备 SCADA 功能、继电保护、故障检测、远程控制、馈线自动化等功能。在这种结构下，分散式 DTU 不仅能够满足与配电子站或主站间的通信连接，实现对标准化环网柜（箱）的远程监控，还能够在各保护测控单元间实现通信。当主通信线路或配电主站出现故障时，各分散式 DTU 也能通过相互配合，将故障线路切除并恢复非故障线路的正常供电。

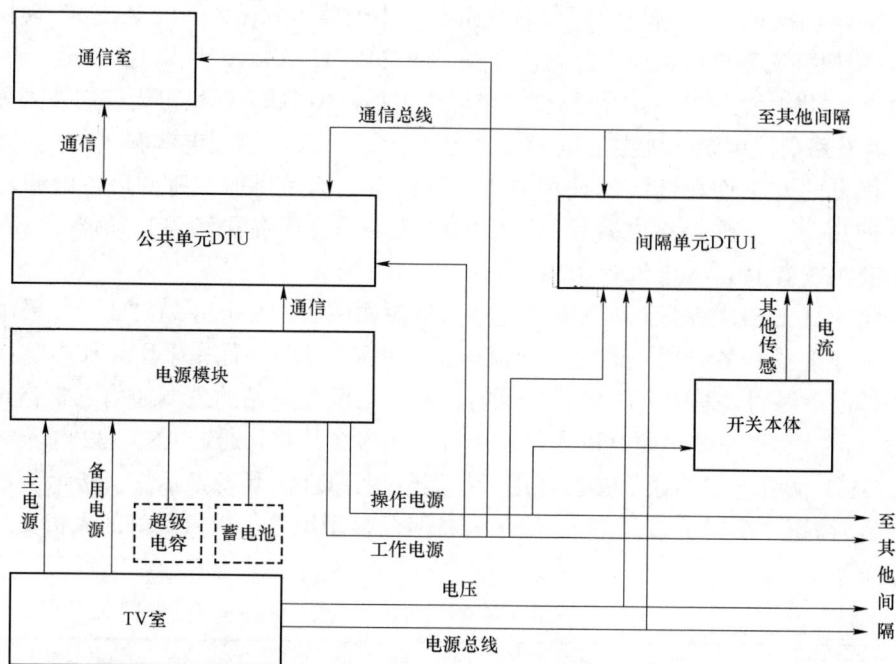

图 3-16　分散式 DTU 基本构成图

间隔单元负责采集所在单元柜的电气量和状态量，可具备独立的保护功能。当保护区域内发生各种短路故障时，间隔单元启动馈线自动化功能，跳开故障电缆两侧的开关，实现故障隔离，保护功能可以完全不依赖于通信网络。

公共单元汇聚所有间隔单元数据信息，负责与配电主站交互，可以支持全报文加密，支持多种通信方式；与电源管理模块连接，实现环网柜（箱）的电源管理，对电池充放电维护，实现定期电池活化；具备馈线自动化功能，接收当地各环网单元柜设备状态数据并进行分析处理，完成远动等。

公共单元也可设计成支持电力物联网的架构，即公共单元基于容器架构实现业务App 化，支持通过 MQTT 协议/DDS 协议接入物联网平台，云边协同实现区域自治；通过其具备的强大边缘计算能力和通信接口扩展能力，收集站室内及间隔单元电气（电压、电流、局部放电等）及非电气量（温/湿度、烟雾、水浸、门禁、视频等）数据，支持环网柜及站房健康状态评估、线损分析、电能质量分析、充电桩有序充电管理等功能。

分散式 DTU 电源及通信与集中式 DTU 类似。配套分散式 DTU 智能环网柜电气连接示意图如图 3-17 所示。基于分散式 DTU 的智能环网柜，分散式 DTU 的间隔单元采用面向间隔层设备（环网柜）为对象的分布式结构，直接安装于环网柜的故障指示器面板位置，采集现场信息，实现单间隔开关的"三遥"操作和故障判别功能，无需更改环网柜结构。通过现场总线与分散式 DTU 公共单元连接，实现与配电主站信息交互。分散式 DTU+标准化环网柜（箱）的典型设计，DTU 与环网柜接线只需在柜内完成，安装方便灵活。

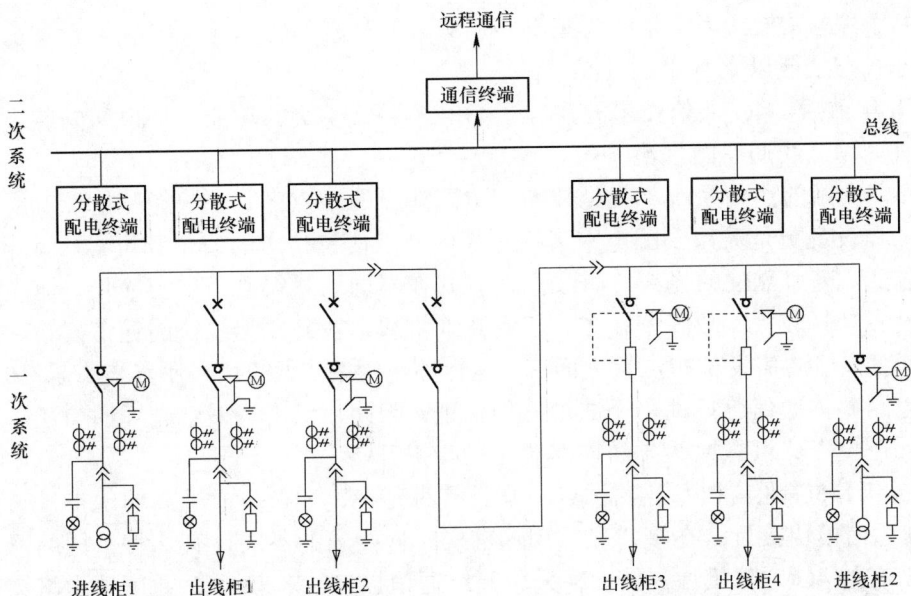

图 3-17　配套分散式 DTU 智能环网柜电气连接示意图

在馈线自动化应用中，采用分散式 DTU 很好地满足了电缆网智能分布式馈线自动化方案应用，同一箱/室内的多路环网柜，各自有独立的配电终端，通过线路配电终端间相互通信、保护配合或时序配合，在配电网发生故障时快速实现故障定位、隔离故障区域，恢复非故障区域供电，并将故障处理结果信息上报给配电主站。采用对等通信方式，可快速传递突发数据，故障处理速度快，故障隔离范围最小，无需保护时间级差的配合，百毫秒级完成故障隔离，秒级完成负荷转供。

### （七）通信技术

1. 通信设备

智能配电设备需要集成通信模块或配套通信设备，从而实现配电设备之间、配电设备与变电站设备之间或与配电自动化主站系统之间的互动应用。因此，通信方式的选择将决定智能配电设备在设计和成套时通信模块或通信设备的集成方案。

早期的配电自动化通信，受通信条件的限制，较多采用频移键控（Frequency-Shift Keying，FSK）双绞线通信方式。20 世纪 90 年代，随着以太网和光纤通信技术的发展应用，工业以太网通信开始在城市核心区配电网通信中使用，工业以太网交换机安装在配电终端的通信箱内，实现了就地的智能配电设备与配电主站的通信。

21 世纪初，无线公网通信由语音业务发展到数据业务，通用分组无线业务（GPRS）通信方式出现。GPRS 通信模块标准化设计体积小、功耗低、建设和维护均较容易，开启了无线通信在配电自动化通信中的应用。无线公网通信发展到 3G，数据业务通信性能明显增强，然而 3G 通信有较长时延，无法满足实时性和可靠性要求，因此，在配电自动化通信中主要用于两遥数据的信息交互。

2010 年，以太网无源光网络（EPON）通信技术在电力系统开始应用，因其采用无源通信，可靠性大为提升，从而逐步替代工业以太网技术，成为配电自动化新建光纤通信网络的主流。EPON 网络中，与配电终端集成的是光网络单元（ONU）设备，其大小和安装方式与工业以太网交换机类似。

2016 年前后，4G 通信技术因兼容了 GPRS 通信模块的功能、接口和安装尺寸，成为配电自动化无线通信的主流。

可靠、实用的通信系统一直是智能配电网建设的难点之一，智能配电设备所采用的通信技术和设备更是关系到配电网运行过程中节点信息传送的安全和可靠。近年来，无线通信方式、高可靠性的光纤等有线通信方式在不同场景得到了广泛应用，但光纤通信的通信设备功耗较大、故障率较多、建设和维护成本较高；无线公网通信建设、维护费用明显降低，但通信设备布点量大面广、运行环境复杂、无线信号不稳定、通信时延长，使得配电网整体通信可靠性仍无法很好地保证。因此，无论是采用光纤通信还是无线通信方式，在投资、可靠性两方面均需要进一步提升。

2019 年，5G 通信技术开始试点，其具有时延小、通信可靠性高的优点，且安装尺寸与 4G 通信模块接近。在接口上，因通信实时性要求的不同，有 2 种不同的形式：一种兼容现有的 4G 通信模块，另一种采用网络通信接口。未来，5G 通信技术将会在配电自动化通信有更好的应用前景。

（1）不同通信方式应用特点对比。不同通信方式应用特点对比表见表 3-6。

表 3-6 不同通信方式应用特点对比表

| 方式 | EPON | 工业以太网 | 4G 无线公网 | 中压 PLC | 微功率无线 |
|------|------|-----------|------------|----------|-----------|
| 带宽 | 1.25GHz | 100/1000MHz | 5MHz | 500kHz | 100kHz |
| 速率 | 1.25Gbit/s | 100/1000Gbit/s | 上行 5Mbit/s 下行 15Mbit/s | 1.2～300kbit/s | 10kbit/s |
| 时延 | 上行 1.5ms 下行 1ms | 20～200μs | 30～100ms | 0.4～2s | 无实时要求 |
| 可靠性 | 高 | 较高 | 中 | 中 | 低 |
| 安全性 | 高 | 高 | 较高 | 较高 | 中 |
| 部署周期 | 长 | 长 | 中 | 长 | 短 |
| 通信距离 | 20km | 单模 40km | 不受限制 | 1000m | 1000m |
| 建设成本 | 高 | 较高 | 低 | 中 | 极低 |
| 运维成本 | 较高 | 高 | 低 | 中 | 较低 |
| 成熟度 | 高 | 高 | 高 | 较高 | 较高 |

（2）配电设备运行环境对通信设备要求。配电自动化系统常见通信架构如图 3-18 所示。

应用于配电设备的通信网络按通信场景分为远程通信网和本地通信网。远程通信网包括光纤（EPON 技术、工业以太网）、电力无线专网、无线公网 4G/5G 等，是配电终端 DTU、FTU、TTU 与配电自动化主站的通信网络；应用于配电站房、配电室等内部配电设备之间的通信网是本地通信网，主要包括载波、RS-485、微功率无线等。

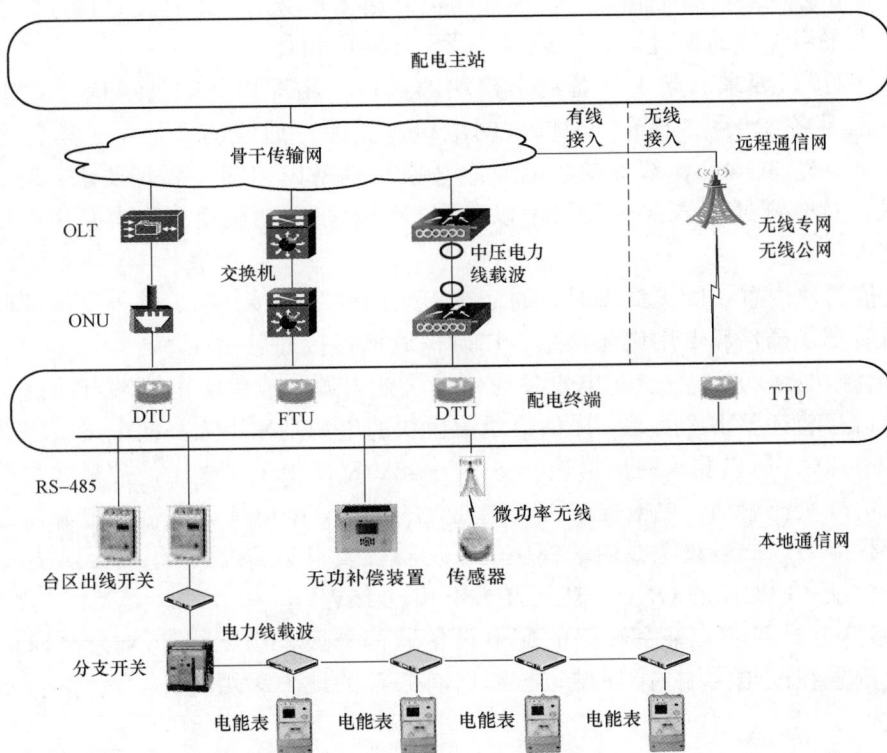

图 3-18　配电自动化系统常见通信架构

配电设备运行环境条件比较差，温/湿度环境恶劣、电磁干扰大，不能与变电站等室内恒温机房条件相比；配电终端设备类型多，接口和通信要求多样。因此，对通信设备有着较高、特殊的要求，需要针对配电设备应用场景合理选配和设计通信设备。

1）通信环境要求。智能配电柱上开关和环网柜设备配套的通信设备一般安装于户外，需长期承受暴晒、雨雪、冰雹、大风、雷电等气候条件。夏季太阳直晒时，环境温度达 60℃ 以上；冬季严寒时，环境温度可达零下几十摄氏度。配电站房和配电室的智能配电设备虽然在室内运行，但都没有很好的机房条件，运行环境仅比室外稍好，因此，这些通信设备都承受着电磁干扰、振动及严酷的高湿、高热复杂运行环境，需要具备高等级的 IP 防护性能、防电磁干扰能力和工业级的运行温度/湿度环境能力，以保证通信的可靠性和稳定性。

2）安装形式要求。目前架空线路一般采用户外罩型结构的馈线终端。当采用无线公网通信方式时，通信模块（包括天线）内置于采用不饱和树脂材料的罩式箱体内，整体达到 IP67 防护等级，内置无线通信模块的 FTU 如图 3-19 所示。当采用光纤通信方式时，光通信模块一般安装于光纤通信箱内，采用盒式通信模块，IP 防护性能比罩式箱体要差一些。

内置的无线通信模块

图 3-19　内置无线通信模块的 FTU

当配电站房和配电室内智能配电设备配套通信时，无线和光纤通信一般都采用盒式通信模块，安装在站所终端箱体内。因环网柜外箱体是金属箱体且良好接地，形成了电磁屏蔽，当采用无线通信时，天线必须外置于环网柜箱体。

3）通信接口要求。配电设备通信模块的接口，由配电终端的通信方式决定。配电终端一般具备 RS-232 重口和以太网电口，因此，通信模块至少应具备这几种接口中的一种。对 3G/4G 无线通信方式，通信模块具备出口即可满足要求；对 5G 无线通信方式，对光纤通信方式一般采用以太网接口，在早期应用中也有采用串口，但现在已不使用了。

当通信模块内置在配电终端时，通信接口采用软线连接；当选择外置方式时，通信接口采用航空接插件和专用电缆连接，以确保通信连接的可靠性。

4）电源功耗要求。智能配电设备通信模块的电源一般由配电终端直接提供。由于配电终端自身功耗要求，因此，提供给通信模块的电源功率不大。配电终端电源电压一般为 DC24/48V，所以要求通信模块具备 24~48V 宽范围工作电压，功耗要尽量小。为了适应通信模块在启动、数据发送瞬时功耗大的特点，配电终端的输出电源需要具有高的瞬时带载能力。一般对无线通信模块的平均功耗要求不超过 1W，最大不超过 5W；光纤通信模址（EPON 的 ONU）功耗要求不超过 15W。

5）通信方式要求。架空线路的配电设备通信一般采用无线专网/公网通信方式，通信模块内置在配电终端内，在城市核心区有条件的地方采用光纤通信方式（如 EPON 通信）。

站室用配电设备相对基建条件较好，在易铺设光纤时，采用 EPON 通信方式；在不具备铺设条件时，采用无线通信方式。

配电台区等本地通信网采用低压电力线高速载波通信、微功率无线、"低压电力线高速载波通信＋无线射频"双模方式等通信方式，根据配电变压器终端、融合终端、出线开关、无功补偿装置、分支开关、进线总开关、分布式电源、充电桩等设备之间的实际应用场景进行选择。

2. 通信规约

配电自动化主站、通信系统、智能配电设备的终端层构成一个完整的配电网智能化信息交互传输处理系统，其中，通信系统是实现数据传输的通道。通信系统将主站的控制命令准确、实时地传送到众多的配电终端，将远方的配电设备运行数据信息传输到配电主站。

要实现配电主站和配电终端之间的信息交互，除了需要可靠的通信通道之外，良好的通信规约（即通信协议）是配电主站和配电终端之间进行高效、可靠信息交互与控制的核心与关键。

配电主站与智能配电设备主要通信规约包括 IEC 60870-5-101 通信规约、IEC 60870-5-104 通信规约、IEC 61850 通信规约、CDT 规约、Modbus 规约、DL/T 645 规约、MOTT 物联网通信规约等。

（1）配电终端的交互通信。配电终端的数据交互是指配电终端与其他设备（包括主站、其他配电设备等）之间，通过命令问答或者因出现重要突发事件而主动发起的数据传输与应答响应。

1）配电终端与主站系统的数据交互。配电终端与配电主站（包含调试软件）的数据传输，对数据的实时性、传输速度要求较高，主要采用专用线路交互的方式。当建立通信链路之后、释放链路之前，即使配电终端与配电主站之间无任何数据传输，整个通信链路仍不允许其他设备共享；一旦通信链路建立，通信双方的所有资源（包括链路资源）均用于本次通信，除了少量的传验延迟之外，不再有其他延迟，具有较好的实时性。这种方式线路交互设备简单，用户数据透明传输；缺点是通信链路的利用率较低，并且不提供任何数据缓冲功能，要求通信双方自行进行通信速率的匹配。

10kV 架空线路智能配电设备与主站之间一般采用无线公网通信方式，目前均采用 4G 通信，使用平衡式 IEC 101 通信规约。

10kV 架空线路馈线终端工程现场维护一般采用 RS-232 通信方式，使用与主站通信一致的 IEC 101 规约维护。在实际应用中，10kV 架空线路馈线终端 FTU 安装位置较高，在现场采用 RS-232 连接极不方便，特别是对通信模块内置的馈线终端 FTU，难以拔掉与通信模块连接的 RS-232 串口通信线，因此，需要采用蓝牙等近距离无线维护的模式，蓝牙的传输距离可达 10m，增强型传输距离可达 100m，完全满足配电网工程现场维护的要求。

馈线终端 FTU 通信接口一般配置 2 个以太网接口、2 个 RS-232 接口，可选配 1 个蓝牙近距离无线维护接口，配置蓝牙掌机（或通信 App）以便于维护。某些特殊地区，如要用到射频遥控功能，需要增加射频通信模块。

10kV 电缆线路监控装置主要采用集中式站所终端或分散式站所终端，与主站之间可使用无线、光纤等通信模式。若使用无线公网通信方式，则采用 IEC 101 通信规约；若使用光纤通信方式，则采用 IEC 104 通信规约。

电缆线路配电终端的现场维护接线便捷，通过 RS-232 或者 RJ45 直接连接即可。

站所终端一般配置 2 个网络接口、4 个串口（软件可配置 RS-232/RS-485 通信模式，且支持 RS-232 和 RS-485 复用通信线）。

2）配电终端与外接设备的交互。10kV 配电线路，特别是电缆线路，安装有大量其他的智能设备（如网络表、电缆头光纤测温等），这些设备需要将数据上送至配电主站，当现场安装有配电终端时，可以借配电终端通信通道将数据上送至配电主站。

外接设备接入配电终端时，单台设备可以通过 RS-232 或 RS-485 接入。一种类型的设备采用一个配电终端的通信接口，同类设备数量较多时，采用 RS-485 串接的方式接入。

外接设备接入一般采用报文交换方式。这种方式不独占线路，多个用户的数据可以通过存储和排队共享一条通信线路，利用率很高；支持多点传输（一个报文传输给多个用户，在报文中增加"地址字段"，中间节点根据地址字段进行复制和转发）；中间节点可进行数据格式的转换，方便接收站点的收取；增加了差错检测功能，避免出错数据的无效传输等问题。缺点是由于"存储—转发"和排队，增加了数据传输的延迟；任何报文，即使非常短小的报文（如交互式通信中的会话信息），都必须排队等待，不同长度的报文要求不同长度的处理和传输时间；报文交换难以支持实时通信和平衡式通信的要求。

需要接入外接设备的配电终端以站所终端为主，提供 4 个串口（RS-232/RS-485 复用），外接设备一般采用 Modbus 规约。不同设备采样点寄存器地址不同，需要根据设备进行定制采集，并将采样数据归并到站所终端的点表中；少数外接设备使用 IEC 101 通信规约。

对于 RS-232 接口的外接设备，有两种采集模式：一种是定时召唤，按一定时间间隔不停采集数据并更新到站所终端总点表中，在主站总召时，直接从站所终端点表中上送；另一种是主站下达总召命令时，站所终端转发到外接设备，数据返回后由站所终端汇总上送。

使用 RS-485 接口的外接设备，由于 RS-485 是半双工模式，只能采用定时召唤模式。RS-485 串接设备时，保持一个串口串接同一类设备，并将外设地址从 1 开始顺序设置，这样可以极大地简化采集程序的实现和参数配置。RS-485 串接设备理论值可以接入 128 台，实际工程应用中，1 个 RS-485 接口挂接太多设备容易导致召唤时间过长、缓冲溢出等一系列问题，建议 1 个 RS-485 接口外接设备不超过 15 台。

（2）通信点表与参数。

1）通信点表。配电终端的通信点表分为原始点表与转发点表两种。原始点表是设备本身数据加外接设备数据组成的原始三遥表，包括当前配电终端的全部通信数据。转发点表由配电主站提供，是主站要求配电终端上送的数据内容。原始点表在确定终端类型及外设后可以确定，属于固定点表；转发点表是工程可配置的点表，可根据主站及使用地域的不同，进行灵活配置，部分数据还支持合并、分拆、取反等功能。

配电终端采集的遥测数据为 10kV 开关设备的二次值，大部分主站要求上送的为一次值，因此，转发点表需要支持系数配置和计算功能（系数需要根据现场的变比来设定），将采样的开关侧二次值转换为 10kV 线路的一次值。

2）通信参数。配电终端通信参数分为主站通信参数、自定义参数两个部分。主站通信参数需要根据主站的规约要求进行配置，由于各主站对规约有不同的设置，如链路地址字节数、传输原因字节数、公共地址可设置、方向位自适应等，配电终端需要有足够的灵活性来适应主站的不同配置要求，主站通信参数见表 3-7。

表 3-7 主 站 通 信 参 数

| 参数类型 | 参数说明 |
| --- | --- |
| 端口参数 | 串口波特率、校验位、数据位、停止位 |
| 工程参数 | 串口工作模式、出口通信规约、外接设备数目 |
| IEC 104 规约配置参数 | 公共地址字节数、信息体地址字节数、传送原因字节数、T1、T2、T3 等 |
| IEC 101 规约配置参数 | 链路地址字节数、传送原因字节数、重发次数、重发间隔 |

自定义通信参数主要是应对外接设备接入的参数配置（Modbus、IEC 101 规约）。自定义通信参数见表 3-8。

**表 3 – 8** 　　　　　　　　　　　　自 定 义 通 信 参 数

| 参数类型 | 参数说明 |
|---|---|
| 端口参数 | 串口波特率、校验位、数据位、停止位 |
| 工程参数 | 串口工作模式、出口通信规约、外接设备数目 |
| IEC 101 规约配置参数 | 终端链路地址字节数、信息体地址字节数、传送原因字节数、遥控类型、重大次数、重发间隔等 |

## 三、典型智能配电开关设备

### （一）典型配电智能柱上开关

配电自动化发展初期，智能配电柱上开关设备大量选用柱上负荷开关，以满足馈线自动化故障处理时的多次动作和负荷转供频繁操作的需求。近年来，由于断路器技术的逐渐成熟，设备标准化程度高且成本越来越低，架空线路智能化设备开始大量选用柱上开关。对于一二次融合柱上开关，可以通过五种方式分类：① 根据灭弧方式分为真空灭弧，$SF_6$ 灭弧；② 根据互感器类型分为电磁式、电子式、数字式；③ 根据操动机构分为电动弹簧、电动永磁、磁控式（许继）；④ 根据取电方式分为 TV 取电、电容取电（电容内置、电容外置）；⑤ 根据结构形式分为一二次非深度融合式（互感器置于固封极柱外）、一二次深度融合式（互感器置于固封极柱内）。

目前主流的柱上开关有 ZW20、ZW32、ZW58、ZW68、ZW20 为真空灭弧，$SF_6$ 绝缘，共箱式；ZW32 为真空灭弧，空气绝缘，支柱式；ZW58 为 $SF_6$ 灭弧，$SF_6$ 绝缘，共箱式/罐式 OFG；ZW68 为真空灭弧，$N_2$ 或干燥空气绝缘，共箱式。

一二次非深度融合式柱上开关情况如下：

（1）设备概况。根据国家电网有限公司招标技术规范，其主要特征表现为一二次融合成套柱上开关。一二次融合成套柱上断路器由开关本体、控制终端、取电 TV、绝缘电缆等成套组成。其中，开关本体、控制终端、TV 之间采用军用品级航空接插件，通过户外型全绝缘电缆连接。同时航插接口采用密封材料，提高整体的抗凝露性能。

将电子式互感器应用于柱上开关中是初步阶段相较于传统柱上开关最主要的改进。传统互感器相对只适用于测量稳态电流，而在故障暂态时，由于线路中存在直流电流，使得电流互感器容易发生饱和，造成测量误差，可能会导致继电保护装置的误动和拒动。为提高暂态电量的测量精度，进而提高开关动作的准确性，在初步融合阶段，柱上开关抛弃了传统互感器，取而代之应用的是电子式电压/电流互感器（ETV/ETA），比如 ZW32 开关外置了 ETV/ETA，暂态测量性能大大提升。电子互感器的安装位置与合并单元之间有一定距离，其输出的模拟量小信号在传输的过程中处于复杂电磁场环境下，极易受到电磁干扰，虽然传统互感器也同样存在信号干扰的现象，但由于电子互感器的输出信号额定值远小于传统互感器输出信号，因此相同强度的干扰对电子互感器的影响程度更大。电子式互感器在 20～30 倍额定电流范围内线性度好，但在 5%～20%额定电流范围内输出模拟量信号较小，导致其准确性差。

另外，控制终端在功能上配置了配电线损采集模块，实现计量功能，作为一二次设备融合的一个扩展功能。

虽然该类型柱上开关能够解决柱上开关设备存在的一些问题，如一二次设备接口不匹配、设备凝露等。但是在此阶段，一二次设备并没有真正融合，而只是成套化生产，规范了接口而已，柱上开关仍是由相互独立的几个部分组成，并未达到"融合"的状态；并且 ETA 小信号问题未解决，柱上开关与控制箱的连接仍需要与电缆匹配等。另外在现场应用中也暴露了电子式电压互感器（电阻分压式）的一些具体问题：分压电阻烧坏后会在二次侧感应高电压；大量使用时会降低输电线路对地绝缘水平；测量精度受电缆分布参数、航插接头影响较大；各相参数一致性差等。

其中，ZW32 型户外高压交流真空断路器为额定电压 12kV、三相交流 50Hz 的户外高压配电开关设备。断路器主要用于开断、关合电力系统中的负荷电流、过载电流及短路电流，适用于变电站及工矿企业配电系统中作保护和控制之用及农村电网需频繁操作的场所。

（2）结构特点和技术特点。

以 ZW32 一二次非深度融合式柱上开关为例，对结构特点和主要技术特点进行介绍。

1）ZW32 一二次非深度融合式柱上开关采用三相支柱式结构，安装在机构箱体上，支柱采用上下绝缘筒设计，真空灭弧室采用灌封或包封工艺，安装在上绝缘筒内。

2）ZW32 一二次非深度融合式柱上开关采用弹簧操动机构。

3）ZW32 一二次非深度融合式柱上开关采用外置组装式两相/三相保护电流互感器。

4）ZW32 一二次非深度融合式柱上开关自带复合控制器或馈线终端。

5）ZW32 一二次非深度融合式柱上开关通过配套电压互感器（又称电源变压器）进行取电。

6）ZW32 一二次非深度融合式柱上开关满足一二次融合基本要求。

**（二）一二次深度融合式柱上开关**

一二次深度融合式柱上开关更进一步地融合为一个整体。电子式互感器体积小的特点有利于将其由外置改为内置，于开关本体中融合为一体。

为了进一步规范化柱上开关中的电子式互感器，ETV/ETA（10kV 交流传感器）相关团体标准 T/CES 018—2024《配电网 10kV 及 20kV 交流传感器技术条件》已发布，该标准规定了配电网使用的 10kV 和 20kV 交流传感器的技术要求、试验项目、试验方法、检验规则、使用寿命和可靠性要求等指标要求。

针对电子式互感器的小信号问题，一二次深度融合式柱上开关尝试将 A/D 转换器融合进开关中，实现采集信号就地数字化，极大地缩短输出模拟量传输距离，减小干扰造成的影响，但仍可能在模数转换过程中受到干扰。

另外，考虑到 TV 作为一种感性元件，容易与线路对地电容发生谐振过电压而造成设备损坏甚至爆炸，且 TV 较笨重、安装费力、造价较高，部分厂家在一二次融合产品中取消了 TV 取电，进而提出太阳能取电、电子式 TA 取电、电容取电等更安全的非 TV 取电方式。但是非 TV 取电方式依旧在其他方面存在一些问题，例如 TA 取电（感应取电）在线路空载或轻载时无法作为稳定电源；而电容取电需要与蓄电池配合，对蓄电池寿命不利且对其容量及功率要求极高。

下面以 ZW32 一二次深度融合式柱上开关为例，对一二次深度融合式柱上开关结构原理、智能化技术特点和应用简要介绍。

（1）一二次深度融合式柱上开关结构。ZW32 一二次深度融合式柱上开关断路器为三极支柱式结构，主要由三相一体式极柱、机构箱、导电部分和传动部分组成。小型化电动操动机构安装于全密封的机构箱内，真空灭弧室、电流互感器一体浇注成固封极柱。ZW32 一二次深度融合式柱上开关如图 3-20 所示。

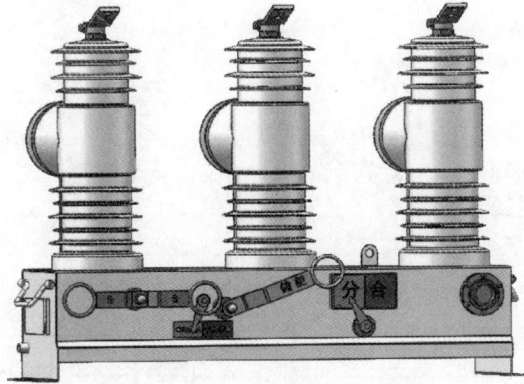

图 3-20　ZW32 一二次深度融合式柱上开关

1）一二次深度融合式柱上开关操动机构。ZW32 一二次深度融合式柱上开关采用弹簧操动机构或永磁操动机构。

a. 弹簧操动机构。ZW32 型支柱式真空断路器的弹簧操动机构结构示意图如图 3-21 所示。弹簧操动机构由储能电机、储能轴、圆轮、分闸半轴、合闸弹簧、离合板等部件组成。储能时，电机带动小齿轮旋转，通过齿轮之间机械传动，使弹簧处于压缩状态，储存了一定的弹性能量，当储能到一定位置时驱动爪打开，同时行程开关切换，电机停止转动，机构完成储能动作并保持。这个过程中，弹簧的分子结构会发生弹性变形，根据虎克定律，弹簧受到的力与弹簧的伸长量（或压缩量）成正比。因此，通过压缩弹簧，可以使其具备足够的能量来驱动后续的操作。

合闸时，通过合闸手柄或给合闸线圈通电动作，使得挚子失去平衡，弹簧释放能量使主拐臂逆时针旋转，从而驱动断路器进行合闸操作。

分闸时，通过分闸手柄或给分闸线圈通电动作，分闸半轴旋转，扣件失去平衡，分闸弹簧释放，输出拐臂驱动开关主轴完成分闸动作。

分合闸状态机构位置图如图 3-21（b）所示。

b. 永磁操动机构。以 ZW32 型柱上真空断路器常用的一款单稳态永磁操动机构为例，单稳态永磁操动机构示意图如图 3-22 所示，结构组成如图 3-22（a）所示。

永磁操动机构的核心在于永磁体的应用。永磁体能够产生稳定且持久的磁场，使得它在操动机构中起到关键作用。当断路器处于合闸或分闸位置时，永磁体通过其磁场将动铁芯维持在相应的位置，而无需额外的机械锁定机构。

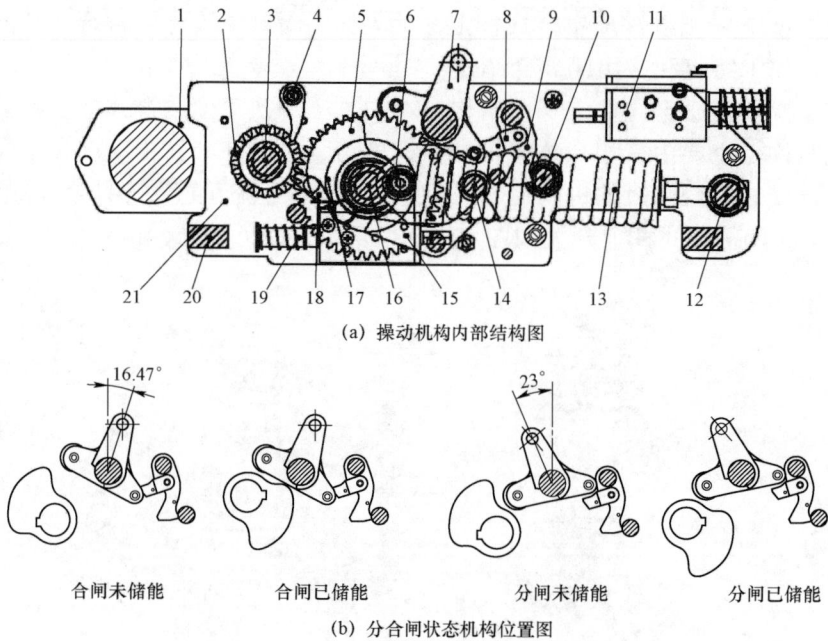

（a）操动机构内部结构图

（b）分合闸状态机构位置图

图3-21　ZW32型支柱式真空断路器的弹簧操动机构结构示意图

1—储能电机；2—小齿轮；3—储能轴；4—止逆棘爪；5—大齿轮；6—储能保持滚子；7—输出拐臂；8—合闸保持挚子；
9—分闸挚子；10—分闸半轴；11—分闸脱扣器；12—挂簧轴；13—合闸弹簧；14—合闸半轴；15—合闸挚子；
16—主轴；17—圆轮；18—离合板；19—合闸脱扣器；20—支撑柱；21—夹板

在合闸过程中，当电磁铁产生与永磁体磁场方向相同的电磁场时，动铁芯会受到两个磁场的共同作用，从而被吸引至合闸位置。一旦动铁芯到达合闸位置，永磁体的磁场会保持动铁芯的稳定，而电磁铁则可以停止工作，同时分闸弹簧储能，合闸过程磁路图如图3-22（b）所示。

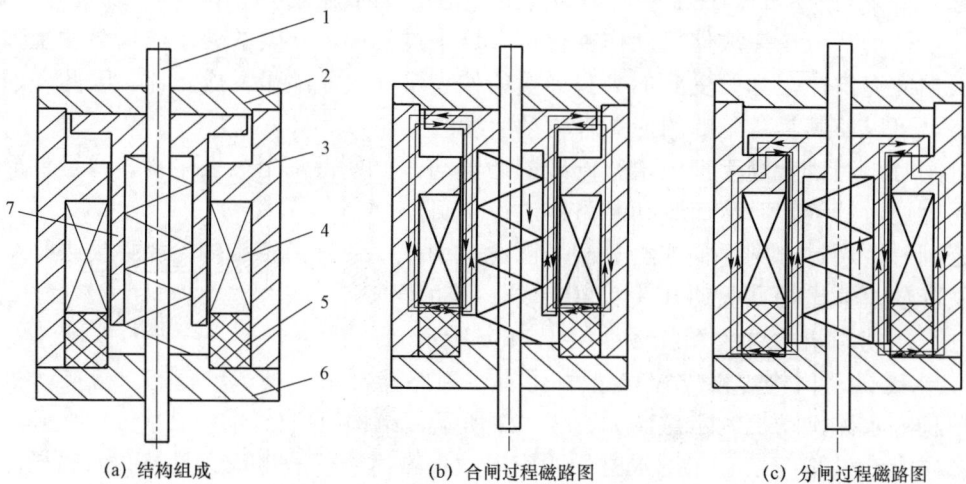

（a）结构组成　　　　（b）合闸过程磁路图　　　　（c）分闸过程磁路图

图3-22　单稳态永磁操动机构示意图

1—输出杆；2—上端盖；3—支撑体；4—合闸线圈；5—永磁体；6—下端盖；7—动铁芯

在分闸过程中，电磁铁产生与永磁体磁场方向相反的电磁场，动铁芯受到排斥力作用，从而离开合闸位置。随着动铁芯的移动，分闸弹簧开始释放能量，进一步推动铁芯完成分闸动作。分闸完成后，电磁铁同样停止工作，而永磁体的磁场则确保动铁芯保持在分闸位置，分闸过程磁路图如图3-22（c）所示。

单稳态永磁操动机构支柱式柱上真空断路器电气控制原理图如图3-23所示。

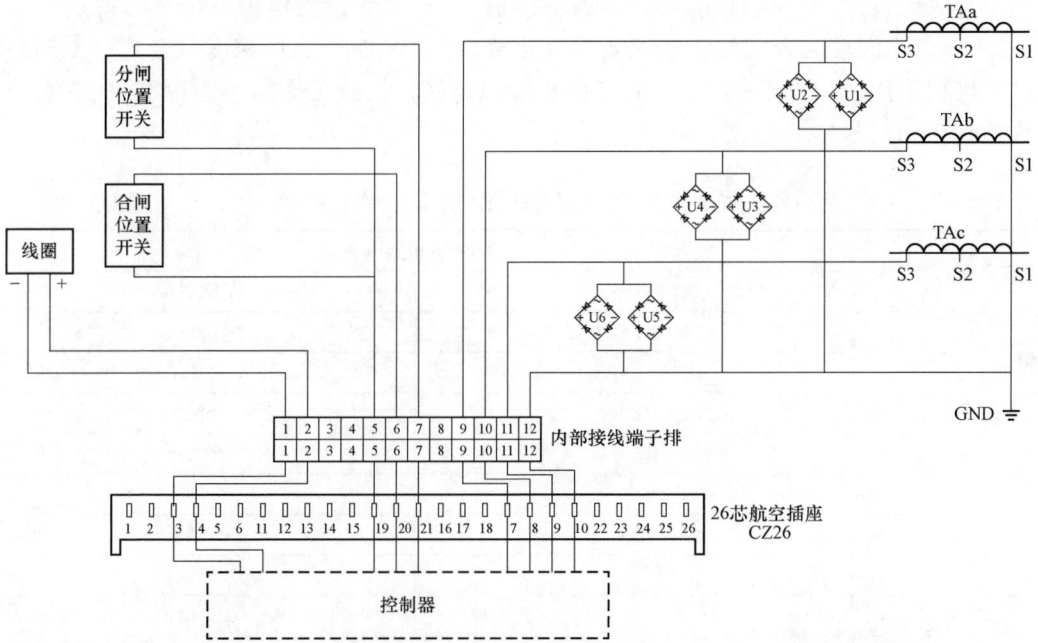

图3-23 单稳态永磁操动机构支柱式柱上真空断路器电气控制原理图

2）一二次深度融合式柱上开关传感器。ZW32一二次深度融合式柱上开关采用电压/电流一体式传感器，ZW32一二次融合电压/电流一体化传感器如图3-24。

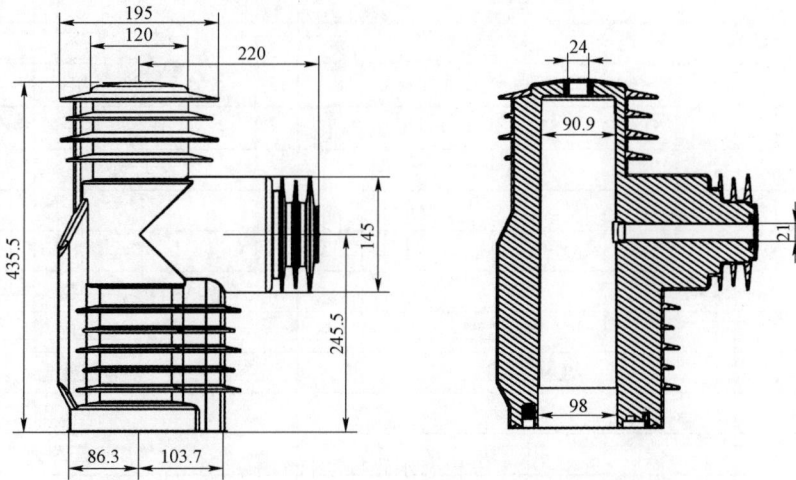

图3-24 ZW32一二次融合电压/电流一体化传感器

采用的深度融合绝缘极柱将电流传感器和电压传感器集成于极柱内部，实现三相电压、电流信号采集。电压传感器采用电容分压原理，功耗低、体积小、质量轻、绝缘性能好，低压侧分压较稳定，不会存在铁磁谐振等问题，经环氧树脂固化成型为一体，可以保证所有的器件处于同一种绝缘介质当中、处于同一温度环境之下。

传感器可同时输出相电压、零序电压和相电流、零序电流采样信号，是 ZW32 型柱上高压开关配套产品，具有功耗低，准确度高，测量、计量、保护三合一的特点。

3）一二次深度融合式柱上断路器自动化接口。ZW32 一二次深度融合式柱上断路器自动化接口采用一根标准化 26 芯航空插头接线连接，接线工作量小。标准化 26 芯航空插头控制接口信号定义见表 3-9。

表 3-9 　　　　　　　　　　标准化 26 芯航空插头控制接口信号定义

| 开关侧连接器引脚 | 配弹簧机构开关 | |
| --- | --- | --- |
| | 标记 | 标记说明 |
| 1 | CN－（可选） | 储能－ |
| 2 | CN＋（可选） | 储能＋ |
| 3 | HZ－ | 合闸－ |
| 4 | HZ＋ | 合闸＋ |
| 5 | FZ－ | 分闸－ |
| 6 | FZ＋ | 分闸＋ |
| 7 | $I_a$ | A 相电流 |
| 8 | $I_b$ | B 相电流 |
| 9 | $I_c$ | C 相电流 |
| 10 | $I_n$ | 相电流公共端 |
| 11 | $I_0$ | 零序电流 |
| 12 | $I_{0com}$ | 零序电流公共端 |
| 13 | — | — |
| 14 | — | — |
| 15 | QY（$SF_6$ 灭弧开关适用） | 低气压闭锁 |
| 16 | QYCOM（$SF_6$ 灭弧开关适用） | 低气压闭锁公共端 |
| 17 | — | — |
| 18 | — | — |
| 19 | YXCOM | 遥信公共端 |
| 20 | HW | 合位 |
| 21 | FW | 分位 |
| 22 | WCN（可选） | 未储能位 |
| 23 | $U_0$ | 零序电压 |
| 24 | $U_{0com}$ | 零序电压公共端 |
| 25 | — | — |
| 26 | — | — |

4）一二次深度融合式柱上开关馈线终端。ZW32 一二次深度融合式柱上开关馈线终端采用的 FTU 整体结构、电气接口、功能定义和配置、运行维护方面进行了标准化设计，统一外观尺寸和电气接口，功能上明确了馈线自动化、"三遥"、数据处理、安全防护、三段式保护、故障录波、线损计量等标准化要求，新增了北斗/GPS 对时和定位、开关合分闸、储能电压/电流状态检测等功能，形成了标准化产品，FTU 整体结构如图 3－25 所示。

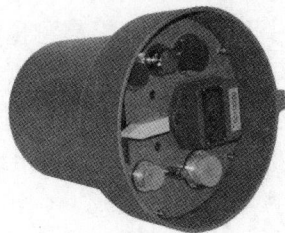

图 3－25 FTU 整体结构

5）一二次深度融合式柱上开关取电方式。ZW32 一二次深度融合式柱上开关采用电压互感器或电容取能方式。

柱上真空断路器为了对线路电压及零压的测量，计算线损，实现小电流接地保护功能，一般配套外置电磁式电压互感器。近年来，对一二次深度融合的发展要求，支柱式柱上真空断路器最先开展了利用电容式电压传感器作为取能电源与支柱式真空断路器的一体化设计。电容取能柱上真空断路器有电容式电压传感器内置和外置两种方式，电容取能支柱式柱上真空断路器外形图如图 3－26 所示。

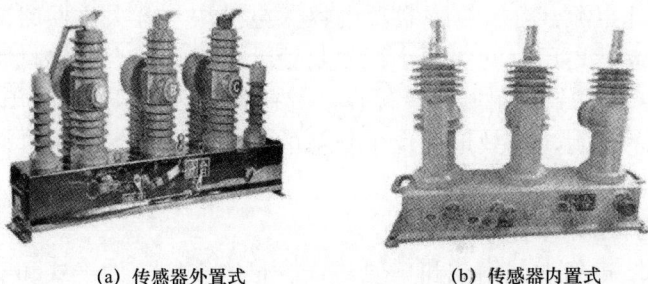

（a）传感器外置式　　　　　　（b）传感器内置式

图 3－26 电容取能支柱式柱上真空断路器外形图

电容取能内置式支柱式真空断路器结构示意图如图 3－27 所示。

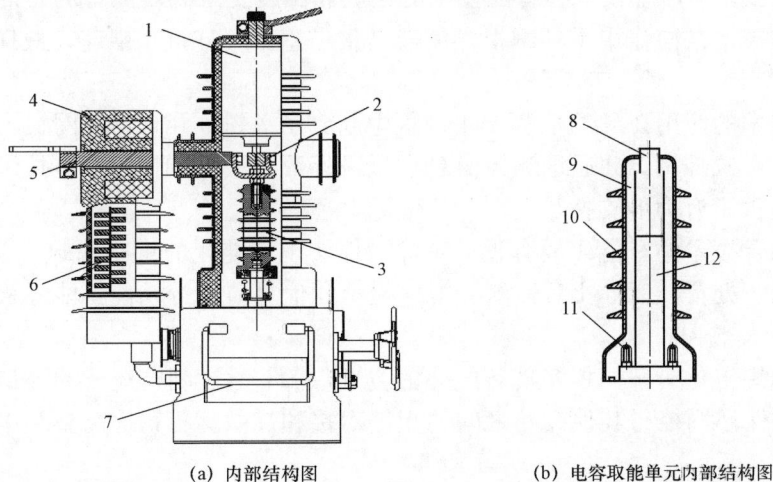

（a）内部结构图　　　　　　（b）电容取能单元内部结构图

图 3－27 电容取能内置式支柱式真空断路器结构示意图

1—真空灭弧室；2—软连接；3—绝缘拉杆；4—电流传感器；5—导电连杆；6—电压传感器；
7—开关壳体及操动机构；8—铜螺栓；9—环氧树脂；10—硅橡胶；11—铜嵌件；12—电容

采用电容取能方式的柱上真空断路器因电压/电流传感器一体化设计，将电流测量、电压测量及采集保护部分融为一体，组件更小，便于安装与运输。一体化设计也有效减少测量误差，提高测量精度，同时直接输出小电压信号，减少了误差源。电压、电流、零序电流及零序电压测量精度均可达到 0.5 级，特别是在高温环境及北方寒冷的低温条件下，仍然可以保证测量精度。电容取能电压电流互感器一体化设计具有诸多优势，包括提高测量精度、简化安装与维护、优化能量利用、增强系统稳定性、适应性强及提升智能化水平等。

（2）主要技术特点。内置高精度电流传感器、电子式电压传感器采用超小体积、高精度、高可靠性的电流及电压传感器，直接嵌入在固封极柱内，用于监测三相电流、零序电流及电源侧、负荷侧的三相电压。简化了系统结构，减少了误差源，提高了整个系统的稳定性和准确性。同时，电压二次侧短路不会产生过电流，也不会产生电磁谐振；电流二次侧开路不会产生过电压，保障了人员和设备的安全。高性能绝缘极柱户外用脂环类环氧树脂、独特的固体绝缘工艺技术，完美解决了内应力隐裂纹、局部放电等问题，使得绝缘极柱不但具有良好的耐候性和电气性能，同时还具有良好的抗机械冲击性能。小型化设计电流、电压传感器及电容取电模块与开关主回路部分固封在环氧树脂极柱中，结构紧凑、占用空间资源小；密封设计的机构箱合金铝材质、整体铸造机构箱具有美观、强度高、防锈、耐腐蚀等优点，所有的对外机械连接采用了转动密封设计，彻底实现了机构箱的密封，有效地阻止了外部的水分侵入，解决了机构的凝露、锈蚀等问题。

### （三）典型配电智能环网柜

环网柜按气箱结构分为共箱式和单元式，按整体结构分为美式和欧式，环网柜按灭弧方式分为 $SF_6$ 环网柜和真空环网柜，按绝缘介质分为 $SF_6$ 绝缘、固体绝缘、环保气体绝缘（含干燥空气绝缘）环网柜等。

先进制造技术、信息技术和智能技术的集成和深度交融为环网柜的智能化提供了技术支持。这些技术共同作用于环网柜，使其具备了感知、分析、推理、抉择方案及操控等功能。

物联网技术的应用在环网柜智能化过程中起到了关键作用。物联网技术能够实现环网柜的远程分布式控制，并通过测控信息点位进行数据采集和监控。该技术为环网柜的智能化管理提供了有力的支持。

一二次融合技术的智能化成套设备是环网柜实现智能化的重要基础。这种设备具有自动告警、应急处置、运行实时监测、维保检验和信息监察等功能，能够极大地提升环网柜的智能化水平。

标准化和规范化是环网柜实现智能化的重要保障。通过制定统一的接口标准和通信协议，可以确保环网柜与其他设备之间的无缝对接和高效运行，提高整个电力系统的智能化水平。

常见的环网柜主要是 $SF_6$ 环网柜和环保气体绝缘真空环网柜两种。

1. $SF_6$ 环网柜

$SF_6$ 环网柜是一种采用 $SF_6$ 气体作为绝缘和灭弧介质的环网供电设备。这种环网柜主要由柜体、母线、$SF_6$ 负荷开关、真空断路器、互感器、避雷器等元器件构成，具有结构紧凑、占地面积小、安全可靠、操作简便等特点。

$SF_6$ 环网柜的主要优点在于其优秀的绝缘性能。$SF_6$ 气体是一种优异的绝缘介质，其绝缘强度远高于空气，可以有效地提高环网柜的电气性能。同时，$SF_6$ 气体还具有良好的灭弧性能，可以迅速切断故障电流，保护电力系统的稳定运行。

此外，$SF_6$ 环网柜还具有较高的可靠性。其结构紧凑，元器件布置合理，能够有效地减少故障点，提高系统的可靠性。同时，环网柜采用模块化设计，使得安装、调试和维护更为方便。

$SF_6$ 环网柜按绝缘方式可分为全绝缘 $SF_6$ 环网柜和半绝缘 $SF_6$ 环网柜。

（1）全绝缘 $SF_6$ 环网柜。全绝缘 $SF_6$ 环网柜是国内使用较多的环网柜，其核心特点在于其全绝缘设计和采用 $SF_6$ 气体作为绝缘和灭弧介质。这种设计使得环网柜在运行时具有更高的安全性和可靠性。

全绝缘 $SF_6$ 环网柜根据结构特点和组合方式可以分为单元型、共箱型和单元＋共箱混合型三种组柜方案，不锈钢气箱内充有的 $SF_6$ 气体密闭封装了负荷开关、断路器、组合电器等一次主开关元件，配备压力表监测环网柜内的气体压力变化。下面以单元型全绝缘 $SF_6$ 环网柜为例进行介绍。

1）基本结构。单元型全绝缘 $SF_6$ 有多种类型单元柜，典型供电单元柜环网柜有六种，包含负荷开关单元柜、组合电器单元柜、断路器单元柜、TV 单元柜、电缆连接单元柜、计量单元柜，单元型全绝缘 $SF_6$ 环网柜一次方案图见表 3-10。

表 3-10 单元型全绝缘 $SF_6$ 环网柜一次方案图

| 序号 | 1 | 2 | 3 | 4 | 5 | 6 |
|---|---|---|---|---|---|---|
| 方案名称 | 负荷开关单元柜 | 组合电器单元柜 | 断路器单元柜 | TV 单元柜 | 电缆连接单元柜 | 计量单元柜 |
| 一次接线图 | | | | | | |

单元型全绝缘 $SF_6$ 环网柜单元结构示意图如图 3-28 所示。

a. 负荷开关单元柜。负荷开关单元柜主要由柜体、负荷开关、熔断器、互感器、仪表、二次保护装置等组成。

图 3-28 中，负荷开关采用了核心元件三工位 $SF_6$ 灭弧负荷开关，三工位 $SF_6$ 开关采用密封式结构，内充 $SF_6$ 气体。由于 $SF_6$ 气体独特的绝缘性能和灭弧性能，该产品比空气绝缘的产品更安全更可靠，并且具有体积小、质量轻、操作简便、安装方便等特点。封闭式 $SF_6$ 充气三工位开关有很强的环境适应能力，还可以做到在 30 年内无须补气和维护保养。

(a) 负荷开关单元柜　　(b) 组合电器单元柜　　(c) 断路器单元柜

(d) TV单元柜　　　　(e) 计量单元柜　　　　(f) 电缆连接单元柜

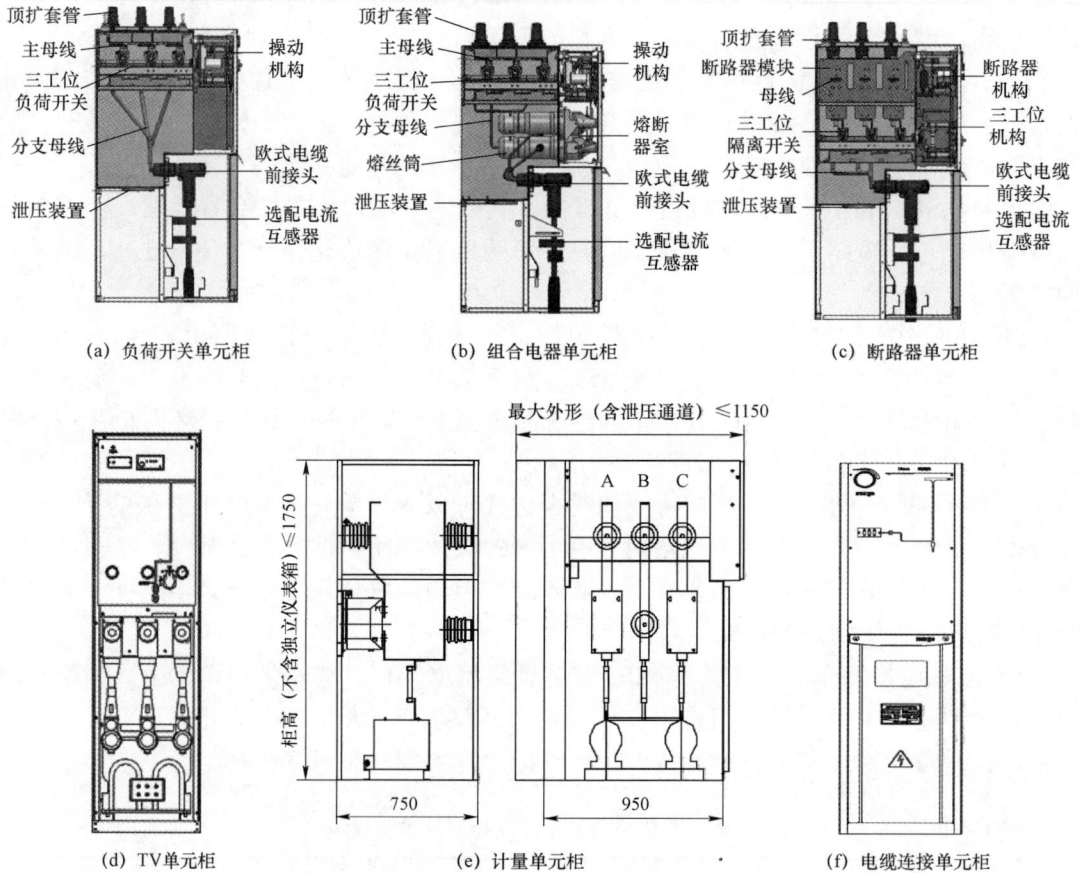

图 3 - 28　全绝缘 $SF_6$ 环网柜单元结构示意图

负荷开关模块及灭弧栅外形如图 3 - 29 所示。负荷开关配套三工位电动弹簧操动机构，有机械联锁装置和明确的开关状态指示。

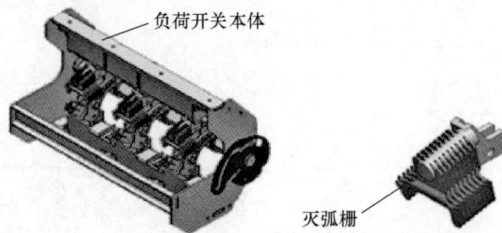

图 3 - 29　负荷开关模块及灭弧栅外形

b. 组合电器单元柜。组合电器单元柜与负荷开关单元柜都采用了三工位 $SF_6$ 灭弧负荷开关，配套三工位电动弹簧操动机构，不同在于负荷开关串接三相熔断器，配套独立的辅助接地开关，用于小容量（小于 800kVA）变压器保护。

c. 断路器单元柜。断路器单元柜的断路器模块由操动机构、真空灭弧室、触头系统及 $SF_6$ 气体绝缘系统等部分组成，真空灭弧断路器模块外形图如图 3 - 30 所示，下接三工位隔离接地开关。操作机构采用电动弹簧操动机构，隔离、接地开关匹配了三工位隔离接地手动弹簧操动结构，通过机械"五防"联锁防止误操作。

d. TV 单元柜。TV 单元柜内的电压互感器 TV 与母线的连接通过三工位负荷开关或三工位隔离接地开关完成，用于采集配电线路电压和零序电压。

e. 电缆连接单元柜。电缆连接单元柜主要用于电缆的接入、连接和保护。内设有专门的电缆接入装置，用于将外部电缆引入柜体内部。这些装置通常包括电缆接头、电缆夹持器和密封件等，以确保电缆连接的牢固性和密封性。

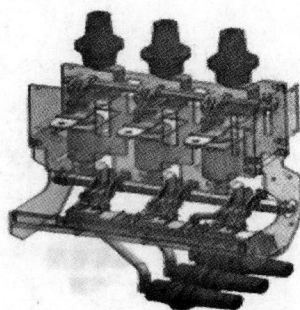

图 3-30　真空灭弧断路器模块外形图

电缆连接单元柜可能还配备了监控和保护装置，用于实时监测电缆连接的状态，并在出现异常情况时及时发出警报或采取保护措施。

f. 计量单元柜。计量单元柜根据实际情况配套不同变比的电流/电压互感器及电能表，实现一次线路电能计量，同时提供自动化系统采集需要的电气量信号。

2）泄压设计。全绝缘 $SF_6$ 环网柜的泄压设计是确保其安全稳定运行的关键环节。这种设计主要是为了在设备内部压力异常升高时，能够及时、有效地释放压力，防止设备损坏和事故发生。

a. 压力监测与预警系统。环网柜内部会安装压力传感器，实时监测设备内部的压力变化。一旦压力超过预设的安全阈值，预警系统会立即启动，发出警报信号，提醒操作人员注意并采取相应措施。

b. 自动泄压装置。为了在压力异常时自动释放压力，环网柜会配备自动泄压装置。该装置通常设计为在达到一定压力时自动打开，将内部压力释放到安全范围内。

全绝缘 $SF_6$ 环网柜设计了故障电弧泄压通道，故障电弧压力的释放方向朝向后方或电缆沟，故障电弧泄压通道方向示意图如图 3-31 所示。

3）扩展连接。全绝缘 $SF_6$ 环网柜的扩展连接功能是其灵活性和适应性的重要体现，允许根据实际需要方便地增加或减少连接单元，以满足不同配电网络的布局和扩展需求。全绝缘 $SF_6$ 环网柜单元柜或共箱型环网柜通过顶部扩展（绝缘母线）或侧部扩展（母线连接器）进行组柜母线连接扩展，组柜母线扩展连接方式如图 3-32 所示。

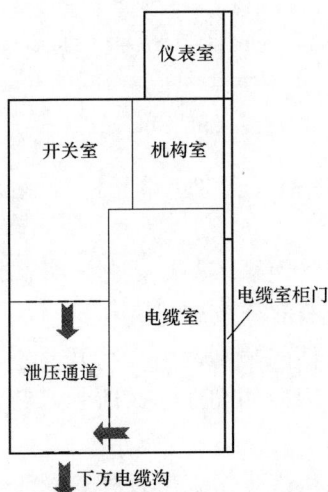

图 3-31　故障电弧泄压通道方向示意图

4）单元+共箱混合型组柜智能化改造。单元+共箱混合型组柜智能化改造中，保留原多回路共箱型环网柜，通过并柜智能化环网单元柜，配套 DTU 实现改造升级，完成馈线自动化功能。

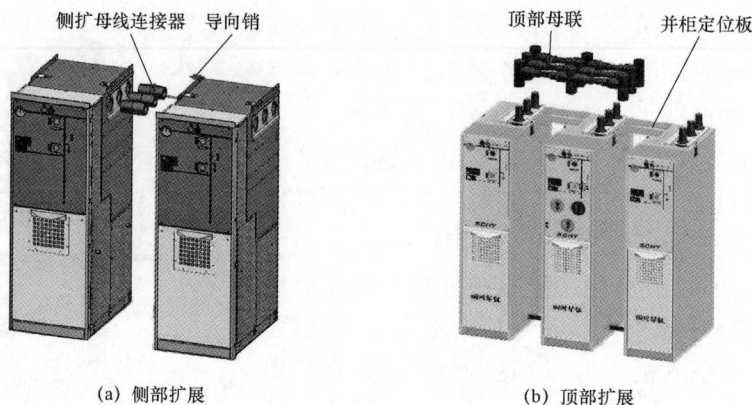

(a) 侧部扩展

(b) 顶部扩展

图 3-32　组柜母线扩展连接方式

如一款采用 2 个环网单元柜、1 个四回路共箱型环网柜、通过母线顶部扩展方式连接组柜的全绝缘 $SF_6$ 环网柜，全绝缘 $SF_6$ 环网柜（2 路进线单元柜 + 4 路出线共箱柜）如图 3-33 所示。

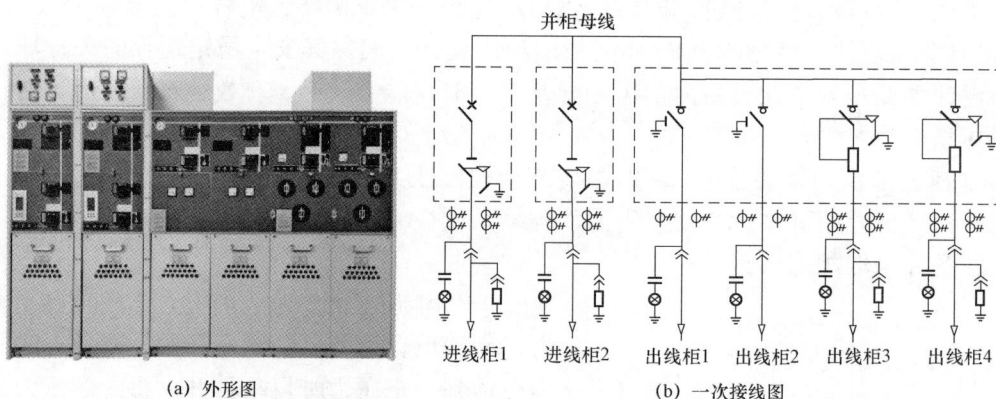

(a) 外形图

(b) 一次接线图

图 3-33　全绝缘 $SF_6$ 环网柜（2 路进线单元柜 + 4 路出线共箱柜）

配套了集中式 DTU 的两进四出共箱型全绝缘 $SF_6$ 环网柜（含 TV 单元柜），智能化两进四出共箱型全绝缘 $SF_6$ 环网柜如图 3-34 所示。

（2）半绝缘 $SF_6$ 环网柜。半绝缘 $SF_6$ 环网柜也称为空气绝缘环网柜，是一种高压配电设备。其核心特点是采用空气作为绝缘介质，将高压带电部分全部封装在密封的气箱中，从而确保设备在恒定的气压下运行，不会受到环境条件的限制。由负荷开关室、操动机构室、电缆室、母线室和二次室组成，半绝缘 $SF_6$ 环网柜如图 3-35 所示，其负荷开关单元柜如图 3-35（a）所示。

主开关模块封装在充满 $SF_6$ 气体的气包内，实现灭弧和绝缘，主母线外露置于空气绝缘环境内。主开关模块一般用三工位负荷开关或负荷开关—熔断器组合电器，配备操动机构和联锁，柜体采用插接式拼装。

气包式三工位负荷开关外形及内部结构示意图如图 3-35（b）所示。气包外壳有两种：一种是由全环氧树脂浇注而成；另一种是上壳体采用环氧树脂来保证绝缘等级、下壳体用不锈钢制成，以保证母线室和电缆室之间的隔离和接地，一般在气包壳体上设有开关触头位置观察孔和气压监测的压力表。

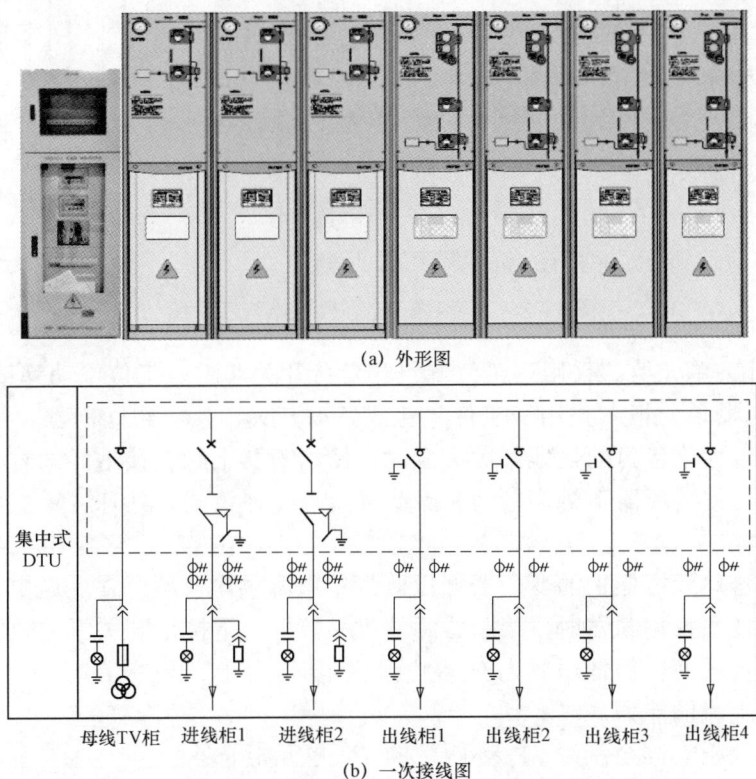

(a) 外形图

(b) 一次接线图

图 3-34　智能化两进四出共箱型全绝缘 $SF_6$ 环网柜

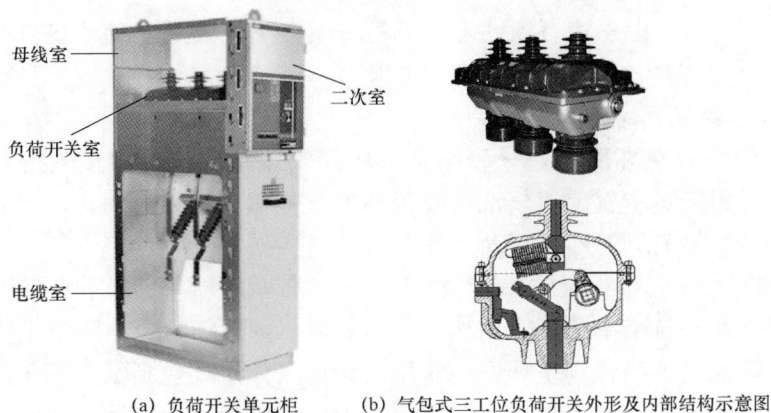

(a) 负荷开关单元柜　　　(b) 气包式三工位负荷开关外形及内部结构示意图

图 3-35　半绝缘 $SF_6$ 环网柜

半绝缘 $SF_6$ 环网柜无断路器单元柜，其余部分与全绝缘 $SF_6$ 环网柜一致，一次方案图与全绝缘 $SF_6$ 环网柜相应柜型相同。

半绝缘 $SF_6$ 环网柜结构示意图如图 3-36 所示，包含负荷开关单元柜、组合电器单元柜、TV 单元柜、电缆连接单元柜。

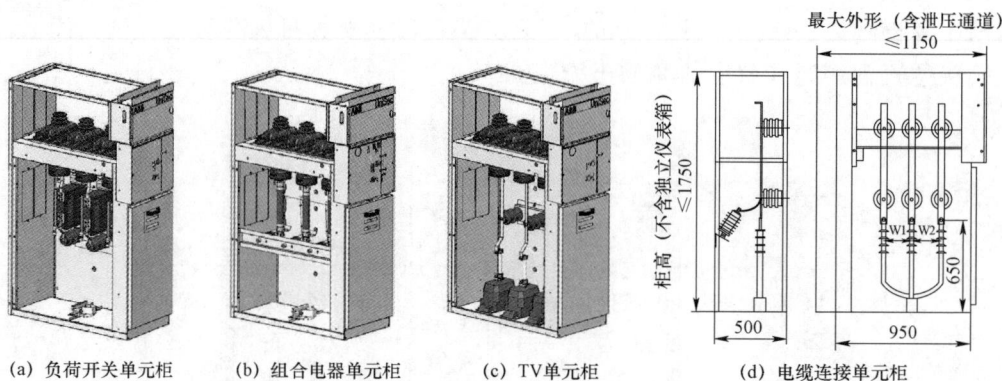

|  (a) 负荷开关单元柜  (b) 组合电器单元柜  (c) TV单元柜  (d) 电缆连接单元柜 |

图 3-36  半绝缘 $SF_6$ 环网柜结构示意图

1）负荷开关单元柜。采用三工位气包式负荷开关匹配三工位电动弹簧操动机构。

2）组合电器单元柜。采用三工位气包式负荷开关串接一组熔断器，加一台独立的辅助接地开关。当气包内的接地开关关合时，使熔断器上触头接地，同时，独立的辅助接地开关关合，使熔断器下触头接地。操动机构为双弹簧式，具有熔断器熔断自动跳闸功能。

当组合电器单元柜保护的变压器低压侧为单电源供电（不存在反送电）时，下接地开关目的是保证更换熔断器时，熔断器两端可靠接地，下接地开关无关合能力。当组合电器单元柜保护的变压器低压侧为双/多电源供电时，下接地开关具有短路关合、短时耐受和峰值耐受电流的能力。

3）TV 单元柜。同全绝缘 $SF_6$ 环网柜的 TV 单元柜。

4）电缆连接单元柜如图 3-36（d）所示。

5）计量单元柜。同全绝缘 $SF_6$ 环网柜的计量单元柜。

半绝缘 $SF_6$ 环网柜由于没有断路器单元柜方案，不能满足多种馈线自动化方案应用需求，目前只针对存量改造，已少有新增应用。

2. 环保气体绝缘真空环网柜

环保气体绝缘真空环网柜是一种结合了环保气体绝缘技术和真空技术的高压电气开关设备。它采用干燥空气或氮气混合物等环保气体作为绝缘介质，以实现电力系统中设备的可靠运行，并有效减少对环境的影响。

环保气体绝缘真空环网柜与 $SF_6$ 环网柜相比，有断路器单元柜和负荷开关单元柜，无组合电器单元柜。每个单元柜采用真空灭弧装置，可选择配置上隔离上接地或下隔离下接地方式。环保气体绝缘真空环网柜常用的环保气体主要包括氮气和干燥空气，具有绿色环保、含税分含量低、不易液化、环境适应性广等特点。因此，能满足智能配电设备结构紧凑、环保性能优越、免维护、可靠性高、寿命长的需求。

环保气体绝缘真空环网柜有正压型和常压型两种柜型，其主要区别在气体密封与压力控制，正压型环保气体绝缘真空环网柜采用正压密封技术，通过维持柜体内部的正压状态，确保绝缘气体的密封性和稳定性。这种设计能够有效防止绝缘气体泄漏，保证设备的绝缘性能。而常规型环网柜则可能采用其他密封方式，对气体压力的控制和密封性要求可能相对较低。

（1）基本结构方案。以采用下隔离下接地方式的正压干燥空气绝缘的环保气体绝缘真空环网柜为例进行介绍。

环保气体绝缘真空环网柜主要有 5 类典型单元柜，包含负荷开关单元柜、断路器单元柜、TV 单元柜、电缆连接单元柜、计量单元柜，环保气体绝缘真空环网柜主要单元柜外观和一次方案图见表 3-11。

表 3-11　　　　　　　　环保气体绝缘真空环网柜主要单元柜外观和一次方案图

| 序号 | 1 | | 2 | | 3 | |
|---|---|---|---|---|---|---|
| 方案名称 | 负荷开关单元柜 | | 断路器单元柜 | | TV 单元柜 | |
| 一次接线图 | | | | | | |

干燥空气绝缘真空断路器环网柜结构示意图如图 3-37 所示。

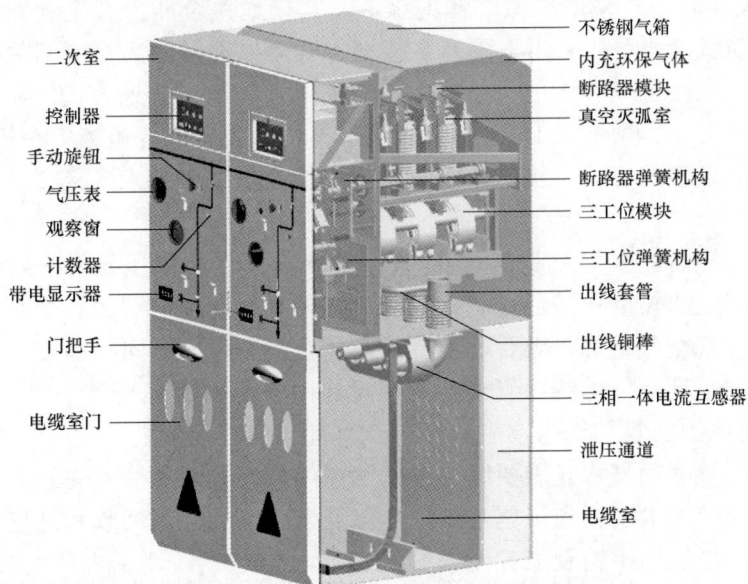

图 3-37　干燥空气绝缘真空断路器环网柜结构示意图

负荷开关单元柜的结构与断路器单元柜的结构基本一致，主要差别在断路器单元柜主开关选用了断路器用真空灭弧室，而负荷开关单元柜负荷开关用真空灭弧室。TV 单元柜、电缆连接单元柜、计量单元柜与 $SF_6$ 环网柜相应柜型相同。

干燥空气绝缘的负荷开关/断路器单元柜由真空负荷开关/断路器和双断口式隔离接地三工位开关组成，采用不锈钢气箱密封，防护等级 IP67。因为导电回路无任何绝缘材料包封，气箱内部电场均匀，正压型方案一般需配备压力表。

负荷开关/断路器配置电动弹簧操动机构，实现电动分合闸控制，其中断路器弹簧操动机构既可以手动储能，也可以电动储能。为了提高隔离开关断口的绝缘水平和接地开关的接地关合能力，采用双断口隔离接地三工位开关，并设计有隔离接地触头位置观察窗，保证断口可视安全。采用三工位一体式操动机构，实现隔离接地开关的合闸、分闸和接地，通过"五防"机械联锁避免误操作。

环保气体绝缘真空环网柜的湿度对绝缘性能具有显著影响。当湿度偏高时，空气中的水分会附着在绝缘材料的表面，导致绝缘电阻降低，设备的泄漏电流增大。因此，智能环保气体绝缘真空环网柜需要增加对气体湿度的监测和控制。

（2）环保气体绝缘真空环网柜需要解决的技术问题。

1）绝缘问题。由于环保气体（如干燥空气或氮气）与 $SF_6$ 等传统绝缘气体在物理和化学性质上存在差异（如氮气绝缘性能仅为 $SF_6$ 气体的 1/3），如何优化绝缘气体的配方和组合，以提高绝缘性能，是一个需要解决的重要问题。设计上可以通过电场优化设计来保证设备场强尽量均匀，可采用如金属屏蔽等降低电场的措施。工艺制造上为保证绝缘强度，通过采用自动氦检漏及充气设备及机器人焊接等工艺制造设备来保证制造品质。同时，湿度对绝缘性能的影响也不容忽视，需要采取有效的防潮措施，如安装驱潮设备，以保持环网柜内部的干燥。

2）接地关合问题。采用环保气体绝缘后，其接地关合能力会受到影响，可采用真空灭弧室来增强关合能力。采用下隔离下接地方式可以通过隔离接地开关的触头增加灭弧装置，提高其在环保气体中的关合能力；但采用上隔离上接地方式，需要通过操作主开关先合上接地开关，再合主开关来实现接地，不符合我国现行电力安全操作规程要求。因此，需要研究新型的开关结构，使接地关合既能满足技术要求，又符合电力用户操作使用规范。

3）温升与散热问题。环保气体绝缘真空环网柜由于将高压元件密封于不锈钢气箱内，负载电流产生的热量只能通过有限的对流、传导和辐射方式进行散热，因此，相对于传统式或敞开式空气绝缘，需要适当降低设计电流密度。不同气体类型导热性相差很多，温升的控制是环保气体绝缘真空环网柜设计的一个挑战。

4）混合气体的回收与选用问题。环保气体绝缘真空环网柜中，混合气体的回收与选用是两项至关重要的技术。需要综合考虑气体的性能、回收技术的效率及法规标准的要求。通过不断的技术创新和优化，可以实现混合气体的高效回收和选用，是在环保气体绝缘真空环网柜应用中需要研究解决的课题。

（3）智能化组柜。两进四出配套集中式 DTU 环保气体绝缘真空环网柜外形图如图 3－38 所示。

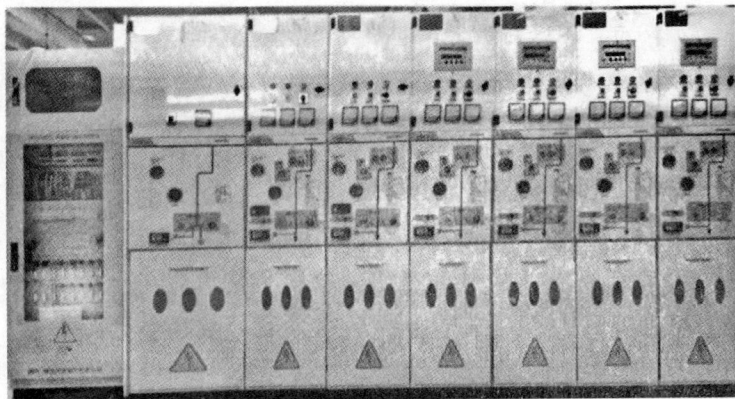

图 3-38　两进四出配套集中式 DTU 环保气体绝缘真空环网柜外形图

**3. 环网柜智能化配置**

环网柜智能化配置基本要求如下：

（1）主干线分段、联络和分界功能的开关单元柜必须配套电动操动机构，以支撑实现远方/就地操作；同时应具备手动操动功能，配置就地操作按钮和指示灯；对于保护动作速度要求快或操作过于频繁的配电设备，选配永磁操动机构可实现快速分合闸和频繁操作。

（2）主干线分段单元柜和馈线单元柜通过配套装设高精度、宽范围的电流采样传感装置，采集三相电流、零序电流；母线单元柜装设高精度、宽范围的电压采样传感装置和取电装置，采集三相电压、零序电压，以满足保护、测量、计量等功能。当采用电磁式互感器时，应配置电流表、电压表，采用电压/电流传感器时，应配置数显表。一般环网柜电流互感器/传感器采用穿心结构安装于环网柜进出线套管处，电压互感器或传感器通过负荷开关或隔离开关与环网柜母线连接。对于固体绝缘真空环网柜，可考虑设计成把电压/电流互感器/传感器与固体绝缘体一体化浇注集成。

（3）主干线分段单元柜、馈线单元柜需装有能反映进出线侧有无电压、具有联锁信号输出功能的带电显示装置。当线路侧带电时，应有闭锁操作接地开关及开启电缆室门的装置。

（4）正压或气体灭弧的环网柜需配备气体压力或密度继电器实时监控气包或气室内部气体压力是否正常，气体压力监测装置应配置状态信号输出触点，支持远方监测。

（5）根据需要配套电缆头温度监测、柜内环境温/湿度监测、局部放电监测、机构运动特性监测等传感器装置，以有效监测环网柜运行状态，满足智能运维需求，并可辅助进行故障预防和状态检修。

## 四、一二次融合开关设备功能及应用

### （一）一二次融合开关常规设备功能

**1. 基本功能**

（1）三相电压及零序电压采集功能，每回路三相电流及零序电流采集功能。

（2）自诊断、自恢复功能，对各功能板件、重要芯片等可以进行自诊断，异常时能上送报警信息，软件异常时能自动复位。

（3）历史数据循环存储功能，电源失电后保存数据不丢失；历史数据远程调阅，以文件方式上传至配电网主站；历史数据包括 SOE 记录、遥控操作记录、日冻结电量、电能定点数据、功率定点数据、电压定点数据、电流定点数据、电压日极值数据、电流日极值数据、功率反向的电能冻结等。

（4）防误措施功能，避免装置初始化、运行中、断电等情况下产生误报遥信。

（5）控制回路告警功能，在开关分/合闸操作回路异常断开、低气压报警出现时经延时确认后告警。

2. 管理功能

（1）当地及远方设定定值功能。

（2）终端运行参数的当地及远方调阅与配置功能，配置参数包括零门槛值（零漂）、变化阈值（死区）、重过载报警限值、短路及接地故障动作参数等。

（3）终端固有参数的当地及远方调阅功能，调阅参数包括终端类型及出厂型号、终端 ID 号、嵌入式系统名称及版本号、硬件版本号、软件校验码、通信参数及二次变比等。

（4）终端日志记录功能。

（5）有明显的线路故障、终端状态和通信状态等就地状态指示信号。

3. 常规保护功能

（1）过电流保护告警、跳闸功能，具备三段保护。

（2）零序电流保护告警、跳闸功能，具备两段保护。

（3）小电流接地系统单相接地故障识别功能告警或跳闸。

（4）自动重合闸功能及闭锁重合闸功能。

（5）过电流、零序过电流、零序电压后加速功能。

（6）励磁涌流防误动作功能。

（7）非遮断电流闭锁功能。

（8）失压、零序过压告警。

（9）TV 断线告警。

（10）保护动作故障指示手动复归、自动复归和主站远程复归功能，能根据设定时间或线路恢复正常供电后自动复归，复归时实现装置整体复归功能。

（11）远方/就地转换开关不限制保护出口。

4. 安全功能

（1）基于内嵌安全芯片实现的信息安全防护功能，安全防护功能至少包括基于国产商用密码算法的统一密钥和数字证书，可与配电主站实现双向身份认证、参数配置等的签名验证、数据的加密、解密与完整性保护。

（2）安全密钥管理功能，包括远程下载、更新、恢复等。

（3）用串口进行本地运维时，终端应基于内嵌安全芯片，实现对运维工具的身份认证及交互运维数据的加密、解密。

（4）用蓝牙通信方式进行本地运维时，终端应采用支持安全加密功能的蓝牙通信模块，实现与运维工具之间的连接加密；并通过终端内嵌安全芯片，实现终端对运维工具的身份认证和数据加密、解密。

5. 线损测量功能

（1）电能计量功能，单独计量每个间隔的正向、反向有功电能量，正向、反向无功电能量和四象限无功电能量。

（2）电能量冻结功能，其中包括定点冻结功能、日冻结功能和功率反向电能量冻结功能。

（3）电度清零功能，即清除存储的电能量数据。

**（二）一二次融合开关关键技术应用**

1. 行波测距技术应用

（1）背景情况。行波法是一种线路故障位置精确定点的技术手段，已广泛应用于110kV及以上电压等级输电线路，尤其近年来新兴的分布式行波定位技术，更是将行波监测与应用发挥到了极致，已出台对应的国家标准和国家电网有限公司企业标准。

输电线路分布式故障诊断系统由监测终端、中心站和用户系统组成，可进行输电线路跳闸故障点定位及故障原因辨识。

配电网线路与主网输电线路存在较大的差异，将适用于主网的分布式行波定位技术直接移植到配电网故障研判领域中，存在以下技术难题：

1）设备供电问题。主网线路负荷大，多采用双端供电，而配电网线路负荷低，单端供电，末端基本无负荷。

2）测量精度问题。主网线路为大电流接地系统，故障特征明显，而配电网线路为小电流接地系统且线路环境复杂，故障特征难以提取。

3）线路结构问题。主网线路为长直线路，结构简单，而配电网线路多为T接、混架，辐射状网络，行波反射路径复杂。

随着低功耗、在线取能等技术的发展，用于主网的分布式行波定位技术具备了在配电网上实施的可行性，近年来也逐步在配电网中实现了应用，其基本原理依旧沿用主网分布式监测，将复杂的配电网线路解构为简单线路，通过行波定位实现故障精确定位功能。

（2）行波定位原理。

1）双端定位。线路故障点两侧分别安装监测终端；线路发生故障时，故障点形成瞬间的高频扰动，伴随高频信号的产生，并沿线路以速度 $v$ 向两侧传播；行波传播速度恒定，通过测量行波达到时差，可计算故障点精确位置。

2）单端定位。线路故障点发生故障后，产生的故障以速度 $v$ 向变电站两端传播，单个监测终端记录故障行波通过监测点的时刻，计算出故障点位置。

（3）配电网行波技术应用。配电网行波定位系统主要由监测终端、后台服务器、数据平台三个部分组成，监测终端采集配电线路数据并传输到后台服务器，后台研判中心系统自动分析数据得出诊断结果，并生成相关图表，同时会自动将研判结果以手机短信的形式推送给相关运维人员。用户可以通过 Web 访问平台查询线路数据信息。

2. 网源开关

（1）背景现状。分布式电源经 10kV 线路接入配电网络，给配电网带来以下问题：

1）无法监测：无法实时获知分布式电源是否解列；无法监测电能质量、电压/电流、有功、无功等。

2）无法遥控：需现场分合开关或跌落熔断器。

3）无法投重合闸：有可能重合至有源网络。

4）故障影响：分布式电源内部用户、并网支线上故障会影响主网的运行。

5）功率反送：导致 10kV 配电网电压出现午间高电压和晚间低电压现象。

（2）主要功能。

1）防孤岛功能。

a. 电压保护：孤岛中分布式电源有功、无功输出与负载功率之间不平衡，导致电压下降或上升，可以利用低电压或高电压保护实现防孤岛保护，电压范围对应的运行要求表见表 3－12，低压穿越如图 3－39 所示，高压穿越如图 3－40 所示。

表 3－12　　　　　　　　　　电压范围对应的运行要求表

| 电压范围 | 运行要求 |
| --- | --- |
| <0.9p.u. | 应符合低电压穿越的要求 |
| 0.9p.u.≤$U_r$≤1.1p.u. | 应正常运行 |
| 1.1p.u.<$U_r$<1.2p.u. | 应至少持续运行 10s |
| 1.2p.u.≤$U_r$≤1.3p.u. | 应至少持续运行 0.5s |

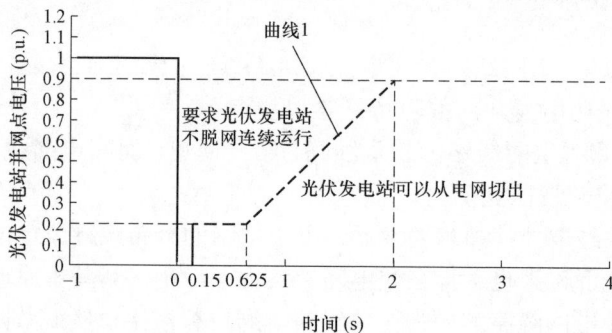

图 3－39　低压穿越

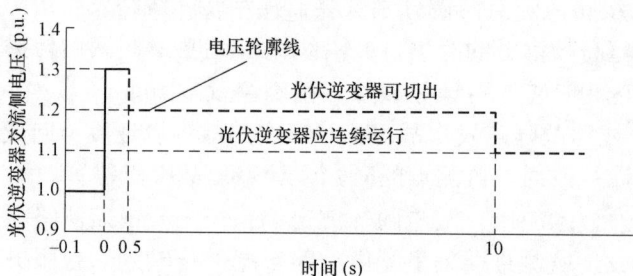

图 3－40　高压穿越

b. 频率保护：孤岛中分布式电源有功、无功输出与负载功率之间不平衡，会导致频率发生变化，故可以利用频率异常保护实现防孤岛保护。分布式电源的频率响应时间要求见表 3－13。

**表 3-13** 分布式电源的频率响应时间要求

| 频率范围 | 要　求 |
| --- | --- |
| $f<48Hz$ | 变流器类型分布式电源根据变流器允许运行的最低频率或电网调度机构要求而定；同步发电机类型、异步发电机类型分布式电源每次运行时间不宜少于 60s，有特殊要求时，可在满足电网安全稳定运行的前提下做适当调整 |
| $48Hz\leqslant f<49.5Hz$ | 每次低于 49.5Hz 时要求至少能运行 10min |
| $49.5Hz\leqslant f\leqslant50.2Hz$ | 连续运行 |
| $50.2Hz<f\leqslant50.5Hz$ | 频率高于 50.2Hz 时，分布式电源应具备降低有功输出的能力，实际运行可由电网调度机构决定；此时不允许处于停运状态的分布式电源并入电网 |
| $f>50.5Hz$ | 立刻终止向电网线路送电，且不允许处于停运状态的分布式电源并网 |

2）电能质量监测功能。电能质量监测：实时监测并网点供电电压偏差、三相不平衡、公用电网谐波、有功功率、无功功率、频率变化等电能质量相关数据，发现异常及时上送告警信息或跳闸解列。

3）逆功率保护。完全自发自用的分布式电源项目，不允许向配电网供电；为防止分布式电站输出功率过高，拉高线路电压，需实时监测分布式电源出力，一旦超过设定功率值，则断开与配电网的连接。

4）双向电流保护。双向过电流保护：分布式电源导致配电网成为有源网络，在故障发生后，仅靠电流保护无法保证短路保护的选择性，需增加故障方向判别元件，构成双向的过电流保护。

3. 低功率直驱开关

（1）背景。TV 存在的问题有体积大、功耗高、谐振损坏；目前常见的 10W 等级取电电源，远小于 TV 的输出功率，不能直接驱动断路器的动作，特别是储能过程。新型柱上断路器采取电容取电＋低功率双侧直驱＋一二次深度融合＋内置隔离开关，既能降低电源功率需求，又能满足储能时间要求。

（2）关键零部件。

1）高压电容取电电源。

2）零序和相序电压/电流传感器（一体化电压/电流传感器）。

高压陶瓷电容方案于 2020 年 7 月 15 日取得型式试验报告，各项性能均已达标，大量现场应用。实现了温漂低于±30ppm/℃、高容量（＞300pF）、高电压（＞60kV）的 NPO 陶瓷电容器。为适应深度融合断路器的小体积要求，设计了满足耐压要求的条型和环型电容器。高性能硅胶绝缘包封能避免将电容和环氧树脂直接接触，反复冷热循环仍能保持接近"零局放"。基于 CVT 结构，内置隔离变压器，瞬态效应好，分闸和合闸时直流分量泄放时间小，更好地满足 FTU 保护判断的时间要求。高压陶瓷电容方案具有抗冲击能力强、温漂小的优点。

新型薄膜电容方案雷电冲击电压对容量的影响可以忽略不计，电容容量相对较大，在一体化极柱中使用时受杂散电容的影响小，精度一致性和稳定性好。

3）高压电容取电电源。

a. 工作原理：本电源直接工作于 10kV 高压线路，利用高压电容限流降压，从高压电源取得能量，转换后供给后级各种装置用电。它主要由高压电容器、取电变压器及控制稳压电路构成。外置电容取电于进线侧、出线侧均可安装；取电功率2.3～3kW，泄漏电流小于10mA。

b. 主要优势：空载至额定功率范围稳压运行；负载短路情况下能保证电源自身安全，短路故障消除后能自动恢复工作；多路电源可以独立运行，也可以并联运行；满足冲击电压、局部放电、低电压启动、宽电压范围输入等情况；具有低温升、高可靠和小体积等优点；取电电容一次泄漏电流小，对电网影响小。

4）一二次深度融合断路器磁控。

a. 应用：电流传感器、电压传感器电容、取电电容固封于极柱内；可灵活配置采集三相电流、电压，零序电流、电压；传感器二次电路、电源处理单元内置于箱体内。

b. 磁控优势：后装式一体化极柱，安装简易，可靠性高，传感器能替换；电压传感器单独封装，外形一致，参数一致，通用安装，无需分组；磁保持力≥3800N；平均分闸速度为（1.2±0.2）m/s；平均合闸速度为（0.8±0.2）m/s。将分闸簧设计在绝缘拉杆内，保持了合分闸速度的稳定性。安装简单，分闸簧运动中没有卡滞现象，确保分闸簧压力稳定。为了确保绝缘拉杆作上下直线运动时的垂直度，箱体与磁控机构之间增加了尼龙套作为导向，确保了合闸弹跳的稳定性。通过手动操作手柄向上运动，闭合触点，给控制器提供信号，使开关合闸。基于新型锌镍电池，低温特性好，放电倍率高，适用于开关操作；锌镍电池在开普实验室进行高加速寿命试验，有效使用温度为−60～+150℃，使用可靠性和寿命可达约21年。高功率放电的特性，最高可以120℃放电，远高于其他种类电池。

5）基于电容取电的低功率直驱开关——弹簧操作机构。

a. 关键技术：通过自适应驱动电压，在开始时间段，提高输入到储能电机的平均功率和储能电机转速，增加存储在弹簧上的能量，并对原有弹簧操动机构进行了优化。在储能电机工作的后一阶段，限制驱动电路输入到储能电机的电流，使得瞬时功率不超过设定的额定值，同时保证储能时间不超过15s。

通过瞬时功率的峰值进行平滑处理，降低了对电源功率的需求，实现了低功率直接驱动。

b. 主要优势：储能所需功率从91.68W降至46.2W，大幅降低了能耗，体现了绿色低碳的发展方向。用3个24W相地取电即可满足储能和FTU的功率需求，降低了电容取电难度。3个相地取电电源的一次泄漏总电流基本为0A，避免了对接地保护的影响。

c. 主要特点：更优异的绝缘性能；相零一体化设计，传感器性能一致，可任意互换；现场安装方便；动热稳定性能更好，长年运行更稳定。

d. 应用：进线/出线或相序零序灵活组合；采用同样的棒形结构封装取电高压电容，安装简便；取电电容容量可按需选配。

e. 采用内置隔离开关：常规的刀闸式结构裸露在外，触头因污秽等因素的影响而产生氧化、锈蚀、黏连，引起回路电阻值增大，在型式试验项目中难以通过20kA/4s短时耐受电流的考核。内置隔离开关通过驱动组件手动操作，插拔式内隔离开关做上下直线运动，使内隔离开关插入触指及拔出触指，完成合闸导通与分闸断开的动作程序，使内置隔离开关通过软连接与柱式断路器连接装配，成为组合电器。内置隔离开关与断路器之间使用安全性联锁结构，隔离开关传动方式采用导轨式设计，确保断路器在合闸状态下时隔离开关不能分闸。

6）高速电力线载波通信。目前正在开展基于一二次深度融合开关的电力线通信应用，借助于传感和取电电容作为载波通信耦合器关键零件，基于高速载波通信技术，实现远程遥控、差动保护和馈线自动化。

关键技术：① 自适应通道选择：有效应对信道的频率选择性衰落和噪声；② 可编程通信数据速率：针对不同信道状况，调整通信速率；③ 自适应阻抗匹配：有效应对电力线阻抗的随机性；④ 完善的纠错编码：有效应对电力线上的突发噪声。

4. 电容型一二次融合智能断路器

（1）电容型一二次融合智能断路器解决的问题：设备一次吊装完成；杜绝现场接线错误；杜绝铁磁谐振风险；提高接地故障研判能力，电容型一二次融合智能断路器采用电容取电单元取代铁磁式 TV；将取能互感器、采样互感器与断路器本体集成设计；提升小信号采集精度；优化接地故障算法模型。

（2）技术路线。电容型一二次融合智能断路器设计采用各种关键技术、研究方法，提升现场安装效率，杜绝接线错误风险，降低现场施工风险，提高接地故障研判准确率，技术路线见表 3-14。

表 3-14　　　　　　　　　　技 术 路 线

| 设计目标 | 设计思路 | 主要设计内容 | 关键技术 | 研究方法 |
|---|---|---|---|---|
| 提升现场安装效率杜绝接线错误风险，降低现场施工风险 | 电容取电单元、电流电压传感器与断路器一体化设计 | 电容取电单元高可靠性设计 | 绝缘高可靠性设计 | 有限元建模及仿真 |
| | | | 材料选取及寿命分析 | 应用场景及制造工艺论证基于阿伦纽斯模型的加速老化试验 |
| | | | 耐受过电压、雷电冲击能力 | 工频耐压、雷电冲击检测 |
| | | 电容取电单元稳定性设计及跟踪 | 不良品追踪 | 建立产品运行数据库，深入剖析每一个不良品 |
| | | | 已投运设备抽检评估 | 抽取一定比例的设备评估取电单元的运行情况 |
| | | 低功耗 FTU 设计 | 板卡低功耗设计 | 低功耗设计，避免芯片及电子元件发热 |
| | | "充储容"电源管理设计 | 超容与后备电源配合 | 超级电容控制，后备电源选择 |
| | | 一体化设计 | 高可靠设计原则 | 融合设计，整机局部放电<10pC |
| | | | 电容取电单元的优化布局 | 有限元仿真 |
| 提高接地故障研判准确率 | 高精度采集零序电流信号 | 基于自适应多量程通道的高精度信号采集 | 高精度测量道的科学设计 | 研制 0.5S 级自适应多量程前置通道 |
| | 通过故障场景真实录形训练接地研判算法，提升整机设备的工程适用性 | 故障场景真实录形训练故障研判算法 | 模型训练及故障特征量识别核心参数提取 | 通过海量实录波形训练各种特征量置信度 |
| | | 整机真型检测 | 构建接地故障不同的真型场景 | 在真型环境下构建单相接地故障场景，验证整机接地故障处置能力 |

# 第三节 新式故障指示器

近年来，为支撑国家"碳达峰、碳中和"目标实现，国家电网有限公司积极推进构建以新能源为主体的新型电力系统，将给中压配电网的形态、运行控制技术、故障处置技术等带来深远影响与变革，配电网面临有源化、复杂化新形势。需要通过深化应用先进技术装备，加强配电线路监测装置布点、拓展配电网运行状态采集维度，促进配电网隐患缺陷消除、故障识别处置能力提升。传统故障指示器已无法满足配电网智能化需求，本节将对新型故障指示器进行介绍。

## 一、故障指示器现状

传统故障指示器的运行存在以下问题：

（1）传统故障指示器可靠性较低。传统故障指示器采集单元压线固定方式采用扭簧结构，卡线结构应力集中，高温高湿环境下容易老化开裂、进水，可靠性低，使用寿命短。

（2）传统故障指示器取电能力弱。因部分线路长、用户分散，分支线路负荷电流大多低于 2A，传统故障指示器因结构较为简单，取电磁芯体积小，磁芯闭合无定位，导致其取电能力、测量精度等指标受限，长时间在电流低于 5A 的线路上运行，会因为缺电而失联。

（3）传统故障指示器单相接地故障检测准确性不高。传统故障指示器由于结构简单、精度差、算法单一，接地故障发生后，线路电流变化不明显，所以接地故障判断能力非常差。外施信号型故障指示器接地故障判断准确率相对较好，但其采集单元结构简单，导致其取电能力和测量精度受限，无法判断弧光接地故障，且需要在变电站加装脉冲源，停电施工困难、成本高，且存在一定安全隐患。

因传统故障指示器结构设计、研判逻辑上的缺陷，无法应对自然条件复杂、恶劣天气频发的环境，通过前期投运效果来看，近年来各供电公司虽然有安装故障指示器的需求，基于以上问题缺陷，基层不愿意去使用，但巡线困难及压缩停电时长的业务诉求不变。

暂态录波型故障指示器融合了大数据、人工智能等新技术，满足中压配电网工单驱动、智能运维等业务需求。深化暂态录波型故障指示器是提升配电线路单相接地故障处置能力的迫切需求。暂态录波型故障指示器能够适应较为复杂的运行环境、研判多种类型的配电线路故障，尤其是提升单相接地故障研判的准确性、适用性，降低故障选线选段定位成本；是促进配电网精益化运维能力提升的重要手段，通过对瞬时性接地、频繁接地的波形分析，能够及时发现线路绝缘薄弱点、放电点，变被动抢修为主动消缺；是推动配电网数字化转型的有效举措，提升线路运行数据采集密度，实现配电网关键状态的多维高精度采集，提高线路运行状态数字描述能力，有力支撑新型电力系统构建。

## 二、典型新型故障指示器介绍

### （一）暂态录波型故障指示器

2015 年的暂态录波型故障指示器主要由传感器、信号采集、数据处理和显示等部分组成。当电力系统中存在暂态过电压、瞬时过电流或其他故障时，传感器会记录下相应的波形信息，信号采集模块会将波形信息采集并发送给数据处理模块，在数据处理模块中处理后，故障信息会显示在指示器上，各种类型架空线路故障指示器对比见表 3-15。

表 3-15　　　　　　　　　各种类型架空线路故障指示器对比

| 类型 | 指示方式 | 故障判断方式 | 短路故障识别 | 接地故障识别 | 优点 | 缺点 |
|---|---|---|---|---|---|---|
| 暂态特征 | 机械翻牌指示＋主站指示 | 采集单元或汇集单元判断 | 较好 | 差 | 价格低 | 接地故障准确低，寿命短 |
| 外施信号 | 机械翻牌指示＋主站指示 | 采集单元或汇集单元判断 | 较好 | 一般 | 故障识别率较高 | 变电站安装信号源困难，寿命短 |
| 暂态录波 | 闪灯指示＋主站指示 | 主站根据故障电流波型及电场波型通过算法综合判断 | 非常好 | 较好 | 无需变电站安装设备、故障识别率较高 | 对研判算法要求高 |

当线路发生故障时，由于暂态量变化较快，需要暂态特征/录波型故障指示器能够快速检测暂态量，对暂态特征/录波型故障指示器的暂态算法和硬件要求较高。暂态录波型故障指示器由于主站波形算法不健全，单相接地故障判断准确率低于预期，误动率高。

### （二）暂态录波型故障指示器算法缺陷及主要结构问题

1. 研判算法缺陷

目前业内暂态录波型故障指示器采用的接地故障研判算法单一，主要有工频法、暂态法、相电流法三种，因线路的变电站接地方式及接地故障类型多样，线路发生接地时接地特征复杂多变，单一算法无法满足全场景业务需求，导致接地故障研判准确率远低于预期。各种算法现场使用情况如下：

（1）工频法。工频法的原理是比较故障范围内和故障范围外零序电流的幅值和相位，进行区段定位。优点是原理清晰、判据简单，缺点是广域同步要求高。相似性的原理是基于故障范围内与故障范围外零序电流和零序电场的相似度的符号不同，进行区段定位，优点是广域同步要求低，缺点是经消弧线圈接地系统不适用。

（2）暂态法。暂态法的原理是选取多个暂态波形进行分析，完成区段定位。优点是适用于经消弧线圈接地系统及间歇性故障（约占故障总数 40%），缺点是高阻时信号较弱。

（3）相电流法。相电流法的原理是利用三相电流进行对比判断，优点是仅使用三相电流即可完成判断，适合没有零序电流的场合，缺点是易受非接地故障信号干扰。

2. 主要结构问题

（1）采集单元寿命短，两年以后易老化开裂进水，从而离线失联；压线固定方式采用扭簧结构，壳体上的扭簧固定点应力过分集中，户外长时间运行后无法支撑扭簧的弹力；代工生产质量不可控；生产原材料存在使用回收料等问题，导致产品质量差，户外长期使用耐久性不足；底盖旋紧密封设计、壳内灌胶密封设计无法保证长期户外使用时的密封性。

（2）采集单元取电能力弱，农村电力网低负荷线路无法满足其使用条件，导致无法安装或安装后电池电量短时间耗尽离线失联且不可逆。

结构上没有精准的上下磁芯定位设计、上磁芯浮动、下磁芯固定，磁芯装配出现较大倾斜公差时，闭合后无法有效调整角度，使得上下磁芯截面之间存在空隙，取电能力变弱。

（3）汇集单元经常因电池电量耗尽离线。目前通用技术规范要求汇集单元备用电池大于等于 7A·h，太阳能电池板功率大于等于 15W，较多厂家汇集单元配置电池的容量及太阳能电池板功率均按照满足规范的最小规格配置。

3. 采集单元采样精度低

业内大部分厂家采样精度为 0～100A 误差±3A，100～600A 误差±1%。主要原因为国内厂家的采集单元多为外购的公模结构，其罗氏线圈闭合位置一致性差，在 Q/GDW 11814—2018《暂态录波型故障指示器技术规范》的基础上再提高精度比较困难。采样精度误差导致无法合成准确故障波形，进一步影响接地故障研判准确性。

**（三）新型高精度暂态录波型故障指示器**

基于实际应用环境及业务诉求，分析暂态录波型故障指示器实际应用的缺陷根本原因，从算法研判、结构设计、采样精度三个维度提出差异化需求，为与传统故障指示器区分，命名为新型高精度暂态录波型故障指示器，要求设备满足以下功能。

1. 基于全电气量多判据融合的故障定位算法

新型高精度暂态录波型故障指示器应充分利用电压、电流全电气量信息，吸收工频法、暂态法、相电流法在不同场景下的优势，根据变电站接地方式类型初步选用算法类型，用多种算法同时研判，利用相似度、相不对称值等多种研判结果综合形成最终研判结论，保证判断准确性，在国网陕西省电力公司电力科学研究院真型试验场各类单相接地故障研判准确率达到 100%。

2. 结构优化保证"三高"运行

高寿命：传统的扭簧压线结构改为了压簧结构，使外壳受力均匀，下壳体采用热板焊接、壳体一体化杜绝户外进水、IP68 级防护，保证在户外长期使用不会出现变形开裂，解决了业内录波故障指示器寿命短的缺陷，实现平均寿命达到 8～10 年。

高取能：利用定位锁紧结构，使得上下磁芯可以良好对准压合并辅以高效取能后级电路，做到了线路 1A 电流即可全功能运行，大大增加了故障指示器的适用范围及使用寿命。

高精度：利用定位锁紧结构，使得上下罗氏线圈可以良好对准压合，并且配合低噪声调理电路，将采样精度提高到了 100A 以内误差±0.3A，100～600A 误差±0.3%，精度提高后可显著增加故障判断准确率。

3. 挖掘数据价值丰富应用场景

根据国家电网有限公司 2022 年发布的《国网设备部关于印发配电自动化实用化提升

工作方案的通知》（设备配电〔2022〕131号）要求，故障指示器应基于遥测、遥信信息，利用阈值判定、规则匹配、异常模式识别等方法，对故障指示器掉线等缺陷进行智能识别分析，完善运维监控手段，保证故障指示器正常在线监测。

新型高精度故障指示器不仅在后台缺陷分析管理上做了相应的后台开发，满足对异常终端的及时消缺工作，又在波形调阅、隐患故障预警、故障溯源上均做了程序开发，方便基层工作人员日常巡线工作及提升后台对线路数据的调阅能力，具体功能如下：

（1）缺陷分析管理：缺陷分析管理功能基于故障指示器遥信、遥测数据，利用阈值判定、规则匹配等方法，对故障指示器掉线、频繁离线、无线信号差、采集单元离线、电流电场测量异常等故障指示器缺陷进行智能分析与告警。

（2）故障波形库：对于一段时间内重复发生的瞬时性接地故障（变电站内无接地信号），达到阈值后进行预警，确保隐患及时得到消除。

（3）波形智能解阅：波形智能调阅提供波形文件的查看与智能解析功能，以人机友好的方式向用户展示波形数据中所隐含的故障相关信息。

（4）故障指示器月报：每月生成故障指示器月报，从设备运行质量、线路故障发生情况、算法研判情况等维度进行数据统计与数据分析，方便用户全面了解故障指示器运行效果。

（5）故障溯源技术：常见的故障原因有绝缘子损坏、避雷器损坏、断线、变压器损坏、树障、异物、飞线等，具有不同的故障特征，且对电网及设备的安全造成不同程度的危害。根据故障特征能量谱中特定频段的时频谱、零流幅值及变化趋势、突变频率、稳态幅值及变化趋势、故障频率的差异性，判断出故障原因，帮助运维人员采取有针对性的措施，提高运维效率。

（6）线路隐患预警：故障波形库功能，在实践中完善接地故障研判定位算法及功能，深入挖掘录波数据价值，不断提升故障定位与故障溯源的准确性。

## 三、新型高精度暂态录波型故障指示器关键技术及应用

目前新型高精度暂态录波型故障指示器故障判断及定位主要依靠两种形式：对于短路、过电流、停电等，算法模块根据设备上报的遥信（SOE）进行定位；对于两相接地短路、雷击和单相接地等，算法模块根据上报的波形进行定位。

### （一）新型高精度暂态录波型故障指示器创新技术原理

1. 突变法研判短路特殊条件新算法逻辑

新型高精度暂态录波型故障指示器针对设置三段保护的线路，若故障指示器安装位于分段开关前，故障发生后分段开关跳闸停电，变电站出口断路器不跳，则故障点前端设备没有停电遥信，后端设备没有过电流遥信，不符合短路遥信上报的条件。针对此种情况，在满足前有过电流、后有停电且时间间隔不超过3s的前提下，若前端设备电流突变超过800A，后端设备有停电遥信，设备也会上报短路故障，并结合拓扑结构判断故障区间，保证特殊短路条件研判准确。

2. 高频录波及波形压缩技术

采集单元高频采样：将罗氏线圈输出的信号通过信号调理电路转化为原始测量信号，

经过电压基准电路及数模转换器（ADC）采样电路将模拟信号转换为数字信号并传输到MCU。12.8kHz 的采样频率保证录的一个周波（0.02s）共采集 256 个采样点，将电流信号和电压（电场）信号通过电路转化为两个电压值，电流信号转换来的电压值经过转换电路转换成电流值，电场信号转换的电压值经过转换电路转换成波形图上看到的电压值。新型高精度暂态录波型故障指示器在一个波形周期 256 个采样点的基础上使故障波形特征值更加明显，远高于目前一个周期 64 个采样点的行业水平，为提取特征值来实现故障预警和故障溯源提供强力数据支撑。

汇集单元波形压缩：新型高精度暂态录波型故障指示器在采集单元录波阈值的设定上相对灵敏，主站侧会收到大量的波形文件，因汇集单元采用 GPRS 通信功能，SIM 卡无法满足大量文件上传的流量数据要求，故研发汇集单元前置机本地波形压缩技术和主站波形解压技术，有效缩小文件大小为原来的 1/10，同时减轻了主站侧数据接收能力。大量的波形上传保证了精确监测线路实时动态，在线路发生隐患故障时满足提前预警的要求。

**（二）新型高精度暂态录波型故障指示器应用场景**

1. 接地选线

现场问题：单相接地故障率占 10kV 线路故障高达 80%以上。目前部分变电站不具备小电流接地选线装置，对于接地选线的方式还在采用拉路选线的方式，存在影响供电可靠性、非故障线路停电造成用户停电投诉，带故障运行影响人身及设备安全问题，且故障处理时间长。

解决方案：在变电站出口侧安装新型高精度暂态录波型故障指示器，通过对线路状态量监测，将接地信息发送至供电所值班人员和调度值班人员，调度通过中央信号、绝缘监督电压表综合分析母线接地情况，结合故障指示器发送的接地短信，准确判断哪条馈路出现接地。新型高精度暂态录波型故障指示器结合母线相电压接地告警情况，接地选线判断准确率可达 100%。

2. 站线故障区分

现场问题：线路跳闸后，应检查保护装置的动作情况，以确定故障是发生在母线还是线路开关上。当前，针对故障是否发生在站内，需要检查故障电流开关的录波波形，并需调度部门配合进行查阅和分析。

解决方案：在变电站出口侧安装新型高精度暂态录波型故障指示器，当线路断路器发生动作后，新型高精度暂态录波型故障指示器未告警，检查新型高精度暂态录波型故障指示器 SOE 信息及录波文件状态，通过信息量对线路实际情况做到智能二次研判。区分到底是变电站内发生故障还是线路发生故障，有效减少故障排查时间。

3. 混合线路故障区分

现场问题：随着城市化进程的加速发展，架空—电缆混合线路被广泛应用，但由于铺设环境差、前期施工工艺影响（电缆头和终端头结构密封不合理、外套划伤等），电缆极易受损或绝缘老化而发生故障。随着运行时间的增长，故障率也越来越高，且发生故障后定位相对困难、修复难度大、用时长，基层员工无有效手段进行电缆型线路故障监测。

解决方案：在电缆、架空线路连接处分别安装新型高精度暂态录波故障指示器，通过对电缆线路区间重点分段监测，当线路发生故障时，根据新型高精度暂态录波故障指示器可准确区分混合线路故障区间，给现场巡线人员提供明确方向，为现场故障查找节约大量时间。

4. 用户故障区分

现场问题：目前一般采用分界开关对用户侧故障进行区分隔离，但因分界开关投运成本高，前期投运专用变压器无明确规范制定，仍有部分专用变压器用户未安装分界开关，且用户侧因设备功率大、长时间运行故障率相对较高，导致发生故障时未能及时隔离影响主干线路供电，扩大停电范围。

解决方案：在用户分支侧安装新型高精度暂态录波型故障指示器，通过对用户侧线路状态量实时监测，不仅可以在用户侧发生故障时准确告警，相关人员根据告警信息快速恢复主干线路供电将停电范围最小化，还可以通过日常状态监测及时发现用户设备隐患故障，做到提前预警主动消缺，避免因用户侧故障导致线路频繁停电。

5. 故障选段

现场问题：根据陕西省"一线一案"改造标准及速断、过电流保护配置原则，线路上一二次融合断路器之间的间隔一般在 5km 以上，且部分支线不具备安装一二次融合断路器的条件，针对山区线路情况复杂时基层巡线工作仍有很大难度，故障区间仍过大，无法做到准确引导定位。

解决方案：在一二次融合柱上断路器之间安装新型高精度暂态录波型故障指示器，发生故障时综合分析相关告警信息进一步缩小故障区间，在小负荷支线安装新型高精度暂态录波型故障指示器精准定位故障区间，可利用断路器、跌落式熔断器快速恢复部分区间供电，将停电区间快速隔离最小化。

6. 配合一二次融合断路器做二次验证

现场问题：当线路发生越级跳闸（保护拒动和开关拒动）、开关误动情况，无法准确排查线路是否发生故障并快速锁定故障区间，因励磁涌流、设备本体故障、环网柜 TA 极性装反等问题导致开关误动作，无法及时判断线路故障情况，导致大量人力、时间浪费。

解决方案：当线路一二次断路器或成套环网柜发生动作，配合故障指示器录波文件及 SOE 信息对线路是否发生故障二次验证，避免因线路设备问题导致线路误动，及时恢复线路供电；当线路一二次断路器发生越级跳闸时，利用故障指示器的状态监测量进行分析，准确判断故障区间，及时隔离故障区间，恢复部分线路供电。

7. 充当排查间歇性接地工器具使用

现场问题：陕西 FA2.0 保护逻辑已明确间歇性接地短延时判据（10s 三次）和长延时判据（30s 五次）单相接地故障不带延时直接跳闸要求，一二次融合断路器遥信上报间隙性接地故障范围区间后，按照陕西 10kV 线路"一线一案"开关部署标准，定位的故障区间仍较大，间歇性接地故障难以发现，排查时间长，接地隐患未及时处理，存在故障升级停电风险。

解决方案：因故障指示器不停电作业安装，可将此作为工器具常规配置，若线段发生间歇性接地告警（未达到跳闸阈值），在线路不可停电的前提下，可临时加装故障指示器，不断缩小排查范围，快速锁定故障尽快处理，避免因间歇性接地故障升级造成线路频繁停电，若找到故障区间后仍可不停电拆卸，作为带电检测工器具配置使用。

**（三）新型高精度暂态录波型故障指示器使用规范**

（1）严格执行关于故障指示器选型的相关要求，充分考虑线路类型、中性点接地方式、配电终端功能等因素，变电站同一母线（含同一母线延伸的配电站房）馈出配电线路应选择同一技术原理的故障指示器。

（2）针对未安装小电流接地选线装置的变电站，变电站出口侧每条线路至少部署一套新型高精度暂态录波型故障指示器，保证接地选线准确率100%。

（3）两个自动化开关间部署新型高精度暂态录波型故障指示器，可用于故障区段的细分，达到进一步缩小故障定位区间的目的。

（4）规划布点应充分考虑故障研判的便捷性、准确性，若架空线路站外首端、主干线主要分段、大分支线首端无自动化开关，应在相应位置安装故障指示器。安装间隔需考虑负荷密度、线路长度等因素，城市区域宜1～2km，农村地区宜2～3km，对于地理环境恶劣、故障巡查困难、故障率较高、接地故障次生事故危害较大的线路，可根据实际情况提高安装密度。

（5）针对山区线路长、负荷小的特点，为满足全场景应用需求，统一规范采用1A取电型新型高精度暂态录波型故障指示器，非充电电池容量不小于19A·h，在电池单独供电时，最小工作电流小于60μA。安装位置日平均负荷电流不低于1A，保证终端全功率运行。

（6）因山区自然环境复杂，故障指示器采集单元外壳需满足IP68防护等级，汇集单元外壳需满足IP65防护等级，保证设备8年以上使用寿命。

（7）为满足波形库建立需要，采用的故障指示器录波范围包括不少于启动前4个周波、启动后8个周波，每周波不少于256个采样点，录波数据循环缓存，保证波形库的随时调用，为单相接地故障分析提供数据支撑。

（8）因10kV线路单相接地故障种类多样，采用的故障指示器需要在金属性接地、小电阻接地、弧光接地、高阻接地（2kΩ）场景下准确率均达到100%。

# 第四节　智 能 配 电 站 房

我国10kV配电站房的建设起步于20世纪70～80年代，一些大城市和经济发达地区电力需求快速增长，原有配电网电源点满足不了区域对电力的需求，可通过建设配电站房来缓解上述矛盾。本节将详细介绍配电站房发展情况、站房智能化、关键技术及应用。

## 一、配电站房发展情况

伴随现代城市化建设脚步的推进，电力线路的缆化进程逐步加快，配电站房在配电网中扮演越来越重要的角色，配电站房智能化是实现配电网智能化的关键环节。传统的配电站房套用功能单一的"三遥"自动化终端和馈线自动化功能的建设模式，已难以满足智能配电网的发展要求，建设一种集 SCADA 系统、安防系统、门禁系统、环境监测系统及一次设备状态监测管理和数据分析系统智能配电站房，才能为更安全、更智能的电力供应提供保障。

## 二、配电站房智能化

智能配电站房主要是利用现代电子通信技术、计算机及网络技术与电力设备相结合，建立一套智能监测系统，采用智能机器人巡检和多传感器在线监测，实现对配电设备运行状态、配电站房安防及运行环境等综合智能信息采集，摆脱人工巡检的模式，并通过统一的监测平台对巡检数据进行对比和趋势分析，对设备的健康状况作出一个准确的判断，及时发现配电站房中电力设备运行情况和环境存在的安全隐患及故障先兆，在设备发生严重停机事故之前，利用有效的预测功能保证有足够的时间制订和实施维修计划，避免故障停电，提高设备运行管理水平。智能配电站房主要以下特点。

1. 实现电气、环境、安防"三位一体"监控

智能监控系统采用智能视频分析、数据智能处理、智能联控等技术，有效地将门禁、报警、监控和联动形成系统化，将多种传感器采集数据利用计算机的运算能力和智能分析算法使得监控系统更加人性化和智能化，从而达到通过机器实现智能判断尽可能实现人不在现场而拥有在现场处理事情的效果。

2. 实现机器人智能巡检

巡检机器人具备移动和精确定位，主控同时与各种机载传感器连接，实现检测点的数据测量和分析，并将采集后的数据记录到机器人站控平台中，实现智能作业的效果，从真正意义上实现运维智能化，工作人员在办公室就能了解机器人覆盖区域内所有设备运行状态。

3. 实现运行状态"可视化"智能运维

采用先进视频监控系统设计，云台摄像机全方面视频覆盖，辅以有效的温/湿度、$SF_6$、气体监测，巡检机器人系统及卓越的联动控制策略，使运维人员通过远程便可全面"看"到配电站房。

4. 实现基于大数据平台的配电站房设备的智能化健康管理

采用基于大数据挖掘技术的配电站房设备健康管理评估系统，主要实现两方面的功能：① 故障预测，即预先诊断某个部件或系统完成其功能的状态，确定部件正常工作的时间长度，在发生灾难性事故之前能够及时预知，并采取必要的维修预防措施；② 健康管理，即根据诊断预测信息、可用资源和使用需求对维修活动做出适当决策的能力。

## 三、配电智能站房关键技术及应用

配电智能站房的主要技术包括传感技术、视觉识别技术、超声波技术、无线及载波通信技术、大数据技术、人工智能算法技术等，主要由智能传感器网络单元、站内监控平台、数据综合汇聚主站、站内电源与通信系统及移动巡检机器人五部分构成。其功能

实现的关键技术主要体现在以下三大方面。

### （一）智能数据采集监控技术

配电智能站房除了对传统的"三遥"数据进行采集监控之外，同时具备了开关柜设备监测、温/湿度监测、不定位水浸监测、$SF_6$监测、电缆沟水位监测、消防监测、电子围栏监测、红外监测、门禁监测、蓄电池监测等功能。

**1. 开关柜设备监测**

开关柜设备监测主要包含开关柜机械特性监测、开关柜测温和开关柜局部放电监测。其主要由前端传感器、辅助接点、开关设备状态监测装置及后台分析软件构成。

（1）机械特性监测。通过实时电流传感器采集断路器分合闸电流、储能电机电流及辅助接点分合状态等数据，生成波形进行分析，提取出分合闸电磁铁的线圈直阻、电磁铁吸合时间、脱扣器脱扣时间、辅助开关转换时间、储能电机电流和储能时长。这些参数的趋势变化能够提前发现分合闸电磁铁的匝间绝缘、脱扣器卡涩、电磁铁铁芯卡涩、储能系统等缺陷，将操动机构的动作风险提前预警。

（2）开关柜测温。开关柜体的温/湿度测量方式包括开关柜体内高压电缆头测温和开关柜低压舱室温/湿度测量两个方面。通过无线接触式温/湿度传感器实现，既不破坏开关柜体高压舱室的密封特性，又提高了数据采集的准确性。

无线温度测量模块由两个部分构成，即温/湿度采集传感器和温湿度采集集中器。温/湿度传感器负责在现场温/湿度采集工作，温/湿度采集集中器负责完成现场所有温/湿度传感器测量数据的汇集工作。

（3）开关柜局部放电监测。开关柜局部放电监测需采用脉冲电流法实现对开关柜内局部放电的检测，主要通过3个电容传感器来获取局部放电信号，并将监测到的数据与预先设置的阈值进行比较；同时具有较强的抗干扰能力，能区分环境干扰和局部放电信号，对放电性质进行初步分析。

**2. 站内环境监控**

建立一套高性能的站内运行环境监控系统，将大大地提高配电站房辅助设备安全运行水平，随着各种检测技术、机电光一体自动控制技术和通信技术发展，环境监测系统可实现包括站内环境温/湿度、$SF_6$、氧气、电缆沟水位、明火等多种现场环境数据的实时监测，并自动调节控制空调、除湿、排风系统等设备，最大程度优化配电站房的运行环境。同时，将所采集的信息实时上传至数据综合汇聚主站，为大数据分析提供依据。

配电站房环境监测系统主要由安装在相应位置的温/湿度、$SF_6$、氧气、水位、烟气浓度检测元件，站内监控系统及相关接口软件构成。按照实现的功能可分为以下三部分。

（1）检测单元。检测单元由检测元件（如温/湿度传感器、气体检测单元、烟气浓度检测单元等各种传感器）、数据传输电路模块、电源电路等构成。

（2）站内监控平台。站内监控平台由存储器、处理器、电源、通信接口等组成。负责接收各检测单元传输的数据信息，计算处理后控制除湿、降温、排风系统，使各系统成为有机整体运行，并将各所控系统运行情况、现场环境数据上传至后台主站系统。

（3）数据综合汇聚主站系统。后台主站系统通过收集、记录、处理由前端计算机上传的数据，进行储存、报警和信息发送。按照处理流程，进行故障的事件记录、数据发布、自动告警、日志编辑等工作，并将现场各项数据绘成动态曲线，便于进行历史数据调阅和查询分析。

**（二）机器人智能巡检技术**

在配电站房中，智能数据采集监控技术虽然可以实现定时或者实时地采集电力设备和站内环境状态，但是覆盖面和可靠性并不能完全取代人工巡检。融入配电站房机器人智能巡检技术，既降低人工巡检的工作强度，又提高巡检过程和巡检结构的可靠性和可追溯性。

智能配电站房的综合性巡检机器人将采用自主或遥控方式，替代人工对配电站房进行电柜本体状态监测、安防与环境监测，并建立统一的监测平台和监测数据的共享。采用智能化的数据处理，可以对巡检数据进行对比和趋势分析，及时发现配电站房里的设备和环境中存在的事故隐患和故障先兆，提高配电站房的数字化程度和全方位监测的自动化水平，确保设备安全可靠运行，提升配电站房的管理水平。

1. 智能巡检机器人系统结构

巡检机器人采用仿人工巡检的模式，对配电站房内各电气设备进行精细化的巡检，巡检机器人系统主要包括机器人本体、机器人站控平台和机器人主站系统。

机器人本体采用吊柜式轨道巡检，根据需求在配电站房内铺设运行轨道，以方便机器人在轨道上按照指定路径行走；通过激光条码定位技术和激光测距实现设备的精准定位，从而实现巡检机器人对开关柜体表面上的运行参量精准采样。

机器人站控平台根据巡检任务的需要，实现机器人运行的实时控制逻辑：移动站主控制器与运动系统连接，实现机器人的移动和精确定位；主控同时与各种机载传感器连接，实现检测点的数据测量，并将采集后的数据记录到机器人站控平台数据采集处理单元，数据采集处理单元对数据进行分析处理后，把结果实时上送到机器人主站系统。

2. 智能巡检机器人主要功能

智能巡检机器人作为对站内智能数据采集监控系统的补充，主要具备了以下功能：

（1）视频监测功能。机器人配备了高清摄像头，可通过预设的机器人运行轨道或远方人工自主控制横向运行到各柜体，同时可通过纵向导杆伸缩运动，对设备运行状态和站内环境进行移动式的视频拍摄。实现对开关柜体和站内设备自上而下的全面巡检。同时，为了满足设备现场的照度不足，巡检机器人配置辅助照明设施，实现 24h 不受环境影响的全时段工作。

（2）红外采集功能。机器人具备红外热成像摄像头，可通过红外热成像原理采集开关柜柜体表面或者柜体内部可视区间的温度，并通过后台分析软件实时提取区间内测量点的温度数值。

（3）视觉分析功能。巡检机器人将通过对柜体上的检测标示物进行视频采样，然后通过对图像照片的视觉分析，对比预设的表示设备的开关状态、运行状态的众多符号，形成被检测标示物的数据状态，包括实现对开关分合状态、指针式仪表、数字式仪表、工作指示灯、颜色类仪表等信息的分析识别。

**（三）基于大数据平台的设备健康管理技术**

电力系统数据爆炸式增长的新形势下，传统的数据处理技术遇到瓶颈，不能满足电力行业从海量数据中快速获取知识与信息的分析需求，电力大数据技术的应用是电力行业信息化、智能化发展的必然要求。

基于大数据平台的设备健康管理技术主要是应用智能数据采集监控技术和机器人智能巡检技术获取的海量设备标识信息、设备自身的属性信息和周边环境信息，借助各种电子信息传输技术将所采集的信息聚合到统一的监控后台进行数据沉淀，形成大数据库，并利用人工智能技术和云计算技术对设备相关信息进行分析融合处理，包含关联分析、机器学习、数据挖掘、模式识别、神经网络、时间序列预测模型、遗传算法等多种不同的方法，找出潜在的模态与规律，最终实现对设备的高度认知和智能化的决策控制。

基于大数据平台的设备健康管理技术主要包含了以下几大模块的应用。

1. 故障诊断

系统综合现场的采集状态信息与设备基础数据、维修信息、维修资源信息和系统用户信息等进行存储和对比处理，通过大数据平台建立故障模型，采用多种分析方法，查出故障点或劣化点。

2. 健康评估

利用采集监测终端所获得的设备运行状态数据，定期或不定期地对设备状态做出评估，分析设备的性能衰退趋势，当设备出现劣化征兆时，向相关的设备使用人员、维修人员或管理人员分级报警。设备管理人员可以根据设备健康评估和分级报警结果及时进行维修决策。

3. 寿命预测

设备管理部门可以通过各种预测模型预测设备或部件的剩余使用寿命，在设备严重停机事故发生之前，利用有效的预测功能可以保证有足够的时间制订和实施维修计划。

4. 维修决策

主要包括维修计划制订、维修备件采购、维修任务调度、维修资源分配和维修策略优化等。在维修计划中，需要制订具体的预防及紧急维修计划，并激发维修任务调度功能。此外，还需要合理调度各类维修资源，如维修人员、备品备件、维修资金、维修工具及维修时间等。维修决策优化需要根据设备的重要性、可靠性、维修性、可监测性、经济性和维修能力等，对维修方式、维修类型、维修时机等进行决策，例如，根据设备的状态和使用情况确定其维修类型（大修、中修、小修或改造）、维修范围（总体、局部）和维修时间（何时进行维修），并可以对维修方案进行优化。

# 第五节　智能配电台区发展趋势

智能配电台区系统是基于用电末端智能电能表，通过低压系统融合终端设备，将原有的营销系统数据和生产运维数据进行整合，再根据不同需求增加相关配套智能设备而形成的一种管理自动化、信息化、互动化的综合智能管理系统。

通过系统可进行各种运行数据的实时查询、数据冻结，为运维、营销、供服等管理系统的分析研判提供综合性数据支持，实现了负荷管理、电量计费、配电网自动化、集中抄表、用电信息管理等多个系统的有机融合，使低压台区的运维水平和管理水平进一步适应信息化应用。

随着物联网的边缘计算理念在配电网融合的进一步应用，构建智能配电台区，将其中的智能融合配变终端作为就地数据处理中心，承载高级业务应用，实现对台区运行状态的在线监测、智能分析与决策控制，通过构建数字化台区，研究各项技术应用，为建设新型电力系统起到积极的促进作用。

智能配电台区系统主要由智能融合配电变压器终端代替原营销应用的台区集中器，通过低压电力载波通信方式与末端电能表进行数据交换，再由融合终端通过 GIS 无线通信方式与系统主站进行数据共享与保存。

作为配电台区数据监测及处理的中心，智能融合配电变压器终端采用安全自主可控的国产工业级双核芯片，主控 CPU 为国产工业级芯片，4 核处理器，1.2GHz 主频，2GB 内存，4GB 存储；配置包括 RS485 总线、电力线载波、微功率无线、LTE、FE 电口/光口等通信接口，同时具备交采采集能力，满足配电台区的各种信息接入需求。部署基于轻量化的 Linux 容器技术，支持各类 App 灵活配置，满足边缘计算的平台需求。

智能配电变压器融合终端采用硬件平台化、功能软件化、软硬件解耦、通信协议自适配设计，满足高性能并发、大容量存储、多采集对象需求，是集配电台区供用电信息采集、各采集终端或电能表数据收集、设备状态监测及通信组网、就地化分析决策、协同计算等功能于一体的智能化融合终端设备。具备信息采集、物联代理及边缘计算功能，支持配电、营销及新兴业务。

在 0.4~10kV 的配电线路上，无有效的检测手段，针对各层级的配电设备，如 10kV 出线开关、0.4kV 出线、0.4kV 进线开关、0.4kV 分支开关、楼层开关、表箱等各层级设备无感知、无研判逻辑。用户侧发生故障时，只能采取被动抢修，无法进行主动干预、主动抢修，提前解决用户问题，对于用户停电无法实时感知，用户及物业的投诉极大地影响了供电可靠性，其次是针对用户侧的负荷，在迎峰度夏、迎峰度冬的关键接口上，对于用户的异常负荷情况，无法进行主动干预，缺乏有效的监测、告警、干预机制。从中心配到用户小表整个联络基层班组运维难度大、线路杂、情况多，对基层带来了极大的不便，也对用户带来了用电困难，因而需要智能台区智能化。

为不断提升供电服务水平，加速配电网数字化转型发展，解决优化设备日益增多、运维人员不足和电动汽车充电桩等新动能接入管控能力不足的现状，开展以融合终端为核心的数字化配电智能台区建设，全面提升配电网主动运维、全寿命周期管理、多元负荷消纳等场景应用，通过营配数据贯通、中低压故障预判、停电事件感知和低压故障定位，提高主动检修、故障抢修工作效率，切切实实提升用户的供电质量和用电体验，并实现台区运营效率的提升。

坚持以基层业务需求为导向，以场景实用化为目标，将通过实用化示范区枣园供电所的建设实施和经验推广，对配电物联网各类应用场景进行全面验证与拓展，支撑融合终端以"台区管家"身份结合低压一二次融合设备服务当前基层供电所、运维班组对低压配电网有效管理、即时感知的需求，助力设备、业务、决策的数字化转型。

智能台区建设通过物联网云平台、高速传输系统、边缘计算、智能传感等技术，促进配电站房监控运维的智能化转型，实现对供电设备的基础数据及动态信息共享、资源整合、精准管控及智能决策等。优化选择台区智能融合终端部署模式、智能感知单元应用方案、感知层组网方式等，将智慧总开关、智慧分开关、智能表箱、智能表计、智能微断、母联备自投、光伏接入、有序充电等集成运用到智能台区实用化建设中，实现配电站房智慧化运维。系统以安全保障为核心，以提高运维质量、降低人力和时间成本为重点，能够实现智能台区"可观、可测、可控、可追溯"的管理目标。

# 第四章  配电自动化系统主站及通信

配电自动化是以一次网架和设备为基础，综合利用计算机、信息及通信等技术，并通过与相关应用系统的信息集成，实现对配电网的监测、控制和快速故障隔离，承担着区域配电网运行监控及运行状态管控功能，对配电网安全稳定运行至关重要。本章首先介绍配电自动化系统组成及架构，在介绍配电自动化基础功能的基础上，讨论陕西中压、低压配电自动化系统高级应用功能；然后介绍主站系统功能，与配电终端、融合终端、分布式光伏逆变器等端设备的通信，主站的安全防护；最后介绍了陕西配电自动化典型应用场景。

## 第一节  配电自动化系统组成及架构

配电自动化系统是实现配电网运行监视和控制的自动化系统，新一代配电自动化系统主要由配电自动化系统主站、配电自动化终端和通信网络等部分组成。配电自动化系统主站是"大脑"，承担着信息汇集、分析计算、可视化展示等功能；配电自动化终端是"四肢"，承担着信息采集上传、执行主站控制指令的功能；通信网络是"神经躯干"，承担着信息上传下达功能，任一部分缺一不可。

### 一、配电自动化系统架构

配电自动化系统主站涉及生产控制大区的配电网运行监控和管理信息大区的配电网运行状态管控，按照国家电网有限公司"三区四层"数字化架构❶要求，有序演进、改造，提升配电自动化数据与其他系统数据的融合分析应用能力，拓展配电自动化系统功能应用场景，支撑 PMS 3.0 多场景业务，赋能配电网管理数字化转型和智能化运营。配电自动化系统"三区四层"架构图如图 4-1 所示，包括电网资源业务中台、物联管理平台、技术中台、数据中台等。

生产控制大区的配电网运行监控功能以安全可靠稳定运行为目标，以支持新型电力系统建设的分层分级的协同控制为发展演进方向，延用传统架构。

---

❶ "三区四层"数字化架构："三区"指生产控制大区、管理信息大区、互联网大区；"四层"指感知层、网络层、平台层及应用层。

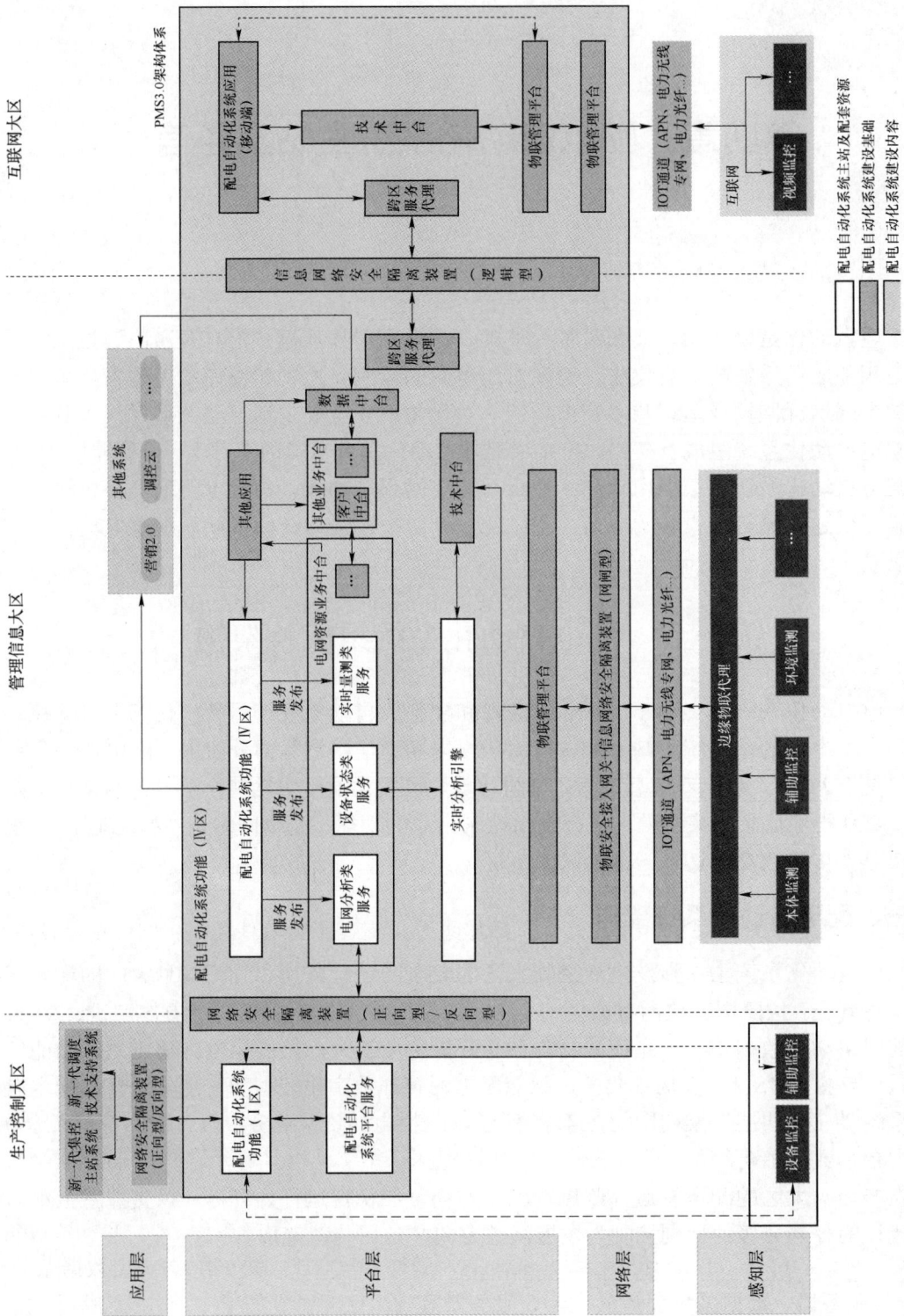

图 4-1 配电自动化系统 "三区四层" 架构图

122

管理信息大区的配电网运行状态管控功能以支撑配电网全景感知与智能运行管控为目标，建设内容包括：① 通过实时分析引擎处理实时数据；② 将业务应用解耦，实现中台微应用改造，共性微服务沉淀至电网业务资源中台，包含电网分析类服务、设备状态类服务、实时量测类服务等；③ 建设配电自动化系统管理信息大区应用。建设基础包括物联管理平台、企业中台、其他应用等。

互联网大区通过与管理信息大区数据交互，具备配电自动化系统的查询服务、工单服务等移动端业务应用。

配电自动化系统主站包括配电自动化生产控制大区主站及配电自动化主站管理信息大区主站，生产控制大区主站应在地市部署；管理信息大区主站应在省级部署，存量地市级管理大区主站应向省级部署演进。配电自动化系统主站硬件架构图如图4-2所示。

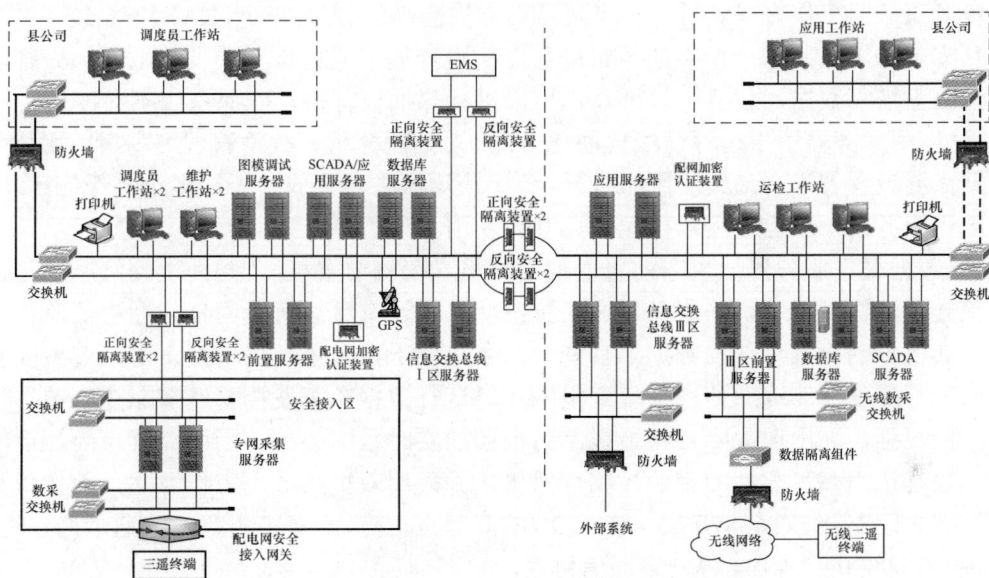

图 4-2　配电自动化系统主站硬件架构图

配电自动化系统主站由计算机硬件、操作系统、支撑平台软件和配电网应用软件组成。其中，支撑平台包括系统基础服务和信息交换服务，配电网应用软件应包括配电网运行监控与配电网运行状态管控两大类应用。

## 二、配电自动化主站硬件构成

配电自动化系统硬件一般采用分布式结构，由服务器、工作站、网络设备、安全防化设备、时间同步装置等硬件设备及配套软件构成。系统中所有计算机通过高速以太网连接在一起，可采用互为备用的双以太网，以提高系统可靠性。

（1）服务器。服务器主要包括配电网数据采集与监视控制服务器（Distribution Supervisory Control and Data Acquisition Servers，简称 DSCADA 服务器）、历史数据服务器、应用服务器、数据采集服务器、Web 服务器等，运行应用服务程序，完成数据采集、数据存储、计算分析、服务提供等功能。服务器一般采用双机、双网冗余配置，选用兼容性好、易维护的通用服务器或者小型机，并采取多种容错措施，如双 CPU、双电源、双风扇等，满足可靠性和系统性能指标要求。

1）DSCADA 服务器完成数据处理、监视、控制功能，一般是双机配置，采用主/备方式运行。当其中一台服务器故障时，另一台服务器应自动接替故障的服务器运行。任何单一硬件设备的故障不应使实时数据和 DSCADA 的主要功能丧失。当服务器或双局域网发生切换时，不应导致数据的丢失。

2）历史数据服务器完成历史数据的存储。为了获得更好的安全性能，服务器可以采用冗余配置，主要包含两种模式。一种模式是双服务器镜像系统，需要两台服务器，正常情况下一台主服务器接收数据，保存记录，另一台服务器通过网络复制主服务器数据库镜像；主服务器故障时，镜像服务器直接接收数据、保存记录，另一台服务器修复后，转为镜像服务器工作方式。另一种模式是可靠性更高的磁盘阵列（RAID）系统，两台服务器互为热备用，共享一个大的逻辑磁盘，磁盘阵列中的任意一块硬盘数据损失都能通过其他磁盘恢复数据，任意一块硬盘都可以进行热插拔更换，确保系统不会停顿。

3）应用服务器用于运行馈线自动化（FA）、潮流分析、故障管理等高级应用软件。可根据需要设置若干个高级应用服务器，每个应用服务器完成一个或多个高级应用功能。高级应用服务器一般也采用双机配置、互为备用。

4）数据采集服务器，也叫前置通信处理机（简称前置机），与配电网终端通信，对数据预处理，以减轻主机（服务器）负担；此外，还有系统时钟同步、通道的监视与切换及向其他自动化系统转发数据等功能。前置机向上接入主站局域网，与后台机交换数据；向下与配电网终端通信，采集配电网实时运行数据，下发控制调节命令。前置机功能实时性很强，如出现故障，将造成不可挽回的实时数据丢失，因而对其可靠性要求很高，一般是选用高可靠性的工业控制计算机，并采用双机热备用工作方式。前置机与配电网终端之间支持 EC 60870－5－101、DNP3.0 等点对点、点对多点等专线通道通信协议，也支持 EC 60870－5－104 等网络通信协议。

5）Web 服务器，主站一般采用 Web 服务器形式与供电企业管理信息系统（MIS）接口。Web 服务器从配电网自动化系统中接收实时数据，形成实时数据库，向 MIS 提供配电网运行信息。Web 服务器同时又是 MIS 的组成部分，MIS 中的所有节点上的计算机都可以通过标准的 Internet 浏览器访问该服务器，获取配电网运行信息。

对于服务器的配置，可以按照配电网自动化系统的规模进行取舍，对于中小规模的系统，DSCADA 服务器、历史数据服务器、应用服务器可以合到一起，由两台互为备用的服务器组成，如图 4－2 中的主服务器与备用服务器。数据采集服务器的配置要根据具体的信息采集量和通信方式确定，一般公网与专网需要分别单独配置服务器。

（2）工作站。工作站主要包括配调工作站、维护工作站、报表工作站及高级应用工作站等，运行用户界面程序，完成系统的人机交互功能。

1）配调工作站为运行值班人员提供配电网监控人机联系界面，监视电力系统的运行状态，越限报警，完成配电自动化系统的各种人机交互功能。为了方便运行人员观察与操作，配调工作站可以驱动大屏幕投影仪、动态模拟显示屏，也可以驱动双显示器，完成多屏显示。

2）维护工作站用于主站网络管理、通信系统管理、应用进程调试、参数维护等。通工作站的画面显示和信息交换，配电网维护人员可以监视配电网自动化系统的运行状态，监视和管理计算机系统的运行状态，实现系统的各种人机交互功能。同时，开发有关的程序。

3）报表工作站完成系统报表管理功能，生成电子报表，根据需要进行报表的打印作业在维护工作站上进行。

4）高级应用工作站运行馈线自动化（FA）、故障信息管理、网络拓扑、状态估计、合环操作、潮流分析、负荷预测、电压无功优化等应用软件，完成配电网自动化高级应用功能。

（3）网络设备。主要包括数据采集交换机、Web 交换机、路由器等，负责系统各计算机设备间的通信连接。配电网自动化主站系统一般采用双网结构。双局域网可工作在主/备方式或负载分担方式，当一条网段故障时，另一条网段应能自动承担所有的网络负载。

（4）安全防护设备。根据《电力监控系统安全防护规定》（中华人民共和国国家发展改革委员会 2014 年第 14 号令）、《电力监控系统安全防护总体方案》（国能安全〔2015〕36 号）的要求，配电网自动化系统通过防火墙与同在生产控制大区（Ⅰ区）的调度自动化系统（EMS）交换变电站出线断路器监控与故障检测信息，通过物理隔离装置与位于配电自动化生产管理大区（Ⅰ区）的 DPMS、CIS 等交换数据。

（5）时间同步装置。采用 GPS 或北斗系统同步时钟为系统各节点提供统一的标准时间，时间同步装置具备网络对时功能。

## 三、配电自动化主站软件构成

配电自动化主站软件系统主要由操作系统、支撑平台软件及配电网应用软件组成。

（1）操作系统。目前配自动化主站系统用到的操作系统主要有 Unix、Linux、Windows 等，一般推荐使用 Unix 或 Linux 操作系统。

Unix 操作系统是一种性能优越、扩展方便的操作系统。但是使用复杂、开发工具少，限制了大规模使用，一般用于重要部门或要求特别严格的大企业用户。电力系统中常用的 Unix 操作系统有 IBM 公司的 AIX、惠普公司的 HP－UX、SUN 公司的 Solaris 操作系统等。Linux 操作系统是近几年兴起的自由共享软件，它具有性能稳定、扩展方便等特点，已有厂商开发出基于 Linux 的配电网自动化主站，并用于实际工程中。Windows 是众所周知的操作系统，通用性好，易于学习、掌握，并且有着丰富的软件工具（开发、编译工具等）及商用软件包（文字处理、制表软件等）供选用，使用起来十分方便。Windows 系列操作系统包括 Windows XP、Windows 7、Windows 8 等系列操作系统，具有易学、易用、易于维护的特点，并且有着良好的兼容性，但其稳定性与可靠性不如 Unix 与 Linux。实际应用中，不少供电企业选择一种可靠性与使用方便相结合的折中方案，对可靠性要求高的服务器选用 Unix、Linux 操作系统，而工作站选用通用、易于掌握的 Windows 操作系统。

（2）支撑平台软件。支撑平台软件又称支撑平台或支撑环境，在操作系统的基础上构建，为具体应用软件提供数据存储、处理、显示、制表及网络通信、数据交换、系统管理服务。支撑平台介于操作系统与应用软件之间，直接决定了系统是否具有良好的开放性及扩展能力。

支撑平台的主要组成部分有：

1）数据库管理系统。数据库是由储存在硬盘上的文件构成的，用于记录和保持配电网运行及管理数据。数据库管理系统（DBMS）采用一个通用的管理机制来搜索和更新数据，不仅为计算机内部的应用程序或用户（终端操作）提供数据，同时也为支撑平台的其他软件模块提供数据存储和处理服务。

为了满足配电网运行实时性要求，并对大量的历史数据或配电管理信息进行分析、再处理，配电网自动化主站的数据库管理系统采用实时数据库与历史数据库的组织形式。

历史数据库主要记录、保存配电网运行数据，如电压值、电流值、负荷曲线、开关动作事件顺序记录（SOE）、电网故障信息及管理数据（电网拓扑关系、设备信息等），一般选用 Oracle、SQL Server、Sybase 等专业软件商开发的商用关系型数据库。这些数据库由一系列的表格构成，用户可以使用标准的结构化查询语言（SQL）访问数据库。这些商用关系型数据库功能完善，可以进行数据库队数据运算，对数据进行加密保护；通过通用的、标准的数据库应用程序接口（APD），可将这些数据提供给其他系统使用。商用关系型数据库系统还供图形化的浏览器、编辑器，用来录入数据、浏览数据库逻辑结构及全部内容。

商用关系型数据库响应速度慢，难以满足实时性要求。为弥补不足，一般采用实时的数据库，保存配电网实时运行数据。实时数据库采用内存共享技术，数据保存在网络上各点计算机的内存里，支持应用数据的软件程序对其进行快速访问与处理，具有很好的实时性。使用网络通信模块，同步各节点计算机上的数据库，以保持各节点上实时数据的一致性；同时借用了关系数据库的设计原理，用户可使用 SQL 语言访问数据库，以方便对其行管理。实时数据库提供统一的数据访问接口，用户可通过 API 函数直接访问实时数据库。

2）网络管理系统。网络管理系统（简称网管系统）是按国际标准开发的分布式网络管理软件，驻留在每台机器中，负责网络信息的接收和发送。

主站网络各机器上层软件之间的通信都要经过网管系统进行，由其选择路由、控制流量、判断数据完整性。网管系统还提供标准的应用程序接口，上层软件及用户开发的程序都通过此接口实现进程之间的通信。上层软件在与其他进程交换信息时，只需要指明要通信的进程名，把信息发给网管系统即可，具体的路径判断和收发控制是由网管系统负责的。上层软件不需要考虑具体的信息交换问题，只要关心如何实现自己的功能，使得程序易于编写、调试、维护。

3）图形管理系统。主站的用户界面需要绘制大量的接线图、地理图、曲线图、棒图及各种电力应用图形，以对电网进行监视、控制和管理。一个优秀的图形管理系统，可以成倍地减少工程技术人员的工作负担，提高工作效率。

用户可利用画面编辑器提供的多种手段，对图形进行移动、复制、旋转、变形、变色等处理，定义与数据库的连接，从而生成所需的各种画面，如一次主接线图、二次设备配置图、曲线图、棒图、饼图、仪表图、实时报表、历史报表、自动化系统运行管理图等；可以方便地查询、调用和管理各种图形；并可基于图形完成各种日常运行操作，如遥控、设备状态查询等。

电网分析计算离不开电力网络拓扑数据。传统的方法是对电气母线和电气设备进行手工编号，并采用人工录入的办法描述电气元件之间的连接关系，该方法不仅容易出错，而且效率很低，不易扩展和维护。目前的做法一般是将电力网络拓扑转化为图来描述，采用图库模一体化技术，在绘制接线图的同时，由系统自动生成网络拓扑关系，与相应设施的属性数据加以整合，并保存至拓扑关系库；拓扑关系库可以在线动态更新。在拓扑关系库的基础上利用连通图的方法，可方便地完成局部或全局动态着色，即用不同的颜色反映电气元件是否带电。

4）报表管理系统。报表是电力企业进行生产管理的主要手段。报表管理系统主要完成报表数据的生成、报表的编辑、预览和打印功能，包括日报、月报、年报的制作与生成。一般利用美国微软公司的 Excel 作为支撑软件，开发报表软件。

5）安全管理系统。配电网自动化系统担负着电网的实时监控任务，对可靠性要求很高，要有完善的安全保证措施，如防止外部干扰及黑客恶意侵入的措施。系统要有防火墙、物理隔离措施，通过路由器、网桥与其他系统相连，阻断恶意访问。必要时，可采取单向信息流的措施，即完全阻断外部访问，只允许配电网自动化系统向外发送数据。

（3）应用软件。应用软件是在操作系统、支撑平台基础上开发的，实现配电网自动化应用功能的程序，包括基本 DSCADA 与高级应用软件。应用软件通过应用程序接口访问数据库系统里的数据，应用程序与数据分离，可以方便地开发新的应用程序，而不必改变数据库的结构。

DSCADA 应用软件完成基础的数据采集与监控功能，包括数据采集、报警、事件处理、数据统计、事故追忆等。

高级应用软件以 DSCADA 为支撑平台，完成高级配电网运行控制功能，包括馈线自动化、故障信息管理、网络拓扑、状态估计、潮流分析、负荷预测、电压无功优化等。

## 四、配电自动化系统数据流

配电自动化系统数据流主要包括从外部系统导入图模的数据流、主站系统内部生产控制大区和管理信息大区之间各应用功能的数据流。

（1）图模数据流。配电主站基于调配一体化网络模型构建全电网分析功能，基础图模数据中主网部分来自电网调度控制系统，中低压图模数据来自同源维护应用系统，两部分图模数据在生产控制大区通过图模导入工具进行处理，图模校验通过后先导入调试模型库，当调度员进行图模确认操作时，图模数信息经调试模型库同步到数据库服务器中，再由数据库服务器向管理信息大区数据库服务器同步，最后存放在云平台中。图模校验不合格的数据将反馈至对应的外部系统，经修正后重新导入，图模数据流如图 4-3 所示。

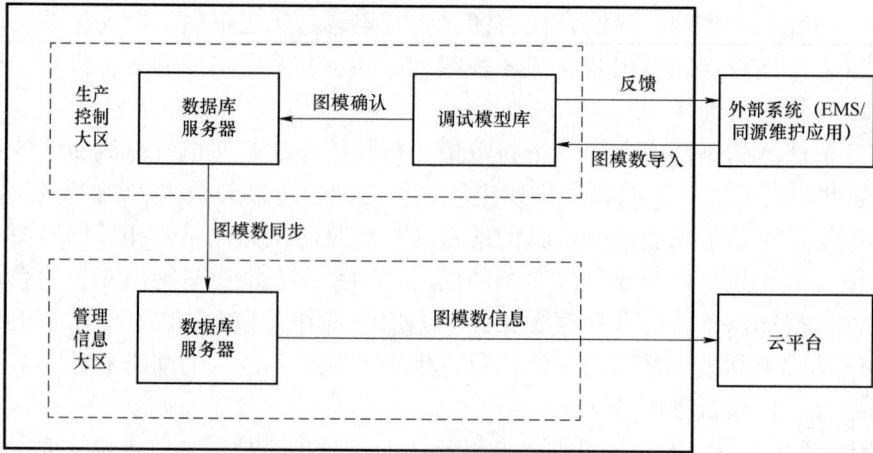

图 4-3　图模数据流

（2）应用功能数据流。主站系统内部生产控制大区和管理信息大区之间各应用功能数据流如图 4-4 所示。两个大区之间的应用数据经协同管控模块的中转，实现各类应用数据的按需交换。生产控制大区的数据可分为数据采集与监控类、故障处理类、分析应用类和历史数据应用类；管理信息大区的数据可分为数据采集与监测类、配电网运维管理类、接地故障分析类、分析应用类、历史数据应用类和历史数据信息。

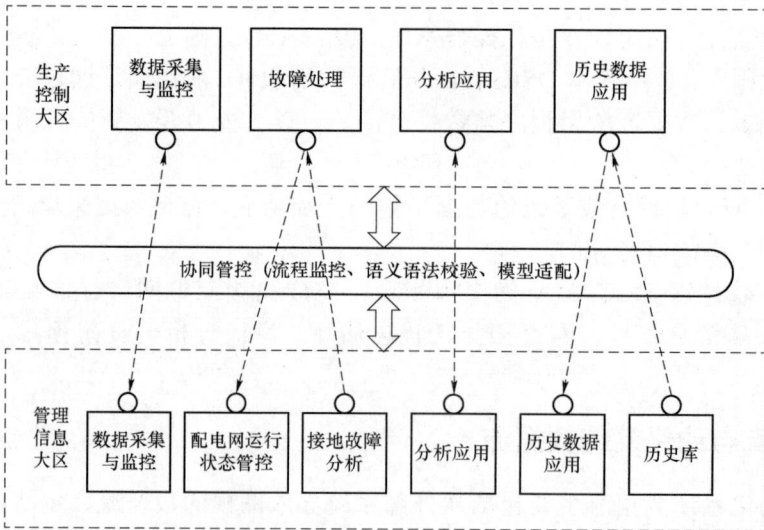

图 4-4　应用功能数据流

1）生产控制大区的数据采集与监控信息经协同管控模块同步到管理信息大区，遥信、保护及遥控告警等重要数据实时同步，遥测及其他数据采用断面数据加订阅的方式同步。

2）生产控制大区的故障处理数据经协同管控模块实时同步到管理信息大区。

3）生产控制大区的分析应用的结果数据经协同管控模块实时同步到管理信息大区。

4）生产控制大区的历史数据应用模块可订阅管理信息大区的历史数据，查看历史曲线等。

5）管理信息大区的数据采集与监控经协同管控模块同步到生产控制大区，遥信、保护等重要数据实时同步，遥测及其他数据采用断面数据加订阅的方式同步。

6）管理信息大区的接地故障分析数据经协同管控模块实时同步到生产控制大区。

7）管理信息大区的分析应用的结果数据经协同管控模块实时同步到生产控制大区。

8）管理信息大区的历史数据应用的结果数据经协同管控模块同步到生产控制大区。

# 第二节  配电自动化主站系统功能

配电自动化主站系统采集处理配电终端上送的配电网实时运行数据，为运行监控人员提供配电网运行监控界面，完成馈线自动化、故障综合研判、统计分析等高级应用。主站是配电自动化系统的"大脑"，其性能直接决定了配电自动化系统的应用效果。配电自动化系统主站功能组成结构如图 4-5 所示。生产控制大区主站承担配电运行监控功能，管理信息大区承担配电运行状态管控功能。陕西管理信息大区主站中压侧、低压侧单独建设，共用同一平台，共同完成配电运行状态管控功能，因此对配电自动化主站系统功能介绍分生产控制大区功能、中压云主站功能、低压云主站功能三块进行介绍。

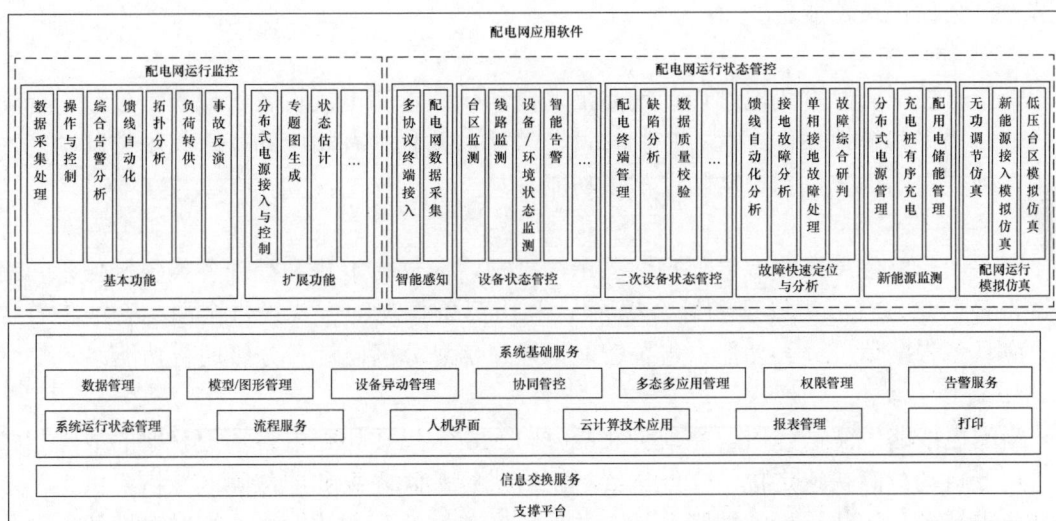

图 4-5  配电自动化系统主站功能组成结构

## 一、生产控制大区主站功能

### （一）生产控制大区主站基本功能

1. 数据采集与处理

配电自动化系统前置机与配电终端通信，采集配电网实时/准实时数据，通过人机交互，为配电网调度和生产指挥提供服务，是配电自动化系统必须首先实现的功能。

（1）数据采集。数据采集应具备对电力一次设备（馈线段、母线、开关等）的电流、电压、有功、无功、功率因数等模拟量，开关位置、隔离开关、接地开关位置及远方/就地等其他各种开入量和多状态的数字量等实时数据采集，二次设备保护动作或告警数据采集，电网设备状态信息数据采集，控制数据采集（包括受控设备的量测值、状态信号和闭锁信号等），配电终端上传的实时数据、历史数据、故障录波、保护定值、日志文件、配置参数等数据采集，卫星时钟、直流电源、UPS 或其他计算机系统传送来的数据及人工设定的数据采集，配电站房、配电电缆、架空线路、配电开关、配电变压器、分布式能源等设备电气、环境、通道等状态数据采集，电量数据采集等。

数据采集应满足网络安全防护要求，支持光纤、无线等多种通信方式，能满足大数据量采集的实时响应需要，支持数据采集负载均衡处理，支持数据采集应用分布在广域范围内的不同位置，通过统筹协调工作共同完成多区域一体化的数据采集任务并在全系统共享。

（2）数据处理。数据处理应具备模拟量处理、状态量处理、非实测数据处理、数据质量码、平衡率计算、计算机统计等功能。

（3）数据记录。数据记录应能以毫秒级精度记录所有电网开关设备位置状态、保护动作顺序及动作时间，具备对上一级电网调度自动化系统或配电终端发出的事件顺序记录、主站系统内所有实测数据和非实测数据进行周期采样存储及自定义数据点的变化存储等提供数据记录功能。

2．操作与控制

操作与控制应能对变电站内或线路上的自动化装置和电气设备实现人工置数、标识牌操作、闭锁和解锁操作、远方控制与调节功能，并且具有相应的操作权限控制功能，提供多种类型的远方控制自动防误闭锁功能。

3．综合告警分析

可实现告警信息在线综合处理、显示与推理，应支持汇集和处理各类告警信息，对大量告警信息进行分类管理和综合/压缩，利用形象直观的方式提供全面综合的告警提示。应具备告警信息分类功能、告警智能推理、信息分区监管及分级通告功能。

4．馈线自动化

当配电线路发生故障时，系统应根据从 EMS/集控站和配电终端等获取的故障相关信息进行自动故障快速定位，与配电终端配合进行故障隔离和非故障区域恢复供电。该功能应支持各种拓扑结构的故障分析，并保证在电网运行方式发生改变时对馈线自动化处理不造成影响。故障处理方案可自动执行或者经调度员确认执行。故障处理方式如下：

（1）对于馈线开关不具备遥控条件的，系统可通过采集的遥测、遥信数据和馈线拓扑分析，自动判定故障区段，并给出故障隔离和非故障区域的恢复方案，通过人工介入的方式进行故障处理，减少故障查找时间。

（2）对于具备遥控条件的设备，系统判定故障区段，给出故障隔离及非故障区域恢复方案，调度员可通过全自动或半自动、逐个或批量遥控的方式完成故障处理，以加快故障处理速度。

（3）在馈线配置了就地型故障处理功能时，主站端故障处理功能应可实现与就地处理的配合。

5. 拓扑分析

拓扑分析包括网络拓扑分析和网络拓扑着色。

网络拓扑分析可根据电网连接关系和设备的运行状态进行动态分析，分析结果可以应用于配电监控、安全约束等，也可针对复杂的配电网络模型形成状态估计、潮流计算使用的计算模型。

网络拓扑着色可根据配电网开关的实时状态，确定系统中各种电气设备的带电状态，分析电源点和供电路径，并将结果在人机界面上用不同的颜色区别显示，主要包括电网运行状态着色、供电范围及供电路径着色、动态电源着色、负荷转供着色、故障区域着色、变电站供电范围着色、线路合环着色等，对于配电网调度应用实用化很强。

6. 负荷转供

负荷转供应根据目标设备分析其影响负荷，并将受影响负荷安全转至新电源点，提出包括转供路径、转供容量在内的负荷转供操作方案。负荷转供分为事故时的负荷转供及计划检修时的负荷转供，系统提供符合安全约束的多种负荷转供方案，调度员可采用自动或人工介入的方式对负荷进行转移，实现消除越限、减少停电时间等目标。

7. 事故反演

系统检测到预定义的事故时，应能自动记录事故时刻前后一段时间的所有实时稳态信息，以便事后进行查看、分析和反演。事故信息应包括配电线路相间短路故障及单相接地故障发生前后一段时间内系统采集到的所有信息，应能以保存数据断面及报文的形式存储一定时间范围内所有的实时稳态数据，可记录事故前后系统的实际状态，具备多重事故记录的功能。

**（二）生产控制大区主站扩展功能**

生产控制大区主站基本功能是配电自动化生产控制大区主站建设时必备的功能，下面介绍基于生产控制大区可建设的高级应用，可根据需求自行扩展。

1. 分布式电源接入与控制

应满足 10（20）kV 分布式电源/储能装置/微网接入带来的多电源、双向潮流分布情况下，对配电网的运行监视和对多电源的接入、退出等控制和管理功能；实现分布式电源/储能装置/微网接入系统的配电网安全保护、独立运行及多电源运行机制分析等功能。

2. 专题图生成

以全网模型为基础，应用拓扑分析技术进行局部抽取并做适当简化，生成相关电气图，生成图形应包括区域系统图、供电范围图、单线图、开关站图，为配电网各类应用提供专题图。

3. 状态估计

状态估计指对生数据进行分析、处理，剔除"不良数据"，推算出齐全而精确的配电网运行参数。现阶段，配电自动化系统主要用于实时监控与故障处理，由于测量信息不全，实施完整的状态估计可能性不大，实际配电自动化系统使用的状态估计方法如下：

（1）粗检测。DSCADA 实时数据的逻辑分析，对生数据进行不良数据检测及辨识，自动检测并在监控画面上区别显示两端量测值不平衡的支路、潮流不平衡的节点、量测值不合理的节点。

（2）剔除或修正不良数据。停用不再刷新的量测值，或者通过负荷预测获得的数据对其进行补充；对实时遥信进行屏蔽和修改，对无遥信信息的隔离开关状态进行人工置位。

（3）开关状态辨识。可自动检测、辨识并纠正开关信息错误，包含智能数据库中保存的电网接线方式。

4. 负荷预测

针对 6～20kV 母线、区域配电网进行负荷预测，具备在对系统历史负荷数据、气象因素、节假日及特殊事件等信息分析的基础上，挖掘配电网负荷变化规律，建立预测模型，差异化制订预测策略，预测未来系统负荷变化。支持多日期类型负荷预测及气象因素对负荷预测影响的分析能力。

5. 潮流计算

根据配电网络指定运行状态下的拓扑结构、变电站母线电压（即馈线出口电压）、负荷类设备的运行功率等数据，计算节点电压及支路电流、功率分布，计算结果为其他应用功能做进一步分析。可提供馈线电流越限、母线电压越限分析。

6. 解合环分析

与上级电网调度控制系统进行信息交互，获取端口阻抗、潮流计算等计算结果，负荷、事故信息及联络开关位置等约束条件，对指定运行方式下的解合环操作进行计算分析，结合分析结果，实现解合环路径自动搜索，并对该解合环操作进行风险评估。

7. 网络重构

支持在满足安全约束的前提下，通过开关操作等方法改变配电线路的运行方式，消除支路过载和电压越限，平衡馈线负荷，降低线损。支持结合配电网潮流计算分析结果对配电网络进行重构，实现网络优化，提高供电能力。

8. 操作票

支持调度员在研究态下进行开票、安全防误校核，任何操作不应影响实时环境，应支持自动或手动方式实现操作票模拟环境与实时环境的同步，满足调度人员日常操作票管理工作的可靠性、安全性、快速性、方便性等要求。具备自动成票功能，支持根据当前的运行方式，通过网络拓扑分析，提取相关专家规则，自动搜索可行的供电路径，综合各供电路径的负荷情况生成可行方案，调控员选择确认后由系统自动生成操作票。

9. 自愈控制

在馈线自动化的基础上，结合配电网状态估计和潮流计算及预警分析的结果，循环诊断配电网当前所处的运行状态并进行控制策略决策，运用馈线自动化手段，实现对配电网一二次设备的自动控制，消除配电网运行隐患，缩短故障处理周期，提高运行安全裕度，促使配电网转向更好的运行状态。

10. 接地故障分析

支持综合线路 10kV 母线电压、厂站接地选线信息、配电终端故障录波等多源信息，对单相接地进行选线分析及故障区段定位分析判断。支持录波信息分析与结果展示。

11. 配电网仿真与培训

不影响系统正常运行的情况下，建立模拟环境，实现配电网调度的预操作仿真、运行方式倒换预演、事故反演及故障恢复预演等功能，实现对配电网调度人员的培训。

12. 源网荷储协同控制

具备可控负荷精细分类功能，根据负荷属性制定不同级别的停限电策略。具备可控负荷池监视功能，展示精细化负荷池的运行状态情况，包括电压、电流、有功功率、无功功率、功率因数等数据。结合有序用电、限电目标，动态分析用户负荷变化，预警负荷超限风险，引导有序用电。支持当大电网出现功率缺口情况时，接收上级电网调度自动化系统压降负荷目标指令的功能，辅助研判最大化保障重要负荷供电的运行方式。

## 二、中压云主站功能

1. 线路监测

具备配电网线路、配电网开关、配电网母线、接地开关、配电变压器等关联电气设备监测功能，具备配电网线路实时停电监测并告警、配电网线路重过载告警、配电网线路关联设备异常告警、电能质量异常告警、用电异常告警等功能。

2. 智能告警

支持汇集设备状态、环境状态等异常信息，面向设备需求进行在线综合智能处理、显示与推理，并对大量告警信息进行分类管理和综合/压缩，利用形象直观的方式提供全面综合的告警提示。

3. 配电终端管理

具备终端固有信息单个或批量远程调阅，包括终端类型及出厂型号、终端 ID 号、嵌入式系统名称及版本号、硬件版本号、软件版本号、通信参数、二次变比等参数。具备终端运行参数单个或批量远程调阅与设定，包括零漂、变化阈值（死区）、重过载报警限值等运行参数。具备终端定值参数单个或批量远程调阅与设定。具备配电终端历史数据查询与处理、配电终端软件管理、配电终端蓄电池远程管理、配电终端运行状态监视及统计分析功能。

4. 缺陷分析

根据系统收集的"三遥"、状态感知和通信异常信息，自动生成缺陷记录，并能够在对应的缺陷设备上自动标识，包括主站运行异常、通信网络及设备异常、终端运行异常等。支持缺陷校核及缺陷工单自动发布功能。

5. 数据质量校验

具备实时配电网数据质量校验功能，包括电流、电压、有功功率、无功功率合理性校验，中压母线电流一致性校验，开关合分遥信与电流一致性校验，馈线、区段的电流一致性校验。支持历史数据质量校验，包括历史数据完整性校验、配电终端历史数据补召及补全功能。

6. 终端运行统计分析

具备配电终端在线率、遥信正确率、配电自动化覆盖率、馈线自动化覆盖率、馈线自动化投入率、馈线自动化动作正确率、遥控使用率、遥控成功率等指标计算分析功能。

7. 保护定值管理

具备基于线路参数的保护定值整定计算能力，支持保护定值单编制、审核、校核、发送生产控制大区、归档、作废等管理流程。

8. 故障综合研判

支持根据故障信号及就地馈线自动化动作信号进行故障定位；支持当就地型馈线自动化功能失效或动作失败时，根据终端上送的信息分析异常并告警，主站集中型作为后备启动。具备多源信号汇集综合研判功能，多源数据包含生产控制大区的主网开关、配电网开关的动作信号、保护信号、故障指示器的翻牌信号、管理信息大区的配电变压器的停复电信号、低压开关的动作信号、保护信号、智能电能表的停复电信号、用电采集系统的配电变压器的停复电信号等，根据多源故障信号，进行故障综合研判，给出故障综合分析结论。

### 三、低压云主站功能

1. 多协议终端接入

遵循并兼容 DL/T 860《电力自动化通信网络和系统》相关规范，可实现终端多协议接入。支持 DL/T 634《远动设备及系统》的 104、101 通信规约接入前置，支持 MQTT、COAP 等物联网协议接入物联管理平台。

2. 配电网数据处理

支持中低压架空线路、中低压电缆线路、配电变压器、新能源设备、开关与隔离开关等配电网一次设备监测数据采集处理，支持 DTU、FTU、故障指示器、台区智能融合终端、漏电保护器等配电网二次设备运行数据采集处理，支持配电网开关站、配电房、环网柜等设备相关环境监测数据采集，支持低压分布式电源、储能、充电桩等相关设备的数据采集处理，支持低压拓扑等数据采集处理。

3. 台区监测

支持台区内电气设备、非电气设备监测、充电桩、光伏、储能等新能源设备运行监测及可视化展示。具备台区实时停电监测告警、配电变压器重过载告警、台区内设备异常告警、电能质量异常告警、环境异常告警、用电异常告警等功能。

4. 设备（环境）状态监测

具备配电站房、配电电缆、配电开关、配电变压器等设备电气、环境、通道等状态的在线监测，支持设备（环境）状态监测展示，具备监测信号展示、异常告警、统计分析功能。

5. 分布式电源管理

支持分布式电源的数据采集和展示，支持反向功率流动计算及孤岛运行分析，可支持针对不同分布式电源的特性，结合大数据分析，评估台区接纳能力和分布式电源接入对台区运行影响。

6. 充电桩有序充电管理

支持电动车充电桩运行状态数据、电量数据、告警事件等信息监测，支持结合台区用电负荷、充电负荷和用户充电行为，利用大数据、人工智能算法，实现电动汽车充电负荷动态特性分析，并制定充电优化策略。

7. 配用电储能管理

支持分布式储能运行状态数据、电量数据、告警事件、功率的历史数据及曲线等信息监视，支持分布式储能系统参数设定，包括充电电流、放电低电压、瞬时断开继电器电压等，结合线路及台区日负荷曲线、储能充放电量数据，利用大数据分析，评估储能削峰填谷的效果，辅助制定储能充放电管理策略，支持根据台区负载率和峰谷时段，结合大数据分析及人工智能分析结果，辅助制定储能投入和退出控制策略。

8. 新能源发电预测

具备获取和展示数值天气预报、网格化功率预测、站点功率预测、功率预测对比展示、预测结果统计分析等功能等。具备超短期、短期、中长期预测，支持结果自动累加为全网预测结果的功能。

# 第三节　配电自动化系统通信

通信系统连接着位于控制中心的配电自动化主站和分散在配电线路上的配电终端，是配电自动化系统的重要组成部分。配电自动化系统的通信环节是确保电力网络高效、稳定运行的关键所在。本节将对配电自动化系统中通信技术的具体应用与实践进行介绍。首先，介绍主站与 FTU、DTU、故障指示器等中压终端的通信机制。其次，关注主站与融合终端的通信，探讨融合终端在配电系统中的角色及其与主站的交互方式。最后，详细解析融合终端与光伏逆变器（规约转换器）、站房成套设备、换相开关、低压智能开关、充电桩、储能等低压监测设备的通信过程，揭示这些通信链路如何共同构建起一个智能化、精细化的低压配电监测网络。

配电网通信系统是配电终端到配电主站之间的一系列通信实体，包括通信线路设施和通信设备等，实现配电终端与系统间的信息交互，具有多业务承载、信息传送、网络管理等功能。

## 一、主站与中压配电终端通信

经过多年的投资建设，我国配电网通信系统主干网络已实现光纤化传输、网络化业务承载及自动化、信息化管理与运行。其中，中压配电终端接入层网络以光纤与无线通信为主，配电网自动化站点广泛涵盖开关站、柱上开关、故障指示器等，用来实现监测和控制功能。

（1）通信架构。主站与中压终端的通信主要通过远程通信网实现，涵盖光纤、电力无线专网、无线公网 4G/5G、北斗卫星通信等方式，确保信息交互的可靠性。通信方式的选择需结合实际应用环境。

（2）通信方式。

1）光纤通信。光纤通信主要通过专用或租用光缆，将终端设备组成点对点、链路、星形、环形或手拉手网络，实现数据传送功能。在配电通信网中，采用的光纤通信技术有光纤专线通道、EPON、光纤工业以太网三种方式，其中光纤专线通道是 2000 年前后采用的主要通信方式，现在多采用后两种以太网组网方式，现多采用的光纤通信技术主要有 EPON 和工业以太网。中压远程通信网络架构如图 4-6 所示。

中压光纤通信技术特点有通信速率高、传输延时低、通信可靠性高，是建设配电通信网时优先考虑的一种通信技术。但在应用中也存在一些问题，如运维工作量大、光缆铺设受市政规划影响、建设成本高、难以实现在各类供电区域的全覆盖。

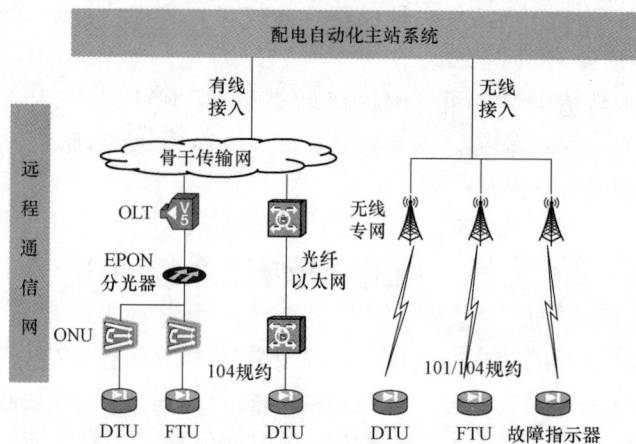

图 4-6　中压远程通信网络架构

2）无线公网。无线公网是借用运营商已有商用通信网络的通信技术，主要包括 2G、3G、4G 和 5G 技术。经过电信运营商多年的建设，2G、3G、4G 技术及其商用网络已经比较成熟，并已成为配电自动化业务的重要通信方式，尤其是在用电信息采集终端的上行通信中已普遍使用。目前双 4G、公网/专网一体模块应用需求日益凸显，5G 技术作为一种新兴的通信技术，目前在电力系统中已开展应用。

中压无线公网技术特点是无需申请专用无线频段、网络建设成本低、维护方便等。但由于中压无线公网是开放性的商用网络，其安全性、可靠性及实时性难以保障，用于传输安全性要求较高的遥控数据及馈线自动化数据存在安全风险。

目前，无线公网通信主要用于非涉控业务，配电线路馈线自动化主要采用就地型逻辑，发生故障时，难以通过远方遥控快速恢复非故障区域的供电、实现多联络线路的最优故障恢复策略；在迎峰度冬、迎峰度夏、自然灾害等特殊情况下，无法通过远方遥控快速调整运行方式，造成大面积停电；日常的开关操作只能由人工现场进行，增加了开关操作时间和操作人员风险，因此有必要研究论证无线公网作为涉控业务补充手段的可行性。

3）无线专网。无线专网是电力公司投资建设的无线通信网络，主要由基站和无线终端组成，主要包含 230MHz 频段、1800MHz 频段等。中华人民共和国工业和信息化部下发《关于调整 223～235MHz 频段无线数据传输系统频率使用规划的通知》，明确"223～226 和 229～233MHz 频段可用时分双工方式载波聚合的宽带系统""鼓励共网模式建设""不再审批 1785～1805MHz 频段电力专网"及技术要求、干扰保护等事宜。无线专网的核心网部署在地市，基站部署在变电站等电力场所，无线终端部署在柱上开关或环网柜位置。配电终端的数据经无线终端，在基站实现汇聚，再通过骨干网传输到主站系统。

中压无线专网特点有组网灵活，适宜进行区域性覆盖。但基站数量有限，信号整体覆盖较弱，需要专业的基站到终端模块的运维队伍。

4）通信方式选择。中压配电自动化通信主要目的是为配电终端与主站之间提供互相通信的通道。目前，通信内容已由最初的遥信发展成遥测，对于通信通道的要求也在不断升级。配电网通信技术发展迅速，光纤通信、无线公网通信、无线专网通信等方式均在电网内有着成熟的应用。无线专网和无线公网是按照网络性质对无线通信进行的划分，目前应用的无线专网有窄带数传电台、扩频电台、无线宽带通信技术等几种形式，而无线公网主要有 GPRS/CDMA/3G/4G/5G 技术。

配电网通信方式的选择首先要满足当地配电网规划的总体原则，并能够结合当地实际，在满足现有通信能力的情况下适度超前。其次，应根据不同业务类型、不同供电分区等级、不同用户重要程度等，有针对性地选择具体的通信方式。远程通信技术对比分析表见表 4-1。

表 4-1　　　　　　　　　　远程通信技术对比分析表

| 分类 | 230MHz 电力无线专网 | 4G 公网 | 光纤（EPON） | 光纤（工业以太网） | 5G 公网 |
|---|---|---|---|---|---|
| 业务承载能力 | 遥控，遥测，遥信，遥调 | 遥测，遥信，遥调，遥控需要安全加密 | 遥控，遥测，遥信，遥调 | 遥控，遥测，遥信，遥调 | （解决 E2E 分片隔离的前提下）遥控、遥测，遥信，遥调 |
| 通信速率 | 0.5～1.7Mbit/s | 10～100Mbit/s | 2.5～10Gbit/s | 100Mbps～1Gbit/s | 1～10Gbit/s |
| 时延 | 20～100ms | 50～100ms | <5ms | 5～30ms | 1～20ms |
| 传输距离 | 1～10km | 500～1000m | 10～20km | 50～100m | 受频率影响大，3.5GHz 的 5G 覆盖约300～800m |
| 接入数量 | 单基站 2000～20000 | 单基站>1200 | 单节点最大光分路比 1:64 | 单节点>32 | 10 万～100 万 |
| 安全性 | 高 | 一般 | 高 | 高 | 较高 |
| 可靠性 | 高 | 一般 | 高 | 高 | 较高 |
| 成本 | 一次性建设成本高 | 一般，长期租用成本 | 一次性建设成本高 | 一次性建设成本高 | 一般，长期租用成本 |
| 部署周期 | 一般，建设周期 | 快 | 慢，建设周期 | 慢，建设周期 | 依赖运营商部署节奏 |
| 技术商用程度 | 较成熟 | 成熟 | 成熟 | 成熟 | 不成熟 |

控制类业务、中压配电网的高可靠业务推荐采用光纤专网或电力无线专网承载；针对不具备光纤专网或电力无线专网通信的条件下，推荐采用无线公网（4G），主要承载信息管理类业务。目前，FTU 和故障指示器通过电力无线专网或 4G/5G 无线公网通信方式与主站通信。DTU 多采用光纤通信与主站进行交互，不具备光纤通信的区域宜采用电力无线专网或 4G/5G 无线公网通信方式。作为近端接入的 DTU 间隔单元，宜通过以太网通信方式接入 DTU 公共单元。

（3）通信协议。

1）协议标准。随着计算机、网络和通信技术的不断发展，电力系统调度运行的信息传输要求不断提高，信息传输方式已逐步走向数字化和网络化。为此，国际电工委员会电力系统控制及其通信技术委员（IEC TC57）根据形势发展的要求制订调度自动化和变电站自动化系统的数据通信标准，以适应和引导电力系统调度自动化的发展，规范调度自动化及远动设备的技术性能。IEC 60870—5 系列标准，构建了远动通信协议体系的坚实基石；IEC 60870—6 系列标准，则为计算机数据通信协议体系提供了规范；IEC 61850—7 系列标准，是变电站数据通信协议体系的重要支撑。

IEC 60870—5 远动通信协议体系配套标准 IEC 60870—5—101 为基本远动任务，IEC 60870—5—104 为基本远动任务的网络访问标准，两者主要用于解决远动设备与主站之间数据传输问题。国内对应的 DL/T 634—5—101、DL/T 634—5—104。104 协议是 101 协议的网络版，101 协议每次只能发送一个链路帧，而 104 协议可以连续发送多个链路帧，其传输效率明显高于 101 协议，而且具有传输控制协议（TCP）/网际互联协议（IP）的冲突检测和错误重传机制，具有比 101 协议更高的可靠性和稳定性，而且对通信延时的限制更宽松。

常见的工作模式分为主站和从站。如果是 TCP 通信则分为客户端和服务端两种工作模式，它们之间的区别是：在建立 TCP 连接时，服务器从不发起连接请求，一直处于侦听状态，当侦听到来自客户机的连接请求时，则接受此请求，由此建立一个 TCP 连接，服务器和客户机就可以通过这个虚拟的通信链路进行数据收发。

应答模式可分为轮训问答模式（非平衡）、自发传输模式（平衡模式）；报文可分为一般报文和突发报文。平衡传输意味双方都可以发起信息传输。104 协议下，一旦链路建立成功，变化信息除了响应召唤应答还可以主动发送，而无需等待查询。

2）应用场景。101 规约主要应用于无线通信方式，网络拓扑结构为点对点、点对多点、多点星形网络配置的网络中，通道可以是全双工或半双工。点对点和点对多点的全双工通道结构，采用非平衡式传输的链路传输规则和子站事件启动触发传输规则进行平衡式传输。通常，232/485、电力载波通信方式采用非平衡式 101，无线 GPRS/CDMA 通信方式采用平衡式 101。采用无线通信，设备 IP 固定时，一般主站作为客户端，设备作为服务器端；设备 IP 地址不固定时，主站作为服务器端，设备作为客户端进行通信连接建立。通信参数包含串行、异步、一位起始位、一位停止位、一位偶校验位、8 位数据位。报文校验方式为纵向和校验。通信的双方严格遵循 FCB（帧计数位）、FCV（帧计数有效位）的有效、无效和翻转确认、不翻转重发的过程。平衡方式下，在监视方向上所有数据均需要确认。

104 规约支持 TCP/IP、用户数据报协议（UDP），适用于网络拓扑结构为点对点、点对多点、多点共线、多点环形和多点星形网络配置的光纤通信方式或通信速率比较高的无线通信方式，具备差错控制机制保证数据传输的可靠性。

3）规约结构。最初 104 是将 101 与 TCP／IP 提供的网络传输功能相组合发展而来的。104 远动规约使用的参考模型源于开放式系统互联的 ISO−OSI 参考模型，采用其中的 5 层，终端系统的规约结构如图 4−7 所示。物理层主要用于二进制数据传输，链路层主要用于物理介质的访问，网络层主要用于寻址和路由选择，传输层主要用于端与端的连接，通常装置仅有一个 IP 地址，通过绑定不同的端口号来映射到装置中不同的应用程序，应用层主要用于提供应用程序网络接口。基于 TCP/IP 的应用层协议很多，每一种应用层协议都对应着一个网络端口号，为了保证可靠地传输远动数据，传输层使用 TCP 协议，因此其对应的端口号是 TCP 端口。在正常的 IEC 60870−5−104 开发中，调度站作为客户端，而 RTU 端作为服务器，实际现场中反向工作模式也不在少数。目前常用协议所用的 TCP 端口如下：ftp 文件传输协议端口号 21；telnet 远程登录协议端口号 23；SMTP 简单邮件传送协议端口号 25；http 超文本传输协议端口号 80；modbus−tcp 的默认端口号 502；IEC 61850 MMS 端口号 102。104 使用的端口号为 2404，并且此端口号已经得到互联网地址分配机构（IANA）的确认。

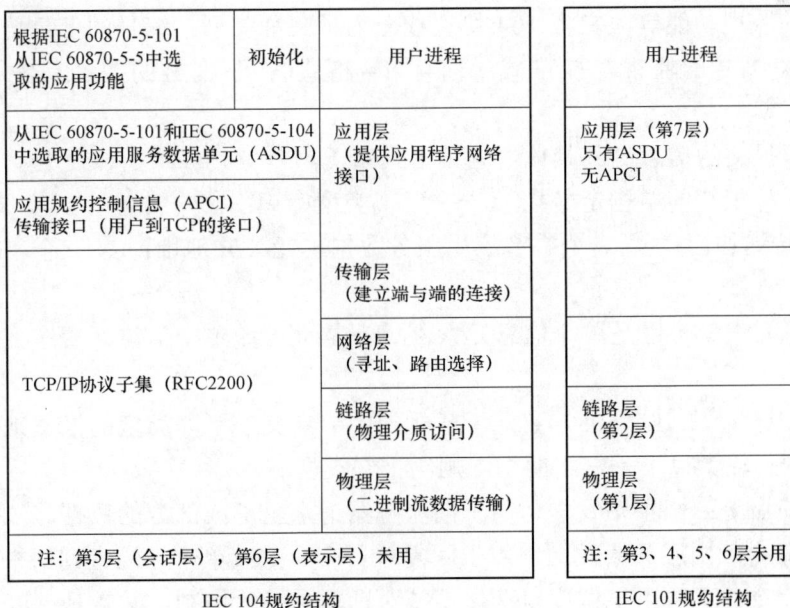

| 根据IEC 60870-5-101 从IEC 60870-5-5中选取的应用功能 | 初始化 | 用户进程 | 用户进程 |
|---|---|---|---|
| 从IEC 60870-5-101和IEC 60870-5-104中选取的应用服务数据单元（ASDU） | 应用层 （提供应用程序网络接口） | | 应用层（第7层） 只有ASDU 无APCI |
| 应用规约控制信息（APCI） 传输接口（用户到TCP的接口） | | | |
| TCP/IP协议子集（RFC2200） | 传输层 （建立端与端的连接） | | |
| | 网络层 （寻址、路由选择） | | |
| | 链路层 （物理介质访问） | | 链路层 （第2层） |
| | 物理层 （二进制流数据传输） | | 物理层 （第1层） |
| 注：第5层（会话层），第6层（表示层）未用 | | | 注：第3、4、5、6层未用 |
| IEC 104规约结构 | | | IEC 101规约结构 |

图 4−7　终端系统的规约结构

应用规约数据单元（APDU）主要通过应用层传输，104 规约增加 APCI，采用启/停的传输控制，采用的是平衡式的通信方式，传输启动后，主站和终端都能主动发送信息，而 101 规约不含 APCI。APDU 结构如图 4-8 所示。

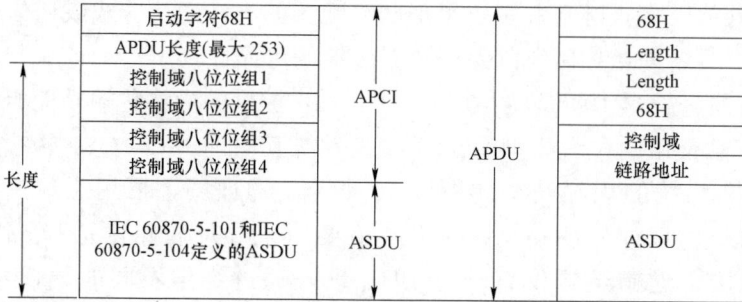

图 4-8  APDU 结构

APCI 结构如图 4-9 所示。

图 4-9  ACPI 结构

APCI 定义了保护报文不被丢失和重复传送的控制信息，定义了报文传输启动/停止及传输连接的监视功能等。它将 104 协议栈分为了三种类型：编号的信息传输格式（简称 I-格式）；编号的监视功能格式（简称 S-格式）；不编号的控制功能格式（简称 U-格式）。

ASDU 即报文的信息，其具体内容其格式如下。

数据单元标识符的结构定义：① 一个字节类型标识；② 一个字节可变结构限定词；③ 二个字节传送原因；④ 二个字节应用服务数据单元公共地址；⑤ 三个字节信息对象地址。

一组信息元素集可以是单个信息元素/信息元素集合、单个信息元素序列或者信息元素集合序列。

4）规约流程。在 IEC 60870-5-104 规约中，定义了不同类型的报文来实现不同业务场景下数据传输。以下是常用的 104 规约报文类型：

a. 总召唤命令：由主站发送，用于向服务器请求全部或部分的数据。

b. 响应命令：由服务器发送，用于回复总召唤命令或单个点的查询请求。

c. 控制命令：主要用于调度自动化系统对远动系统的控制，其实是调度前置机对终端的控制。例如，遥控命令一般用于遥控操作，主要用于对断路器、隔离开关、变压器分接头等远程控制。参数命令是设置装置定值，一般用于保护逻辑控制，主要用于集中式、就地分布式等模式保护逻辑投入使用。文件传输主要用于终端文件召唤，如 SOE 事件记录、遥控操作记录、终端日志。

d. 时钟同步命令：用于将客户端和服务器的时间进行同步。

这些报文类型可以根据实现的具体应用场景使用。

以总召唤为例，总召唤过程的条件如下：

a. 配电主站收到了配电终端的"启动确认"报文后，对该终端进行总召唤过程。

b. 配电主站设备启动或运行中重启，重建链路初始化后，对所有终端进行总召唤过程。

c. 配电主站定时总召唤。

d. 支持手动总召唤。

配电主站的总召唤功能要求配电终端传输所获得的所有有效数据。当配电主站收到配电终端发出的"召唤结束"报文时，召唤过程结束。配电终端在接到配电主站的总召唤命令后，将遥信和遥测数据全部形成用户数据，配电主站则对配电终端进行用户数据召唤。总召唤过程如图 4-10 所示。

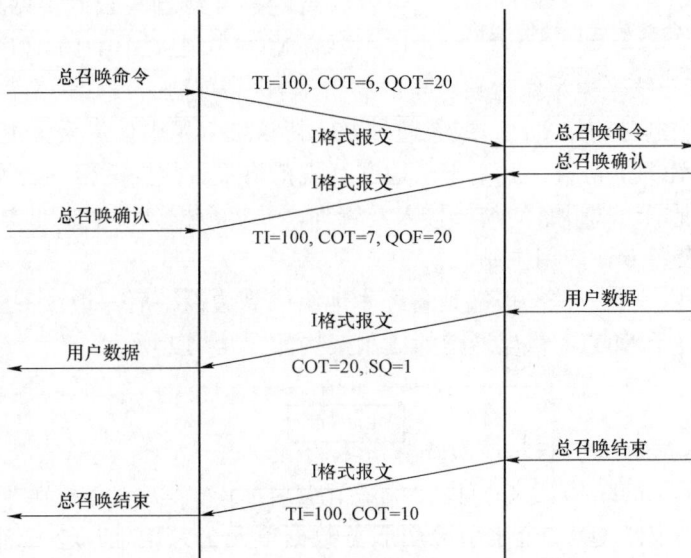

图 4-10　总召唤过程

## 二、主站与融合终端通信

融合终端（边设备）与新一代配电自动化主站之间的信息交互具有数据量大、实时性高、双向可靠通信等特点，远程通信应为"云"端与"边"端的信息交互提供可靠的通信信道，确保信息交互的实时性和可靠性。主站与融合终端远程通信架构如图 4-11 所示。

1. 通信方式分析

为了满足配电物联网平台（新一代配电自动化主站）与融合终端之间高可靠、低时延、差异化的通信需求，包括光纤（EPON 技术、工业以太网）、电力无线专网、无线公网 4G/5G 等通信方式，各种通信方式选择应根据当地条件进行选择。

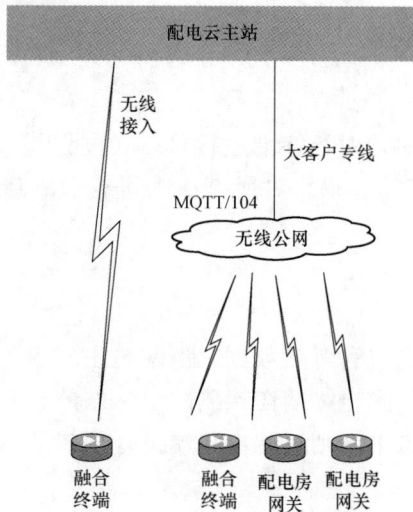

图 4－11　主站与融合终端远程通信架构

2. 数据流分析

数据流主要分两种。

（1）业务数据流

边缘计算终端和新一代配电自动化主站业务模块的交互数据流，主要为边缘计算终端遥信、遥测、统计、告警、配置管理等业务相关数据。

（2）管理数据流

边缘计算终端和新一代配电自动化主站管理模块的交互数据流，主要为边缘计算终端容器管理和应用软件的部署、启动、停止、监视等管理相关数据。

3. 通信协议分析

台区智能融合终端与云侧主站系统之间的通信协议主要有 MQTT、IEC 101/104 和 DL/T 698 等。由于历史原因，另有一些采集系统建设较早的省份，台区智能融合终端采集数据仍然通过 101 或 104 协议接入配电自动化主站，或者通过 698 协议接入用电信息采集主站。大部分省份的融合终端采用 MQTT 协议，并基于云边交互规范将采集数据汇聚到云侧物联管理平台，物联管理平台实现了边端设备的统一接入及管理，并将数据分发至企业实时量测中心、电力资源业务中台及各专业应用主站。

采用 MQTT 协议的方法一般端设备经本地组网到边设备后，边设备通过 MQTT 与云主站进行通信，基于 MQTT 协议通信的体系架构如图 4－12 所示。

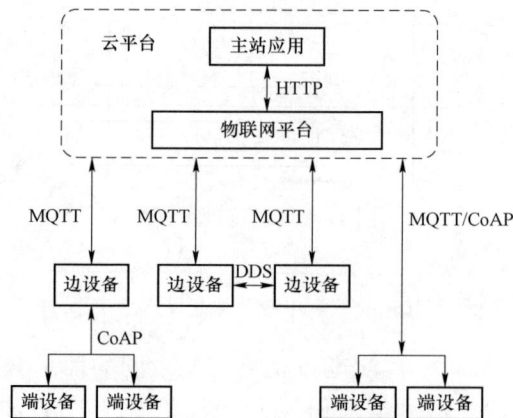

图 4－12　基于 MQTT 协议通信的体系架构

MQTT 协议采用发布/订阅机制完成消息交互，该机制能够提供一对多消息分发，边设备发布订阅流程图如图 4－13 所示，在信息交互过程中，MOTT 协议将参与方划分为三种身份，分别是发布者、代理和订阅者。其中，消息的发布者和订阅者都是客户端，消息的代理是服务器端。

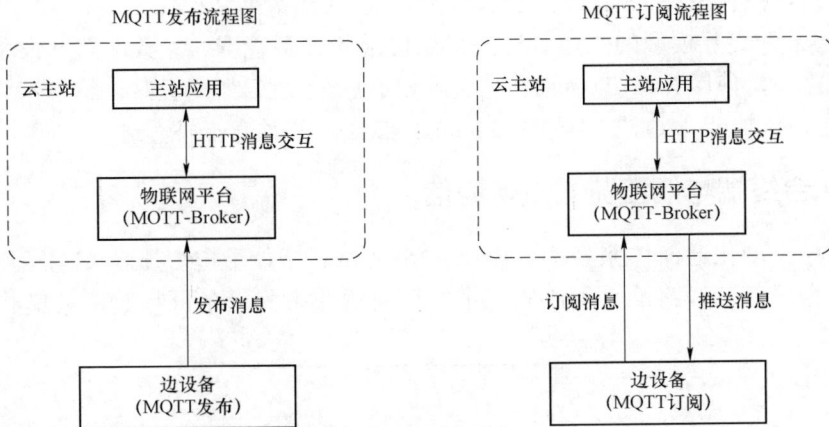

图 4 – 13　边设备发布订阅流程图

4. 信息交互模型

配电物联网交互模型以云主站应用服务需求、边/端层设备需求、信息交互需求为基础，实现配电物联网各层级的信息交换标准化，配电物联网信息交换框架如图 4 – 14 所示，主要涉及边云交互模型（主站与融合终端）。

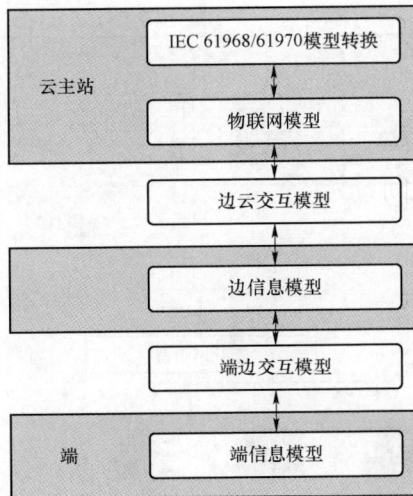

图 4 – 14　配电物联网信息交换框架

（1）云主站信息模型主要由一二次设备模型、配置信息模型、电网拓扑模型、量测模型组成。云主站信息模型分成面向云服务和信息交换的 IEC 61968/IEC 61970 信息模型和面向设备和企业数字化的统一设备数据资产模型层，从而实现边云信息和上层业务应用的转换。

（2）边节点信息模型包含设备配置信息模型、量测模型、一次设备电网拓扑模型、一二次设备映射模型、设备管理模型，同时边节点会管理"边云""端边"交互模型。

（3）端节点信息模型主要由量测模型和配置信息模型组成，由于端侧设备资源受限，端节点设备只需按模型规范要求对数据进行组织，构建数据结构体。

（4）"边云"交互模型的"边云"间采用标准的设备管理、参数配置、设备命令、设备数据上报接口，使用 MOTT 物联网协议承载信息。"边云"交互时，将边云交互模型采用 JSON 格式封装至 MOTT 协议的 Payload 部分，发送给云端主站。

### 三、融合终端与低压监测设备通信

低压配电自动化通信体系架构如图 4-15 所示。智能配电变压器终端运用电力物联网技术，从台区侧、线路侧、用户侧三个方面对低压电气设备进行数据采集共享。

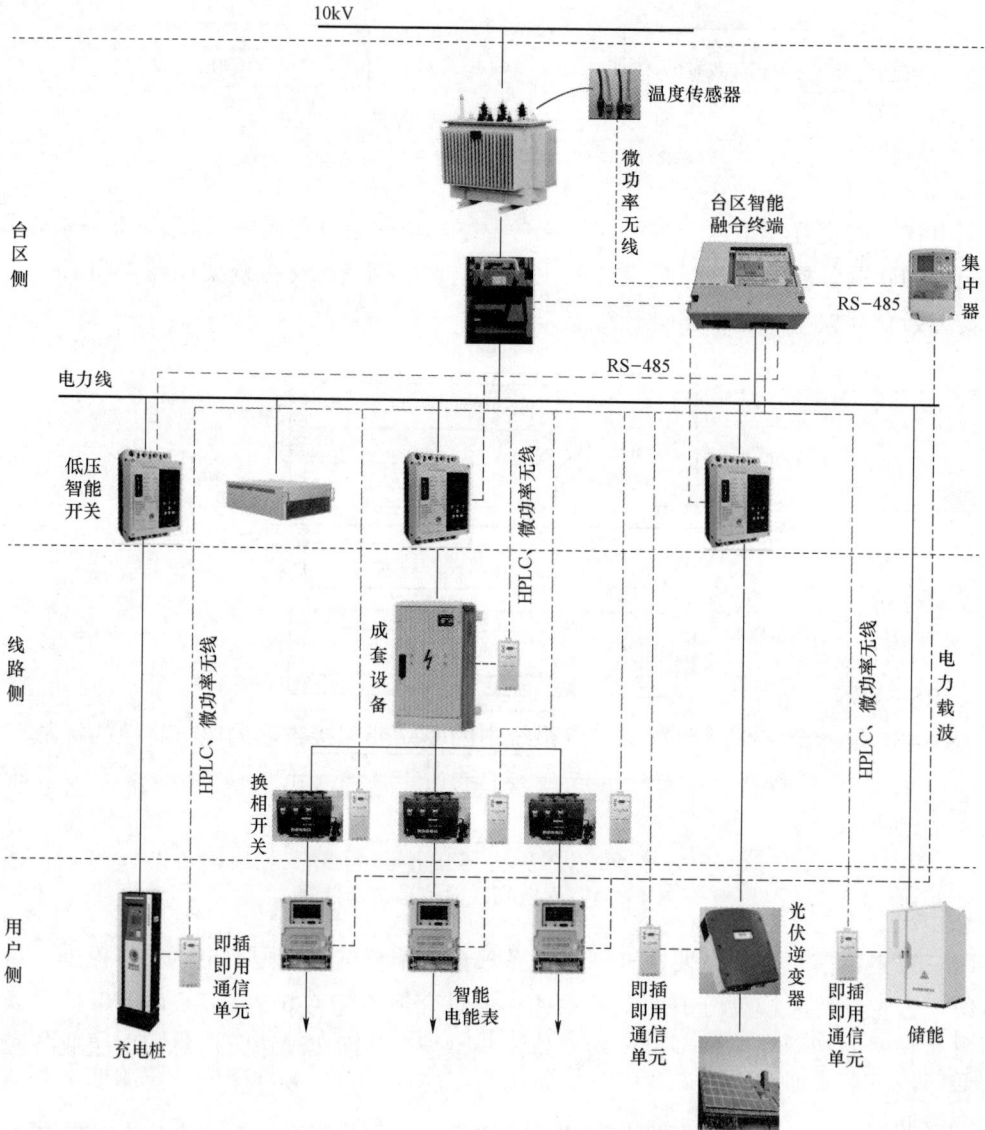

图 4-15　低压配电自动化通信体系架构

台区侧：低压总开关、低压智能断路器、无功补偿装置、集中器、环境监测装置以RS-485 通信方式与智能配电变压器终端连接，实现双向数据交互，变压器桩头测温传感器考虑现场实施的方便性，通过微功率无线模式与智能配电变压器终端连接。

线路侧：分支箱进出线开关通过 RS-485 通信方式与低压电力线高速载波通信（HPLC）、微功率无线等通信方式进行数据转换后，以 HPLC、微功率无线等通信方式与智能配电变压器终端建立连接，实现双向数据交互。当低压分路监测单元、低压故障指示器与智能配电变压器终端比较靠近时，也可采用 RS-485 通信方式。

用户侧：低压换相开关、分布式光伏、充电桩、储能装置、用户末端低压监测单元同样通过 RS-485 通信方式与 HPLC、微功率无线等通信方式进行数据转换后，以 HPLC、微功率无线等通信方式与智能配电变压器终端建立连接，实现双向数据交互。

**（一）配电台区智能设备类型分析**

1. 台区近端设备

台区近端设备分布在智能配电变压器终端的近端，指部署在杆上变压器、箱式变压器、配电房内的各类智能装置和设备，通过 RS-485 或微功率无线方式与智能配电变压器终端直接建立通信。

台区近端设备一般分为智能开关、智能电容器、网关类（如集中器、采集器等）、传感器类、采集装置类五大类型。

2. 台区远端设备

台区远端设备分布在智能配电变压器终端的远端，即在分支箱侧和用户表箱侧。这类设备可能无法与智能配电变压器终端直接建立有线连接，可以通过电力线载波通信或者微功率无线的方式建立通信。

台区远端设备包括低压智能设备、光伏/充电桩设备、智能断路器类、智能电能表、换相开关、传感器类。

**（二）台区通信方式分析**

1. RS-485 通信

RS-485 是一个定义平衡数字多点系统中的驱动器和接收器的电气特性的标准，其数据最高传输速率为 10Mbit/s，RS-485 最大的通信距离约为 1200m，但传输速率随距离的衰减非常严重。

RS-485 总线一般支持 32 个节点，如果使用扩展的 485 芯片则可以达到 128 个或者 256 个节点，最大的可以支持 400 个节点。

RS-485 通信方式一般适合于近场的设备之间的通信连接。

2. 电力线载波通信

（1）电力线载波通信概述。电力线载波通信是通过电力线路来实现通信连接和数据传输的通信技术，目前的应用主要分为窄带电力线载波通信、高速电力线载波通信和认知电力线载波通信。

a. 带电力载波。通信频率范围为 10～500kHz。窄带低速电力线载波通常采用频移键控（FSK）、相移键控（PSK）等调制方式，物理层通信速率一般在 10kbit/s 以下。窄带高速电力线载波通常采用正交频分复用调制技术，物理层通信速率为 10～40kbit/s。

窄带电力线载波通信技术当前在国内外应用较为广泛，技术相对成熟，但受限于其通信带宽，传输速率低，难以支撑配电物联网采集高频化、感知全面化、管理精细化的业务发展需求。

b. 高速电力线载波通信。高速电力线载波通信主要采用 OFDM＋Turbo 编码作为其核心技术，传输频率范围为 0.7～3MHz，物理层传输速率最高速率可达 3Mbit/s。

与低压窄带电力线载波通信相比，高速电力线载波通信的优势在于通信速率高、传输时延小、抗多径传输及抗噪声干扰能力强。

c. 认知电力线载波通信。认知电力线载波通信潜在工作频率范围为 100kHz～3MHz，最大物理层通信速率约为 3Mbit/s。认知电力线载波通信设备上电运行后，能够根据实际信道情况，在潜在工作频率范围内灵活调整中心频点和带宽，选择最佳的工作频率，进一步提高通信可靠性。

（2）电力线载波通信组网架构。低压台区载波通信网络构建过程中，电力线载波通信可以按照通信节点来定义三种角色：通信网络接入头端（CCO）、通信网络接入末端（STA）、通信中继器（PCO）。

宽带电力线载波通信网络一般会形成以 CCO 为中心、以 PCO 为中继代理，连接所有 STA 的多层级树形网络，带电力线载波通信网络拓扑图如图 4-16 所示，其拓扑结构与电缆型台区电网拓扑结构类似。

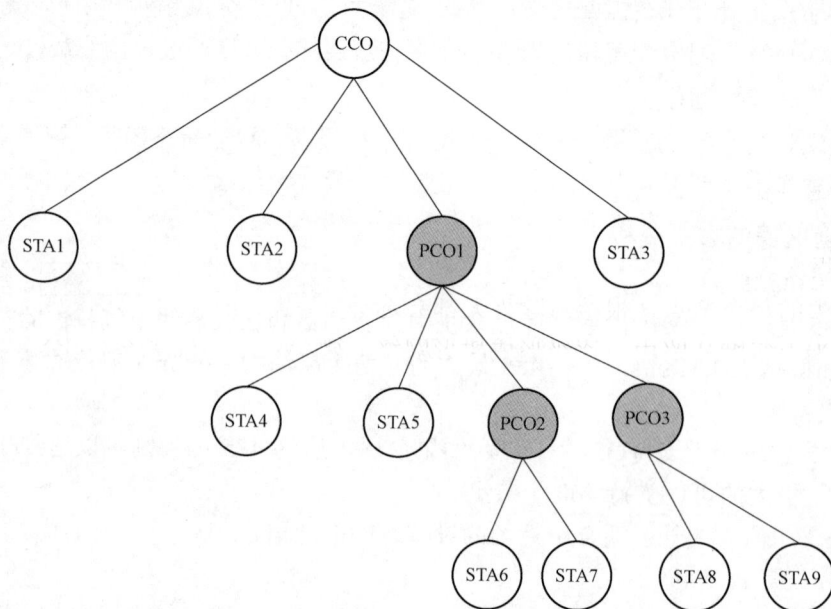

图 4-16 带电力线载波通信网络拓扑图

1）配电台区 CCO。低压台区通信网络接入头端节点包括智能配电变压器终端本体的通信接口及安装在智能配电变压器终端内的载波通信模块。

2）配电台区 STA。低压台区通信网络接入末端指分布在分支箱和表箱侧的低压感知设备、智能电能表的载波模块及其他集成在智能设备内的载波通信模块。

3）配电台区 PCO。当低压台区线路环境复杂，电力线载波通信或者无线通信末端与头端之间无法建立正常通信连接时，需要在末端与头端之间配置通信信号中继节点。

电力线载波中继节点设备一般采用低压感知设备。一般情况下，作为中继节点的低压感知设备应安装在分接箱内或者架空线路的中间位置。

**3. 微功率无线通信**

（1）微功率无线通信概述。微功率无线通信技术指发射功率较低（一般不超过100MW）、具备多级中继、具备深度自组网功能、技术指标满足国家标准委员会相关规定的无线通信技术。目前常见的微功率无线通信技术采用了诸如高斯频移键控（GFSK）调制、扩频通信、跳频技术、正交频分复用（OFDM）等先进技术，使其在典型城市环境中的单跳覆盖范围可达到 300m，物理层通信速率可达 10～400kbit/s。

目前在电力设备所处的复杂恶劣的较远距离、多建筑多遮挡的户外、室内环境下，经过试点实践，推荐用 470MHz 的 mesh 网络，该网络特点是组网简单，通信速率可达十几、几十千比特每秒，访问机制为全双工机制。

微功率无线网络环境下，推荐采用 IPv6 标准建设，促进网间的互联互通，采用标准的安全技术来保障无线网络自身的安全。

微功率无线网的覆盖如同其他无线电波一样，除了受到距离衰减影响外，建筑物遮挡、天气变化、空间电磁干扰等外部环境变化都会对其造成影响。

（2）微功率无线组网架构。微功率无线设备采用远程启动服务（RPL）协议组网，RPL是一种基于距离矢量的路由协议，专为低功耗有损网络设计，具有控制报文少、组网规模大等优点。

RPL 协议对于网络中的设备分为 2 个角色，一是边缘路由器（BR），二是 Node，即普通节点。Node 在 Mesh 网络中也做中继，类似于 HPLC 中的 PCO，但在 RPL 协议中未做区分。RPL 协议可以为边缘路由器 BR 和节点 Node 建立上行和下行路由，并选择最优路径转发数据报文。

该网络中的每个节点（根节点除外）都会选择一个父节点作为上行默认路由，逐级形成树形网络，微功率无线通信网络拓扑图如图 4-17 所示。选择算法可以根据不同目标优化，其中一种为选择到 BR 的链路代价最低的父节点为默认父节点（OF0 算法）。

**4. 低压台区组网通信方式选择**

低压台区配电物联网通信方式的选择应根据配电物联网实际建设需求、台区电网类型情况，因地制宜选择电力线载波、RS-485、微功率无线、电力线载波

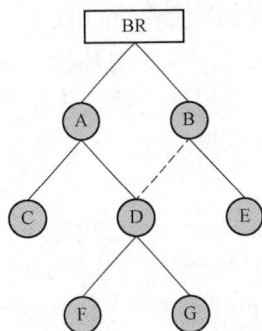

图 4-17　微功率无线通信网络拓扑图

或无线双模的通信方式，结合现场应用，多种通信方式混合组网，建立简洁高效的台区配电物联网通信通道。

**（三）台区通信协议分析**

**1. 远程通信方面**

目前中压配电终端接入主站平台，根据通信网络的不同，主要采用传统的 104 规约和 101 规约；目前中压配电终端之间的通信协议没有统一的规定，在一些试点项目或科技项目中，有的采用 104 规约，有的采用物联网协议（如 COAP），有的采用 GOOSE 协议。

**2. 本地通信方面**

管理大区遵循国网云—管—边—端物联体系架构，通过边缘网关/采集集中器、融合终端/专用变压器采集终端对配电网变压器、配电站房、低压开关、低压用户表、光伏储能、专用变压器采集终端、远程多功能电能表等数据进行采集，其中光伏储能、充电桩等新型电力设备通过边缘网关、融合终端就地采集后统一上送。采集数据类型不仅支持遥信、遥测、遥脉等传统电力数据，还支持设备状态量、文件、视频流等新型数据，其中设备状态量通过字符串消息进行传输，文件、视频流等非结构化数据通过分布式文件服务、流媒体服务等服务系统进行交互。

台区智能融合终端与云侧主站系统之间的通信协议主要有 MQTT、IEC 101/104 和 DL/T 698 等。大部分省份的融合终端采用 MQTT 协议，并基于云边交互规范将采集数据汇聚到云侧物联管理平台。物联管理平台实现了边端设备的统一接入及管理，并将数据分发至企业实时量测中心、电力资源业务中台及各专业应用主站。由于历史原因，另有一些采集系统建设较早的省份，台区智能融合终端采集数据仍然通过 101 或 104 协议接入配电自动化主站，或者通过 698 协议接入用电信息采集主站。

低压端侧设备与台区智能融合终端的通信协议方面，低压端侧类型终端众多，包含充电桩、光伏、储能等新能源设备，智能开关、电容器、电能表等配用电设备及温/湿度、水浸、局部放电、摄像头等辅助控制设备，各厂家研制的同一种类低压端侧设备接入协议也并不统一，包含 645、698、Modbus、AT 指令、CANopen 等及各种私有协议。

DL/T 645 目前主要使用的有 DL/T 645—1997 和 DL/T 645—2007 两个版本，是为统一和规范电能表的多功能电能表与数据终端设备进行数据交换时的物理连接和协议。实际现场中，除电能表外的部分其他低压采集设备也参照使用该协议。

DL/T 698 是电能信息采集与管理系统主站、采集终端或电能表之间采用的面向对象具有互操作性的数据传输协议，包括通信架构、数据链路层、应用层、接口类及其对象和对象标识，水、气、热等表计的信息采集可参照使用。该协议可看作 DL/T 645 的演进协议。

Modbus 是一种串行通信协议，最初是为使用可编程逻辑控制器的通信而发表。其已经成为工业领域通信协议的业界标准，现在是工业电子设备之间常用的通信协议。

AT 指令常用于蜂窝网络模块、WiFi 模块、蓝牙模块中，目的是为了简化嵌入式设备联网的复杂度。其报文常是以 AT 作首、字符结束的字符串。每个指令执行成功与否都有相应的返回。

CANopen 是在标准的 CAN 总线上运行的应用层协议，是工业控制常用的一种现场总线。它定义了一套标准的通信对象和通信方式，支持多种不同的设备类型和功能，如电机控制器、传感器、人机界面等，可以实现复杂的控制和监测功能。

# 第四节　配电自动化主站系统安全防护

为实现完整的配电自动化功能，配电自动化系统需要与其他各种自动化系统互联互通，形成一个集成的互相交织的系统群。互联的网络计算机应用系统不可避免地面临着网络安全问题，如受到网络攻击、感染病毒等，因此，需要采取完善的技术措施来保证配电自动化系统的网络安全。

配电自动化系统的网络安全防护技术包括主站间的网络安全防护技术、配电终端与主站之间的网络安全防护技术及融合终端与低压监测设备间的网络安全防护技术。

## 一、配电自动化主站系统安全边界划分

配电自动化主站系统安全防护遵循《电力监控系统安全防护总体方案》及《配电监控系统安全防护方案》的要求，参照"安全分区、网络专用、横向隔离、纵向认证"的原则。根据安全域不同，可划分为 7 个安全边界，新一代配电主站边界划分示意图如图 4-18 所示。配电自动化系统边界描述见表 4-2。

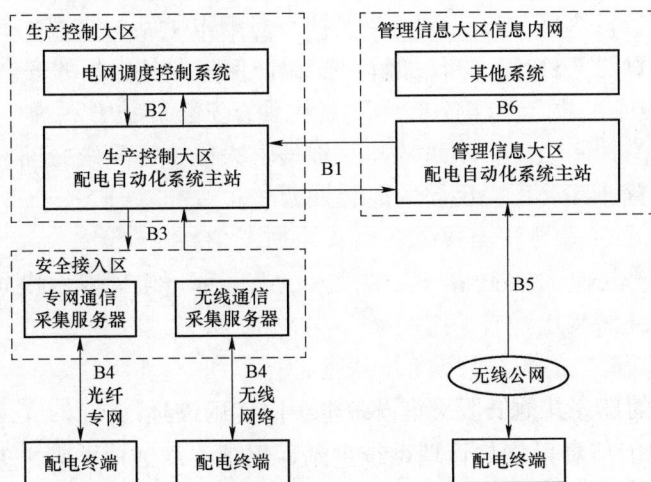

图 4-18　新一代配电主站边界划分示意图

表 4-2　　　　　　　　　　　　配电自动化系统边界描述

| 边界类型 | 边界描述 |
| --- | --- |
| B1：生产控制大区横向域边界 | 配电自动化主站生产控制大区应用与本级调度自动化系统之间边界 |
| B2：大区边界 | 配电自动化主站生产控制大区应用与配电自动化主站管理信息大区应用之间边界 |
| B3：配电自动化主站生产控制大区应用与安全接入区边界 | 配电终端采用任一通信方式接入配电自动化生产控制大区应用时，应设立安全接入区，生产控制大区应用与安全接入区边界 |
| B4：安全接入区与通信网络边界 | 安全接入区与通信网络边界 |

| 边界类型 | 边界描述 |
|---|---|
| B5：信息内网与通信网络边界 | "二遥"配电终端接入配电自动化主站管理信息大区应用时，配电自动化主站管理信息大区应用与通信网络的边界 |
| B6：配电终端 | 配电终端的安全防护 |
| B7：信息内网横向域边界 | 配电自动化主站管理信息大区应用与其他相关系统边界 |

1. 生产控制大区主站与 EMS 间的安全防护 B1

配电自动化生产控制大区主站系统与 EMS 之间应部署电力专用横向单向安全隔离装置（部署正、反向隔离装置），并在应用层增加认证措施，确保调度自动化系统安全运行。

配电自动化生产控制大区主站系统内部署的主机应当采用经国家指定部门认证的安全加固的操作系统，采用用户名/强口令、动态口令、物理设备、生物识别、数字证书等2 种或 2 种以上组合方式，实现用户身份认证及账号管理。

配电自动化生产控制大区主站系统应当部署配电加密认证装置，对控制命令、远程参数设置、远程升级等指令采用国家商用非对称密钥算法（SM2、SM3）进行签名操作，实现终端对主站的身份鉴别与报文完整性保护；对配电主站与终端之间的业务数据采用国家商用对称密钥算法（SM1）进行加解密操作，保障业务数据的安全性。

2. 生产控制大区主站与管理信息大区主站间的安全防护 B2

配电自动化生产控制大区主站系统与管理信息大区主站系统之间应部署电力专用横向单向安全隔离装置（部署正、反向隔离装置）。

3. 生产控制大区主站与安全接入区的安全防护 B3

配电自动化生产控制大区主站与安全接入区之间部署电力专用横向单向安全隔离装置（部署正、反向隔离装置）。

4. 安全接入区纵向通信的安全防护 B4

安全接入区部署的采集服务器必须采用经国家指定部门认证的安全加固操作系统，采用用户名/强口令、动态口令、物理设备、生物识别、数字证书等至少一种措施，实现用户身份认证及账号管理。

5. 管理信息大区主站纵向通信的安全防护 B5

在管理信息大区，配电自动化主站与配电终端通信应采用硬件防火墙、数据隔离组件和配电加密认证装置进行防护。

硬件防火墙采取访问控制措施，对应用层数据流进行有效的监视和控制。数据隔离组件提供双向访问控制、网络安全隔离、内网资源保护、数据交换管理、数据内容过滤等功能，实现边界安全隔离，防止非法链接穿透内网直接进行访问。配电加密认证装置对远程参数设置、远程版本升级等信息采用国产商用非对称密码算法进行签名操作，实现配电终端对配电主站的身份鉴别与报文完整性保护；对配电主站与配电终端之间的业务数据采用国产商用对称密码算法进行加解密操作，保障业务数据的安全性。

6. 配电终端的安全防护 B6

（1）配电终端通过光纤接入安全接入区时，相关安全防护措施包括：

1）应当使用独立纤芯（或波长），保证网络隔离通信安全。

2）应在安全接入区采集服务器与配电终端之间、安全接入区的边界处部署配电安全接入网关，采用国产商用密码算法实现通信链路的双向身份认证和数据加密，保证链路通信安全。

（2）配电终端通过无线公网/无线专网接入安全接入区时，相关安全防护措施包括：

1）应启用无线公网自身提供的链路接入安全措施，包括采用 APN＋VPN 或 VPDN 技术实现无线虚拟专有通道等相应的安全防护措施。

2）应在安全接入区采集服务器与配电终端之间、安全接入区的边界处部署配电安全接入网关、防火墙，采用国产商用密码算法实现通信链路的双向身份认证和数据加密，保证链路通信安全。

7. 管理信息大区主站系统间的安全防护 B7

在管理信息大区，配电主站与不同等级安全域之间的边界应采用硬件防火墙等设备实现横向域间安全防护。

## 二、配电终端与主站之间安全防护

1. 接入生产控制大区的配电终端

接入生产控制大区的配电终端通过内嵌一颗安全芯片，实现通信链路保护、身份认证、业务数据加密。

（1）接入生产控制大区的配电终端，内嵌支持国产商用密码算法的安全芯片，采用国产商用密码算法在配电终端和配电安全接入网关之间建立 VPN 通道，实现通信链路的双向身份认证和数据加密，保证链路通信安全。

（2）利用内嵌的安全芯片，实现终端与主站系统之间基于国产非对称密码算法的双向身份鉴别，对来源于主站系统的控制命令、远程参数设置和远程升级采取安全鉴别和数据完整性验证措施。

（3）配电终端和主站之间交互报文的业务数据采用基于国产对称密码算法的加密措施，确保数据的保密性和完整性。

（4）对存量配电终端进行升级改造，可通过在终端外串接内嵌安全芯片的配电加密盒，满足上述（1）和（2）条的安全防护强度要求。

安全芯片应至少支持国产密码算法对称算法（SM1）、非对称算法（SM2）和数据杂凑算法（SM3），在使用 SM2 对数据进行签名时，应先使用 SM3 对数据计算摘要，对摘要数据进行签名；在使用 SM1 对传输报文进行加密时，对称密钥应通过主站和终端之间的密钥协商机制产生，当重建链路连接时应重新进行密钥协商，且确保每次密钥协商对称密钥的随机性；使用协商对称密钥加密传输报文应至少对应用层数据进行加密；安全芯片应具有数据安全存储功能，能够实现终端侧密钥和重要运行参数的存储保护。

2. 接入管理信息下大区的配电终端

接入管理信息大区的二遥配电终端，内嵌支持国产商用密码算法的安全加密芯片；

依据配电主站管理信息大区纵向安全防护方案，终端选择如下。

当主站采用"硬件防火墙+数据隔离组件+配电加密认证装置"防护方案时，对来源于主站系统的远程参数设置和远程升级指令采取安全鉴别和数据完整性验证措施，以防范冒充主站对终端进行攻击；终端应基于国产非对称密码算法实现与主站系统的双向身份鉴别，且应对终端和主站之间交互报文的业务数据应采取基于国产对称密码算法的数据加密和数据完整性验证，确保传输数据保密性和完整性。

对存量配电终端进行升级改造，可通过在终端外串接内嵌安全芯片的配电加密盒，满足二遥配电终端的安全防护强度要求。

安全芯片应至少支持国产密码算法 SM1、SM2 和 SM3，在使用 SM2 对数据进行签名时，应先使用 SM3 对数据计算摘要，对摘要数据进行签名；在使用 SM1 对传输报文进行加密时，对称密钥应通过主站和终端之间的密钥协商机制产生，当重建链路连接时应重新进行密钥协商，且确保每次密钥协商对称密钥的随机性；使用协商对称密钥加密传输报文应至少对应用层数据进行加密；安全芯片应具有数据安全存储功能，能够实现终端侧密钥和重要运行参数的存储保护。

### 三、融合终端与低压端设备的安全防护

在低压配电台区场景下，台区智能融合终端与低压智能设备间采用高速载波、微功率无线等本地通信网络，台区智能融合终端集成头端通信模块，低压智能设备集成尾端通信模块，头尾端通信模块之间通过本地的高速载波或微功率无线网络进行组网和数据通信。本地通信网络是开放式的，无论是高速载波使用的电力线还是微功率无线使用的空中信道，都可以很方便地进行侦听（获取数据）或耦合（发送数据），攻击的难度和成本都很低。在本地通信过程中，数据来源的可靠性、数据的完整性和机密性均没有保障，容易造成用户数据泄露，非法的、未知来源的遥控，设参指令被执行等恶劣后果，未来的大规模应用面临着较大的信息安全风险。

在融合终端及低压智能设备侧分别部署专用安全芯片，本地通信网络的认证协商及业务交互过程的信息安全防护依赖安全芯片实现。安全芯片负责私钥和会话密钥的存储、随机数的生成，通过芯片内运算实现加解密、签名、验签等功能。

在融合终端侧部署边端通信代理组件，北向通过内部消息队列遥测传输协议（MQTT）总线对接各类微应用，实现多个微应用的并发采集、控制和设参等操作；南向通过以太网对接头端通信模块，实现对本地通信网络中已入网的低压智能设备的身份认证，并对后续数据交互过程采用分级加密防护。低压台区本地通信安全防护架构如图 4-19 所示。

台区智能融合终端侧安全芯片及安全防护机制适配以下内容：

（1）针对头端通信模块已安装部署、未配置边端通信安全芯片，且无更换计划的情况，建议本地通信维持现状，边端通信可不启用安全防护机制。

（2）针对计划更换头端通信模块的场景（未安装或已安装部署），在头端通信模块上加装安全芯片（台区智能融合终端本体无边端通信安全芯片），并适配安全芯片访问接口库，实现融合终端内运行的边端通信代理组件与安全芯片的交互。

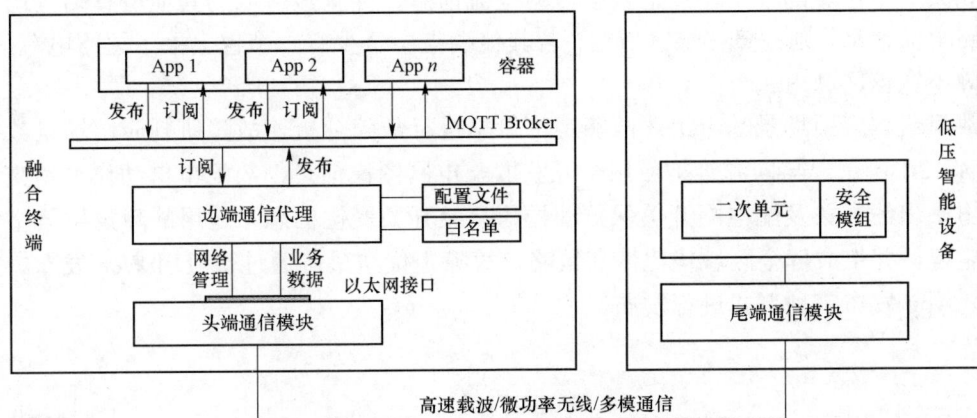

图 4-19 低压台区本地通信安全防护架构

（3）针对增量融合终端（SCU），终端内的安全芯片已经具备边端通信安全防护的功能，硬件无需改造，边端通信代理可直接与安全芯片实现交互。

低压智能设备侧安全芯片及安全防护机制适配：低压智能设备可在设备二次单元或尾端通信模块集成安全模组（模组集成专用安全芯片），实现边端通信流程、协议标准化，简化低压智能设备信息安全适配工作，安全模组同时可为低压智能设备提供安全蓝牙运维功能。

# 第五节 典型应用场景

随着配电自动化及低压数字化建设的不断推进，各省份已投入大量的 FTU、DTU、TTU、故障指示器、智能融合终端、光伏逆变器、站房监测成套设备等中低压监测设备，海量量测数据可为配网调控运行、运维检修提供数据支撑。电网侧各业务部门根据业务需求，基于海量量测数据构建了故障研判、单相接地辅助分析及预警、配电终端缺陷分析、分布式光伏全景监控、配电站房动力环境监控等多项数字化应用场景，用以优化调度运行，提升运维检修效率。下面围绕故障研判、单相接地辅助分析及预警、配电终端缺陷分析三项典型应用场景进行重点介绍。

## 一、故障研判应用场景

配电网发生故障后，配电终端将采集到的故障信息上报配电自动化主站，主站通过信息交互接口获取地区电网调度自动化系统转发的变电站开关保护动作信息、开关变位信息及重合闸动作信息等。故障研判应用根据上述信息，结合网络拓扑及故障前的负荷分布，运用故障定位策略实现故障定位，并生成健全区域优化恢复策略。

将由开关节点、电源节点和末梢点围成的、其中不再包含开关节点的子图称为最小配电区域（简称区域），最小配电区域是配电网中所能隔离的最小单元。将围成区域的开关节点、末梢点和电源节点称为其端点。以开环运行配电网为例，配电网故障定位策略为：如果一个区域的一个端点上报了短路电流信息，并且该区域的其他所有端点均未上报短路电流信息，则故障在该区域内；若其他端点中至少有一个也上报了短路电流信息，则故障不在该区域内。

故障研判应用场景基于上述故障定位策略进行故障分析，故障研判应用场景数据流如图 4-20 所示。与同源维护应用交互获取配电网图模信息，与配电自动化主站交互获取变电站出线开关及配电网开关保护动作信息及开关变位信息，运用故障定位策略实现故障定位，并生成健全区域优化恢复策略。故障定位结果可通过微应用 Web 发布、短信下发、App 发布三种形式进行发布。

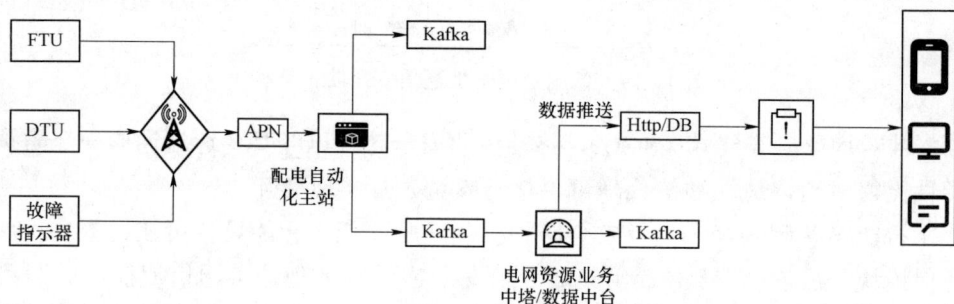

图 4-20　故障研判应用场景数据流

故障处理启动条件有三种，第一种是收到某开关分闸信号，此方式易受遥信抖动影响，误启动较多；第二种是收到某开关短时间内连续分合分信号，适用于重合闸失败或电压时间型馈线自动化逻辑，会出现大量的故障无法启动研判的情况；第三种是收到某开关的保护动作信息（或上报故障信息）且该开关同时跳闸，此方式误报漏报情况较少，现有故障分析模块大多选择此方式启动。

发生故障时，故障研判应用场景收集故障信息进行故障研判，将故障定位结果以短信形式下发运维人员。运维人员收到故障短信后，登录故障研判界面可查看故障区域、故障时刻保护动作及开关变位信息。微应用提供故障反演及导航功能，可指导运维人员开展停电检修，提升供电可靠性。省公司及地市公司管理人员登录系统后可查看管辖区域内线路故障情况、故障多发线路信息、区域故障统计等信息，对于故障时户数管控及配电网精益化管理具有指导意义。

故障研判应用场景可基于物理机或云平台部署，可实现配电网线路负荷及故障全天候监测分析，提升配电网运维检修透明化、数字化、移动化水平。现有故障定位策略对于配电自动化主站能够正确无误地收到所有的故障信息的情形是完全适用的，但是在少数情况下，由于配电设备、配电自动化系统和通信网络都是工作在户外恶劣环境下，容易发生漏报或误报故障信息的现象，下一步，需要研究非健全信息下的容错故障定位方法，不断完善故障研判算法，提升故障研判准确率，最大化发挥配电自动化系统提升供电可靠性的作用。

## 二、单相接地辅助分析及预警应用场景

现有配电自动化主站以系统接收到母线小电流接地选线装置或线路馈线终端产生的零序过电流信号或录波文件启动单相接地分析功能为故障研判，考虑范围仅为单馈线单次录波波形，存在单相接地判断准确率低、隐蔽性单相接地故障无法及时预警的问题。针对上述问题，可基于配电网录波数据开发单相接地辅助分析及预警微应用，收集站外 10kV配电终端接地录波文件，构建配电网"故障图库"，采用多种波形分析算法对接地故障进行快速研判，及时预警隐蔽性故障，辅助分析永久性故障，实现单相接地缺陷隐患闭环处置。

单相接地辅助分析及预警微应用与同源维护应用交互获取配电网图模信息，与配电自动化主站交互获取变电站出线开关及配电终端保护动作信息及录波信息，单相接地辅助分析及预警微应用数据流如图 4-21 所示。配电终端录波完成后，向配电自动化主站上送录波完成遥信信号，配电自动化主站接收到录波完成遥信后，下发录波召测命令，配电终端上送录波文件至配电自动化主站，配电自动化主站通过电网资源业务中台将录波文件发送至单相接地辅助分析及预警微应用。微应用综合图模信息、保护动作信息及开关变位信息、同母线所有线路录波信息及同一线路单相接地早期波形进行单相接地选线定位，定位结果可通过微应用 Web 发布、短信下发、App 发布三种形式进行发布。

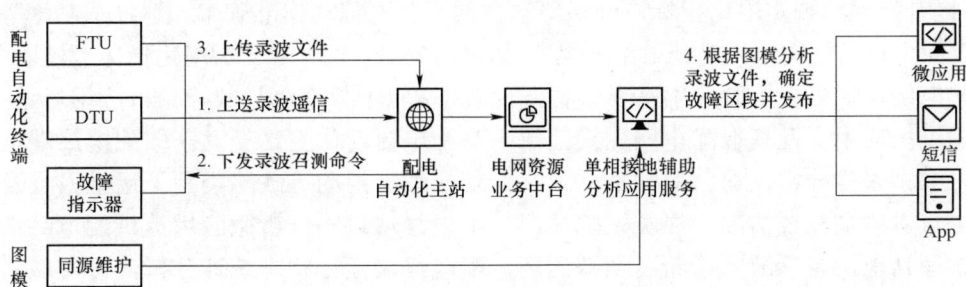

图 4-21　单相接地辅助分析及预警微应用数据流

微应用包含波形特征提取模块、单相接地选线定位模块、单相接地故障原因闭环模块。波形特征提取模块对收集到的波形数据进行分类标定、特征量提取，形成波形特征库。单相接地选线定位模块对永久性故障进行二次分析确认，同时利用永久性故障发生前的各次瞬时性故障录波数据，分析故障早期特征规律，得到故障特征—时空分布响应特性，为隐蔽性故障预警提供数据支撑。选线定位模块还可根据波形信息对未开出的隐蔽性故障进行预警，指导运维人员开展主动运维。现场消缺后运维人员根据消缺结果在单相接地故障原因闭环模块填写故障原因，实现单相接地闭环处置。

发生单相接地故障时，单相接地辅助分析及预警应用场景收集同母线所有线路录波信息及该线路早期波形进行单相接地选线定位，研判故障区域并下发短信。运维人员进行根据选线定位结果进行故障巡线，将现场照片及故障原因通过系统进行闭环。运维人员可在单相接地故障早期进行主动干预，拦截瞬时性接地故障发展为永久性故障，防患于未然。省公司及地市公司管理人员登录系统后可看到管辖区域内单相接地故障情况，录波文件分类情况，单相接地故障处置情况及闭环情况，及时了解现场情况，辅助制定

管控措施，促进单相接地精益化管理。

单相接地辅助分析应用场景可基于物理机或云平台部署，运维人员可通过单相接地辅助分析微应用场景获取故障告警信息及线路运维检修建议，将单相接地故障处理从事后处理向事先主动应对转变，提升故障处置能力及主动运维水平。下一步，将应用人工智能技术，分析单相接地故障特征和规律，形成可用于配电网单相接地故障类型分析和精准定位的算法模型，完成单相接地预警算法优化，不断提升隐蔽性接地故障预警识别准确率。

## 三、配电终端缺陷分析应用场景

国家电网有限公司自 2017 年开展大面积开展配电自动化建设起，建设了大量的配电自动化终端。相较于主网，配电网点多面广、设备繁杂，配电二次设备多处于户外，运行环境恶劣，配电自动化终端运行健康水平一定程度上决定了配电自动化实用化水平。早期的配电自动化设备由于运维管理体系不完善、运营商网络不稳定、缺乏行之有效的配电终端缺陷在线辨识手段等问题，普遍在线率较低，严重影响配电自动化运行效果。为解决上述问题，可基于电网资源业务中台构建配电终端缺陷分析微应用，通过海量量测数据系统评测终端设备状态，提升配电终端状态评估能力，实现终端缺陷主动辨识。同时，依托供电服务指挥中心，自动派发主动工单，督导缺陷闭环销号，确保开关及终端"在线必可用"，提升配电终端实用化指标，确保终端在线率、遥信动作准确率、遥控成功率等指标满足《配电自动化实用化提升工作方案》（国网〔2022〕131 号）实用化指标考核要求。

配电终端缺陷分析微应用基于云资源部署，微应用数据流与故障分析应用场景类似。与同源维护应用交互获取配电网图模信息，与配电自动化主站交互获取配电终端运行数据，可判别采样异常、遥信遥测不一致、遥信抖动、拒动等缺陷类别。运维人员及管理人员可查看终端在线情况、终端缺陷情况。配电终端缺陷分析微应用提供配电终端运行缺陷管理功能，包括缺陷诊断、消缺闭环、配电终端运行状态统计分析，可实现对终端投运后的全生命周期管理。

应用场景贯通供服系统接口，系统判别的缺陷可线上推送至供服系统，运维人员通过供服系统进行工单派发及闭环，微应用与供服系统工单闭环流程图如图 4-22 所示。

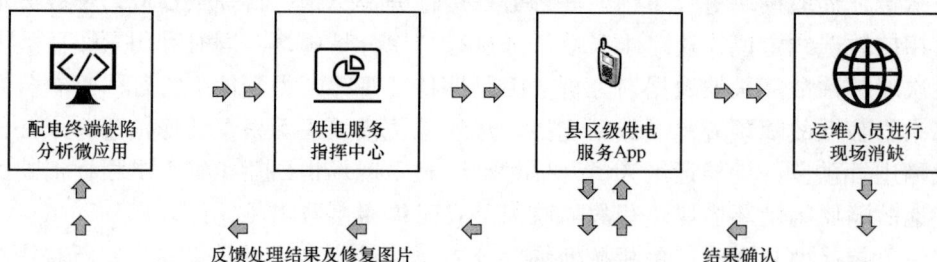

图 4-22　微应用与供服系统工单闭环流程图

该应用场景可基于物理机或云平台部署，运维人员可通过缺陷分析应用场景获取配电终端缺陷及故障信息，对配电二次设备开展主动运维，确保终端在线必可用，提升配电终端运行指标及配电自动化实用化水平。

# 第五章  配电网继电保护

本章对配电网各种接线方式下三相故障、两相故障、两相接地故障及低电阻接地系统的单相接地故障等进行分析，并对相关保护进行介绍。小电流接地系统的单相接地故障分析及保护具体见第七章。

# 第一节  配电网故障分析

故障分析是配电网继电保护的基础。继电保护基于各类故障特征，反应和识别配电网故障与异常状态，并作用于相应开关设备以切除故障。继电保护能否真正发挥作用，其是否能正确识别故障与异常状态是关键，而故障分析是总结各类故障时各状态量的规律和特征，为继电保护正确动作提供理论基础。

## 一、配电网故障概述

### 1. 配电网故障类型

电力系统故障是指由于主系统回路或一次系统厂站设备或器件的失效，且正常情况下需要通过相应的断路器跳闸将故障回路、电站、设备或器件从电力系统立即断开。对于配电网而言，通俗来讲，配电网故障指导致配电设备（元件）不能按要求正常工作的物理状态，包括绝缘破坏故障（横向故障）、断线故障（纵向故障）及复合故障。绝缘破坏故障是两相或三相导体之间（相与相）或导体对地之间的绝缘遭到破坏而相互连通短路的现象，此时电流流过两相或多相之间或者流过相与地之间，短路点的电流流向不在输电线路方向，也被称为横向故障；断线故障是导体断开导致功率（电流）传输中断的现象，此时一相或两相断开后造成三相各相阻抗不相等。

对于绝缘破坏故障（横向故障），根据导体之间及导体对地间绝缘破坏的情况，配电网故障类型如图5-1所示，配电网的故障类型有以下几种：

（1）三相故障。指A、B、C三相导体之间因绝缘破坏而相互连通，三相故障如图5-1（a）所示，通常采用K(3)表示。由于发生三相故障时，三相电压和电流依然对称，故三相故障也被称为对称性故障。

（2）两相故障。指两相导体之间因绝缘破坏而相互连通，两相故障如图5-1（b）所示，通常采用K(2)表示。

（3）单相接地故障。指一相导体对地之间绝缘破坏而与大地连通，单相接地故障如图 5－1（c）所示，通常采用 K(1) 表示。

（4）两相接地故障。指两相导体对地之间绝缘破坏而与大地连通，通常采用 K(1,1) 表示。根据接地位置不同，两相接地故障一般有两种情况：一种为两相导体在同一点接地，两相对地故障（相同点接地）如图 5－1（d）所示；另一种为两相导体在不同点接地，两相对地故障（不同点接地）如图 5－1（e）所示。

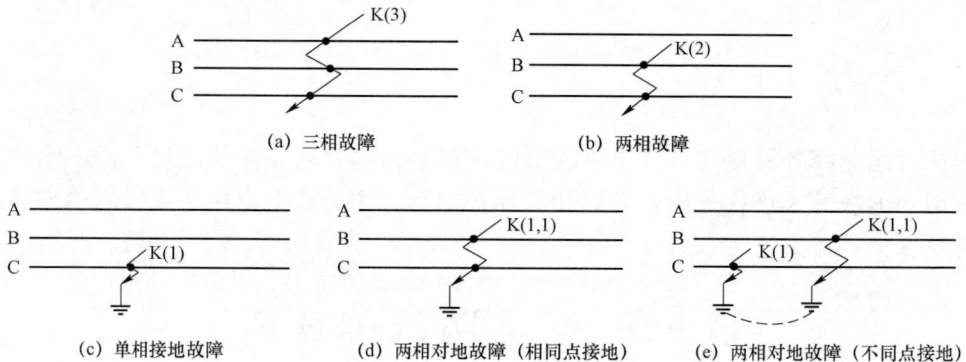

(a) 三相故障  (b) 两相故障

(c) 单相接地故障  (d) 两相对地故障（相同点接地）  (e) 两相对地故障（不同点接地）

图 5－1  配电网故障类型

中性点大电流接地配电网的所有类型故障及中性点小电流接地配电网的三相故障、两相故障、两相接地故障，都会产生较大的电流，相对应的保护会动作跳闸切除故障。而中性点小电流接地配电网发生单相接地时，故障电流很小。

2. 配电网故障原因

配电网故障的主要原因有：① 雷击以及其他各种形式的过电压；② 配电设备绝缘老化等原因造成绝缘破坏；③ 风暴、大雪以及冰雹等自然灾害；④ 外力破坏原因，如施工伤及电缆、机动车辆撞杆造成导线之间短路或导线接地、风筝挂在线路上等；⑤ 架空线路导线与树枝相碰，主要是树枝坠落到线路上、树木倒下砸到线路上；一小部分故障是由树枝生长造成的；⑥ 由动物引起，如飞鸟跨接在导线上、老鼠进入到开关柜内等。

根据实际故障统计结果，雷击、外力破坏、树枝碰线、设备绝缘破坏引起的故障比例比较高。

3. 配电网故障危害

配电网故障的后果包括危害配电设备（含线路）的安全运行及给用户造成损失两方面，全面认识故障的危害对于选择与评估配电网继电保护方案具有十分重要的意义。

配电网故障产生的短路电流热效应将使配电设备发热量急剧增加，短路持续时间较长时可能会造成设备因过热而损坏甚至烧损；短路电流还会在配电设备中产生很大的电动力，引起设备机械变形、扭曲甚至损坏。由于目前配电设备的设计都会留有一定的裕度，只要保护正确动作，一般不会出现安全事故。

故障会引起长时间或短时间停电，同时会引起电压暂降，导致一些电压敏感的用电设备工作不正常，给用户带来损失，对配电网的供电可靠性带来比较严重的不利影响。

### 二、常规配电网故障计算

本节介绍常规放射式配电网故障短路电流的近似计算。

配电网短路电流的特点与线路结构有关，配电网的线路结构主要有辐射式和环网两类，由于大部分环网采用开环运行方式（正常运行时联络开关断开），其短路电流特点与辐射式线路相同，因此本节主要给出辐射式配电线路的短路电流近似计算方法。

随着分布式能源的大量接入，由分布式电源提供的短路电流将使配电线路的电流分布特征发生变化，并影响配电网短路故障保护的配置整定，本节同时简要给出分布式电源对配电网短路电流的影响分析。

1. 近似计算假定条件

配电网故障需要计算其最大与最小短路电流，计算时一般以下面条件为基础（尽管下述假定对于电力系统来讲不是严格成立，但是可以给出准确度能普遍接受的结果）：① 短路类型不会随短路的持续时间而变化，即在短路期间，三相短路始终保持三相短路状态，单相接地短路始终保持单相接地短路状态；② 电网结构不随短路持续时间变化；③ 变压器的阻抗取自分接开关处于主分接头位置时的阻抗；④ 不计电弧的电阻；⑤ 除了零序系统外，忽略所有线路电容、并联导纳、非旋转性负载。

近似计算时一般还假定线路三相参数对称且忽略负荷，但当配电线路比较长时，如农村中压配电网线路长度超过 20km，线路末端短路电流甚至可能小于最大负荷电流，这种情况下忽略负荷影响获得的短路电流计算结果可能存在较大的误差。当线路不是特别长（不大于 10km）的情况下，短路电流的计算误差是可以接受的。

近似计算时，一般可采用短路点等效电压源方式：对于远端和近端短路都可用一等效电压源计算短路电流，此时短路点用等效电压源 $cU_N / \sqrt{3}$ 代替，该电压源为网络的唯一的电压源，其他电源（如同步发电机、同步电动机、异步电动机和馈电网络的电势）都视为零，并以自身内阻抗代替。

单一电源馈电并用等效电压源计算短路网络示例如图 5-2 所示。不同电压等级下等效电压源的电压系数见表 5-1。等效电压源 $cU_N / \sqrt{3}$ 中的电压系数 $c$ 根据表 5-1 选用，

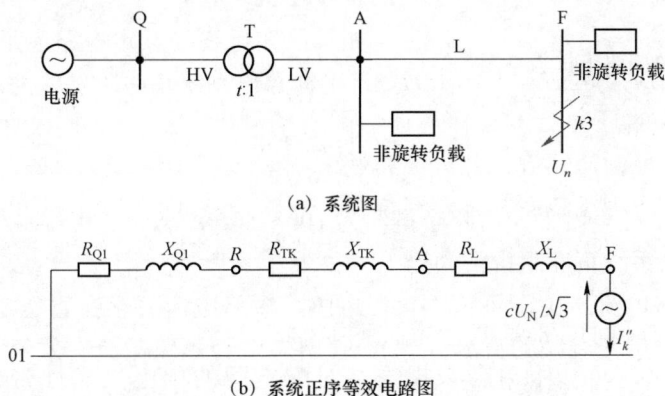

(a) 系统图

(b) 系统正序等效电路图

图 5-2　单一电源馈电并用等效电压源计算短路网络示例

计算最大值用最大电压系数，最小值用最小电压系数。其中，正序系统的阻抗编号（1）省略，01 标出正序系统的参考中性点，馈电网络阻抗（ $R_{Q1}$ 和 $X_{Q1}$ ）与变压器阻抗（ $R_{TK}$ 和 $X_{TK}$ ）均为折算至 LV 侧的阻抗。

表 5-1 不同电压等级下等效电压源的电压系数

| 额定电压 | 最大电压系数 $c_{max}$ | 最小电压系数 $c_{min}$ |
|---|---|---|
| 220V/380V | 1.0 | 0.95 |
| 3～35kV | 1.1 | 1.0 |

2. 三相短路电流近似计算

（1）稳态短路电流。配电线路三相短路电流有效值的近似公式计算为：

$$I_k^{(3)} = \frac{cU_N}{\left|Z_{S1} + Z_{L1} + R_k\right|} \tag{5-1}$$

式中　$U_N$ ——系统额定电压；

　　　$c$ ——电压系数；

　　$cU_N$ ——系统等效电压源电压；

　　$Z_{S1}$ ——变电站母线后的系统正序阻抗；

　　$Z_{L1}$ ——故障回路（变电站母线到故障点之间的线路与参考地构成的回路）的正序阻抗；

　　$R_k$ ——故障电阻。

故障回路正序阻抗等于短路电流流过的线路区段的正序阻抗之和。计算故障回路阻抗示意图如图 5-3 所示，以图 5-3 给出的放射式线路为例，$S$ 为变电站母线，在 $k1$ 点发生故障时，故障回路的正序阻抗是线路段 $SA$、$AD$ 与节点 $D$ 到故障点 $k1$ 之间线路段之间正序阻抗之和；在 $k2$ 发生故障时，故障回路的正序阻抗是线路段 $SA$、$AB$、$BC$ 与节点 $C$ 到故障点 $k2$ 之间线路段之间的正序阻抗之和。

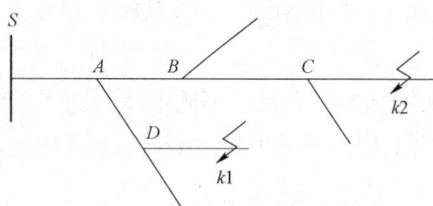

图 5-3　计算故障回路阻抗示意图

如果已知母线处额定短路容量 $S_k$ 与额定线电压 $U_{LP}$，可计算出系统正序阻抗值为：

$$\left|Z_{S1}\right| = \frac{U_{LP}^2}{S_k} \tag{5-2}$$

在中国，10kV 配电网额定短路容量约为 100～500MVA，三相短路电流有效值的最大值约为 6～30kA，系统正序阻抗值约为 1.0～0.2Ω。

（2）暂态短路电流。由于系统中存在电感，短路电流将存在暂态过程，暂态短路电流中存在非周期分量（衰减的直流分量），使暂态三相短路电流有效值大于稳态有效值。

根据分析，暂态三相短路电流的表达式为：

$$i_k = I_{pm}\sin(\omega t + \alpha - \varphi_k) + [I_m\sin(\alpha - \varphi) - I_{pm}\sin(\alpha - \varphi_k)]e^{-\frac{t}{T_a}} \tag{5-3}$$

式中  $I_m$ ——系统正常运行时的电流幅值；

    $I_{pm}$ ——短路周期分量电流的幅值；

    $\alpha$ ——电源电压的相位角；

    $\varphi$ ——系统正常运行时电流与回路电压之间的夹角；

    $\varphi_k$ ——短路电流与回路电压之间的相角；

    $T_a$ ——非周期分量电流的衰减时间常数。

短路电流周期分量表达式为：

$$i_{kp} = I_{pm}\sin(\omega t + \alpha - \varphi_k) \tag{5-4}$$

短路电流非周期分量表达式为：

$$i_{knp} = [I_m\sin(\alpha - \varphi) - I_{pm}\sin(\alpha - \varphi_k)]e^{-\frac{t}{T_a}} \tag{5-5}$$

三相短路电流的最大瞬时值出现在短路发生后约半个周期，它不仅与周期分量的幅值有关，也与非周期分量的起始值有关。最严重的短路情况下，三相短路电流的最大瞬时值称为冲击电流。

三相短路冲击电流与短路相角及电网时间常数有关，短路相角越小，时间常数越大，冲击电流幅值越高，最大可达到稳态短路电流有效值的 2.8 倍。

3. 两相短路电流近似计算

在进行不对称短路（两相短路、两相接地短路、单相接地短路）故障计算时，一般会采用对称分量法。

对称分量法是将不平衡短路的系统分解为三个独立的对称分量系统，网络中各支路的电流可以由 $\dot{I}_{k1}$、$\dot{I}_{k2}$、$\dot{I}_{k0}$ 三个对称分量电流叠加得到。以线路导体 A 相为参考，各相电流 $\dot{I}_A$、$\dot{I}_B$、$\dot{I}_C$ 可按下式计算：

$$\begin{cases} \dot{I}_A = \dot{I}_{k1} + \dot{I}_{k2} + \dot{I}_{k0} \\ \dot{I}_B = \alpha^2\dot{I}_{k1} + \alpha\dot{I}_{k2} + \dot{I}_{k0} \\ \dot{I}_C = \alpha\dot{I}_{k1} + \alpha^2\dot{I}_{k2} + \dot{I}_{k0} \\ \alpha = -\dfrac{1}{2} + j\dfrac{\sqrt{3}}{2} \\ \alpha^2 = -\dfrac{1}{2} - j\dfrac{\sqrt{3}}{2} \end{cases} \tag{5-6}$$

由对称分量法分析可知，两相短路时的复合序网图如图 5-4 所示。图 5-4 中，$\dot{U}_P$ 为系统等效电压源的相电压；$Z_{S1}$、$Z_{S2}$ 分别为变电站中压母线后系统的正序阻抗与负序阻抗；$Z_{L1}$、$Z_{L2}$ 分别为故障回路的正序阻抗与负序阻抗；$R_k$ 为短路点过渡电阻。

三相对称线路的正序阻抗与负序阻抗相等；中压配电网远离系统电源，可忽略系统负序与正序阻抗的差

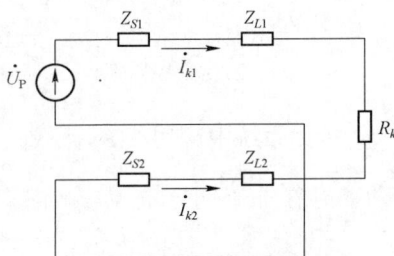

图 5-4 两相短路时的复合序网图

别，得到两相短路电流有效值近似计算公式为：

$$I_k^{(2)} = \frac{\sqrt{3}cU_N}{\left|2(Z_{S1}+Z_{L1})+R_k\right|} \tag{5-7}$$

如果过渡电阻 $R_k$ 为零，则有：

$$I_k^{(2)} = \frac{\sqrt{3}cU_N}{\left|2(Z_{S1}+Z_{L1})\right|} = \frac{\sqrt{3}}{2}I_k^{(3)} \approx 0.866I_k^{(3)} \tag{5-8}$$

即两相金属性短路电流的有效值是三相金属性短路电流的 0.866 倍。

在计算最小短路电流时，一般不考虑单相接地故障，故最小短路电流发生在两相短路时，考虑计算最大与最小短路电流时电压系数 $c$ 分别取值为 1.10 与 1.00，因此在中压配电网中，针对同一运行方式，最小短路电流应是最大短路电流 0.78 倍。

4. 大电流接地配电网的单相接地短路电流近似计算

大电流接地配电网单相接地短路时的复合序网图如图 5-5 所示，图 5-5 中，$Z_{S0}$ 为变电站中压母线后系统的零序阻抗；$Z_{L0}$ 为故障线路的零序阻抗，其余参数同图 5-4 所示电路。大电流接地配电网的单相接地短路电流有效值计算公式为：

$$I_k^{(1)} = \frac{3cU_N}{\left|2Z_{S1}+2Z_{L1}+Z_{S0}+Z_{L0}+3R_k\right|} \tag{5-9}$$

在中性点直接接地配电网中，$Z_{S0}$ 等于主变压器零序阻抗 $Z_{t0}$。在低电阻接地配电网中，如图 5-6，$Z_{S0}=3R_n+Z_{t0}$，其中 $R_n$ 为主变中性点接地电阻。低电阻接地配电网及其零序等效电路如图 5-6 所示。

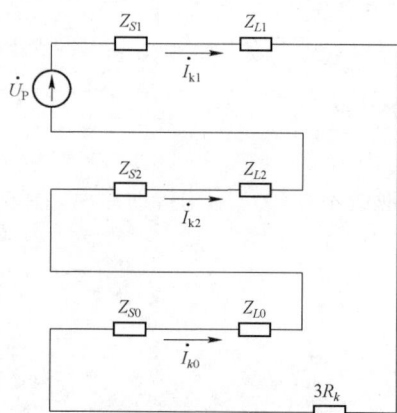

图 5-5  大电流接地配电网单相接地故障时的复合序网图

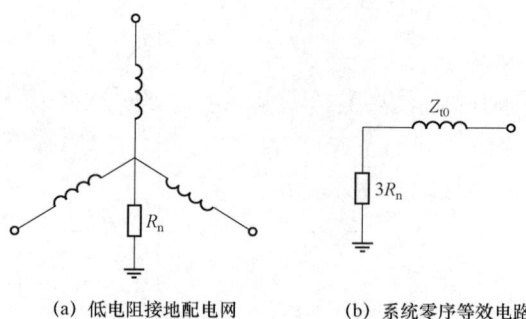

图 5-6  低电阻接地配电网及其零序等效电路
(a) 低电阻接地配电网  (b) 系统零序等效电路

实际系统中应用的 $R_n$ 比较大，一般在 10Ω 以上，远大于 $Z_{t0}$、$Z_{S1}$、$Z_{L1}$、$Z_{L0}$，因此式（5-9）可简化为：

$$I_k^{(1)} = \frac{3cU_N}{\left|3R_n+3R_k\right|} \tag{5-10}$$

说明小电阻接地配电网单相接地短路电流的大小主要取决于中性点接地电阻与故障点过渡电阻。

5. 两相接地短路电流近似计算

两相接地短路时的复合序网图如图 5-7 所示，参数同图 5-5。

两相接地短路时，两个故障相的短路电流相等，其有效值计算公式为：

$$I_k^{(1,1)} = \frac{\sqrt{3}(Z_0 + 3R_k - aZ_1)cU_\mathrm{N}}{|Z_1(Z_1 + 2Z_0 + 6R_k)|} \qquad (5-11)$$

式中，$Z_1 = Z_{S1} + Z_{L1}$，$Z_0 = Z_{S0} + Z_{L0}$，$a = e^{\mathrm{j}120}$ 为运算因子。

图 5-7　两相接地短路时的复合序网图

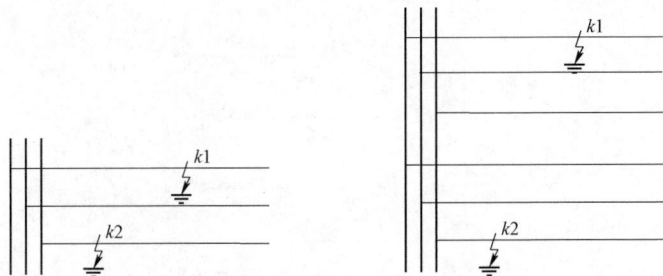

两相接地短路时，故障点接地电流有效值为：

$$I_{kg}^{(1,1)} = \frac{3cU_\mathrm{N}}{|Z_1 + 2Z_0 + 6R_k|} \qquad (5-12)$$

小电阻接地配电网中，$Z_0 \gg Z_1$，式（5-11）、式（5-12）分别进一步简化为：

$$I_k^{(1,1)} = \left| \frac{\sqrt{3}cU_\mathrm{N}}{2Z_1 + R_k} \right| \approx I_k^{(2)} \qquad (5-13)$$

$$I_{kg}^{(1,1)} = \frac{3cU_\mathrm{N}}{|Z_1 + 2Z_0 + 6R_k|} \approx 0.5I_k^{(1)} \qquad (5-14)$$

小电阻接地配电网发生两相接地短路时，故障相短路电流与两相短路时基本相等，故障点接地电流大约是单相接地短路电流的 0.5 倍。

6. 小电流接地配电网中不同地点两相接地短路电流近似计算

小电流接地系统中不同地点两相接地故障如图 5-8 所示，小电流接地配电网中的配电线路发生单相接地故障后，一般允许配电网继续运行一段时间，在此期间，因为非故障相电压升高，容易引起配电网中其他绝缘薄弱点击穿，形成不同地点两相接地短路。图 5-8（a）给出了同一条线路不同地点两相接地短路示意图，图 5-8（b）给出了不同线路不同地点两相接地短路示意图。

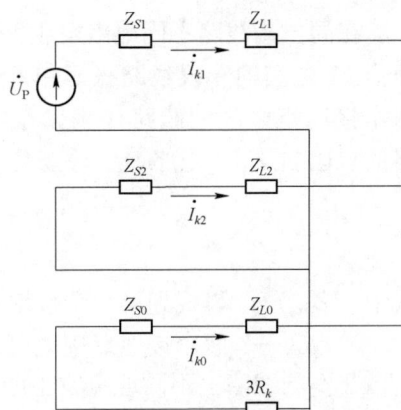

(a) 同一条线路中不同点两相接地故障　　　(b) 不同线路中不同点两相接地故障

图 5-8　小电流接地系统中不同地点两相接地故障

在同一条线路不同地点发生两相接地短路时，从靠近母线的接地点 $k1$ 到另一个接地点 $k2$ 之间的一段线路只有单相电流流过，不存在与其他相导体的耦合，因此可以把两个接地点之间的线路作为一个类似于接地电阻的附加阻抗处理，其数值等于这段线路的自阻抗 $Z_{kj}$（正序、负序与零序阻抗的平均值），短路电流的计算公式为：

$$I_k^{(1,1)} = \frac{3cU_N}{\left|2(Z_{S1} + Z_{L1}) + Z_{kj} + R_k\right|} \qquad (5-15)$$

式中    $Z_{L1}$——母线到第一个接地点之间的正序阻抗；

       $R_k$——两个接地点接地电阻之和。

在不同线路上不同地点发生两相接地短路时，假设两条线路不是同杆架设的，互相之间不存在耦合，此时，两个故障相的线路都可以用一个阻抗来等效，其数值等于母线到故障点间线路的自阻抗，短路电流的计算公式为：

$$I_k^{(1,1)} = \frac{3cU_N}{\left|2Z_{S1} + Z_{Sk1} + Z_{Sk2} + R_k\right|} \qquad (5-16)$$

式中    $Z_{Sk1}$——母线到第一个接地点之间的自阻抗；

       $Z_{Sk2}$——母线到第二个接地点之间的自阻抗。

如果接地点所在的两条线路是同杆架设的，则需要考虑两个故障相之间的耦合，式（5-16）改写为：

$$I_k^{(1,1)} = \frac{3cU_N}{\left|2Z_{S1} + Z_{Sk1} + Z_{Sk2} + 2Z_m + R_k\right|} \qquad (5-17)$$

式中    $Z_m$——两个故障相之间的互阻抗。

7. 低压配电网故障时中压配电网中的短路电流近似计算

低压配电网中发生故障时，中压配电网中的短路电流不仅与对应的配电变压器变比有关，还与该变压器的绕组连接方式有关。

（1）变压器绕组采用 Dyn0 连接方式。Dyn0 连接的变压器低压侧故障时两侧短路电流的标幺值如图 5-9 所示，绕组采用 Dyn0 连接方式的变压器，在低压侧发生单相接地短路故障时，假设短路电流的标幺值为 1，则高压侧有两相出现短路电流，其标幺值为 0.577。当低压侧发生相间短路时，高压侧三相中均出现短路电流，其中一相的短路电流标幺值达到 1.15，而其他两相的短路电流为 0.577。

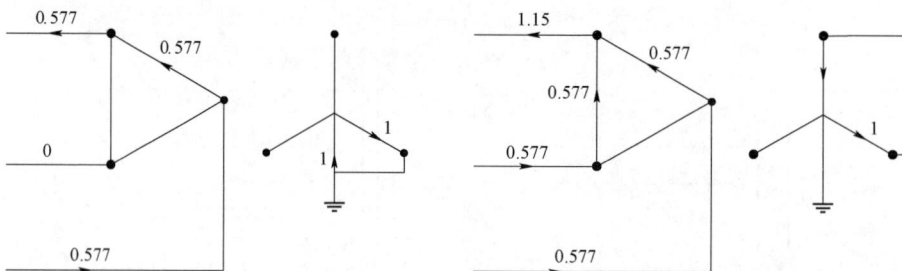

(a) 单相接地故障                                       (b) 相间短路故障

图 5-9   Dyn0 连接的变压器低压侧故障时两侧短路电流的标幺值

（2）变压器绕组采用 Yy 连接方式。当变压器绕组采用 Yy 连接方式时，不会改变中压侧和低压侧的电流关系，在低压侧故障时，两侧短路电流的标幺值始终相同（实际电流取决于变压器的变比）。

（3）变压器绕组采用 Yd 连接方式。Yd 连接的变压器两侧短路电流标幺值如图 5-10 所示，当绕组采用 Yd 连接方式的变压器低压侧发生两相短路时，高压侧的三相中均出现短路电流，且其中一相的短路电流标幺值为 1.15，其余两相的短路电流标幺值为 0.577。

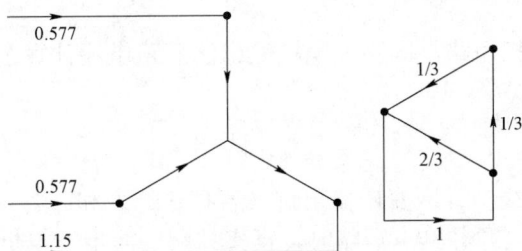

图 5-10　Yd 连接的变压器两侧短路电流标幺值

## 三、分布式电源故障特性

当有源配电网发生短路故障时，分布式电源提供的短路电流使配电网故障电流的幅值与分布规律发生变化。分布式电源对配电网短路电流的影响与其发电装置的类型有关。分布式电源的发电装置分为同步发电机、异步发电机、双馈异步风力发电机与逆变器四种，下面简要介绍这四种发电装置出口短路电流的计算方法与特点，使读者对分布式电源对配电网短路电流的影响有基本的认识，并为下面介绍有源配电网故障的计算方法奠定基础。

1. 同步发电机短路电流

同步发电机在电力系统中有大量的应用，其短路电流的分析计算方法已十分成熟。根据电机学的知识，同步发电机短路电流的变化分为次暂态（又称超瞬态）、暂态与稳态电流三个阶段。次暂态阶段持续约 2～3 个周期，暂态阶段持续约 1s 的时间。

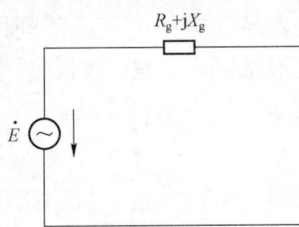

图 5-11　同步发电机等效电路

在励磁电流恒定的情况下，同步发电机等效电路如图 5-11 所示，其中 $\dot{E}$ 为同步发电机内部电动势，在次暂态、暂态与稳态阶段分别取为其次暂态电动势、暂态电动势与空载电动势，次暂态电势与暂态电势可根据故障前发电机端电压与电流输出求出；$R_g$ 为定子绕组电阻；$X_g$ 为同步发电机内部等效电抗。在计算同步发电机的次暂态、暂态与稳态阶段短路时，$X_g$ 分别取为其次暂态电抗（$X''$）、暂态电抗与直轴同步电抗（$X_d$）。

同步发电机的次暂态、暂态与直轴同步电抗值依次增大，因此，在励磁电流维持不变，即内部电动势恒定的情况下，次暂态电流、暂态电流与稳态电流的幅值依次减少。不同时间阶段的短路电流幅值有比较大的差异。在发电机出口短路时，次暂态短路电流有效值有可能超过额定电流的 10 倍，而稳态电流有效值则接近甚至可能低于额定电流。

大型同步发电机一般都装有强行励磁系统，在同步发电机附近出现短路时，强行提高励磁电流，提高发电机端部电压，维持系统的电压稳定，其响应时间最快达 0.1s。励磁电流的增加将提升发电机内部电动势，进而提高暂态电流幅值，使其甚至有可能超过次暂态电流。

一部分分布式电源的同步发电机采用自并励励磁系统，强励能力较弱，会出现稳态短路电流小于额定电流的情况。在配置分布式电源同步发电机的保护时，应充分考虑这种情况。

假设并网点发生三相短路，同步发电机输出的短路电流计算公式为：

$$I_{\text{gk}}^{(3)} = \frac{\dot{E}}{\left| R_{\text{g}} + \text{j}X_{\text{g}} + Z_{\text{c}} \right|} \qquad (5-18)$$

式中　　$Z_{\text{c}}$——并网连接线与并网变压器阻抗（若存在）之和。

根据研究，分布式电源并网点短路时，直接并网的同步发电机三相短路电流初始（次暂态）值一般为额定电流的 5～8 倍；如果经过隔离变压器并网，短路电流初始值一般为额定电流的 3～7 倍。

2. 异步发电机短路电流

异步发电机励磁电流取自电网。在配电网发生短路故障时，接入的异步发电机失去励磁，因此输出的短路电流经过一段时间后（100～300ms）将衰减至可以忽略的数值。

计算有源配电网短路电流的初始值时，需要考虑异步机（发电机与电动机）的影响。正常运行的异步发电机转差 $s$ 为 $-5\%$～$2\%$，可以近似看作同步运行。短路初始，由于惯性影响，异步发电机的转速变化很小，可以近似认为转速不变，可将异步发电机近似看作欠激的同步发电机。因此，计算异步发电机初始短路电流的等效电路与同步发电机次暂态等效电路类似，内阻为定子绕组与转子绕组电阻值之和，内电抗取为异步发电机的次暂态电抗。

3. 双馈发电机短路电流

双馈机用于变速恒频风力发电机组。它采用绕线式异步电机，其中定子绕组直接与电网相连，转子绕组则通过交直交变频器与电网相连。当电网电压突然跌落时，会在定子绕组中造成很大的冲击电流。由于发电机定子和转子之间的电磁合关系，电网电压跌落同样会导致转子侧过流。为防止转子侧过流毁坏变频器，一般采用在双馈发电机转子侧安装撬棒电路的方法，当电压跌落造成转子绕组出现过电流时，撬棒电路在数个毫秒内将转子绕组旁路，起到保护变频器的作用。

双馈发电机的短路电流特性与撬棒电路工作方式有关。如果撬棒电路在转子绕组出现过电流后将其长期短路直至系统恢复正常运行，双馈发电机的短路电流输出特性与异步发电机类似。不过，这时双馈发电机输出的短路电流的频率取决于故障时转子的转速，而不一定是工频。

有的双馈发电机采用主动式撬棒电路，以实现低电压穿越（LVRT）控制。当电网故障造成双馈发电机转子过电流时，启动撬棒电路短路转子侧变频器。当转子电流下降到一定程度时，断开撬棒电路，转子变频器恢复工作，此时双馈发电机可以向电网注入电流，提供有功和无功支持。这种情况下，双馈发电机短路电流的初始值仍然比较大，大约2～3周期后，短路电流降至1～1.5倍的额定电流值。

4. 逆变器短路电流

通常光伏发电系统、燃料电池与储能装置等都是通过逆变器接入配电网。现在生产的逆变器一般采用脉宽调制（PWM）方式，将发电或储能装置的直流电逆变转换为工频交流电。逆变器一般采用恒功率控制方式：跟踪并网点电压的变化，根据有功功率与无功功率的输出要求设定目标输出电流，然后通过反馈控制使输出电流的幅值与相位达到目标值。可见，逆变器的输出特性具有电流源的性质。

逆变器的PWM信号频率为数千赫兹，控制输出电流的响应速度只有数毫秒，因此可以忽略逆变器自身的暂态过程，认为逆变器总是能够根据要求输出工频电流。为减少造价，逆交器使用的功率器件绝缘栅双极型晶体管（IGBT）的过电流能力有限，其最大输出电流是额定电流的1.2～1.5倍。

配电网故障时，在分布式电源因短路保护或反孤岛保护动作脱网之前，逆变器维持对配电网的供电，输出的短路电流与其在故障阶段具体采用的控制策略有关。

故障初始阶段指故障发生至逆变器检测到配电网故障的时间段。逆变器一般是通过检测其端电压是否低于整定值判断配电网是否发生故障，为保证故障检测的可靠性，低电压检测都带有2～4个周期（系统频率是50Hz时等于40～100ms）的动作时限。在这段时间内，逆变器维持故障前的有功功率与无功功率输出不变。

在检测到故障引起的低电压后，逆变器根据设定的策略控制输出电流。实际工程中，一般有以下两种情况：

（1）恒功率控制。在配电网故障时，逆变器维持其故障前有功功率与无功功率的输出。当故障类型是对称三相短路时，逆变器输出的短路电流根据其故障前的功率输出及故障后并网点的三相电压求出；当故障类型是不对称故障时，首先计算出逆变器并网点的正序电压，进而求出逆变器需要输出的短路电流。如果并网点电压比较低，计算出的目标输出电流超过其允许输出的最大电流，逆变器将输出电流的幅值维持在最大电流上，这时逆变器输出的有功功率与无功功率也成比例地降低。如果开网点电压低于设定的门槛值（如20%的额定电压）时，逆变器将停止输出电流。

（2）低电压穿越控制。如果要求逆变器具有低电压穿越（LVRT）能力，应根据具体并网规程的要求，输出无功功率（电流）。在对无功电流输出有要求的情况下，逆变器应在满足无功电流输出要求的前提下，尽可能维持故障前有功功率输出不变。同样，在计算出的目标输出电流超过其允许输出的最大电流时，逆变器将输出电流的幅值维持在最大电流上。如果并网点电压低于设定的门槛值时，逆变器将停止输出电流。

5. 分布式电源短路电流特点总结

分布式电源短路电流变化特点见表5-2，给出了不同类型分布式电源并网点不同时间段（次暂态、暂态与稳态）短路电流变化特点，表中的数值是短路电流值与额定电流之比。

表 5-2 分布式电源短路电流变化特点

| 发电机类型 | | 初始（次暂态）短路电流（p.u.） | | 暂态短路电流（p.u.） | | 稳态短路电流（p.u.） | |
|---|---|---|---|---|---|---|---|
| | | 直接耦合 | 变压器耦合 | 直接耦合 | 变压器耦合 | 直接耦合 | 变压器耦合 |
| 同步发电机 | | 5~8 | 3~7 | 3~5 | 2~4 | 1~2 | 0.6~1.5 |
| 异步发电机 | | 5~8 | 3~7 | 2~4 | 1~2 | 0 | 0 |
| 双馈发电机 | 普通撬棒电路 | 5~8 | 3~7 | 2~4 | 1~2 | 0 | 0 |
| | 主动撬棒电路 | 5~8 | 3~7 | 1~1.5 | 1~1.5 | 1~1.5 | 1~1.5 |
| 逆变器 | | 1~1.5 | 1~1.5 | 1~1.5 | 1~1.5 | 1~1.5 | 1~1.5 |

由此可见，除逆变器外，其他三种发电机的短路电流输出随时间变化较大。实际工程中，应根据研究对象与关注的时间段的不同，考虑这三种发电机的影响并选取合适的计算参数。例如，研究瞬时速断保护的动作行为时，应考虑次暂态电流的影响，研究限时速断保护问题时，应考虑暂态电流；对于工作时间比较长的定时限过电流保护，则使用发电机的稳态短路电流值。

# 第二节  配电网继电保护基本原理

本节介绍配电网继电保护的基础知识，包括继电保护概述配电网电流保护、方向电流保护、零序电流保护、熔断器保护、距离保护、纵联保护及自动重合闸等的基本原理等。

## 一、配电网保护概述

### 1. 继电保护的基本概念

继电保护是保障电网和设备安全稳定运行不可或缺的重要措施。按照《继电保护和安全自动装置技术规程》术语描述，继电保护是在电力系统中检测出故障或其他异常情况，从而使故障切除、异常情况终止、发出信号或指示的一种重要措施。

继电保护的称谓来源于"继电器"，由于可以通过继电器来实现对电网的保护功能，因而称为"继电保护""继"有继承、传递之意，"继电"即通过"电"载体，将一个信息传递至另一处。继电保护最主要的作用是将电网故障时电流增大、电压降低等信息以较短的时间传递给相应的断路器，由断路器跳闸来对故障进行隔离。

继电保护能否在电网运行中发挥作用，不但取决于继电保护装置的软件、硬件本身，还与电流及电压互感器、直流电源、二次回路、通信通道及相关设备有关。因此，广义上的继电保护不仅指继电保护装置，还指继电保护系统，相关设备及回路是继电保护系统的一部分，这些设备的正常运行是继电保护正确动作的重要环节。

根据保护功能，继电保护可分为主保护、后备保护、辅助保护三类。主保护指满足电力系统安全稳定和电力设备安全要求，能以最快速度有选择地切除被保护电力设备故障或者结束其异常情况的保护。后备保护指由于主保护不能动作、动作失效或者相关联的断路器动作失灵，导致在预定的时间内电力系统故障未被切除或其他异常情况未被发现时预定动作的保护，后备保护又分为近后备保护和远后备保护。近后备保护指当主保护不能动作或动作失效时，由该电力设备的另一保护实现的后备保护；或者当相关联的断路器动作失灵时，由断路器失灵保护来实现的后备保护。远后备保护指当主保护不能动作或动作失效、相关联的断路器动作失灵时，由相邻电力设备的继电保护装置实现的后备保护。辅助保护作为主保护和后备保护的补充，当主保护和后备保护退出运行时临时增设的简单继电保护。

主保护与后备保护可以是两套独立的装置，如变压器的差动主保护与电流电压后备保护；也可以是一套保护装置完成的两个相对独立的功能，如三段电流保护装置。

配电网系统一般采用远后备保护方式，即每个电力设备一般配置一套继电保护装置。

2. 对继电保护的基本要求

对继电保护的要求主要有可靠性、选择性、灵敏性和速动性四个方面。

（1）可靠性。可靠性指保护该动作时应动作（不拒动，即保证可信赖性），不该动作时不动作（不误动，即保证安全性）。也可理解为既不能拒动，也不能误动。从可靠隔离故障的角度来理解，可靠性可以量化解读为在电力设备发生故障时，当任一套保护装置或任一台断路器拒绝动作时，能够由另一套保护装置或另一台断路器动作可靠地隔离故障，类似于电网一次设备常用的"$N-1$"的概念。可靠性应该作为衡量继电保护配置及整定能否在保证电网安全、稳定运行中发挥作用的一个重要判据，也是电网对继电保护基本要求的具体体现。

（2）选择性。选择性指电力设备故障后尽可能减少影响范围。为保证选择性，首先由故障设备本身的保护切除故障，当故障设备的保护或断路器拒动时，才允许由断路器失灵保护或相邻电力设备的保护装置提供的远后备保护切除故障；相邻电力设备有配合要求的保护之间，其灵敏系数及动作事件应相互配合。可以理解为是"可靠性"中"该动作时应动作，不该动作时不动作"要求的具体体现。在保护范围内故障，其保护按照既定程序或逻辑正确动作就是"应动作"，未在保护范围内的保护不动作则理解为"不该动作"。

（3）灵敏性。灵敏性指在电力设备的被保护范围内发生故障时，保护具有的正确动作能力的裕度，一般以灵敏系数来描述。

（4）速动性。速动性指保护装置应能在保证设备安全和电网稳定的前提下尽快地动作切除故障。动作速度越快，为防止误动采取的措施越复杂，成本也相应地提高，因此，在配电网中往往根据故障及其影响的严重性允许带有一定的延时动作。显然"灵敏性"和"速动性"均是"该动作时应动作"的具体体现，"该动作时应动作"既有灵敏性的要求，也有速动性的要求，不仅要能动作，而且要根据设备安全和电网稳定运行的要求快速动作。

显然，可靠性是电网安全运行对继电保护的最终要求，选择性、灵敏性和速动性都是为可靠性服务的。可靠性的实现是通过选用由可靠的硬件和软件构成的装置，并合理配置和整定继电保护，在满足选择性、灵敏性和速动性的前提下，充分发挥继电保护的整体性能，最终在电网发生故障时动作并可靠切除故障。

实际工作中，还要考虑继电保护的经济性要求、在满足基本保护功能要求的前提下，尽可能减少投资。考虑经济性时，不能仅仅局限于保护装置本身投资的大小，还应从电网整体安全及社会利益出发，按被保护元件在电网中的作用和地位来确定保护方式，因为保护不完善或不可靠造成的损失，一般都远远超过即使是最复杂的保护装置的投资。

3. 继电保护的基本原理

电力系统发生故障后会导致电流的增大、电压的降低以及电压与电流之间相位角的变化等。因此，利用正常运行与故障状态时这些基本参数的区别，便可以构成各种不同原理的继电保护，例如，反应于电流增大而动作的过电流保护；反应于电压降低而动作的低电压保护；反应于短路点到保护安装地点之间的距离（或测量阻抗的大小）而动作的距离保护（或低阻抗保护）等。此外，比较每个电气元件在内部故障与外部故障（包括正常运行情况）时，两端电气量（如电流相位、功率方向）的差别可以构成各种差动原理的保护，如变压器纵联电流差动保护等。

在正常运行情况下，负序和零序分量不会出现，而在发生接地故障时，它们都具有较大的数值；在发生不接地的不对称短路时，虽然没有零序分量，但负序分量却很大。因此，利用这些分量构成保护装置，具有良好的选择性和灵敏性。随着微机保护装置的发明，可以很容易地计算出故障引起的电压、电流突变量或变化量，称为故障分量。故障分量具有与负序、零序分量类似的特征，利用其构成保护装置，除具备不对称分量保护的优点，还能够克服这类保护不能反映三相对称短路的不足。

目前，已开发出的保护装置一般都是反应稳态工频电气量的，需要一个周波的信号检测与判断时间，使动作速度变慢。此外，还存在一些难以解决的技术问题，如距离保护测量阻抗受过渡电阻影响。利用故障产生的暂态信号构成保护，为解决稳态量保护存在的问题开辟了新途径。随着现代高速数据采集及处理技术的日趋成熟，目前对暂态量保护的研究十分活跃，已开发出利用暂态信号的输电线路故障测距装置、小电流接地故障保护装置，实际应用效果良好。

除上述反应于各种电气量的保护以外，还有根据电气设备故障时非电量的变化构成的保护。例如，当变压器油箱内的绕组短路时，反应于变压器油分解所产生的气体而构成的瓦斯保护等。

4. 继电保护装置的构成

一般把用于保护电力元件（设备）的保护称为继电保护装置，简称保护装置，如线路保护装置、变压器保护装置等；而用于保护电力系统运行安全、防止出现大面积停电的装置称为安全自动装置，如失步保护装置、备用进线自动投入装置。实际工程中，往往将继电保护装置与安全自动装置统称为继电保护装置。

一般来说，一套完整的继电保护装置是由测量、逻辑判断和执行三大部分组成，继电保护装置的原理结构图如图 5-12 所示。

图 5-12　继电保护装置的原理结构图

测量部分测量来自被保护对象的能够反应故障或不正常运行状态的特征电气量，并与已给定的整定值进行比较。根据被测特征电气量是大于还是小于整定值，判断保护是否应该启动。

逻辑判断部分对测量部分输出的状态信号进行逻辑判断，最后确定是否应该使断路器跳闸或发出信号，并将有关命令传给执行部分。

执行部分根据逻辑部分输出的信号，最后完成保护装置所担负的任务，即在故障时动作于跳闸；不正常运行时，发出信号；正常运行时不动作。

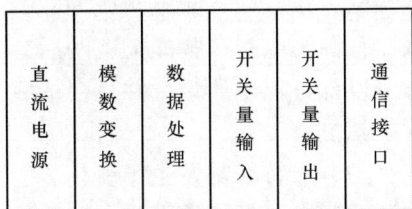

图 5-13　继电保护装置的硬件构成图

目前，现场使用的保护装置基本上都是由微处理器构成的微机继电保护装置。继电保护装置硬件构成图如图 5-13 所示，主要由六个模块构成，即直流电源模块、模数变换模块、数据处理模块（CPU）、开关量输入模块、开关量输出模块、通信接口模块。

直流电源模块是将站用直流（220 或 110V）逆变稳压后，向装置电子器件提供工作所需的各类低压直流电源。模数变换模块是将电流、电压互感器的模拟量信号变换为 CPU 能够识别的数字信号。数据处理模块是微机继电保护的中枢，负责接收模数变换模块和开关量输入模块的信息，确定保护的动作行为。开关量输入模块负责采集保护运行需要判别的一些逻辑量（"1" 或 "0"），如断路器位置、隔离开关位置、保护的投退压板及需要采集的其他设备的逻辑信息。开关量输出模块负责将保护最终的判别结果以空接点的形式输出，如跳闸、发信号等。通信接口是通过数据或网络接口的方式，将继电保护装置与综合自动化系统、继电保护故障信息系统联系起来，向外传送继电保护装置的采样、定值、告警、动作等信息；也可通过通信接口，在调度自动化系统、变电站综合自动化系统、继电保护故障信息管理系统或其他外接的计算机上对继电保护装置进行远方控制和数据交互，如远方投退压板、修改定值区或定值、下装程序等。

5. 配电网继电保护的特点

由于配电网的作用和构成与输电网有较大的差别，使得配电网继电保护（简称配电网保护）有着不同于输电网保护的特点：

（1）保护的作用有所不同。输电网保护的主要作用是防止故障破坏系统稳定，保证电网本身的安全运行。配电网故障不会对整个电力系统运行的稳定性带来实质性影响，但配电网直接面向用户，一般采用放射式供电方式，其故障的危害主要是短路电流威胁配电设备的安全，引起停电与电压暂降，给用户带来经济损失，因此，配电网保护的作用除保护配电网本身的安全运行外，还要保证供电质量，避免或减少故障引起的用户停电或电压暂降损失。

（2）保护原理与配置相对简单。配电网故障的影响范围不如在输电网中那么大，一般不会影响电力系统的稳定运行，配电网保护并不像输电网保护那样追求超高速动作（动作时间在 1 周期以内）；配电网一般采用单电源放射供电方式，保护装置不需要判别故障方向，也无须考虑线路对侧电源故障电流的影响。因此，配电网保护的原理相对比较简单，以电流保护为主；保护的配置与整定配合也不如输电网保护复杂。

（3）保护性能对供电质量有着直接的影响。配电网直接面向用户，其故障一般都会导致用户停电，故障期间引起的电压暂降也直接威胁敏感用电设备的正常工作。而故障停电范围的大小及电压暂降的持续时间与保护的动作结果密切相关。

（4）大量采用熔断器。为减少投资、控制成本，配电网大量地使用熔断器这种比较简易的保护装置。熔断器的保护特性是反时限的，能够很好地与电力元件的发热特性相匹配，但上下级保护之间的整定配合要复杂一些。

（5）分布式电源的接入带来了新问题。随着分布式电源的大量接入，配电网成为故障流双向流动的有源网络，给配电网的保护带来了新的挑战。有源配电网在脱离大电网后会出现分布式电源供电的孤岛运行状态。这种孤岛运行状态难以保证供电质量，并且会造成重合闸失败、接地过电压等危害，因此，需采取反孤岛保护措施。

（6）分布式电源提供的短路电流使配电网短路电流水平与分布特征都发生了变化。造成传统的保护拒动与误动，因此，需要研究分析分布式电源对配电网保护的影响，调整保护的配置与整定，以保证其正确动作。此外，还需研究配电网保护的新原理、新技术以满足分布式电源大量接入、高度渗透的需要。

## 二、电流保护

电流保护利用电力系统发生相间短路故障时相电流显著上升的特征实现保护，具备动作迅速、简单可靠、易于整定管理的优点，是配电网中一种主要的保护形式。

电流保护包括三段式电流保护、反时限过电流保护。三段式电流保护又包括瞬时电流速断保护、限时电流速断保护及定时限过电流保护，通常分别称为Ⅰ、Ⅱ段及Ⅲ段保护，三种电流保护区别在于按照不同原则来整定启动电流和动作时限。

1. 瞬时电流速断保护

瞬时电流速断保护（简称电流速断保护或电流Ⅰ段保护）在检测到电流超过整定值时立即动作发出跳闸命令。

三段式电流保护原理图如图 5-14 所示，瞬时电流速断保护电流定值的整定原则是躲过本线路末端的最大短路电流，即保护 1 的整定应保证在线路末端 $k$ 点发生短路时不动作，所以保护 1 的动作电流 $I_{set.1}$ 应大于本线路末端母线 $B$ 处（$k1$ 点）短路时可能出现的最大短

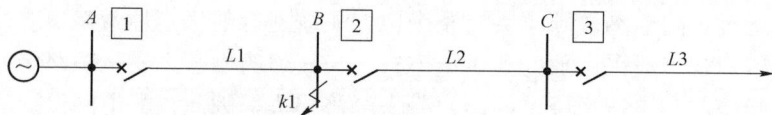

图 5-14　三段式电流保护原理图

路电流 $I_{k.max.1}$，该电流一般是母线 $B$ 处在最大运行方式（电源阻抗最小）下的三相短路电流，因此不能保护线路全长。保护 1 瞬时电流速断保护电流定值 $I_{set.1}$ 可按以下原则计算：

$$I_{set.1} = K_{rel} I_{k.max.1} \qquad (5-19)$$

式中　$K_{rel}$——可靠系数，一般取 1.2～1.3。

瞬时电流速断保护的动作时间为电流继电器及出口中间继电器固有动作时间，为 10～40ms，从减少短路危害的角度考虑，电流速断保护的动作速度当然是越快越好，然而，对于装有管型避雷器的线路，在线路上出现过电压时，避雷器动作放电引起短路，可持续较长时间（1～3 个周期）。因此，一般人为地加入 40～80ms 的动作延时，以防止保护误动作。瞬时电流速断保护带有适当的动作延时，还有利于与下游熔断器保护配合，防止出现越级跳闸。

瞬时电流速断保护对被保护线路内部故障的反应能力（即灵敏性）用保护范的大小来衡量，通常用线路全长的百分数来表示。当出现配电网最小运行方式（电源阻抗最大）下的两相短路时，电流速断的保护范围为最小。一般情况下，按这种运行方式和故障类型来校验其保护范围。

瞬时电流速断保护的优点是动作迅速，有利于缩短故障引起的电压暂降持续时间。由于短路电流受系统运行方式（电源阻抗）、故障电阻、故障类型等因素影响，瞬时电流速断保护电流定值需要躲过线路末端可能出现的最大短路电流，有可能会出现在本线路故障时短路电流小于整定值而无任务保护区，无法起到保护作用。

2. 限时电流速断保护

限时电流速断保护（简称电流Ⅱ段保护）主要用于切除被保护线路上瞬时电流速断保护区以外的故障。为了保证动作的选择性，本线路的限时电流速断保护的动作电流与动作时间均必须跟相邻下一级线路的瞬时电流速断保护配合。如图 5-14 所示，保护 1 的整定应保证 $L1$ 线路末端发生短路故障时具备足够的灵敏性，以保证能够保护本线路的全长，此时 $L1$ 线路的限时电流速断保护范围将延伸到下一级线路，进入到 $L2$ 线路的瞬时电流速断保护内，所以 $L1$ 线路的限时电流速断保护应与 $L2$ 线路的瞬时电流速断保护配合（大一个时间级差）。

按照线路末端发生故障时有足够的灵敏度原则，限时电流速断保护电流定值 $I_{set.2}$ 可按下式计算：

$$I_{set.2} = \frac{I_{kmin.2}}{K_{lm}} \qquad (5-20)$$

式中　$I_{kmin.2}$——线路末端的最小相间短路电流，即系统最小运行方式下（电源阻抗最大）线路末端的两相短路电流；

　　$K_{lm}$——灵敏系数，一般取 1.3～1.5。

按照与下级线路的瞬时电流速断保护配合原则，限时电流速断保护电流定值 $I_{set.2}$ 可按下式计算：

$$I_{set.2} = K_{rel} I'_{set.1} \qquad (5-21)$$

式中　$K_{rel}$——可靠系数，一般取 1.1～1.2；

　　$I'_{set.1}$——下级线路的瞬时电流速断保护电流定值。

限时电流速断保护的动作时限 $t_2$ 应比下一级瞬时电流速断保护的动作时限 $t_1'$ 大一个时间级差 $\Delta t$ （一般可取 0.3s 或 0.5s），即：

$$t_2 = t_1' + \Delta t \qquad (5-22)$$

限时速断保护克服了瞬时速断保护不能保护线路全长的缺点，同时也在下一级瞬时电流速断保护拒动时起到后备保护作用，当线路上装设了瞬时电流速断和限时电流速断保护以后，它们联合工作，可以保证全线路范围内的故障都能够在设定的时限内予以切除，在一般情况下都能够满足速动性的要求。具有这种性能的保护称为该线路的"主保护"。

3. 定时限过电流保护

定时限过电流保护（简称电流Ⅲ段保护）作用是作为本线路主保护的近后备保护，并作为下一级相邻线路的远后备保护，不仅能保护本线路全长，而且也能保护相邻下一级线路全长。

为保证在正常运行情况下定时限过电流保护不动作，其电流定值必须躲过该线路上可能出现的最大负荷电流 $I_{\mathrm{L.max}}$。另外，在线路上有电动机负荷时，外部故障切除后，电动机自启动过程中将会有较大的自启动电流，此时定时限过电流保护要在自启动电流下能够可靠返回（不动作）。综上，定时限过电流保护的电流定值可按下式计算：

$$I_{\mathrm{set.3}} = \frac{K_{\mathrm{rel}}K_{\mathrm{c}}}{K_{\mathrm{f}}} I_{\mathrm{L.max}} \qquad (5-23)$$

式中　　$K_{\mathrm{rel}}$ ——可靠系数，一般取 1.15～1.25；

　　　　$K_{\mathrm{c}}$ ——自启动系数，代表最大自启动电流与最大负荷电流的倍数，无电动机负荷时可取 1；

　　　　$K_{\mathrm{f}}$ ——返回系数，可取 0.85～0.95。

由于定时限过电流保护延伸到下一级线路的全长，为保证选择性，对于单侧电源辐射式线路，动作时限应按阶梯性原则选择，即从负荷侧到电源侧逐级增大动作时限。单侧电源放射式配电线路的过电流保护动作时限选择示意图如图 5-15 所示，在保护 1、2、3 处过电流保护动作时限分别为 $t_1$、$t_2$、$t_3$，则：

$$t_2 = t_3 + \Delta t$$
$$t_1 = t_2 + \Delta t = t_3 + 2\Delta t \qquad (5-24)$$

式中　　$\Delta t$ ——动作时间级差，一般取 0.3s 或 0.5s。

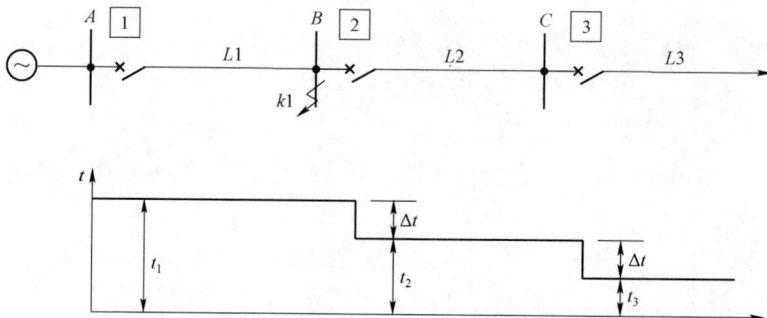

图 5-15　单侧电源放射式配电线路的过电流保护动作时限选择示意图

定时限过电流保护应对本线路末端以及下一级线路末端故障都有足够的灵敏度，应按系统最小运行方式下保护区末端的最小两相短路电流来校验。按照规程规定，作为远后备时，要求灵敏系数 $K_{lm} \geqslant 1.2$；作为近后备时，要求灵敏系数 $K_{lm} \geqslant 1.3 \sim 1.5$。

一些情况下，如长距离放射式配电线路的末端短路，相间短路电流可能与负荷电流相差不大。在这种情况下，电流保护难以满足灵敏度的要求，电流保护用于分布式电源的保护时也有类似问题。如果同步发电机不具备强励能力，其短路电流幅值可能小于其额定电流；逆变器类型分布式电源的短路电流一般也不会大于额定电流的 1.5 倍。为电流保护引入低电压保护元件作为闭锁元件，可以解决该问题。正常运行时，配电网电压基本为额定值，即使过电流元件动作，由于低电压元件的闭锁，保护也不会发出跳闸命令。采用电压元件作为闭锁条件，可以降低过电流保护的动作定值，按躲过正常工作负荷电流 $I_N$ 整定，从而提高了保护灵敏度。

**4. 反时限过电流保护**

三段式电流保护采用固定的电流定值与时间定值的配合实现选择性。电力定值的配合适用于线路上首末端短路电流差异较大的场合，而时间定值的配合会导致靠近电源的保护动作延时过大。

反时限过电流保护是保护的动作时间与保护输入电流大小有关的一种保护。电流越大，动作时间越短；电流越小，动作时间越长。反时限过电流保护能够很好地防止冷启动电流引起的误动，并可在保证选择性的情况下，使靠近电源侧的保护具有较快的动作速度。其动作特性与导体的发热特性相匹配，特别适合用作配电变压器、电动机等电气设备的热保护。

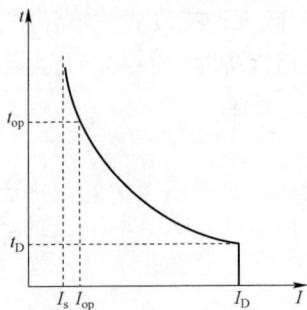

图 5-16　反时限过电流保护动作特性图

反时限过电流保护动作特性图如图 5-16 所示。在电流大于启动定值 $I_s$ 时，保护启动，其动作时间与电流成反比关系。在电流大于 $I_D$ 时，保护以固定的时间 $t_D$ 动作，呈限时特性。$I_D$ 是限时动作电流的下限值，一般设定为启动电流定值的 20 倍（即 $20I_s$）；$t_D$ 是保护的最小动作时限，即电流为 $I_D$ 时的反时限过电流保护动作时间。

IEC 60255—151—2009《测量继电器和保护设备　第 151 部分：过/欠电流保护的功能要求》标准规定的反时限过电流保护的动作特性 $t(I)$ 表达式为：

$$t(I) = K_{TMS} \times \left[ \frac{k}{\left( \dfrac{I}{I_s} \right)^{\alpha} - 1} + c \right] \qquad (5-25)$$

式中　$k$、$c$、$\alpha$ ——决定曲线特性的常数，$k$ 和 $c$ 的单位是 s，$\alpha$ 无量纲；

　　　　$K_{TMS}$ ——时间整定系数，用来调整保护的动作时限。

IEC 60255—151—2009 给出了几种类型的反时限特性曲线，应用时可根据保护应用现场的具体要求选择一种所需要的特性曲线类型，IEC 60255—151—2009 给出的反时限特性曲线及其对应的曲线参数值特点见表 5-3。

**表 5-3 IEC 60255—151—2009 给出的反时限特性曲线及其对应的曲线参数值特点**

| 曲线类型 | 参数 | | | 特性常用名 |
|---|---|---|---|---|
| | $k$ | $c$ | $\alpha$ | |
| A | 0.14 | 0 | 0.02 | 一般反时限 |
| B | 13.5 | 0 | 1 | 非常反时限 |
| C | 80 | 0 | 2 | 极端反时限 |
| D | 0.0515 | 0.1140 | 0.02 | IEEE 中等一般反时限 |
| E | 19.61 | 0.491 | 2 | IEEE 非常反时限 |
| F | 28.2 | 0.1217 | 2 | IEEE 极端反时限 |

当电流等于启动电流定值 $I_s$ 时，保护的动作时间为无穷大，其物理意义可理解为保护不动作。因此，IEC 60255—151—2009 标准定义了一个保证保护动作的最小电流 $I_{op}$，称为最小动作电流定值；对应的动作时间 $t_{op}$ 称为最小动作电流动作时限。

反时限过电流保护在美国、英国等国被大量地用作配电线路的主保护，由于其整定配置比较复杂等原因，在中国配电网中应用的不多，人们对其的了解远不如三段式电流保护，对其应用的研究也不够。实际上，反时限过电流保护用于配电线路保护时，有利于与下游分支线路保护、配电变压器熔断器保护、电动机的熔断器保护进行配合。

5. 电压电流联锁速断保护

当线路首末端短路电流相差不大以及运行方式变化比较大时，电流速断保护的保护区与灵敏度无法满足要求，可以引入电压相关判据，将电压速断保护元件与电流速断保护元件串联使用，也称电压电流联锁速断保护。

配电线路接线图如图 5-17 所示，在系统经常出现的运行方式下，电压和电流元件具有相同的保护范围。以图 5-17 所示配电线路为例说明，设系统等效电压源为 $U_S$，系统经常出现的运行方式下的系统阻抗为 $Z_S$，线路全长的阻抗值为 $Z_L$，将电压电流联锁速断保护区设定为线路全长的 80%，母线到保护区末端的线路阻抗值 $Z_1 = 0.8 \times Z_L$，电流速断保护元件的动作电流定值为：

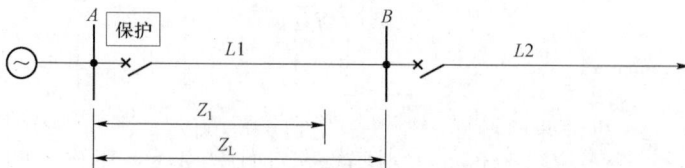

图 5-17 配电线路接线图

$$I_{set} = \frac{U_S}{Z_L + Z_S} \qquad\qquad (5-26)$$

当系统运行方式发生变化时，电流保护的保护范围将发生变化，当两种运行方式的变化较大时，保护区范围变化也较大，仅采用电流元件难以保证保护区的稳定性。接入线路的线电压作为电压保护元件与电流保护元件串联构成电流联锁速断保护，电压保护元件的动作电压定值为：

$$U_{set} = \sqrt{3} I_{set} Z_L \qquad\qquad (5-27)$$

仍以图 5-17 为例，在系统的最大运行方式下，电源阻抗呈最小值，下一级线路出口短路时，电流速断元件可能误动，但母线 A 电压的残压较高，电压速断元件不会动作，由于电流速断元件与电压速断元件为串联关系，整套保护不会误动，从而保证了选择性。在系统的最小运行方式下，电源阻抗呈最大值，下一级线路出口短路时，电压速断元件可能动作，但电流速断元件不会动作，同样能够保证选择性。

电压电流联锁速断保护的接线与整定都比较复杂，保护效果也不如同样采用电压与电流作为输入量的距离保护，因此在配电网中实际应用较少。

## 三、方向电流保护

### 1. 方向电流保护基本原理

对于双侧电源供电的线路（如采用闭环运行方式的配电线路），仅靠电流保护无法保证相间短路保护的选择性，需要增加故障方向判别元件，构成方向电流保护。

配电线路接线图如图 5-18 所示，当 k1 点短路时，对 N 侧电源来说，如果保证保护的选择性，要求保护 4 动作时间大于保护 3 的动作时间；而 k2 点故障时，对于 M 侧电源来说，却要求保护 4 的动作时间小于保护 3 的动作时间，这两种要求显然是矛盾的。如果给电流保护加装一个短路电流方向闭锁元件，并将动作方向规定为短路电流由母线流向线路，即可解决上述矛盾。因为 k1 点短路时，保护 4 不动作，保护 3 与保护 5 配合即可；而 k2 点短路时，保护 3 不动作，保护 2 与保护 4 配合即可。

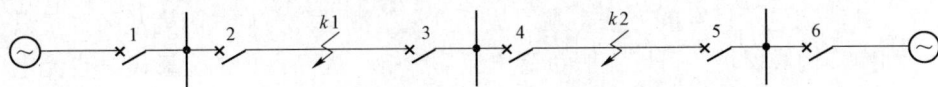

图 5-18　配电线路接线图

方向电流保护的方向元件可以采用功率方向继电器（元件）或故障分量方向元件。功率方向继电器（元件）通过判别短路功率的流向确定故障方向，在保护正方向发生故障时，短路功率由母线流向线路，继电器动作；在反方向发生故障时，短路功率由线路流向母线，继电器不动作，起反向闭锁作用。检测每相电压与电流之间的相位关系，就可以判别功率方向（极性）。传统的继电保护采用感应型继电器或集成电路相位比较器作为短路功率方向检测元件，现代微机保护则通过软件计算电压、电流之间的相位，判断短路功率方向。

2. 功率方向继电器

反映相间短路的功率方向继电器一般采用90°接线方式，即继电器接入一相电流与另外两相电压差（线电压）。通过计算输入电压、电流的夹角 $\varphi_m$，确定故障方向，功率方向继电器动作特性方程为：

$$\varphi_L - 195° < \varphi_m < \varphi_L - 15° \tag{5-28}$$

式中 $\varphi_L$——线路阻抗角（一般为60°～90°）。

该动作方程可以确保继电器在正方向短路时动作，而在反方向短路时不动作。

90°接线方向继电器动作特性如图5-19所示。

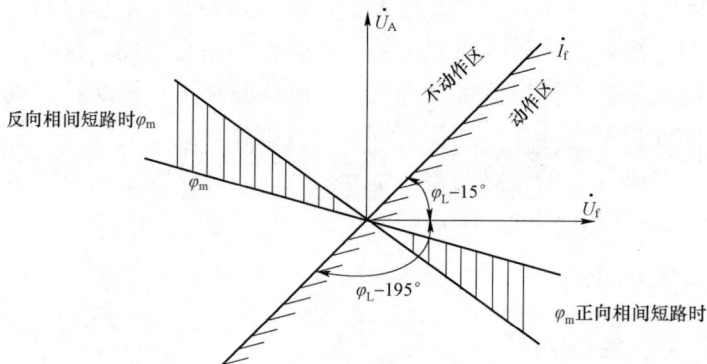

图 5-19 90°接线方向继电器动作特性

功率方向继电器除三相短路外，电压输入量均有较大的幅值，动作灵敏度都很高。在正方向出口处发生三相短路故障时，输入电压数值接近于零或很小，使继电器不能动作，称为电压死区。在微机保护中，可以利用其数据存储与处理能力，使用记忆电压法，解决功率方向继电器的电压死区问题。记忆电压法是在发生出口三相短路后，保护利用储存的故障前一个周波的电压，推算出输入电压的相位，与输入电流相位进行比较，判断故障方向。记忆电压法在有逆变器式分布电源的系统中可能会存在一定的问题。

另外一种消除电压死区的方法是利用故障分量检测故障方向，因为故障分量只在故障时出现，利用其构成保护，可以克服负荷电流的影响，提高保护的灵敏度，也无电压死区问题。

故障分量中包含工频故障分量与暂态故障分量，二者都可用作保护的测量量。由于工频量的采集、处理与分析都比较方便，目前应用的故障分量保护一般基于工频故障分量实现。实际应用时，采用对称分量法分解出保护安装处正序故障分量电压和电流，其正方向短路的动作方程为：

$$270° - \varphi < \arg\left(\frac{\Delta \dot{U}_1}{\Delta \dot{I}_1}\right) < 90° - \varphi \tag{5-29}$$

式中 $\varphi$——保护安装处背后系统的正序等效阻抗的阻抗角。

正序故障分量方向元件动作特性如图5-20所示，其最灵敏动作角为$180°-\varphi$。

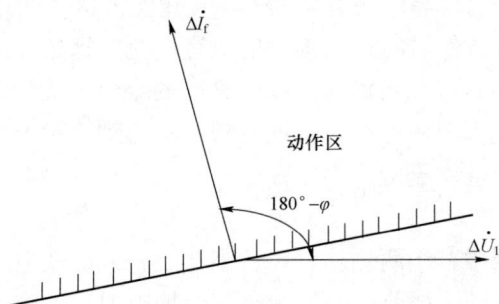

图5-20　正序故障分量方向元件动作特性

## 四、零序电流保护（低电阻接地系统）

当大电流接地（包括中性点直接接地与小电阻接地）配电网中发生不对称接地故障（单相或者两相接地）时，将会出现较大的零序电流，而在正常运行时不存在零序电流，故可以利用零序电流构成接地保护。零序电流保护具有灵敏度高、动作速度快、不受负荷电流影响的特点。

1. 零序电流与零序电压的获取

实际工程中，通常采用如下三种方法获取零序电流：① 将三相电流互感器的二次侧并联后接入保护装置；② 在微机保护中，将三个相电流的采样值相加；③ 使用套在电缆外面的零序电流互感器。

上述第1、2种方法，是通过把3个单相电流互感器的二次侧电流相加获得零序电流，称为使用零序电流滤过器的方法。受相电流互感器误差的影响，即便是在一次侧没有零序电流时，零序电流滤过器也有不平衡电流输出。电流互感器最大误差为10%，因此，零序电流滤过器最大的不平衡电流输出可达负荷电流的10%。

不管采用什么方式获取零序电流，实际的效果均是将3个相电流（$\dot{I}_A$、$\dot{I}_B$、$\dot{I}_C$）求和，得到的是3倍的零序电流，即$3\dot{I}_0$，因此，零序电流保护实际上是把$3\dot{I}_0$作为输入量。

零序电压的获取方法与零序电流相似。使用零序电压滤过器获取零序电压时，有较大的不平衡零序电压输出。

2. 阶段式零序电流保护

与相间短路三段式电流保护类似，三段式零序过电流保护也分为瞬时零序电流速断保护（Ⅰ段）、限时零序电流速断保护（Ⅱ段）与定时限零序过电流保护（Ⅲ段），其基本原理及整定原则也与三段式电流保护类似。

由于配电线路长度短，且受系统中性点接地电阻影响，不同位置接地时故障电流变化很小，各级保护（出线保护、分支线保护、配电变压器保护等）间很难通过零序电流幅值实现配合，仅能通过时间级差配合。同时，接地故障最大电流较小，对于保护的速动性要求并不高，现场常常以零序Ⅲ段保护为主。

零序Ⅲ段的整定原则是动作电流应躲过被保护线路在正常运行时，由三相对地导纳不平衡、三相 TA 合成零序电流等原因引起的不平衡电流及区外接地故障时被保护线路最大电容电流，即正常运行时被保护线路三相对地电容电流的标量和。考虑到线路对地电容电流的最大范围及负荷转供等特殊情概况，零序Ⅲ段的定值一般设为 40～60A。

零序过电流保护实现简单，但高阻接地时保护将拒动，对于导线碰树、断线坠地及人身触电等高阻接地故障，基本无能为力。

3. 方向零序电流保护

在大电流接地配电网中，当两侧均有中性点接地（或经低电阻接地）的线路发生接地短路时，零序电流双向流动，同前述的方向电流保护类似，零序电流保护往往需要加装零序功率方向（又称零序电流方向）元件才能满足选择性要求。

与方向电流保护不同的是，零序功率方向元件通过比较零序电压与零序电流之间的相位关系，判断零序功率方向。

中性点经小电阻 $R_n$ 接地短路时零序等效网络配电线路接线图如图 5-21 所示，对于图 5-21（a）所示中性点经低电阻接地的配电网来说，在线路上发生接地故障时，零序网络如图 5-21（b）所示，保护安装处的零序电压 $\dot{U}_{M0}$ 与零序电流 $\dot{I}_{M0}$ 关系为：

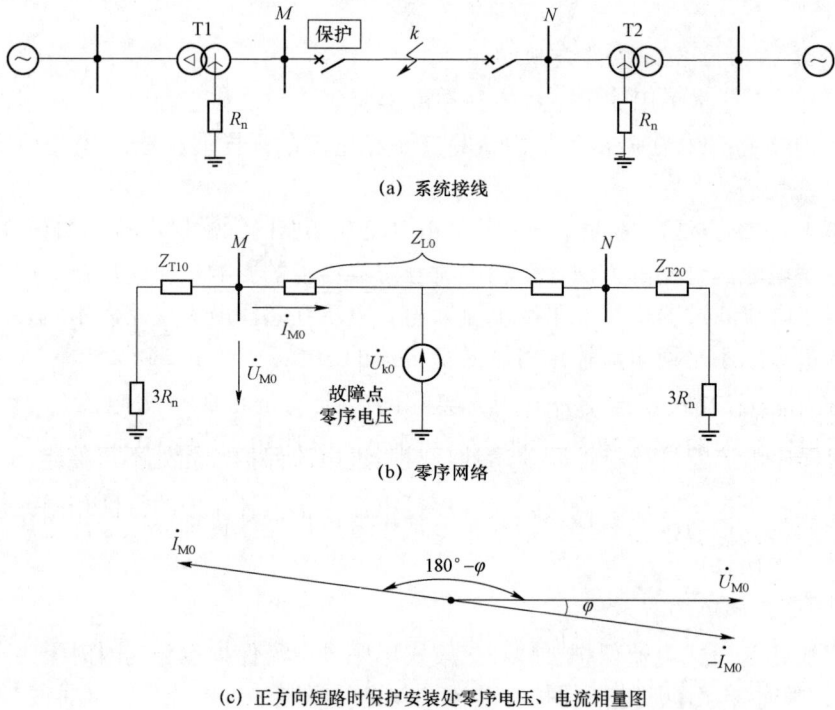

(a) 系统接线

(b) 零序网络

(c) 正方向短路时保护安装处零序电压、电流相量图

图 5-21 中性点经小电阻 $R_n$ 接地短路时零序等效网络配电线路接线图

$$\dot{U}_{M0} = -Z_{SM0}\dot{I}_{M0} \tag{5-30}$$

式中 $Z_{SM0}$——M 侧母线背后系统的零序阻抗，等于本侧主变压器 T1 的零序阻抗 $Z_{T10}$ 与 3 倍的中性点接地电阻 $3R_n$ 之和，即 $Z_{SM0} = Z_{T10} + 3R_n$。

由于中性点电阻 $R_n$ 比较大，$Z_{SM0}$ 阻抗角 $\varphi$ 很小，正方向故障时 $\dot{I}_{M0}$ 超前 $\dot{U}_{M0}$ 接近 $180°$，正方向短路时保护安装处零序电压、电流相量图如图 5-21（c）所示。

同理，当发生反方向（母线背后）接地故障时，$\dot{U}_{M0}$ 与 $\dot{I}_{M0}$ 之间关系为：

$$\dot{U}_{M0} = Z_{LN0}\dot{I}_{M0} \tag{5-31}$$

式中　　$Z_{LN0}$——M 侧前方系统的零序阻抗，等于被保护线路的零序阻抗 $Z_{L0}$、对侧主变压器 T2 的零序阻抗 $Z_{T20}$ 与 3 倍的中性点接地电阻 $3R_n$ 之和，即 $Z_{LN0} = Z_{L0} + Z_{T20} + 3R_n$。

$Z_{LN0}$ 阻抗角较小，反方向故障时 $\dot{I}_{M0}$ 滞后 $\dot{U}_{M0}$ 一个小的角度。

$Z_{SM0}$ 与 $Z_{LN0}$ 的阻抗角 $\varphi$ 均取为 $15°$，则正方向故障时，$\dot{I}_{M0}$ 相位超前 $\dot{U}_{M0}$ 相位 $165°$；反方向故障时，$\dot{I}_{M0}$ 相位滞后 $\dot{U}_{M0}$ 相位 $15°$；由此得出，低电阻接地配电网零序方向元件的动作方程为：

$$-255° < \arg\left(\frac{\dot{U}_{M0}}{\dot{I}_{M0}}\right) < -75° \tag{5-32}$$

如果配电网的中性点直接接地，中性点接地电阻 $R_n$ 等于零，$Z_{SM0}$ 等于变压器 T1 的零序阻抗，$Z_{LN0}$ 等于线路零序阻抗加对端变压器 T2 的零序阻抗，$Z_{SM0}$ 与 $Z_{LN0}$ 阻抗角均取 $70°$，则在正方向故障，$\dot{I}_{M0}$ 相位超前 $\dot{U}_{M0}$ 相位 $110°$；反方向故障时，$\dot{I}_{M0}$ 相位滞后 $\dot{U}_{M0}$ 相位 $70°$；由此得出，中性点直接接地配电网零序方向元件的动作方程为：

$$-200° < \arg\left(\frac{\dot{U}_{M0}}{\dot{I}_{M0}}\right) < -20° \tag{5-33}$$

#### 4. 反时限零序电流保护

如果简单地降低零序过电流保护的电流定值，会使低阻接地时健全出线零序电流高于定值而误动。一个有利条件是，无论故障点过渡电阻多大，故障出线零序电流始终远远大于健全出线的零序电流。因此，可降低保护启动电流定值，并利用反时限电流保护方法，通过各出线间的横向配合提高高阻接地保护的灵敏性。

反时限零序电流保护的特性同前述的反时限过电流保护，此处不再赘述。

同一母线上所有出线均配置反时限零序过电流保护，且保护的特性相同。允许保护启动电流定值 $I_s$ 低于各条出线的对地电容电流，利用接地故障时各出线零序电流大小不同引起的跳闸时限不同实现可靠性和选择性。如线路上发生低阻接地或金属性接地故障时，故障线路和部分健全线路的接地保护会因零序电流高于 $I_s$ 而同时启动，由于故障线路零序电流远大于健全线路，其接地保护会先于健全线路接地保护动作于跳闸，后者返回不会出现误动。而高阻接地故障时，仅有故障线路接地保护因线路零序电流大于 $I_s$ 而启动并动作，健全线路保护没有启动，也不会误动作。

可通过扩大故障线路与健全线路保护间的动作时限差、设置相同零序电流时接地变压器保护动作时限大于出线保护，来解决故障线路保护、健全线路保护与接地变保护三者之间的配合。

### 五、熔断器保护

熔断器是最早在电力系统应用的故障保护与隔离设备，在配电网中有着非常广泛的应用。它串联于电路中，当被保护电路的电流超过规定值且经过一定时间后，依靠其自身的热量使熔体熔化，切断故障回路，保护电气设备，具有结构简单、体积小、成本低、能够快速（最快达 10ms）切除故障的优点，在中压配电网末端负荷电流较小的分支线路、中小容量配电变压器、单台电容器及电动机等高压用电设备中大量使用。

熔断器有很多类型，如喷射式熔断器、限流式熔断器等，从保护角度看，各类熔断器的保护特性基本相似，呈反时限特性，与反时限过电流保护类似，或者可以理解为熔断器是功能上等同于集成了反时限过电流保护的开关设备。

当熔断器技术参数选定后，其保护特性确定，运行后无法改变（除非更换不同类型的熔断器）。

熔断器开断电路的过程分为三个阶段：① 弧前阶段，从出现过电流到熔体开始融化的阶段；② 燃弧初期阶段，从熔体熔化到开始燃弧的阶段；③ 燃弧阶段，从开始燃弧到电弧熄灭的阶段。

弧前阶段的持续时间称为弧前时间，又称熔化时间，取决于预期电流的大小，预期电流是熔断器用一可忽略阻抗的导体来替代时，熔断器回路中流过的电流（有效值）。燃弧初期阶段的持续时间非常短，一般在几个毫秒以内，可以忽略不计。燃弧阶段的持续时间称为燃弧时间，与熔断器的类型和电流的大小有关。限流式熔断器的燃弧时间在半个周波以内，而喷射式熔断器的燃弧时间在几十个毫秒以内。

时间—电流特性（安秒特性）用以描述熔断器弧前时间与预期电流大小之间的关系，是在 25℃室温下无负载的电流条件下测得的，具有反时限特征。当预期电流达到最小熔化电流 $I_R$ 时，熔体开始熔化。过电流小时，弧前时间长；过电流大时，弧前时间短。如果在熔断器熔断之前电流恢复正常，熔断器不会熔断，能够继续使用。

熔断器动作的离散型较大，其时间—电流特性并不是一条曲线而是一个狭长的带，进而导致熔断器之间、熔断器与其他保护（如过电流保护）之间的整定配合比较困难。熔断器产品给出的特性曲线是以平均值表示的，预期电流的允许偏差为平均值的±10%。在进行熔断器选型与配合时，需要了解最小熔化时间与最大开断时间两个参数。最小熔化时间是从过电流出现到熔体开始熔化所需的最短时间，等于弧前时间的平均值减去其 10%的允许偏差值；最大开断时间是从过电流出现到电路被开断所需的最长时间，等于弧前时间平均值加上其 10%的允许偏差值再加上燃弧时间。

### 六、距离保护

距离保护是反映线路故障时电压和电流的比值减小而工作的一种保护，因电压和电流的比值得到的阻抗可反映故障的距离，也称为阻抗保护。一般配置在大接地电流电网的 110kV 及以上电压等级线路，也有 35kV 线路配置距离保护的情况。相电流、零序电流保护可称为过量保护，即测量值大于定值时保护动作；距离保护为欠量保护，测量值小于定值时保护动作。

根据构成原理的不同，反映接地故障的距离保护称为接地距离保护，反映相间故障的距离保护称为相间距离保护。配电网线路如配置了距离保护，一般仅配置相间距离保护。

典型的距离保护是三段式，Ⅰ段（速断段）按躲线末故障整定，保护线路全长的70%～85%，保护范围基本固定；Ⅱ段（延时段）按保线末故障有灵敏度整定，能够保护线路全长；Ⅲ段（延时段）可作为线路经电阻接地故障和相邻元件故障的后备保护。此类保护也称为阶段式距离保护，同阶段式过电流保护类似。

距离保护最大的优点是受电网接线和运行方式的影响小，保护范围基本固定。主要缺点是 TV 回路断线可能误动。

距离保护在配电网使用较少，此处不过多介绍。

## 七、纵联保护

### 1. 纵联保护概述

电流保护、零序电流保护、距离保护和熔断器保护等都是反映保护安装处测量电流或电压的保护，将其用于电力线路保护时，受运行方式变化及测量误差等因素的影响，无法做到无延时地快速切除线路上所有点的短路故障。特别是在配电网中，线路的距离比较短，其中不同点的短路电流变化不大，上下级保护之间一般都是通过动作时限的不同实现配合，因此，造成上级保护动作延时大。解决问题的途径是测量并纵向比较被保护线路（元件）两端电气量（如电流、功率方向）之间的特征差异，判断故障是在被保护线路内部还是外部，从而决定是否切除被保护线路（元件），因此称为纵联保护。这种双端电气量保护的优点是能够无时限切除被保护线路内部故障，具有绝对的选择性。

中压配电线路处于电力系统的末端，短路时丢失的负荷容量有限，影响面较小，不会危害系统运行的稳定性，而且配电设备选型时对热稳定与动稳定都留有一定的裕度，允许延时切除故障，一般来说采用电流、熔断器保护满足配电网保护的要求。然而，在以下特殊情况下，还是需要采用纵联保护来提高保护的动作速度：

（1）用于闭环运行的配电环网线路。为提高供电可靠性，一些中压电缆网络采用闭环运行方式，环网柜进线开关使用断路器并配备纵联保护，在环网柜之间的线路区段发生故障时，快速跳开故障线路两端的断路器切除故障，使得线路上故障不会导致环网柜停电。随着对供电可靠性要求的不断提高，这种闭环运行配电线路受到了更多的关注。

（2）用于有源配电线路。对于分布式电源高度渗透的配电线路来说，故障电流双向流、采用常规的电流保护难以满足保护选择性与快速性的要求，而采用纵联保护则可以满足要求。

（3）用于接有电压暂降敏感用电设备的场合。配电线路短路将会引起母线电压出现暂降现象，如果保护动作速度慢，将导致母线电压暂降持续时间长，影响电压暂降敏感用电设备的正常工作，而采用纵联保护则可在保证保护动作选择性的前提下，快速切除故障，避免出现长时间的电压暂降。

线路纵联保护是借助于某种通信手段，将线路一端的信息传送至对端，将两端的信息综合利用后，来判别是否本线发生故障，从而确定动作行为的一种保护。线路纵联保护的构成原理示意图如图 5-22 所示。

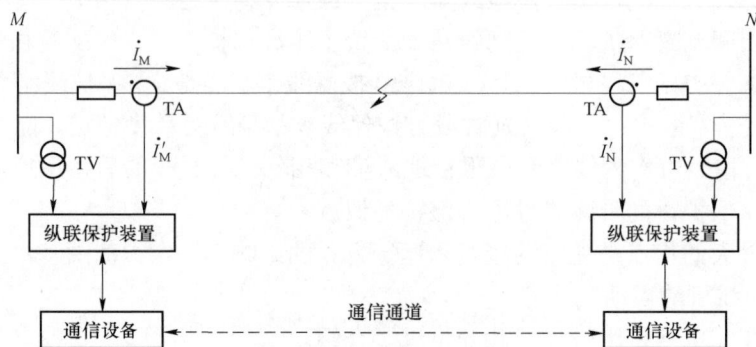

图 5-22 线路纵联保护的构成原理示意图

根据两侧传输信息及保护原理的不同，配电线路中应用的纵联保护主要有纵联电流差动保护与纵联方向比较保护两类。通信通道一般采用光纤、导引线、电力线载波、无线通道等，其中光纤通道为主要方式，随着 5G 等无线传输方式的发展，无线通道也开始应用。

2. 纵联电流差动保护

按照基尔霍夫电流定律，以被保护设备为"节点"，正常运行或"节点"以外的设备发生故障时，该"节点"流进的电流与流出的电流相等，"节点"上所有的电流之和为零，即差流为零。被保护设备发生故障时，"节点"上所有电流之和为故障电流，即差流为故障电流，保护动作。

以线路为例，利用被保护线路两端电流波形或电流相量之间的特征差异构成了纵联电流差动保护。仍以图 5-22 所示，设线路两端一次侧相电流为 $\dot{I}_M$ 和 $\dot{I}_N$，电流互感器二次侧电流为 $\dot{I}_M'$ 和 $\dot{I}_N'$，装设于线路两端的电流互感器变比为 $n_{AM}$ 和 $n_{AN}$，电流的参考方向由母线指向线路。忽略线路分布式电容电流和互感器误差等因素，线路两侧电流的差流（相量和）$\dot{I}_{cd}$ 及其进入保护装置计算的二次值 $\dot{I}_{cd-2}$ 分别为：

$$\dot{I}_{cd} = \dot{I}_M + \dot{I}_N, \quad \dot{I}_{cd-2} = \dot{I}_M' + \dot{I}_N' = \frac{\dot{I}_M}{n_{AM}} + \frac{\dot{I}_N}{n_{AN}} \qquad (5-34)$$

在系统正常运行或被保护线路外部短路时，实际上是同一个电流从线路一端流入，另一端流出，即具有穿越特性，两侧电流差流（相量和）$\dot{I}_{cd}$ 为零，继电器不动作；而在保护范围之内短路时，无论是双侧电源供电还是单侧电源供电，两侧电流差流（相量和）$\dot{I}_{cd}$ 是流入短路点的总电流，即：

$$\dot{I}_{cd} = \dot{I}_M + \dot{I}_N = \dot{I}_k, \quad \dot{I}_{cd-2} = \dot{I}_M' + \dot{I}_N' = \frac{\dot{I}_k}{n_A}(n_{AM} = n_{AN} = n_A) \qquad (5-35)$$

可见，线路两侧电流差流（相量和）在被保护线路内部短路时与系统正常运行及外部发生短路时相比，具有明显的差异，保护具有绝对的选择性，因此，纵联电流差动保护被称为最理想的保护方式。

实际的电力线路存在分布电容、负荷电流等情况，同时还有互感器误差等因素的影响，在线路正常运行或外部短路时，用于计算的两侧电流差流（相量和）二次值 $\dot{I}_{cd-2}$ 并不为零。纵联电流差动保护的动作判据为：

$$\left|\dot{I}_{cd-2}\right| > I_{set} \tag{5-36}$$

式中　$I_{set}$——整定值，其整定原则是躲过正常运行或外部短路时两侧电流差流的最大不平衡量。

为提高内部故障时保护的灵敏度及外部故障时的不动作能力，通常在纵联电流差动保护动作方程中加入制动电流 $I_r$，简单说就是使差动电流定值随制动电流的增大而成某一比率提高，使制动电流在不平衡电流较大的外部故障时有制动作用，而在内部故障时，制动作用最小。以线路两端电流相量差的绝对值 $\left|\dot{I}'_M - \dot{I}'_N\right|$ 作为制动电流 $I_r$ 为例，纵联电流差动保护的动作方程变为：

$$\begin{cases} \left|\dot{I}_{cd-2}\right| = \left|\dot{I}'_M + \dot{I}'_N\right| > I_{set} \\ \left|\dot{I}_{cd-2}\right| = \left|\dot{I}'_M + \dot{I}'_N\right| > K I_r \\ I_r = \left|\dot{I}'_M - \dot{I}'_N\right| \end{cases} \tag{5-37}$$

式中　$K$——制动系数，在 $0\sim1$ 之间选择。

在正常运行与外部故障时，制动电流幅值是线路上电流的 2 倍（忽略互感器误差），制动作用增强；而在内部短路时，制动电流幅值非常小，制动作用减弱；因此，引入制动电流使得保护在内部故障时更容易动作，而在外部故障时可靠不动作。

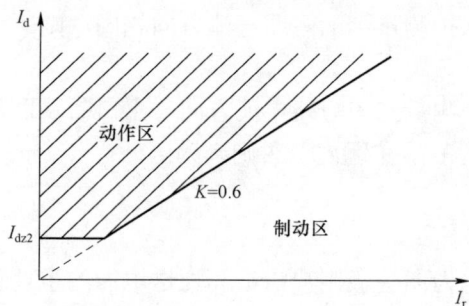

图 5-23　典型的比率制动差动保护特性示意图

一般情况下，各种类型的纵联电流差动保护都具备比率制动特性。不同厂家的继电保护装置在制动电流的选取和算法上各有不同。典型的比率制动差动保护动作特性示意图如图 5-23 所示。只有当差动电流和制动电流均满足要求，计算的结果落入"动作区"时，比率制动差动保护才能动作。

纵联电流差动保护一般需要根据两端或多端电流测量结果判断是否发生了区内故障，但对于单电源供电的配电线路来说，不论是故障区段还是非故障区段都会出现只有一端保护启动或检测到故障电流的情况，同时对于分布式电源接入的线路，也可能只有一端保护启动或检测到故障。这种被保护区段只有一端保护启动的情况，属于弱馈问题。弱馈问题的解决方案是保护已启动一端的保护装置与线路出口保护装置通信，获取线路出口断路器（电源开关）处故障电流相量测量结果，将该端故障电流的相位与出口故障电流相比较，判断本区段是否为故障区段。

3. 纵联方向比较保护

纵联方向比较保护（简称纵联方向保护）利用被保护线路在内部与外部短路时两端短路电流方向（功率方向）之间关系的不同构成保护。由图 5-22 可见，在被保护线路内部故障时，两端保护装置测量到的短路电流方向相同；而在外部故障时，两端保护装置测量到的短路电流方向相反。据此，可以判断故障是否在被保护线路上。

在线路上发生相间短路故障时，方向比较保护利用被保护线路两端相间短路功率的方向，判断故障是否在保护区内。在中性点直接接地或采用低电阻接地方式的配电网中，利用的是被保护线路两端零序电流的方向，以提高接地故障保护的灵敏度。相间短路功率方向及零序电流方向的测量方法见第三、四节的"方向电流保护"和"零序电流保护（低电阻接地系统）"部分的介绍。

纵联方向保护只需将本侧的电流方向传至对侧，两端保护装置的采样不需要同步，保护的构成比较简单。由于是以电流方向作为保护信息，因此，需要测量三相电压，而为了节省投资、减少设备占用的空间，配电线路开关只配备一个相间电压互感器，不具备测量三相电压的条件，使得纵联方向保护的应用受到限制。

由于不需要借助通道实现采样同步，纵联方向保护对通信通道的要求相对较低，除采用与纵联差动保护类似的导引线、点对点光纤通道外，还可使用无线通道、以太网等。

配电线路一般采用单电源放射性供电的运行方式，即便线路上接有分布式电源，分布式电源提供的短路电流比较小，不足以使短路点下游保护装置可靠地启动。因此，与纵联电流差动保护类似，纵联方向保护用于配电网存在弱馈问题。解决问题的办法是当保护装置确认对端保护装置因短路电流小没有启动时，判断为短路点在被保护线路上，在跳开本地断路器的同时向对端保护装置发出远方跳闸的命令。弱馈情况下纵联方向保护的判据可以采取以下方法：

（1）被保护区段有两端或两端以上的保护启动时，如果有一对端部保护测量到的短路电流方向相反，则判为故障在区外；如果启动的保护测量到的短路电流方向相同，则判为故障在区内。

（2）被保护区段只有一端保护启动时，将保护测量到的短路电流方向与出口断路器保护测到的短路电流方向比较，如果方向相同，判为故障在区内，否则判为区外。

## 八、自动重合闸

配电网直接面向客户，承担着从输电网接受电力向各级用户供给和配送电能的重要任务，对供电可靠性有巨大影响。在配电网故障中，瞬时性故障占绝大多数，配电网重合闸的应用可以极大地减少用户停电。

### 1. 自动重合闸作用

在架空配电线路的故障中，由于雷击引起的绝缘子表面闪络、大风引起的线路对树枝放电和碰线、鸟害等瞬时性故障占故障总数的比例很大，当故障线路被断开后，故障点的绝缘强度会自动恢复，故障将自动消除，这时若能将断路器自动重合将可以重新恢复供电，相对手动人工恢复能减少停电时间。电缆线路中瞬时性故障相对较少，但仍有一定的比例。此外，由于配电线路相对较短，采用三段式电流保护时无法实现定值的完全配合，容易出现上级开关越级跳闸的情况，此时通过自动重合也可以减少停电范围。因此，配电网装设自动重合闸装置可极大地提高其供电可靠性，减少停电损失。

配电线路装设自动重合闸后，主要有以下作用：

（1）提高供电可靠性，减少线路停电次数，对于单侧电源的单回路尤为显著。为保证重合成功,在断路器跳闸后,经 1s 左右的延时后再进行重合,以使故障点充分熄弧,绝缘恢复到正常状态,确保重合成功。根据运行资料的统计,60%~90%的线路故障能够重合成功。

(2)纠正配电线路开关无跳闸,恢复线路正常供电。配电线路各种开关结构差异大、设备数量多、运行能力相对不足,存在断路器本身由于操动机构不良或继电保护误动作而引起的误跳闸,通过自动重合闸能够起到纠正作用。

(3)在保护无法实现选择性时,恢复到越级跳闸区段。对于电流保护定值配合困难出现的上级开关越级跳闸的情况,实现上游越级跳闸线路区段的恢复供电,减少停电范围。

(4)与线路上分段开关配合,实现就地控制方式的馈线自动化,完成故障区段的自动隔离。

2. 自动重合闸工作原理

自动重合闸是当断路器非人为手动跳闸后,根据需要再次使断路器自动投入。其工作原理是当线路上发生故障时继电保护装置将其断路器跳开后,或者线路断路器无故障偷跳后,启动自动重合闸,经过预定的延时后发出合闸命令,断路器重新合闸。若故障为瞬时性的,则重合闸成功,线路恢复供电;若故障为永久性的,则继电保护再次将断路器跳开,自动重合闸不再动作。

自动重合闸装置的工作模式可以分为单相重合闸和三相重合闸,35kV 及以下配电线路大都采用三相重合闸装置。线路正常运行时,自动重合闸应投入;当断路器因继电保护装置动作跳闸时,自动重合闸应动作;当运行人员手动分闸或遥控分闸时,重合闸不应动作;当运行人员手动合闸于故障、随即由保护装置将断路器断开时,重合闸也不应动作。重合闸的动作次数应符合预先的规定(如一次重合闸只应动作一次)。重合闸的动作时限应能整定,应大于故障点灭弧并使周围介质恢复绝缘强度所需时间和断路器及操动机构恢复原状、准备好再次动作的时间,宜大于 0.5s,通常设定为 1~3s。自动重合闸动作后,应能自动复归,为下一次动作做好准备。自动重合闸可以是单独装置,也可以和保护共用装置。

自动重合闸应能和保护功能配合,使保护功能在自动重合闸前加速动作或在自动重合闸后加速动作。

(1)重合闸前加速保护方式。在重合闸前加速保护方式中,自动重合闸仅装在最靠近电源的一段线路上,重合闸前加速保护示意图如图 5-24 所示,设线路 $l_1$、$l_2$、$l_3$ 上均装设有定时限过电流保护,其动作时限按阶梯原则配合。无论哪段线路上发生故障,均由最接近电源端的线路保护装置 P1 无延时无选择地切除故障,然后 P1 自动重合闸将断路器重合一次。若故障属于瞬时性故障,则重合成功;若故障属于永久性故障,则再次由线路上各段的保护装置有选择地切除故障,同时自动重合闸闭锁。

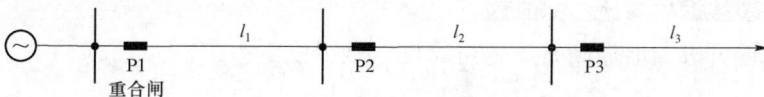

图 5-24 重合闸前加速保护示意图

前加速保护方式只需要一套自动重合闸装置，简单经济、动作迅速，能够避免瞬时性故障发展为永久性故障。但是，若故障是永久性的，会对系统造成二次冲击，再次切除故障的时间也会延长。前加速保护方式主要用于35kV及以下的由主变电站引出的直配线路。

（2）重合闸后加速保护方式。在重合闸后加速保护方式中，线路的每一段保护都配置有三相一次自动重合闸装置，重合闸后加速保护示意图如图5-25所示。当某段被保护线路发生故障时，首先由保护装置有选择地将故障线路切除，随即相应的重合闸装置自动重合一次。若属于瞬时性故障，则重合成功；若属于永久性故障，则保护装置加速动作，无时限地再次断开断路器，同时自动重合闸闭锁。

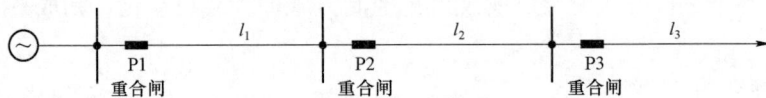

图5-25　重合闸后加速保护示意图

3. 分布式电源对自动重合闸的影响

在常规的无源架空配电线路或架空与电缆混合线路中，如果故障性质是瞬时性的，当变电站的断路器动作跳闸后，就没有电源继续对故障点供电，在等待一段时间后，故障电弧熄灭，断路器重合闸恢复对线路的供电。而在有源配电网中，断路器跳闸后，分布式电源可能继续给故障点供电，将影响故障电弧的熄灭，降低重合闸的成功率，如果重合闸时分布式电源仍然没有脱离，将可能因不同期合闸，在分布式电源中产生冲击电流，给其带来危害。

为了避免上述情况，分布式电源需要通过外部故障保护或防孤岛保护实现配电网发生故障时分布式电源的脱网。由于逆变器类分布式电源提供的短路电流较小，分布式电源外部故障保护无法可靠动作，大部分场景均需要通过防孤岛保护实现分布式电源脱网。为了确保重合闸时防孤岛保护已成功动作，一种措施是加装反应线路电压的电压元件，在线路带电时闭锁重合闸，即检无压重合闸，但是该方法不适用于变电站出线等无法获取线路侧电压的场合；另一种措施是通过重合闸与反孤岛保护的动作时限配合，例如重合闸时限比反孤岛保护的动作时间大一个时间级差（如0.5s）。

从国内外标准来看，在高比例分布式电源接入的配电网中，防孤岛保护必须考虑系统扰动的穿越要求，倘若重合闸仍通过动作时限与防孤岛保护配合，会由于重合闸时间过长而造成供电可靠性的下降。对于该要求，可以采用检无压重合闸解决防孤岛保护穿越能力与供电可靠性的矛盾。对于无法检测线路侧电压的场景，可以采用新型防孤岛保护（如频率变化率保护或主动式防孤岛保护）减少防孤岛保护动作时间，尽量降低对供电可靠性的影响。

## 九、备用电源自动投入装置

备用电源自动投入装置简称备自投（BZT），在双电源供电系统中，当一路电源因故失压时，备自投能够自动、迅速、准确地把用电负荷切换到备用电源上，保障用户供电不间断，显著提高供电可靠性。

　　通常，备用电源的接线方式分为明备用接线方式和暗备用接线方式两种，这影响到备自投的配置，重合闸后加速保护示意图如图 5-26 所示。

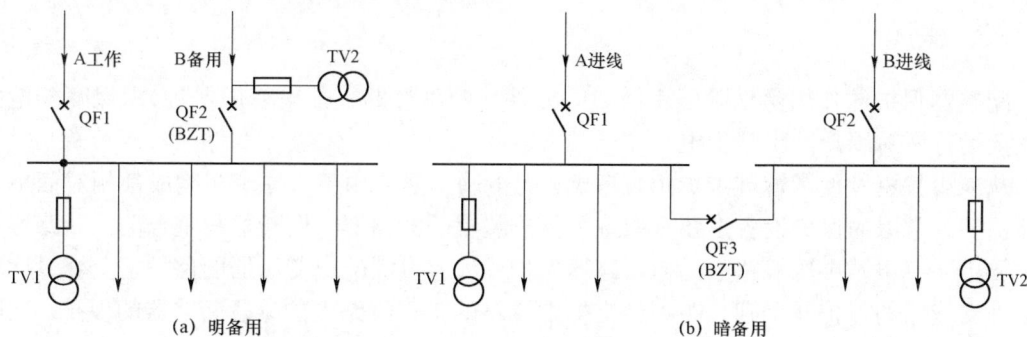

图 5-26　重合闸后加速保护示意图

　　在明备用方式下，一路是工作电源，另一路是备用电源，只有在工作电源发生故障时备用电源才投入工作。在图 5-26（a）所示的明备用方式中，备自投装设在备用电源进线断路器 QF2 处，正常情况下由工作电源供电，备用电源因断路器 QF2 断开而处于备用状态。当工作电源故障时，备自投动作，断路器 QF1 断开、断路器 QF2 自动闭合，备用电源投入工作。

　　在暗备用方式下，正常时两路电源都投入工作，互为备用，当一路电源故障时将其原带负荷转移到另一路电源之下。暗备用如图 5-26（b）所示，备自投装设在母联断路器 QF3 处，正常情况下母联断路器处于开断位置，两路电源分别向两段母线上的负荷供电，两路电源通过断路器 QF3 互为备用。若Ⅰ段母线因电源 A 故障而失压，则备自投动作，断路器 QF1 断开、断路器 QF3 自动闭合，此时Ⅰ段母线上的负荷改由电源 B 供电。

　　备用电源自动投入装置应遵守以下基本原则：

　　（1）当工作电源失压时，备自投应将此路电源切除，随即将备用电源投入，以保证不间断地向用户供电。

　　（2）若因负荷侧故障，导致工作电源被继电保护装置切除，备自投不应动作；备用电源无电时，备自投也不应动作。

　　（3）工作电源的正常停电操作时备自投不能动作，以防止备用电源投入。

　　（4）电压互感器的熔丝熔断或其开关拉开时，备自投不应误动作。

　　（5）备自投只应动作一次，以避免将备用电源合闸于永久性故障。

　　（6）在满足正确安全的前提下，备自投的动作时间应尽量缩短。

　　对于具有两条及两条以上供电途径的用户，在主供电源因故障而失去供电能力时，备用电源自动投入控制，可以快速切换从而迅速恢复多供电途径用户供电。因此，为对供电可靠性有极高要求的用户或供电区域规划多供电途径和相应的网架结构（如双射网、对射网、双环网等）并配置备用电源自动投入控制是一种行之有效的策略。

# 第三节　配电网保护配置及整定

## 一、概述

配电网保护的作用是切除发生故障的元件（配电线路、配电变压器等），保障配电网的安全运行和对用户的正常供电。

从减少投资及便于管理维护角发考虑，配电网主要采用工作原理与构成都相对简单的电流保护。常用的保护设备主要有配备了保护装置的断路器、熔断器与重合器。断路器保护主要用于变电站中压线路的出口断路器保护、大容量的配电变压器的保护、负容量比较大的分支线路的保护及个别长距离架空配电线路的主干线路上的分段断路器的保护。熔断器主要用于小容量配电变压器的保护、负荷容量较小的分支线路的保护。重合器是一种结构紧凑的小型化成套开关设备，相当于配备了保护装置与操作电源的断路器，适合户外安装，主要用于短路电流不大的农村变电站线路出口保护及配电线路主干线路上的保护。重合器在美国等国家有较多的应用，在中国应用得相对较少。

由于保护配置不完善及整定配合方面的问题，配电网保护动作的选择性差，易造成故障停电范围扩大，例如变电站线路出口断路器保护越级跳闸，即使是分支线路及用户系统中的故障，也会造成全线停电。此外，还存在因线路出口故障不能及时切除造成主变压器损坏、跌落式熔断器因开断电流不满足要求而烧毁等问题。

配电网保护的动作性能对配电网的运行安全、故障停电时间及电压暂降指标有着根本性的影响。制定一个完善的配电网保护配置与整定配合方案对于保证配电网的安全运行与提高供电质量至关重要。根据对继电保护的基本要求（可靠性、选择性、速动性与灵敏性）和配电网故障及其危害的特点，在制定配电网保护配置与整定配合方案时，需要考虑以下原则：

（1）安全性原则。配电网故障一般不会对系统稳定带来实质性影响，因此，就保证电力系统安全运行来说，配电网保护的作用主要是及时切除故障元件，防止短路电流烧毁配电设备或严重影响其寿命。为防止大短路电流造成电力设备损坏，一些情况下，允许部分牺牲配电网保护的选择性以换取保护的快速动作，例如，当配电线路近区的分支线路或配电变压器发生故障且短路电流超过变电站主变压器绕组动稳定电流时，允许线路出口断路器电流 I 段保护不与下级保护配合，从而快速切除故障。

（2）服从上级保护的原则。主要是与变电站主变压器保护配合，使主变压器保护在变电站变压器及其引线、中压母线故障时可靠动作，同时能够为下一级配电线路提供远后备保护。例如，线路出口断路器电流 III 段保护的动作时限不能过大，否则将导致变电站主变压器的过电流保护动作时限不满足要求。

（3）保证供电质量的原则。即避免故障引起停电和电压暂降，或减少停电范围和电压暂降的持续时间，提高供电质量，减少故障给用户带来的损失。随着社会的发展与进步，故障引起的停电损失及不良影响越来越大，在制定保护的配置与整定方案时，应充分考虑故障对供电质量（停电与电压降）的影响，完善保护配置与整定配合，最大程度地减少故障给用户带来的损失。

（4）经济性原则。要综合考虑故障造成的损失与保护设备、技术的投资，实现社会效益的最大化。

（5）综合考虑、适当取舍的原则。配电线路有大量的分段开关、分支线路开关与配电变压器，为减少投资及管理维护工作量，一般采用只反应电流幅值变化的断路器以及熔断器保护，因此难以保证所有的保护都具有绝对的选择性与速动性，只能综合考虑故障对供电质量的影响及对用户造成的经济损失、保护设备的投资、保护系统的复杂程度、整定配置与管理维护的工作量，在允许牺牲一小部分保护动作的选择性与速动性的情况下，选择一个合理的保护方案。

## 二、配电网三段式电流保护的配置与整定

### 1. 配电网三段式电流保护的配置

国内配电网线路以辐射式或环式结构为主，环式线路一般采用开环运行方式，负荷沿线路分布。其中架空线路一般在主干线路配置分段开关（或中间断路器），大分支线路首端配置分支开关，公用配电变压器或用户产权分界点配置分界开关。电缆线路在开关站进线或出线、环网柜出线等位置配置断路器。配电网中一般采用三段式电流保护和熔断器保护作为短路故障的主要保护方法，三段式电流保护的配置与配电网具体线路结构、负荷特点及故障处理策略有关，主要有以下 3 种情况：

（1）二级保护配置。二级保护配置是目前最常用的配电网三段式电流保护的配置方案。第一级是变电站线路出口保护，配置三段保护或两段保护，配置两段保护时一种方案是配置Ⅰ段和Ⅲ段，另一种是退出Ⅰ段保护，配置Ⅱ段和Ⅲ段保护。第二级保护是公用配电变压器或用户产权分界点保护，容量较小的配电变压器采用跌落式熔断器，容量较大的配电变压器采用断路器保护，一般配置Ⅰ段和Ⅲ段保护。部分配电网架空线路将变电站出口保护和分支线路首端保护作为二级保护，在电缆线路中将变电站出口保护和直接连接公用变压器或用户的环网柜出线开关保护作为二级保护。

二级保护配置简单，整定维护方便，但是难以兼顾保护动作的选择性和速动性。此外，城市配电网中往往主干线路较短、分支线路众多、分支线路和用户侧故障占绝大多数（部分城市线路超过 90%），因此二级保护配置方式无法满足减少主干线路停电的要求，对供电可靠性影响较大。

（2）三级保护配置。三级保护配置是目前适用性较强的配电网电流保护配置方案，第一级是变电站线路出口保护。架空线路中第二级保护是分支线路首端保护，电缆线路中第二级保护是环网柜出线开关保护。第三级是公用配电变压器或用户产权分界点保护。第一级和第三级保护的配置与第二级保护配置类似，分支线路首端或环网柜出线开关保护一般配置Ⅱ段和Ⅲ段保护。对于农村或城郊配电网中线路较长，T 接用户较多架空线路，也可以取消分支线路首端保护，用线路分段开关作为第二级保护，形成三级保护的配置模式。

三级保护配置方案在合理整定的基础上，能够实现用户故障不出门（由分界开关隔离）、分支故障不影响主干线路（由分支首端开关隔离）、减小故障停电范围、提高供电可靠性。

（3）四级保护配置。四级保护配置指变电站线路出口断路器、架空主干线路分段开关、分支线路首端分支开关、公用配电变压器或用户产权分界点分界开关配置四级电流保护。由于电缆线路供电半径通常较小，主干线路较短，一般不配置四级保护。个别包含开关站的电缆线路在开关站的进线或出线配置一级保护，可能形成四级或更多级保护，但是由于线路辐射半径小，整定配合较为困难。

四级保护配置方案能够最大程度上实现保护动作的选择性，但是对于保护动作定值和动作时限的整定要求更加复杂。通过动作时限级差配合实现保护动作选择性时，保护动作延时会较长，可以采用永磁开关或磁控开关等动作延时较小的新型开关降低动作时限级差的时间。

对于配电网架空线路，三段式电流保护整定主要是指变电站线路出口断路器保护、主干线路分段开关保护、分支线路首端开关保护、分界开关保护的整定。电缆线路中，环网柜出线开关可以看作分支开关，除部分地区电缆线路重合闸的配置与架空线路不同外，电流保护的整定基本类似，以下均以架空线路各级开关描述。

2. 变电站线路出口断路器保护整定

变电站线路出口断路器一般配置三段保护，一次重合闸。

（1）电流Ⅰ段保护。电流Ⅰ段保护的目的是及时切除近端短路故障，防止较大的短路电流冲击损坏主变压器，同时避免仅依靠Ⅱ段保护切除近端故障导致的电压暂降时间过长问题。在满足以上目的的前提下，应尽量提高Ⅰ段保护定值，缩小保护范围，为Ⅱ段保护实现选择性跳闸提供条件。

实际工程中，电流Ⅰ段保护可以整定为母线出口处三相短路电流的 50%，但应考虑 TA 的饱和特性及装置的最大整定范围。当母线出口处三相短路电流导致 TA 饱和时，电流Ⅰ段保护的定值不宜超过 TA 准确限值电流的 50%。

线路出口电流Ⅰ段保护在下级配电变压器或分支线路故障时也可能会动作，为保证保护动作的选择性，可能需要将电流Ⅰ段保护退出运行，采用电流Ⅱ段保护作为线路出口断路器的主保护。此时应确保变电站主变压器耐受大短路电流冲击的能力能满足需要，有时甚至要考虑变电站开关柜的耐受大短路电流冲击能力，在较大的延时（如 0.5s）切除出口故障不会对其造成实质性危害。

（2）电流Ⅱ段保护。电流Ⅱ段保护宜保护线路全长，其定值同时宜躲过线路冷启动电流（即线路冷启动时不误动）及下级配电变压器低压侧最大短路电流（即下级配电变压器低压侧故障时不误动）。冷启动电流指配电变压器或配电线路在送电时或配电网故障切除后电压恢复过程中产生的超过正常负荷电流值的电流，主要包括配电变压器的励磁涌流、电动机、白炽灯、电加热设备等负荷的启动电流，冷启动电流具有衰减特性。

按照躲过线路冷启动电流及下级配电变压器低压侧最大短路电流原则整定的电流Ⅱ段保护定值（如有的工程中将Ⅱ段保护的电流定值统一选为 3kA），存在其保护区不能覆盖线路全长的可能，也就是无法保护线路全长。此时需要根据具体情况进行取舍，根据供电要求、设备安全需求等确定是选择保护线路全长还是保供电（躲过冷启动电流和下级区外故障）。当需要保供电时，可用线路出口的电流Ⅲ段保护切除线路全长故障；在线路比较长时（如大于 10km）时，也可以考虑将线路分段，在线路中间安装配置了保护的断路器，以提高线路末端故障切除速断能力。

电流Ⅱ段保护的动作时限可选为 0.4～0.6s，与下游保护配合，提高保护动作的选择性。如果线路出口断路器配置了电流Ⅰ段保护，应适当加大电流Ⅱ段保护的动作时间，使线路出口—分支线路—配电变压器三级保护之间能够配合起来，提高保护动作的选择性。如果线路出口断路器没有配置电流Ⅰ段保护，线路出口故障也是由电流Ⅱ段保护动作来切除的，此时电流Ⅱ段保护的动作时限不宜选得太长，以减少大短路电流对变电站主变压器的冲击。

（3）电流Ⅲ段保护。线路出口断路器配置电流Ⅲ段保护作为线路出口电流Ⅰ段与（或）Ⅱ段保护的近后备保护及下级分支线路与配电变压器保护的远后备保护。电流Ⅲ段保护应保证上级变压器复压闭锁过电流保护的配合要求，可按其定值除以 1.1～1.2 的配合系数整定；应保证本保护范围末端发生金属性短路故障时有不低于 1.3 倍的灵敏度；与电流Ⅱ段保护类似，电流Ⅲ段保护也应躲过线路冷启动电流，电流Ⅲ段保护动作时间比Ⅱ段长，其对应的冷启动电流幅值也相对较小。

根据上述原则，电流Ⅲ段保护可能无法得到各个原则均能满足的电流定值。同电流Ⅱ段保护，此时也需要根据具体情况进行取舍，必要时在线路中间安装分段断路器并配置保护，以提高保护对末端线路故障的灵敏度。有些工程中，将Ⅲ段保护的电流定值统一选为 1.2kA。

电流Ⅲ段保护的动作时限需要与下级保护和上级变压器二次侧断路器保护配合，时间级差可选为 0.2～0.3s。对于可能出现过负荷的电缆线路，可配置过负荷保护，保护定值按躲过 1.2 倍最大负荷电流整定，若保护动作于跳闸，动作时限可选为 15～20s。

（4）重合闸。变电站出口断路器保护配置一次重合闸，重合到故障上加速跳闸，重合闸延时时间可选为 1s。当电流Ⅰ段保护区内存在分支线路或用户时，可以投入二次重合闸，在Ⅰ段保护区内的分支线路或用户侧发生故障时，通过二次重合恢复主干线路的供电。

3. 主干线路分段开关保护整定

对于农村、城郊配电网中主干线路较长或线路 T 接用户较多的架空线路，可以在主干线路配置分段开关并配置保护。长线路分段开关保护可以防止分段开关下游线路故障造成全线停电，同时解决线路出口断路器保护在长线路末端故障时灵敏度不满足要求的问题。T 接用户较多的架空线路可以通过分段开关保护与线路出口断路器保护定值和动作时限的配合，实现保护的选择性。

分段开关可以配置两段式电流保护与一次重合闸。

电流Ⅱ段保护定值整定原则可按躲过下游冷启动电流和下级配电变压器低压侧最大短路电流整定。需要与上下游分段开关配合时，可根据配合整定，电流Ⅱ段保护动作时限可采用 0.4s。

电流Ⅲ段保护定值整定原则可按保护安装处下游 2.5～4 倍负荷电流整定。电流Ⅲ段保护动作时限可采用 0.6s。

分段开关重合闸延时可选为 1s，重合到故障上加速跳闸。在分段开关无法通过定值和动作时间级差实现配合时，也可以采用得电延时合闸的方式恢复上游非故障区段供电，减少停电范围。

4. 分支首端开关保护整定

分支开关保护可以有效防止分支线路故障造成越级跳闸，可配置两段式电流保护、一次重合闸，重合到故障上后加速跳闸。

电流Ⅱ段保护定值应保证分支开关出口发生故障时能够切除故障，可按出口发生金属性短路故障时有 1.3～1.5 倍的灵敏度整定。电流Ⅱ段保护动作时限比上游动作时限低一个时间级差，统一选为 0.2s。

电流Ⅲ段保护可按照躲过分支线路冷启动电流的原则整定，应保证上游定时过电流保护的配合要求，应保证本保护范围末端发生金属性短路故障时有不低于 1.3 的灵敏度。电流Ⅲ段保护动作时限比上游保护Ⅲ段保护动作时限低一个时间级差（0.2s）。

配置一次重合闸，防止分支线路瞬时性故障引起长时间停电，动作时限为 1s。

5. 分界开关保护整定

分界开关保护防止用户系统内故障造成越级跳闸，可配置两段式电流保护、一次重合闸，重合到故障上加速跳闸。

电流Ⅰ段保护应保证分界开关出口发生故障时能够切除故障，可按出口发生金属性短路故障时有 1.3～1.5 的灵敏度整定。电流Ⅰ段保护也可以配置一个时间级差，以与配电变压器的保护配合，防止用户侧故障时分界开关越级跳闸。

电流Ⅲ段保护动作时限比分支开关Ⅲ段保护动作时限低一个时间级差，实际工程中可选为 0.2～1s。电流Ⅲ段保护的电流定值应保证上游定时过电流保护的配合要求；应躲过最大负荷电流，可按 1.8～2.5 倍所带全部变压器额定电流整定。实际工程中，电流定值可按照躲过用户冷启动电流的原则整定。

配置一次重合闸，防止用户系统发生瞬时性故障时造成用户长时间停电，动作时限选为 1s。

6. 典型配电网三级保护配置

典型的配电网三级保护配置如图 5-27 所示，变电站出口Ⅰ段保护切除近端短路故障，防止较大的短路电流冲击损坏主变压器，同时避免仅依靠Ⅱ段保护切除近端故障导致的电压暂降时间过长问题。虚线内为变电站出口Ⅰ段保护区，Ⅰ段保护区外分支线路与用户侧故障时，由分支开关、分界开关或用户侧保护动作切除故障；分段开关下游故障时，由分段开关保护动作切除故障。

实际运行过程中，主干线路故障出口断路器会越级跳闸，如 k1 处发生永久性故障，Q2 与 QF 电流Ⅱ段保护同时动作，QF 越级跳闸。这种情况下，QF 首先重合闸，Q2 在检测到来电后合闸，Q2 由于合闸到故障上加速跳闸，Q2 与 QF 之间线路恢复供电。

如果Ⅰ段保护区内分支线路出现永久性故障，可以通过出口断路器保护二次重合闸恢复主干线路供电，如图 5-27 中 k2 处发生永久性故障，QF 与 Q11 跳闸，然后进行第一次重合闸，重合到故障上后再次跳闸，Q11 不再重合，QF 进行第二次重合闸，恢复主干线路的供电。如果出口断路器无法配置二次重合闸，也可以取消Ⅰ段保护区内分支开关和分界开关的重合闸，在分支或用户故障时，恢复主干线路供电。

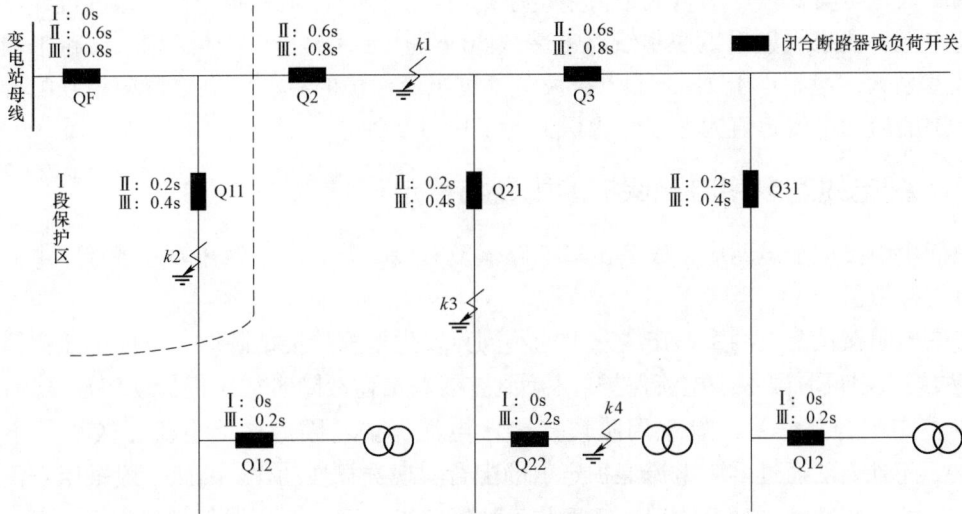

図 5－27　典型的配电网三级保护配置

## 三、配电网反时限过电流保护的配置与整定

反时限过电流保护应用时，首先根据保护的应用场合选择所需要的特性曲线类型，确定参数 $k$、$c$ 与 $\alpha$ 的值，然后根据上下级保护动作时限配合的需要，选择时间整定系数 $K_{TMS}$。

对于安装在末端线路的反时限过电流保护来说，将其最小动作时限 $t_D$ 设定为保护值固有动作时间 $t_0$，根据反时限过电流保护动作特性表达式可得到时间整定系数 $K_{TMS}$ 的计算公式为：

$$K_{TMS} = \frac{t_0}{\dfrac{k}{\left(\dfrac{I_D}{I_S}\right)\alpha - 1} + c} \tag{5-38}$$

对于上游线路的反时限过电流保护来说，时间整定系数 $K_{TMS}$ 的选择原则是在下一级线路首端发生短路且短路电流最大时，动作时间比下一级保护大一个时间级差 $\Delta t$（不小于 0.3s）。设下一级线路出口最大短路电流为 $I_{k.n.max}$，在此电流的作用下，下一级保护的动作时间为 $t_n$，本级保护的动作时限应整定为 $t_n + \Delta t$，由此得到本级保护的时间整定系 $K_{TMS}$ 的计算公式为：

$$K_{TMS} = \frac{t_n + \Delta t}{\dfrac{k}{\left(\dfrac{I_{k.n.max}}{I_S}\right)\alpha - 1} + c} \tag{5-39}$$

实际系统中，反时限过电流保护除与下一级反时限过电流保护配合外，还可能与下一级瞬时电流速断保护或熔断器保护配合。

反时限过电流保护启动电流定值整定原则与定时限过电流保护一致，即躲过线路的最大负荷电流。要求灵敏系数在本线路末端故障时不小于1.5，在下一级相邻线路末端故障时灵敏度系数一般不小于1.2。上下级反时限过电流保护的启动电流定值应相互配合，上一级保护的启动电流定值应是下一级保护的1.1~1.2倍。

## 四、配电线路零序电流保护的配置与整定

在低电阻接地配电网中，线路出口断路器及分段、分支、分界开关配置零序电流保护作为单相接地保护。

在低电阻接地配电网中，在线路上的不同点发生单相接地故障时，零序电流幅值差异不大，如果采用反时限零序电流保护，达不到在线路出口故障时加快保护动作速度的目的，为减少整定配合工作量，宜采用阶段式零序电流保护。因为接地电流比较小（不大于1000A），而且无法通过零序电流保护定值的配合实现选择性动作，因此一般采用一段式零序电流保护，通过动作时限的配合实现与下游线路以及配电变压器保护的配合。

一段式零序电流保护的电流定值应对本线路经高阻单相接地故障有灵敏度，且可靠躲过线路的电容电流，以防止其在同母线上其他线路上发生接地故障时误动作。含电缆的线路，零序电流定值推荐取45~60A（一次值），全架空馈线零序Ⅱ段推荐取20A（一次值）。对于电缆部分长度超过15km的出线，或运行中若某些线路电容电流过大导致零序过流定值无法躲过的情况，应适当加以调整。

一段式零序电流保护的动作时间，对于线路出口断路器配置的零序电流保护推荐取0.3~0.6s，分段、分支、分界等下游开关处可逐级降低一个时间级差。下游开关处的零序电流保护动作时间无法配合时，可以适当提高线路出口断路器处的零序电流保护动作时间。

## 五、配电变压器保护的配置与整定

小容量配电变压器多采用熔断器保护，大容量配电变压器多采用断路器保护。800kVA以及上油浸式配电变压器和1000kVA及以上干式配电变压器采用配置继电保护装置的断路器作为保护设备，保护的配置一般为瞬时电流速断保护、定时限过电流保护或反时限过电流保护及过负荷保护、温度保护，油浸式配电变压器配置瓦斯保护，在低电阻接地配电网中还要配置接地保护（零序电流保护）。其中，零序电流保护的配置和整定与配电线路零序电流保护相同。

1. 熔断器保护

对于户外安装的杆架式、台式配电变压器，多配置了跌落式熔断器保护，一般采用快速（K型）熔断件以缩短短路电流清除时间。

为配电变压器选配熔断器时，主要是选择熔断器的额定电流及额定开断电流的范围。

（1）熔断器额定电流的选择。熔断器额定电流指熔断器中熔断件（熔体）的额定电流，

是保证熔断件不因发热而熔化、可长期通过熔断件的最大电流。当电流超过额定电流时，熔断件开始熔化。K 型熔断件的 600s 熔化电流与其额定电流的比值为 2。

为保证配电变压器熔断器在出现过负荷、励磁涌流、冷启动电流、低压侧短路、雷击的情况下不误动，其额定电流一般选为配电变压器额定电流的 2 倍；容量较小的配电变压器额定电流选为 2～3 倍的额定电流。

（2）熔断器额定电流的选择。在进行配电变压器的跌落式熔断器的选型时，还要校核其下游短路电流是否在熔断器的断流范围内。若短路电流超过熔断器的最大开断电流，则可能因电流过大、产气过多而使熔管爆炸。跌落式熔断器的最大开断电流一般不超过 16kA，因此要保证熔断器出口短路流最大值不高于 16kA，否则要考虑使用户外型限流式熔断器或断路器保护。

2. 阶段式过电流保护（相间短路电流保护）

（1）瞬时电流速断保护。瞬时电流速断保护用于配电变压器相间短路的主保护，其电流定值整定原则是躲过配电变压器低压侧出口的最大短路电流，防止在低压侧出口短路时越级跳闸。简单起见，可将 Ⅰ 段保护电流定值选为配电变压器额定电流的 20 倍。配电变压器的短路电压比在 5% 左右，低压侧短路电流不会超过额定电流的 20 倍，这样整定完全能够满足保护动作选择性的要求。大容量配电变压器的励磁涌流峰值要小一些，将电流速断定值选为 20 倍的配电变压器额定电流，完全可以克服励磁涌流的影响。

实际工程中，可根据配电变压器接入点与母线之间的线路阻抗值适当降低整定电流值，例如配电变压器接入点与母线之间线路阻抗值大于 1Ω（线路长度大于 3km）时，可将电流动作定值降低至 15 倍的额定电流。

为防止避雷器动作引起保护误动作，电流 Ⅰ 段保护一般人为地引入 40ms 的动作延时。

（2）定时限过电流保护。配电变压器位于中压配电网的末端，不需要像配电线路那样配置限时速断保护，而是配置定时限过电流保护用于配电变压器短路、配电变压器低压侧短路的后备保护。过负荷保护主要防止因长时间过负荷发热损伤配电变压器绕组。

配电变压器定时限过电流保护电流定值的整定原则是躲过配电变压器的励磁涌流与负荷冷启动电流。配电变压器的容量比较小，$X/R$ 值也比较小，励磁涌流衰减得比较快，因此配电变压器定时限电流保护电流定值的整定主要应躲过负荷冷启动电流的影响。一般，电流定值的选择范围为 2.5～7 倍的配电变压器额定电流，在负荷中电动机的比例很小时，将电流定值选为 2.5 倍的配电变压器额定电流；在负荷以电动机为主时，则将电流定值选为 7 倍的配电变压器额定电流。

为躲过负荷冷启动电流的影响，定时限过电流保护的电流定值一般选择得比较高，这样就起不到过负荷保护的作用。因此还需要配置专门的过负荷保护，过负荷保护也是采用定时限过电流保护，可动作于信号，亦可动作于跳闸，一般情况下，配电变压器过负荷保护的电流定值选为 1.2 倍的配电变压器额定电流，动作时限按躲过电动机冷启动电流整定，选为 15～30s。如动作于信号，动作时限要选得短一些；如动作于跳闸，动作时限应选得长一些。

（3）反时限过电流保护。当选择反时限过电流保护时，应选择极端反时限曲线作为保护的特性曲线，以与配电变压器的发热特性相匹配。起动电流定值应按躲过配电变压器最大允许的负荷电流整定，选为 1.2 倍的配电变压器额定电流。动作时间系数 $K_{TMS}$ 的选择原则是：在配电变压器二次侧出口故障且短路电流最大时，动作时限大于二次侧线路出口保护的动作时间。

## 六、开关站母联断路器备自投配置与整定

备自投装置的动作判据为当检测到一侧母线失压且超过整定的时限后动作。备自投装置动作时限主要为了躲过进线故障时上级变电站线路出口断路器重合闸（在配置了重合闸时）的时间及上级变电站备自投动作时限，比二者中的最大值大一个时间级差。如果进线的上级断路器不采用重合闸，开关站备自投装置动作时限按躲过上级变电站备自投装置动作时限整定，如上级备自投装置动作时限为 7s，则开关站备自投装置动作时限设为 8s。国内配电网一般采用一次重合闸且动作时限 1s 左右，因此，按照与上级变电站备自投装置配合的原则整定开关站备自投装置动作时限，也满足与上级重合闸配合的要求。如果采用两次重合闸，第二次重合闸动作时限可能大于上级备自投装置动作时限，开关站备自投装置动作时限应在最后一次重合闸时间（近似等于两次重合闸动作时限之和）的基础上增加 1s。

为防止重合到母线故障上，母联断路器需要配置电流速断保护，其电流定值要考虑躲过母线恢复供电时产生的冷启动电流与励磁涌流，一般可设为母线上最大负荷电流的 6 倍。

如果开关站采用微机化保护，可通过开关站出线与进线是否有故障电流流过判断是否存在母线故障。如果检测出母线故障，则闭锁备自投装置，防止重合到故障母线上。开关站接线图如图 5-28 所示，所有出线采用分布式的微机保护，母联断路器 QF 的备自投装置接收出线保护的动作信号及进线监控装置过电流检测结果。在左侧母线发生故障时，L2、L3、L4、L5 的保护不动作，备自投装置只接收到进线 L1 的监控装置的过电流的信息，因此判定故障在母线上，闭锁备自投装置。

随着微处理器处理能力的日益强大，国内外均开始研究使用一个集中式的智能装置，实现整个变电站的保护监控功能。由于保护监控功能相对简单，这种集中式保护装置特别适用于开关站与配电站。对于集中式智能装置来说，由于在一台装置里完成信号采集与处理功能，实现母线故障的检测及备自投装置的闭锁功能更为方便。

开关站进线故障，备自投装置成功动作，故障进线侧母线上用户会遭受 6s 左右的短时停电。开关站出线故障，如果采用配电自动化措施隔离故障线路，该母线上所有用户遭受约 1min 的短时停电。

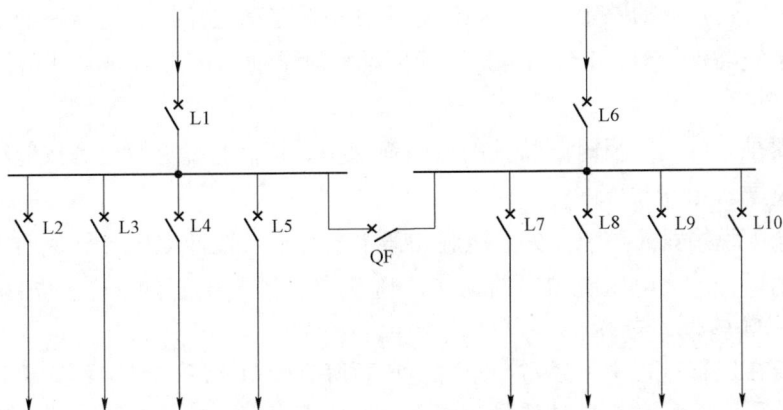

图 5－28 开关站接线图

## 七、低压配电网保护配置与整定

低压配电网一般配有低压断路器保护、熔断器保护、剩余电流保护。

1. 低压断路器保护配置与整定

低压断路器由触头、灭弧装置、转动机构和脱扣器组成，是一种不仅可以接通和分断正常负荷电流和过负荷电流，还可以接通和分断短路电流的开关电器；用于低压配电线路出口保护、各种机械设备的电源控制和用电终端的控制和保护。其中脱扣器是低压断路器的核心控制部件，在出现过电流与欠电压时驱动脱扣机构动作，跳开断路器，切断电路。

低压断路器常见的脱扣器有瞬时过电流脱扣器、定时限过电流脱扣器、反时限过电流脱扣器、欠电压脱扣器等。

（1）瞬时过电流脱扣器的整定。瞬时过电流脱扣器的动作时间在 20ms 左右，电流定值 $I_{set.1}$ 按躲过负荷的尖峰电流 $I_{pk}$ 整定，即：

$$I_{set.1} = K_{rel}I_{pk} \qquad (5-40)$$

式中　$K_{rel}$——可靠系数，对于动作时间在 20ms 以内的断路器，可以选择 $K_{rel}=2$；如动作时间在 20ms 以上，可以选择 $K_{rel}=1.35$。

尖峰电流指线路中持续时间 1～2s 的最大负荷电流，一般是电路上电时出现的冷启动电流。尖峰电流与负荷性质有关，如果线路中负荷以异步电动机为主，尖峰电流取为 5～7 倍的额定电流；否则，取为 3～5 倍的额定电流。

（2）定时限过电流脱扣器的整定。定时限过电流脱扣器电流定值的整定与动作时限（延时）的大小有关。短时限动作脱扣器的动作时间在 0.6s 以内，电流定值也应躲过尖峰电流整定，可靠系数 $K_{rel}$ 可取为 1.2。长时限动作脱扣器主要是用来保护过负荷，因此，其电流定值 $I_{set.2}$ 按躲过线路的最大负荷电流（又称计算电流）$I_c$ 整定，即：

$$I_{set.2} = K_{rel}I_c \qquad (5-41)$$

式中 $K_{rel}$——可靠系数，取为 1.1。

（3）反时限脱扣器的整定。反时限过电流脱扣器起动电流按躲过线路的最大负荷电流 $I_c$ 整定。用于线路保护时，1.5 倍额定电流的动作时限按 64s 整定，用于异步电动机保护时按 128s 整定。

热脱扣器是一种具有反时限特性的过负荷保护装置，电流定值也是按躲过线路的最大负荷电流 $I_c$ 整定。

（4）欠电压脱扣器的整定。欠电压脱扣器主要用于长期低电压会导致用电设备发热或工作不正常的场合。欠电压脱扣器的动作电压整定在额定电压的 35%～70%；大于 70% 额定电压时，断路器不动作。

电力系统在运行过程中，经常会出现电压暂降。欠电压动作时限不宜选得太低，以防止系统出现电压暂降时脱扣器动作导致停电，降低供电可靠性。电压暂降持续时间不大于 1min，欠电压保护动作时限一般应大于 1min。

（5）上下级低压断路器的配合。为保证上下级低压断路器的配合，上级（靠近电源）断路器电流定值应大于下级电流定值的 1.2 倍。

如果下级采用瞬时脱扣器，则上级断路器应采用短时限脱扣器；如果上下级都采用短时限脱扣器，则上级断路器动作时限要比下级增加一个时间级差（0.3s）。

2. 低压熔断器保护

低压熔断器用于额定电流为 5～200A 的低压线路末端或分支电路中，作线路和用电设备的短路保护，在照明线路中还可起过载保护作用。

低压熔断器壳体的额定电流应大于保护回路的工作电流，极限分断电流应大于保护回路的短路电流冲击值。

低压熔断器熔体的额定电流的选择根据保护回路的负荷情况确定。

（1）配电变压器低压线路出口熔断器的选择。选择变压器低压线路出口的熔断器时，应考虑到变压器的过负荷，其额定电流按 1.2～1.5 倍的配电变压器额定电流选择，如电动机负荷比较多，熔断器额定电流应选得大一些。

（2）照明回路熔断器的选择。照明回路熔断器额定电流应大于或等于被保护的照明回路的工作电流。

（3）电动机回路熔断器的选择。当熔断器用作电动机的短路和过负荷保护时，其额定电流选择为电动机额定电流的 1.5～2.5 倍。

低压线路中，上下级熔断器需要在保护特性上配合，使靠近故障的熔断器先熔断。一般来说，上级熔断器比下级熔断器的额定电流大 2～3 级。例如，如果下级熔断器额定电流是 50A，则上级熔断器的额定电流至少应为 100A。

3. 剩余电流保护

（1）剩余电流原理。当低压配电线路中的一相导体与大地之间的绝缘破坏后，会形成接地故障。由于接地电流是经大地返回的，接地回路的阻抗比较大，接地电流比较小，不会造成低压断路器或熔器动作切除故障，从而使故障长期存在。而接地故障发生时，接地点往往存在电弧，极易引起火灾。此外，当人体与单相导体接触时，因为人体电阻较大及人体与大地之间的接触电阻较大，由此引起的接地电流很微小（数十毫安），不易被检测出来，若此时不迅速切断电源，将严重威胁人身安全。剩余电流保护的作用就是快速切除低压配电线路单相接地故障。

剩余电流指低压配电线路中三相导体与中性线电流的相量和。剩余电流及剩余电流互感器示意图如图 5−29 所示，该三相四线制低压交流配电线路中，$I_z$ 是三相导体对地泄漏电流之和，$I_h$ 是人体接触 C 相导体后过人体的电流，而 $I_z$ 与 $I_h$ 之和是通过配电变压器接地线返回的电流 $I_R$，等于线路出口三相电流与中性线电流之和，这就是剩余电流。可见，剩余电流是泄漏电流与单相接地电流之和。

一般使用环形电流互感器获取剩余电流，将三相导体以及中性线从电流互感器中穿过，如图 5−29 中的 $TA_0$ 所示。

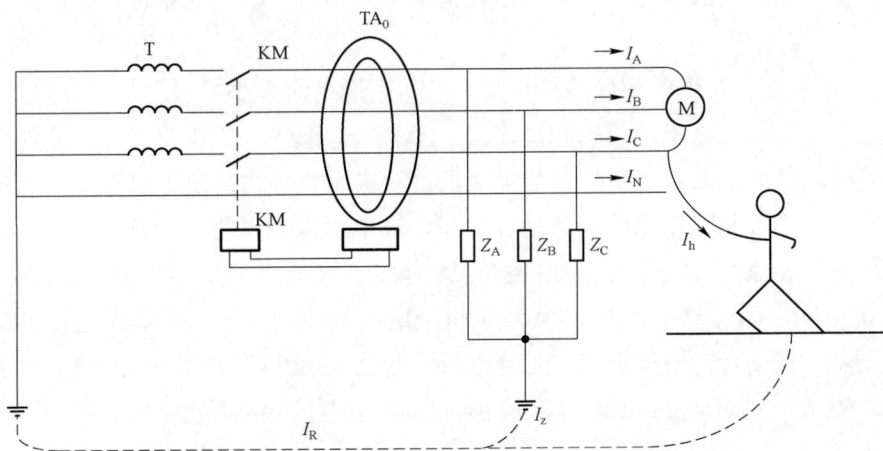

图 5−29　剩余电流及剩余电流互感器示意图

剩余电流与零序电流的区别在于零序电流是三相电流之和；剩余电流还包括中性线电流，是零序电流与中性线电流之和。

剩余电流保护适用于采用 TT、TN−S 的接地系统；对于 TN−C 接地系统，由于中性线 N 与用电设备的保护接地线 PE 接在一起，设备的漏电电流经 N 线返回，因而不会产生剩余电流。因此：

1）TN−S 系统：可以安装剩余电流保护。

2）TN−C−S 系统：在 PE 与 N 线分开后，可以安装剩余电流保护。

3）TN−C 系统：发生相线对大地的情况较少，绝大部分接地故障为对 PEN 线或与 PEN 线相连的装置外导电部分故障。对于后者，相线与 PEN 线在零序电流互感器内的磁场互相抵消，而使剩余电流保护装置拒动，因而不能安装剩余电流保护。

4）TT 系统：应安装剩余电流保护，作为防电击事故的保护措施。

5）IT 系统：若配出 N 线，发生 N 线接地故障而隔离故障时，此 IT 系统可按照 TT

或 TN 系统考虑，当发生第二次接地故障时，在安装剩余电流保护器的情况下，可切除接地故障。

剩余电流动作保护器是一种反映剩余电流变化的保护装置，根据剩余电流动作保护器的动作时间分为一般型剩余电流动作保护器和延时型剩余电流动作保护器：

1）一般型剩余电流动作保护器，无动作延时的剩余电流动作保护器，主要作为分支线路和终端线路的漏电保护装置。

2）延时型剩余电流动作保护器，在剩余动作电流值超过定值后延时动作的剩余电流动作保护器，主要作为主干线或分支线路的保护装置，可以与终端线路的保护装置配合、满足选择性动作的要求。

剩余电流动作保护器的整定原则以实现间接接触保护为主，在躲过线路泄漏电流的前提下，电流定值应选得尽可能低，以兼顾人身与设备安全的要求。

另外，如果将流入故障点的电流称作接地电流，则对于不同的系统，接地故障情况各有差异：

1）TN-S 系统：发生对大地的接地故障时，接地电流大小主要由故障点的接触电阻、保护接地电阻及导线回路电阻等的和决定；发生对 PE 线或与 PE 线相连的装置外导电部分的接地故障时，接地电流大小主要由故障点的接触电阻、导线回路电阻等的和决定，由于导线回路电阻较小，故障相电流会达到过电流，过电流保护可能会动作。

2）TN-C-S 系统：发生对大地的接地故障时，接地电流大小主要由故障点的接触电阻、系统接地电阻及导线回路电阻等的和决定；发生对 PE、PEN 线或与 PE 线相连的装置外导电部分的接地故障时，接地电流大小主要由故障点的接触电阻、导线回路电阻等的和决定，由于导线回路电阻较小，故障相电流会达到过电流，过电流保护可能会动作。

3）TN-C 系统：发生对大地的接地故障时，接地电流大小主要由故障点的接触电阻、保护接地电阻及导线回路电阻等的和决定，因无法采集剩余电流，此类型故障绝大部分无法切除。此外因转移电位还将威胁其他用户安全，发生对 PEN 线或与 PEN 线相连的装置外导电部分的接地故障时，接地电流大小主要由故障点的接触电阻、导线回路电阻等的和决定，由于导线回路电阻较小，故障相电流会达到过电流，过电流保护可能会动作。

4）TT 系统：发生对大地的接地故障时，接地电流大小主要由故障点的接触电阻、系统接地电阻及导线回路电阻等的和决定；发生对 PE 线或与 PE 线相连的装置外导电部分的接地故障时，接地电流大小主要由故障点的接触电阻、保护接地、导线回路电阻等的和决定。

5）IT 系统：发生第一次接地故障时，接地电流很小，大部分情况下能满足接触电压小于 50V 的要求。

（2）剩余电流保护器的配置。三级漏电保护一般指一级剩余电流保护器（总保）、二级剩余电流保护器（中保）、三级剩余电流保护器（户保），根据中性点接地方式等配置方案不同。

根据低压接地系统的特性可知，TN-S、TT 及 TN-C-S 部分区段在发生接地故障时，以及 IT 系统发生第二次接地故障时，在安装剩余电流保护器的情况可切除接地故障。对于城市区域常用的 TN-C-S 系统，供电侧一般不具备安装剩余电流保护器的条件，为防止用户内部绝缘破坏、发生人身间接接触触电等剩余电流造成的事故及直接接触触电时的附加保护，在 N 线和 PE 线分开处、用户受电端一般需加装剩余电流保护器。对于农村地区常采用 TT 系统，应安装分级剩余电流保护。下面以 TT 系统的分级剩余电流保护为例介绍。

1）公用变压器及专用变压器的 TT 系统都应安装剩余电流总保护。总保护有三种接线方式：安装在电源中性点接地线上、安装在电源进线回路上、安装在低压出线回路上，宜选用三级四线延时型剩余电路保护器。从总保护负荷侧引出的中性线不得重复接地，并且具有与相线相同的绝缘水平。

2）在低压线路分支处或在计量表箱后宜安装剩余电流中级保护，中级保护因安装地点、接线方式不同，可分为三相中保和单相中保，一般选用三级四线和二级二线保护。

3）户保一般安装在用户进线上。户保和末级保护属于用户资产，应由用户出资安装并承担维护、管理责任。户保的作用是当用户产权分界点以下的户内线路出现剩余电流达到设定动作值时，能及时切断本户低压电源。不设末级保护时，用户应选择快速动作型剩余电流动作保护器，并确保其正常投入运行，不得擅自解除或退出运行。

（3）剩余电流保护的配合。

1）功能配置。总保护器宜选用组合式保护器，一般需具有剩余电流保护、过负荷、短路等保护功能和一次自动重合闸功能，有条件时可选配具有信息（如运行时间、停运时间、工作挡位、总剩余电流实际挡位等）测量、显示、存储、通信功能的保护器；中级保护可采用具有上述保护功能的保护器；户保和末级保护宜采用具有过电压保护、过电流保护功能的多功能剩余电路保护器。

2）动作电流选择。低压电网在配置分级保护时，根据电网实际，在剩余电流动作总保护和中级保护、户保的动作电流值和动作时间上要有级差配合，以达到分级动作目的，剩余电流保护器额定剩余动作电流最大值见表 5-4。额定剩余动作电流值应在躲过低压电网固有泄漏电流的前提下尽量选小值。对于移动式、温室养殖与育苗、水产品加工等潮湿环境下使用的电器及临时用电设备的保护器，动作电流值为 10mA，手持式电动器具动作电流值为 10mA；特别潮湿的场所为 6mA。

表 5-4　　　　　　　　剩余电流保护器额定剩余动作电流最大值

| 序号 | 用途 | 级别 | 额定剩余动作电流最大值（mA） |
|---|---|---|---|
| 1 | 总保护 | 一级 | （50）*、100、200、300 |

| 序号 | 用途 | 级别 | 额定剩余动作电流最大值（mA） |
|---|---|---|---|
| 2 | 中级保护 | 二级 | 50、100 |
| 3 | 户保 | 三级 | 10（15）、30 |
| 4 |  | 末级 | 一般选择性动作电流 10mA，特别潮湿的场所选择 6mA |

\* 50mA 挡只适用于单相变压器供电的总保护。

装有剩余电流动作保护器的线路及电气设备，其泄漏电流应不大于额定剩余动作电流最大值的30%；达不到要求时，需及时查明原因，处理达标后再投入运行。一般为保障可靠供电，减少用户停电次数，总保护和中级保护额定剩余不动作电流优选值一般可取 $0.7I_{\Delta n}$。

（4）动作延时的确定。公用三相配电变压器剩余电流保护器动作延时选用表见表 5－5；公用单相配电变压器剩余电流保护器动作延时选用表见表 5－6。

表 5－5　　　　　公用三相配电变压器剩余电流保护器动作延时选用表

| 序号 | 用途 | 级别 | $\leqslant 2I_{\Delta n}$ | | $5I_{\Delta n}$、$10I_{\Delta n}$ | |
|---|---|---|---|---|---|---|
| | | | 极限不驱动时间（s） | 最大分段时间（s） | 极限不驱动时间（s） | 最大分段时间（s） |
| 1 | 总保护 | 一级 | 0.2 | 0.3 | 0.15 | 0.25 |
| 2 | 中级保护 | 二级 | 0.1 | 0.2 | 0.06 | 0.15 |
| 3 | 户保 | 三级 | 不设置动作延时 | 0.04 | — | — |
| 4 | | 末级 | 不设置动作延时 | | | |

表 5－6　　　　　公用单相配电变压器剩余电流保护器动作延时选用表

| 序号 | 用途 | 级别 | $\leqslant 2I_{\Delta n}$ | | $5I_{\Delta n}$、$10I_{\Delta n}$ | |
|---|---|---|---|---|---|---|
| | | | 极限不驱动时间（s） | 最大分段时间（s） | 极限不驱动时间（s） | 最大分段时间（s） |
| 1 | 总保护 | 一级 | 0.1 | 0.2 | 0.06 | 0.15 |
| 2 | 户保 | 三级 | 不设置动作延时 | 0.04 | — | — |
| 3 | | 末级 | 不设置动作延时 | | | |

以柱上变压器出线的低压系统为例，剩余电流三级保护配置示意图如图 5－30 所示。

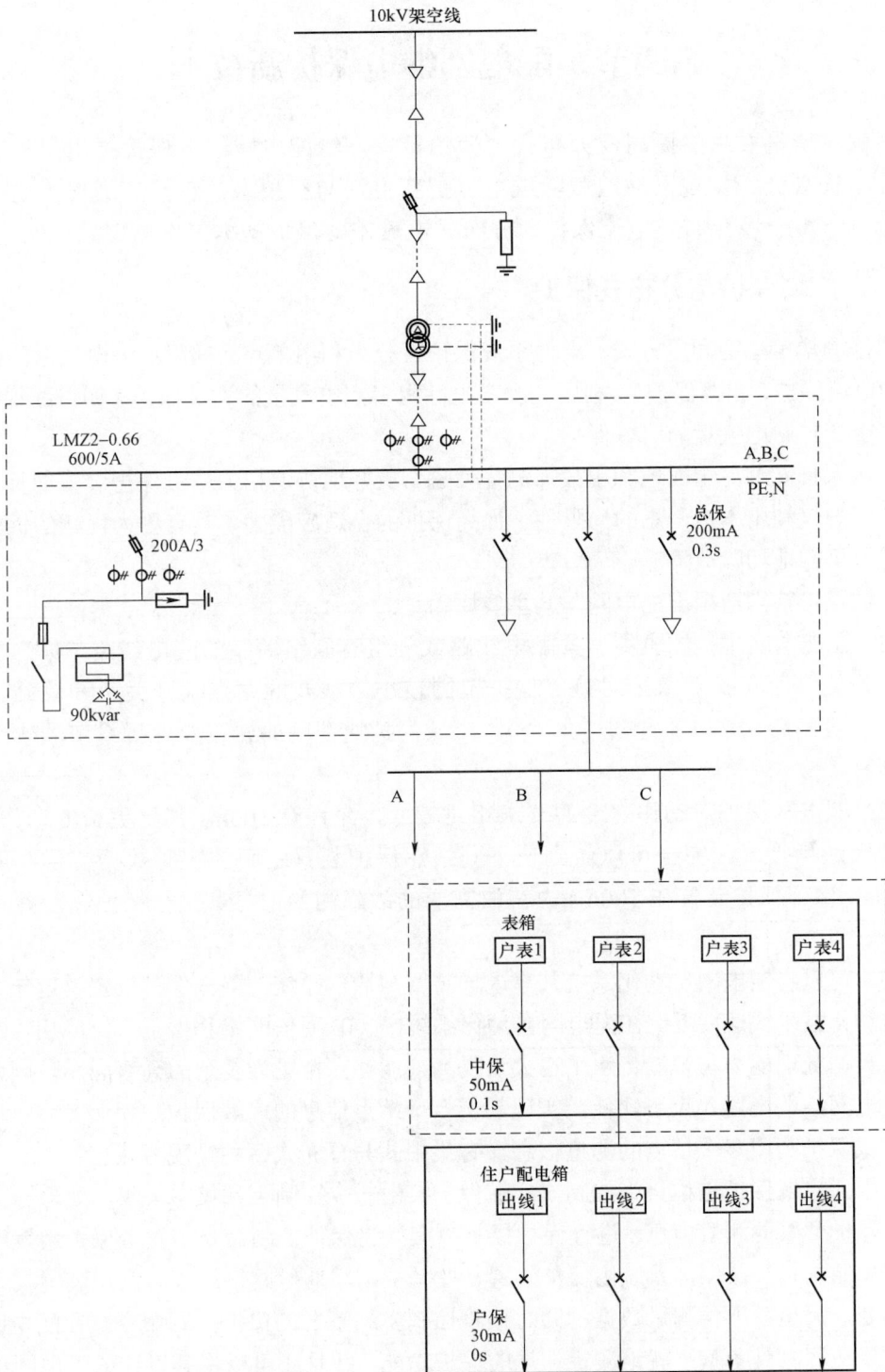

图 5-30 剩余电流三级保护配置示意图

# 第四节　配电网继电保护新技术

对供电质量要求的提高及分布式电源的接入，给配电网继电保护提出了更高的要求。本节简要介绍配电网短路故障继电保护新方法与新技术，包括广域保护与分布式保护的基本概念及分布式电流保护、分布式电流差动保护基本工作原理。

## 一、广域保护与分布式保护

根据测量信息的利用方式，电力系统保护可分为利用单点（间隔层）电气量的间隔保护（如电流保护、距离保护）、利用一个变电站内多点电气量的站域保护（如母线保护）与利用多个变电站电气量的广域保护。

广域保护能够更全面地利用故障测量信息、更好地协调相关站点保护装置的行为，克服传统保护仅利用本地信息的局限性，提高保护的自适应能力，具有更为优越的性能，可以快速、可靠地切除故障。

广域保护特别适用于配电网，其主要原因是：

（1）在配电网中，一般将一条配电线路或一组有联络关系的配电线路（称为配电线路组）作为一个保护对象来对待，保护范围较小，涉及的站点（开关、开关站、配电所等）一般不会太多（不超过 100 个），广域保护通信网的建设及保护系统的实现相对比较容易。

（2）配电网保护对动作速度的要求相对较低，允许有 100ms 甚至更长的动作延时。应用现代通信技术，完全可以做到使不同站点保护装置之间的实时数据交换时间不大于 10ms，保证保护装置在 100ms 内获取需要的故障测量信息、执行保护算法并发出跳闸命令。

（3）可以与配电网自动化系统共享现场装置与通信系统，降低保护投资。近年来，配电网自动化技术快速发展。在配电网自动化系统中，IP 通信网络获得了广泛应用，配电网终端的数据处理能力与智能化水平也大为提高，能够支持更为复杂的高级应用，因此，可以在配电网终端内置入应用软件，实现基于多个站点信息的广域保护。

广域保护利用多个站点的测量信息，有集中式与分布式两种实现方式。

集中式广域保护也称集中控制式广域保护，由一个控制主站集中采集、处理一个保护范围内保护装置的测量信息，进行保护控制决策并将保护控制命令下发至保护装置予以实施。集中控制式广域保护系统由保护装置、控制主站与通信网络组成。保护装置安装在现场开关处，采集并上传测量数据，同时接收控制主站下发的保护控制命令。在配电网中，保护装置还同时具备基于就地测量信息的保护功能，并且还可以将其设计成配电网综合自动化终端，同时完成配电网自动化测量与控制功能。配电网广域保护控制主站可与配电网自动化子站复用，将广域保护作为配电网自动化子站的一个高级应用功能。通信通道完成保护装置与控制主站之间的实时数据传输功能，既可以是点对点串行通道，也可以是点对点对等通信网络。广域保护对数据传输的实时性有严格要求，保护数据传输延时不应大于10ms。当广域保护数据与配电网自动化数据共用通信网络时，需要采取措施保证保护数据传输的实时性与可靠性。

分布式广域保护也称分布式保护，指基于分布式控制的广域保护。分布式控制又称分布式智能控制，由相关智能装置对等交换实时测控信息进行协调控制。在分布式保护系统中，保护装置自行采集、处理当地站点及其他相关站点的测量和控制信息，进行保护控制决策并直接向所控制的开关发出跳闸命令。分布式保护要求保护装置具有比较强的实时数据处理能力，能够支持广域保护高级应用软件，而且保护装置之间需要交换测量与控制信息，必须采用点对点对等通信网络。

集中控制式广域保护的控制主站能够获取全面的配电网运行与故障信息，保护算法的设计相对简单，其缺点是保护装置与控制主站之间的数据传输量大、动作速度慢；需要安装专门的控制主站，主站故障会导致整体保护功能的丧失或不正常。分布式保护不需要安装专门的控制主站，动作速度快、灵活性好、系统结构简单、成本低，是配电网广域保护的发展方向。常见的分布式保护有分布式电流保护与分布式电流差动保护。

## 二、分布式电流保护

传统的配电网电流保护难以兼顾保护动作的选择性与速动性，原因是仅利用当地的电流测量信息，上下级保护装置之间通过电流定值与动作时限实现配合。而采用分布式电流保护，上下级保护装置之间交换故障检测信息，可判断故障是否在保护区内，实现有选择性地快速动作，解决传统电流保护因多级保护配合带来的动作延时长的问题。

配电线路分布式电流保护系统由安装在线路的出口断路器、主干线路分段断路器、分支线路断路器（统称为线路断路器）与配电变压器断路器上的分布式电流保护装置及用于保护装置交换故障检测信息的点对点对等通信网络构成。放射式线路分布式电流保护系统如图 5-31 所示，其中包括线路出口断路器保护 P1、主干线路分段断路器保护 P3 和 P5、分支线路断路器保护 P4 与配电变压器断路器保护 P2 共 5 套保护。

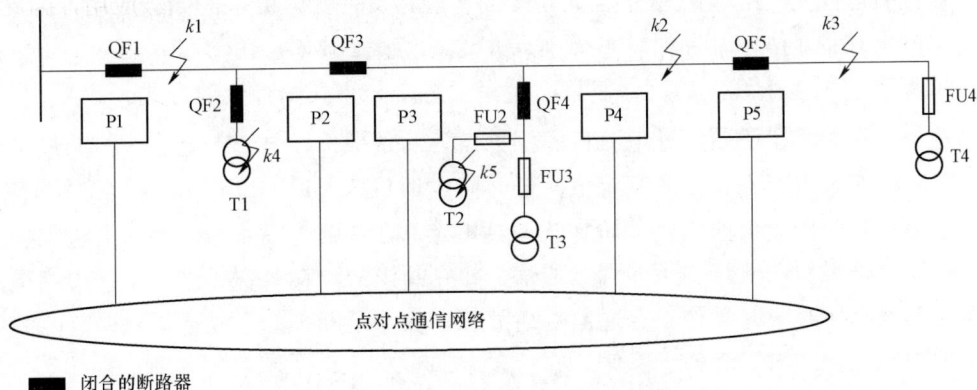

图 5-31　放射式线路分布式电流保护系统

207

根据保护的安装位置，分布式电流保护系统中的保护可分为末端保护与上级保护。末端保护包括变压器断路器保护及其下游没有断路器保护的分支线路与主干线路断路器保护，在其下游出现短路故障时直接动作于跳闸。上级保护是位于末端保护上游的保护，在检测到短路电流后启动，等待一个固定的动作延时，在此期间，如果接收到任何一个下游保护启动的信息，则闭锁保护；否则在达到动作时限后判断出故障在其相邻的下游保护区内，发出跳闸命令。在图 5-31 中，P2、P4 与 P5 是末端保护，P1、P3 是上级保护。假设保护的动作时限为 0.15s，在线路上不同位置故障时，保护的动作情况如下：

（1）主干线路上 k1 处故障。P1 检测到短路电流启动，而其他保护不启动。P1 接收不到下级保护启动的信息，在起动后延时 0.15s 动作于跳闸。

（2）主干线路上 k2 处故障。P1、P3 启动。P1 在 0.15s 内接收到 P3 启动的信号，闭锁保护。P3 在 0.15s 内接收不到下级保护起动的信号，动作于跳闸。

（3）QF5 下游 k3 处故障。P5 起动，直接动作于跳闸。P1、P3 启动，P1 在 0.15s 内接收到 P3 的启动信号，判断为发生了区外故障；P3 在 0.15s 内接收到 P5 的启动信号，判断为发生了区外故障，从而避免了越级跳闸。

（4）配电变压器 T1（k4 处）故障，P2 直接动作于跳闸。P1 启动，在 0.15s 内接收到 P2 的起动信号，判断为发生了区外故障。

（5）配电变压器 T2（k5 处）故障，其熔断器保护 FU2 动作切除故障（熔断器熔断时间小于 0.1s）。保护 P1、P3、P4 启动，在 0.1s 内检测到短路电流消失，3 个保护均返回不会出现越级跳闸的现象。

分布式电流保护配置电流 II 段保护作为主保护。电流 II 段保护的电流定值按躲过冷启动电流整定，选为 6 倍的保护安装处的最大负荷电流。要确保下一级保护的电流定值不大于上一级保护的 0.9 倍，以使上下级保护之间可靠地配合。电流 II 段保护的动作时限选为 0.15s，以与保护区内的配电变压器或分支线路的熔断器保护配合。

为简化系统构成、减少投资，可仅在线路出口断路器、主干线路分段断路器上安装分布式电流保护装置，配电变压器、分支线路仍然采用常规的断路器或熔断器保护。这种情况下，分布式电流 II 段保护动作时限宜选为 0.3s，以避免其在配电变压器或分支线路故障时越级动作。

此外，线路断路器还要配置电流 III 段保护作为后备保护，电流定值按 2 倍的最大负荷电流整定；动作时限有高、低两套定值，低时限定值按躲过冷启动电流的持续时间整定，一般选为 1s；高时限定值按常规的阶梯式原则整定。在线路上发生故障时，上级保护按照与电流 II 段保护类似的方法与下级保护通信，如判断出故障在其保护区内，在短路电流持续时间达到低动作时限时动作。在通信网络故障、保护之间不能正常通信时，高时限电流 III 段保护按照阶梯式时限动作于跳闸。

可见，由于上下级保护之间是通过交换故障检测信息判断故障是否在保护区内，因此，分布式电流保护可以保证在 0.15s（或 0.3s）内切除大短路电流故障。

## 三、分布式电流差动保护

闭环运行环网（简称闭式环网）采用断路器分段，联络断路器正常运行时处于合位，线路发生短路时，由保护装置直接跳开故障区段两端断路器切除故障，使非故障区段用户的供电不受影响，实现故障的无缝自愈，具有很高的供电可靠性。

现有的闭式配电环网采用常规的电流差动保护，需要为每一个线路区段安装一对（套）保护装置，且使用专用的导引线或通信通道，构成复杂、投资大。而采用分布式电流差动保护，相邻保护装置之间交换、处理线路区段两端的故障电流信息识别故障区段，可以简化保护系统的构成，减少保护成本。分布式电流差动保护还可以用于有源配电网中，解决电流保护没有保护区的问题。

闭式环网广域电流差动保护系统如图 5−32 所示，以电缆环网的分布式电流差动保护系统构成为例，保护装置（P）或具有保护功能的智能终端（STU）之间通过以太网交换实时数据，比较流过电缆线路区段两端进线断路器的短路电流相量测量结果，判断故障是在被保护区内还是区外。

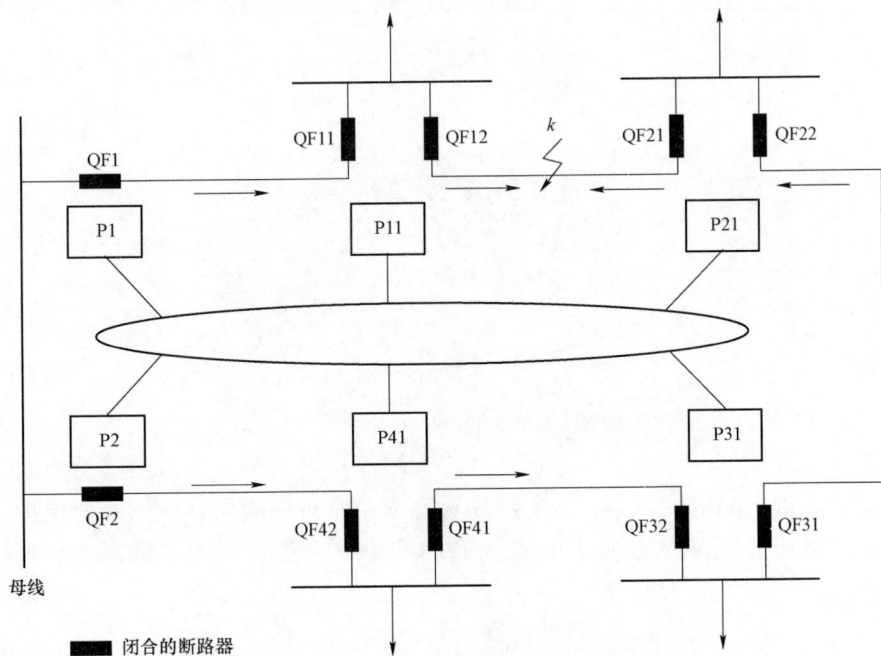

图 5−32　闭式环网广域电流差动保护系统

闭式环网中的分布式电流差动保护采用分相电流相量差动方法，其保护判据为：非故障区段两端短路电流幅值相同，相位相反（电流参考方向由断路器指向线路），相量差动电流为零；而故障区段两端短路电流相位相同，相量差动电流大于门槛值。在图 5−32 所示的闭式环网中，设 k 点发生永久故障，各保护装置在检测到短路电流后立即与相邻保护交换短路电流测量信息。QF12 处保护 P11 与 QF21 处保护 P21 检测到的短路电流相量相同，差动电流大于门槛值，判断出故障在 QF12 与 QF21 之间区段上，控制 QF12 与 QF21 跳闸切除故障。其他各区段两端保护检测到的短路电流相位相反，差动电流为零，判为健全区段，保护不动作。

有源配电网中的分布式电流差动保护需要考虑分布式电源短路电流的影响，在保护区内分布式电源短路电流比较大（大于 1.5 倍的线路额定电流）时，可采用端部电流相位比较保护。

分布式电流差动保护通过以太网而不是专用通道交换信息。所有的保护装置同时使用一个以太网交换保护信息还要同时传输实时监控信息，可能导致保护信息的传输速度与可靠性没有保证，进而影响保护性能。理论分析与实际测试结果表明，采用专门的技术措施，保护装置能够通过以太网在 10ms 以内将保护信息传输到目的装置，保证保护在 100ms 内可靠动作。

# 第六章　智能馈线自动化与自愈控制

## 第一节　馈线自动化概述

### 一、基本概念与发展历程

馈线自动化（Feeder Automation，FA）指利用自动化装置或系统，监视配电网的运行状况，及时发现配电网故障，迅速完成故障区段定位与隔离，并快速恢复对非故障区段的供电。

馈线自动化技术是随着配电自动化的进步逐步发展的。20 世纪 90 年代，我国从美国 Cooper 公司引进了重合器与过电流脉冲计数型分段器，从日本东芝公司引进了 VSP5 负荷开关与 FDR 控制器组成的电压—时间型分段器，为国内最早应用的就地型 FA 设备。重合器与过电流脉冲计数型分段器类设备已经淘汰，电压—时间型一直沿用，但设备被国产化设备所取代。2000 年以来，随着大规模的城农网改造工程，我国建设了第一批配电自动化工程，主要采用集中型 FA 与电压—时间就地型 FA 方式。2009 年开始的智能电网建设工程中，我国建成了邻域交互式、区域速动型、缓动型等分布式 FA 试点工程，目前分布式 FA 技术已经相互融合。"十三五"期间，国家电网有限公司在总结传统电压—时间性型 FA 的基础上，推出了"自适应综合型"FA 方案，融合了接地故障选线与隔离技术，非故障线路能一次送电成功，提高了 FA 的安全性。配电网继电保护技术的研究应用一直是配电自动化行业关注的焦点，国网宝鸡供电公司从 2013 年开始在农村电力网线路试点应用继电保护技术，变电站出线开关瞬时速断保护延时 0.3s，试运行获得成功。采用继电保护技术的线路，短路故障引起的变电站出线开关跳闸次数下降到原来的 5% 以下，明显提高了供电可靠性。2015 年，国网陕西省电力有限公司在宝鸡召开了现场会进行总结推广。国网陕西省电力有限公司在配电网继电保护应用经验基础上，充分利用现有的断路器开关设备，将继电保护技术、电压—时间型与合闸保护技术相融合，提出一种架空线路就地智能型 FA 方案，与单相接地故障处理技术相兼容，试点工程取得成功后，在国网陕西省电力有限公司全面推广。现场运行证明，该就地智能型 FA 技术可以自动纠正保护越级跳闸而准确隔离故障，解决了残压闭锁不可靠问题，避免了联络开关自动合闸的安全隐患，无需主站遥控联络开关可自动恢复供电，故障处理的安全性、可靠性及自动化程度明显提升，受到配网运维人员青睐。2022 年国家电网有限公司《配电自动化实用化提升工作方案》（设备配电〔2022〕131号）明确要求"架空线路全面推广'级差保护＋馈线自动化'模式"，正在国网陕西省电力有限公司全面覆盖建设的就地智能型FA技术方案即为一种简单高效、安全可靠的典型方案。

## 二、常见的馈线自动化技术

常见的馈线自动化技术有就地智能、分布智能、集中智能等三大类，各种馈线自动化技术不断融合新的故障处理技术朝着智能化方向发展，故障处理自愈程度逐步提高。

（1）就地智能FA技术。就地智能FA技术不依赖通信和主站，只需要采集本地信息控制本地执行机构即可完成故障处理。常用技术包括继电保护、传统就地型FA技术、架空线路就地智能FA技术。

1）配电网继电保护。配电网继电保护是利用电流保护与级差配合、电压保护、重合闸、加速保护、检同期、励磁涌流检测及备自投等有关保护自动化技术，进行故障隔离的技术。

继电保护可以快速切除故障，避免全线停电。重合闸是配电网处理瞬时故障的最有效手段，可以最快速恢复供电。而合闸后加速保护技术可以最快速定位故障、切除并隔离故障，检同期及合闸保护技术的应用可以提高配电网合环操作的安全性。配电网继电保护技术的应用需要变电站出口开关的保护留出时间，与馈线开关保护进行配合。继电保护技术即可以单独使用，又可以和其他就地型FA技术配合形成新的FA方案，和集中智能FA配合可恢复非故障区段供电。配电网继电保护是最经济、实用、高效的一种馈线自动化技术，是提高供电可靠性的重要技术手段。

2）传统就地型FA技术。传统就地型FA不需要通信及配电主站，在配电网发生故障时，通过配电开关的电压、电流及时序的配合，隔离故障区段，恢复非故障区段供电。

利用出线开关的数次重合，与分段开关配合实现故障隔离的方式称为重合器式就地型馈线自动化。该方式的重合器皆为断路器型开关，负责切除故障，具有多次重合的功能。当分段器为负荷开关时，有电流脉冲计数型、传统电压—时间型、电压—电流时间型、自适应综合型等。当分段器为断路器开关时，有电压—电流时间型、合闸速断型等方案。重合器模式的就地型馈线自动化只适用于架空线路，目前应用最多的是自适应综合型与传统电压—时间型。就地型FA目前朝着与继电保护混合的就地智能方向发展。

3）一种架空线路就地智能FA技术。对于架空线路，融合电压—时间型原理与合闸保护技术，并综合应用继电保护技术与接地保护技术形成一种就地智能的FA技术。该技术基于断路器型开关，首先利用合闸后加速保护闭锁技术对电压—时间型技术进行了改进，利用馈线继电保护时间级差配合技术快速切除故障，再利于重合闸技术恢复瞬时性故障而闭锁永久性故障，最后利用就地型电压—时间原理恢复非故障区段的供电，联络开关可以自动合闸。该方案完全兼容单相接地故障处理功能。单相接地故障发生时通过时间级差配合就近开关跳闸切除故障，开关重合闸后区内接地故障特征消失则为瞬时故障，区内接地故障特征又产生则为永久接地故障，后加速动作跳闸隔离并闭锁开关。该技术充分发挥各种馈线自动化技术的优势，可避免故障时全线停电，还可以自动纠正越级跳闸，弥补了残压闭锁不可靠问题，解决了联络开关自动合闸的安全隐患。在不依赖通信与主站情况下可以快速完成故障隔离、非故障区段恢复供电，实现了配电网故障的就地自愈控制，比单纯的电压—时间型与继电保护技术安全性好、可靠性高，有着很好的推广价值。

（2）分布智能 FA 技术。分布智能 FA 技术指遵循配电网标准模型，通过配电终端之间相互通信实现馈线的故障定位、隔离和非故障区段自动恢复供电的功能，和配电自动化主站配合实现智能终端设备"即插即用"。

分布智能 FA 技术是在基本的邻域交互、分布式 FA 技术上持续发展的。基本的分布式 FA 主要有邻域交互型、区域速动型及区域缓动型等。邻域交互利用配电区段与端点开关的邻接关系，利用光纤通信，通过两个邻域区段的有关配电开关终端之间相互快速信息交互实现故障区段判断，在变电站切除故障之前切除故障，隔离故障区段并自动恢复非故障区段供电。基本的区域速动型分布式 FA 也是利用光纤通信，通过一个 FA 控制器与各配电终端之间的快速通信实现馈线的故障定位，在变电站切除故障之前，切除并隔离故障，非故障区段自动恢复供电。区域缓动型分布式 FA 利用无线通信，在变电站切除故障之后，通过区域 FA 控制器与各配电终端之间的相互通信，实现馈线的故障定位、隔离和非故障区段自动恢复供电。

目前区域速动型吸收邻域交互型的优点，去掉了 FA 控制器，实现了完全分布式，邻域交互型也不需要变电站出口开关配合，其故障定位原理与控制逻辑已完全融合。采用一二次融合的开关终端设备后融合了单相接地故障处理功能，满足分布式电源接入要求。分布式 FA 将融合更多故障的检测处理技术，逐步进入分布智 FA 阶段，并向着终端"即插即用"、通信 5G 化的方向发展。

（3）集中智能 FA 技术。集中智能 FA 是配电自动化主站通过通信，利用配电终端采集到的大量配网故障信息与运行信息，对配网故障进行精准定位，与就地智能 FA、分布智能 FA 配合，持续完成完整安全的故障隔离、实现最优恢复供电。集中智能 FA 技术是由集中型 FA 逐步发展而来。

集中型 FA 指借助通信手段，通过配电终端和配电主站的配合，由主站判断故障区段，并通过遥控方式隔离故障区段、恢复非故障区段供电。集中型 FA 在发生故障时首先由馈线上的断路器切除故障，配电主站收到故障信息后判断故障区段，生成故障隔离方案和恢复非故障区段供电的方案。主站通过人机交互确认方式执行故障隔离与恢复方案下发遥控命令的为半自动方式，主站自动执行故障隔离与恢复方案控制命令序列的为全自动方式。集中型馈线自动化系统需要建设通信网络并在配电自动化主站控制下进行故障处理，不仅可以在故障发生时起作用，而且在正常运行时也可以对配电网进行监控，其故障处理策略也可以根据实际情况自动调整。非故障区段恢复供电时可以避免对侧线路过负荷跳闸，具有多个联络开关时，可以使配网负荷更加均衡，但人工处理时间较长。

集中智能 FA 已由集中型 FA 单一的功能演变为与配电网继电保护、各种就地智能FA、分布智能 FA 故障处理的配合，补充完成后续的故障隔离及恢复供电控制流程。而且借助主站系统信息全面的优势，融合配电网单相接地与断线、分布式电源与储能、微网等各种故障处理技术，实现对故障更精准的定位，故障性质的判别，隔离故障更加安全，恢复供电更加优化。

馈线自动化正在迈入智能化发展阶段，处于快速发展期，新技术在不断地提出、试用、完善中。在 FA 技术发展道路上，采用某一种 FA 技术进行故障处理的阶段已经过去，馈线自动化必然向着模式混合、功能综合、故障智能自愈的技术方向发展，FA 技术必将走向大数据大模型的人工智能时代。

# 第二节　就地智能 FA 技术

就地型 FA 应用广泛、模式较多，有基于负荷开关的传统电压—时间型、电压—电流时间型、自适应综合型，还有负荷开关与断路器开关配合的各种模式，如与分支、分界断路器配合模式、两级/三级保护配合模式等。基于断路器的"合闸速断"就地智能型 FA 融合了电压—时间型原理与配电网继电保护技术，可以避免变电站出线开关跳闸，FA 的自愈性能及安全性可靠性明显提升。本节仅介绍我国最常用的三种就地型模式 FA，其余技术可参阅有关资料。

## 一、传统电压—时间型 FA

传统电压—时间型 FA 是对重合器与电压—时间型分段器配合的馈线自动化的简称，是就地型 FA 的典型代表，具有造价较低、运行维护简单、设备可靠等优点。

1. 设备配置与工作原理

传统电压—时间型 FA 系统中，重合器（即配电线路电源开关）采用具有两次重合功能的断路器，配 2 次重合闸，重合闸延时时间可设，分段开关和联络开关则采用电压—时间型负荷开关。本负荷开关具有失压脱扣功能，即线路失电时本类型开关自动断开，线路过电流时开关具有防跳闸功能，以防止过电流故障时开关断开而引起事故。

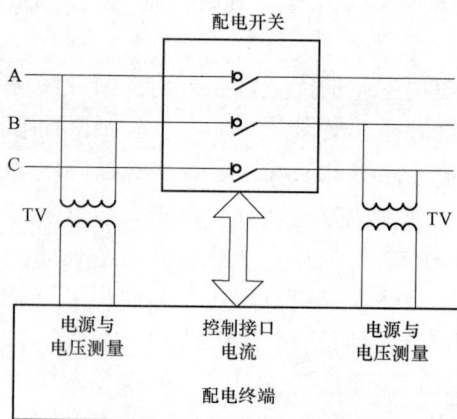

图 6-1　电压—时间型分段器的组成

电压—时间型分段器由开关本体（SW）、两个单相电源变压器（TV）和馈线终端（FTU）组成，电压—时间型分段器的组成如图 6-1 所示。

电压—时间型分段器一般有两套功能，一套是用于常闭运行的分段开关，另一套是用于常开运行的联络开关。这两套功能可以通过一个操作手柄相互切换。

设置为分段开关使用的电压—时间型分段器，正常运行时处于合闸状态，当分段器两侧失电压后，分段器经延时分闸；当分段器检测到一侧得电后启动 $X$ 计数器，在经过 $X$ 时限规定的时间后令分段器合闸，同时启动 $Y$ 计数器，若在 $Y$ 时限规定的时间内该分段器又失压，则该分段器分闸并被闭锁在分闸状态，待下一次再得电时也不再自动合闸。

设置为联络开关使用的电压—时间型分段器，正常运行时处于分闸状态，当检测到开关任何一侧失压时启动 $X_L$ 计数器，在达到 $X_L$ 时限规定的时间后令开关合闸，同时启动 $Y_L$ 计数器，若在计满 $Y_L$ 时限规定的时间以内该分段器又失压，则该分段器分闸并被闭锁在分闸状态，待下一次再得电时也不再自动合闸。若在 $X_L$ 延时过程中，失压侧又恢复供电，则该分段器复归，即使在计满 $X_L$ 时限规定的时间后也不会合闸。

即无论分段器工作于分段开关模式还是联络开关模式，共同的工作原理是：① 双侧失压延时分闸，② $Y/Y_L$ 时限内失压闭锁。不同的工作原理是：① 分段开关一侧得电延时 $X$ 时限合闸，② 联络开关一侧失压延时 $X_L$ 时限合闸。分段器双侧失压到开关分闸有一个延时时间，记作 $Z$ 时限，用于避开配电网低电压瞬时闪动或失压造成的开关误跳闸。

故障发生时，作为电源出线开关的重合器跳闸，随后沿线分段器因失压而分闸，经延时后出线开关第一次重合，作为分段开关的电压—时间型分段器在一侧带电后延时 $X$ 时限自动合闸，当合到故障点时，引起重合器第 2 轮跳闸和分段器失压分闸，并由于与故障区段相连的分段器在 $Y$ 时限内失压分闸，而将其闭锁在分闸状态。故障点上游分段器重合闸瞬间，下游分段器检测到一个瞬时电压，则闭锁本分段器反向来电合闸功能，即"残压闭锁"或"反向闭锁"。经一段延时后，重合器第二次重合，故障区段上游分段器在一侧带电后延时 $X$ 时限依次自动合闸，即可恢复故障线路电源侧的健全区段供电。

故障发生时，作为联络开关的电压—时间型分段器的故障侧失压，经过 $X_L$ 时限后自动合闸，恢复故障线路非电源侧的健全区段供电，合到故障点下游分段器时，因残压闭锁而不合闸，完成故障隔离。当联络开关处于故障点时，因残压闭锁不会启动失压 $X_L$ 计时，不会合到故障点。

此外，无论是分段开关还是联络开关工作模式，所有分段器在断开状态，若检测到其两侧均带电时则禁止合闸并返回，从而避免配电网闭环运行，也称为双侧有压禁止合闸功能。

另外，$Y$ 时限闭锁的原理也可应用于重合器，以避免馈线首段故障而无谓地进行两次重合。

2. 故障处理过程

传统电压—时间型 FA 对放射状馈线的故障处理逻辑简单，可以准确地隔离故障，在此主要对联络线路的故障处理过程进行介绍，对有关问题进行分析。

电压—时间型逻辑联络式馈线的 FA 过程如图 6-2 所示，该图给出了一个采用重合器与电压—时间型分段器配合的典型联络配电网的基本接线与时限配置。QF 为断路器，整定 2 次重合闸，第一次重合时间整定为 3s，第二次重合时间为 15s。QL1、QL2、QL3 和 QL4 为电压—时间型分段器，均设置在第一套功能。其 QL1、QL2 的 $X$ 时限均整定为 7s，QL3 和 QL4 的 $X$ 时限均整定为 14s，$Y$ 时限均整定为 5s。QLC1 为电压—时间型联络开关，设置在第二套功能，其 $X_L$ 时限整定为 70s，$Y_L$ 时限均整定为 5s。图中矩形框代表断路器型开关可以开断短路电流，圆形圈代表负荷型开关，不可以开断短路电流，只可以开断负荷电流。实心代表合闸状态，空心代表分闸状态。

图 6-2（a）所示为一个正常运行的馈线在 QL2~QL3 区段发生永久性故障。重合器 QF 跳闸，导致线路失压，造成分段器 QL1、QL2、QL3 和 QL4 均分闸，QLC1 一侧失压，开始了 $X_L$ 计时，如图 6-2（b）所示。事故跳闸 3s 后，重合器 A 第一次重合，

如图 6-2（c）所示，分段器 QL1 得电。又经过 7s 的 $X$ 时限后，分段器 QL1 自动合闸，将电供至 QL2 和 QL4，如图 6-2（d）所示。由于 QL2 的 $X$ 时限为 7s，而 QL4 的 $X$ 时限为 14s，所以又经过 7s 后，分段器 QL2 自动合闸而 QL4 未到 $X$ 时限不合闸，如图 6-2（e）所示。由于 QL2~QL3 段存在永久性故障，QL2 合到故障点再次导致重合器 QF 跳闸，从而线路失压，再次造成分段器 QL1、QL2 失压分闸。由于分段器 QL2 合闸后未达到 $Y$ 时限（5s 内）又失压，该分段器将被正向闭锁，当电源侧再次来电时不启动来电延时合闸逻辑。而 QL3 检测到电源侧的瞬时来电，建立反向闭锁，传统称为残压闭锁，如图 6-2（f）所示。重合器 QF 再次跳闸后，又经过 15s 进行第二次重合，如图 6-2（g）所示。分段器 QL1 和 QL4 依次自动合闸，分段器 QL2 因正向闭锁而保持分闸状态，从而隔离了故障区段，恢复了上游非故障区段供电，如图 6-2（h）所示。联络开关 QLC1 一侧失压 $X_L$ 时间到后自动合闸，QL3 因为反向闭锁而不合闸，永久故障被正确隔离而下游自动恢复供电，如图 6-2（i）所示。

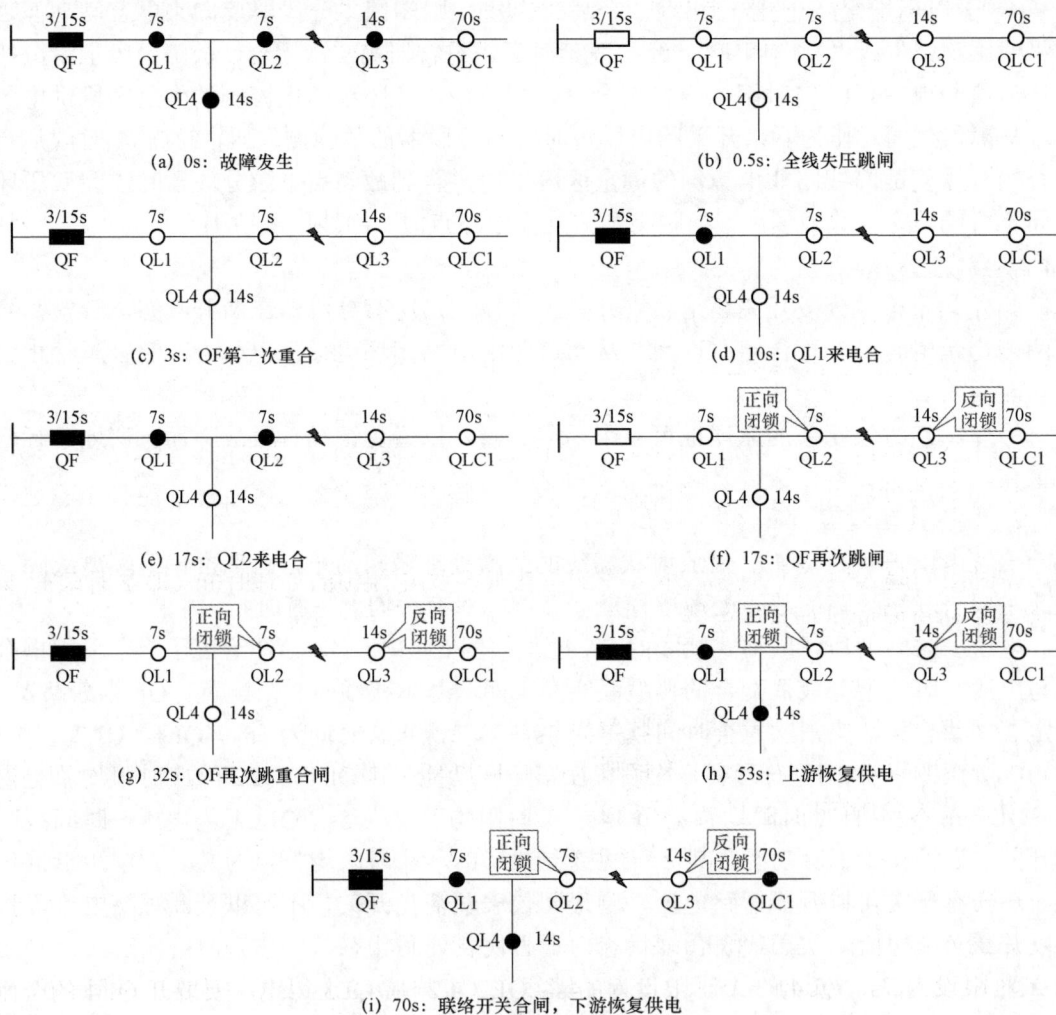

图 6-2　电压—时间型逻辑联络式馈线的 FA 过程

3. 时限配合整定

（1）Z时限整定。Z时限为分段器失压分闸延时时间，适用于分段开关和联络开关，用于躲过配网电压闪降及配网电源瞬时失压，在重合器重合闸之前必须断开，即：

$$T_i + T_y < Z < T_R - T_y \qquad (6-1)$$

式中　$T_i$——配电网瞬时失压时间，若要求考虑上级电源备自投，则取备自投切换时间；

$T_R$——重合器重合闸延时时间，两次重合闸中选小者，即：

$$T_R = \min(T_{R,I}, T_{R,II}) \qquad (6-2)$$

式中　$T_{R,I}$——重合器的第一次重合闸延时时间；

$T_{R,II}$——重合器的第二次重合闸延时时间；

$T_y$——裕度时间，取值主要考虑开关跳闸动作延时与配合时间，可取 0.5～2s。

（2）分段开关时限整定。

1）Y时限的整定。Y时限必须大于电源出线开关即重合器切除故障最大延迟时间加上分段开关失压分闸延时时间，再留一个裕度时间，即：

$$Y > T_p + Z + T_y \qquad (6-3)$$

式中　$T_p$——重合器（变电站出线断路器）切除故障最大延迟时间，即保护动作时间（含后备保护）最大值。对于短路故障保护延时，$T_p$取值一般不会超过 2s；对于小电流单相接地保护，$T_p$取值可能超过 20s。

$T_y$——裕度时间，取值主要考虑开关跳闸动作延时，可取 0.5～2s。

对于仅处理短路故障的 FA，Y时限典型值可设为 5s。

2）X时限整定。电压—时间型 FA 故障定位的关键原理是电源侧重合器合闸引起的分段器重合过程中，一个时间只能有一个分段器在合闸。这样分段器在 Y 时限内失压，肯定为本区段故障引起，所以闭锁本开关于分闸位置。得到 X 时限的整定原则为：电源侧合闸引起的分段开关顺序合闸过程中，为了能够唯一确定故障区段，只能有 1 台开关合闸。

X时限间隔 $\Delta t_x$：$\Delta t_x$ 取值应躲开上级分段开关失压闭锁的处理时间（即 Y 时限），同时留一个裕度时间以便上下游开关进行配合，即：

$$\Delta t_x = Y + T_y \qquad (6-4)$$

当 Y 取 5s，裕度 $T_y$ 设 2s 时，则 $\Delta t_x$ 为 7s。

X时限的设置：只有一个开关合闸时，配 1 个 $\Delta t_x$；有多个分段开关合闸时，为躲开其他分段开关合闸时间，可以配多个 $\Delta t_x$，即：

$$X = n\Delta t_x (n = 1, 2, 3, \cdots) \qquad (6-5)$$

n 按各开关合闸顺序进行配置，第一个合闸的 $n = 1$，第二个合闸的 $n = 2$，依次类推。

如图 6-2 所示，QL2 和 QL4 两个分段开关同时得电，但不能同时合闸，所以 QL2 的 X 时限设为 7s，QL4 的 X 时限设为 14s。QL2 合闸后 QL3 得电，要躲开 QL4 的合闸时段，则 QL3 不能设 7s，可设为 14s。

（3）联络开关时限整定。电压—时间型 FA 技术可应用于"手拉手"单联络或多联络的配电网。在这种应用场合，整定联络开关时限的方法如下。

1）联络开关 $Y_L$ 时限整定。联络开关 $Y_L$ 时限的整定与分段开关 $Y$ 时限相同。

2）联络开关 $X_L$ 时限整定。整定联络开关 $X_L$ 时限时，应遵循如下原则：联络开关 $X_L$ 时限应大于其两侧配电线路发生永久故障后，电源侧断路器与分段开关顺序重合进行的故障处理过程的最长持续时间 $T_s$。以构成"手拉手"环状配电网的其中一条配电线路为例，其绝对合闸延时最长的分段开关下游区段发生永久故障后，电源侧断路器与分段开关顺序重合所需的故障处理过程的持续时间最长。绝对合闸延时最长的分段开关下游区段发生永久故障后，电源侧断路器第一次跳闸到第二次跳闸的持续时间 $T_{s1,I}$ 为：

$$T_{s1,I} = T_{R,I} + T_{max} \tag{6-6}$$

式中    $T_{R,I}$——重合器的第一次重合闸延时时间；

$T_{max}$——绝对合闸延时最长的分段开关合闸延时时间。

绝对合闸延时最长的分段开关下游区段发生永久故障后，电源侧断路器第二次跳闸到将电送至该开关的持续时间 $T_{s1,II}$ 为：

$$T_{s1,II} = T_{R,II} + T_{max} - \Delta t_x \tag{6-7}$$

式中    $T_{R,II}$——重合器的第二次重合闸延时时间。

由此可以计算出与该联络开关相连的一侧配电线路发生永久故障后，电源侧断路器两次重合与分段开关顺序重合所需的故障处理过程的最长持续时间 $T_{s1}$ 为：

$$T_{s1} = T_{s1,I} + T_{s1,II} \tag{6-8}$$

类似地，可以计算出与该联络开关相连的另一侧的配电线路发生永久故障后，电源侧断路器两次跳闸重合与分段开关顺序重合所需的故障处理过程的最长持续时间 $T_{s2}$，由此得出

$$T_s = \max(T_{s1}, T_{s2}) \tag{6-9}$$

整定时，该联络开关的 $X_L$ 时限需满足

$$X_L > T_s + T_p + T_y \tag{6-10}$$

式中    $T_p$——电源侧断路器的保护动作时间（含后备保护）最大值；

$T_y$——考虑电源侧断路器和各分段开关动作时间相对于整定值的误差所加入的裕度。

（4）重合器重合闸延时时间整定说明。当馈线没有分布式电源时，第一次重合闸延时时间一般按 1s 整定；但含有分布式电源的馈线，为了躲开分布式电源的脱网时间，第一次重合闸延时时间应按 3s 整定。第二次重合闸延时时间的整定，为了给第一个分段开关留出储能时间，一般设置为 10s，以满足故障在第一个开关之后的情形。

重合器与电压—时间型分段器配合的馈线自动化模式适合于典型辐射状配电网和开环运行的环网，理论上也可以适用于多分段多联络的环状网，但多分段多联络的环状网在时限参数整定时比较复杂，需要专用的整定软件。

4. 残压闭锁问题

需要指出的是，传统电压—时间型"残压闭锁"功能并不可靠。残压检测的原理是处于分位的开关一直检测无压侧的电压，即检测上游开关合闸过程的电压扰动，若检测

到高于额定电压 30%的电压的时间超过 50ms 时，"残压闭锁"标志设立，该开关将对反向来电进行闭锁，也称为"反向闭锁"。如图 6-1 所示，电压—时间型开关设备是利用开关两侧的 TV 检测电压，左侧检测的是线电压 $U_{ab}$，右侧检测的是线电压 $U_{cd}$。若发生 A、B 两相之间或 A、B、C 三相之间的金属性短路，$U_{ab}$ 的残压值可能低于额定电压的 30%，这时将检测不到残压。若试图降低残压检测阈值来提高残压检测的灵敏度，但现场测试发现馈线同杆架设时的感应电压往往会达到 20%，残压值过低会引起误闭锁及其他导致 FA 异常的现象发生，残压检测定值难以同时兼顾灵敏性及可靠性要求，有压、无压定值应遵循标准规定。"残压闭锁"不能正确闭锁时，若联络开关自动合闸，将会导致故障点下游开关合闸于故障点而引起对侧线路跳闸，将事故扩大，严重影响配电网的供电可靠性，带来安全隐患。"残压闭锁"误闭锁时，会影响 FA 正常工作。对于传统的电压—时间型 FA 模式，故障区段下游的供电恢复一般采用集中型或人工操作的方式，即先要把故障区段下游分段器置于手动位置，再合上联络开关。由上可见，传统电压—时间型 FA 对于联络型馈线，故障后自动恢复下游供电有可靠性问题，不推荐自动投入。

传统电压—时间型 FA 的技术优势是不依赖于通信和主站，实现故障就地定位和就地隔离，特别适合于 B、C、D 类供电区域架空线路，特别是放射型线路。不足之处是多联络线路运行方式改变后，为确保馈线自动化正确动作，需对终端定值进行调整，对于接地故障处理需要对定值重新整定计算，兼容两者的处理要求。

## 二、自适应综合型 FA

自适应综合型 FA 是在电压—时间型 FA 基础上增加了故障电流记忆而自适应优先选择故障线路进行故障隔离，综合了单相接地故障选线与隔离处理逻辑的馈线自动化方式。

### 1. 设备配置与工作原理

自适应综合型 FA 基于电压—时间型逻辑，即分段开关和联络开关均具有失压延时分闸、$Y$ 时限内失压闭锁、双侧有压闭锁合闸功能，分段开关具有来电延时合闸功能，联络开关具有一侧失压延时合闸功能。第一个区别是自适应综合型 FA 优先处理故障线路分支，对于多个分支的情形，自动优先选择故障分支的分段开关合闸来隔离故障，故障隔离后，能一次性恢复非故障分支线路的供电。第二个区别是通过具有单相接地选线保护功能的首开关与普通分段开关的配合，通过电压—时间型原理并融合单相接地故障特征判断定位接地故障、隔离接地故障，即综合了短路、接地两种故障的处理能力。

自适应故障路径优先选择隔离的原理是来电延时合闸的时限分为一个短时限 $X$ 时限及一长时限 $S$ 时限，有故障记忆的分段开关来电延时合闸时执行 $X$ 时限，而无故障记忆的分段开关来电延时合闸时执行 $S$ 时限，从而实现自适应选择。$S$ 时限一般较长，使得有故障分支的分段开关先合闸定位故障、闭锁开关隔离故障，无故障分支线路开关最后合闸一次性恢复供电。

自适应综合型 FA 可与只具一次重合闸功能的变电站出线开关配合，处理逻辑是将首开关的 $X$ 延时时间设为变电站出线开关的重合闸充电时间加一个裕度，这样即使首开关合到故障点，出线开关的重合闸已经充满电复归，可以进行下一次重合。

综合小电流单相接地故障处理的原理是首开关配置为具有小电流单相接地故障检测

与选线功能的开关终端。区内发生接地故障首开关第一次跳闸，分段开关失压分闸，首开关第一次重合，分段开关依次合闸，合到接地故障点时首开关再次检测到接地故障特征，加速跳闸，分段开关失压分闸，而紧邻故障点的上游分段开关在 $Y$ 时限内失压分闸，闭锁于分闸状态，实现接地故障隔离。首开关第二次重合，分段开关依次合闸恢复非故障区段供电。本模式只用了一台接地功能分段开关，实现了接地故障准确隔离。

2. 自适应综合型逻辑

（1）来电延时合闸。当开关在分位且没有闭锁合闸信号，若 FTU 有相间短路故障记忆或单相接地故障记忆，在单侧恢复有压时，经 [$X$ 时间] 合闸；首端 FTU 选线跳闸后，经 [接地故障重合闸时间] 合闸。若 FTU 没有线路故障记忆，在单侧恢复有压时，经 [$S$ 时间] 合闸。自适应来电合闸逻辑如图 6-3 所示。自适应综合型的来电延时合闸逻辑综合了单相接地故障记忆、短路故障信号记忆的启动条件，相比传统电压—时间型功能更强。

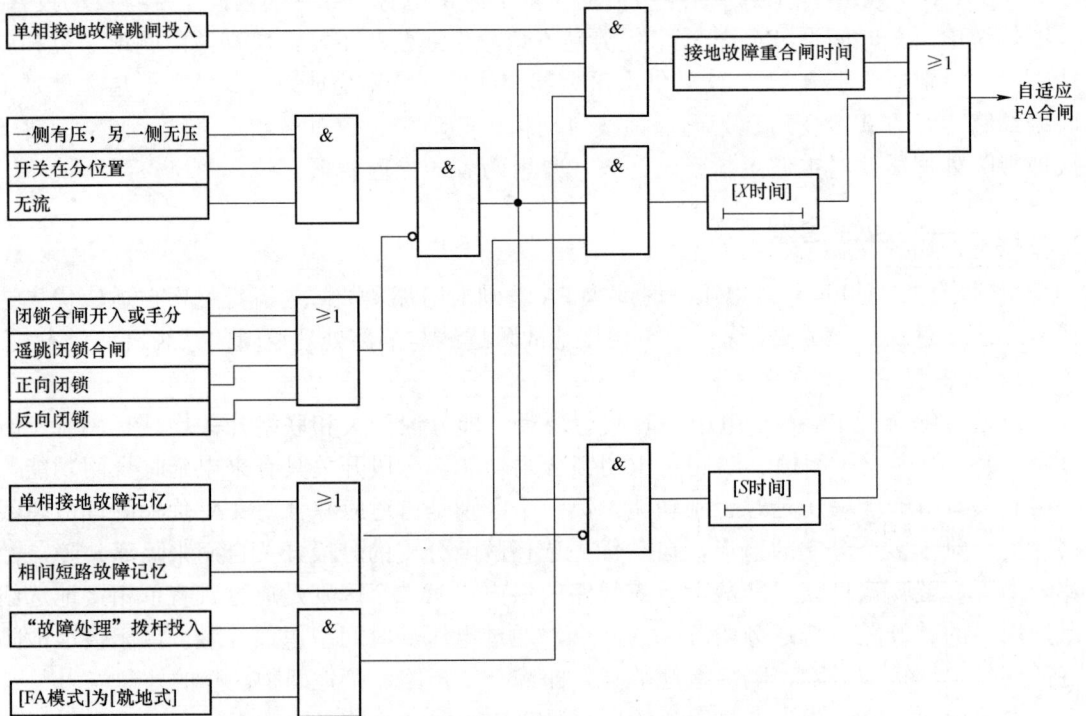

图 6-3　自适应来电合闸逻辑

（2）双侧失压分闸。当开关两侧失压且无电流流过时，则经 [$Z$ 时间] 自动分闸。自适应就地 FA 双侧失压时分闸逻辑图如图 6-4 所示。

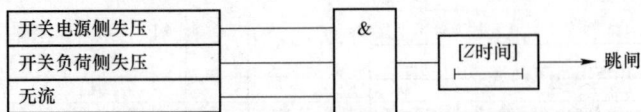

图 6-4　自适应就地 FA 双侧失压时分闸逻辑图

（3）正向闭锁。若开关合闸之后在［Y 时间］内失压无流或在［Y 时间］内检测到单相接地故障，则立即自动分闸并闭锁正向合闸，使正向送电时开关不再合闸。Y 时间是开关合闸后的无故障确认时间。

正向闭锁分为电源侧正向闭锁、负荷侧正向闭锁。正向闭锁的 FTU 在反向送电时，经延时应能自动合闸开关，满足复归条件时复归正向闭锁标志。自适应就地 FA 正向闭锁逻辑图如图 6-5 所示。

（4）反向闭锁。本开关分位无流且至少一侧无压时，当开关一侧来电时间小于［X 时间］，则反向闭锁合闸，另一侧反向送电时开关不合闸。

反向闭锁分为电源侧反向闭锁、负荷侧反向闭锁。反向闭锁标志用于闭锁反向来电合闸、不闭锁正向来电合闸。反向闭锁包含硬件反向闭锁信号和软件反向闭锁信号，硬件反向闭锁的残压门槛至少满足 $50\%U_n$，软件反向闭锁的残压门槛为［残压定值］，软件［残压定值］默认整定为 $30\%U_n$。自适应就地 FA 反向闭锁逻辑图如图 6-6 所示。

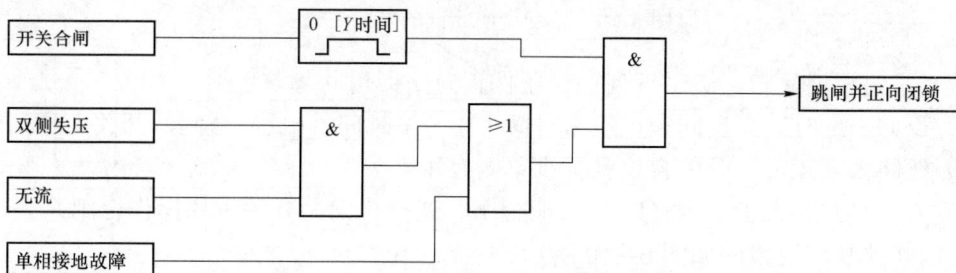

图 6-5　自适应就地 FA 正向闭锁逻辑图

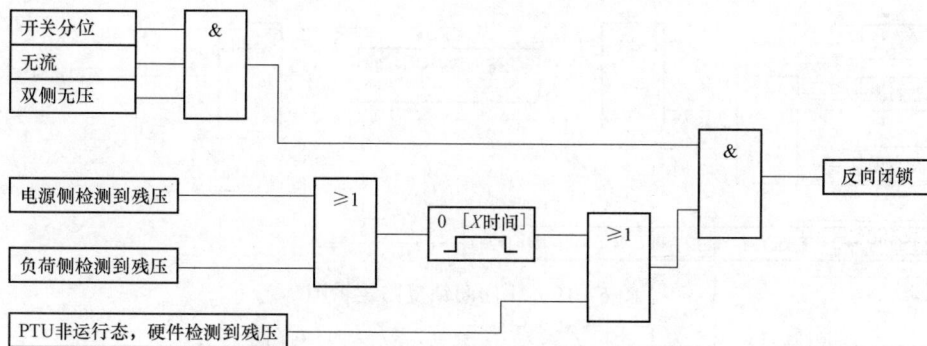

图 6-6　自适应就地 FA 反向闭锁逻辑图

（5）双侧有压闭锁合闸。检测到开关双侧有压，且开关在分位、无流时，避免自动合闸导致合环运行。自适应就地 FA 双侧有压闭锁逻辑图如图 6-7 所示。双侧有压闭锁合闸一般不闭锁操作及遥控合闸。

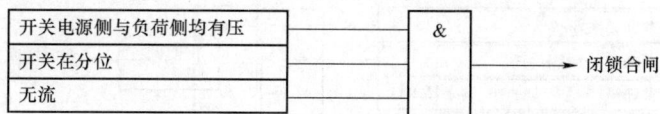

图 6-7　自适应就地 FA 双侧有压闭锁逻辑图

（6）人工分闸闭锁合闸。FTU 手柄分闸、遥控分闸或开关本体操作分闸，闭锁来电自动合闸。此种闭锁必须通过人工合闸（FTU 手柄合闸、遥控合闸或开关本体操作合闸）复归。人工分闸闭锁合闸逻辑如图 6-8 所示，自动合闸闭锁的复归逻辑如图 6-9 所示。

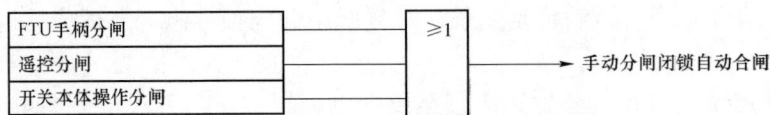

图 6-8　人工分闸闭锁合闸逻辑

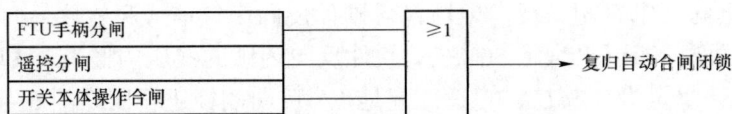

图 6-9　自动合闸闭锁的复归逻辑

（7）正向闭锁复归。满足下列任一条件正向闭锁自动复归：

1）反向来电时，当反向来电正常时间大于 [X 时间]，反向合闸，开关由分到合；

2）线路恢复正常，开关合位且至少单侧有压；

3）人工复归，人工合闸（FTU 手柄合闸、遥控合闸、开关本体操作合闸）。

正向闭锁复归逻辑图如图 6-10 所示。

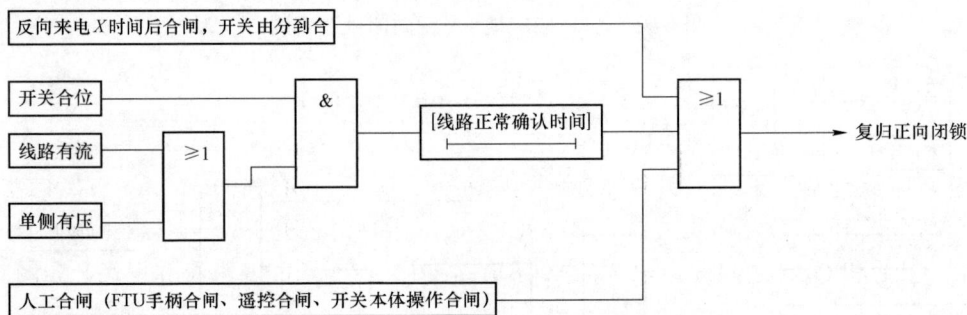

图 6-10　正向闭锁复归逻辑图

（8）反向闭锁复归。满足下列任一条件时，清除反向闭锁标志：

1）开关合位；

2）正向有压且超 Y 时限；

3）人工合闸（FTU 手柄合闸、遥控合闸）。

反向闭锁复归逻辑图如图 6-11 所示。

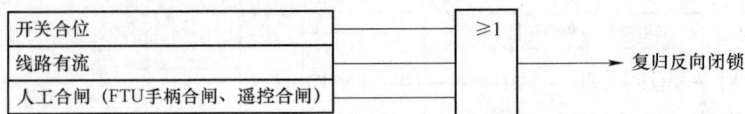

图 6-11　反向闭锁复归逻辑图

（9）方向自适应判断。线路运行方式、电源方向发生变化时，单相接地特征方向应根据双侧 TV 的来电方向、功率方向自适应判断。

（10）单相接地故障处理逻辑。当线路正常运行中发生单相接地故障时，FTU 根据小电流单相接地特征方向或零序电流接地故障告警进行接地故障判断，在判断为本线路接地故障后，经［接地故障跳闸时间］跳闸。单相接地故障选线逻辑图如图 6－12 所示。

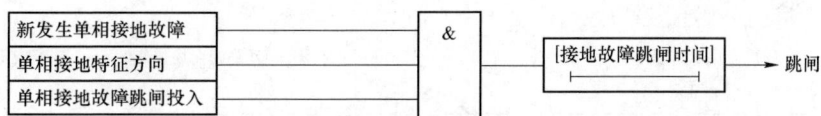

图 6－12　单相接地故障选线逻辑图

FTU 单相接地选线跳闸后，经［接地故障重合闸时间］重合闸，若重合闸后［Y 时间］内检测到单相接地故障，则经后加速短延时立即跳闸；若合闸后经［Y 时间］未检测到单相接地故障，则不再跳闸。单相接地故障重合闸跳闸逻辑图如图 6－13 所示。

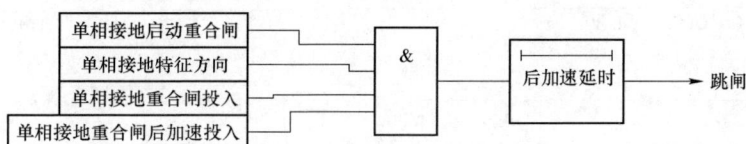

图 6－13　单相接地故障重合闸跳闸逻辑图

3. 故障处理过程

下面以实例说明自适应综合型馈线自动化故障处理过程。

（1）主干线短路故障处理过程。

自适应综合型主干线短路故障处理如图 6－14 所示，QL1～QL6/QLC1、QLC2 选用智能负荷分段开关/联络开关，QFY1～QFY2 选用用户分界开关，处理过程如下：

1）QL2 和 QL3 之间发生永久故障，QL1、QL2 检测到故障电流并记忆，如图 6－14（a）所示；

2）QF 保护跳闸，全线失压，QL1～QL6 延时 Z 时限跳闸，如图 6－14（b）所示；

3）QF 在 2s 后第一次重合闸，如图 6－14（c）所示；

4）QL1 一侧有压且有故障电流记忆，执行 X 时限，延时 7s 合闸，如图 6－14（d）所示；

5）QL2 一侧有压且有故障电流记忆，执行 X 时限，延时 7s 合闸，QL4 一侧有压但无故障电流记忆，执行长延时 S（等待故障线路隔离完成，按照最长时间估算，主干线最多四个开关考虑一级转供带四个开关），如图 6－14（e）所示；

6）由于是永久故障，QF 再次跳闸，QL2 失压分闸并闭锁合闸，QL3 因短时来电闭锁反向来电合闸（残压闭锁），如图 6－14（f）所示；

7）QF 二次重合，QL1、QL4、QL5、QL6、QFY1 依次按延时时间合闸，如图 6－14（g）所示。

223

配电网关键技术及应用

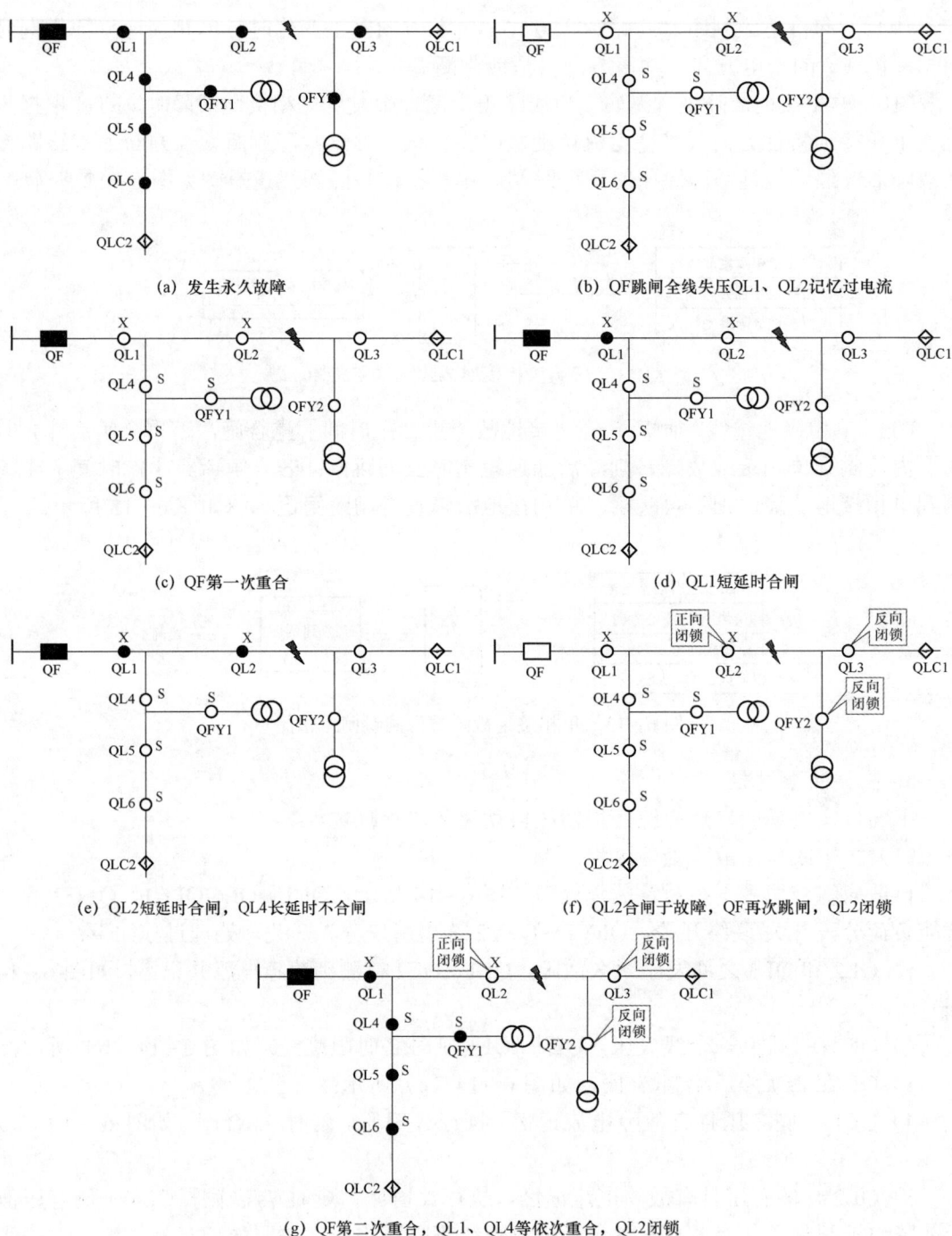

(a) 发生永久故障　(b) QF跳闸全线失压QL1、QL2记忆过电流

(c) QF第一次重合　(d) QL1短延时合闸

(e) QL2短延时合闸，QL4长延时不合闸　(f) QL2合闸于故障，QF再次跳闸，QL2闭锁

(g) QF第二次重合，QL1、QL4等依次重合，QL2闭锁

图6-14　自适应综合型主干线短路故障处理

（2）分支用户短路故障处理过程。自适应综合型分支用户短路故障处理如图 6-15 所示。

1）馈线如图 6-15（a）所示，QFY1 之后发生短路故障；

2）QF 保护跳闸，QL1～QL6、QFY1、QFY2 失压分闸，QL1、QL4、QFY1 记忆故

224

障电流,如图6-15(b)所示;

3)QF在3s后第一次重合闸,QL1延时 $X$ 时限合闸,如图6-15(c)所示;

4)QL4执行 $X$ 时限,QL2执行 $S$ 时限,QL4先于QL2合闸,QFY1依次合闸,如图6-15(d)所示;

5)QFY1合闸于永久故障,QF再次跳闸,全线失压,QL1、QL4、QFY1失压跳闸,QFY1闭锁,如图6-15(e)所示;

6)QF第二次重合,QL1、QL4、QL2、QL5、QL3、QFY2及QL6依次延时合闸,恢复供电,QFY1因闭锁不合闸隔离故障,如图6-15(f)所示。

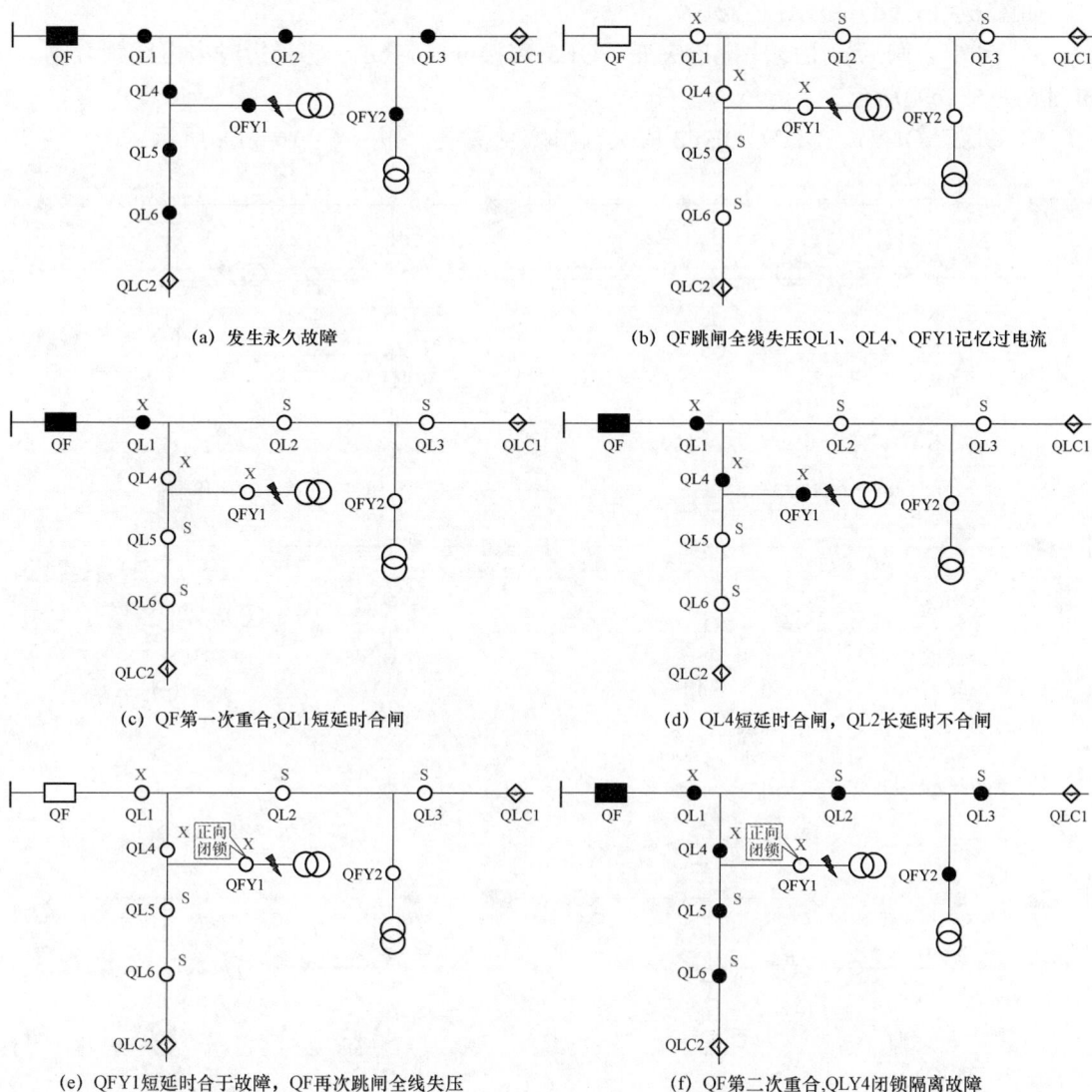

(a) 发生永久故障

(b) QF跳闸全线失压QL1、QL4、QFY1记忆过电流

(c) QF第一次重合,QL1短延时合闸

(d) QL4短延时合闸,QL2长延时不合闸

(e) QFY1短延时合于故障,QF再次跳闸全线失压

(f) QF第二次重合,QLY4闭锁隔离故障

图6-15　自适应综合型分支用户短路故障处理

(3)主干线接地故障(小电流接地)处理过程。

自适应综合型主干线接地故障处理如图6-16所示,首级开关QL1具有单相接地选线功能的智能开关和终端，QL2～QL6/QLC1、QLC2 选用具有单相接地定位功能的智能负荷分段开关/联络开关，QFY1～QFY2 选为具有单相接地定位功能的用户分界开关，单相接地故障处理过程如下：

1）QL5 后发生单相接地故障，QL1、QL4、QL5 依据暂态算法选出接地故障在其后端并记忆，如图 6－16（a）所示；

2）QL1 延时保护跳闸（20s），如图 6－16（b）所示；

3）QL1 在延时 3s 后重合闸，如图 6－16（c）所示；

4）QL4、QL5 一侧有压且有故障记忆，延时 7s 合闸，QL2 无故障记忆，启动长延时，如图 6－16（d）所示；

5）QL5 合闸后发生零序电压突变，QL5 直接分闸，QL6 感受短时来电闭锁合闸，如图 6－16（e）所示；

6）QL2、QFY1、QL3、QFY2 依次合闸恢复供电，如图 6－16（f）所示。

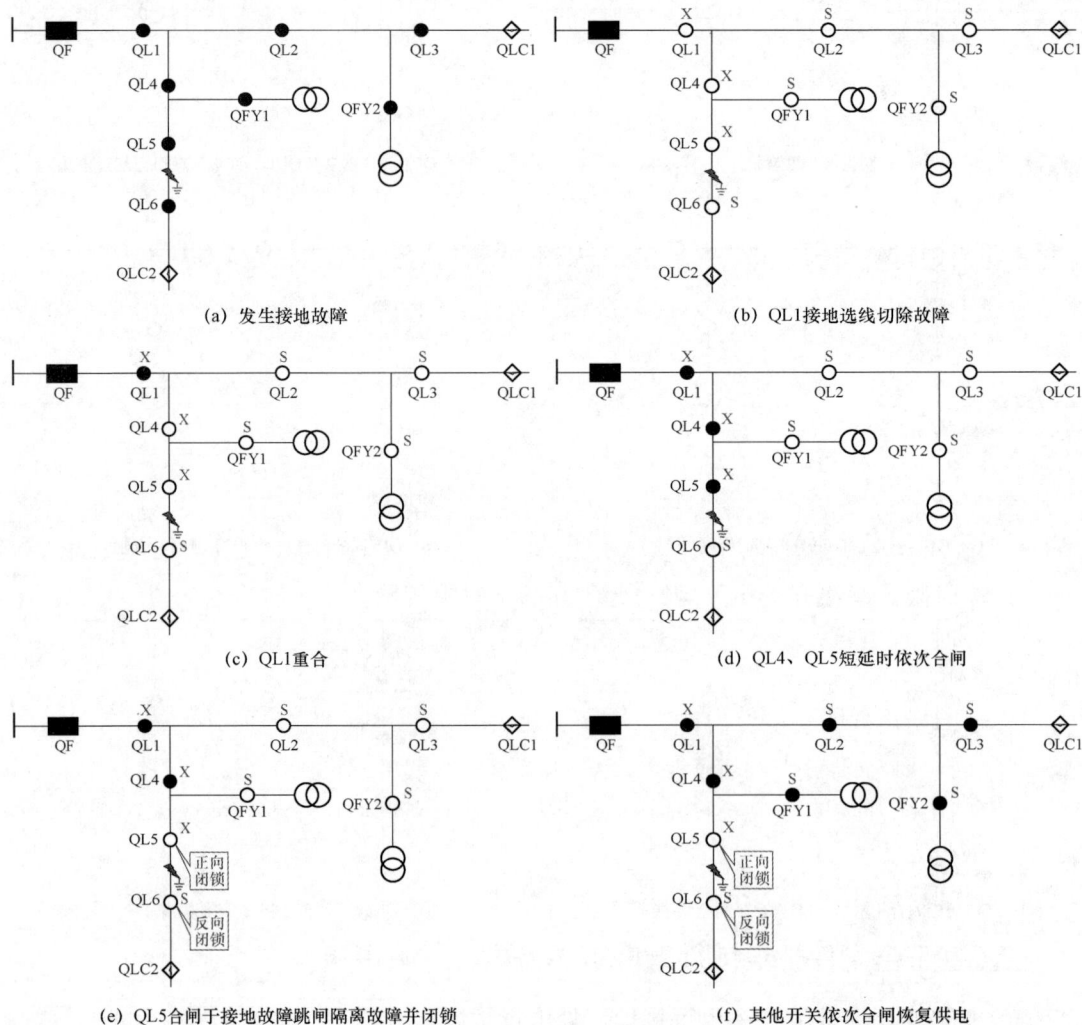

(a) 发生接地故障 　　 (b) QL1接地选线切除故障

(c) QL1重合 　　 (d) QL4、QL5短延时依次合闸

(e) QL5合闸于接地故障跳闸隔离故障并闭锁 　　 (f) 其他开关依次合闸恢复供电

图 6－16　自适应综合型主干线接地故障处理

4. 时限配合整定

自适应综合型 FA 的定值整定，遵守电压—时间型的基本原理，即同一时刻只能有一个开关合闸，还要满足故障分支优先处理、非故障分支长延时 $S$ 时限要躲开最长的故障隔离时间要求，并兼容单相接地保护配合的需要。

（1）$Z$ 时限整定。与电压—时间型相同，用式（6−1）。

（2）分段开关时限整定。

1）$Y$ 时限整定。自适应综合型 FA 的 $Y$ 时限整定原理与电压—时间型相同，但因为综合了单相接地故障处理功能，所以 $Y$ 时限整定时要重点考虑。

式（6−3）表明，$Y > T_p + Z + T_y$，其中，$T_p$ 为变电站出线断路器切除故障最大延迟时间，若包含单相接地选线跳闸延时时间，一般在 20s 以上，$Z$ 时间若取 2s，裕度时间 $T_y$ 若取 2s，则 $Y$ 时限需要设置为 24s。变电站没有接地选线跳闸功能的，按首开关接地选线跳闸的延时时间整定 $Y$ 时限。

2）$X$ 时限的整定。

a. $\Delta t_x$ 时间计算。按式（6−4），$\Delta t_x = Y + T_y$，自适应 $\Delta t_x$ 时间可选为 26s。

b. 首开关的 $X$ 时限。若变电站出线开关的重合闸可以整定为 2 次重合闸，如第一次延时 3s，第二次延时 10s（满足弹操机构首开关储能时间），则首开关 $X$ 时限可整定为 $\Delta t_x$ 时；若变电站出线开关的重合闸只能整定为 1 次重合闸，则首开关 $X$ 时限可整定为变电站出线开关的重合闸充电时间 + 1s，一般变电站出线开关的重合闸充电时间为 20s，所以首开关 $X$ 时限可整定为 21s，应大于 $\Delta t_x$。

c. 非首开关 $X$ 时限。各分段分支开关皆设为 $X = \Delta t_x$，各分支开关 $X/S$ 时限自适应配合不需要固定延时配合。

d. $S$ 时限整定。$S$ 时限是为了躲开两个及以上分支线路最远处故障定位所需的时间，再加一个 $Y$ 时限，即：

$$S = m\Delta t_x + Y \tag{6−11}$$

式中　$m$——第一个分支处到最远的末端区段所经历的最多开关数量。

（3）联络开关时限整定。

1）$Y_L$ 时限。联络开关 $Y_L$ 时限与分段开关 $Y$ 时限相同。

2）$X_L$ 时限。自适应综合型的联络开关 $X_L$ 时限的整定原理与电压—时间型相同，不再赘述。

（4）变电站出线开关的时间配合。变电站出线开关的重合闸延时时间的整定与电压—时间型相同，要与馈线开关的储能时间、馈线的分布式电源情况配合。

变电站出线开关的小电流单相接地选线跳闸延时跳闸时间一般较长，架空线路一般在 20s，最少为 15s，这样导致馈线开关 $Y$、$X$、$X_L$ 及 $Y_L$ 时限较长，虽然影响了短路故障处理时间，但对供电可靠性时户数指标影响不大。

## 三、基于合闸保护的就地智能 FA 技术

随着断路器型开关在配电网的应用，提出了多种基于电压—时间原理的改进 FA 技术方案，如变电站出线开关与分支开关、用户分界开关配合的方案、"合闸速断"方案等，提

高了就地型 FA 的效率，但不能解决需变电站出线开关跳闸切除故障导致全线失压的问题。

随着变电站出线开关保护延时的放开，将重合闸后加速保护技术与电压—时间型故障定位闭锁技术融合起来，提出"合闸保护"技术，与配电网继电保护技术配合，形成了一种适用于架空线路的就地智能 FA 技术方案，可以避免变电站出线开关跳闸。

1. 架空线路就地智能 FA 工作原理

（1）工作条件。就地智能 FA 的前提条件是变电站速断保护预留配合时间，至少 2 个时间级差。

（2）基本原理。基本工作原理是配电网继电保护原理、"合闸保护"就地切除故障并闭锁的原理及电压—时间型原理的融合。

1）所有开关投入"合闸后加速保护"（简称合闸保护）功能，即所有的开关合闸动作（包括来电延时合闸、一侧失压合闸、事故重合闸、遥控合闸、终端操作合闸、开关操作合闸等）皆启动后加速保护，后加速保护动作跳闸切除故障并将"正向闭锁"置位，实现电压—时间型开关闭锁。

2）利用配电网继电保护的级差配合技术，通过馈线开关与变电站出线开关的保护配合，就地切除故障，避免故障时越级跳闸到变电站。

3）保护跳闸切除故障的开关检有压重合一次，若为瞬时故障则重合成功，若为永久故障，重合闸后加速动作切除故障，并将电压—时间型的"正向闭锁"置位，无需等待两侧失压，实现开关就地快速准确故障隔离。

4）允许一些难以配合馈线开关设置为同一个时间级差，对于故障发生时保护不能配合引起的越级跳闸，利用检有压重合闸和来电延时合闸进行纠正，"合闸保护"功能准确定位、隔离故障。

5）只要馈线开关的各种保护留出"合闸后加速保护"配合时间，则合闸保护不会引起上级开关越级跳闸。

6）故障点下游开关按电压—时间型原理检测残压，实现故障下游开关的"反向闭锁"。

7）对于残压检测不到无法"反向闭锁"（残压闭锁）的缺陷，恢复供电误合后"合闸保护"立即跳闸并闭锁开关。

8）联络开关按电压—时间型功能，一侧失压延时合闸，恢复供电。如果误合到故障区段，"合闸后加速保护"动作立即跳闸并闭锁；只要相邻线路馈线开关及变电站出线开关的保护留出配合时间，就不会引起对侧线路跳闸。

9）联络开关合环操作，若有非法合闸（如电压相位超差或相序错误等），利用"合闸保护"后加速跳闸并闭锁。

10）各开关的"闭锁"是自己的"合闸保护"动作实现的，不再严格要求同一个时间只能有一个开关合闸，馈线各开关 $X$ 时限定值可以相同。

11）"正向闭锁"的原理是"正向"来电时不合闸，即不给故障区段送电，而反向来电可以合闸，即反向来电可以复归"正向闭锁""反向闭锁"的原理是"反向"来电时不合闸，即不给故障区段送电，而正向来电可以合闸，即正向来电可以复归"反向闭锁"。

12）合闸保护的闭锁与电压—时间型的 $Y$ 时限失压闭锁开关同时起作用，只要有一个设置闭锁标志即可，相互兼容。

（3）就地智能 FA 的工作过程。就地智能 FA 的故障定位隔离与恢复供电的 FA 工作过程是：当馈线发生故障时，首先通过继电保护配合快速跳闸切除故障，下游各开关失压延时分闸。跳闸开关检有压重合闸启动后加速保护，若重合成功则为瞬时性故障，下游失压分闸开关依次来电延时合闸，故障恢复。若重合于永久性故障，则后加速保护动作，开关立即跳闸切除故障，并设立"正向闭锁"标志，闭锁正向来电合闸功能。故障区段下游开关监测到瞬时来电设立"反向闭锁"（残压闭锁）标志，闭锁下游来电，完成故障隔离。联络开关一侧失压后启动 $X_L$ 计时，时限到自动合闸反向送电，各开关依次合闸，而故障区段开关反向闭锁不合闸，恢复非故障区段供电。在发生故障继电保护配合切除故障过程中，若有无法配合的开关则越级跳闸，下游开关失压分闸，故障跳闸开关自动检有压重合闸，下游开关来电延时合闸，合于故障区段时后加速动作跳闸并闭锁，实现了越级跳闸自动纠正，准确隔离故障。当故障区段下游开关残压闭锁未能成功设置"反向闭锁"标志时，联络开关恢复供电时该开关将会合闸于故障，这时启动合闸后加速保护，立即跳闸切除故障并"正向闭锁"开关，不会导致相邻线路开关越级跳闸。联络开关误合到故障点也会启动合闸后加速保护，立即跳闸隔离故障并闭锁本开关，不会引起相邻线路跳闸。

2. 合闸保护逻辑

"合闸保护"即馈线开关合闸后加速保护闭锁技术的简称，其主要功能是配电终端监测到开关合闸动作（包括事故重合闸、来电延时合闸、遥控合闸、配电终端操作合闸、操作开关直接合闸等所有的由分到合的动作）后即启动后加速保护，满足后加速的电流定值和时间定值后保护出口，令开关跳闸，并设置电压—时间型"正向闭锁"标志。

从上述功能看出，"合闸保护"实际上是将故障的重合闸后加速保护原理扩展到所有的合闸动作，是将电压—时间型原理的开关延时，合闸到故障区段时，由变电站跳闸切除故障导致失压才闭锁的逻辑改变为本开关的后加速保护跳闸完成，$Y$ 时限内失压置位"正向闭锁"功能不变。这样，就地智能型 FA 多了一个自身闭锁，也兼容电压—时间型的失压闭锁。

合闸保护的逻辑实现比较简单，将原事故重合闸的启动条件由事故启动扩展为合闸启动即可，只需要一个合闸信息即可启动后加速。

除了相间短路，合闸保护还兼容了零序电流、小电流单相接地等保护功能，均单独设立后加速保护定值区域。合闸保护正向闭锁逻辑图如图 6-17 所示。

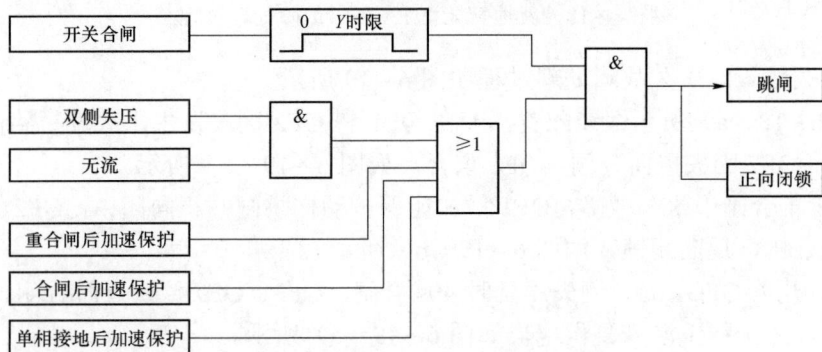

图 6-17　合闸保护正向闭锁逻辑图

3. 相间短路故障处理自愈控制过程

就地智能型 FA 瞬时故障处理过程如图 6-18 所示，图 6-18（a）所示为一个两联络的馈线，变电站出线开关延时速断时间定值 0.3s，$\Delta t$ 为 0.15s，重合闸延时时间为 3s。首开关 QF1 速断配为 0.15s，馈线末端开关 QF6、QF7 延时配为 0s，其他开关只能配 0.15s，联络开关延时速断也配为 0.15s。限时电流保护延时时间按出线开关延时时间同理配置，所有分段开关 $X/S$ 时限均为 7s，$Y$ 时限为 5s，$Z$ 时限设为 2s。联络开关 QFC1 的 $X_L$ 时限为 40s，QFC2 的 $X_L$ 时限为 80s，$Y_L$ 时限均为 5s。

以此时间级差配合为例，讨论馈线发生速断故障时 FA 过程。

（1）瞬时故障。

1）若在 QF1 和 QF2 区段发生瞬时短路故障，QF1 跳闸（QF 保护时间未到不跳闸），QF2～QF7 失压跳闸，如图 6-18（b）所示。

2）QF1 重合闸，重合闸成功，如图 6-18（c）所示。

3）QF2、QF4 一侧得电，延时 $X$ 时限合闸；然后 QF3、QF7、QF5、QF6 得电依次合闸，全部恢复供电，QFC1、QFC2 的 $X_L$ 计数时间未到，$X_L$ 时限复归，瞬时故障处理完毕，如图 6-18（d）所示。

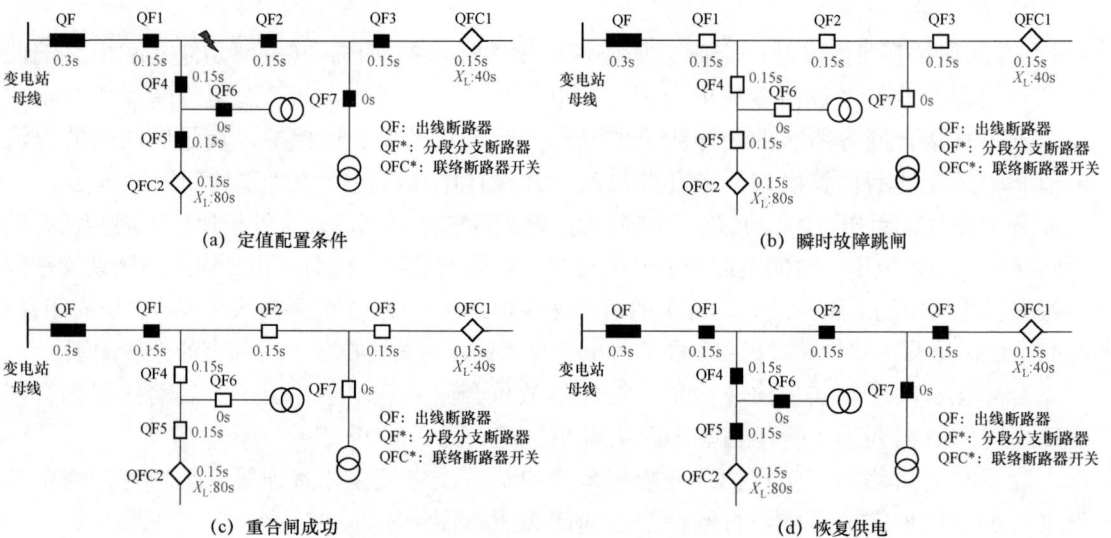

图 6-18　就地智能型 FA 瞬时故障处理过程

（2）永久故障。永久故障处理过程如图 6-19 所示。

1）图 6-18（a）所示馈线配置，若在 QF1 和 QF2 区段发生永久性短路故障，QF1 跳闸，QF2～QF7 因失电而分闸，QF1 重合，如图 6-19（a）所示。

2）QF1 重合闸于永久故障，QF1 后加速保护动作跳闸并正向闭锁，QF2、QF4 监测到瞬时来电残压，反向闭锁，如图 6-19（b）所示。

3）联络开关 QFC1 因一侧失压延时 40s 合闸，QF3、QF7 依次延时合闸，QF2 反向闭锁不合闸，主干线下游恢复供电，如图 6-19（c）所示。

4）联络开关 QFC2 因一侧失压延时 80s 合闸，QF5、QF6 依次延时合闸，QF4 反向闭锁不合闸，支线下游恢复供电，如图 6-19（d）所示。

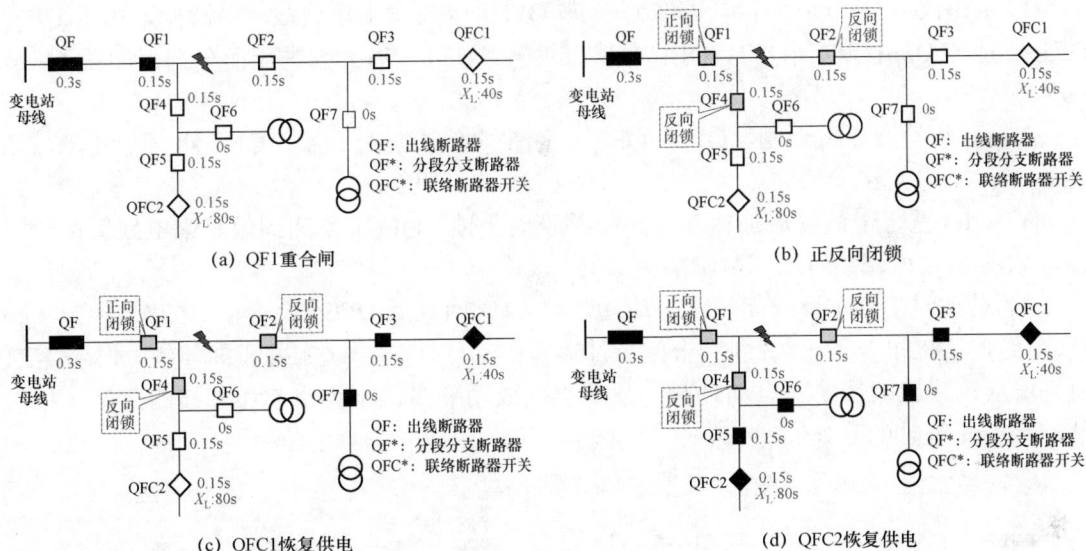

(a) QF1 重合闸

(b) 正反向闭锁

(c) QFC1 恢复供电

(d) QFC2 恢复供电

图 6-19　永久故障处理过程

4. 残压闭锁失效补救与越级跳闸自动纠正能

（1）残压闭锁不可靠安全补救。残压不锁缺陷自动补救功能如图 6-20 所示。

1）若 QF1 重合闸时 QF4 短时来电残压闭锁不成功，如图 6-20（a）所示。

2）则当 QFC2 合闸，QF5 合闸，QF4 负荷侧来电就会延时合闸于故障，如图 6-20（b）所示。

3）QF4 合闸后加速保护动作跳闸并正向闭锁，隔离故障区段，如图 6-20（c）所示。

可见，就地智能型对残压闭锁有自动纠正措施，即控制自愈功能较强。

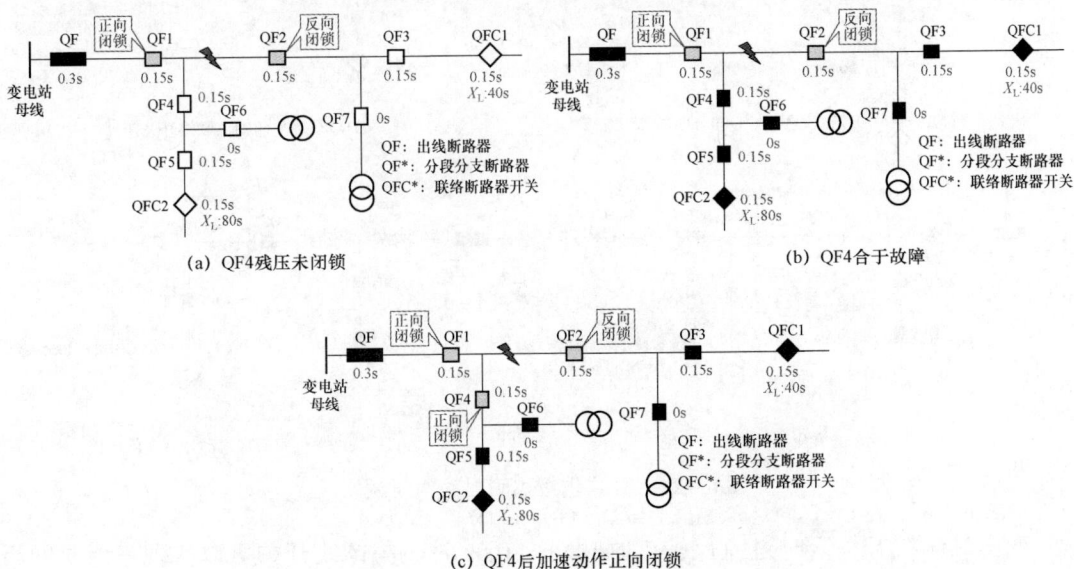

(a) QF4 残压未闭锁

(b) QF4 合于故障

(c) QF4 后加速动作正向闭锁

图 6-20　残压不锁缺陷自动补救功能

（2）故障越级跳闸的自动纠正功能。故障越级跳闸自动纠正逻辑如图 6-21 所示。

1）如图 6-21（a）所示，若在 QF3 与 QFC1 区段发生短路故障、跳闸，由于 QF2、QF1 延时与 QF3 相同，QF2、QF1 会越级跳闸。QF4～QF7 因失压而分闸，如图 6-21（b）所示。

2）QF1 检有压重合闸，QF2～QF7 一侧来电依次延时合闸，QF3 重合于故障，如图 6-21（c）所示。

3）QF3 重合于故障后加速动作跳闸并正向闭锁。QFC1 监测到短时来电残压反向闭锁，如图 6-21（d）所示，故障隔离成功。

4）若此时 QFC1 反向闭锁没有成功，则 $X_L$ 时间到后 QFC1 会合闸，如图 6-21（e）所示；这时 QFC1 合于永久故障，合闸后加速保护动作，QFC1 跳闸并正向闭锁，如图 6-21（f）所示，残压闭锁缺陷自动补救，故障再次成功隔离，不会引起相邻线路跳闸（相邻线路保护无延时的除外）。

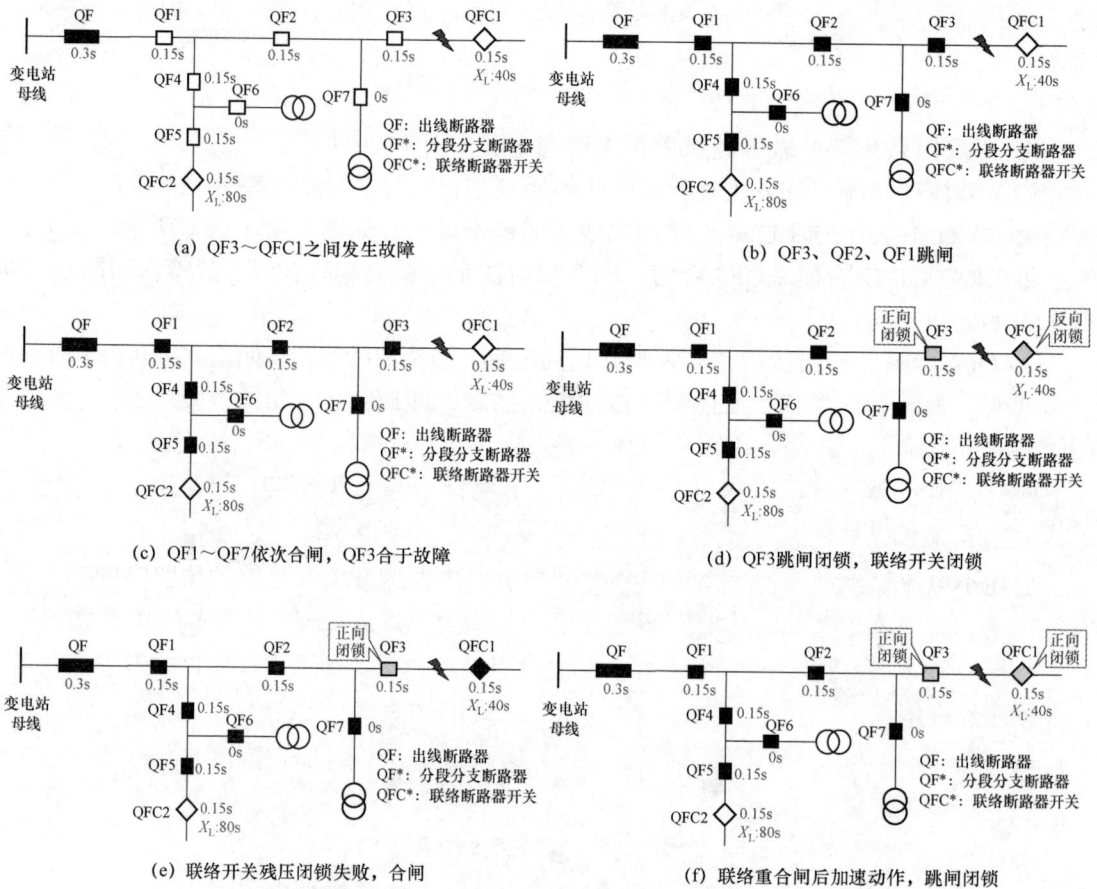

(a) QF3～QFC1 之间发生故障

(b) QF3、QF2、QF1 跳闸

(c) QF1～QF7 依次合闸，QF3 合于故障

(d) QF3 跳闸闭锁，联络开关闭锁

(e) 联络开关残压闭锁失败，合闸

(f) 联络重合闸后加速动作，跳闸闭锁

图 6-21　故障越级跳闸自动纠正逻辑

变电站出线开关限时过流保护延时时间为 0.6s 时，与馈线开关可以实现三级时间级差配合，过电流故障时的越级跳闸开关更少。

5. 单相接地故障处理的兼容性

（1）小电阻接地故障保护处理。变电站为小电阻或直接接地方式时，采用零序电流保护切除接地故障。零序电流是一二次融合配电开关终端的基本功能。按有关标准规程，馈线开关投入零序电流保护功能，与变电站零序保护进行时间级差配合，零序保护动作作为重合闸启动条件即可。发生接地故障时故障区段上游开关利用时间配合跳闸隔离故障，进行重合闸区分永久或瞬时故障，为永久故障时零序电流后加速动作跳闸，进行正向闭锁，故障区段下游开关残压闭锁，联络开关延时合闸恢复供电。小电阻接地故障与短路故障处理过程完全相同，不再赘述。本 FA 方案是完全兼容小电阻单相接地故障处理要求。

（2）小电流接地故障处理的兼容。

1）小电流接地保护的配置与配合。变电站为小电流接地方式时，馈线开关终端投入小电流接地保护及就地智能型 FA 功能。变电站具备小电流接地选线装置的可与其配合，没有则馈线开关智能终端独立完成接地故障的隔离与非故障区段的恢复供电。

对于小电流接地配电网架空线路，变电站小电流单相接地的跳闸延迟时间一般设为 20s，馈线开关一般设为 15s，最短为 10s。馈线接地保护时间级差可设为 2~3s，重合闸后加速动作延时时间一般配为 3s。

2）小电流接地故障处理过程。小电流接地保护跳闸与配合处理逻辑如图 6-22 所示。最远的联络开关 QFC1 的接地延时跳闸时间若设为 15s，级差 2s，则变电站单相接地选线跳闸时间配为 23s，如图 6-22（a）所示。

若在 QF2 和 QF3 区段发生接地故障，QF2、QF1、QF 判为区内，QF2 延时时间到跳闸（QF1、QF 延时时间未到复归），QF3、QF7 因失电而分闸，如图 6-22（b）所示。

QF2 重合闸如图 6-22（c）所示，若为永久接地故障，QF2 合闸后监测到零序电压等接地特征，接地后加速保护动作跳闸并设立"正向闭锁"标志，不再重合闸，QF3、QF7 监测到瞬时来电残压，反向闭锁如图 6-22（d）所示。

联络开关 QF1 因一侧失压延时 51s 合闸，QF3 反向闭锁不合闸，主干线下游恢复供电，如图 6-22（e）所示。

上述小电流接地故障处理主要是靠时间配合，电源侧开关有足够的预留时间，不会越级跳闸。同时接地故障时线电压不变，故不存在残压检测不到而不能闭锁的问题。

分析表明本 FA 方案是完全兼容小电流单相接地故障处理要求，所以本方案满足各种单相接地故障的处理要求。

6. 兼容小电流接地故障处理的时限定值整定

（1）定值整定的特点。基于合闸保护的就地智能型 FA 时限整定原理与传统电压—时间型相同，但故障点电源侧开关跳闸与重合闸过程只有一次，比传统电压时间型两次跳闸、二次重合的过程整定计算要简单。

对于馈线开关部分采用具有合闸保护功能的就地智能型终端，为了兼容没有该功能的开关终端能够正确闭锁隔离故障，Y 时限要包含整条馈线及电源侧开关小电流接地故障保护跳闸的最长延时时间，符合一个时间段只有一个开关合闸的故障定位原则。

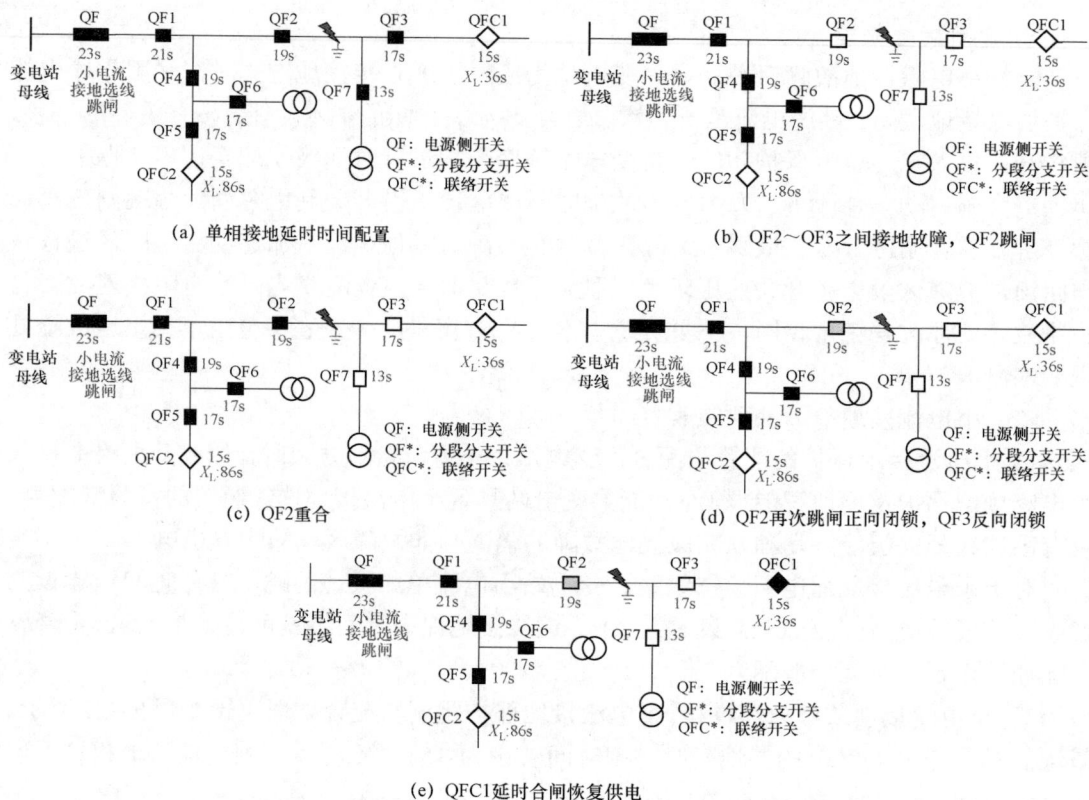

(a) 单相接地延时时间配置

(b) QF2~QF3之间接地故障，QF2跳闸

(c) QF2重合

(d) QF2再次跳闸正向闭锁，QF3反向闭锁

(e) QFC1延时合闸恢复供电

图 6-22　小电流接地保护跳闸与配合处理逻辑

对于馈线开关全部采用合闸保护功能的就地智能型终端，故障定位闭锁依靠合闸保护功能而不依赖电源侧开关跳闸失压，所以 $Y$ 时限不必要包含整条馈线及电源侧开关小电流接地故障保护跳闸的最长延时时间。同一层的多个分支开关也可采用相同的 $X$ 时限，简化了时限整定。

（2）分段开关时限整定。

1）$Z$ 时限按式（6-1）计算，在变电站母联备自投切换时间上加裕度 $T_d$ 即可。

2）$Y$ 时限整定。

a. 对于馈线开关终端没有全部安装合闸保护就地智能型开关终端的情形，若按传统的电压—时间型式（6-2），$Y > T_p + Z + T_y$，$T_p$ 为电源侧继电保护跳闸切除故障的最长延时时间，取变电站小电流单相接地保护跳闸延时时间，一般为20s左右，裕度 $T_y$ 取1s，$Z$ 时限为6s时，则 $Y$ 可达27s。可见这种传统模式 $Y$ 时限整定要兼容小电流单相接地故障，时间很长。

b. 对于馈线全部安装了基于合闸保护就地智能型开关终端的情形，由本开关后加速保护跳闸来隔离接地故障并闭锁开关，$Y$ 时限可以不考虑电源侧开关接地保护跳闸隔离故障本失压进行闭锁的情况，$Y$ 时限的整定仅考虑本开关接地故障重合闸后加速跳闸的延时时间即可，若接地故障重合闸后加速跳闸延时时间为4s，则 $Y$ 时限可以整定为5s。

3）$X$时限整定。

传统的电压—时间型，若按式（6-5），取$X=1\Delta t_x$，按式（6-4），$\Delta t_x=Y+T_y$。

a. 对于馈线部分开关终端没有合闸保护就地智能型功能的开关终端，裕度$T_y$设2s时，则$X$可设为29s。

b. 对于馈线全部安装了合闸保护就地智能型开关终端的情形，通常$X$时限可以整定为7s。

（3）联络开关定值整定。

基于合闸保护的就地智能型FA联络开关$Y_L$时限的整定与分段开关$Y$时限的整定相同，$X_L$时限整定采用电压—时间型基本原理，即$X_L$时限应大于其两侧配电线路发生永久故障后，电源侧断路器与分段开关顺序重合所需的故障处理过程的最长持续时间$T_s$加一个裕度时间$T_y$。

1）第一个合闸的联络开关的延时时间。按式（6-6），对本侧线路（第一条线路）有：

$$T_{s,1}=T_{R1}+\sum_{i=1}^{m+1}X_{1i} \qquad (6-12)$$

式中　$m$——与电源侧开关到本连联络开关之间的开关数量。

对另一侧线路有：

$$T_{s,2}=T_{R2}+\sum_{i=1}^{n+1}X_{2i} \qquad (6-13)$$

按式（6-9），$T_{s,1}$与$T_{s,2}$取大者，得到第一个联络开关延时时间$X_{L1}$：

$$T_S=\max(T_{s,1},T_{s,2}) \qquad (6-14)$$

有：

$$X_{L1}>T_s+T_y \qquad (6-15)$$

式中　$T_y$——裕度时间，可取5s。

2）第二个合闸的联络开关的延时时间。第二个联络开关一侧失压延时合闸时间$X_{L2}$时限要取故障跳闸后第一个联络开关延时合闸时间$X_{L1}$时限加上：第一个联络开关到第二个联络开关的供电延时时间再加裕度时间，粗略的有：

$$X_{L2}=\sum_{j=1}^{l+1}X_j+X_{L1}+T_y \qquad (6-16)$$

式中　$l$——第二联络开关至第一联络开关之间的开关个数。

同时，第二个联络开关的延时合闸时间也要与其相邻线路的延时合闸时间进行校验，取两者最大值，同时满足两条线路的配合要求。

若有第三个合闸联络开关，其整定方法要按躲开第一个和第二个联络开关合闸送电到本联络开关的时间，不再详细介绍。

（4）兼容小电流接地功能的时限整定示例。

兼容小电流接地的$X-Y$时限整定配置如图6-23所示。图6-23（a）为馈线部分安装该就地智能型功能的开关终端，完全兼容小电流接地故障FA的$X-Y$时限完全整定配置图。架空馈线开关接地故障最小延时时间设为 15s，接地保护时间级差设为 2s，则变电站接地保护跳闸延时为 23s，重合闸延时时间设为 3s，$Z$ 时限为 6s，则 $Y$ 时限为 30s，$X$ 时限为 32s。整定得到联络开关 QFC1 的 $X_L$ 时限为 136s（裕度 5s），QFC2 的 $X_L$ 时限为 269s。可见兼容接地保护的 $X_L$、$Y_L$ 时限定值是比纯短路故障的时间要长，但在 4min 内能够自动恢复非故障区域供电。

图 6−23（b）为馈线全部安装具有就地智能型功能的开关终端，兼容小电流接地故障 FA 的 $X−Y$ 时限简化整定配置图。架空馈线开关接地故障最小延时时间设为 15s，接地保护时间级差设为 2s，则变电站接地保护跳闸延时为 23s，重合闸延时时间设为 3s，$Z$ 时限为 2s。因为接地故障每个开关自身可以闭锁，不需要 $Y$ 时限包含变电站出线开关选线接地保护跳闸的最长时间，$Y$ 时限仍设为 5s，$X$ 时限设为 7s。整定得到联络开关 QLC1 的 $X_L$ 时限为 36s（裕度 5s），QLC2 的 $X_L$ 时限为 86s。

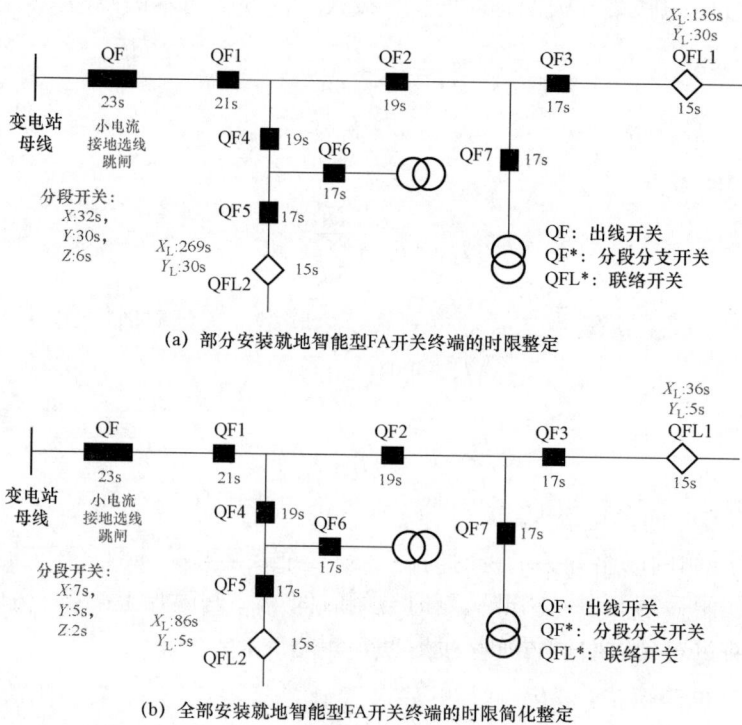

(a) 部分安装就地智能型FA开关终端的时限整定

(b) 全部安装就地智能型FA开关终端的时限简化整定

图 6−23　兼容小电流接地的 $X−Y$ 时限整定配置图

### 7. 运行方式自适应技术

上述仅介绍了配电网正常运行情况下的 FA 技术，对于联络开关互供时馈线反向运行情况，为了 FA 正常工作，有的资料提出改变定值的方法、联络开关转为分段开关工作模式的方法等，给配电网运维带来困难。在此仅讨论 FA 自适应技术，无需改变定值和开关工作模式，自动适应配电网联络开关短期互供的运行情况。

（1）短路故障的正反向保护自适应。反向运行定值配合需求情况如图 6−24 所示，配电网处于互供运行方式，联络开关 QFC1 处于合闸状态，给左侧线路供电，QF1 开关处于分闸状态。馈线正常运行时，馈线开关保护的电流定值随着远离电源逐级减小，时间定值也逐级递减，这对于反向供电的情况是没有选择性的。对于这个问题，应该设置正、反两套定值，通过功率方向信息自动选择定值，实现了保护的正反向运行自适应，特别是对于城网较短馈线的保护配合具有实用意义，正反向时间级差配置示例如图6-25所示。

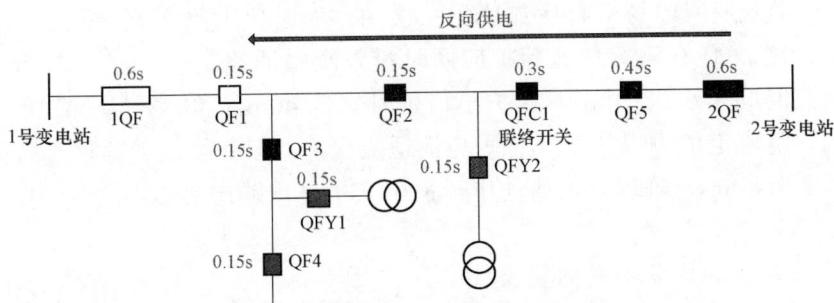

图6-24　反向运行定值配合需求情况

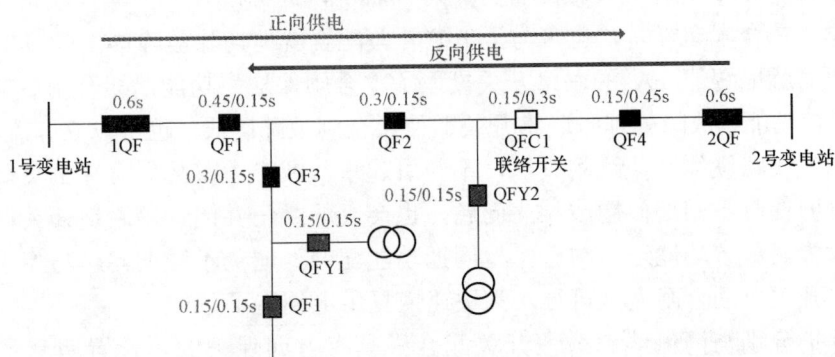

图6-25　正反向时间级差配置示例

线路运行方式、电源方向发生变化时，各馈线开关终端实时获得功率方向信息。发生故障时，根据故障功率方向自适应读取相应的保护定值，进行故障判断及故障隔离处理，提高了就地智能FA保护的选择性。

对于合闸后加速保护，为简单起见，电流定值可不按方向整定，取正、反向定值的小者即可，但应有励磁涌流制动功能。

（2）零序电流接地保护供电方向自适应。小电阻接地保护系统应根据功率方向自动实时获得系统运行方式，作为界内、界外接地判断条件。并根据监测到的零序有功功率方向或零序无功功率方向，判断故障区段，避免运行方式改变造成的界内、界外故障的误判，正确跳闸隔离故障。同时设置正、反两套定值，通过功率方向信息自动选择定值，避免反向运行的越级跳闸。

（3）单相接地故障反向供电自适应。小电流单相接地故障选线定位主要依赖零序电流与电压的方向与相角、零序有功功率方向、零序无功功率方向等进行判断，判据是在馈线正常运行方式即正向方式下设置的。馈线反向运行时，接地故障区内、区外方向特征正好相反。所以单相接地判断模块一直要检测馈线运行方式，并进行标记。当发现馈线反向运行时，将接地故障的区内/区外判定结果取反即可，逻辑简单，避免联络开关互供时错误判断。

8. 合闸后加速保护与励磁涌流

配电网励磁涌流是影响馈线开关合闸的重要因素。合闸后加速保护延时时间很短，电流定值小，励磁涌流容易引起后加速保护误动。为避免励磁涌流导致开关合闸失败，应采取如下措施：① 合闸后加速保护应同时投入励磁涌流制动功能；② 合闸后加速保护故障检测时间至少为 20ms，保护出口延时宜选 40ms；③ 没有励磁涌流制动功能的开关终端，电流定值可以比最小保护电流适当提高，但必须低于延时速断定值；延时时间定值至少为 80ms，确保后加速动作开关在 150ms 内跳闸息弧，并有 10~20ms 裕度时间。

9. 联络开关自动恢复供电的安全技术

（1）联络开关的保护功能与配置。

从就地智能 FA 的开关终端配置方案可以看出，同分段开关一样，联络开关也配置了保护功能，在合闸运行时，也可与上下游开关配合就地切除故障。

关键地，就地智能 FA 的联络开关投入了"合闸保护"功能，即合闸后加速保护与闭锁。有了该功能，故障处理时联络开关即使误合到故障区段，也可以立即跳闸并闭锁，不会引起相邻线路馈线开关跳闸失压，不会引起事故或扩大事故。合环倒负荷时，联络开关合闸时即使有不同期问题或相序问题，也会立即跳闸并闭锁，联络开关自动合闸的安全性大大提高。该功能还可与合闸检同期功能配合，避免不同期问题与相序问题的发生，使联络开关自动合闸完全可行，为快速恢复供电创造了条件。

电流保护分别与两侧线路分段开关配合。具有方向保护的，设置两套定值，按运行方式自动选取。没有方向保护时，兼容两条线路，取小者；延时时间可取一个时间级差$\Delta t$。

合闸后加速保护，电流定值选两条线路的小者，时间为一个级差$\Delta t$，应具有防励磁涌流制动功能。

联络开关一般不配备重合闸功能。对于合闸运行时间较长的联络开关，供电可靠性要求较高的，应按运行规程规定转换为分段开关。

推荐联络开关投入检同期功能，合闸启动检同期，符合条件自动合闸，不符合条件则告警。

（2）联络开关自动恢复供电的安全技术措施。联络开关自动合闸恢复供电是在发生故障情况下的动作逻辑，对相邻线路无故障操作停电造成的一侧失压，往往不能启动一侧失压的自动延时合闸功能。这时需要将联络开关的模式手柄置于"手动"模式，需要去现场操作。为了方便运行操作采取如下方案：在终端具有"手动/自动"工作模式转换开关的基础上，给联络开关增加由调度远方操作的"手动/自动"软压版。只有当"手动/自动"转换开关及"手动/自动"软压版皆为"自动"模式时，联络开关才投入自动功能，即执行一侧失压延时 $X_L$ 时限合闸之功能。联络开关"手动/自动"软压版由主站遥控设置，而开关终端上的"手动/自动"转换手柄由运维人员现场操作。同时将"手动/自动"硬压板及软压板所处状态在主站调控画面实时显示，调度人员一目了然，确保人工停电不会误送电。

（3）一种联络开关自动转供的安全方案。

联络开关自动合闸功能一般在发生事故时希望自动合闸恢复供电，但在倒电源操作而失压时又不希望自动送电。虽然设备上及调度运维规程都有安全措施，但管理和运维人员仍然担心操作失压的自动送电安全隐患。如果联络开关能够自动分辨出一侧失压是由于发生事故而造成而非正常操作，则自动合闸，否则不自动合闸，从技术原理上可以防止操作误送电的发生，可以消除这一安全隐患。

实际上，事故跳闸时至少有一个 50ms 的过渡过程，这个过程电压会有明显特征。如相间短路，其各个线电压的幅值及相电压的相位有明显的变化过程，接地故障的相电压变化有显著特征，而开关操作分闸则没有这些故障特征。上述特征可作为联络开关自动合闸的判据，有故障特征可启动自动合闸恢复供电过程，无特征则不启动，从而达到保障配电网运维安全、提高供电可靠性的目的。该功能目前正在开发试验中。

## 四、小结

（1）电压—时间型及自适应综合型的优缺点。传统电压—时间型 FA 是最经典的就地型 FA 技术，可以准确隔离故障。自适应综合型 FA 能优先隔离故障分支，无故障分支线路可以一次性送电成功，提高了 FA 的安全性。两种方式的不足是需要变电站重合 2 次才能切除故障，对配电网冲击较大；存在"残压闭锁"不可靠问题，联络开关难以投入自动合闸功能，下游非故障区段的恢复需要主站和人工参与。自适应综合型恢复供电速度稍慢，大约需要 3~5min 才能完成 FA。

（2）基于合闸保护的就地智能 FA 技术的优缺点。就地智能 FA 技术汲取了继电保护就地快速切除故障与电压—时间型准确定位故障的优点，并兼容单相接地故障处理功能，具有如下优点：

1）发生事故时快速切除故障，准确隔离故障，不会引起变电站跳闸，不会全线失压。

2）越级跳闸能自动纠正，残压闭锁缺陷能自动补救，FA 的自动化程度高。

3）联络开关自动合闸有安全保护机制，不会引起相邻电路跳闸，可以自动快速恢复下游非故障区段供电，不需要主站和人工参与，大大提高了供电可靠性。

4）兼容接地故障处理功能，适应分布式电源接入。

5）$X$ 时限配置一致，定值整定更简单。

6）FA 更加高效，故障隔离为秒级，恢复供电时间 1~2min。

7）新旧设备可以兼容运行，避免大拆大建，投资低、见效快。

不足之处是需要变电站出线开关保护需留出配合时间。

从上述过程可以看出，基于合闸保护的就地智能 FA 真正实现配网馈线故障的自愈控制。三种常见就地型 FA 功能比较见表 6-1。

表 6-1 　　　　　　　　　　　　三种常见就地型 FA 功能比较

| 类型 　　　　　　　　　　　　　功能 | 电压—时间型 | 自适应综合型 | 就地智能型 |
|---|---|---|---|
| 变电站出线开关跳闸次数 | 2 | 2 | 0 |
| 准确隔离故障 | 是 | 是 | 是 |
| 优先隔离故障分支 | 否 | 是 | 是 |
| 无故障分支一次送电成功 | 否 | 是 | 是 |
| 残压闭锁是否可靠 | 否 | 否 | 可自动补救 |
| 联络开关自动合闸是否有引起相邻线路跳闸的可能性 | 有 | 有 | 无 |
| 故障隔离时间 | 一般（1min） | 最长（3~5min） | 最快（小于 1min） |
| 自动恢复下游非故障区域供电 | 否 | 否 | 是 |
| 合环运行有无保护措施 | 无 | 无 | 有 |
| 变电站出线开关保护延时 | 不需要 | 不需要 | 需要 |

# 第三节　分布智能 FA 自愈控制

分布式智能型 FA 指配电终端通过相互通信配合，无需配电自动化主站参与即可实现故障自主判断和自动隔离，快速恢复非故障区域供电。分布式智能型 FA 适应开环运行的单电源配电网、闭环运行的含分布式电源的多电源配电网，既能处理短路故障，又能处理单相接地故障，实现了智能化自愈控制功能。

分布式 FA 早期有邻域交互型、区域速动型、区域缓动型等模式，目前邻域交互型已不再需要变电站出线开关参与信息交互，区域速动型已取消了控制器，两种技术相互融合，没有本质区别。邻域交互及速动型分布式 FA 的信息交互延迟要求很短，一般采用光纤专网通信，近年利用 5G 的高可靠低延时（uRLLC）切片的端对端通信技术进行了试验，证明该技术可行。分布智能 FA 技术主要应用于供电可靠性要求很高的 A+ 及 A 类核心供电区域。本节将详细介绍邻域交互智能 FA 技术，分布式 FA 只做简单介绍，缓动型实际应用很少，不再介绍。

## 一、邻域交互故障定位隔离基本原理

1. 端点区段定义及模型

（1）配电区段与端点的定义。将配电网馈线上由开关和末梢点围成的，其中不再包含开关的子网络称作最小配电区段（简称区段），区段是配电网中所能隔离的最小单元。将围成最小区段的开关节点、末梢点和电源节点称为最小区段的"端点"。末梢端点是个特殊的逻辑端点，只代表不会有故障指向末梢端点之外。

单电源开环运行的配电区段如图 6-26 所示，虚线圈所示为区段。如 1QF、QF1、QF3 开关为端点围成区段 a，QF1、QF4、QF2、QF5 开关为端点围成了区段 b。QF1 是区段 a 的端点开关，又是区段 b 的端点开关。除了电源点开关（如 1QF、2QF），一个馈线开关总是两个区段的共同端点，一个开关端点不可能连接两个以上的区段。

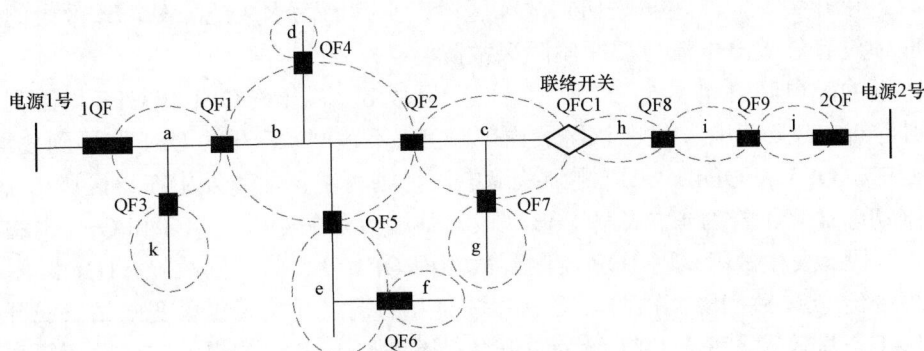

图 6-26　单电源开环运行的配电区段

（2）配电区段与端点模型。故障定位首先要建立端点开关与区段的关系，在此提出一种非常简单的数据结构表述这种结构与关系。把一个端点开关记作 $QF_i$，按照 IEC 61968、IEC 61970 标准配电网公共信息模型（Common Information Model，CIM），有：

$$QF_i = \{开关名称, 编号, IP地址, \cdots, 开关类型, \cdots\} \tag{6-17}$$

配电网馈线中，除了电源点开关端点只连接一个配电区段，馈线上的端点开关 $QF_i$ 连接 a、b 两个区段，我们记作区段 $DS_a$ 和 $DS_b$，区段包含的端点开关可以表达为：

$$DS_x = \{M, QF_i, QF_{i+1}, \cdots, QF_M\}(x = a, b) \tag{6-18}$$

式中　$M$——本区段包含端点开关数量。

$$QF_i = DS_a \cap DS_b \tag{6-19}$$

$QF_i$ 开关隔离故障后，可以合闸恢复供电的联络开关之集合记作 $CQFC_i$，分布式邻域交互 FA 终端中需要配置。

$$CQFC_i = \{C, QFC_1, QFC_2, \cdots, QFC_j, \cdots, QFC_C\} \tag{6-20}$$

式中　$C$——可恢复供电的联络开关数量；

　　$QFC_j$——$QF_i$ 隔离故障跳闸后可以恢复供电的联络开关，当没有可以恢复供电的联络开关时 $C$ 为 0，即不能恢复，如分支区段故障下游没有联络开关不能恢复的情况。

上述配电区段及开关端点的表述信息可由配电自动化主站通过基于 IEC 61968、IEC 61970 标准的 CIM 信息、图模拓扑（SVG）信息检索提取生成，作为运行参数下装分布智能配电终端，否则由人工配置。

2. 故障定位基本原理

（1）单电源开环运行方式短路故障判断定位。对于开环运行的配电网，每个区段只有一个电源端点，区段的短路故障定位规则为：

1）若一个配电区段有且只有一个端点开关有故障电流，则故障发生在该区段内部；否则，故障就没有发生在该区段内部。

2）馈线开关的故障隔离规则为：一个开关为端点的两个配电区段内部都没有发生故障，则即使该开关流过了故障电流也不能跳闸；只有该开关为端点的一个区段内部发生故障时，该开关才立即跳闸来切除故障区段；当判断为永久故障时，该区段的所有端点开关即使没有过故障电流也要跳闸隔离故障。

多电源的配电区段如图 6-27 所示，对于区段 b，若开关 QF1 和 QF2 均监测到故障电流，则可断定故障没有发生在该区段内部，QF1 不跳闸。若开关 QF1 监测到故障电流，而开关 QF2、QF3 和 QF4 均未监测到故障电流，则可断定故障发生在该区段内部，QF1 开关跳闸切除故障，若为永久故障，该区段其他端点开关 QF2、QF3 和 QF4 也跳闸隔离故障。若区段 a 发生故障，则 1QF 监测到故障而 QF1 没有监测到故障，1QF 跳闸切除故障并发指令给 QF1 跳闸隔离故障。可见邻域交互的端点开关应包含变电站出线开关，但工程改造工作量较大，可将 QF1 设为首开关，不需要 1QF 参与也能完成故障隔离，将在后面介绍解决方案。

对于中性点直接接地或经小电阻接地配电网的零序电流接地故障保护，上述方法也是适用的。

（2）多电源闭环运行方式短路故障判断定位。对于闭环运行或有大量分布式电源接入的配电网，配电区段的短路故障定位规则为：

1）如果一个区段至少有一个开关端点监测到故障电流且故障功率方向指向该区段的内部，而没有开关端点的故障功率方向指向该区段的外部，则故障就在该区段内部。

2）其馈线开关的故障隔离规则为：若一个开关为端点的两个区段内部都没有发生故障，则即使该开关流过了故障电流也没有必要跳闸来隔离故障区段；只有当该开关为端点的一个区段内部发生故障时，该开关才立即跳闸来切除本故障区段；当判断为永久故障时，该区段的所有端点开关即使没有流过故障电流也要跳闸隔离故障。

图 6-27 中的区段 b，若开关 QF1 和 QF2 均发布了故障信息且故障功率方向指向该区段内部，且开关 QF3、QF4 未发布故障功率方向信息，则可断定故障发生在该区段中；这时 QF1 和 QF2 要跳闸切除故障，当判断为永久故障时，该区段的其他端点开关 QF3、QF4 都要跳闸隔离故障。若开关 QF1 和 QF2 均发布了故障信息且故障功率方向指向该区段内部，开关 QF3 也发布了故障信息且故障功率方向指向该区段外部，则可断定故障没

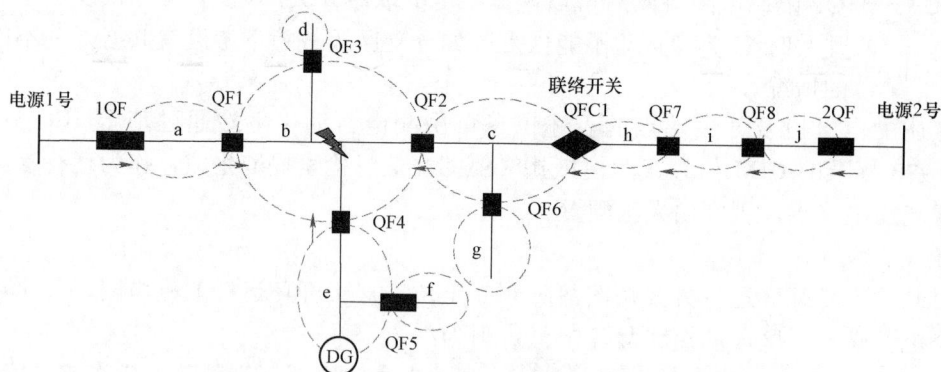

图 6-27　多电源的配电区段

有发生在 b 区段中，端点开关 QF1、QF2 虽然流过故障电流但不跳闸。若区段 a 发生故障，则 1QF 和 QF1 都监测到故障，需要 1QF 和 QF1 同时跳闸隔离故障，将在后面详细介绍 QF1 设为首开关的解决方案。

实际上，在配电终端能够获得故障功率方向的基础上，闭环运行方式的故障区段定位原理完全包含了开环运行方式故障区段定位的需要，而且闭环运行方式还适应分布式电源大量接入的配电网馈线等更多应用场景。

（3）配电网小电流单相接地故障判断与隔离。配电网小电流单相接地配电区段的故障定位可基于故障定位规则，只是将短路故障信号用接地故障信号代替，将故障功率方向用接地方向代替。接地故障区内即为短路功率方向指向区段内部，两者是一致的。其接地故障定位规则为：

1）如果一个区段至少有一个开关端点监测到接地故障且故障方向指向该区段的内部，而没有开关端点的接地故障方向指向该区段的外部，则接地故障在该区段内部。上述故障特征实际上与闭环运行配电网的故障功率方向是相同的。

2）馈线开关接地故障隔离规则为：若一个开关为端点的所有区段内部都没有发生接地故障，则即使该开关监测到接地故障也没有必要跳闸来隔离故障区段；只有当以某一个开关为端点的一个区段内部发生故障时，该开关才延时跳闸来隔离本区段故障；当判断为永久故障时，该区段的所有端点开关即使没有监测到接地故障也要跳闸隔离接地故障。

小电流接地故障方向特征如图 6-28 所示，图中配电网区段 b，若开关 QF1 和 QF2 发布了接地故障信息且接地故障方向指向该区段内部，且开关 QF3、QF4 即使未监测到而未发布故障方向信息，则可断定故障发生在该区段中；这时 QF1 和 QF2 要跳闸隔离故障，当判断为永久故障时，该区段的其他端点开关 QF3、QF4 都要跳闸隔离故障。若开关 QF1 和 QF2 均发布了故障信息且故障方向指向该区段内部，开关 QF4 也发布了故障信息且故障方向指向该区段外部，则可断定故障没有发生在 b 区段中，端点开关 QF1、QF2 虽然检测到故障信息也不跳闸。若区段 a 发生故障，则 1QF 和 QF1 都监测到故障，需要 1QF 和 QF1 同时跳闸隔离故障。

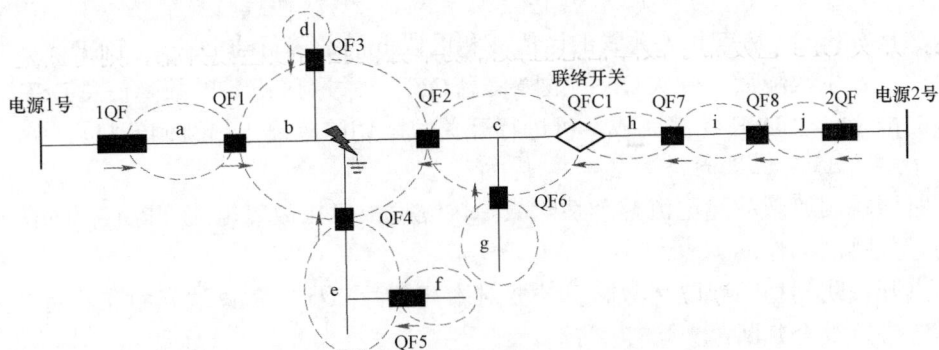

图 6-28　小电流接地故障方向特征

3. 故障区段判断定位的基本算法

（1）故障信息交互收集。目前智能配电终端的三相工频电气量数字傅立叶变换

（DFT）算法包含潮流功率方向、故障功率方向及故障电流相角等信息，这些数据处理算法成为配电终端的基本功能，继电保护及故障处理 FA 等应用模块可直接读取利用，满足邻域交互智能自愈控制应用需求，在此不再赘述。

1）故障信息采集要求。

a. 过电流故障的判断条件是本馈线最小的过电流定值及最短延时时间（含后加速），延时时间可取 20ms。

b. 单相接地故障的判断条件是本馈线接地故障最短延时时间（含后加速）。

2）需要收集的信息。

a. 所有的过电流故障信息，包括各相序。

b. 所有的过电流故障功率方向信息（多电源配网、闭环运行必备）。

c. 所有的小电流单相接地故障信息，包括接地故障方向（区内/区外）。

d. 所有的断线故障信息，包括接地故障方向；断线复合小电流单相接地故障信息，包括接地故障方向（包括断线故障隔离时）。

3）需要收集信息的范围。本开关关联的区段 a 的所有端点开关和区段 b 的所有端点开关。

（2）故障区段判断算法。开关 $QF_i$ 的故障标志用 $QFF_i$ 表述；区段 $DS_x$ 的故障标志用 $DSF_x$ 表述。

正常运行时 $QFF_i=0$，$DSF_a=0$，$DSF_b=0$，表示无故障。当开关 $QF_i$ 检测到故障时，对 $DS_x$ 区段，根据故障功率方向信息，端点开关的故障标志采用下式获得：

$$QFF_i=\begin{cases}0, & \text{无故障正常运行}\\1, & \text{有故障指向}DS_x\text{区段内}\\-1, & \text{有故障指向}DS_x\text{区段外}\end{cases} \qquad (6-21)$$

这时等待接收其他端点开关 $QFF_i$ 的故障信息，延时时间到后，计算 $DS_x$ 的故障标志：

$$DSF_x=\begin{cases}0, & \text{无故障}(QFF_i=-1\text{或}QFF_i=0)\\1, & \text{有故障}(QFF_i=1)\end{cases} \quad i=1,2,\cdots,M, x=(a,b) \quad (6-22)$$

依次计算出 $QF_i$ 端点开关关联的区段 a 和区段 b 的故障标志 $DSF_a$ 与 $DSF_b$。

至此，发生故障后，开关 $QF_i$ 的故障信息 $QFF_i$、关联区段 a 的故障信息 $DSF_a$、关联区段 b 的故障信息 $DSF_b$ 计算完成，可进行开关故障切除隔离出口跳闸计算。

4. 故障切除与区段隔离的基本算法

断路器跳闸遮蔽故障电流称为切除故障，隔离故障指故障电流切除过后的隔离故障区段的开关跳闸动作。

端点开关跳闸切除或隔离故障算法要对本开关故障标志和该端点相连的两个区段的故障标志进行综合判断：

（1）切除故障算法。当端点开关故障标志 $QFF_i=1$，故障功率指向区段故障标志 $DSF_x=1(x=a,b)$ 时，端点开关 $QF_i$ 跳闸隔离故障，配置一次重合闸可以区分瞬时故障和隔离永久故障，即 $QF_i$ 跳闸条件是：

$$QFA_i=QFF_i\cap DSF_x=1(QF_i\in DS_x, x=a,b) \qquad (6-23)$$

上述算法综合了两个配电区段公共端点开关跳闸逻辑。除了电源点开关，一个馈线开关是两个配电区段的共同端点，如图 6-26 的 QF2 开关，既是区段 b 的端点开关，也是区段 c 的端点开关。若在区段 c 判定有故障而需要 QF2 开关跳闸切除故障，但区段 b 判定无故障时，则执行跳闸逻辑。

变电站出线开关不参与邻域交互配合的情形，开环运行时由变电站出线开关负责切除区段 a 故障，闭环运行方式下对区段 a 故障切除不受影响。

（2）隔离故障区段算法。当端点开关 $QF_i$ 无故障（$QFF_i = 0$）而所处区段有故障（$DSF_x = 1$）时，该开关应按 $QFA_i$ 计算结果跳闸隔离故障动作，即：

$$QFA_i = \overline{QFF_i} \cap DSF_x = 1 (QF_i \in DS_x, x = a, b) \tag{6-24}$$

当收到隔离故障命令后，本端点开关跳闸隔离故障。

（3）恢复非故障区段供电。$QF_i$ 跳闸隔离故障后，根据 $CQFC_i$ 配置先向 $QFC_1$ 联络开关发出合闸恢复供电推荐信息，$CQFC_i$ 的集合数量 $C$ 为"0"则不发，收到 $QFC_1$ 合闸成功的回复后故障恢复完成；收到 $QFC_1$ 不能合闸的回复后，再向 $QFC_2$ 联络开关发出合闸恢复供电推荐信息，直至收到联络开关合闸成功信息或所关联的联络开关都不能合闸为止。

## 二、邻域交互智能自愈控制逻辑与流程

邻域交互分布式 FA 是馈线中相邻的开关之间交互故障信息，判断出本开关是否处于故障区段边界进行跳闸隔离故障、联络开关自动合闸恢复非故障区段供电的一种 FA 方法。

邻域交互分布式 FA 必须借助快速通信获得信息，在电源开关跳闸前隔离故障，同时融合了重合闸技术处理瞬时故障，故障处理不依赖主站而依靠具有智能终端的开关设备相互配合就能达到故障隔离和健全区段恢复供电的目的。其前提条件是变电站瞬时速断保护要留出约 0.15s 的配合时间。

1. 邻域交互馈线建模与故障处理过程

（1）邻域交互 FA 建模配置。

邻域交互 FA 自愈控制，各个开关要根据收集的故障信息判断是否处于故障区段，首先要对本开关端点及所处配电区段按上述方法进行建模，录入或从主站导入本开关及两个关联区段的设备配置信息、运行参数信息及各区段的恢复供电的联络开关信息，包括：

1）开关基本信息。包括名称代号、IP 地址、通信配置等标准规定内容。

2）区段 a 的各端点开关数量、每个开关的基本信息等。

3）区段 b 的各端点开关数量、每个开关的基本信息等。

4）本开关下游恢复供电的联络开关的基本信息等。

（2）故障启动、定位、切除与隔离、恢复。

1）正常运行时，邻域交互开关终端应实时记录一个负荷电流数据，用于故障后发给联络开关进行负荷校验。

2）本开关监测到故障，启动 FA，等待收集其他开关发送的信息；等待时间：光纤为 20ms，5G 通信最多为 40ms；然后按式（6-21）计算本开关故障标志。

3）本开关按式（6-22），分别计算区段 a、区段 b 是否为故障区段。

4）本开关按式（6-23）计算是否跳闸切除故障；若是，立即跳闸切除；对于架空线路重合一次，重合成功为瞬时故障，重合闸后又跳闸为永久故障并闭锁重合闸；电缆线路切除故障后不再重合；切除永久故障后通知故障区段其他端点开关组跳闸隔离故障。

5）有关开关收到切除故障的信息，按式（6-24）计算结果跳闸隔离故障，配有联络开关恢复供电的，给联络开关发出推荐合闸恢复供电命令，命令中包含跳闸前的负荷电流数据。

6）联络开关收到推荐合闸恢复供电的命令，将收到的需转移的负荷与主站下发的负荷余度进行比较，判断是否有过负荷，按条件逻辑命令开关合闸恢复供电，故障处理完成。

2. 邻域交互故障切除隔离控制逻辑

（1）分段开关故障定位、切除与隔离逻辑。一个端点开关总和 2 个区段相连，称作区段 a、b，如图 6-27 所示，QF1 开关连接区段 a 和区段 b。所以该端点开关要按 a、b 两个区段的故障隔离处理要求动作，下述逻辑融合了 a、b 两个区段的故障隔离要求。

若一个端点开关的配电终端检测到故障电流，首先发布过电流及方向信息，并根据故障功率方向判断指向 a 区还是 b 区。若指向 b 区，并收到 b 区的端点开关有一个指向区外，则故障不在 b 区，否则故障在 b 区，立即跳闸。若故障功率方向判断指向 a 区，则判断 a 区的端点开关是否有一个指向区外，否则立即跳闸。本开关虽无过电流，但根据收到信息判断出处于故障区段，收到跳闸命令，也进行跳闸。邻域交互故障切除与隔离逻辑图如图 6-29 所示。

上述逻辑兼容了变电站出线开关不能配合的首开关功能，无论是单电源开环运行还是多电源闭环运行，设置为首开关后不需要变电站出线开关 1QF 与其交互信息，都可以正确隔离故障。

（2）馈线分段开关拒动处理。负责切除故障的分段开关拒动会导致故障所在线路的变电站出线开关跳闸并且重合不能成功，从而扩大故障影响范围。

解决开关拒动问题的措施是：

1）若发出跳闸指令后开关未在规定时间（一般为 100ms）内分断，则认为该开关发生了拒动。

2）发生拒动的开关智能终端向其关联的电源侧区段（区段 a）各开关发送"开关拒动信息"。

3）区段 a 各端点收到"开关拒动信息"且检测到过电流故障的开关若处于合闸状态，则驱动开关跳闸并闭锁重合；若处于分闸状态则闭锁重合。

开关拒动补救跳闸逻辑如图 6-30 所示。

（3）下游开关拒动补救跳闸逻辑。开关检测到过电流故障，指向本区段，收到本区段其他开关的拒动补跳闸申请信息，本开关也是电源侧开关，跳闸隔离故障。

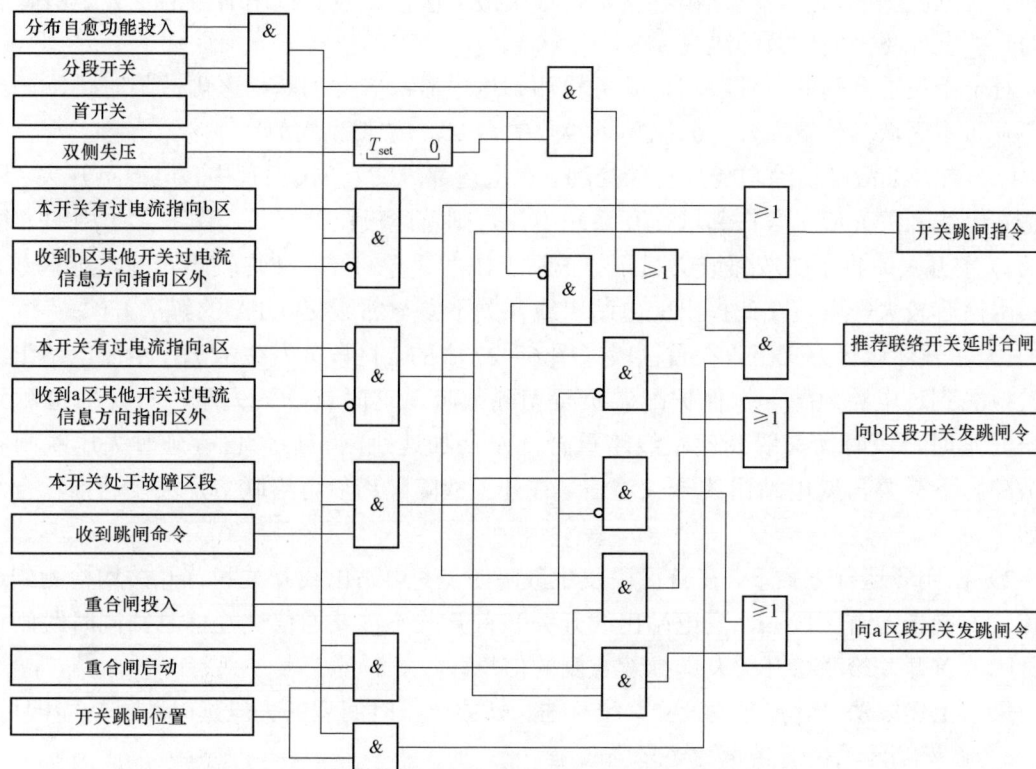

图 6-29　邻域交互故障切除与隔离逻辑图

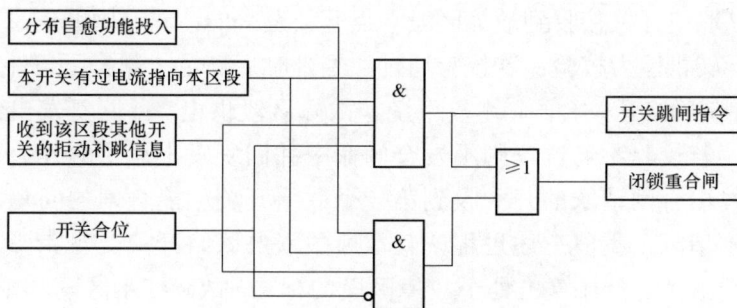

图 6-30　开关拒动补救跳闸逻辑

本逻辑解决了下游开关拒动的事故区域的进一步扩大，兼容下游开关为环网柜负荷开关的情形，适用于闭环运行的情况。

（4）瞬时故障与永久故障的处理。

架空线路应投入重合闸来区分瞬时与永久故障。投有重合闸功能的开关，邻域交互机制利用重合闸功能处理瞬时故障与永久故障。重合闸功能投入时，当一个端点开关过电流并判断为区内故障后立即跳闸，这时并不发布其他端点开关跳闸的命令，本区段其他端点开关先不跳闸。事故跳闸开关重合，重合成功为瞬时故障，立即恢复供电。重合后又跳闸则为永久故障，这时才发布其他端点开关跳闸隔离故障的命令。本区段其他端点开关根据收到的信息，判断出各自是否处于故障区段，收到跳闸命令后，处于故障区段的开关全部跳闸完成故障隔离。

对于不投重合闸的电缆线路，开关检测到过电流故障并判断为区内故障时跳闸，并立即发布本区域其他端点开关分闸隔离故障的命令，快速隔离故障。

（5）首开关故障切除与隔离特殊控制。在上述邻域交互 FA 原理中，电源点开关（即变电站出线开关）应包含在邻域交互系统中，否则首区段及首开关（图 6-27 中的 a 区段及 QF1 开关）将不能按邻域交互原理正常工作。这样的要求往往较难实施，对本方案的实用性有较大影响。在此提出变电站出线开关不参与邻域交互 FA 的解决方法：

1）在开环运行方式下，在首区段（图 6-27 中的 a 区段）发生故障，由变电站出线开关检测到过电流故障，按保护配置负责切除故障，这时首开关失压，首开关检测到失压并延时一段时间（躲开架空线路重合闸及后加速跳闸）后，自行延时失压跳闸隔离故障，不需要与变电站出线开关通信。首开关故障隔离后再给联络开关发送推荐合闸的信息。

2）在闭环运行方式下，在首区段发生故障时，变电站出线开关和首开关均检测到过电流，方向指向首区段 a，变电站出线开关和首开关不需要通信交互信息，同时跳闸切除故障，首开关给联络开关发送推荐合闸的信息。

采用上述方法，给首开关设立一个标志，开放电压时间型的失压延时跳闸功能即可。

3. 非故障区域恢复供电的逻辑与流程

（1）恢复供电的自愈控制流程。故障区段下游的非故障区段恢复供电的规则为：隔离故障的端点开关向其关联的第一个联络开关发出合闸恢复供电的请求，同时发送需恢复的负荷数据，联络开关接收到故障区段端点开关发来的请求合闸的信息及需要转供的负荷数据，进行转供能力校验；若校验通过，经延时后满足一侧失压条件及不处于故障区段的条件，控制联络开关合闸，恢复下游非故障区段供电，并回复发出命令的开关已合闸恢复供电；若校验不通过，则不发合闸命令并回复发出命令的开关过负荷不能合闸恢复供电。发出合闸请求的开关收到第一个联络开关不能合闸的回复，向第二个联络开关发出合闸请求，重复上述过程，直至所关联的联络开关交互完毕。若联络开关为故障区段的端点，则会计算出处于故障区段的标志，故障在本区段，将不执行合闸恢复流程。

（2）联络开关自动合闸逻辑。联络开关在正常运行方式下处于分闸状态，且其两侧均带电。若联络开关的一侧发生故障，则分段开关按照分布式 FA 控制原理自动实现故障区隔离，导致非故障区段失电，联络开关一侧失压。为使馈线非故障区段自动恢复供电，联络开关满足一侧失压而另一侧有压、故障不在联络开关所在区段、失压一侧有开关事故跳闸推荐联络开关合闸等条件下经延时后合闸，邻域交互联络开关自动合闸逻辑图如图 6-31 所示。其中联络开关判断本区段故障时禁止自动合闸，双侧有压禁止自动合闸，避免自动合环，TV 异常禁止自动合闸，避免误合。但遥控和终端人工操作合闸时合闸，满足合环倒负荷需要。

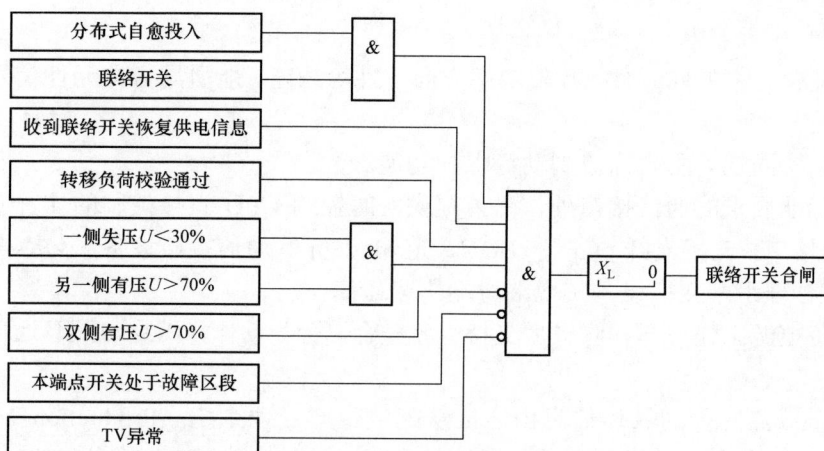

图 6-31　邻域交互联络开关自动合闸逻辑图

（3）联络开关恢复供电的流程。联络开关合闸控制流程如图 6-32 所示。

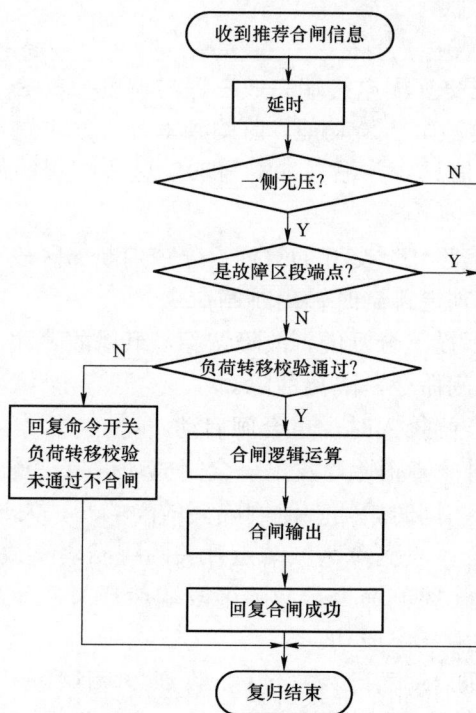

图 6-32　联络开关合闸控制流程

**4. 智能终端邻域交互功能实现**

（1）邻域交互智能终端基础功能。

1）配电终端应满足"三遥"配电终端的基本功能，平台化设计、模块化配置、功能扩展性好；推荐采用一二次融合型智能终端。

2）具有基本的过电流、接地故障告警功能，只投告警信号。

3）具有基本的保护功能，并可灵活投退。具有重合闸功能、后加速保护、邻域保护等，各自独立相互兼容。

4）需具备功率方向元件、故障功率方向元件等功能，能引用方向元件信号进行保护判定。

5）具备检同期、励磁涌流制动等保护功能。

6）除标准要求的通信接口外，另外提供实时控制 CPU 直接控制的 1 个以太网和 1 个串行通信接口，支持光纤 onu 及 ePON、光 Modem 等通信接口设备，支持 4G/5G 通信接口，通过合理组网交换设备实现端对端快速通信。

7）后备电源工作可靠，停电后支持"分—合—分"动作，满足与配套通信单元的供电能力。

8）每个端点开关的具体信息内容应从配电生产管理系统（Production Management System，PMS）获取，端点开关的信息应符合 IEC 61968/61970 标准的 CIM 模型。通过主站系统设备异动流程，从主站自动获取本端点开关关联的两个区段 $DS_a$ 与 $DS_b$ 的拓扑开关信息进而获得 CIM 模型信息，终端开机时自动申请下载，做到终端"即插即用"为最终目标。

（2）邻域交互功能实现。

1）正常运行时，邻域交互配电终端完成三遥与调度控制 SCADA、晨操作业等功能。

2）发生故障时，利用故障告警功能，监测到本开关发生过电流故障时，给本线路相关开关组播监测到的故障信息，并根据 $DS_a$ 与 $DS_b$ 区段配置的信息，收取本开关相邻开关的故障信息。

3）收到故障信息后按照邻域交互的算法，分别判断 a 区段及 b 区段是否故障，获得本开关是否跳闸的信息，判定跳闸时输出跳闸命令。

4）设置为电缆线路不投重合闸的，故障切除，组播故障跳闸信息，故障区段各端点开关收到该信息，发出跳闸命令，隔离故障。

5）对架空线路，重合闸投入时，重合闸启动。

6）重合闸成功，瞬时故障消除，发出重合闸成功信息；重合后再次跳闸，本开关未充满电而闭锁，不再重合，同时给需要跳闸隔离故障的开关发送跳闸隔离故障的命令。

7）故障区段各端点开关收到本区域端点开关的跳闸隔离故障命令后，判断是否处于故障区段并处于合位的发出跳闸命令，故障区段端点开关全部跳闸，并发布区段故障及开关位置的组播信息，故障隔离成功。

8）联络开关一侧失压启动故障恢复过程，收到故障区段被隔离的信息和推荐合闸的信息，经延时发出开关合闸指令，恢复下游非故障区段供电；联络开关按算法判定处于故障区段时被闭锁而不合闸。

9）表述端点开关与配电区段关联关系的信息必须进行存储，并能进行管理，即录入或导入、修改编辑、保存等，供配电终端使用。邻域交互配电终端必须能够配置管理本端点开关及其关联的 2 个配电区段的端点开关的信息，这是邻域交互功能实现的基础。这些信息应和其他保护定值及运行参数、配置参数一同上传主站，在主站修改编辑保存并下装。

5. 邻域交互控制与变电站的保护配合

（1）保护配置及变电站保护的配合。

1）变电站出线断路器过电流Ⅰ段保护：速断电流定值不变，延时最少 0.15s，一般选 0.3～0.4s。

2）变电站出线断路器过电流Ⅱ段：限时电流保护线路全长，定值不变，如保护延时 0.5～0.6s。

3）变电站出线断路器过电流Ⅲ段定时保护（即过负荷）：建议不投或不变。

4）变电站出线断路器可投一次重合闸，重合闸不投后加速，给邻域交互分布式处理留出配合时间。

5）变电站出线断路器可配置零序保护、小电流接地选线保护等功能。

6）变电站线开关保护是馈线开关的总后备保护。

7）变电站需要安装馈线光通信交换设备，如 ePON 光通信终端 OLT、goose 交换机等，采用光纤等接入馈线开关邻域交互智能终端，同时可与变电站出线断路器的保护装置接口通信。

（2）邻域交互馈线开关保护定值配置。

1）馈线开关的故障告警与变电站出线开关的保护配合，馈线开关的电流故障告警定值取最小值和最短时间，小于变电站出线开关保护的最小电流定值，延时时间比变电站至少小一个时间级差，一般取 20～50ms。

2）当变电站速断延时为 0.3s 时，馈线开关的邻域交互保护可延时 0.15s，会在 0.25s 内切除故障，即使馈线终端没有励磁涌流制动功能，重合闸时也能躲开配电变压器造成的励磁涌流，避免误动；同时给没有邻域交互控制功能的用户开关留出配合时间，使其先跳闸。

3）首开关应投入首开关标志，其他馈线开关不能配置首开关功能。

（3）邻域交互智能 FA 性能指标要求。

1）邻域交互信息交互时间。各开关端点之间的端对端通信传输故障信息报文通道延迟时间小于等于 10ms，报文及规约解析延迟时间小于等于 10ms。

2）邻域交互故障处理时间。无延时的，短路故障切除时间小于等于 110ms。

3）重合闸延时时间。没有分布式电源的馈线设为 1s，有分布式电源的馈线设为 3s。

4）非故障区段恢复联络开关合闸延时时间。检测到失压后，没有分布式电源的电缆线路小于等于 2s，有分布式电源的架空线路小于等于 5s。

6. 邻域交互自愈控制系统组成及功能要求

（1）系统组成。邻域交互自愈控制系统由智能终端开关设备及设备间快速通信系统组成，并与配电自动化主站联网通信。邻域交互自愈控制系统组成如图 6-33 所示。

1）馈线开关配置具有上述功能的分布智能自愈控制功能的配电终端，配备光纤等高速通信接口，以实现邻域开关故障信息高速交互。

2）通信系统要实现本馈线任何两个或多个智能配电终端设备之间的光纤快速通信，即实现端对端快速通信，同时各终端要与主站通信，满足常规三遥调控功能。

（2）对一次网架及开关设备的要求。

1）网架结构合理，负荷分布均匀，预留容量足够，有互供能力，光纤敷设条件好。

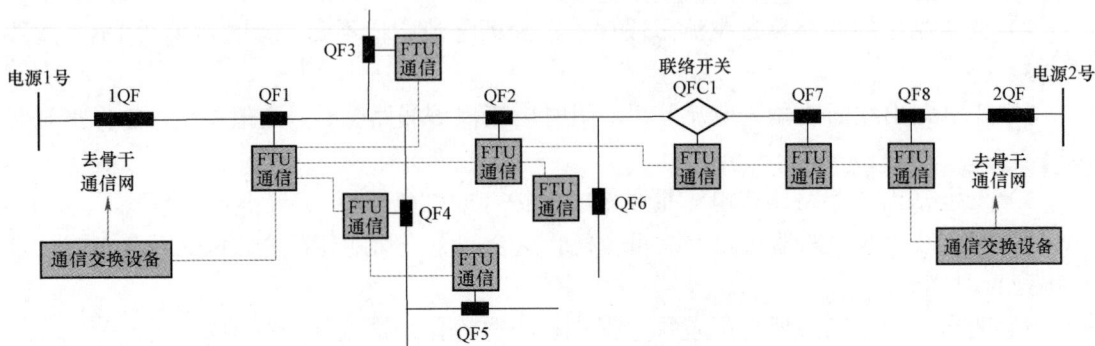

图 6-33　邻域交互自愈控制系统组成

2）馈线开关为断路器型开关，优先采用一二次融合设备。无论架空线路柱上开关还是电缆线路环网柜开关，选用动作速度快、可靠性好的电动操作机构，如弹操机构、永磁机构或磁控机构等，开关机械分闸时间小于 40ms，短路故障检测及断路器跳闸动作时间小于 70ms。

3）开关配置测量保护一体式 TA，开关两侧配置 TV；可以测量三相电压。

4）融合接地保护时需配零序电压互感器、零序电流互感器等。

5）联络开关需配双侧 TV，选热备用运行方式。

7. 邻域交互的通信方式

通信是实现邻域交互故障快速隔离与自动恢复供电的关键保障。邻域交互智能终端除了具备与配电自动化主站的通信外，各终端之间要实现信息快速交换，要求通信系统支持端对端快速通信功能。端对端快速通信功能的实现有多种方式，比如基于工业 GOOSE 交换机制的光纤通信、5G 的高可靠低延时（uRLLC）切片的 M2M 端对端无线通信等。

（1）ePON 光纤通信与 GOOSE 信息交换方案。ePON 光纤通信与 GOOSE 信息交换通信方案如图 6-34 所示。

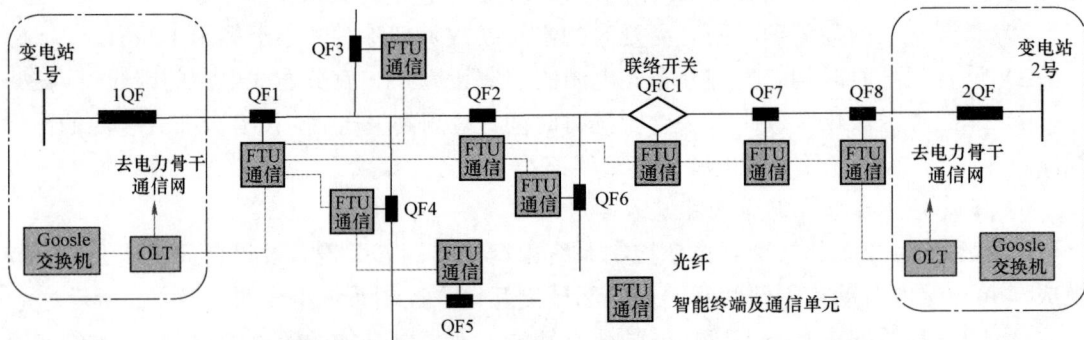

图 6-34　ePON 光纤通信与 GOOSE 信息交换通信方案

1）邻域交互智能终端内配置 ePON 光网络单元（ONU），智能终端的以太网口接入 ONU 单元。

2）邻域交互智能终端内安装 ePON 光纤分光器（ODN），将各 ONU 光纤连接至变电站光线路终端（OLT）——ePON 接口，可以组成对射网、热备用通道。

3）OLT 经过电力骨干通信网，和主站系统的通信安全接入路由设备联网，实现终端与主站系统的网络通信。

4）在变电站安装 GOOSE 高速交换设备，和 OLT 联网。通过专用 GOOSE 高速交换设备，配置组播功能与 GOOSE 配置等，实现各终端之间快速端对端通信。GOOSE 高速交换延迟为微秒级，逐次递减的广播通信可靠性很高。

（2）ePON 光纤通信与 OLT 信息交换方案。ePON 光纤通信与 OLT 信息交换通信方案如图 6-35 所示。

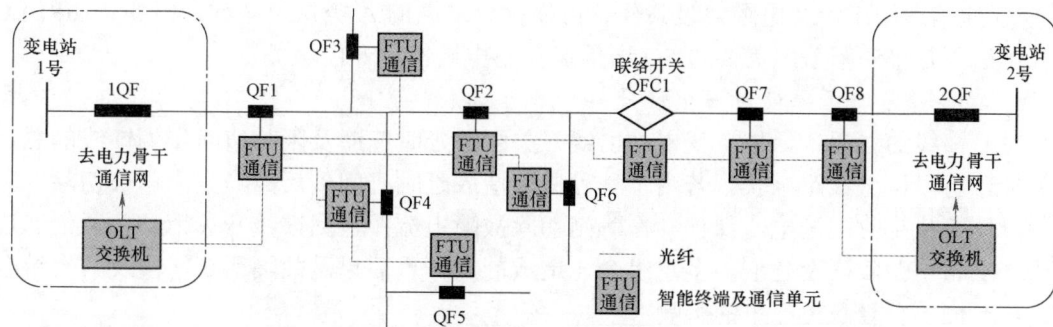

图 6-35　ePON 光纤通信与 OLT 信息交换通信方案

1）邻域交互智能终端内配置 ONU 单元及 ODN，将光纤连接至变电站 OLT——ePON 接口，可以组成对射网、热备用通道。

2）OLT 经过电力骨干通信网，开通终端与主站系统的网络通道。

3）OLT 本身具有快速交换功能、组播功能，从而实现各终端之间快速端对端通信。OLT 高速交换延迟在 1ms 以内，也完全满足通信延迟要求。

4）通信规约可采用 DL/T 634.5 标准的 101、104 通信规约，若采用 MQTT 规约通信效率更高、更可靠。

（3）5G—uRLLC 切片 M2M 无线通信。

1）5G 的高可靠低延时切片（uRLLC）可以提供 M2M 即端对端通信功能，理论上延时为 1ms，实测为 15 ms 左右。在 uRLLC 切片信号覆盖区域，可以建立端对端通信的邻域交互自愈控制系统，5G—uRLLC 切片无线通信组网图如图 6-36 所示。

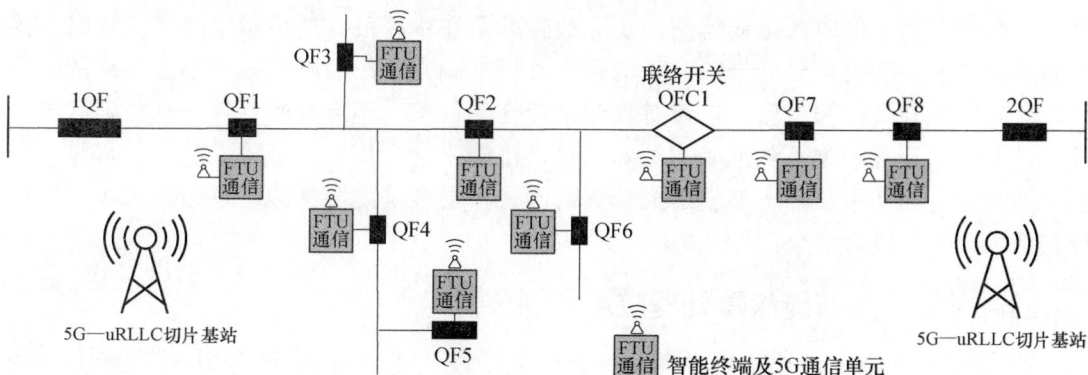

图 6-36　5G—uRLLC 切片无线通信组网图

2）智能终端内配置 5G 通信模块，通过网络接口和终端连接。

3）终端通信集成高速安全加解密芯片，加密延迟 5ms 以内。

4）通信运营商提供组播与端对端通信传输功能，端对端通信延迟 20ms 以内。

5）采用 MQTT 通信规约，对于开关过电流故障信息及开关跳闸指令，设置"至少一次"的传输机制，速度快、可靠性高。

6）邻域终端通信交互延迟按 50ms 估计，邻域交互跳闸息弧按 150ms 估算，变电站速断保护延长至 200ms。

5G 通信适用于没有电缆敷设条件、可靠性要求高的 A 类供电区域。但 5G—uRLLC 切片通信不是普遍覆盖，需要与 5G 通信运营商申请提供专门服务。

8. 功能异常时可靠性与安全性分析

（1）馈线的总后备保护。变电站出线开关配置延时速断及限时速断作为馈线的总后备保护，可以保护线路全长。若由于种种原因造成延时时间到后故障电流仍未切除，则该延时速断或定时限过电流保护动作跳闸切除故障电流，包括馈线开关拒动、通信通道障碍、后备电源障碍及它们的多重组合，造成的最严重后果是故障所在区段及其上游全部停电，而不会导致更严重的影响。

（2）馈线分段开关拒动。当故障馈线段开关由于各种原因拒动时，会导致故障所在线路的变电站出线开关跳闸并且重合不能成功，从而扩大故障影响范围。本邻域交互控制逻辑包含有下游开关拒动不能切除故障时上游开关补救跳闸功能，同时闭锁重合闸功能，尽量缩小故障影响范围，保障了 FA 安全。

（3）通信异常。各邻域交互终端之间的端对端通信异常时，导致越级跳闸及故障不能正确隔离。具体情况有：

1）整个端对端通信系统异常情况。当开关过电流但收不到本区段其他开关的过电流信息，就会判断为本区段故障而跳闸，实际故障并不在本区段，造成越级跳闸；这时本区段其他端点开关因收不到故障信息，难以判断出故障区段而不能隔离故障区段。这时联络开关一侧失压，但没有收到推荐合闸信息，不会合闸导致合到故障区段。没有过电流的开关因收不到故障信息，则不会动作，不能隔离故障。可见这种情况馈线开关能切除故障，但会造成越级跳闸，联络开关不会合闸导致更大故障，没有安全问题。

2）单个开关终端通信异常。当该开关过电流但收不到本区段其他开关的过电流信息，就会判断为本区段故障而跳闸，实际故障并不在本区段，造成越级跳闸；这时本区段其他端点开关因收不到完全的故障信息，难以准确判断出故障区段而不能隔离故障区段。这时联络开关一侧失压，但没有收到推荐合闸信息，不会合闸导致合到故障区段。没有过电流的开关因收不到准确的故障信息，可能不会动作，不能隔离故障。可见这种情况馈线开关能切除故障，但会造成越级跳闸，不能准确隔离故障，联络开关不会合闸导致更大故障，没有安全问题。

## 三、邻域交互智能故障处理应用案例分析

1. 开环架空线路自愈控制实例

下面介绍变电站出线开关 1QF 不参与邻域交互控制，架空线路设置一次重合闸的情形。

（1）b 区段永久故障的处理。典型的开环配电网故障处理如图 6-37 所示，对于图 6-37（a）的配电网，若区段 b 中发生永久故障，则开关 1QF 和 QF1 均流过了故障电流，而其余开关均未流过故障电流。

电源开关 1QF 保护有延时，比馈线邻域交互开关切除故障时间长，QF1 先跳闸切除故障，因此即使 1QF 流过了故障电流，保护延时配合也不跳闸。

QF1 采集到故障电流并指向 b 区，向 QF2、QF3 及 QF4 发送过电流信息，而没有收到 QF2、QF3 及 QF4 的过电流信息，QF1 判断出故障发生在其关联区段 b，因此 QF1 跳闸来隔离 b 区段故障，这时因为没有重合闸跳闸信息，先不给 b 区段端点开关 QF2、QF3 及 QF4 发送跳闸信息，如图 6-37（b）所示。重合闸延时时间到，QF1 重合，如图 6-37（a）所示；若不再跳闸，瞬时故障隔离成功。若 QF1 又检测到过电流，再次经历第一次故障的判断过程，再次跳闸切除故障，如图 6-37（b）所示。有了重合闸跳闸信息后，QF1 才给 b 区段其他端点开关 QF2、QF3 及 QF4 发送隔离故障的跳闸信息。QF2、QF3 及 QF4 收到 QF1 发来的跳闸信息，结合自己判断的 b 区段故障信息、b 区段侧无压信息等，跳闸隔离 b 区段故障，如图 6-37（c）所示，QF2 并向联络开关 QFC1 发送推荐合闸信息。QFC1 收到推荐合闸信息并判定一侧无压而另一侧有压，经延时后合闸，恢复无故障的 c 区段和 g 区段供电，如图 6-37（d）所示。由于开关 QF3、QF4 没有可以恢复供电的联络开关，则不发送联络开关恢复供电信息。

其他馈线终端 QF5 和 QF6 等均未采集到故障信息，因此判断出它们的关联区段都没有发生故障，分别保持原来的合闸状态不变。

（2）a 区段永久故障的处理。电源点开关无邻域交换功能的首段故障处理如图 6-38 所示。对于图 6-38（a）所示，电源开关 1QF 配有延时速断、限时过电流、重合闸等保护。若 a 区段中发生永久故障，则只有电源开关 1QF 流过了故障电流，按配置定值跳闸切除故障，而馈线开关均未流过故障电流，如图 6-38（b）所示。

QF1 没有采集到故障电流，也没有收到相邻开关发来的故障信息，判断 a 区段、b 区段均没有故障，不会跳闸。但 QF1 作为首开关，检测到双侧失压，启动延时跳闸过程。1QF 重合闸若是瞬时故障，重合闸成功，QF1 延时跳闸闸复归。若重合闸后又跳闸，则为永久故障，不再重合。首开关 QF1 亦判断无故障不动作，但因双侧失压，又启动延时跳闸过程，延时时间到，跳闸隔离故障，如图 6-38（c）所示，同时给联络开关发送推荐合闸恢复供电的信息。因为是首开关的延时跳闸，不给相邻开关发送隔离故障信息。联络开关经延时等条件满足后合闸恢复 b、c、e、f、g 区段供电，故障处理过程结束。

可见，采用这种方法，不需要变电站出线开关配置邻域交互智能装置也能正确处理故障，没有安全问题。

（3）末端区段永久性故障的处理。末端故障隔离如图 6-39 所示，若在末端 g 区段发生永久性故障，QF6、QF2、QF1 及 1QF 均检测到过电流，QF1 虽有故障电流指向 b 区段但收到 QF2 指向 b 区段外部，判断 b 区段无故障不跳闸。QF2 判定 c 区段无故障不跳闸。QF6 检测到故障并指向 g 区段，g 区段没有其他端点开关，不会收到故障电流流出 g 区段的信息，判断为本区段故障，发出跳闸命令跳闸，重合一次。对永久故障，重

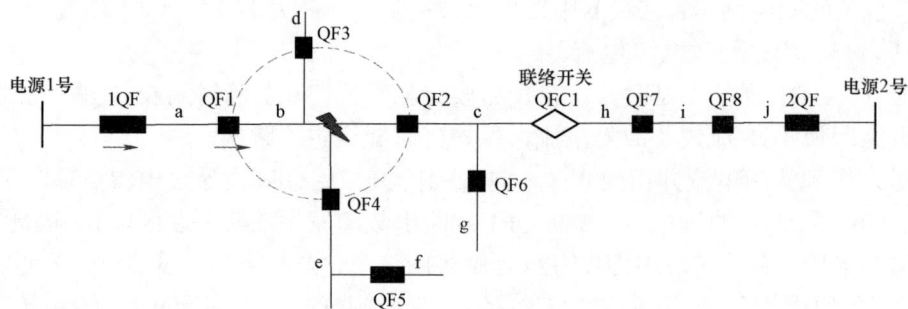

(a) b区段发生故障

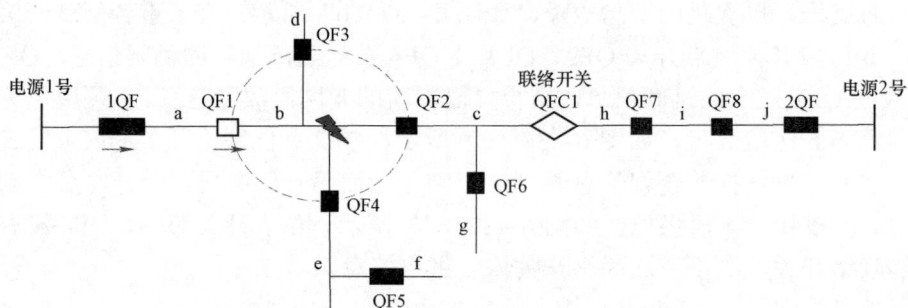

(b) QF1跳闸切除b区段故障

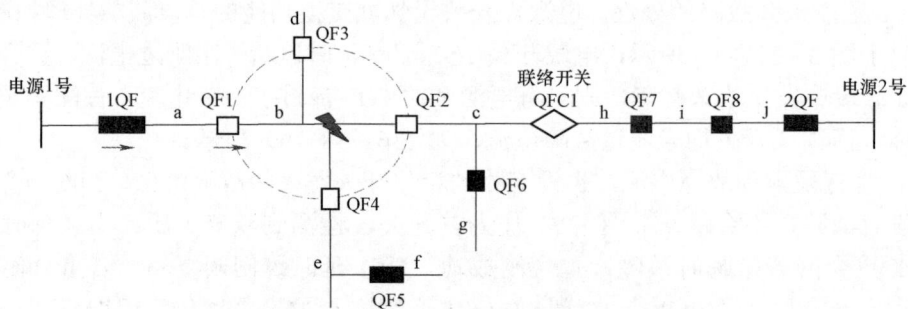

(c) 信息交互QF2、QF3、QF4跳闸隔离除b区段

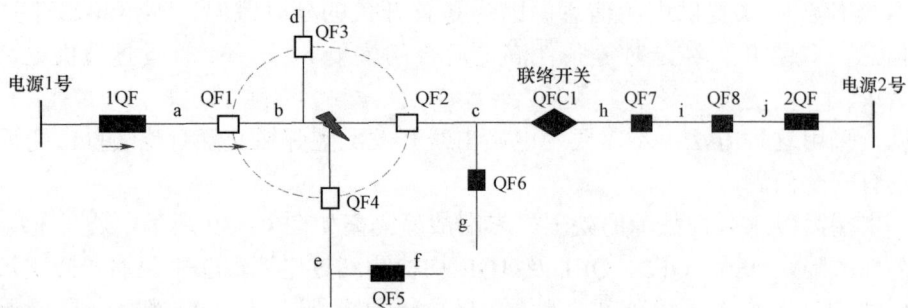

(d) 联络开关收到故障信息恢复非故障区段供电

图 6-37  典型的开环配电网故障处理

(a) a区段故障

(b) 电源侧开关1QF跳闸

(c) 永久故障首开关QF1失压延时跳闸

(d) 联络开关合闸恢复供电

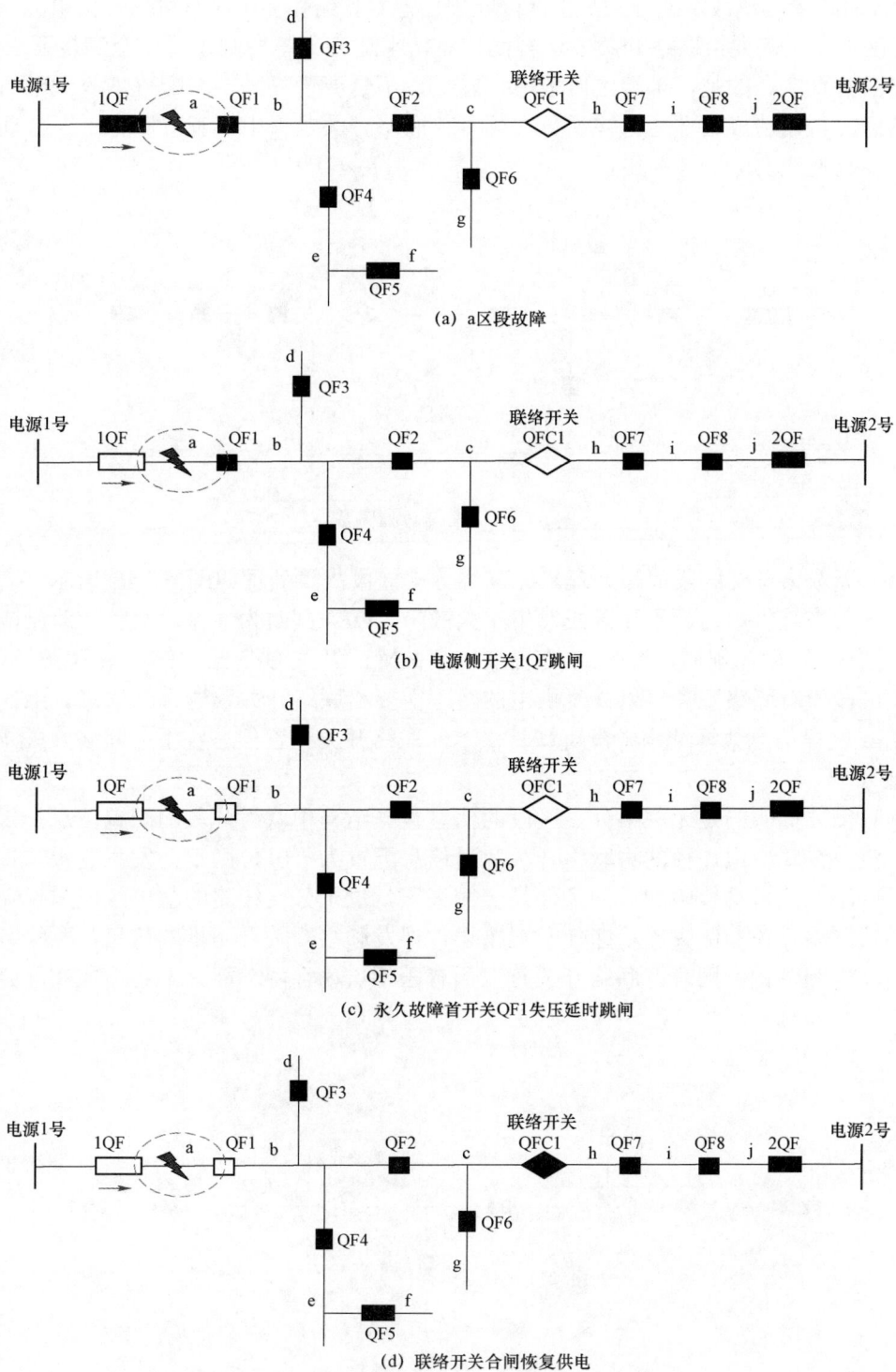

图6-38 电源点开关无邻域交换功能的首段故障处理

合后各开关又进行一次故障判定过程，QF6再次跳闸，因不能充电而闭锁重合闸，经分析，g区段没有需要隔离故障的开关，本区段配置信息数据结构体中没有可恢复供电的联络开关信息配置，不需要给联络开关发送合闸信息，上述方案与控制逻辑完全满足要求。

需要特别注意的是，末端区段故障切除后，不需要恢复，不能配置恢复供电的联络开关信息，否则造成合环运行错误。实际上，联络开关逻辑中，有双侧有压不自动合闸功能，不会造成实际合环的错误。

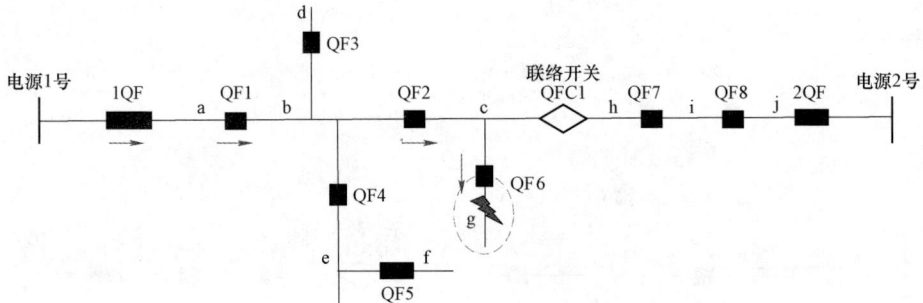

图 6-39  末端故障隔离

（4）无联络分支区段故障处理。无联络分支区段故障处理如图 6-40 所示，若在没有联络开关恢复供电的分支 e 区段发生永久故障，QF4 判断为 e 区段故障，跳闸隔离故障，重合闸又跳闸闭锁后，经分析，有需要隔离故障的开关 QF5 给 QF5 发故障隔离信息。但分支区段没有联络开关可以恢复供电的，不需要给联络开关发送合闸信息。上述介绍的分支 e 区段信息数据结构中没有恢复供电的联络开关配置信息，不给联络开关发送合闸信息。

同时需要提醒的是无联络分支区段的信息数据结构中联络开关的配置信息一定仔细配置，没有恢复供电途径的将联络开关数量信息配置为"0"，则不会发生逻辑错误。实际上，联络开关自动合闸的启动条件是一侧失压，位于分支线路的配电区段与末端区段不会导致联络开关一侧失压，即使配置错误，误发联络开关合闸推荐信息，联络开关也不会启动合闸过程。同时，联络开关有双侧有压不自动合闸功能，不会造成实际合环的错误。

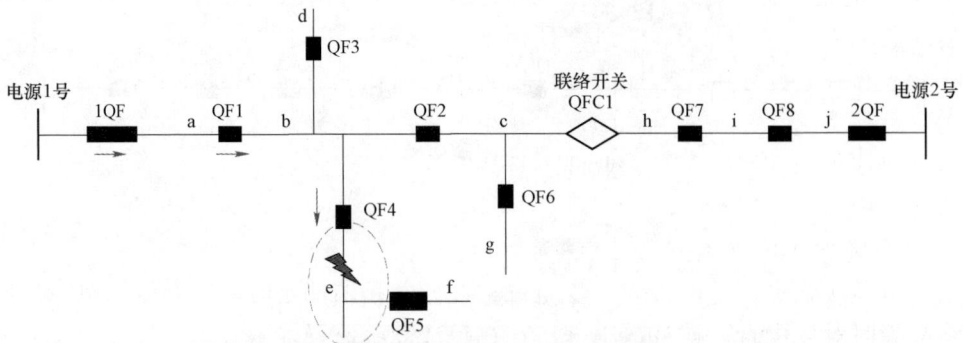

图 6-40  无联络分支区段故障处理

（5）多联络分支区段故障处理。有联络分支区段的情况如图 6-41 所示，有联络开关 QFC2 的分支 e 区段发生永久故障，QF4 切除故障、QF5 隔离故障后，f 区段有联络开关 QFC2 可以恢复供电，由于在 e 区段 QF5 开关所配置的联络开关为 QFC2，这时 QF5 可给联络开关 QFC2 发送合闸信息。

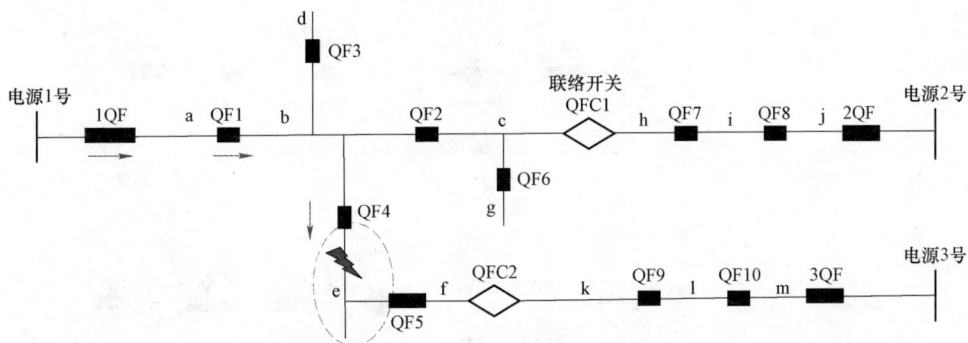

图 6-41　有联络分支区段的情况

2. 配电网闭环运行自愈控制与分布式电源接入

（1）非首区段故障。典型的闭环配电网一如图 6-42 所示，对于图 6-42（a）所示的三条线路两联络闭环运行配电网，若区段 b 中发生故障，则除分支开关 QF3、QF6 外，主干线开关全部流过故障电流，都发布过电流故障信息。除了区段 b，其他区段故障电流方向既有流入也有流出，均无故障。开关 QF1、QF2、QF4 过电流故障指向区段 b，没有故障电流指向区段 b 外，判断为区段 b 故障，QF1、QF2、QF4 跳闸切除故障，同时发出本区段其他端点开关跳闸隔离故障的指令，QF3 开关收到指令，判断自己处于故障区段，跳闸隔离故障区段，如图 6-42（b）所示。因 QF3 分支没有联络开关，QF3 不发联络开关合闸信息。

（2）首区段故障。典型的闭环配电网二如图 6-43 所示，对于图 6-43（a）所示的闭环运行配电网，若 1QF 线路的首区段即区段 a 中发生故障，则除分支开关 QF3、QF6 外，主干线开关全部流过故障电流，都发布过电流故障信息。除了区段 a，其他区段故障电流方向既有流入也有流出，均无故障。开关 QF1 过电流故障指向区段 a，QF1 无法得到 1QF 过电流信息，判断为区段 a 故障，QF1 在 1QF 跳闸前先跳闸，1QF 延时时间到跳闸切除故障成功，如图 6-43（b）所示。

（3）分布式电源接入。上述分析可以看出，对于具有三个电源点两个联络开关的配电网闭环运行情况，邻域交互算法逻辑是完全适用的。分布式电源高渗透接入及给变电站反送电与这种闭环运行情形类似，本邻域交互算法逻辑也适用于分布式电源大规模接入的情况。

3. 电缆环网线路邻域交互自愈控制

由于电缆线路短，环网柜多，变电站出线开关预留的延时时间有限，电缆主回路发生短路故障时难以配合，选择性很差，往往造成越级跳闸，供电可靠性受到较大影响。采用邻域交互智能分布式技术，就可以较好地解决该问题。

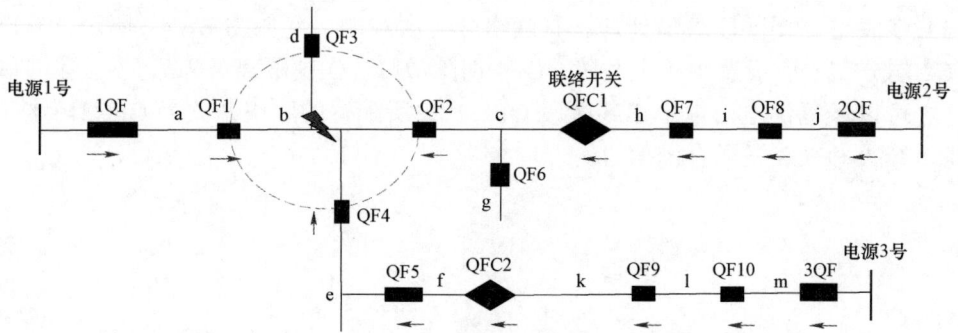

(a) b区段故障电流指向

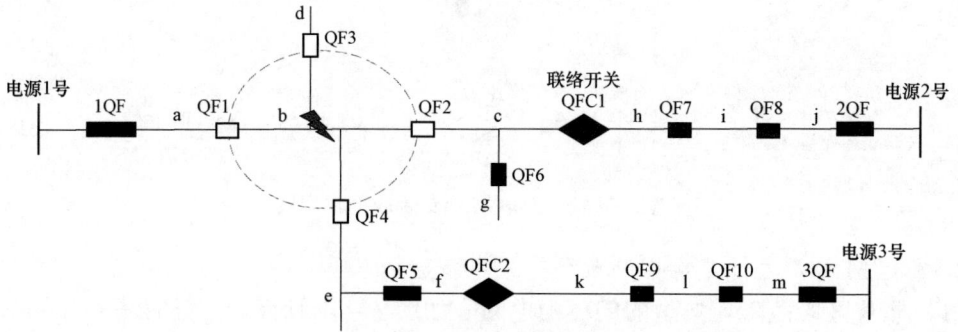

(b) b区段故障隔离

图 6-42 典型的闭环配电网（一）

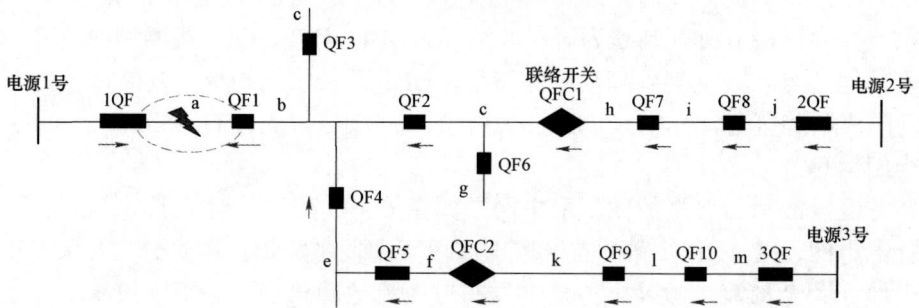

(a) 首区段故障电流指向

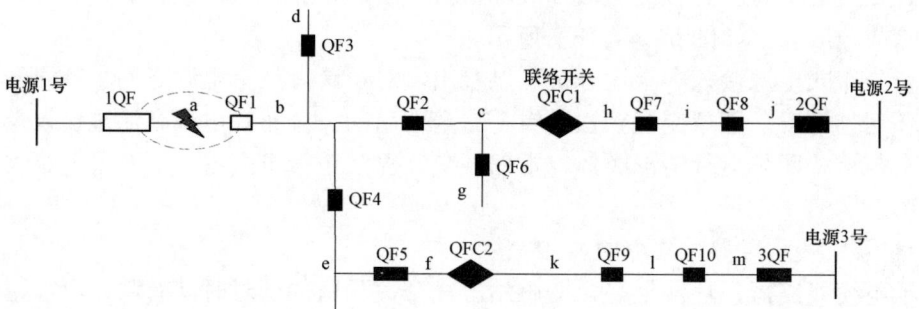

(b) 首区段故障隔离

图 6-43 典型的闭环配电网（二）

对于一个环网柜内部的各个进出线开关，刚好组成一个配电区段，这个区段的端点开关信息与控制全部在一个 DTU 内，进行信息交互是非常方便的，只是从内存读取。而两个环网柜之间的电缆区段信息交互只涉及环进环出开关，信息交互比较规律，配置比较简单，可见邻域交互特别适合于电缆环网线路。电缆线路一般有沟道条件，容易敷设光缆，邻域交互通信可靠性高。

邻域交互控制方式可将故障区段完全隔离，如环网柜母线故障时，所有开关均跳闸，特别适合分布式电源接入的故障处理需求；一是当用户侧有分布式电源大规模接入及返送电时也能正确判断故障区段；二是环网柜母线故障时将环网柜所有开关断开，防止具有分布式电源的用户反送电，确保环网柜检修安全。这些技术只有采用差动保护技术才可以实现，但差动保护比邻域交互的实现技术要求更高，通信与控制更加复杂。

电缆环网线路的自愈控制如图 6-44 所示，所有环网柜 K1～K6 均采用全断路器型开关，安装了具有邻域交互功能的智能终端 DTU，各环网柜 DTU 之间具有高速端对端通信功能。若变电站出线开关速断保护延时 0.15s，则环网柜邻域交互不延时，若变电站出线开关速断保护延时 0.3s，则环网柜邻域交互延时 0.15s，给用户开关切除故障留出了配合时间。

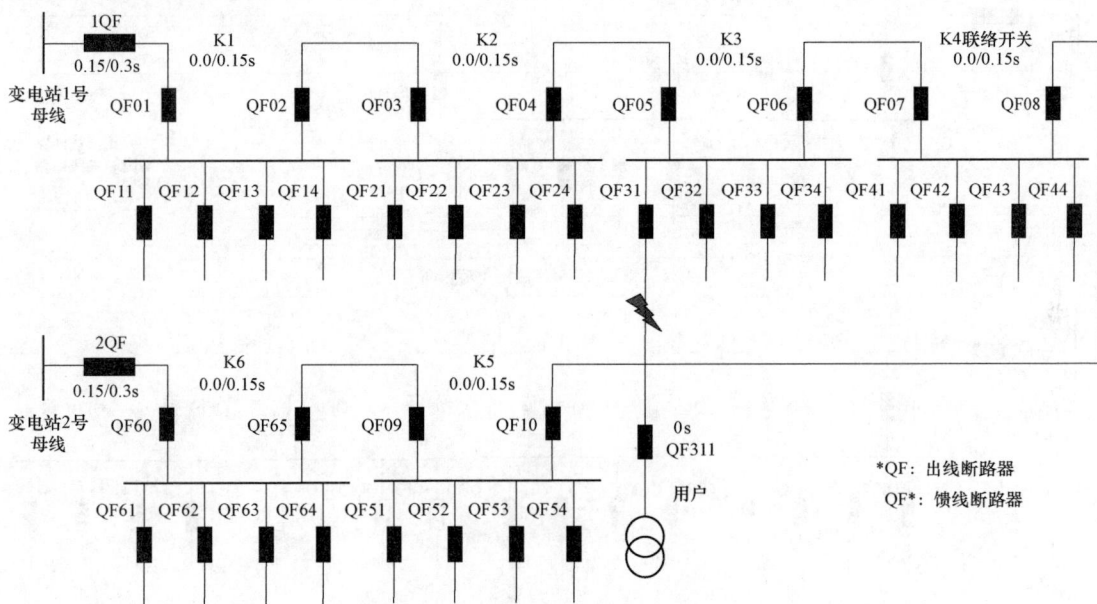

图 6-44　电缆环网线路的自愈控制

（1）用户内部故障及末端故障。

如图 6-44 所示，变电站出线开关速断保护延时 0.3s，则环网柜邻域交互延时 0.15s，用户开关 QF311 过电流只配一段保护定值，电流取最小故障电流，配为 0s，瞬时切断故障。用户开关 QF311 不参与邻域交互控制系统，只作保护配合。

当用户内部发生故障时，QF311 开关立即跳闸隔离故障，而电源侧环网柜有 0.15s延时，不会跳闸。若变电站出线开关速断保护延时 0.45s，则环网柜邻域交互延时 0.3s，用户开关 QF311 可延时 0.15s，可进行简单配合。

当在环网柜出线开关后与用户开关前的线路发生故障时，邻域交互自愈控制开关
QF31 被认为是末端开关，按逻辑及延时直接切除故障，不会造成越级跳闸。

（2）环网柜内部母线故障。环网柜母线故障的邻域交互自愈控制如图 6-45 所示，
如图 6-45（a）所示，在 K3 环网柜内部母线发生短路故障时，判断为 K3 母线区段故障，
DTU 控制 QF05 开关跳闸切除故障，并直接控制 QF04、QF31、QF32、QF33、QF34 等
5 个开关跳闸隔离故障，通知联络开关所在 K4 环网柜 DTU 控制 QF08 联络开关合闸恢
复供电，即 K4 恢复供电，如图 6-45（b）所示。

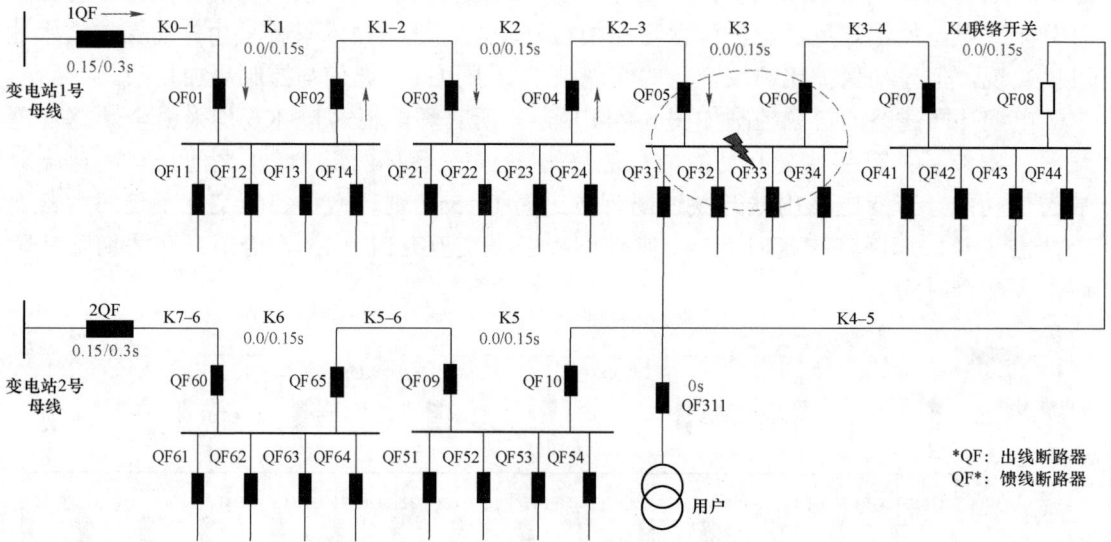

(a) K3母线故障电流指向

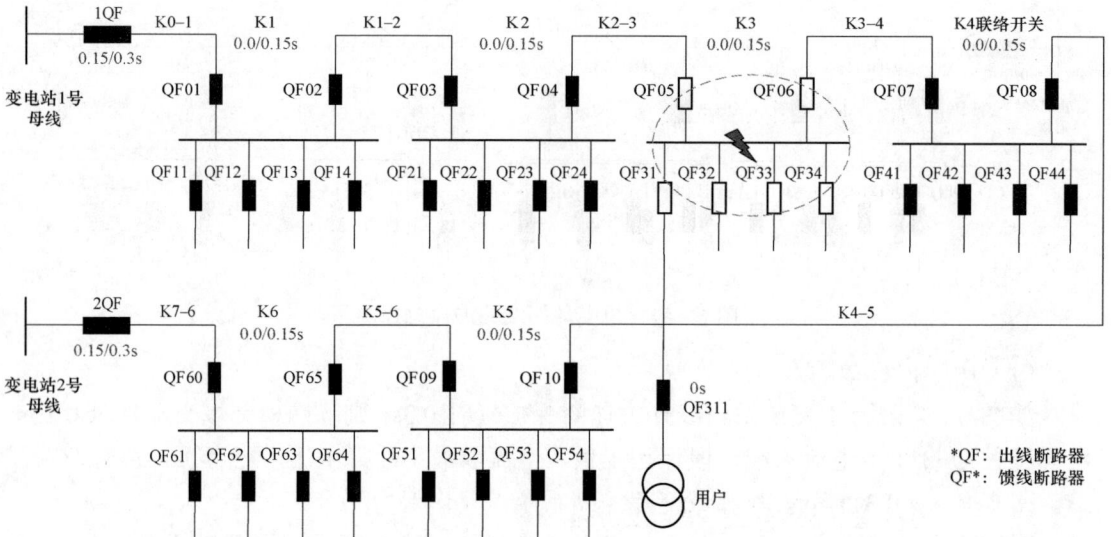

(b) K3母线故障隔离恢复供电

图 6-45　环网柜母线故障的邻域交互自愈控制

（3）主回路电缆故障。主干线电缆故障的邻域交互自愈控制如图 6−46 所示，图 6−46
（a）在 K2 与 K3 环网柜之间电缆发生短路故障时，K1 的环出开关 QF02 过电流，但收到
K2 发送的 QF03 过电流信息，判断 K1−2 电缆区段没有故障。K2 的环出开关 QF04 过电
流，但没有收到 K3 发送的 QF05 过电流信息，判断 K2−3 电缆区段故障。这时 K2 的
DTU 控制 QF04 开关跳闸切除故障，并通知 K3 的 DTU 控制 QF05 开关跳闸隔离故障。
K3 的 DTU 收到命令，判断 K2−3 区段故障且失压，则控制 QF05 开关跳闸隔离故障，
并通知联络开关所在 K4 环网柜 DTU 控制 QF08 联络开关合闸恢复供电，即 K3、K4 恢
复供电，如图 6−46（b）所示。

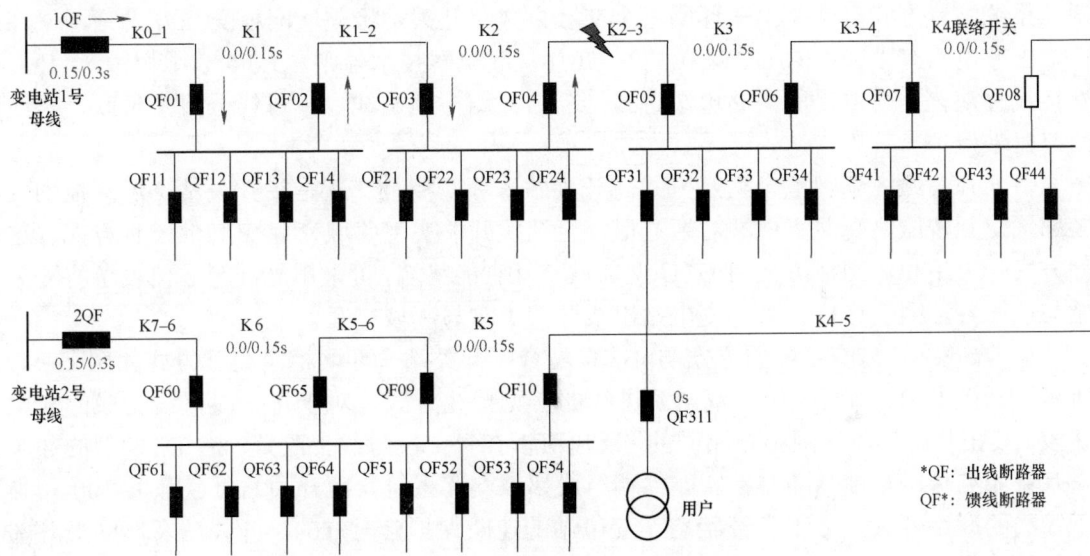

(a) 主回路电缆K2−3故障电流指向

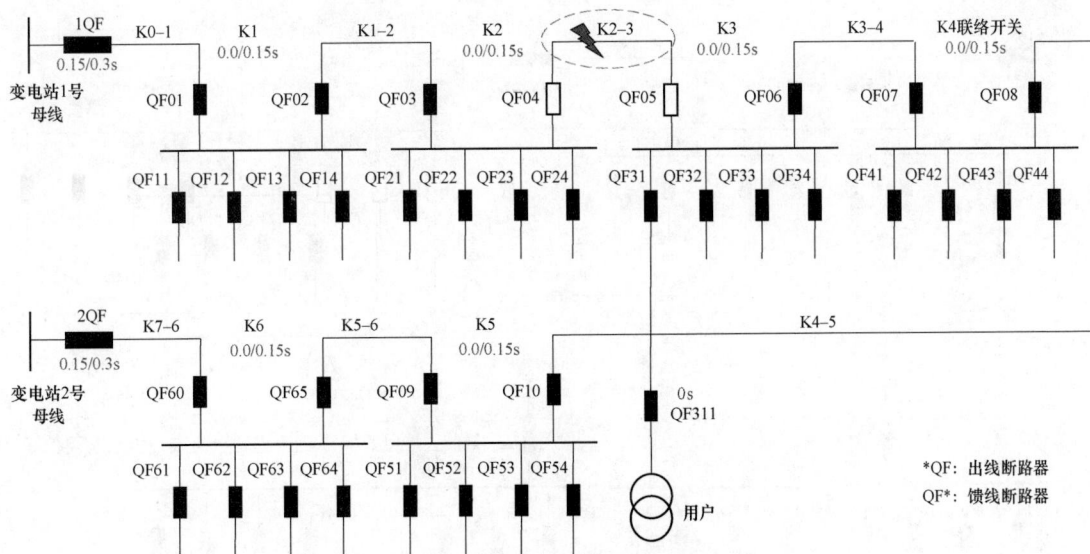

(b) 电缆K2−3隔离恢复供电

图 6−46　主干线电缆故障的邻域交互自愈控制

其他的如首区段的故障处理等与架空线路是一致的，不再一一分析。

上述案例显示，采用邻域交互 FA 控制技术的电缆线路，变电站只需要 0.15s 的延时，馈线就可以准确隔离故障，避免越级跳闸，逻辑清晰，没有安全隐患，对提高供电可靠性效果非常明显。

4. 变电站—开关站—环网柜电缆环网线路

在城市配电网，变电站—开关站—环网柜—环网柜级联线路常见，主回路保护配合级数很少。电缆线路发生故障时，选择性很差，越级跳闸常见，故障扩大很难避免，对供电可靠性影响很大。而采用本节介绍的邻域交互自愈控制方法则能确保选择性并有效避免越级跳闸。系统配置方式有开关站—环网柜全交互方式、开关站极差环网柜交互方式等。

国家电网有限公司 Q/GDW 10370—2016《配电网技术导则》7.4.4 节中规定，"开关站接线宜简化，一般采取两路电缆进线，6～12 路电缆出线，单母线分段带母联，出线断路器带保护"。

（1）开关站—环网柜全交互方式。开关站—环网柜全交互是指开关站、环网柜均安装邻域交互智能终端并实现端对端通信，全馈线开关实现邻域交互 FA 的一种方式。这种方式开关站和环网柜可采用 DTU 型邻域交互智能终端，可采用光纤等通信设备将开关站与馈线各环网柜连接起来，变电站出线开关不参与邻域交互。

1）开关站邻域交互配置方案与 BZT 配合。开关站—环网柜全交互方式如图 6-47 所示，开关站 B1 为两段母线双电源进线的常见接线方式，对于每一段母线构成的配电区段，其拓扑结构与环网柜是相同的，所以可以在每一段母线上配置一台 DTU 型的邻域交互智能终端，与馈线环网柜智能终端组成邻域交互系统。而开关站母联开关 100 相当于馈线的联络开关，处于常开状态。变电站的速断保护延时 0.3s，开关站及环网柜各邻域交互延时 0.15s，可给用户侧开关跳闸留出配合时间。

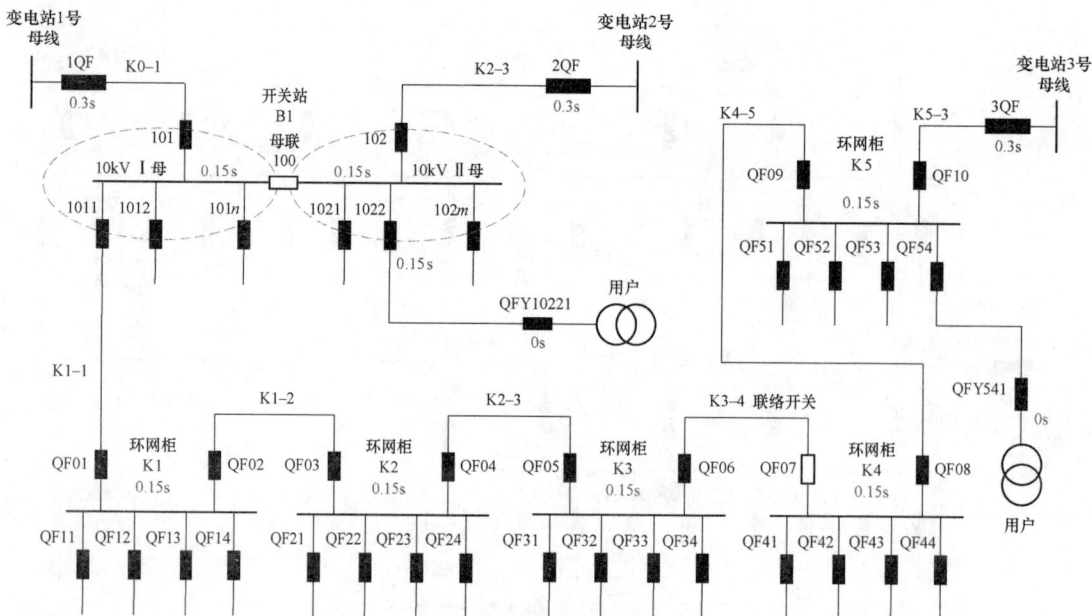

图 6-47 开关站——环网柜全交互方式

a. 开关站进线电源侧故障处理。开关站母联开关作为邻域交互的联络开关，和馈线上的联络开关是有所不同的。对于母联开关的邻域交互控制而言，当开关站安装有 BZT 装置时，由 BZT 装置负责备用电源切换，在邻域交互 DTU 中不配为恢复供电的联络开关，否则功能重复。而当开关站没有 BZT 装置时，则在母线邻域交互 DTU 中将母联配为联络开关，实现备用电源自动切换功能。下面分析其处理过程。

开关站 BZT 配合故障处理如图 6-48 所示，如图 6-48（a）所示，对于变电站出线开关 1QF 之后、开关站进线开关 101（首开关）之前 K0-1 区段的故障，1QF 过电流，101 开关无过电流，判断 I 母区段无故障，101 不跳闸，1QF 延时时间到跳闸切除故障，I 母失压。101 开关失压，按首开关逻辑，101 开关跳闸隔离故障。当 BZT 投入时，101 开关不通知联络开关 100 合闸。BZT 检测到 I 母失压且无故障，101 已跳闸，II 母电压正常，则控制母联开关 100 合闸给 I 母供电。当 BZT 未投入时，101 开关通知联络开关 100 合闸。100 检测到 I 母区段失压且无故障，II 母电压正常，延时时间到则控制开关合闸恢复 I 母供电，如图 6-48（b）所示。

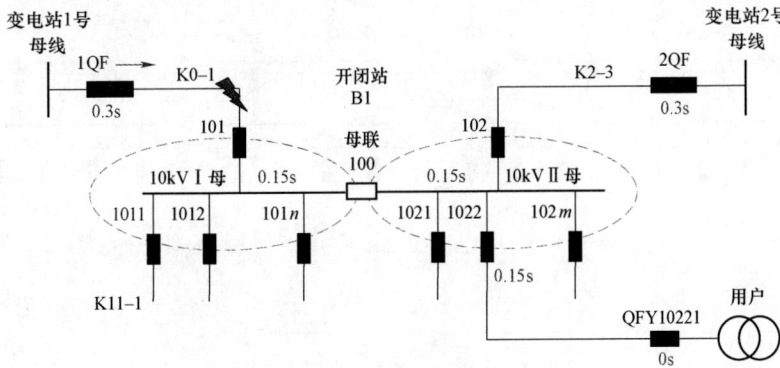

(a) 出线首段故障

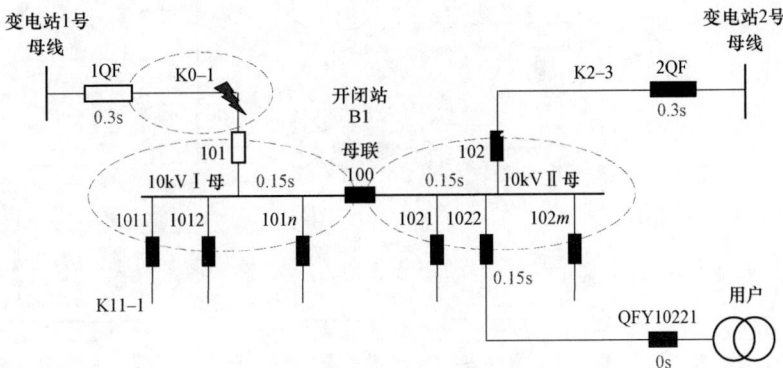

(b) 母联恢复 I 母线供电

图 6-48 开关站 BZT 配合故障处理

需要说明的是，BZT 一般需要开关保护装置有过电流故障信号开出接点，邻域交互智能终端要能提供。

b. 开关站母线故障处理。开关站母线故障处理如图 6-49 所示，图 6-49（a）中，对于开关站Ⅰ母区段故障，则 1QF 和 101 开关均过电流，故障功率方向指向Ⅰ母区段，101 判断出Ⅰ母区段故障，跳闸切除故障，并通知 1011、1012、101n 开关跳闸隔离故障。1011、1012、101n 判断处于故障区段，跳闸隔离故障。100 开关处于故障区段端点开关，不合闸，故障隔离成功。1011、1012、101n 跳闸后，通知相关联络开关 K4 环网柜 QF07 开关合闸，下游 K1、K2、K3 环网柜恢复供电，如图 6-49（b）所示。

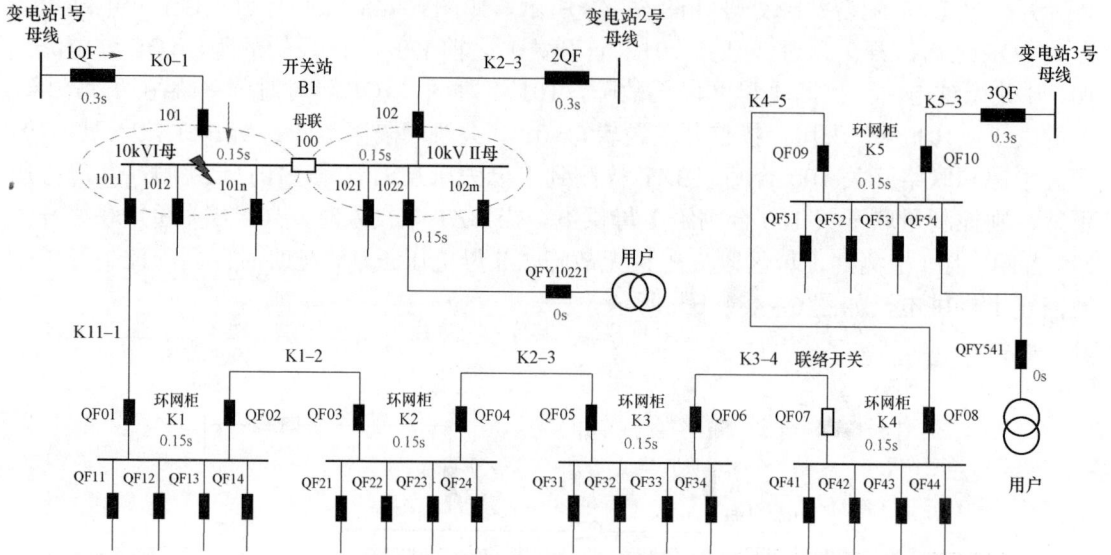

(a) 开关站B1母线故障

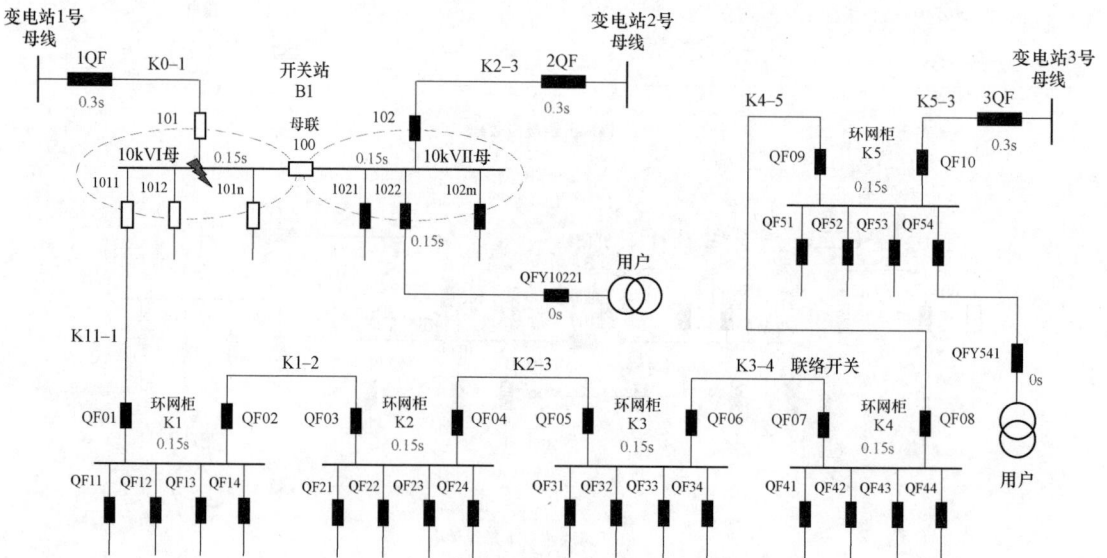

(b) 母线故障隔离

图 6-49 开关站母线故障处理

c. 开关站出线的故障处理。开关站出线故障处理如图 6-50 所示，图 6-50（a）中，在开关站出线开关 1011 与环网柜 K1 进线开关之间 K11-1 区段发生故障，则 1011、101

及 1QF 开关均过电流，1011 开关故障功率方向指向 K11-1 区段，而 QF01 没有过电流，1011 开关收不到 QF01 的过电流信息，判定为 K11-1 区段故障。QF01 跳闸切除故障，下游全部失压，并给本区段 QF01 开关的过电流发出隔离故障跳闸信息。QF01 开关判断处于故障区段，跳闸隔离故障并给联络开关 QF07 发出合闸信息。QF07 检测到一侧失压且另一侧有压，不在故障区段，收到合闸请求后合闸恢复供电，如图 6-50（b）所示。

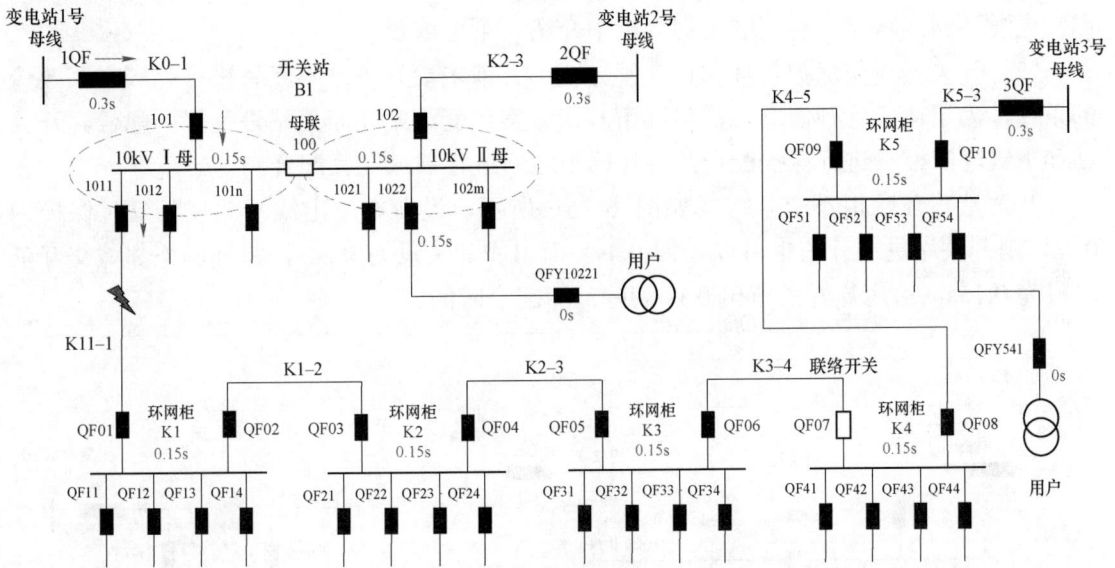

(a) 开关站出线故障

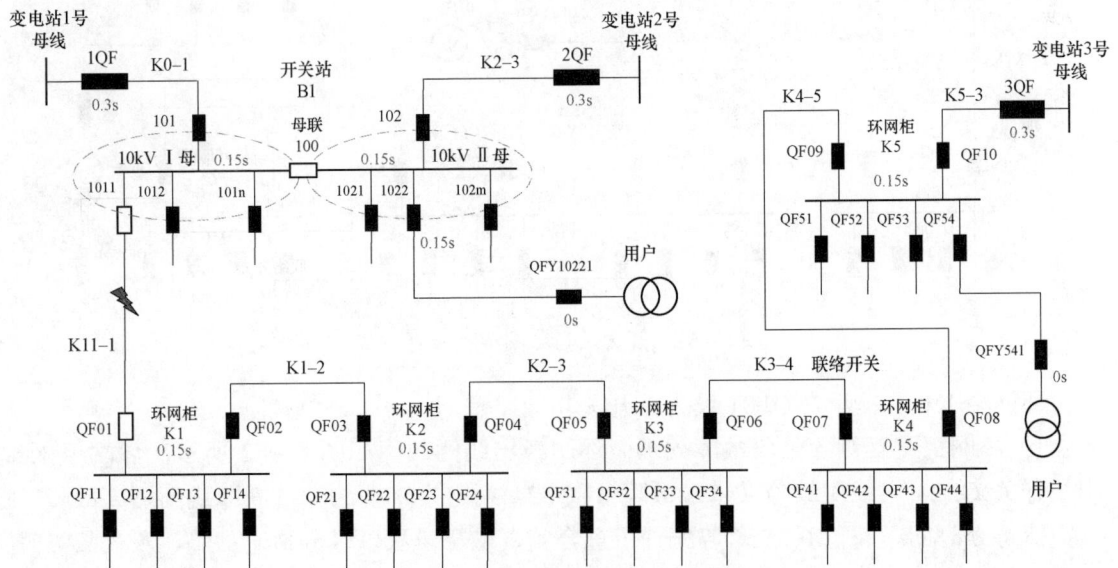

(b) 出线故障隔离

图 6-50 开关站出线故障处理

2）用户与末端故障的处理。

a. 用户开关 QFY10221、QFY541 等不参与邻域交互系统，只与上级开关保护进行时间配合。当用户侧发生故障，立即跳闸，由于上级开关邻域交互有 0.15s 延时，所以不会跳闸。

b. 分支开关与用户间线路故障处理。分支开关与用户间线路，如 1022 与 QFY10221 之间、QF54 与 QFY541 之间，由于下游没有邻域交互开关，相当于末端区段。

3）其他区段故障处理。其他区段，如环网柜母线、环网柜间联络电缆等区段的故障，已在电缆环网线路自愈控制的案例分析中介绍，不再重复。

（2）开关站级差保护与环网柜交互方式。目前多数开关站不具备进行邻域交互改造的条件，为了适应这种情况，提出如下解决方案：变电站和开关站进行保护配合，开关站和下级环网柜只进行保护配合，各环网柜之间进行邻域交互配合。

开关站与环网柜不交互方式如图 6-51 所示，设变电站出线开关速断延时保护为 0.4s，则开关站进线开关也可以设为 0.4s，而出线开关设为 0.25s，将环网柜邻域交互延时设为 0.15s，给用户开关留出 0.1s 切除故障配合时间。

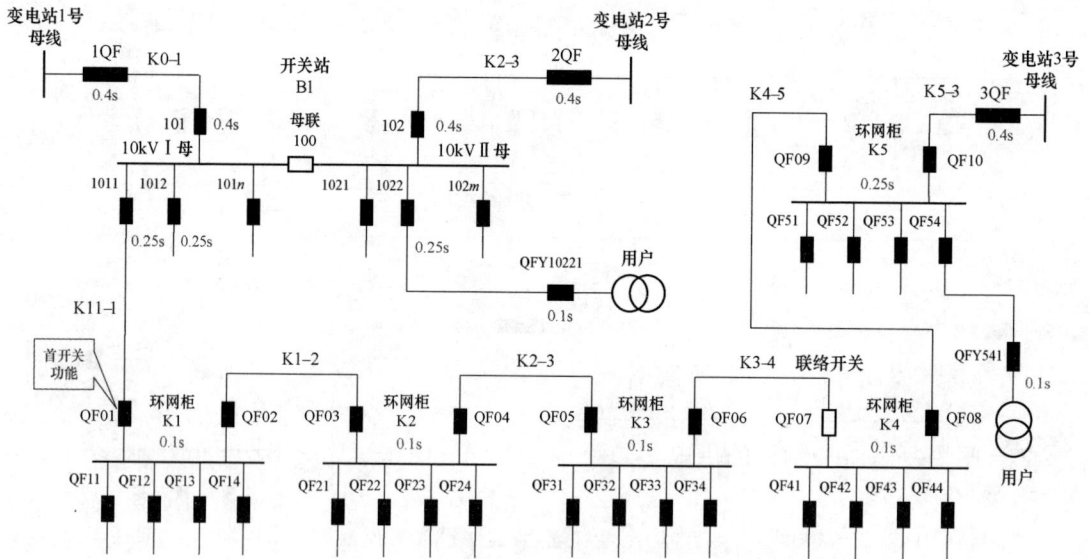

图 6-51 开关站与环网柜不交互方式

环网柜 K1 进线开关 QF01 设为首开关功能。

1）环网柜交互侧各区段故障处理。环网柜出线侧故障如图 6-52 所示，环网柜 K2 出线开关 QF24 出线侧故障（末端故障），QF24 判定为末端故障，立即跳闸隔离故障，过电流持续时间不超过 0.25s。若配置了重合闸，重合一次以区分瞬时故障，永久故障时跳闸后闭锁不再合闸。上游开关 QF03、QF02、QF01 邻域交互后均判定为区外故障不跳闸，开关站 1011 开关、变电站出线开关有延时配合不跳闸。

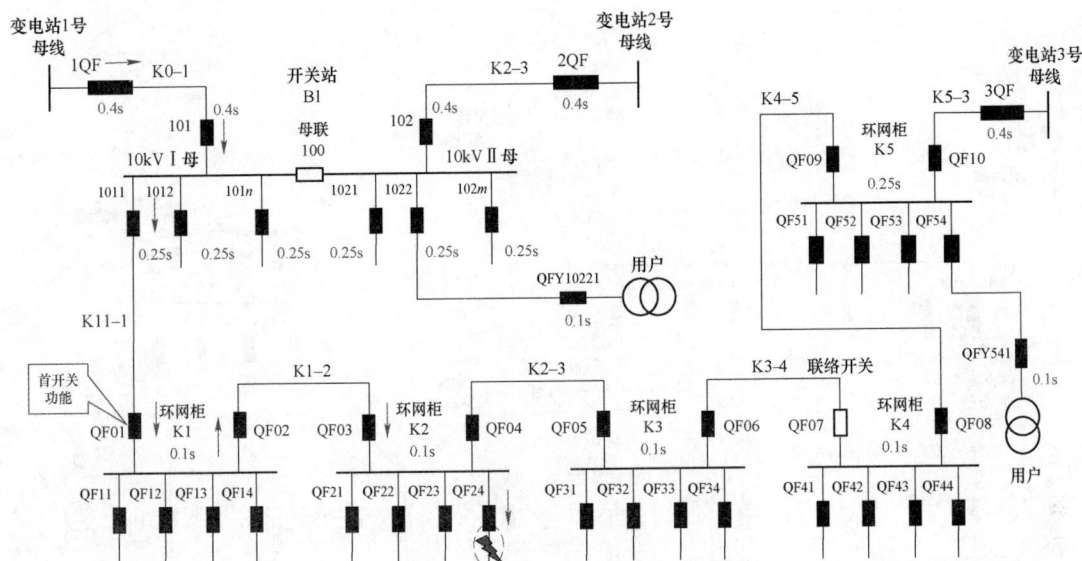

图 6-52　环网柜出线侧故障

同理，环网柜母线故障、环网柜间联络电缆故障均就地切除，不会引起越级跳闸，同时交互控制联络开关合闸恢复非故障区域供电。

2）保护时间级差配合区段故障处理。开关站与环网柜之间故障如图 6-53 所示，图 6-53（a）中，开关站 1011 出线开关与环网柜 K1 进线开关 QF01 之间区段故障，1011 开关通过时间配合跳闸，QF01 成为首开关，没有故障电流，判定为上游故障，失压后延时跳闸隔离故障，并通知联络开关 QF07 合闸。1011 跳闸后下游各环网柜开关均没有检测到过电流故障，判断为无故障，不会跳闸，从而 QF07 合闸后全部恢复供电，如图 6-53（b）所示。

开关站母线故障时，开关站进线开关 101 和变电站出线开关 1QF 同时跳闸切除故障，首开关 QF01 没有故障电流，判定为上游故障，失压后跳闸隔离故障，并通知联络开关 QF07 合闸恢复下游环网柜的供电，如图 6-53（c）所示。这时 BZT 因故障不切换，母联开关不合闸。

变电站出线段故障时由变电站出线开关 1QF 跳闸切除故障，开关站进线开关 101 没有故障电流不跳闸。开关站 100 母联开关 BZT 检测到 101 进线失压无故障，则控制 101 跳闸、母联开关合闸，给Ⅰ母开关站恢复供电。首开关 QF01 失压但没有故障电流，在 Z 时限内恢复供电则不动作，如图 6-53（d）所示。若开关站没有 BZT，则首开关 QF01 失压在 Z 时限内不会恢复供电，则失压跳闸，并按首开关功能，判断为电源侧故障，通知联络开关 QF07 合闸恢复非故障区域供电，如图 6-53（e）所示。首开关 QF01 失压跳闸延时 Z 时限要比 BZT 恢复供电时间长。

上述配合方式可见，采用邻域交互及首开关功能，环网柜等馈线开关可以与多种开关站保护自动化方式配合完成故障隔离与恢复供电。

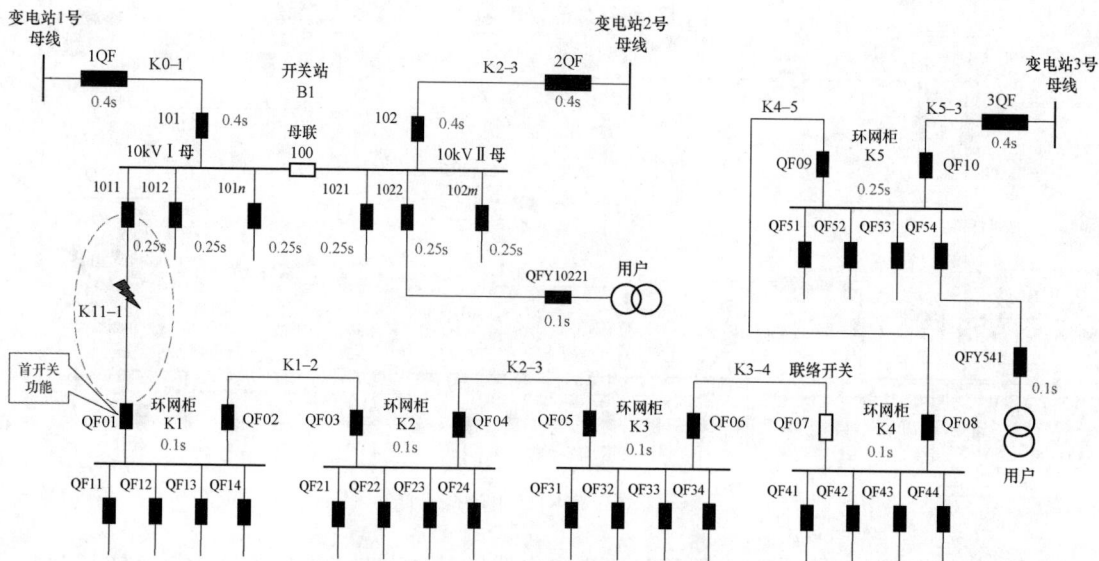

(a) 开关站出线故障

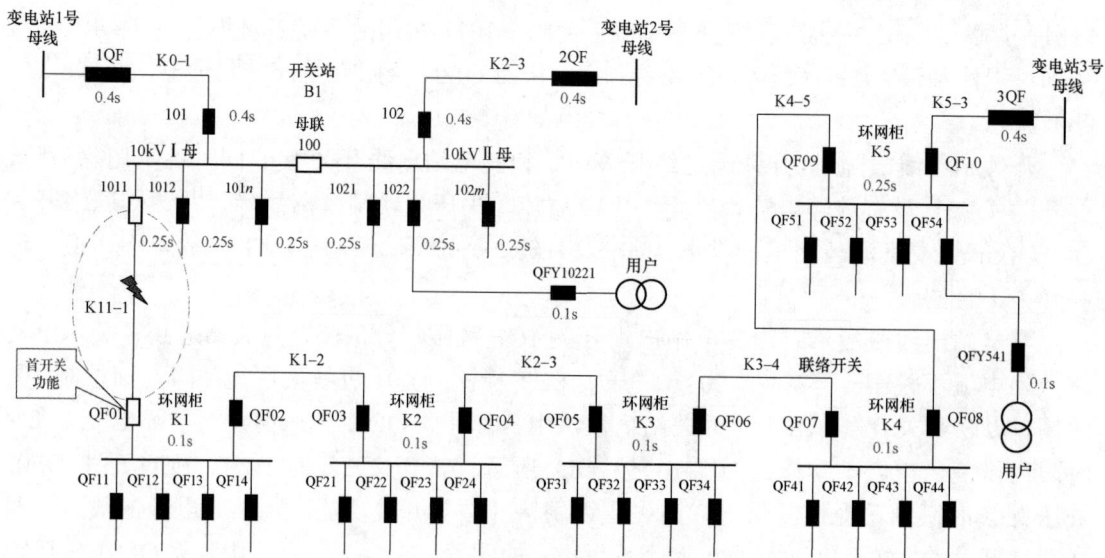

(b) 开关站出线故障隔离并恢复供电

图 6-53 开关站与环网柜之间故障（一）

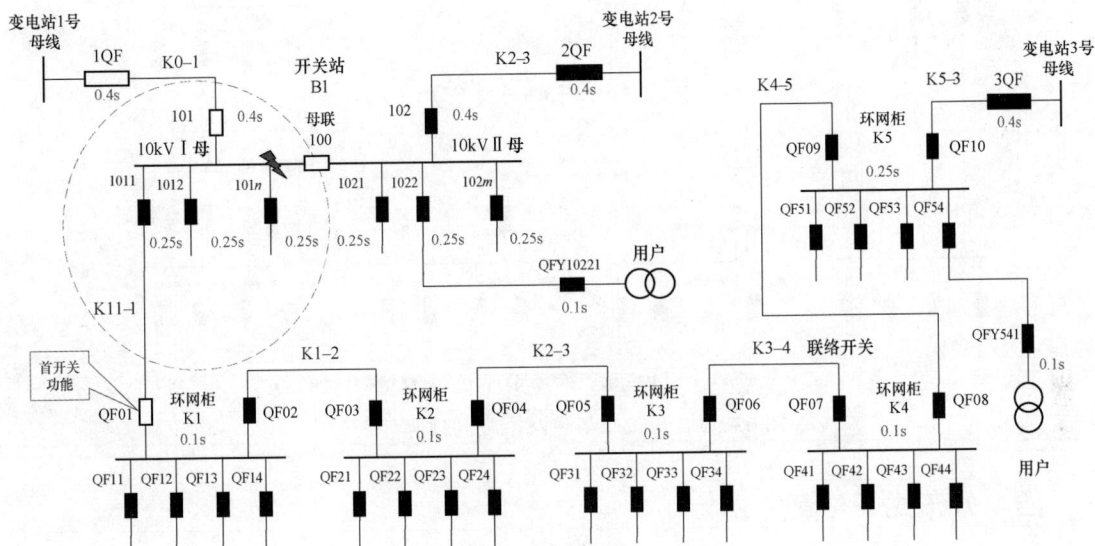

(c) 开关站母线故障隔离与恢复

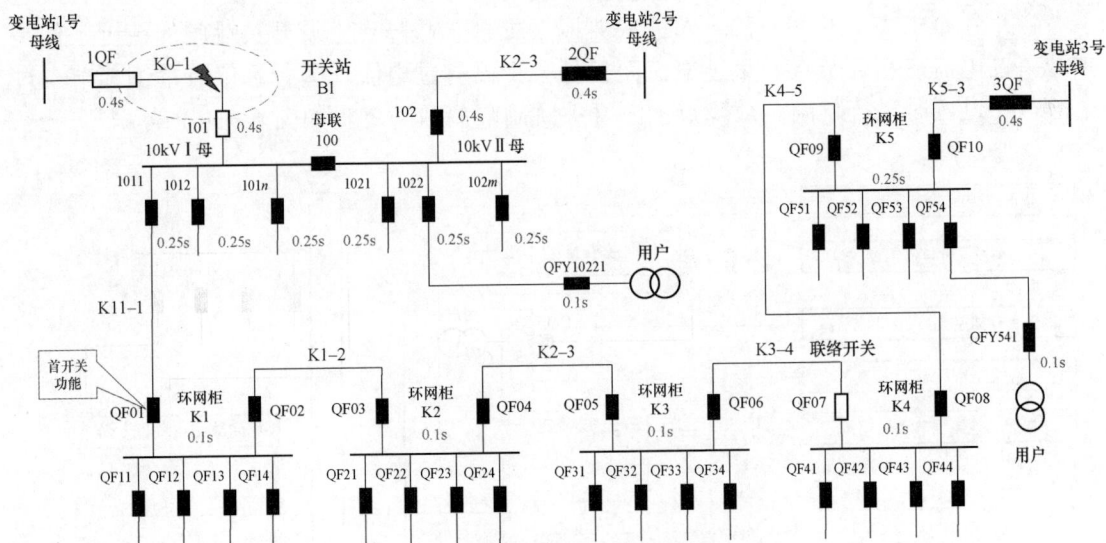

(d) 变电站出线故障隔离开关站BZT恢复供电

图 6−53　开关站与环网柜之间故障（二）

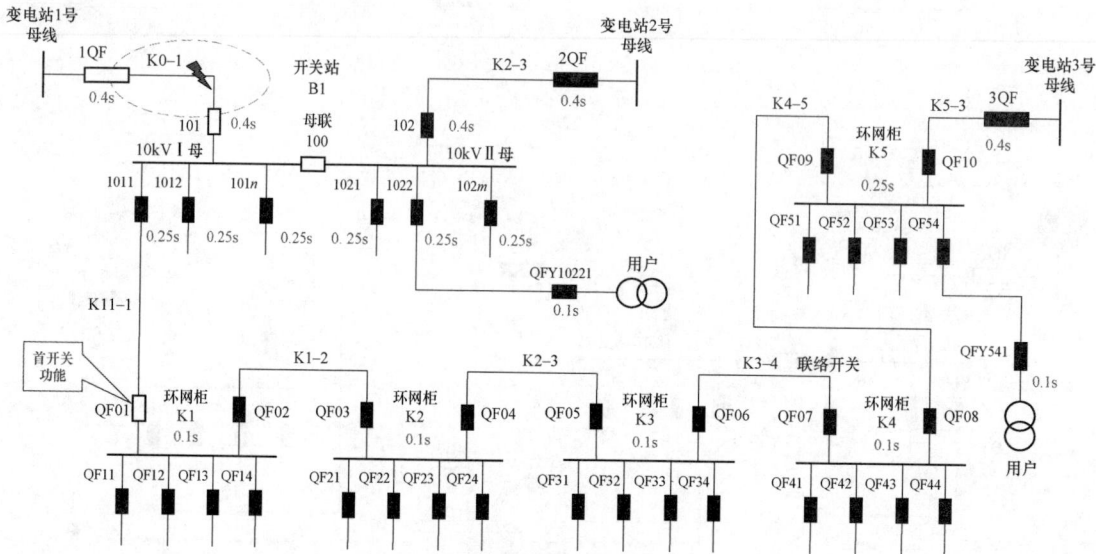

(e) 变电站出线故障隔离环网柜邻域交互恢复供电

图 6-53 开关站与环网柜之间故障（三）

## 四、分布式 FA 简介

### 1. 模式原理

分布式 FA 是通过配电终端之间相互通信实现馈线的故障快速定位、隔离和非故障区域自动恢复供电，并将处理过程及结果上报配电自动化主站。

（1）分布式 FA 相间故障上游开关判断及处理。故障点上游开关跳闸的关键条件是本开关过电流，相邻节点一个过电流而另外一个没有过电流，即有且仅有单侧邻节点过电流，经过延时进行跳闸，故障点上游开关跳闸隔离故障逻辑如图 6-54 所示。

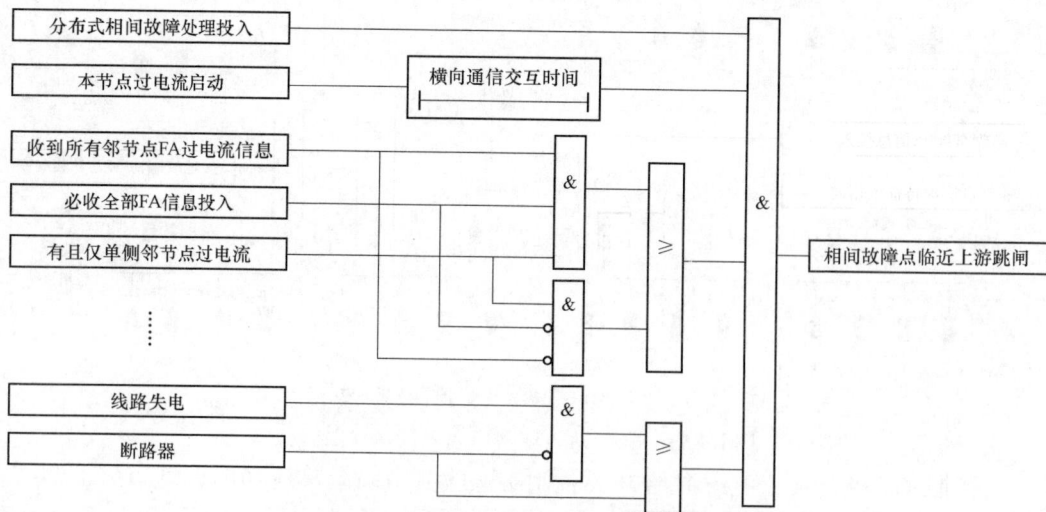

图 6-54 故障点上游开关跳闸隔离故障逻辑

（2）分布式 FA 相间故障下游开关判断及处理。故障点下游开关跳闸的关键条件是本开关未过电流，相邻节点有且仅单侧邻节点过电流，经过延时进行跳闸，故障点下游开关跳闸隔离故障逻辑如图 6−55 所示。

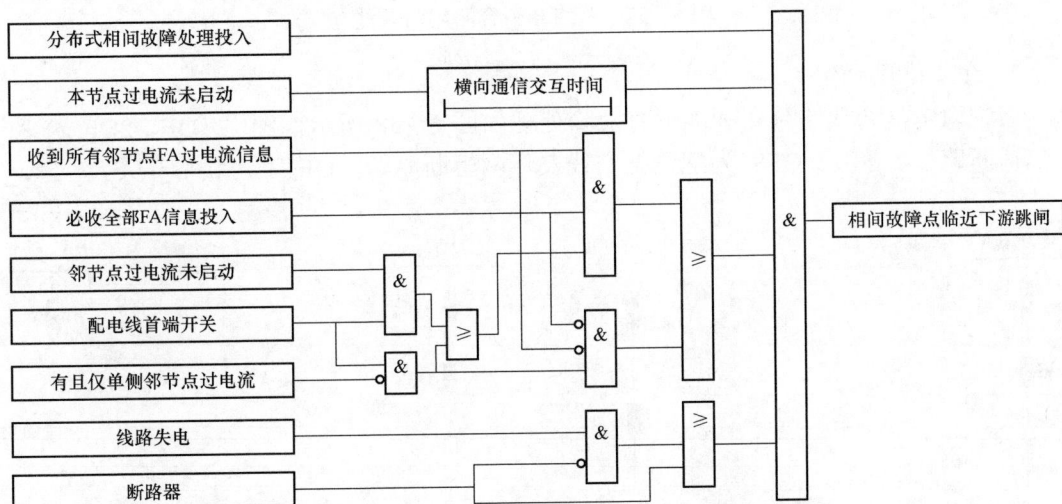

图 6−55 故障点下游开关跳闸隔离故障逻辑

（3）分布式 FA 接地故障判断及处理。接地故障判断的关键是本开关的所有邻节点接地故障特征量相同，方向都指向本区域，但首开关除外，故障点下游开关跳闸隔离故障逻辑如图 6−56 所示。

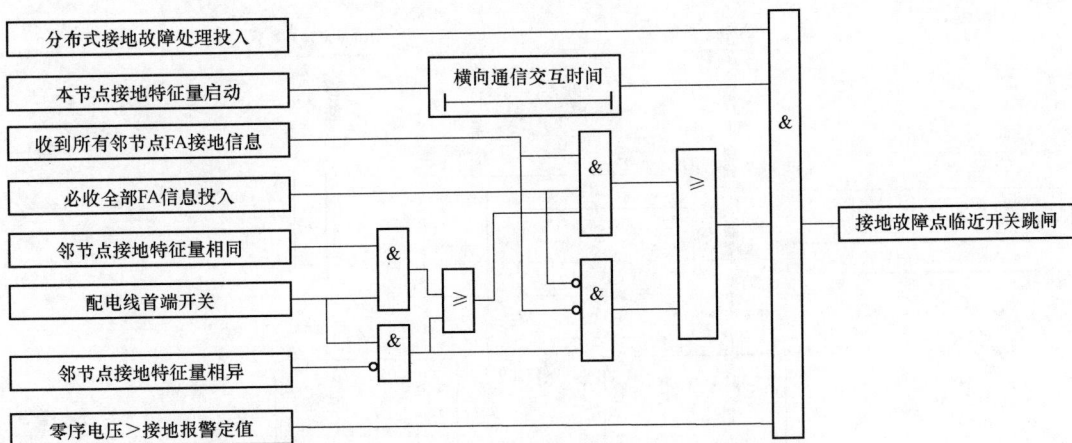

图 6−56 故障点下游开关跳闸隔离故障逻辑

（4）非故障区自投恢复。联络开关合闸必须收到故障隔离成功的信息，另一侧有压且不过负荷。联络开关合闸判断条件如图 6−57 所示。

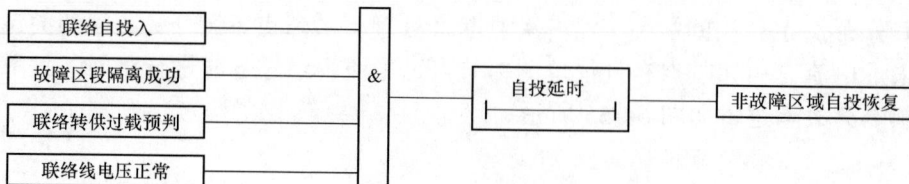

图 6-57 联络开关合闸判断条件

## 2. 故障处理示例

架空电缆混合线路分布智能瞬时故障处理如图 6-58 所示，图中 1QF、2QF 为变电站出口断路器，QF1～QF8 为配电架空线及环网柜断路器，QFC1 为联络开关。

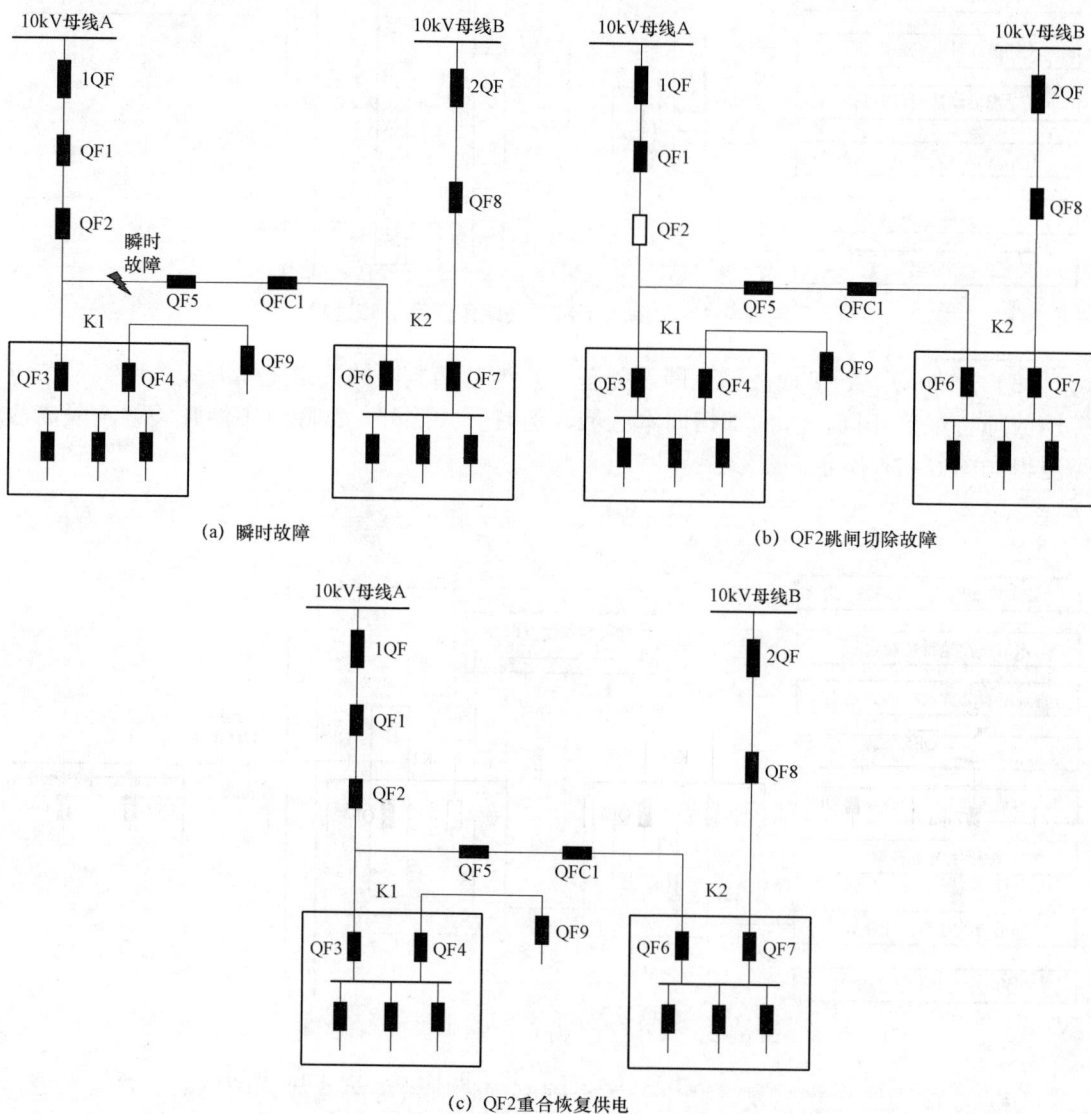

(a) 瞬时故障

(b) QF2跳闸切除故障

(c) QF2重合恢复供电

图 6-58 架空电缆混合线路分布智能瞬时故障处理

（1）瞬时故障。

1）瞬时故障发生在 QF2、QF3、QF5 之间，如图6-58（a）所示。

2）QF2 开关通过与 QF1、QF3、QF5 的配电终端通信，判断出故障发生在 QF2、QF3、QF5 之间，QF2 先跳闸切除故障，如图6-58（b）所示。

3）QF2 开关经过延时自动重合，瞬时故障重合成功，故障恢复，如图6-58（c）所示。

（2）永久故障。架空电缆混合线路分布智能永久故障处理如图6-59所示。

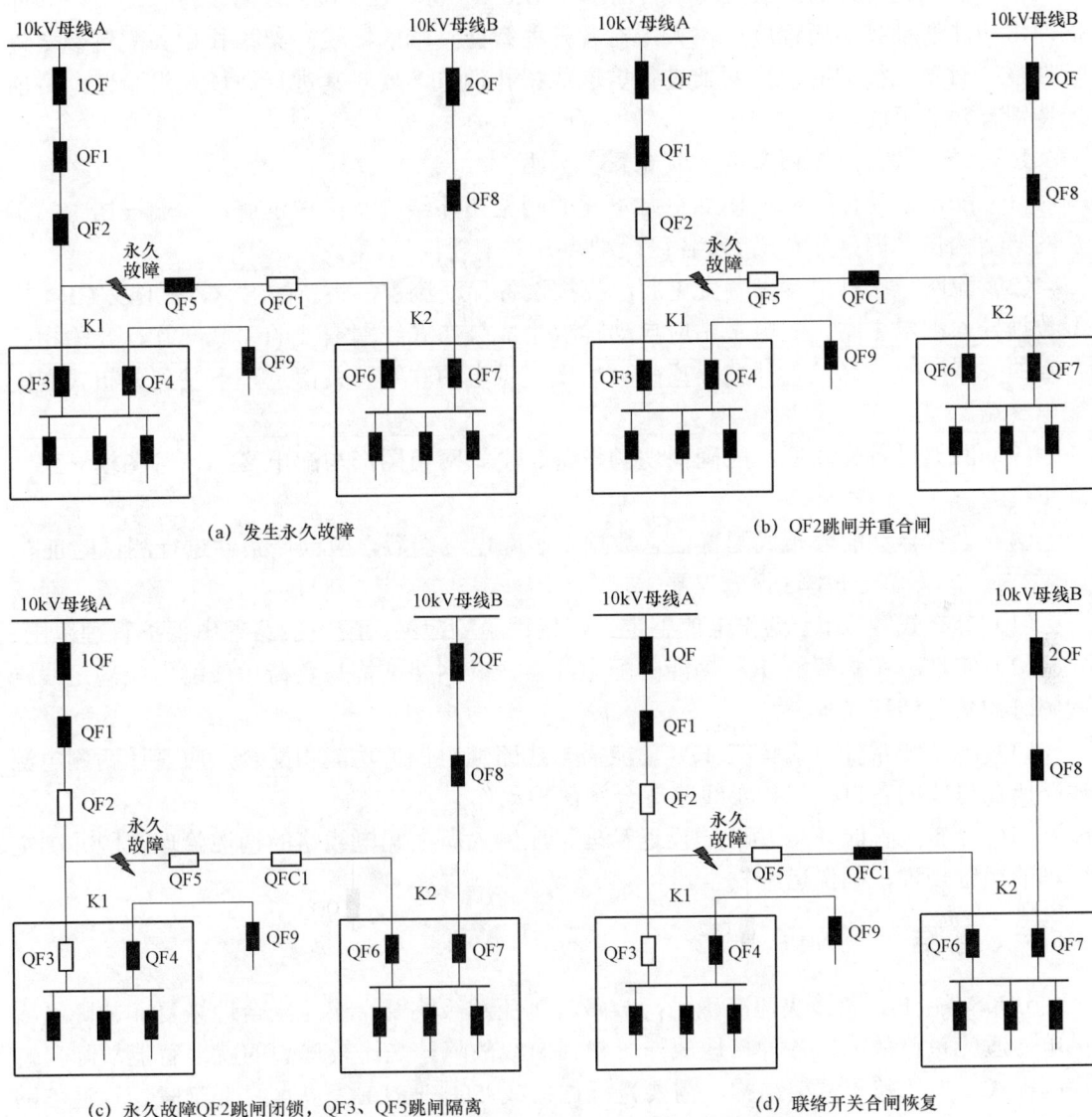

(a) 发生永久故障

(b) QF2跳闸并重合闸

(c) 永久故障QF2跳闸闭锁，QF3、QF5跳闸隔离

(d) 联络开关合闸恢复

图6-59　架空电缆混合线路分布智能永久故障处理

1）永久故障发生在 QF2、QF3、QF5 之间，如图6-59（a）所示。

2）QF2 开关通过与 QF1、QF3、QF5 的配电终端通信，判断出故障发生在 QF2、QF3、QF5 之间，QF2 先跳闸切除故障，如图6-59（b）所示。

3）QF2 开关经过延时自动重合，重合于永久故障再次跳闸，同时 QF3 和 QF5 跳闸，故障点隔离成功，如图 6-59（c）所示。

4）故障点隔离成功后，合闸联络开关 QFC1，恢复非故障区供电。

## 五、分布式智能 FA 运维注意问题

分布智能 FA 依赖馈线网架拓扑，当一次网架发生变化后，必须对终端网架拓扑信息进行同步更新，否则导致误动。目前基于 IEC 61968、IEC 61970 的设备异动流程和即插即用功能达不到实用程度，需人工对各开关智能终端的馈线网架拓扑相关配置参数进行调整。对于已投运的一次网架进行扩展或拓扑调整，要对其进行现场逻辑验证，目前无特别有效的手段。

1. 分布式智能 FA 网架异动定值配置流程

（1）配电自动化终端能接受主站下发的网架拓扑结构及保护定值，终端根据主站下发网架结构自动调整分布式 FA 各区段端点开关配置信息。

（2）配网一次网架及设备变更后，应按设备异动流程，将新的 SVG 图形及 CIM 模型数据导入配电主站。配电主站应自动提取生成分布式终端需要的邻域交互、开关相邻节点的关联配置信息及各开关隔离故障后恢复供电的联络开关信息，下发到分布式智能配电终端。

（3）网架设备异动后，应确保现场设备、主站网架图形与配电终端设备图模一致，同步投运。

（4）设备异动的分布式配置信息数据下装配电终端后，应创造条件进行测试验证。

2. 分布式智能 FA 运行管理要求

（1）分布式智能 FA 动作定值整定、交接试验等应纳入配电线路继电保护管理范围。

（2）实现分布式智能 FA 功能的配电线路，其网架结构与负荷承载能力应满足线路故障时的负荷转移需求。

（3）配电线路分布式智能 FA 功能需与线路继电保护功能相配合，应避让两侧电源线路所在母线的备自投保护及线路重合闸保护动作。

（4）分布式智能 FA 功能的投退管理，应纳入所在配电线路的调控管理范围并制定详细的运维规程，确保运维安全。

## 六、小结

分布智能 FA 能够快速准确隔离故障，避免越级跳闸，快速安全地恢复非故障区域供电，适应短路故障、各种接地故障，包括断线故障，是比较理想的就地智能故障自愈控制模式，但依赖于网架结构，需要光纤通信或 5G—uRLLC 高可靠低延时切片通信网络覆盖，对运维水平要求高。

（1）优点。

1）分布智能自愈模式能避免事故越级跳闸，将事故隔离在最小范围之内；故障处理时间最短。

2）合环运行也能准确处理故障，适应分布式电源的大规模接入。

3）邻域交互首开关功能，不需要变电站、开关站出线开关参加邻域交互保护配合逻辑，也能正确隔离故障，极大地方便了推广应用。

4）联络开关互供可以避免过负荷问题，避免了安全隐患，故障区段下游供电可靠性大大提高。

5）适应单相接地故障处理。

（2）缺点。

1）故障信息交互需要通过光纤通信或 5G—uRLLC 高可靠低延时端对端切片覆盖区域，投资高。

2）适用于 A 类核心供电区域等可靠性要求很高的场合。

# 第四节　集中智能 FA 自愈控制技术

集中智能 FA 基于配电自动化主站、通信网络及配电终端组成的配电自动化系统，配电网发生故障时，先由现场开关切除故障，再由配电自动化主站根据收到的故障信息进行故障定位、隔离故障并恢复非故障区域供电。集中智能 FA 是配电自动化主站的一个应用分支。

早期的集中型 FA 承担故障定位、故障隔离与恢复供电的任务。随着配电网继电保护技术及各种就地型 FA 功能的应用，许多故障定位与隔离已由现场智能终端设备完成，集中型 FA 更需要与现场各种 FA 配合完成整个故障处理与恢复供电的过程。主站的集中FA 更是就地 FA 的补充完善，集中型 FA 向着集中智能 FA 的技术方向发展，软件也由一个应用模块扩展为多个基础功能模块支撑的集中智能 FA 自愈控制分支。本节主要介绍满足上述各种需求的集中智能 FA 技术，其他集中型 FA 技术如模式化故障处理技术、故障容错定位技术等不再介绍。随着故障录波数据大量上传，集中智能 FA 需要利用这些数据提取故障信息进行准确故障定位。本节不介绍小电流单相接地故障及断线故障定位信息的具体算法，直接引用其计算结果进行小电流单相接地故障定位与处理。

## 一、技术需求与 FA 模型

### 1. 集中型 FA 与技术发展需求

最初的集中型 FA 馈线发生故障时一般由变电站出线开关跳闸隔离故障，现场配电终端监测到过电流故障立即报告主站。主站收到开关跳闸信息及该馈线的故障告警信息，启动 FA 流程。首先等待收集相关开关的故障信息，然后在配电网模型基础上利用相关模型算法与馈线拓扑逻辑进行故障区段定位的计算判断。定位的故障区段，其端点开关需要跳闸隔离故障，电源侧开关需要合闸恢复故障区段上游供电，搜寻可恢复下游区段的供电联络开关。将需要跳闸的开关生成故障隔离开关序列；电源开关及搜到的联络开关即为恢复供电需要合闸的开关序列。将这些信息显示于屏幕，即推出故障处理窗口，包含故障区段定位、故障隔离跳闸方案、恢复供电合闸方案等。将故障隔离、恢复供电的开关操作命令序列自动执行，即为全自动方式；每一个开关遥控前进行人机交互获得允许，则为半自动方式。还有只输出方案不执行遥控的人工方式，因为配电网图模不一定与实际相符，产生的方案不一定正确。

目前配电网继电保护、各种就地 FA 技术应用越来越多，故障隔离对主站的依赖减少，但现场联络开关投入自动合闸的较少，多数要依赖主站恢复供电。继电保护的越级跳闸、各种 FA 的开关误动、拒动等各种情况，需要集中型 FA 进行后续处理，完善故障隔离，纠正越级跳闸，并以最优方案恢复非故障区域供电，避免联络转供过负荷。一个配电自动化区域，现场实施的各种 FA 技术方案繁多，集中型 FA 需要与各种现场 FA 配合，靠逻辑条件判断已不可能，必须建立统一的 FA 模型及算法，才能适应所有的情况。下面介绍一种集中智能 FA 的配网建模方法与故障处理、恢复供电的算法。其模型建立在 IEC 61968、IEC 61970 的 CIM 标准基础上，算法简单实用。

2. 集中智能 FA 模型

（1）故障区间与测点定义。

将配电网由故障信息采集节点（简称测点）和末梢点围成的，其中不再包含测点的区域，称为最小故障定位区间（简称区间）。区间是集中智能故障定位的最小单元。围成最小故障单元的节点称为测点（不计末梢）。这与本章第五节定义的配电网故障区段及端点类似，区别是包含了二遥终端及故障指示器，有的测点不能遥控隔离故障。

（2）配电区间与测点的模型。把一个测点终端记作 $FM_i$，$FM_i$ 的内容按 CIM 模型定义执行，但应包含测点类型 $MM_i$、测点状态 $MS_i$、正向闭锁标志 $MLF_i$、反向闭锁标志 $MLB_i$ 等信息，表达式为：

$$FM_i = \{测点名称, 编号, IP地址, \cdots, MM_i, MC_i, MLF_i, MLB_i, \cdots\} \quad i = 1, 2, \cdots, N \quad (6-25)$$

式中　$N$——一条馈线的测点数量。

测点类型 $MM_i$ 为：

$$MM_i = \begin{cases} 0, & 故指测点, 无接地功能 \\ 1, & 二遥开关, 无接地功能 \\ 2, & 三遥开关, 无接地功能 \\ 10, & 故指测点, 有接地功能 \\ 12, & 二遥开关, 有接地功能 \\ 13, & 三遥开关, 有接地功能 \end{cases} \quad (6-26)$$

测点状态 $MS_i$ 为：

$$MS_i = \begin{cases} 0, & 正常工作 \\ 1, & 测量异常 \\ 2, & 遥控异常 \\ 3, & 检修状态 \\ 4, & 退出运行 \\ 5, & 其他 \end{cases} \quad (6-27)$$

$$MLF_i = \begin{cases} 1, & 正向闭锁 \\ 0, & 正向未闭锁 \end{cases} \quad (6-28)$$

$$MLB_i = \begin{cases} 1, & \text{反向闭锁} \\ 0, & \text{反向未闭锁} \end{cases} \tag{6-29}$$

配电区间记作 $DM_i$，$DM_i$，包含的测点可以表达为：

$$DM_i = \{M, FM_i, FM_{i+1}, \cdots, FM_{i+M}\} \quad i = (1, 2, \cdots, N) \tag{6-30}$$

式中　$M$——区间 $DM_i$ 包含的测点数量。

除电源侧测点外，测点 $FM_i$ 连接 $DM_{i-1}$ 和 $DM_i$ 两个区间，即：

$$FM_i = DM_i \cap DM_{i-1} \quad (i=1, \text{电源端点开关除外}) \tag{6-31}$$

（3）FA 模型信息生成。

上述配电区段及终端端点的表述信息从基于 IEC 61968、IEC 61970 标准的 CIM、SVG 图模信息检索提取生成。一般电源侧开关测点是馈线拓扑的首节点，从首节点开始搜索各种一遥以上终端，既可以获得本馈线各测点 $FM_i$，又可以生成区间信息 $DM_i$。所有馈线依次搜索，生成上述信息。设备异动时自动重新生成，保持与现场一致。

（4）故障采集装置与故障信息。

常见的故障信息采集装置为安装在配电网的各种保护自动化信息采集装置，包括变电站出线开关继电保护装置、FTU（含二遥终端）、DTU、故障指示器（FI）等。故障定位主要由依据各测点上报的故障信息，如短路故障电流、故障功率方向、保护动作、开关状态、零序电流、小电流单相接地故障信息与方向、断线信息与方向及故障录波记录文件等，用来确定故障区间。短路故障信息还包括不同相别在不同位置接地造成的两相短路故障等。

集中智能馈线自动化处理技术主要包括故障定位、故障隔离与恢复供电三部分内容。

## 二、短路及接地故障定位技术

短路故障包括配电网两相短路、三相短路过电流故障，接地故障包括配电网中性点经小电阻接地或直接接地的小电阻接地系统零序电流过电流故障和中性点经消弧线圈接地或不接地的小电流接地系统的接地故障。

下面仅以相间短路故障的相序电流短路信号为例介绍规则和算法，小电阻接地系统单相接地故障的零序电流过电流信号的判断规则和算法与短路电流完全相同，不再重复介绍。

### 1. 单电源配电网故障定位规则

对于单电源开环运行的配电网，可以依据短路电流分布实现集中智能短路故障定位，其故障定位规则为：单电源配电网中如果一个测点上报了短路故障信息，在其负荷侧的最小故障定位区间的其他所有测点均未上报流过短路故障信息，则短路故障在其负荷侧最小故障定位区间内；若该区间其他测点中至少有一个测点也上报了短路故障信息，则短路故障不在该最小故障定位区间内。

单电源短路故障区间定位如图 6-60 所示，图 6-60（a）中，QF1 为变电站 10kV 出线断路器，测点 QF3、QF5 为断路器开关终端，与变电站进行二级保护配合。测点 QL2、QL4 为负荷开关终端，只告警，不能跳闸切除故障，FI6、FI7 为故障指示器，共 7 个测点。该配电网有 1～7 共 7 个故障定位区间。

在发生了如图 6-60（a）所示的区间 5 的相间短路故障时，理想情况下，测点 QF5、QL2 配置的配电终端上报流过了短路电流，根据故障定位规则，集中式主站 FA 可以正确判断故障区段。

下面主要讨论现场实际各种不利情况及处理方式。

在发生了如图 6-60（a）所示的区间 5 的相间短路故障时，完全有可能测点 QF5 上报流过了短路电流，变电站 QF1 时间未到不上报、QL2 是否上报不确定。对于区间 1，由于 QF1 没有上报，故不启动判断该端点区间 1 的故障判断，即使 QL2 上报了故障信息。若 QL2 测点上报流过了短路电流，对于它的负荷侧区间 2，QF5 上报流过了短路电流，根据故障定位规则，相间短路故障不在该区间 2 内。QF5 测点上报流过了短路电流，它的负荷侧区间 5 的节点 FI6、FI7 均没有上报流过短路电流，根据规则，相间短路故障就在该区间内。

配电网中两个相别分别在不同位置接地造成的两相短路接地故障也经常发生，对于这种情况，需要分相别运用故障定位规则。上述短路故障电流，只要 A、B、C 其中一相过电流即可。例如，对如图 6-60（b）所示的配电网，在发生了如图所示的 A、B 相短路接地故障时，测点 QF3 终端上报 A 相流过了短路电流，而 QF3 的负荷侧即区间 3 的测点 QL4 未上报 B 相流过了短路电流。对 A 相运用故障定位规则，可以判断出 A 相故障发生在区间 3；对 B 相运用故障定位规则，可以判断出 B 相故障发生在区间 5。

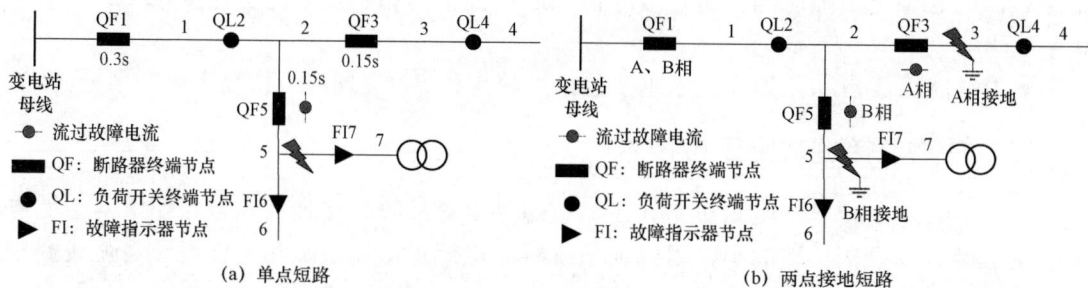

图 6-60　单电源短路故障区间定位

在分布式电源渗透率较低的情况下，在配电网故障时，并网的分布式电源提供的短路电流与来自主网的短路电流相比很小，并且接入主变电站 10kV 母线的分布式电源对短路电流的分布并不产生影响，因此分布式电源对故障定位规则的影响不大。

故障信息采集装置的故障告警定值的设置取最小值与最短时间，确保准确采集，避免漏报。

2. 多电源配电网短路故障定位规则

对于多电源和闭环运行的配电网，可以依据故障功率方向的分布，实现集中智能短路故障定位，其故障定位规则为：如果一个测点上报故障且故障功率方向指向的区间，而没有测点的故障功率方向指向该区间的外部，则短路故障就在该最小故障定位区间内；如果至少有一个测点的故障功率方向指向该区间的外部，则短路故障不在该最小故障定位区间内。

多电源闭环运行配电网相间短路故障定位如图 6-61 所示，联络开关 QFC1 处于合闸状态闭环运行方式，在区间 3 发生相间短路故障时，各个测点的故障功率方向如图中箭头所示，测点 QF5、FI6、FI7 未流过故障电流信息，不上报故功率方向。由图 6-61 可知，对于区间 1、区间 2 和区间 4，均满足"至少有一个测点的故障功率方向指向该区域的外部"，因此根据故障定位规则，短路故障不在上述区间内；对于区间 3，满足"至少有一个测点的故障功率方向指向该区域的内部，而没有测点的故障功率方向指向该区域的外部"，因此根据故障定位规则，短路故障在区间 3 内。

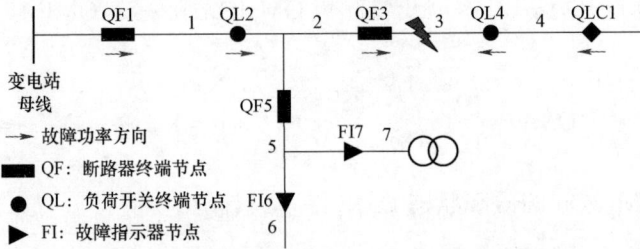

图 6-61　多电源闭环运行配电网相间短路故障定位

对于两个相别分别在不同位置接地造成的两相短路接地故障的情形，也可以采取分相别运用故障定位规则的方式实现相应相别的故障定位。对于中性点直接接地或小电阻接地方式下的单相接地故障定位问题，可以对零序电流运用故障定位规则进行故障定位。

故障功率方向指流过了短路电流的测点的功率方向，因此配电终端需有方向元件并对故障定值合理设置，使能正确检测故障电流及故障功率方向信息。

3. 小电流单相接地故障与断线故障定位规则

小电流单相接地故障信号本身具有指向区内（下游）或区外（上游）的方向信息，与短路电流的故障功率方向物理意义完全相同，可以依据接地故障方向的分布实现集中智能小电流接地故障定位，其故障定位规则为：对于一个最小故障定位区间，如果至少有一个测点的接地故障方向指向该区间的内部，而没有测点的接地故障方向指向该区间的外部，则接地故障就在该最小故障定位区间内；如果至少有一个测点的接地故障方向指向该区间的外部，则接地故障不在该最小故障定位区间内。

小电流接地故障定位如图 6-62 所示，在区间 5 发生单相接地故障时，各个测点的接地故障方向如图中箭头所示。由图 6-62 可知，对于区间 1、2、3、4、6、7，均满足"至少有一个测点的故障功率方向指向该区域的外部"，因此根据故障定位规则，短路故

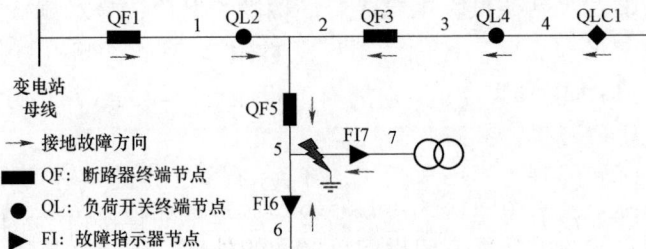

图 6-62　小电流接地故障定位

障不在上述区间内；对于区间 5，满足"至少有一个测点的故障功率方向指向该区域的内部，而没有测点的故障功率方向指向该区域的外部"，因此根据故障定位规则，短路故障在区间 5 内。

4. 故障区间定位基本算法

（1）无方向故障信息的故障区间定位算法。测点 $QM_i$ 的故障标志用 $QMF_i$ 表述；区间 $DM_i$ 的故障标志用 $DMF_i$ 表述。

正常运行时 $QMF_i = 0$，$DMF_i = 0$，表示无故障。当测点 $QM_i$ 检测到故障时，对本馈线从首端电源测点开始，对本馈线各测点 $QM_i$ 的故障标志 $QMF_i$ 按故障信息采用下式计算：

$$QMF_i = \begin{cases} 0, & \text{无故障正常运行} \\ 1, & \text{有故障} \end{cases} \quad (i = 1, 2, \cdots, N) \qquad (6-32)$$

然后，对各 $DM_i$ 区间的故障状态 $DMF_i$ 用下式计算：

$$DMX_i = \sum_{j=1}^{M} QMF_j \ (QM_i \in DM_i) \qquad (6-33)$$

$$\begin{cases} \text{若} DMX_i \geqslant 2, \text{则 } DMF_i = 0, \text{即无故障} \\ \text{若} DMX_i = 1, \text{则 } DMF_i = 1, \text{即有故障} \end{cases} \quad (i = 0, 1, \cdots, N) \qquad (6-34)$$

（2）带方向故障信息的故障区间定位算法。正常运行时 $DMF_i = 0$，$DMF_i = 0$，表示无故障。当测点 $QM_i$ 检测到故障时，对本馈线从首端电源测点开始，对本馈线各测点 $QM_i$ 的故障标志 $QMF_i$ 按故障方向信息采用下式计算：

$$DMF_i = \begin{cases} 0, & \text{无故障正常运行} \\ 1, & \text{有故障指向区间} DM_i \text{内} \\ -1, & \text{有故障指向区间} DM_{i-1} \text{外} \end{cases} \quad (i = 1, 2, \cdots, N) \qquad (6-35)$$

然后，对各 $DM_i$ 区间的故障状态 $DMF_i$ 用下式计算：

$$DMX_i = \sum_{j=1}^{M} DMF_j \ (DM_i \in DM_i) \qquad (6-36)$$

$$\begin{cases} \text{若} DMX_i \leqslant 0, \text{则 } DMF_i = 0, \text{即无故障} \\ \text{若} DMX_i \geqslant 1, \text{则 } DMF_i = 1, \text{即有故障} \end{cases} \quad (i = 0, 1, \cdots, N) \qquad (6-37)$$

配电网发生故障，主站信息收集完成后，按馈线名称代号对测点信息归类，对有故障的线路，依次计算所包含的区段的故障标志 $DMF_i$。至此，测点 $DM_i$ 所在馈线的所有故障区间的故障信息 $DMF_i$ 计算完成。对所有上报测点故障的线路进行同样的计算，可生成全网的故障区间定位报告，故障判断计算完成。

因为最小故障区间的测点不一定全部是开关，有的二遥终端开关无法遥控隔离故障，而且故障指示器安装处没有开关，上述故障定位结果不能直接用于故障隔离，还要进行端点开关与故障区段的故障定位与隔离补救 FA 计算。

## 三、短路及接地故障处理 FA 算法

1. 开关隔离故障区段的规则

（1）配电区段与配电区间。可承担集中式故障隔离的是各类型开关端点，所以集中型故障隔离采用第五节定义的端点为开关"配电区段"，得到"配电区段"是否有故障才可以下达隔离命令。

故障区段至少包含一个故障区间。区间测点全是开关终端类型的，区段等同于区间，区段与区间的关系如图 6-63 所示，区段用小写字母表示，区间用数字表示，区段 a 与区间 1 是同一个区域。区间测点有故障指示器的，区段包含 2 个以上的区间，如图 6-63 所示，区段 e 是区间 5+6+7。当区间 6 或区间 7 有故障时，区间 5 并无故障，这样 QF5 就不能隔离故障，导致错误。

配电区段的信息抽取生成，在测点信息 $MM_i$ 标记了是否为故障指示器等非开关测点，很容易将非开关测点去除，即生成配电区段与端点开关的表述信息。

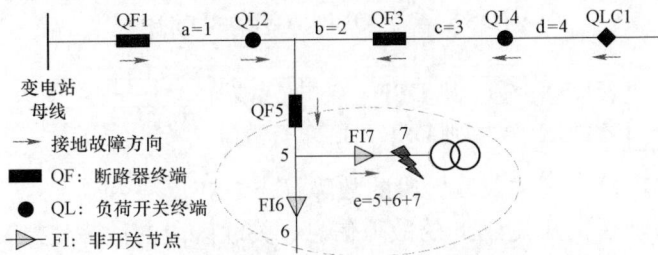

图 6-63　区段与区间的关系

（2）"配电区段"配置表述信息生成。把端点开关记作 $QL_i$，按照 IEC 61968、IEC 61970 标准 CIM 模型，只抽取端点开关，有：

$$QL_i = \{开关名称,编号,IP地址,\cdots,MM_i,MC_i\cdots\} \quad (i=1,2,\cdots,N) \qquad (6-38)$$

$N$ 为某条馈线的开关端点数量。

区段 $DS_i$，$DS_i$ 包含的端点开关可以表达为：

$$DS_i = \{M,QL_i,QL_{i+1},\cdots,QL_M\} \quad (i=1,2,\cdots,N) \qquad (6-39)$$

式中　　$M$——本区段包含端点开关数量。

（3）"配电区段"的故障判断规则。

"配电区段"的故障判断规则，与本章第三节故障判断规则完全相同，不再赘述。

2. 配电区段故障定位的基本算法

（1）无故障方向故障区段判断算法。端点开关 $QL_i$ 的故障标志用 $QLF_i$ 表述；区段 $DS_i$ 的故障标志用 $DSF_i$ 表述。

正常运行时 $QLF_i = 0$，$DSF_i = 0$，表示无故障。当测点 $QL_i$ 检测到故障时，对本馈线从首端电源开关开始，对本馈线各开关 $QL_i$ 的故障标志 $QLF_i$ 按故障信息采用下式计算：

$$QLF_i = \begin{cases} 0, & 无故障正常运行 \\ 1, & 有故障 \end{cases} \quad (i=1,2,\cdots,N) \qquad (6-40)$$

然后，对各 $DS_i$ 区段的故障状态 $DSF_i$ 用下式计算：

$$DSX_i = \sum_{j=1}^{M} QLF_j \quad (QL_i \in DS_i) \tag{6-41}$$

$$\begin{cases} \text{若} DSX_i \geqslant 2, \text{则} DSF_i = 0, \text{即无故障} \\ \text{若} DSX_i = 1, \text{则} DSF_i = 1, \text{即有故障} \end{cases} (i = 0, 1, \cdots, N) \tag{6-42}$$

（2）带方向故障信息的故障区段定位算法。正常运行时 $QLF_i = 0$，$QLF_i = 0$，表示无故障。当开关 $QL_i$ 检测到故障时，对本馈线从首端电源开关开始，对本馈线各开关 $QL_i$ 的故障标志 $QLF_i$ 按故障方向信息采用下式计算：

$$QLF_i = \begin{cases} 0, \text{无故障正常运行} \\ 1, \text{有故障指向区段} DS_i \text{内} \\ -1, \text{有故障指向区段} DS_{i-1} \text{外} \end{cases} (i = 1, 2, \cdots, N) \tag{6-43}$$

然后，对各 $DS_i$ 区段的故障状态 $DSF_i$ 用下式计算，设：

$$DSX_i = \sum_{j=1}^{M} QLF_j \quad (QL_i \in DS_i) \tag{6-44}$$

$$\begin{cases} \text{若} DSX_i \leqslant 0, \text{则} DSF_i = 0, \text{即无故障} \\ \text{若} DSX_i \geqslant 1, \text{则} DSF_i = 1, \text{即有故障} \end{cases} (i = 0, 1, \cdots, N) \tag{6-45}$$

依次计算出 $QL_i$ 端点开关关联区段的故障标志 $DSF_i$。

至此，发生故障后，开关 $QLF_i$ 的故障信息、关联区段的故障信息 $DSF_i$ 计算完成，可进行故障切除计算。

3. 故障区段隔离基本算法

把开关的当前状态用 $QLS_i$ 表示，$QLS_i = 0$ 为"分位"，$QLS_i = 1$ 为"合位"，是由配电终端实时上传的；把开关的目标状态用 $QLT_i$ 表示，$QLT_i = 0$ 为"分位"，$QLT_i = 1$ 为"合位"。

端点开关处于故障区段，应该分闸隔离故障。即目标状态为"分位"，$QLT_i = 0$。开关端点所处的区段无故障，则目标状态为"合位"，$QLT_i = 1$。除了电源点开关，一个馈线开关处于两个区段，只要任何一个区段有故障，该开关目标状态应处于"分位"，$QLT_i = 0$。由此得到开关目标状态 $QLT_i$ 的算法为：

当 $QL_i = DS_{i-1} \cap DS_{i-1}$ 时：

$$\text{若} (DSF_{i-1} = 1) \cup (DSF_i = 1) \quad \text{则} \quad QLT_i = 0 \quad (i = 1, 2, \cdots, N) \tag{6-46}$$

将开关的跳闸或合闸动作用 $QLA_i$ 表示，则集中式故障隔离算法为：

$$QLA_i = QLS_i - QLT_i \quad (i = 1, 2, \cdots, N) \tag{6-47}$$

各 $QL_i$ 开关的故障隔离动作，按下式执行：

$$QLA_i = \begin{cases} 1, \text{需跳闸隔离故障} \\ 0, \text{已跳闸不需动作} \\ -1, \text{越级跳闸或误跳闸,需合闸纠正} \end{cases} \tag{6-48}$$

按 $QLA_i$ 计算结果，生成故障隔离命令序列，即得到故障隔离方案。逐个执行即可隔离故障，并能纠正越级跳闸、误跳闸。但隔离故障的控制执行软件流程一定要依据每台开关的 $MM_i$ 标志判断开关类型，是三遥开关则下发遥控命令，是二遥开关则下发人工操作命令。

4. 恢复供电合闸动作基本算法

对发生故障的馈线，通过模型拓扑得到该馈线联络开关的集合，记为 $QLC0_j$，有：

$$QLC0_j = \{L, QLC_1, QLC_2, \cdots, QLC_L\} \quad (j=1,2,\cdots,H) \quad (6-49)$$

式中 $L$——本馈线联络开关总数，$H$ 为配网馈线总数。

联络开关可恢复供电的规则是不处于故障区段端点的一侧失压的联络开关。

可恢复供电的联络开关集合记为 $QLCC_j$，有：

$$QLCC_j = \{K, QLC_1, QLC_2, \cdots, QLC_k\} \quad (j=1,2,\cdots,H) \quad (6-50)$$

式中 $K$——可以合闸的联络开关数量。

联络开关合闸恢复供电的 $QLCC_j$ 算法流程如图 6-64 所示，包括进行恢复供电的优化计算、判断过负荷等。

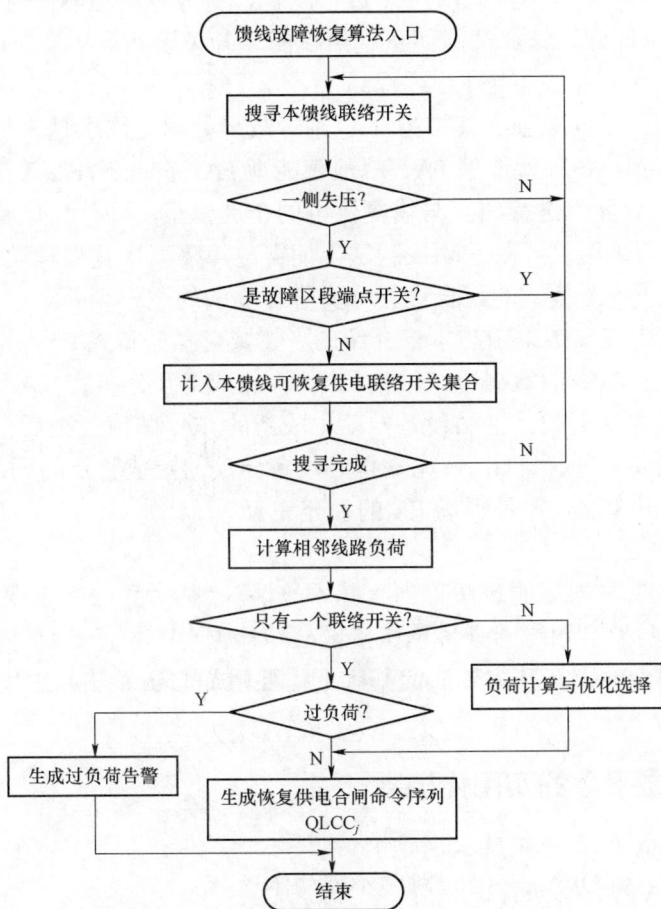

图 6-64 联络开关恢复供电的算法流程

联络开关的当前状态记为 $\mathrm{QLCS}_j$，为 0 表示分位，为 1 表示合位。

联络开关的目标位置为合闸位置，控制动作记为 $\mathrm{QLCA}_j$，有：

$$\mathrm{QLCA}_i = 1 - \mathrm{QLCS}_i \quad (i = 1, 2, \cdots, K) \tag{6-51}$$

各 $\mathrm{QLCA}_i$ 开关的合闸动作，按下式执行：

$$\mathrm{QLCA}_i = \begin{cases} 1, & \text{需合闸恢复供电} \\ 0, & \text{不需合闸或已合闸} \end{cases} \tag{6-52}$$

按 $\mathrm{QLCA}_i$ 计算结果，生成恢复供电联络开关合闸命令序列，得到非故障区段恢复方案，逐个执行即可恢复非故障区段供电，包括电源点的恢复供电。电源点开关处于故障区段时，算法生成的恢复供电合闸序列则不会包括电源点开关。

将式（6-48）和式（6-52）表述的开关目标状态与当前状态相减，得到故障隔离与恢复供电开关控制动作的算法，称为"开关差动控制法"。

5. "开关差动控制法"的优点

（1）算法简单易实现。上述 FA 目标开关状态与目前实际开关状态相比较，集中智能 FA 故障隔离与恢复的原理方法不仅能处理馈线开关不跳闸而由变电站开关隔离故障的情形，还适应于所有的非集中型的 FA 进行配合，将故障精准隔离。

（2）FA 的安全性好。该算法能纠正越级跳闸、开关误动、拒动及就地 FA 异常等，恢复非故障区域供电，完成整个 FA 过程。

（3）适应性强。早期单独靠集中型 FA 进行故障处理的需求越来越少，更多的是集中型与现场继电保护、各种就地型 FA、就地智能型 FA、分布式 FA 等进行配合。本算法可对现场的各种 FA 异常进行纠正与恢复供电的精准修正，并补充恢复供电方案，实现全部的 FA 过程。而采用"开关差动控制法"使得故障隔离恢复处理过程变得非常简单，不需要针对各种现场 FA 模式的配合进行分析进行复杂的逻辑判断。

（4）本算法与定值参数采用与本章介绍的"邻域交互分布式 FA"相同的图模与设备配置表述方法，运行参数的数据组织结构相同，"邻域交互分布式 FA"的配置定值、运行参数可以直接从主站下载。主站设备异动生成新的 FA 图模数据后自动下装邻域交互智能终端，实现设备"即插即用"，无需担心设备异动的定值整定问题。

（5）主站的集中智能 FA 是现场 FA 的补充完善。

6. 基本算法与适用性

将上述故障隔离与恢复的算法称为"基本算法""基本算法"主要适用于：① 短路故障 FA；② 馈线的大多数终端具备单相接地故障检测与定位保护功能的情况。

不满足上述条件的则在基本算法的基础上需要附加修正算法，由集中智能 FA 自动选择。

## 四、集中智能 FA 的实用化技术

1. 集中智能 FA 的启动问题

集中智能型 FA 的启动条件：

（1）收到配电网的一个事故或告警信号，包括变电站出线开关的事故及故障指示器的告警，不需要开关跳闸信息，以兼容故障指示器上报故障信息。

（2）至少一条母线失压。需要人工确认，用于启动大面积断电负荷转移恢复。启动后至少要等待 4～5min 收集信息，因为自适应综合型一般需要 2～3min 才能完成故障隔离，恢复供电时间更长。

（3）可以人工启动，用于故障隔离恢复过程中开关拒动等异常中断后的重启、分析事故的需要、模拟事故测试等。

2. 故障定位的容错技术

由于配电终端和通信系统工作于户外恶劣环境下，终端在线率不可能达到 100%。当馈线发生故障后，配电自动化主站收到的各个配电终端单元测点上报的故障信息有可能存在漏报和误报的现象，影响故障定位。在此讨论几个故障定位中实用的容错技术。

（1）异常检修终端的模型标志。对于临时退出运行、处于故障检修期或通信中断的配电终端测点，按照其退出及检修的标志，在故障区间节点模型中予以标记，在故障区间模型计算中作为"无效测点"处理，在定位计算中忽略；当该终端工作正常后自动变为"有效测点"，在故障区间模型计算中正常处理。

（2）数据质量码应用于状态估计，作为判断误报的概率条件。

（3）漏报误报上下游终端冗余信息修正法。当上游或下游的测点终端检测到有故障信息且方向一致，若本测点没有上报的则为漏报，用上游测点的信息填入；若方向相反即为误报，用上游测点信息代替。小电流接地故障定位漏报误报如图 6-65 所示，QL3 漏报误报情况采用"开关差动控制法"很容易判断处理。

（4）故障区间边沿的终端测点漏报按扩大故障范围来处理，提高安全性；对漏报测点进行告警，以便现场处理。

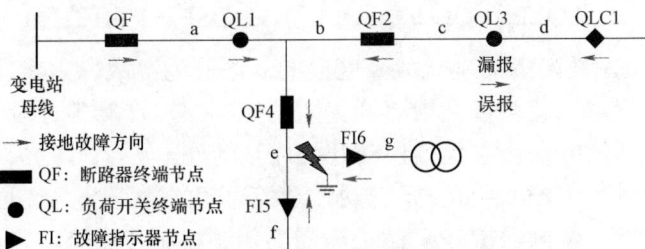

图 6-65　小电流接地故障定位漏报误报

3. 就地故障隔离确认定位法

电压—时间型可以隔离短路故障。若变电站出线开关安装小电流接地选线保护装置，馈线上安装电压—时间型配电终端及开关，利用变电站出线开关的两次重合闸可以准确隔离接地故障，而馈线开关处不需要安装零序电流电压传感器和具备小电流接地检测功能的配电终端。该情况下，主站只能收到变电站出线开关的接地故障信息，无法收到终端上报的直接的接地故障及方向信息，不能根据基本算法进行故障定位，这时可采用下述的"故障隔离确认法"。

（1）信息不健全就地故障隔离确认算法。就地故障隔离确认算规则为：若一个开关上报了分闸及闭锁信号，且一侧有压，另一侧无压，则无压一侧为故障区段。

故障区段闭锁定位示意图如图6-66所示，若永久故障发生在区段b，经过电压—时间型FA或重合闸、合闸速断、合闸保护FA的故障隔离闭锁机制，故障切除成功后，至少有一个电源侧开关QL1会闭锁，而且区段a有压、区段b无压。下游开关有可能闭锁，也可能未闭锁。

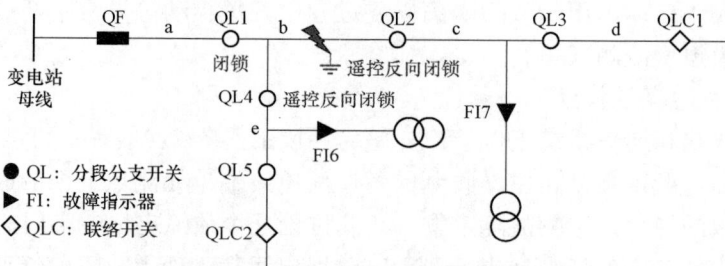

图6-66 故障区段闭锁定位示意图

把开关$QL_i$的闭锁遥信信号记作$QLL_i$，1为闭锁，0为未闭锁；开关$QL_i$的区段a的电压记作$QLU_{a,i}$，区段b的电压记作$QLU_{b,i}$，有：

$$QLU_{a,i} = \begin{cases} 1, & \text{开关的a侧}U_{ab} \geqslant \text{有压定值时} \\ 0, & \text{开关的a侧}U_{ab} \leqslant \text{无压定值时} \end{cases} \quad (6-53)$$

$$QLU_{b,i} = \begin{cases} 1, & \text{开关的b侧}U_{cb} \geqslant \text{有压定值时} \\ 0, & \text{开关的b侧}U_{cb} \leqslant \text{无压定值时} \end{cases} \quad (6-54)$$

区段$DS_i$是否有故障的算法为：

初始值：$DSF_i = 0$（无故障）

$$\text{如果} QLL_i \cap QLU_{a,i} \cap \overline{QLU_{b,i}} \text{ 则 } DSF_i = 1 \text{(有故障)} \quad (6-55)$$

上述将就地型FA故障隔离确认故障区段的算法称为"故障隔离确认法"。

有了区段故障标志，就可以利用"开关差动控制法"计算各分段开关隔离故障的动作及联络开关恢复供电的动作，包括误动开关修正动作。

（2）故障处理过程。图6-66中，若永久故障发生在区段b，经过电压—时间型FA或重合闸、合闸速断、合闸保护FA的故障隔离闭锁机制，故障切除成功后，至少有一个电源侧开关QL1会闭锁。

开关QL1上报跳闸并闭锁，其他开关失压分闸，均没有接地故障信息或短路故障信息。这时不能启动常规的故障信号定位算法，启动"故障隔离确认法"，按式（6-53）～式（6-55）计算出区段故障标志$DSF_i$，就可以按照故障隔离的"开关差动控制法"计算出故障区段端点开关控制命令序列，按照非故障区段恢复供电的"开关差动控制法"计算出电源点开关、联络开关及分段开关控制命令序列。按照集中智能FA自愈控制流程，隔离故障区段，遥控闭锁没有闭锁的故障区段端点开关、控制联络开关及分段开关依次合闸恢复供电。合闸过程先等待来电合闸逻辑自动合闸，没有合闸时再遥控合闸，兼容了处于"自动"工作模式的开关和"手动"工作模式的开关控制需要。隔离故障的开关拒动时，设置告警后退出。恢复供电的开关拒动时，设置开关异常标记并告警，退出本条恢复路径，进行下一个联络开关路径的恢复控制，直至恢复计划试探执行完毕。

（3）适应性。上述"故障隔离确认法"没有对接地故障或短路故障提出专门要求，适用于两种故障的后续处理；对故障区段下游开关能否反向闭锁也有集中式遥控置位闭锁的补救方法，集中式与就地式相融合，实现完整的 FA 过程。

"故障隔离确认法"适用于就地故障切除准确但难以自动恢复供电的 FA 场合，集中智能与就地型配合，完成全部 FA 过程，快速恢复供电，确保 FA 的安全。

（4）基本算法与"故障隔离确认法"的融合。

基本算法能够利用故障指示器的信息进行精确的故障定位，但需要上报信息比较健全，当故障区段的端点开关漏报，会导致判定的故障区段扩大。而"故障隔离确认法"只需要上报开关跳闸并闭锁的信息，就可以准确判断故障区段。所以，对配置了故障闭锁原理 FA 终端的馈线故障区段定位，在没有故障信息漏报的情况下采用基本算法即可；有 1 个开关端点故障信息漏报可以同时启动两种算法，按最小区故障区段执行；有 2 个开关端点故障信息漏报可以只启动"故障隔离确认法"。

4. 故障处理兼容流程与拒动处理

（1）故障隔离与恢复的兼容流程。就地 FA 最常见的有继电保护、电压—时间型等模式，这两者的故障隔离与恢复的操作是完全不同的，集中智能 FA 的后续处理必须与之兼容。特别是与电压—时间型来电合闸、失压分闸的分段开关，操作顺序错误会导致逻辑混乱，不能按方案恢复。

故障处理的流程应保障安全，符合各种就地型 FA 的操作顺序要求：

1）首先应进行故障隔离的分闸操作，对故障区段端点没有闭锁的开关，通过遥控置位反向闭锁标志，以适应电压—时间型闭锁原理的需要，避免来电延时合闸逻辑自动给故障区段送电。

2）故障区段隔离完成后的恢复供电，先合电源侧开关，再依次合越级跳闸分段开关；然后合联络开关，依次合下游失压分闸开关。

3）对于来电合闸型开关，应先等待就地自动合闸，超时后主站下发合闸命令遥控合闸。

4）集中智能 FA 开关遥控操作执行过程一定要按"执行—检查"的步骤一步一步进行，汲取人工执行操作票的方法，由主站系统自动执行。

（2）开关拒动处理。故障处理过程中的遥控拒动对 FA 影响很大，有时会导致安全问题。如为隔离故障区段而需要控制分闸的开关在发出命令后并没有分闸，若继续执行后续的恢复供电的命令使联络开关合闸，就会给故障区段送电，导致对侧线路跳闸，扩大事故。集中智能 FA 应采取如下技术措施方案：

1）在隔离故障的分闸遥控中遇到开关拒分时，在规定的遥控次数下仍不动作，主站把拒动的开关运行状态标志置为故障态，即$MS_i = 2$（遥控异常），并把三遥开关标志置为二遥开关终端，置$MM_i = 1$（不可遥控开关），该开关终端只当作测点用于故障定位，不参与故障隔离与恢复。

2）中止故障隔离过程。

3）人工再次启动集中智能 FA 流程，重新进行故障区段定位，重新生成故障隔离与恢复方案，重新执行。

4）该方式与算法比拒动后由上游开关跳闸代替的方案逻辑简单，容易实施，而且 FA 的安全性更高。

（3）集中智能 FA 自愈控制流程。集中智能型 FA 自愈控制流程如图 6-67 所示。故障隔离与恢复方案生成后，进入本流程进行故障隔离与供电恢复的遥控操作。

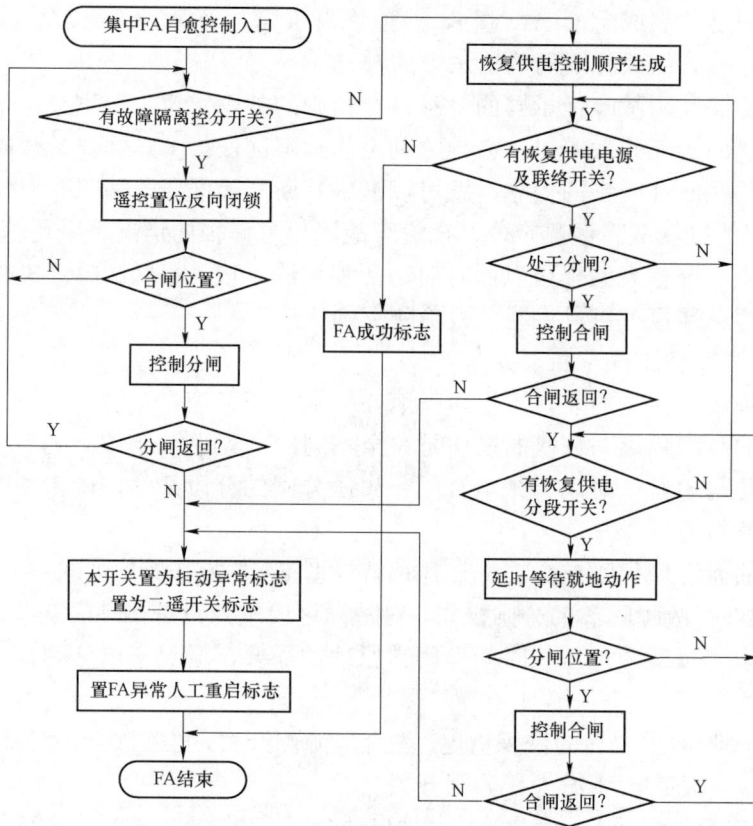

图 6-67　集中智能型 FA 自愈控制流程

5. 多重故障处理方法

雷雨、冰雨、台风等恶劣天气是配电网的故障高发期，发生故障后的 FA 处理过程中又会发生故障，若 FA 没有处理多重故障的能力，在关键时刻不能发挥应有作用，有安全隐患。

发生故障后的 FA 处理过程中又会发生故障，这时有的故障也许已经隔离，有的供电没有恢复等，各种情况都有可能。配电网的运行状态及故障区段往往已经改变，再继续执行以前状态下的 FA 处理方案已不适应。如联络开关可能已经处于故障区段等情况，合闸会导致更大的事故发生，有安全隐患，这是 FA 必须避免的。

因此，主站系统在执行 FA 的过程中检测到又有故障发生时 FA 过程应该立即中断，再次收集故障信息，在最新的状态下进行故障区段判断，生成新的故障处理方案，开始新的 FA 过程。

### 五、集中智能与就地型小电流单相接地故障处理的融合

1. 小电流单相接地故障检测现状

上述的集中智能故障隔离与恢复供电的算法与控制流程，对于短路故障的定位与隔离处理是实用的。但对于小电流单相接地故障的 FA 处理，实际情况大不相同。目前配电网安装的三遥、二遥终端能够检测判断接地故障的终端占比不高，设备改造升级是个长期过程，并且由于高阻接地常见却难以准确判断，开关终端的单相接地故障检测准确率只能达到 90%～95%，况且部分故障指示器质量较差，漏报误报比较常见。自适应综合性单相接地故障隔离只需要首开关具备单相接地故障检测判断与重合闸功能即可，其他开关不需要接地故障检测功能也可以准确隔离故障。综上所述，当下配电网接地故障信息缺失现象普遍存在，使得集中智能 FA 对单相接地故障的定位还做不到比就地型更加精准，更不能指导就地型设备隔离接地故障。借助于故障指示器等，可以提供有价值的故障定位信息。集中智能 FA 的全局性信息优势对接地故障隔离后的恢复供电还能发挥不可替代的作用，集中智能 FA 的小电流单相接地故障定位与恢复供电还有许多工作要做。

2. 适应单相接地保护配合模式

馈线开关安装具有小电流接地检测判断功能的智能终端，分支、末端安装故障指示器，通过延时时间配合跳闸切除接地故障的方式是最常见的接地故障处理模式。

小电流接地保护与集中型配合如图 6-68 所示，图 6-68（a）中，若在 QF1 下游发生单相接地故障，则 QF、QF1 判断为界内故障，其他开关判为界外。QF1 延时时间到跳闸隔离故障，QF 时间未到不跳闸。QF1 重合一次，为永久故障时再次跳闸并闭锁重合闸，接地故障切除。各配电终端将接地故障与方向信息上报主站，按本节介绍的集中智能故障定位、隔离算法，判断出故障区间为 QF1、QF2、QF4 为端点的区间，故障隔离区段同为QF1、QF2、QF4 为端点的区段。按故障隔离算法，QF1 已跳闸不需调整，控制 QF2、QF4 跳闸隔离故障。计算得到有 2 个联络开关 QFC1、QFC2 可以合闸，对 QF2、QF4 的事故前负荷电流进行校核通过后，分别控制 QFC1、QFC2 合闸恢复供电，如图 6-68（b）所示。

集中智能与接地保护的融合过程是主站接收到终端上报的接地故障，定位所在线路，当收集到本线路的大多数配电终端上报了接地故障信息，只有个别终端没有上报，则采用基本算法流程进行故障处理，完成故障准确定位，故障区段隔离、控制恢复供电。

可见，本集中智能基本算法对于馈线分段开关具备单相接地保护功能，通过时间配合切除接地故障的方式是适合的。

3. 配合自适应综合型单相接地处理恢复供电

自适应综合型与集中型配合 FA 示意图如图 6-69 所示，图 6-69（a）中，首级开关 QL1 具有单相接地选线功能的智能开关和终端，QL2～QL5、QLC1、QLC2 选用具有单相接地定位功能的智能负荷分段开关/联络开关，FI6、FI7 为故障指示器。若 QL1、QL2、QL4 为端点的区段发生单相接地故障，其处理结果为 QL1、QL2、QL4 跳闸隔离故障并闭锁，QL3、QL5 因失压而分闸。若联络开关 QLC1、QLC2 没有投入自动合闸功能，由集中智能完成就地 FA 的后续处理，具体为：主站接收到终端上报的接地故障，定位所在线路，当收集到本线路的大多数配电终端上报了接地故障信息，只有个别终端没有上

报，则进入基本算法流程进行故障处理，完成故障准确定位。若收到 QL1、QL2、QL4 分闸位置，主站判定故障区段已隔离，没有其他开关需要分闸隔离故障。主站对 QL2 的负荷校核后生成恢复供电的联络开关为 QLC1，对 QL4 的负荷校核后生成恢复供电的联络开关为 QLC2。QL3、QL5 需纠正合闸。通过自动或半自动方式控制 QLC1 合闸，等待 QL3 自动延时合闸，超过延时，控制 QL3 合闸。最后，控制 QLC2 合闸，等待 QL5 自动延时合闸，超过延时，控制 QL5 合闸，集中智能 FA 将就地 FA 没有完成的 FA 步骤全部完成，如图 6-69（b）所示。

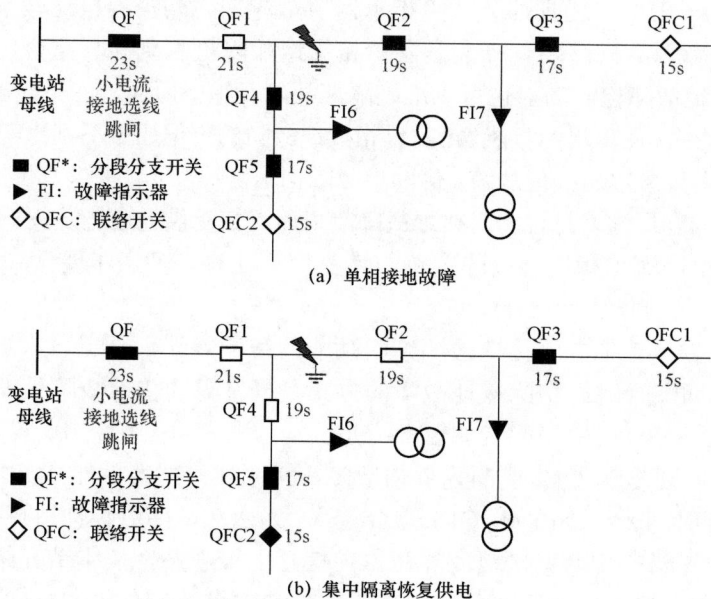

(a) 单相接地故障

(b) 集中隔离恢复供电

图 6-68　小电流接地保护与集中型配合

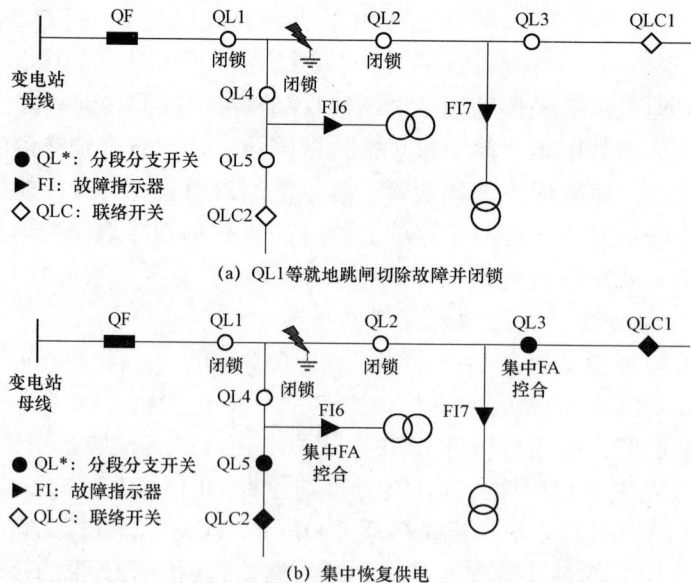

(a) QL1等就地跳闸切除故障并闭锁

(b) 集中恢复供电

图 6-69　自适应综合型与集中型配合 FA 示意图

若控制过程有开关拒动、电压没有送达等异常，立即中断集中 FA 过程并告警，可人工启动第二轮集中 FA 继续完成后续过程。

可见，对于馈线分段、分支开关具备单相接地选线定位跳闸功能的馈线，集中智能 FA 可以对联络开关没有自动合闸的 FA 过程进行后续完善，非常适合与自适应综合型 FA 配合。

4. 其他就地型 FA 的兼容配合

（1）电压—时间型故障处理的配合技术。变电站出线开关安装小电流接地选线保护装置，馈线上安装设有接地故障检测功能的电压—时间型配电终端及开关，利用变电站出线开关的两次重合闸可以准确隔离接地故障。该情况下，主站只能收到变电站出线开关的接地故障信息，无法收到终端上报的直接的接地故障及方向信息，不能根据基本算法进行故障定位，这时主站可采用"故障隔离确认法"，完成后续 FA。

（2）与就地智能型的兼容性。就地智能型融合继电保护与电压—时间型技术，既有短路故障信号、又有单相接地信号，还有闭锁信号。当主站接收到一个开关的故障信息后，等待接收各开关终端的信息，若信息健全，则启动常规算法判定故障区段，否则启动"故障隔离认可法"进行分析，并将集中智能 FA 结论与就地智能型 FA 进行比较，给调度人员全面的信息。

（3）小电流接地与断线故障的问题。配电网单相接地有时复合断线故障，使得接地故障信息提取的判断更加复杂，应利用配电变压器融合终端提供的低压侧信息，才能提供更加准确的信息。小电流接地故障有大量录波数据待研究利用。

## 六、集中智能型典型应用案例

集中智能型 FA 应用与现场就地 FA 的配合场景很多，在此仅以环网柜电缆线路保护与集中智能 FA 的配合进行举例说明。

集中智能 FA 与电缆环网柜继电保护的配合 FA 如图 6-70 所示，图 6-70（a）为一常见的电缆线路，K1、K3 环网柜采用一二次融合全断路器模式，而 K2、K4 环网柜环进环出为负荷开关。变电站出线开关配延时速断保护，延时 0.3s，保护范围不变。所有环网柜出线开关配保护，速断保护延时 0s，与主回路断路器进行时间级差配合。主回路环网柜环进断路器不配保护，环出断路器 QF02、QF06 配保护与变电站出线开关配合，延时速断保护延时 0.15s，没有选择性。每个电缆主回路负荷开关 QL03、QL04、QL07、QL08 不配保护只告警，由上级环网柜环出线开关负责切除本环网柜母线及下游电缆故障。当四个环网柜分支开关 QF11～QF44 下游故障时快速切除，不影响主回路。当主回路故障时由断路器切除，往往会越级跳闸。

如 K1 环网柜与 K2 环网柜之间电缆发生故障，QF02 跳闸隔离故障，QF02、QL03、QL04 同时会上报过电流故障，其他开关均不上报故障信息，K2、K3 和 K4 环网柜失压，如图 6-70（b）所示。

主站收到 QF02、QL03、QL04 上报的过电流故障信息，没有收到 QF05 等其他开关的过电流信息，计算出故障区段为 QL04 与 QF05 之间。分别控制 QL04、QF05 分闸隔离故障，如图 6-70（c）所示，根据恢复供电算法，依次遥控 QF02 合闸，遥控联络开关 QL08 合闸，恢复非故障区域供电，如图 6-70（d）所示。

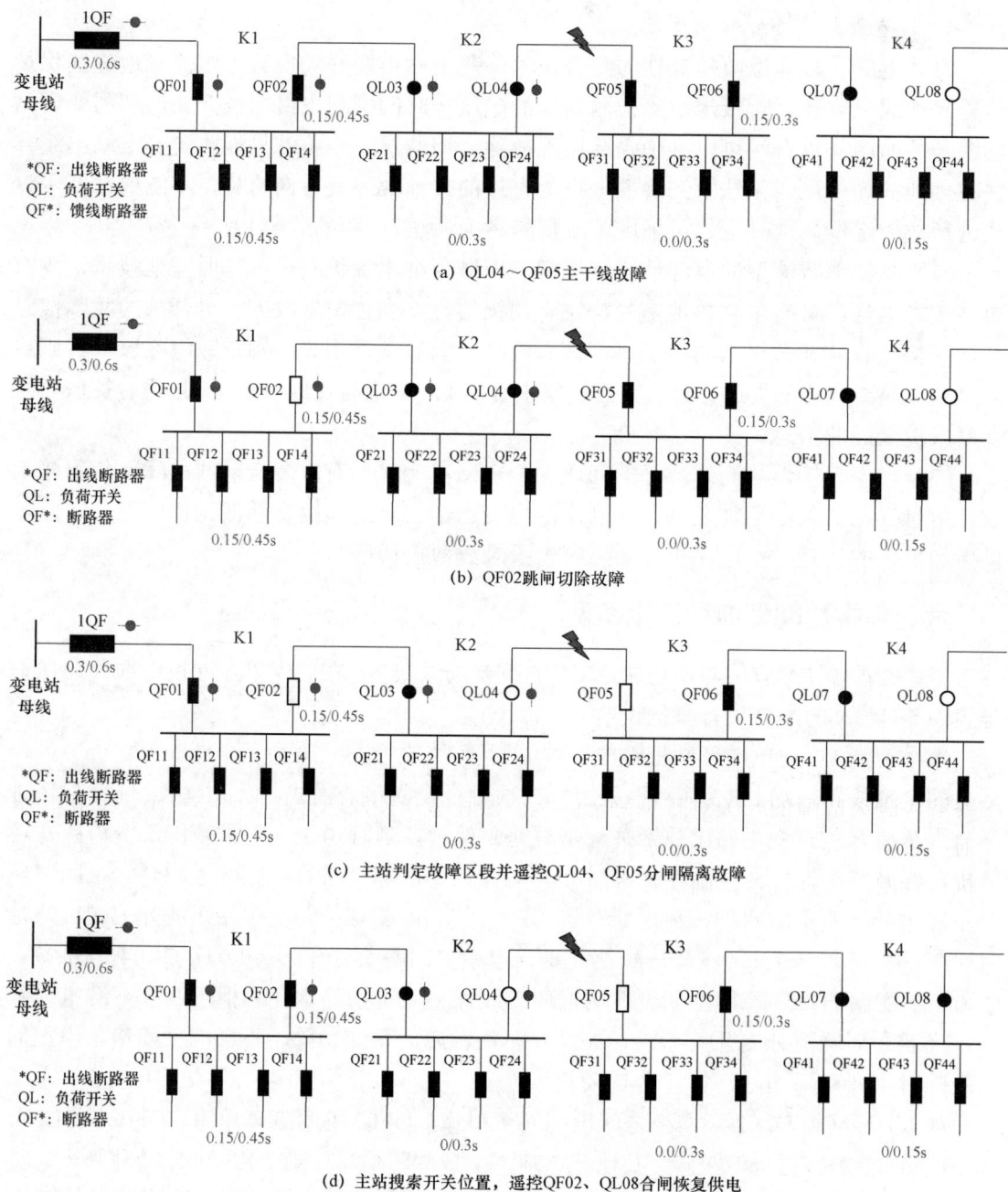

(a) QL04～QF05主干线故障

(b) QF02跳闸切除故障

(c) 主站判定故障区段并遥控QL04、QF05分闸隔离故障

(d) 主站搜索开关位置，遥控QF02、QL08合闸恢复供电

图 6-70 集中智能 FA 与电缆环网柜继电保护的配合 FA

## 七、小结

1. 集中智能 FA 是就地 FA 的补充完善

配电网继电保护、自适应综合型、就地智能型、分布智能型等现场的馈线自动化设备就地切除故障、隔离故障，有的可以恢复非故障区域供电，各有其优点和不足。不同配电区域的不同线路，按可靠性要求，综合配网网架结构、设备现状等各方面因素，选择一种或两种 FA 混合的方式进行改造建设。随着配电网运维人员的期望与 FA 技术的进步，集中型 FA 不再是馈线故障跳闸后完成故障定位、故障隔离、恢复供电的单一功能，而是需要在现场的各种 FA 设备完成 FA 控制后，进一步收集最全面的故障信息，在配电网层面进行精准的故障定位，对现场的各种 FA 处理结果进行补充完善、对错误进行纠正、对不合理的动作进行修正优化等智能化 FA 过程，使停电区域最小，恢复供电区域最多、最优、最安全，达到提高供电可靠性的目的。

本节介绍的"开关差动控制法"等类似的集中智能算法可以满足对就地 FA 进行补充完善的要求，而且故障定位具有一定的容错能力，可以处理开关拒动问题，满足多重故障处理要求，消除配电网故障处理过程的安全隐患。

2. 集中智能 FA 是就地 FA 负荷转供的安全与优化

集中智能 FA 能满足就地 FA 故障切除后的继续处理需求，实际上还能对故障前的 FA 做有意义的配合工作，使就地 FA 更加可靠。

集中型 FA 的一个优点是恢复供电时对联络开关进行优选校验，选择一个负荷最小线路的联络开关合闸恢复供电，通过判断转供的负荷容量与馈线的负荷余度，可以避免转供时的过负荷问题。这也是就地 FA 的缺点。实际上。集中智能 FA 与就地 FA 进行智能融合就能解决这个问题。

在配电网正常运行时，主站定时计算有关联络开关 a、b 两侧线路的负荷余度，将联络开关 a、b 两侧的带载能力下发给联络开关的智能终端。联络开关合闸互供时判断带载能力，大于 50%的为安全状态，允许合闸，确保互供不会过负荷。而对于分布智能 FA 的终端，隔离故障的开关对有负荷转供路径的联络开关发送推荐合闸命令中同时包含事故前所带的负荷数据，联络开关得到数据，与主站下发的带载能力进行比较，不过负荷就执行合闸，否则告警，确保互供的安全。

3. 集中智能与就地智能 FA 的配合

（1）主站 FA 画面对就地智能 FA 的开关闭锁信号进行显示，使调度员一目了然。

（2）主站 FA 画面对就地智能 FA 的拒动开关进行展示，并修改开关设备工作状态。

（3）主站 FA 画面对联络开关的"手动/自动"硬、软件压板进行显示，并远方"投/退"。

（4）就地智能 FA 的事故重合闸启动信号即为故障 FA 启动，主站收到该信号应生成"FA 启动"SOE。

（5）就地智能 FA 的"合闸后加速"保护动作即发出开关跳闸命令并闭锁与分位，完成故障隔离，主站收到"合闸后加速"保护动作信号或开关"正向闭锁""反向闭锁"信号时应生成"FA 成功"SOE。

4. 有关数据信息的完善需求

从故障定位规则看出，含分布式电源配电网的故障定位除了故障电流，还必须具有故障功率方向信息才能正确判断。单相接地零序电流保护、小电流单相接地有了故障方向信息就可以自适应判断故障区段，不需要随着运行方式的改变而重新整定定值。而目前有的厂家不能上报或上报的故障功率方向信息数据结构不一致不标准，给主站应用带来困难。除了上报带时标遥信值（事件顺序记录，SOE），还需要上报带时标遥测值，包括故障电流、故障方向及时间等信息。为了减少通信与处理方便，也可以将报带时标遥信值、遥测值合并上报，不仅适应分布式电源接入要求，还为事故预警提供大量基础信息。

# 第五节　陕西就地智能 FA 方案与应用

在本章第二节介绍的基于合闸保护的就地智能型 FA 技术已在陕西配电网架空线路全面推广应用，效果明显。本节主要讨论推广应用中遇到的各种问题，如继电保护的配合、FA 工作模式与参数配置、存量设备的 FA 兼容、工程建设的质量控制及运维管理注意事项等，力图给陕西就地智能 FA 的实际应用工作有所帮助。

## 一、FA 方案应用技术原则

（1）安全的原则。就地智能型 FA 的应用使配电网故障处理过程更加安全，绝不能带来新的安全隐患。如故障切除有多级后备保护，解决残压闭锁不可靠问题，联络开关恢复供电不允许引起相邻线路跳闸，解决合环倒负荷的安全隐患等。

（2）简单可靠的原则。FA 的原理与实现是简单且可靠的，采用最简单的逻辑解决关键问题，不追求用复杂的控制配合逻辑获取不必要的收益，而当设备运维不到位、运行异常时导致 FA 出现混乱而引起安全问题。继电保护的配合、故障的隔离与恢复供电等不能进行复杂繁琐的定值计算配置，要一学即懂、容易推广、运维简单。

（3）符合标准的原则。智能配电终端必须遵循现有标准，尽量利用标准的基础功能，在标准基础上兼容继电保护与就地型功能，用最少的改进实现功能需求。

（4）新旧设备兼容的原则。就地智能型 FA 的建设必须兼容现有存量设备，与普通配电终端开关可以配合运行，逐步过渡，避免大拆大建。

（5）方便运维的原则。就地智能型 FA 的运维必须简单规范，避免配电网联络运行方式的短时变化需要重新整定定值、改变开关的工作模式等问题，并方便带电作业，做到实用好用。

## 二、就地智能 FA 的继电保护配合问题

就地智能 FA 的前提条件是变电站 10kV 出线开关的速断保护至少预留 2 个时间级差配合时间。按国网陕西省电力有限公司《10 千伏配电网继电保护整定指导意见》，变电站出线开关的延时速断保护的延时时间可以配置为 0.3/0.4s，给出了两级、三级或阶梯式时间级差保护配合模式。在此就陕西就地智能 FA 应用中具体的保护 FA 配合方式进行讨论。

1. 35kV 变电站保护配合时间问题

（1）配合时间分析。110kV 变电站出线开关的延时速断保护的延时时间配置为 0.3/0.4s，没有保护配合上的问题。但陕西农村电力网 35kV 变电站广泛存在，35kV 变电站电源多是由 110kV 变电站提供，在这种级联保护配合的情况下，35kV 变电站 10kV 出线开关有无配合时间关系到配电网继电保护的适用范围。

两级变电站保护延时配合图如图 6－71 所示，两个变电站的保护配合时间级差 $\Delta t$ 先按 0.3s 进行配置。110kV 变电站的 10kV 出线开关 1021 的速断延时设置为 0.4s 时，10kV 母联开关 100 配置为 0.7s，主变压器 10kV 侧开关 101 配置为 1s，主变压器 110kV 侧开关 1101 配置为 1.3s。这样，主变压器 35kV 侧开关 3501 开关也可配置为 1s。35kV 变电站的 35kV 进线开关 3501 的与上级开关为线串变结构，保护延时时间与上级相同，延时速断保护的延时时间也设置为 1s，35kV 变压器 10kV 侧开关 101 配置为 0.7s，10kV 母联开关 100 配置为 0.4s，1011 等出线开关配置为 0.1s。

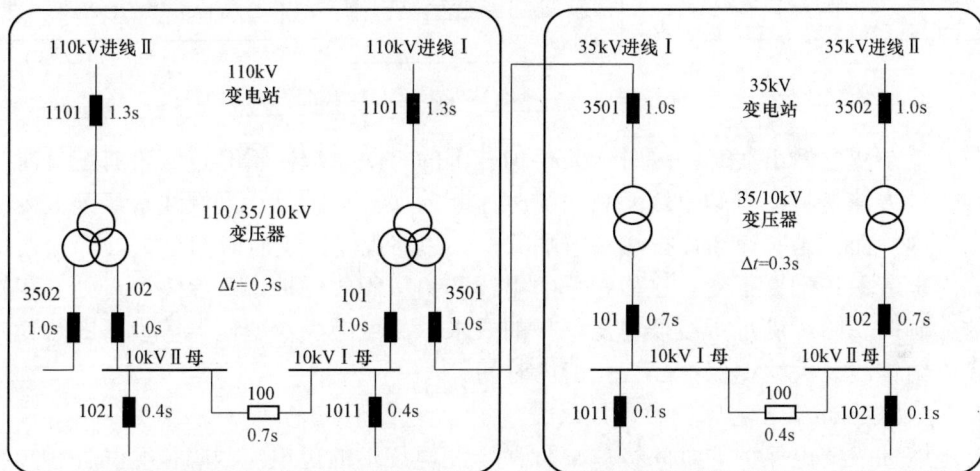

图 6－71　两级变电站保护延时配合图

可见，变电站的保护时间级差 $\Delta t$ 为 0.3s 的情况下，当 110kV 变电站的 10kV 出线开关延时时间设为 0.4s 时，下游 35kV 变电站的 10kV 出线开关只有 0.1s 的延时时间。只有延长 110kV 变电站主变压器的后备保护时间，10kV 出线开关延时时间设为 0.3s 时，下游 35kV 变电站的 10kV 出线开关才能有足够的延时时间。

（2）采用 0.2s 时间级差的处理办法。DL/T 584—2017《3～110kV 电网继电保护装置运行整定规程》5.5.5 规定："继电保护配合的时间级差应根据断路器开断时间、整套保护动作返回时间、计时误差等因素确定，保护的配合宜采用 0.3s 的时间级差。对局部时间配合存在困难的，在确保选择性的前提下，微机保护可适当降低时间级差，但应不小于 0.2s。"

为了减轻工作量，不对 110kV 变电站的保护时间级差进线调整，$\Delta t$ 仍为 0.3s，仅对采用微机保护装置的 35kV 变电站保护配合时间级差 $\Delta t$ 改设为 0.2s。当 110kV 变电站的 10kV 出线开关延时时间设为 0.4s 时，下游 35kV 变电站的 10kV 出线开关也有 0.4s 的延时时间，三级变电站保护延时配合图如图 6-72 所示。对于 35kV 变电站又接出 35kV 线路到二级 35kV 变电站的 10kV 出线开关延时速断只有 0.2s 的延时时间。

可见，采用微机型保护装置的变电站，110kV 变电站级联一级 35kV 变电站的延时速断保护是可以留出配合时间的。

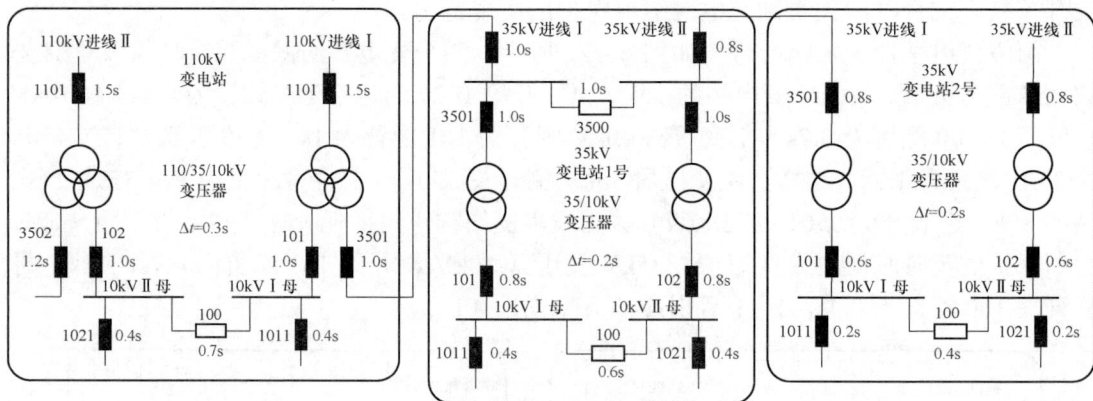

图 6-72　三级变电站保护延时配合图

（3）缩小变电站出线开关瞬时速断保护范围的方法。解决瞬时速断没有配合时间的问题，一种方法是将变电站出线开关的瞬时速断的保护范围缩小到馈线首级开关处或某一距离之内，而设延时速断保护线路末端的最大短路电流，延时时间至少 2 个个时间级差，限时电流保护配置不变。这样配置的出线开关三段式保护，既保障了近处三相短路故障的无延时切除，满足母线低电压保护的要求，又可减少对变压器等设备的热稳定影响，还能给馈线开关继电保护配合预留出时间。

2. 就地智能 FA 继电保护的时间级差

配电网馈线继电保护的时间级差 $\Delta t$ 取决于配电终端的过电流故障检测与保护出口时间、开关动作时间及息弧时间。

目前，一二次融合配电终端的故障检测及保护跳闸出口时间在 25ms 左右，应用最多的 ZW32 馈线断路器（弹簧储能操动机构）开关跳闸的机械动作时间一般为 40ms，熄弧时间为 10ms 左右，因此可以在 75ms 内快速切断故障电流。考虑开关机械机构老化不一致误差 10ms，预留配合裕度 15ms，总计时间级差 $\Delta t$ 设为 100ms 即可以实现上下级开关的配合。如采用永磁机构开关，开关跳闸的机械动作时间为 20ms，$\Delta t$ 可设为 80ms。最新磁控开关跳闸的机械动作时间仅为 10ms，息弧 10ms，配电终端故障检测判断及出口可以达到 15ms，45ms 可以隔离故障，预留 5ms 配合裕度，理论上 $\Delta t$ 最短可设为 50ms。

馈线开关配合的时间级差在实际配置时，还应考虑励磁涌流的影响。当配电终端具有励磁涌流制动功能时，后加速保护定值可以设为上述定值，即 $1 \times \Delta t$ 可以隔离永久故障。但当配电终端没有励磁涌流制动功能时，后加速动作延时时间就要躲开励磁涌流，否则励磁涌流会导致误动。一般励磁涌流在 7~8 个周波衰减为零，需要 4~5 个周波可衰减到 50%以下，所以后加速延时时间至少需要 90ms，保护才可以出口，加开关跳闸动作时间 40ms、息弧时间 10ms，配合裕度 10ms，总计 150ms。即没有励磁涌流制动功能的重合闸后加速延时时间至少设为 90ms，时间级差$\Delta t$ 至少设置为 150ms，这样才可以躲开多数励磁涌流，避免因励磁涌流导致的重合闸失败，上级开关才能避开下级开关的重合闸后加速动作过程导致的越级跳闸。

3．就地智能 FA 保护配合要求

就地智能 FA 的保护配合按第五章介绍的配合方法原则，提出如下不完全配合要求。

（1）变电站能预留配合时间的，尽量不改变变电站出线开关的保护范围，仅采用时间级差配合，减少整定计算工作量。

（2）变电站延时速断没有配合时间的，变电站出线开关瞬时速断只保护所配合开关上游，增加延时速断保护线路全长，与馈线开关配合。处于瞬时速断保护范围内的开关应采用电压时间型功能隔离故障。

（3）变电站出线开关作为馈线开关的总后备保护，即使在馈线开关据动时确保故障切除。

（4）馈线太长，线路首端的负荷电流不小于末端的最小短路电流，变电站出线开关的保护范围不能覆盖线路全长时，必须在适当位置设立分级开关，和变电站出线开关进行电流与时间的完全配合，切除下游故障，和下游开关可进行部分配合。

（5）没有时间级差可以配合时，馈线开关的时间级差采用不完全配合方式，定值配置为最小定值，即一个$\Delta t$，通过就地智能型 FA 进行越级跳闸的自动纠正。

## 三、架空线路就地智能模式与配置

1．智能终端工作模式

国家电网有限公司《12 千伏一二次融合柱上断路器及配电自动化终端（FTU）标准化设计方案（2021 版）》只提供"集中型"或"就地型"两种工作模式。工作于"集中型"模式时，投入继电保护功能，不投自适应综合型功能；而工作于"就地型"模式时，只投入自适应综合型功能，不投继电保护功能。而就地智能型配电终端工作模式需要将继电保护功能与自适应综合型功能同时投入，需要将此互斥逻辑更改为可并列逻辑。仅投入"集中型"则开放了继电保护功能，仅投入"就地型"则开放了自适应综合型功能，两者皆投入即执行就地智能型功能，其工作模式由两种变为三种。具体的继电保护重合闸功能、自适应综合型功能完全遵循有关标准。

当就地智能型功能投入时，启动"合闸保护"功能，使继电保护功能与电压—时间型功能相融合。

2．就地智能 FA 功能配置

就地智能 FA 功能配置要将配电网继电保护配合技术、合闸保护技术及电压—时间型技术配合起来。需对电源侧开关、分段开关、联络开关进行协同配置。

（1）馈线继电保护配合方案。电源侧断路器和馈线开关皆配置继电保护功能，采用如下的简化时间级差配合模式：电源侧开关延时速断与限时电流保护范围不变，是馈线开关的总后备保护。电源侧开关延时时间至少为$2\Delta t$。

简化的时间定值不完全配合方案：第一层开关速断延时时间为电源侧速断延时时间减少一个$\Delta t$，每层依次递减，只有一个$\Delta t$ 时不再递减。除了末端开关的馈线开关，延时时间至少一个$\Delta t$，给下游开关合闸后加速保护预留配合时间。末端开关延时配为 0s。联络开关延时至少一个$\Delta t$。

电流定值配合：电源侧延时速断保护范围内的馈线开关可配延时速断保护，其电流定值可取电源侧延时速断定值或按 1.05～1.1 灵敏性系数估算；不在电源侧延时速断保护范围内的馈线开关，如末端开关、联络开关等不配延时速断保护。电源侧限时速断保护范围内的馈线开关可配限时速断保护，其电流定值可取电源侧限时速断定值，或按 1.05～1.3 灵敏性系数估算。末端开关、联络开关可只配限时过电流保护。

（2）电源侧断路器保护配置。

1）电源侧断路器要与馈线开关进行保护配合，发生故障时尽量由馈线开关切除故障。

2）退出瞬时速断保护，配延时速断保护，与馈线开关进行时间级差配合。

3）瞬时速断保护不能退出时，将其保护范围上移到首开关之前，增加延时速断保护，延时时间至少 2 个$\Delta t$，并与馈线开关进行时间级差配合。

4）配限时电流保护，保护范围为线路全长，延时时间至少 3$\Delta t$。

5）瞬时速断保护退出的配一次重合闸，瞬时速断保护不能退出的可配二次重合闸。过电流与接地保护动作皆可启动重合闸，重合闸延时时间比 $Z$ 时限及分布式电源脱网时间长，并留裕度时间。

（3）馈线分段开关终端的配置。

1）馈线分段开关采用断路器。

2）继电保护功能配置：① 配置延时速断保护，与电源侧开关及上级分段开关进行时间级差配合，逐级减少一个时间级差；末端开关延时时间为 0s，非末端开关至少延时 1$\Delta t$；没有时间级差可配合的中间开关，其时间级差可以相同；② 配限时过电流保护，与电源侧开关及上级分段开关进行时间级差配合，逐级减少一个时间级差；末端开关延时时间为 0s，非末端开关至少延时 1$\Delta t$；没有时间级差可配合的中间开关，其时间级差可以相同；③ 配一次重合闸及重合闸后加速保护，重合闸启动：电流保护动作、零序电流保护动作、小电流接地保护动作；④ 宜具备防励磁涌流制动功能；⑤ 宜配置功率方向保护功能；⑥ 宜配置合环检同期功能；⑦ 兼容小电流单相接地保护功能等。

3）合闸后加速保护功能配置：配置合闸后加速保护，启动条件为开关所有的合闸动作（包括事故重合闸、来电延时合闸、遥控合闸、终端操作合闸，开关操作合闸等）。后加速保护动作结果为开关跳闸，并置位"正向闭锁"标志，闭锁正向来电延时合闸功能。

4）电压—时间型配置。电压—时间型分段开关的全部功能包括一侧来电延时 $X$ 时限合闸、$Y$ 时限内两侧失压后延时 $Z$ 时限分闸并设立"正向闭锁"标志，闭锁于分闸状态，即使同侧来电也不合闸，$Y$ 时限外两侧失压后延时 $Z$ 时限分闸不设立"正向闭锁"标志，不闭锁开关。

残压闭锁（反向闭锁）：处于分闸状态的开关，只要监测到任何一侧电压由低于无压定值变为高于无压定值并维持一段时间（大于 50ms 而小于 $Y$ 时限），则设立"残压闭锁"（反向闭锁）标志，反向来电不合闸。

双侧有压禁止自动合闸：当终端检测到开关两侧有压时，禁止自动合闸，已启动的自动合闸过程复归，未启动的不启动。但主站遥控合闸及终端、开关人工操作合闸除外。

配为自适应综合型功能时长时限 $S$ 等于 $X$ 时限。

（4）馈线联络开关与终端的配置。

1）联络开关采用断路器。

2）继电保护功能配置：① 长线路不配置延时速断；② 配限时过电流保护，与上级分段开关进行时间级差配合，最少预留 $1\Delta t$；③ 联络开关及相邻线路没有方向功率保护功能时联络开关一般不配备重合闸功能；④ 联络开关及相邻线路有方向功率保护功及互供线路有重要负荷时，可以配一次重合闸，并启动后加速保护，再次跳闸置位"正向闭锁"标志；⑤ 宜具备防励磁涌流制动功能；⑥ 应配置功率方向保护功能；⑦ 需配置合环检同期功能；⑧ 兼容小电流单相接地保护功能等。

3）配置合闸后加速保护功能：同分段开关。

4）电压—时间型联络开关的全部功能包括一侧失压延时 $X_L$ 时限合闸、$Y_L$ 时限内两侧失压后延时 $Z$ 时限分闸并设立"正向闭锁"标志，闭锁与分闸状态，$Y$ 时限外两侧失压后延时 $Z$ 时限分闸不闭锁。

正向闭锁（残压闭锁）：同分段开关；有失后残压检测闭锁的功能。

双侧有压禁止自动合闸：同分段开关。

（5）对馈线开关终端的其他要求。

1）馈线联络开关采用弹簧操作机构的断路器时，其失压分闸功能是由配电终端监测开关两侧电压后发出分闸命令来实现的，分闸延时时间 $Z$ 可设置。

2）线路失压后配电终端失去电源，所以配电终端必须有可靠的后备电源，保障"分—合—分"一个操作循环。

3. 就地智能 FA 与主站 FA 的启动与成功信息

主站的 FA 启动、FA 成功是配电自动化的重要技术指标。就地智能 FA 的故障处理过程不需要主站 FA 参与，就地完成，所以主站系统不一定启动 FA，不一定生成 FA 启动与成功的信息。实际上，就地智能 FA 的事故重合闸即为 FA 启动，就地智能 FA 的开关闭锁即为故障隔离成功，也就是 FA 成功。对于就地智能 FA 功能投入的馈线开关终端，主站收到终端上传的"事故重合闸"SOE 即可生成"FA 启动"SOE，主站收到"后加速保护动作"或"开关闭锁"SOE 即可生成"FA 成功"SOE，解决就地智能 FA 的启动与成功统计问题。

## 四、时限整定与电源 BZT 配合

就地智能型 FA 既能处理短路故障，又能处理单相接地故障，两者可以兼容。因为小电流接地跳闸故障切除延时时间很长，导致电压—时间型 $X$、$Y$ 时限较长，对短路故障的恢复时间有少许延长。

1. 短路故障的时间级差配合

（1）时间级差与延时。

1）时间级差 $\Delta t$。配电网馈线继电保护的时间级差 $\Delta t$ 取决于配电终端的过电流故障检测与保护出口时间、开关动作时间及息弧时间。

一二次融合配电终端的故障检测及保护跳闸出口时间为 25ms 左右，应用最多的弹簧储能操动机构断路器开关跳闸的机械动作时间一般为 40ms，熄弧时间 10ms 左右，因此可以在 75ms 内快速切断故障电流。考虑开关机械机构老化不一致误差 10ms，预留配合裕度 15ms，总计时间级差$\Delta t$ 设为 100ms 即可以实现上下级开关的配合。

2）躲励磁涌流的延时需求。在实际配置时间级差时，还应考虑励磁涌流的影响。当配电终端具有励磁涌流制动功能时，后加速保护定值可以设为上述定值，即 $1 \times \Delta t$，可以隔离永久故障。但当配电终端没有励磁涌流制动功能时，后加速动作延时时间最好要躲开励磁涌流，否则励磁涌流会导致后加速保护误动。一般励磁涌流需要 7～8 个周波才能衰减为零，需要 4～5 个周波才能衰减为最大值的 30%。为躲避励磁涌流，后加速延时时间至少需要 80ms，保护才可以出口，加开关跳闸动作时间 40ms、息弧时间 20ms、裕度 10ms，总计 150ms。即没有励磁涌流制动功能的合闸后，加速延时时间至少设为 80ms，时间级差$\Delta t$ 至少设置为 150ms，这样才可以躲开多数励磁涌流，避免合闸及重合闸失误动。

（2）电源侧断路器 QF 保护与配合定值。

1）电源侧断路器配延时速断保护、限时电流保护和一次重合闸。

2）电流保护定值：速断及限时电流定值及保护范围不变，延时时间按变电站预留的配合时间，速断至少 2 个$\Delta t$，最好三个$\Delta t$。$\Delta t$ 按馈线智能终端是否具有励磁涌流制动功能，取 0.1s 或 0.15s。

3）重合闸配置：① 次数：1 次；② 延时时间 $T_R$：重合闸延时时间必须大于 Z 时限，并留出一个裕度，同时有分布式电源接入的馈线不能小于 3s；即：

$$T_R \geq \max(Z + T_d, 3s) \quad \text{（含分布式电源）} \tag{6-56}$$

Z 按式（6-1）计算，满足配网电压瞬降时间要求。

（3）馈线分段分支开关终端（非末端开关）定值整定。

1）馈线开关配置：同时投入继电保护、合闸保护及传统电压—时间型功能，可不投入自适应综合型功能。

2）过电流保护定值：延时速断保护、限时过流保护按本节第二小节计算。

3）重合闸配置：① 次数：1 次；② 延时时间 $T_R$：按式（6-12）计算；③ 启动条件：检有压启动；检有压等待时间：0s；④ 启动原因：各种故障皆能启动重合闸，包括Ⅰ、Ⅱ、Ⅲ段短路故障、Ⅰ、Ⅱ段零序电流接地故障、小电流接地、断线故障等。

4）后加速定值整定：① 启动条件：开关合闸；② 各馈线开关的后加速保护电流定值取各段电流保护的最小值；为了躲励磁涌流，有的供电企业根据经验适当提高了后加速保护电流定值，将后加速保护电流定值取在电流保护的最小值与最大值之间；③ 延时时间：有励磁涌流制动为 20～40ms，无励磁涌流制动为 80～90ms。

（4）馈线末端开关定值整定。

1）馈线开关配置有两种配置方式：① 就地智能型设备，按上述分段开关整定；② 只投过电流保护与重合闸功能，过电流保护定值电流按电源侧限时过电流定值估算，灵敏性系数按远近取 1.05～1.2，延时时间为 0s。

2）重合闸配置：① 次数：1 次；② 延时时间 $T_R$：按式（6-12）计算；③ 启动条件：

检有压启动；检有压等待时间：0s；④ 启动原因：过电流故障。

3）后加速定值整定：① 启动条件：事故重合闸；② 电流保护定值取最小值，最小值接近最大负荷时，可适当提高，但不大于电流保护定值的最大值；③ 延时时间：20/80ms。

**2. 变电站 BZT 瞬时失压解决方案**

对于电源侧瞬时失压，电压—时间型 FA 设计了失压延时脱扣 $Z$ 时限逻辑进行规避，只要 $Z$ 时限比瞬时失压时间长，并预留一个时间裕度即可。但如果失压时间过长，$Z$ 时限设置过长将导致 $Y$ 时限、$X$ 时限加长，影响到 FA 的效率。

对于 110kV 以上电源失压造成的配电网失压，不属于配电网供电可靠性 RS-3 的统计范畴，所以不应考虑。对于 110/35kV 变电站，当满足 $N-1$ 可靠性准则时，可运行于分裂运行方式。根据 DL/T 584—2017《3～110kV 电网继电保护装置运行整定规程》7.2.15.2 备用电源投入时间：如跳开工作电源时需联切部分负荷，或联切工作电源母线上的电容器，则投入时间可整定为 0.1s～0.5s。当任何一路 110/35kV 电源失压，10kV 母联备自投切换时间在 0.1s～0.5s，据此规定，$Z$ 时限应比备自投切换时间多一个裕度时间，一般将 $Z$ 时限整定为 1～2s，110kV 电源切换造成的配电网瞬时失压也不会导致配电网馈线开关的失压脱扣，BZT 动作后一次性快速恢复供电。

对于不满足 $N-1$ 可靠性准则的 110/35kV 变电站，或采用主备方式运行的变电站，电源侧失电时，电源侧备自投需要躲开线路后备保护、重合闸等动作，可能造成 5s 或更长时间瞬时失压。对于这种情况，若高压侧 BZT 时间为 5s，$Z$ 时限可设为 6s，$Y$ 时限可设为 7s，$X$ 时限可设为 8s。FA 效率降低很小，所有电压—时间型 FA 逻辑没有改变，兼容各种运行方式，总体提高了供电可靠性，方便运维管理。

## 五、就地智能型 FA 与传统设备兼容工作模式

本架空馈线就地智能型 FA 模式结合了许多优点，但配电自动化开关终端不是短期能够建成的，而是个逐步改造建设的过程，为了适应就地智能型设备与老旧设备在同一条线路兼容运行，提出以下几种工作方案。

**1. 末端开关不需更换的永久兼容方案**

馈线末端开关没有下级开关需要配合，所以开关过电流保护配合时间为 0s。实际上，末端发生故障后立即跳闸再重合一次即可恢复瞬时故障而切除永久故障，不会导致上级开关越级跳闸。上级停电后也不需要末端开关失压分闸，上级开关来电合闸可以一次性完成供电恢复。就地智能与通用断路器终端混合模式如图 6-73 所示，QF5、QF6、QF7等馈线末端可以采用普通的开关终端，仅配保护及重合闸功能即可，不需要具备就地智能型 FA 功能，而这种普通功能 FTU 是现场大量运行的。

**2. 大分支开关先更换的过渡方案**

采用简化两级时间配合继电保护方案，对大分支开关及主干线合适的开关先更换，分段隔离故障，而其他开关不投保护，只投告警，由主站集中式 FA 进行精细化控制。

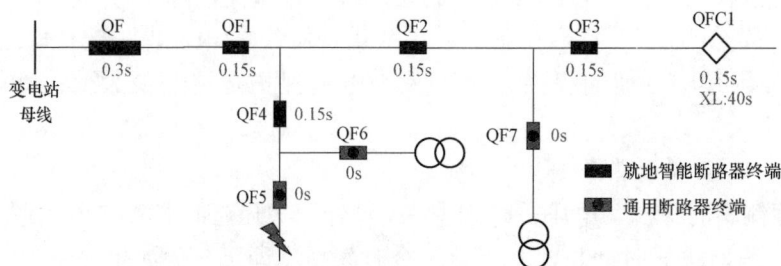

图 6-73　就地智能与通用断路器终端混合模式

简化两级配合模式的过渡方案如图 6-74 所示，QF2、QF4 先行更换为就地智能型开关，其他开关采用普通开关。QF3、QF5、QF6、QF7 等馈线末端可以投入保护重合闸功能，延时时间为 0s，与上级开关 QF2、QF4 配合完成切除末端故障，实现 FA。QF1 不投保护跳闸，只告警。当末端发生故障时直接切除不影响上游；当 QF2 与 QF3 之间发生故障时由 QF2 切除故障；当 QF 与 QF2、QF4 区域发生故障时由 QF 切除故障，重合一次，永久故障时 QF 不再重合，QF2、QF4 跳闸隔离故障。联络开关 QFC1 不投自动化功能，由集中式 FA 遥控操作恢复供电。

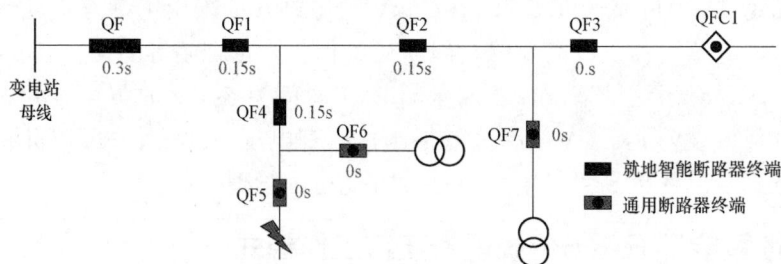

图 6-74　简化两级配合模式的过渡方案

3. 旧设备软件升级过渡方案

（1）旧终端升级改造。非一二次融合的开关终端设备具备基本的继电保护功能和电压—时间型功能，仅没有小电流接地故障检测功能。将这些终端的软件进行简单升级就可以实现短路故障的就地智能型功能。软件升级只做如下三点非常简单的改造工作：

1）设置软压板可以将继电保护功能与电压—时间型功能同时投入。

2）简化重合闸后加速启动逻辑，将事故启动条件去掉，即变为"合闸保护"。

3）合闸后加速保护动作同时将电压—时间型的"正向闭锁"置位。将新软件及配合定值下装到终端即可。

（2）小电流接地故障 FA 升级。

1）方案一：在变电站安装小电流接地选线装置，配两次重合闸，与改造的馈线终端进行电压—时间型配合，即可准确隔离接地故障。

2）方案二：在首开关安装一台一二次融合就地智能开关终端设备，配 2 次重合闸，与改造后的终端配合，也可以准确隔离接地故障。

## 六、就地智能 FA 推广应用需注意的问题

在就地智能 FA 工作实践中发现了一些小问题，但却影响到 FA 的成败，在此进行介绍。

1. 继电保护与电压—时间型技术融合问题

（1）自动重合闸与来电延时合闸的兼容问题。本节所介绍的重合闸是国家电网配电终端标准设计逻辑，是按检有压重合闸逻辑启动的，检有压等待时间设为 0s。而电压—时间型来电延时合闸是按从无压到有压的来电动作启动 $X$ 计时的，而非检有压状态启动。产品入网测试中发现，有的产品将来电延时合闸设为检有压等待延时合闸，导致与重合闸检有压延时等待逻辑的矛盾，产生逻辑混乱。

同理，联络开关的 $X_L$ 计时开始启动是检有压变无压的动作，不是检无压。否则对于现场常见的联络开关一侧刀闸合闸而另一侧刀闸断开的情况，由"手动"转换为"自动"时会导致合闸的逻辑混乱。

严格按标准设计的重合闸逻辑及电压—时间型逻辑执行则没有问题。

（2）重合闸后加速动作闭锁与 $Y$ 时限失压闭锁。重合闸闭锁是由充电逻辑来实现的，"合闸保护"动作后设置的是"正向闭锁"标志。有的产品既设置了重合闸后加速动作闭锁标志，又设置了复归时间，两者不一致，结果导致问题产生。

（3）保护的启动、动作与复归逻辑问题。有的产品没有保护启动—动作—复归的完整逻辑，保护早已复归，但信号状态还在，给事故动作逻辑分析造成困难。

（4）双侧有压闭锁合闸问题。有的产品事故闭锁逻辑采用早期 VSP5–FDR 控制器人工操作逻辑，闭锁后遥控合闸、终端操作合闸也拒绝执行，只能直接操作开关，无法满足目前调控运维需求。

2. 运行参数的整定与检验

国家电网有限公司 Q/GDW 11813—2018《配电自动化终端参数配置规范》定义了 25 个保护定值、7 个自适应综合型定值及 89 个运行参数（不包括反向运行保护定值），预留了至少 39 个运行参数供各具体产品自定义。各厂家产品还设置了几十个私有工作参数。入网测试发现，往往一个小的参数配置与配合问题会导致有关逻辑不能正常工作，而要对一百五十余个参数逐个进行测试验证是不可能的。必须解决就地智能型 FA 的测试技术问题，对功能及参数进行测试验证。

3. 工程建设质量与库房测试

就地智能型 FA 工程不仅终端设备的功能多、定值参数多，而且厂家多。关键的功能目前还没有统一的标准，必须把住工程建设的各个环节。目前现场安装调试时间紧、安全要求多，应将现场测试工作尽量前移到安装前库房进行，可以大大节省减少现场调试时间，完成对终端各项功能充分的测试，有效提升工程建设质量。

库房调试是控制工程建设质量的关键环节，库房调试的主要工作有：

（1）终端设备安装前应确定其安装位置，分派 IP 地址、无线通信 SIM 卡编号信息，完成终端信安全信息有关配置，实现与主站的通信链接。

（2）库房调试时，主站系统应同步导入相应配电网线路图模，配置好相应终端工作

参数及监控画面，在单线图调度画面配置开关的"闭锁"遥信状态信息，联络开关"手动/自动"工作模式手柄遥信、软压板状态的遥控设置及遥信显示信息等。

（3）获得配网馈线开关保护定值单，配置保护定值和 FA 定值、运行参数等，在库房进行测试。

（4）库房调试时，应在主站进行上传定值、下装定值测试，并保存开关定值及运行参数。通过测试后的定值参数不得随意改变。

（5）库房测试包括与主站通信连接、三遥对点及性能指标测试、保护定值校验、分段开关/联络开关 FA 功能测试等。

（6）库房调试应与主站核对开关分合闸、保护动作信息、开关"重合闸启动""后加速"动作、开关"闭锁"等遥信信息、SOE 是否正确及时上传主站及有无信息丢失等。

（7）库房测试通过，提交测试报告并审核后，方可进行现场安装。

## 七、就地智能型 FA 运维管理

1. 就地智能 FA 运维特点

架空线路就地智能型 FA 配电网馈线的运行维护与传统断路器馈线的区别很大，主要有：① 继电保护与来电延时自动合闸功能；② 联络开关自动合闸与工作方式；③ 故障处理的开关"闭锁"与"解锁"机理是调控运维人员必须掌握的基本要求，否则会导致运维操作与故障处理的安全问题。

2. 设备安装调试与投运

设备现场安装调试在库房测试基础上主要是利用就地操作与遥控开关传动试验，检验控制回路及遥信接线是否正常；通过主站对遥测数据的核对，验证遥测回路的接线是否正常；通过主站对遥测数据刷新频率的观察，判断现场终端通信是否稳定等；利用开关终端设备现场投运过程，对 FA 的有关功能进行验证。一般不再用测试设备重复进行库房测试中已完成的工作，如遥测精度测量、保护定值校验等，以节省安装调试时间。设备安装调试主要有停电安装及带电安装两种方式。

（1）分段开关停电安装的调试。

1）设备安装完成投运前，启动终端电源，建立终端主站的通信，在主站观察通信是否正常，检查现场电压测量是否正常。

2）就地通过终端对开关进行合闸、分闸操作，并在主站对开关进行合闸、分闸遥控试验，进行闭锁解除等操作。

3）开关传动试验通过后，将开关置于分闸位置，合上开关两侧刀闸，现场验证来电合闸送电过程。

4）送电成功后，在主站观察终端上报的线路开关电压、电流、有功、无功、终端电池电压等遥测数据是否正常，刷新是否正常频率，检查开关状态、是否闭锁等，并与现场终端数据进行对比。确认无误，安装测试完成。

（2）开关带电安装的调试。

1）分段开关安装完成，拆除旁路电缆前，启动终端电源，建立终端与主站的通信，对开关进行就地与远方的分合闸测试。合上开关电源侧刀闸，应执行来电延时合闸逻辑。

2）确认终端闭锁功能清除，合上开关两侧刀闸，就地终端操作开关位于合闸状态，可以拆除旁路电缆设备。

3）在主站核对所安装各开关终端上报遥测电压、电流、功率等数据是否正确，开关位置是否正确，遥测刷新频率是否正常。

（3）联络开关停电安装方式的调试测试。

1）安装完成后，确保开关置于"分闸"状态，终端硬压板"手动"工作模式，终端通电，建立终端与主站的通信。

2）刀闸断开情况下，分别通过就地终端及主站对开关进行合闸、分闸操作、遥控试验。

3）将联络开关"手动/自动"手柄及软压板置于"自动"位置，合上联络开关一侧刀闸（确保另一侧刀闸断开），联络开关不应合闸；断开一侧刀闸，合上另一侧刀闸，联络开关不应合闸。

4）主站观察终端遥测电压是否正确，通信是否正常。将联络开关"手动/自动"手柄及软压板置于预定工作模式。

（4）安装完成应出具现场安装调试报告。报告应包括设备基本信息、安装与结构、连接电缆检查，开机运行与通信数据刷新频率、就地开关分合控制与主站遥控试验及遥信 SOE 检查、电流电压有功无功等遥测数据正确性核对等内容。

3. 联络开关功能现场测试

（1）互供功能测试。

1）联络开关安装后，应进行核相测试，通过核相的联络开关，方可进行互供功能测试。

2）联络开关处于电源侧带电情况（只合电源侧刀闸），将联络开关终端的保护功能及 FA 功能投入，现场将终端的"手动/自动硬压板"置于"自动"模式，在主站将"手动/自动软压板"置于"自动"模式，联络开关不应自动合闸。

3）双侧有压不合闸测试：合上联络开关负荷侧刀闸，使开关双侧有压，联络开关不自动合闸，保持至少 5min。

4）通过拉开联络开关一侧刀闸，可以测试一侧失压后联络开关延时 $X_L$ 时限的合闸功能。如拉开负荷侧刀闸使其失压，在 $X_L$ 时限到时联络开关应自动合闸，在主站观察合闸上报信息。

5）通过就地 FTU 操作或主站遥控开关分闸。

（2）联络开关合环运行测试。

1）联络开关安装后应进行核相测试和互供功能测试，通过后方可进行环网运行功能测试。

2）核对联络开关的保护定值正确，将联络开关终端的保护功能及 FA 功能投入。

3）现场将终端的"手动/自动硬压板"置于"自动"模式，在主站将"手动/自动软压板"置于"自动"模式，联络开关不应自动合闸。

4）合上联络开关两侧刀闸，使开关双侧有压，联络开关不自动合闸，保持至少 5min。

5）通过就地终端或遥控操作联络开关合闸，主站观测其遥测电压是否与现场一致。在主站观察终端上报的线路电压、电流、有功、无功、终端电池电压等遥测数据是否正常。

6）联络开关合闸时，其保护动作跳闸的，不能再次强行合闸。

7）联络开关环网运行测试，不宜长时间合闸，一般不宜超过 10min。环网运行试验完成，及时断开联络开关，恢复正常运行状态。

8）将现场和主站的遥测数据、遥信信息、遥控情况记录于调试报告。

4. 运行与操作

（1）联络开关的运行操作。

1）只有联络开关的 FTU 操作手柄位于"自动"档及"自动/手动"软压板处于"自动"时，一侧失压会启动延时合闸功能，恢复供电。

2）线路停电检修不需要自动转供电功能时，调度应将相关线路联络开关软压板遥控于"手动"位置。现场运维检修人员需将相关线路联络开关 FTU 操作手柄置于"手动分闸"位置。

3）线路运行需要自动转供电功能时，调度应将相关线路联络开关软压板遥控于"自动"位置，同时现场运维检修人员需将相关线路联络开关 FTU 操作手柄置于"自动"位置。

（2）不停电合环倒负荷。

1）检查联络开关保护及"合闸后加速保护"功能投入。

2）先遥控联络开关合闸，再要看分断点开关分闸。

3）恢复供电：先遥控分断点开关合闸，再遥控联络开关分闸。

（3）全馈线的停运与恢复。全馈线的停运时，主要是避免联络开关自动转供。

1）调度将待停运线路的所有联络开关软压板遥控于"手动"位置；现场运维检修人员需将该线路所有联络开关 FTU 操作手柄置于"手动分闸"位置。

2）调度将本线路出线开关遥控分闸。

3）线路恢复送电时，主站遥控变电站出线开关送电，各开关依次自动合闸送电。送电成功后，恢复联络开关"手动/自动"工作状态。

（4）区段的停运与恢复。区段停运时，既要利用联络开关的互供功能，分段开关还要符合电压一时间型工作原理，否则会导致混乱。

1）停运时先遥控联络开关合闸，再遥控停运区段负荷侧开关分闸，最后遥控停运区段电源侧开关分闸。

2）恢复供电时先遥控电源侧开关合闸，再遥控负荷侧开关合闸，最后遥控联络开关分闸，完成恢复供电。

停运联络开关所在区段时，需遥控联络开关软压板置于"手动"位置，才能遥控拉开停运区段电源侧开关。

5. 馈线故障处理与操作

故障区段的定位即为开关"闭锁"标志，调控人员应在主站观察有关开关是否"闭锁"，现场运维人员在终端观察确认是否"闭锁"。

（1）故障区段及开关终端的确认。

1）根据主站判断及收到的开关终端信息，现场核实开关位置，确认馈线故障隔离区段。

2）检查故障停电区段电源侧开关终端的故障信号、闭锁信号；有故障信号、闭锁信号时，确认存在故障。

3）架空线路依靠重合闸隔离故障区段，一般为永久故障，不宜再次人工试合。

4）拉开故障区段两侧刀闸，进行消缺。

（2）故障区段恢复供电与开关"解锁"。开关闭锁后只有两种情况可以解锁：

1）人工解锁：闭锁开关遥控或终端操作合闸成功，保持 $Y$ 时限以上。

2）故障区段电压恢复正常超过 $X$ 时限，自动解锁。

6. 就地智能型 FA 线路带电作业操作规定

（1）线路带电作业时，该馈线所有开关 FTU "重合闸"功能退出运行。

（2）该馈线联络开关工作模式置于"手动"位置。

（3）带电作业结束后，该馈线所有开关 FTU "重合闸"功能恢复正常运行状态。

## 八、小结

基于合闸保护的就地智能 FA 汲取了继电保护就地快速切除故障与电压—时间型准确定位故障的优点，并兼容单相接地故障处理功能，在国网陕西省电力有限公司得到全面推广应用，建立了运维规程。已经按本技术方案改造的线路，事故导致变电站出线开关跳闸而全线停电的情况基本避免，对提高供电可靠性效果明显，受到配电网运维管理人员的欢迎。本节对陕西就地智能型 FA 技术推广应用中遇到的问题进行讨论解答。

（1）就地智能型 FA 技术推广应用必须坚持简单可靠、实用、标准化、兼容、运维方便的原则，避免追求不必要的收益而带来安全隐患，将配电网运维安全放在第一位。

（2）对于 35kV 变电站保护没有配合时间的问题，讨论了变电站缩短保护级差、出线开关提高速断保护定值缩短速断保护范围、增设延时速断保护的两种解决方案，解决设备保护与配电网可靠性的矛盾。

（3）对于上级配电网线路瞬时失压造成的馈线全线失压开关脱扣问题，讨论了变电站10kV 母线备自投与馈线就地智能开关终端的解决方案，可实现就地智能开关的低电压穿越。

（4）对就地智能型 FA 建设运维的设备参数定值管理与检测问题，介绍了库房测试保护校验的解决方案。

（5）系统介绍了陕西就地智能 FA 技术的运维管理，满足带电作业等现场运维需要。

# 第六节　就地智能型 FA 测试技术

就地智能 FA 的现场测试是工程建设必不可少的。以前电压—时间型 FA 现场测试没有好的技术手段进行不停电测试，只能测试终端的三遥功能，不能测试就地型 FA 逻辑。就地型 FA 功能现场测试采用短路试验测试法，利用可控短路电阻给馈线施加一个真实相间短路故障，测试馈线各开关终端的故障处理过程。测试设备多，需要与一次线路连接，测试要停电，对配电网正常运行造成很大冲击，测试现场工作量非常大，技术要求高，且有安全隐患。

就地智能 FA 的测试要解决三个技术难题。一是就地智能 FA 的逻辑更加复杂，包括保护定值校验、就地型 FA 及单相接地正反向功能的 FA 测试，至少需要约上百个功能 2000 余个状态序列，考虑兼容存量非标设备测试需求，普通配电终端测试仪的状态序列编程方法不能自动判断结果，不能胜任自动化测试需求，必须有新的测试技术手段降低复杂性，并且对非标设备有更强适应性，做到简单易推广。二是现场测试要实现不停电测试及短时停电测试，需要有与现场馈线及开关自适应接口的可控配套测试设备，模拟馈线故障工况与开关动作，实现不停电测试。三是小电流单相接地故障录波可编程状态融合测试技术比单相接地真型试验更加高效、安全。国网陕西省电力有限公司电力科学研究院配电自动化技术团队解决了就地智能 FA 测试的技术难题，研制成功 DAiT 系列测试设备，应用于就地智能 FA 测试。

## 一、就地智能型 FA 测试原理与系统组成

1. 测试技术原理

（1）复杂方案自动测试技术。

1）测试方案分级编程组织技术。采用测试方案两级组织技术，测试方案划分为多个功能测试模块。将大量复杂的测试功能进行归类，建立测试功能模块库，包括各种通用功能、专用功能等，供测试方案直接调用，从而组合成一个的复杂的测试方案，简化测试方案编程组织。

2）测试方案与测试定值数据的解耦匹配技术。将测试定值数据从测试状态序列中剥离，在测试方案执行时再与定值数据文件匹配，一个测试方案可以适配多组测试数据，大大简化了测试方案编程与具体设备不同定值参数的测试工作。专门设置保护定值录入界面，不需要在状态序列录入保护定值，极大地方便了测试工作。

3）测试结果自动判定技术。采用实际测试信号状态与编程预设信号状态模型差动算法及模拟量误差模型算法，而非逐项比较的算法实现测试结果的自动判定，实现每个测试状态的动作与数据结果的可编程自动判断，从而自动生成测试报告。

4）系统联调可编程信息交互技术。现场配电终端与配电主站系统联调测试，采用可编程信息提示技术，给测试人员提示需要的操作、主站核对的数据信息等，大大降低测试技术难度，无需专业培训。

5）测试功能方案标准化技术。将各种标准与非标的功能测试建立基本测试功能库；在功能库的基础上，建立各种标准与非标类型终端的测试方案库，供测试人员直接调用。具体测试工作只需配置保护定值，测试系统自动完成测试，生成测试报告。

（2）就地型 FA 现场自适应测试技术原理。

1）馈线现场故障工况可编程模拟测试技术。在馈线开关、TV 与配电终端之间接入馈线工况开关自适应模拟设备，通过可控自耦变压器连接 TV 与终端，进行馈线电压检测与故障电压可编程模拟，实现现场残压闭锁测试、停电和不停电测试。

2）开关自适应模拟接口技术。除了常规的断路器模拟功能，可以模拟 VSP5 型失压脱扣负荷开关等所有操作机构各种类型的配电开关，对 DC/AC24V～DC/AC220V 控制电源电压等级自适应，控制及遥信电源接反自适应。通过检测实际开关状态来编程控制测

试状态同步进程。采用标准航空接插件预制电缆，无需接线，避免接线错误。

3）GPS/北斗同步测试。现场多台测试设备通过 GPS/北斗同步下发故障信号，同步测试进程，实现整条馈线的 FA 测试。

4）分布式自适应全馈线测试原理。测试设备根据检测到开关动作及两侧电压变化，依据测试方案自适应施加/撤销故障电流及录波波形数据，无需上级协调控制，实现分布式自适应测试。

5）云平台测试组织监视与管理。通过云平台下载测试方案、监视测试进程、汇总测试报告、保存测试报告。云平台有测试功能与测试方案库，包括标准及非标各种类型终端供选用，现场测试只需录入保护定值。

（3）小电流单相接地故障录波与状态可编程融合回放测试技术。通过测试平台，可对各种接地故障的录波波形与状态序列进行融合编程，控制配电终端测试仪自动回放各种故障录波数据，测试智能终端对不同接地故障检测定位性能，比真型接地试验更加高效安全。

（4）现场 App 系统闭环全自动测试技术。将配电网现场运维 App 模块嵌入测试平台，测试平台控制终端的故障信息注入，监测自动开关的 FA 过程，通过 App 获取主站系统遥测遥信数据、SOE、DOE 记录，测试平台自动判定配电自动化系统的功能性能，实现系统的闭环自动测试。

2. 测试系统组成

就地智能型 FA 测试系统如图 6-75 所示，该系统由 DAiT-1000 便携式自动测试平台、DAiT-2000 智能配电终端测试仪、DAiT-3000 馈线开关工况自适应模拟器及预制连接线缆等组成。

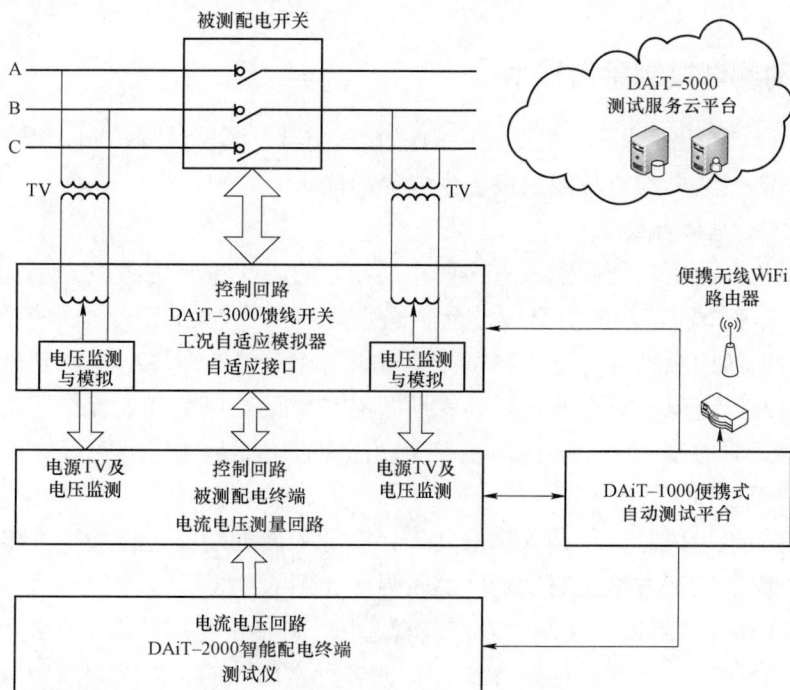

图 6-75 就地智能型 FA 测试系统

DAiT - 1000 测试平台是测试系统的控制中心，负责按测试方案和测试数据控制 DAiT - 2000 测试仪，给配电终端输出工频电气信号，控制 DAiT - 3000 馈线开关工况模拟器模拟实际开关与其两侧的电压变化，与被测终端通信获取遥测、遥信数据及保护 FA 动作结果，判断终端各种功能指标是否正常，最后生成测试报告。DAiT - 2000 是配电终端测试仪，可以输出电流、电压等电气量，加载到配电终端。DAiT - 3000 馈线开关工况模拟器接入到配电开关与终端之间，既能模拟配电开关，又与现场实际 TV 相连模拟开关两侧线路故障电压工况，从而实现停电测试或不停电测试。现场停电测试时，监测开关两侧线路实际电压，不停电测试时模拟故障电压场景。现场进行整馈线测试时，馈线各开关处配置一套 DAiT - 1000 测试设备，通过云平台进行统一协调控制，实现整条馈线的配合测试。DAiT 就地型 FA 测试系统设备实物如图 6 - 76 所示。

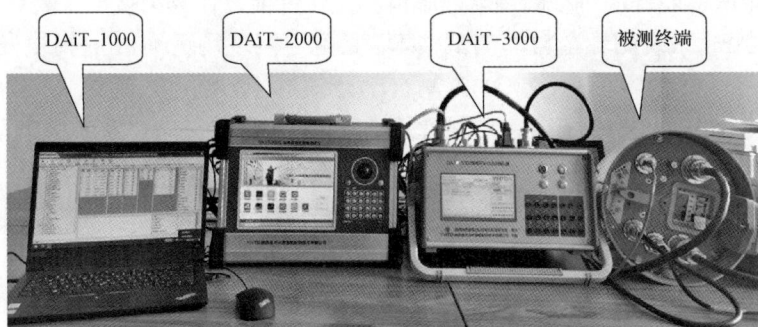

图 6 - 76　DAiT 就地型 FA 测试系统设备实物

## 二、自动测试控制平台技术

DAiT - 1000 自动测试平台主要完成测试方案编辑、测试过程控制、被测终端 FA 动作结果检测、测试结果判定与测试报告生成等功能。

1. 测试方案编辑生成

测试方案包括测试功能和测试方案两个层次。将若干个状态组成一个状态序列即测试功能，再将若干个测试功能组合成一个测试方案。测试方案分层结构示例图如图 6 - 77 所示。两层树形结构极大地方便了测试方案编辑工作。就地型 FA 来电延时合闸逻辑、失压分闸逻辑及继电保护重合闸逻辑、就地智能 FA 的合闸后加速保护逻辑都是标准通用的，将这些逻辑编制为基本功能，保存于功能库，方案编辑时就可以直接调用，大大简化了方案编辑工作。

测试方案编辑生成时，可调入标准功能，或插入新的功能进行编辑，将各测试功能组合成一个完整的测试方案。测试功能编辑界面如图 6 - 78 所示。

DAiT - 1000 提供测试功能库供方案编辑选择，包括了常用的继电保护、重合闸、电压—时间型、合闸速断型等就地型 FA 测试的各种常用功能。方案编辑中，可以对需要的功能命名保存于功能库。

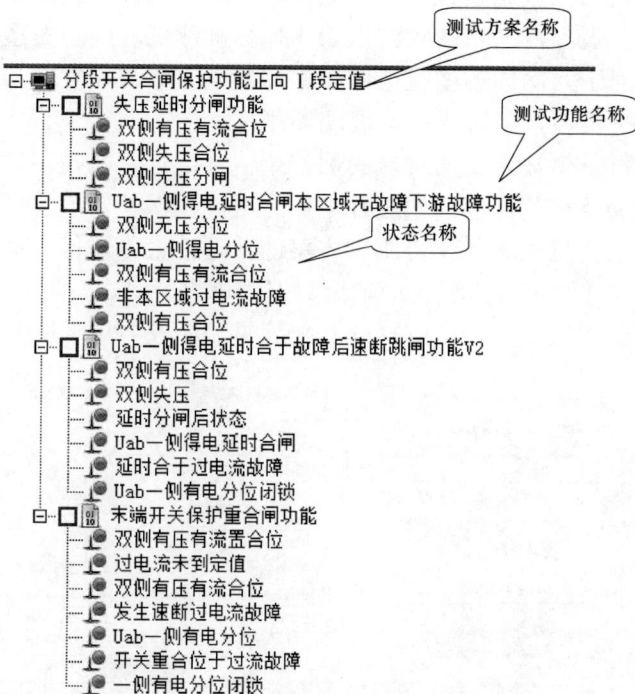

图 6-77　测试方案分层结构示例图

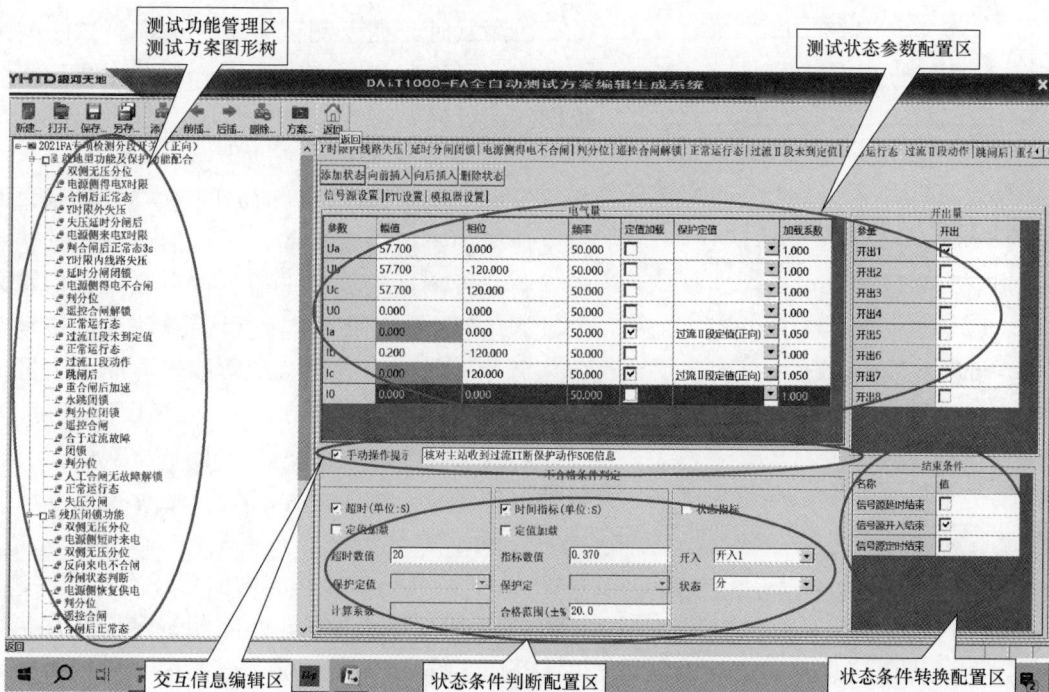

图 6-78　测试功能编辑界面

测试方案的编辑工作量比较大、专业性强，特别是非标准化的设备，编辑的测试方案还需要和终端配合调整，严重影响测试工作，标准测试功能与典型测试方案库的建立解决了这个问题。对于入网的各型配电终端，将测试方案入库发布，供基层测试者进行选择，匹配开关保护定值，即可快捷开展现场测试工作。

库房测试时，每一个被测试的终端的保护定值及运行参数是不同的。常规的继电保护及配电终端测试需要在状态序列中进行电压、电流及保护定值等电气数据配置，测试方案数据配置准备工作量很大，使得测试方案的普适性大大降低。而对于测试数据解耦的测试方案，在测试时只需要匹配保护定值数据即可进行测试，测试技术难度大大降低，测试效率大大提升。测试方案数据解耦与匹配编辑如图 6−79 所示。

图 6−79　测试方案数据解耦与匹配编辑

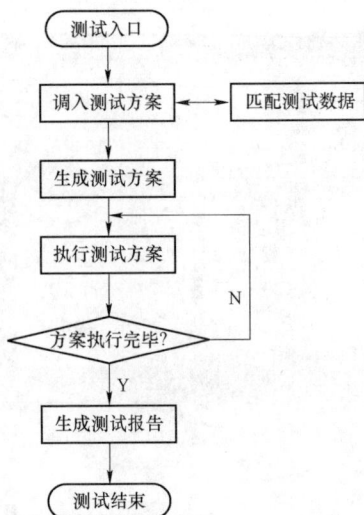

图 6−80　测试方案与测试数据匹配过程

在测试时，调入测试方案，选择测试匹配定值数据即可完成测试方案生成，测试方案与测试数据匹配过程如图 6−80 所示。

2. 保护定值等参数配置界面

保护定值便捷配置界面如图 6−81 所示，专门设计保护定值配置界面，不再需要在测试状态序列中配置测试数据，定值数据可以命名保存，可以调出已有的相近定值文件简单修改后使用并命名另存。保护定值测试参数编辑界面大大方便了测试工作。

解耦与匹配的数据主要有电压、电流额定值，各种保护定值，就地型 X、Y、Z 运行参数等。

3. 测试控制操作交互信息

DAiT 系列测试操作非常简单，插好设备、连接电缆、调入测试方案、匹配测试定值文件执行即可。测试界面信息丰富直观，测试进程与测试指标数据实时显示，功能正确与否实时标记，异常立即提示，测试操作与监视界面如图 6−82 所示。

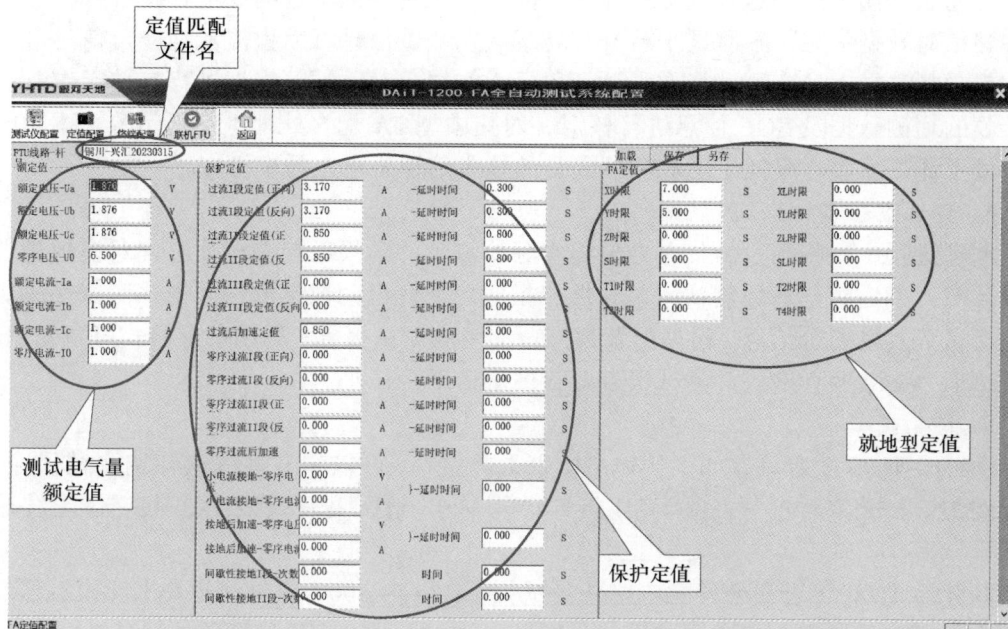

图 6-81　保护定值便捷配置界面

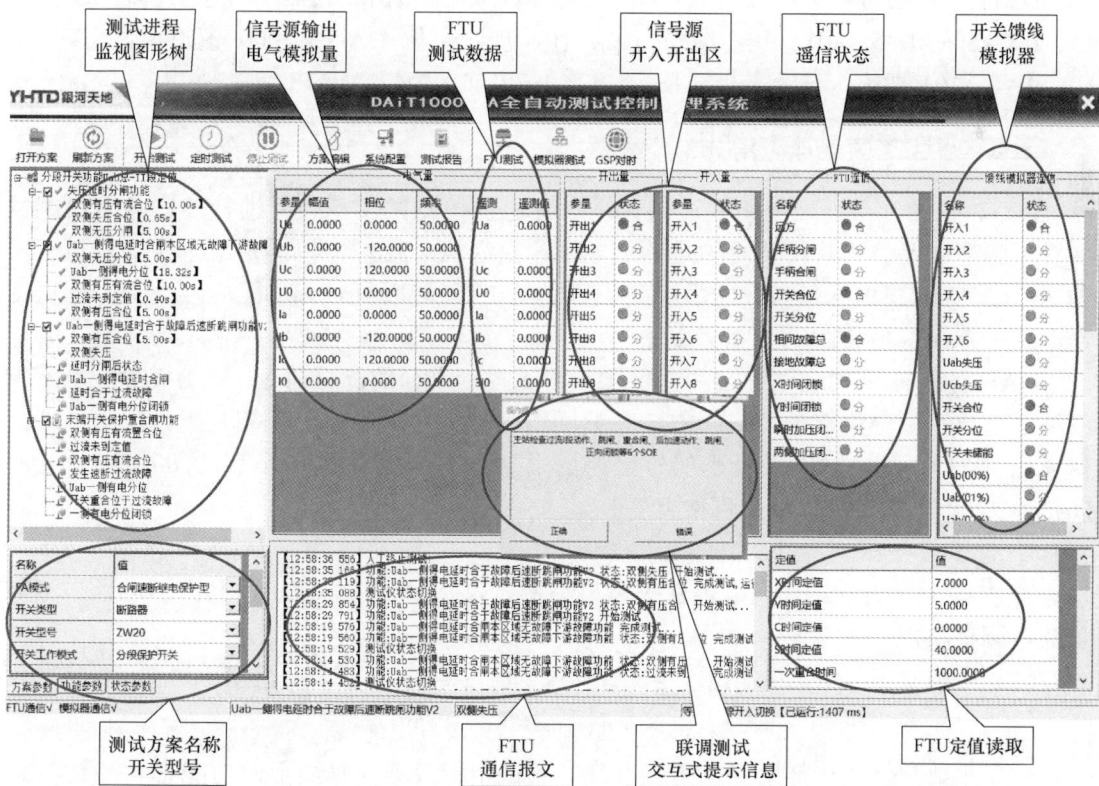

图 6-82　测试操作与监视界面

现场联调测试的信息人机交互提示功能非常实用。测试过程要进行各种操作，需要与主站核对数据信息，本测试平台具有现场联调测试信息可编程提示功能，信息可在方案编辑中预先录入，在测试状态中显示提示。如提示对主站、终端进行有关操作，对主站接收的遥测数据及 SOE 信息进行核对、对集中型 FA 配合处理进行提示等。本功能明显降低了测试难度，降低了现场测试人员的技术培训要求，易于推广。

4. 测试报告自动生成

测试过程中，将预设的状态结果与实际检测到的结果进行差分计算，对模拟量进行精度计算，判定每一步的测试结果与性能指标，平台自动记录测试数据。测试完成后，录入测试人员姓名等信息，根据记录数据自动生成测试报告。测试报告格式可事先编辑，有 Excel、Word 两种格式。测试报告可存储于云平台。

5. 通信接口

DAiT－1000 平台具有如下接口：① 以太网接口，可以和多种配电终端测试仪通信；② RS232、485 串行接口；③ USB 接口；④ WiFi 适配器及天线；⑤ 4G/5G 无线通信接口。

DAiT－1000 可以和各种配电终端测试仪、DAiT－3000 配电网开关工况模拟器及各种配电终端进行通信，组成测试系统。通过 WiFi 或 4G/5G 无线通信接口，DAiT－1000 可以和 DAiT－5000 云平台连接，由多套 DAiT－1000 组成现场全馈线测试方案。

DAiT－1000 与配电终端通信规约：IEC 60870－5－101、104；与配电终端测试仪通信：IEC 60870－5－101、104 或仿 101、104 规约；与 DAiT－3000 模拟器通信：IEC 60870－5－101 规约；与云平台通信：IEC 60870－5－104、MQTT。

## 三、配电终端基本功能测试要求

DAiT－2000 系列配电终端测试仪是在继电保护测试仪基础上进行改进的专用测试装置，和继电保护测试仪不同的是额定电压输出为 AC 220V，以满足配电终端测量电压为 AC 220V 的要求，且带载能力提高，可以给 FTU 等功耗较低的配电终端提供测试工作电源，方便现场测试。

DAiT－2000 系列配电终端测试仪接收测试控制平台的测试命令，输出模拟量至配电终端，可检测配电终端的开出状态，并返回给测试平台。为适应传统电磁式配电终端接口（如 DTU）及一二次融合小信号接口的需要，有大信号的 DAiT－2000、小信号的 DAiT－2200 配电终端测试仪两种类型。

1. 模拟量输出基本功能

符合 DL/T 624—2010《继电保护微机型测试仪技术条件》规定，具有继电保护测试仪基本测试功能。

（1）电磁式工频电气量输出：电磁式交流电流为 $4 \times 20A$/相，交流电压为 $4 \times 300V$/相。

（2）电子式工频电气量输出：交流电压为 $8 \times 20V$/相。

（3）直流信号输出：0～20mA，2 路。

（4）电源输出 DC 24V，DC 48V，DC 220V，AC 220V。

（5）开入与开出：8 路开入检测与 8 路开出接点。

（6）手动测试：单状态测试。

（7）状态序列的测试：提供 32 个多种状态序列的设置功能，应提供各种时间控制、开入量控制、手动触发、GPS 同步触发等切换方式进行状态间的切换；可以保存状态序列文件，可以调出状态序列文件，可以进行参数修改。

（8）GPS/北斗对时功能，4G/5G、WiFi 通信接口。

（9）以太网通信与串行通信接口各两个。

1）与被测终端的通信。

2）与上级控制平台 DAiT - 1000 的联网通信，接收平台控制命令进行状态序列自动输出。

3）与其他配套测试设备互联通信。

（10）录波波形回放：录波文件格式遵循 Comtrade 1999 标准中定义的格式，符合 GB/T 22386—2008 有关规定，通道比例系数可设置，并与状态序列进行相位对接，避免对接相位差造成波形畸变。

2. 配电终端三遥测试功能

（1）通信规约。可配置 101 或 104 规约，满足国家电网有限公司配电自动化 DL/T 634.5101—2002 规约实施细则、国家电网有限公司配电自动化 DL/T 634.5104—2009 规约实施细则，对配电终端通信规约进行检测。

（2）遥测功能测试。包括测量精度、遥测死区范围测量等。

（3）遥信功能测试。包括配电终端遥信可靠性、遥信防抖、SOE 分辨率等功能的检测。

（4）控制功能。模拟主站向配电终端发送遥控命令，配电终端遥控正确性、遥控输出闭锁、故障保护功能投退、遥控压板、蓄电池远方维护等功能检测。

（5）对时守时。向配电终端发送对时命令，并采集配电终端 SOE 信息，实现对配电终端对时守时功能检测。

（6）参数调阅与配置。通信参数、保护定值、远方/当地参数设置等。

（7）显示与配置维护。界面简洁友好，符合操作习惯。

（8）故障录波功能测试。文件名录调阅、录波文件上传。

## 四、现场自适应模拟测试技术

图 6 - 74 中，在被测开关与终端之间插入 DAiT - 3000 设备，可以实现测试系统对现场馈线电压工况的检测、故障残压的模拟及实际开关动作的模拟，从而实现不停电测试或停电测试。该自适应模拟器以单片机与现场可编程逻辑门阵列（FPGA）为核心，在平台控制下实现对现场电压与开关的自适应模拟。

1. 现场开关与残压模拟与监测

就地型馈线自动化现场实测时，需要监测现场开关两侧的电压变化，才能测试分段开关来电合闸、联络开关的一侧失压合闸的逻辑功能与动作时间参数。同时还要给开关模拟一个残压，用于测试残压闭锁功能。

开关工况模拟器中设计了一个多抽头自耦变压器来模拟器现场残压，自耦变压器原边与开关配套 TV 连接,通过单片机编程控制 K1～K5 继电器,选择自耦变压器的不同输出给被测终端,实现了馈线电压残压最真实的模拟,现场电压监测与残压模拟示意图如图 6－83 所示。

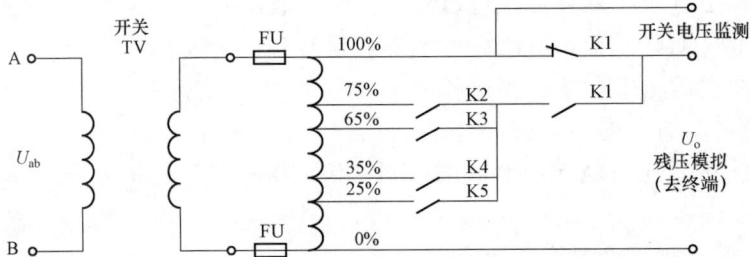

图 6－83  现场电压监测与残压模拟示意图

馈线电压工况接入与控制:模拟器实现了现场馈线开关实际电压引入及同步控制功能,具有带电测试的馈线电压变化工况、馈线残压工况的同步现场控制模拟功能。现场馈线 TV 电源/测量电压至配电终端接口具有防过载、防短路技术措施,确保现场测试可靠性。国家电网标准航空电缆直接插拔结构,无需控制回路复杂接线,避免接线错误,提高现场测试可靠性与效率。

2. 配电开关类型机构自适应模拟

(1)模拟开关类型。通过测试方案下发的开关类型,FPGA 在单片机控制下自动模拟各种类型配电开关,包括柱上断路器(ZW10、ZW20、ZW32 等)、负荷开关(FZW28、VSP5 型等)、各型环网柜开关(断路器型、负荷开关、复合型等)。缺省为柱上断路器类型、弹簧操作机构。

(2)开关操作机构模拟。通过测试方案选择开关类型或操作机构包括弹簧操作机构(包括储能)、电磁操作机构、永磁操作机构等;可以模拟开关分闸、合闸动作延时等。

(3)自适应控制接口设计。模拟开关与配电终端的控制接口自适应电路如图 6－84 所示,通过一个桥式整流电路和 MOSFET 开关管,将配电终端的各种交直流控制电压转换为一个 DC3V 的控制输出,实现内部电子模拟开关逻辑控制。本开关模拟器可以和 DC24V、DC48V、DC110V、DC220V、AC110V、AC220V 等各型操作机构电源直接接口,现场接线无需考虑控制回路电压等级与正负极性,极大地方便了现场测试。

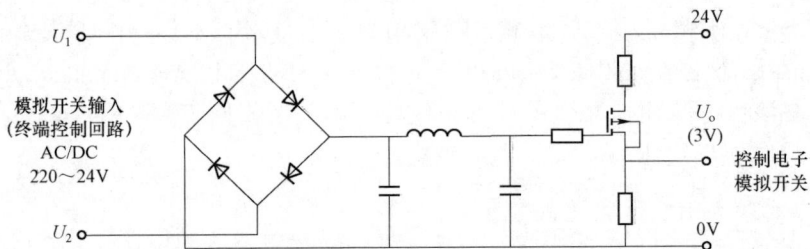

图 6－84  模拟开关与配电终端的控制接口自适应电路

(4)通信接口与控制。具有网络或 RS232/485 通信接口,按 101/104 通信规约,和便携式云端协同自动测试控制器通信，设置模拟器工作模式、接收控制命令、上传模拟开关动作 SOE 记录。

（5）失压脱扣开关模拟。可模拟 VSP5 型开关失压脱扣功能，失压脱扣延时可设定，失压动作值最大为额定输入电压的 30%。

（6）自定义开关类型。自定义开关类型，自定义分、合闸延时时间。

（7）电气接口。采用预制标准电缆接插头，无需专门接线。

1）模拟器设计了连接馈线 TV 二次侧与配电终端的国家电网标准航空插座，避免分立接线，并经空开保护后作为终端电源/电压输入，确保现场测试 TV 安全。

2）模拟器设计了连接终端与开关的 14/10 芯等类型航空插座，接受终端控制并向终端提供分合闸位置信号、储能信号等，自适应连接各种电压等级的控制回路，避免分立接线，确保现场测试控制接线无误。

3）模拟器设计了 3 组独立的开入端子，每组开入端子可接具有公共端的 2 路开关量。

4）模拟器设计了 2 组开出端子，对应开关两侧电压；还设计了 2 组可编程开出端子，用于和其他设备配套。每组开出端子包括 1 个常开和 1 个常闭无源接点。

5）现场电压同步接口功能，无需专门接线。

（8）实现残压闭锁功能测试。现场馈线电压可按测试方案以实际电压的 100%、75%、65%、35%、25%、10%、0 自动实时同步控制。本电压输出还可以作为一二次融合电容取电配电终端的取电电源。

（9）显示及指示。

1）模拟器具有指示开关合闸状态和分闸状态的指示灯。

2）模拟器具有液晶显示屏，可显示馈线自动化模式、开关两侧电压状态与残压模拟、开关类型、操作机构、分合闸延时时间、开入开出状态、开关状态及开关动作 SOE 记录、显示馈线自动化测试方案测试进程等。

3. 主要技术指标

电压输出功率在额定电压下，应能连续输出功率不小于 100VA。模拟开关动作时间误差不超过 ±1ms。

## 五、一二次融合智能设备测试技术与设备

DAiT - 2200 小信号配电终端测试仪适用于一二次融合小信号配电终端的测试。该测试仪内部同时集成了模拟断路器，采用锂电池作为后备电源，采用标准 26 芯航插电缆，设备携带方便，自带电源，极大地方便了现场测试。测试人员只需要用航插将测试设备与 FTU 连接，调出测试方案一键执行，即可完成测试，生成测试报告。

1. 一二次融合 FA 测试设备与方案

一二次融合开关终端测试系统的组成框图如图 6 - 85 所示，终端测试仪采用小信号设备，测试电缆转接盒代替了模拟开关，插入到被测开关与终端之间，DAiT - 1200 测试平台扩展了小信号配置及测试判断的参数。

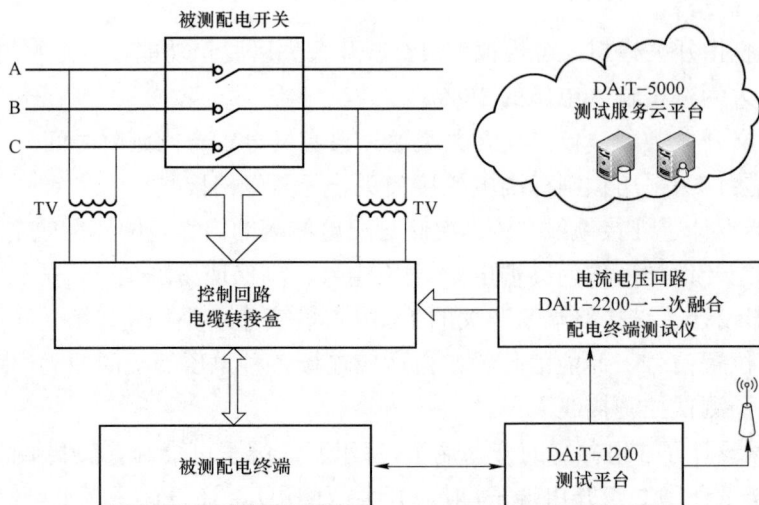

图 6-85 一二次融合开关终端测试系统的组成框图

DAiT-2200 一二次融合配电终端测试仪的功能与传统配电终端测试仪相同,只是电压/电流信号输出为 AC10V/AC20V,集成了模拟开关,采用锂电池为后备电源。DAiT-2200 一二次融合配电终端测试仪如图 6-86 所示。

图 6-86 DAiT-2200 一二次融合配电终端测试仪

2. 小电流接地故障波形回放与状态序列连续输出

可以在方案中编程回放 Comtrade 1999 格式录波文件,并与状态序列混合编程并连续相位输出,满足各种小电流接地波形的批量化回放测试,极大地方便了小电流接地测试和现场测试。

3. 主要技术指标

电流输出 AC1/20V,精度 0.5 级。电压输出 AC10V,精度 0.5 级。内置电池 8h。

## 六、标准化库房联调测试与保护定值校验

### 1. 库房联调的重要性

就地智能型配电终端具有各种电流保护功能、接地保护功能、就地型 FA 功能，功能配置复杂，各种定值与运行配置参数很多。各厂家非标准化运行参数多且定义各异，很容易发生漏配、错配，严重影响终端正常工作。每台现场终端的保护 FA 定值是不同的，安装现场时进行定值校验则严重影响带电安装作业；一二次融合智能终端掉电时，残压闭锁及记忆功能需要断开终端后备电源进行测试，而一般到货全检测试难以批量化自动测试这些功能。上述功能性能的测试最好在库房联调中完成测试。

安装前库房联调测试是配电自动化工程建设的重要环节，是减少现场安装调试工作量、缩短安装调试时间、保障安装调试安全、提升配电自动化运维水平的重要技术手段。

终端开关安装前，在库房可进行就地智能型专项功能测试与终端主站联调测试保护校验等有关内容。

### 2. 标准化功能测试

基于合闸保护的就地智能型 FA 比标准终端的功能更加复杂，国家电网标准测试设备不能满足就地智能 FA 测试功能需求，为全面覆盖其功能性能测试，除了国家电网有限公司规定的精度等各种基本功能测试内容，还设计了专项测试功能库，在此基础上建立了测试方案库。

（1）基本继电保护测试功能主要内容。

1）电流保护功能测试。包括超电流定值与时间定值动作、超电流定值但时间定值未到不动作、超时间定值但电流定值未到不动作等。

2）后加速保护功能测试。超电流定值与时间定值动作、超时间定值但电流定值未到不动作等。

3）重合闸功能测试。重合闸功能是配电终端的重要功能，逻辑与时序非常复杂，是 FA 测试的重点。其测试主要有过电流、零序电流、小电流接地等各种故障的重合闸启动功能测试；重合闸充电状态下不启动条件测试，如开关偷跳（非保护跳闸）、遥控分闸、断线跳闸、手动分闸等不应起动重合闸；重合闸后加速保护的启动与动作；重合闸的充电闭锁与复归测试；重合闸动作次数的测试；重合闸检有压及等待时间的测试等。

4）重合闸与后加速保护的复合功能测试。

5）二次谐波比率制动功能测试。对各段电流保护的二次谐波比率制动，即防止励磁涌流舞动肝功能的测试。

6）配电网检同期功能测试。待合环开关两侧的电压幅值差与相位差检测，不超差合闸功能、超差不合闸告警功能测试。

7）其他功能可以随时编程，验证通过后加入测试功能库。

（2）电压—时间就地型 FA 测试功能主要内容。

1）失压延时分闸功能。分段开关、联络开关的失压延时 $Z$ 时限分闸功能。

2）$Y$ 时限失压延时分闸正向闭锁功能。$Y$ 时限内失压分闸闭锁功能与 $Y$ 时限外失压不闭锁功能。

3）残压闭锁（反向闭锁）功能测试。不同残压电压、延时时间等条件的检测与闭锁功能。

4）终端失电的残压闭锁（反向闭锁）检测功能测试、终端失电重启的残压闭锁记忆功能测试。

5）分段开关一侧来电延时 $X$ 时限合闸功能测试、未到 $X$ 时限复归功能测试。

6）分联络开关一侧失压延时 $X_L$ 时限合闸功能测试、未到 $X_L$ 时限复归功能测试。

7）双侧有压不合闸功能测试。

8）正向闭锁与反向闭锁的解除功能测试。人工开关合闸（遥控、FTU 操作、开关直接操作）解锁功能、正向来电解锁反向闭锁、反向来电解锁正向闭锁、开关合闸有压解锁等。

（3）合闸保护与后加速闭锁功能测试。

1）开关操作合闸、遥控合闸、来电延时合闸等合闸动作的后加速保护功能、正向闭锁开关功能。

2）电流故障、接地故障等各种故障重合闸启动、后加速保护功能、正向闭锁开关功能。

（4）小电流单相接地功能保护功能测试。

1）不接地系统稳态接地特征区内/区外功能测试。

2）不接地系统间歇性接地故障特征区内/区外功能测试。

3）消弧线圈接地系统稳态特征区内/区外功能测试。

4）消弧线圈接地系统间歇性接地故障特征区内/区外功能测试。

5）不接地系统波形回放暂态接地特征区内/区外功能测试。

6）消弧线圈接地系统波形回放暂态接地特征区内/区外功能测试。

7）其他接地算法的专项功能测试可自编程不断完善开发。

（5）综合保护功能测试。

1）相继故障测试。接地—两点单相接地复合短路故障功能测试。

2）断线故障复合接地故障的基本功能测试。

3. 标准化测试典型方案库

测试方案由若干个测试功能组成，通过调用标准化测试功能模块，可以方便地建立各种测试方案，特别适合于非标准化设备的测试。主要有功能测试方案与库房联调定值校验测试等。

（1）就地智能型 FA 专项功能测试典型方案。就地智能型 FA 分段开关的专项功能测试，包含了前述所有的功能模块，并需要对同一个功能反复调用，匹配不同的数据组合。所以测试状态序列往往达到上千个之多，实际需要将一个开关终端完整的测试方案分为若干个方案，方便测试操作。一般可分为如下子方案：

1）分段开关保护与 FA（正向）。包含分段开关正向运行时电压—时间型功能、继电包含功能、合闸保护功能等。

2）分段开关保护与 FA（反向）。包含分段开关反向运行时电压—时间型功能、继电包含功能、合闸保护功能等。

3）联络开关保护与 FA（正向）。

4）联络开关保护与 FA（反向）。

5）分段开关零序电流保护（正向＋反向）。

6）联络开关零序电流保护（正向＋反向）。

7）间歇性接地（正向）。开关正向运行时多组时间限值内不同接地次数的跳闸策略测试。

8）间歇性接地（反向）。开关反向运行时多组时间限值内不同接地次数的跳闸策略测试。

9）小电流接地稳态法（正向＋反向）。

10）小电流接地暂态法录波回放（正向）。各种典型接地录波波形，包括低阻、中阻（1kΩ）、高阻。

11）小电流接地暂态法录波回放（反向）。各种典型接地录波波形，包括低阻、中阻（1kΩ）、高阻。

12）断线复合接地告警与保护（正向＋反向）。现场典型录波波形，包括断线不接地、断点前接地、断点后接地等。

13）现场模拟综合测试。模拟现场运行的情况，对电压—时间 FA、继电保护、合闸保护、小电流接地保护功能进行综合测试。

（2）库房联调测试保护定值校验典型方案。库房联调测试是在终端基本功能正常的基础上，终端配置保护定值与运行参数后，对保护定值进行校验，并测试终端与主站的 SCADA 三遥功能与 FA 配合功能。联调测试的内容主要包括以下内容。

1）主站对时及遥控遥信。配电终端应连接一次开关设备，通过"就地/远方"、开关"分/合"位置，在主站监测遥信变位是否正确，遥信变位上传延迟时间等指标。在主站对终端及开关进行遥控"分闸/合闸"试验，测试遥控正确性及遥控执行延时时间等指标。对于联络开关，在主站设置"手动/自动软压板"进行试验，设置为"手动"模式。

2）系统遥测精度传输延迟。遥测功能联调测试：利用配电终端测试仪，给配电终端二次接口注入电气量（$100\%U_e-90\%I_e$、$100\%U_e-50\%I_e$、$100\%U_e-20\%I_e$、$100\%U_e-10\%I_e$、$100\%U_e-5\%I_e$、$120\%U_e-30\%I_e$、$90\%U_e-30\%I_e$ 等），在主站监测遥测值，测试系统模拟量遥测精度及传输延迟时间等指标，注意终端遥测死区值设置是否合理，一般设置 2%～5%，应测试越死区上报功能。

3）保护定值校验 FA 功能与配电主站信息校对。

a. 过流Ⅰ段保护定值校验及指标，保护动作、开关跳闸的主站 SOE 信息收集校核。

b. 过流Ⅱ段保护定值校验及指标，保护动作、开关跳闸的主站 SOE 信息收集校核。

c. 重合闸与后加速保护动作闭锁功能校验及指标，重合闸启动开关合闸、后加速保护动作、开关跳闸、开关闭锁的主站 SOE 信息收集校核。

d. 开关闭锁、解锁验证与主站信息核对测试：开关故障隔离闭锁 SOE 信息上传与主站监控画面显示；遥控合闸操作解锁功能、人工合闸解锁功能、双侧有压自动解锁功能、故障侧有压自动解锁功能，有压有流合位自动解锁等功能、解锁 SOE 信息上传及主站监控画面显示核对等。

e. 关键信息核对及终端开关操交互自动提示。测试设备在有关测试状态环节应自动提示需与主站核对的信息内容，如发生短路事故并隔离后应该有：**保护动作、**开关跳闸、**开关重合闸启动、**开关合闸、**后加速保护动作、**开关跳闸、**开关闭锁等重要的保护 FA 信息，供主站进行后续 FA 处理、调度员掌握现场故障处理情况。

关键信息核对及终端开关操交互自动提示功能是系统联调非常重要的功能，可以大大降低测试技术难度，提升联调测试效果，利于基层运维人员测试工作高效开展，把好库房测试关，避免把隐含问题带入运行状态。

典型库房测试方案示例如图 6－87 所示。

4）非标准化设备的标准化测试。对于电容取能的深度一二次融合开关终端，其电压测量传感器、取电电容的配置方式与标准开关终端不同，目前已有大量设备投运并在陕西占有较大市场份额，应提规范标准的专项测试方案，尽量达到标准化测试的目的。

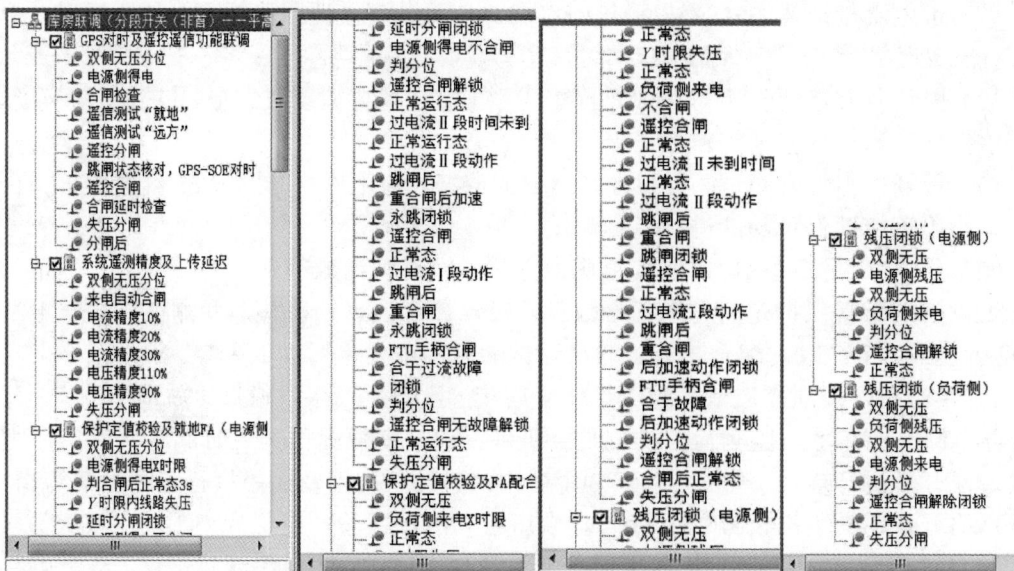

图 6－87　典型库房测试方案示例

对于这类非标准化设备的测试，可以在标准化测试功能基础上，针对各厂家的特殊设计，建立专门的测试功能库，在测试功能库基础上建立各厂家非标准化设备测试方案库，供基层测试选用，同样达到标准化测试的目的。

4. 库房测试步骤

（1）库房联调测试的准备。

1）终端设备安装前，在库房应分派待安装终端的 IP 地址、无线通信 SIM 卡号信息等；进行终端安全信息提取及主站认证导入工作。应进行保护定值整定计算，配置保护定值及 FA 运行参数，完成终端信息安全认证导入工作。

2）主站应按设备异动流程导入相关馈线开关图模，并配置待安装开关终端的 SCADA 三遥点号、遥测变比、数据上屏等 SCADA 运行参数信息。

3）主站调控画面除了常规的 SCADA 功能外，对于就地智能型 FA 还应配置开关"闭锁"信息、联络开关"手动/自动"状态与遥控配置信息等。

4）被测开关终端按 FA 保护定值，设置开关工作模式、遥测变比参数，配置各种保护定值、动作参数等。

（2）就地模拟主站联调。库房联调一般采取先就地联调再与主站联调两步走的方式，以提高测试效率。就地联调指被测配电终端先与测试系统的模拟主站进行通信调试，通过后再与主站联调。

就地联调时终端暂不启动通信安全加密设置，测试步骤如下：

1）检查被测终端 IP 地址、工作模式、保护定值、FA 定值等配置正确。

2）在测试平台模拟主站配置被测 FTU 的保护定值及 IP 地址、通信规约等有关信息，与被测终端联网通信，测试平台与被测终端遥控、遥信、遥测功能均正常。

3）测试平台调入库房联调测试方案，匹配被测终端的保护定值数据文件。

4）执行测试方案，依次对各功能进行测试：通过测试提示信息对终端开关进行有关操作，对提示需要核对的保护 SOE 信息进行核对，避免遗漏；发现保护 FA 逻辑错误时自动退出该功能测试，性能指标不合格只记录，可不终止测试；对测试存在的问题进行消缺，再一次测试，直至所有功能测试正确。

（3）与主站联调测试。就地联调测试通过后，与主站进行联调，主要步骤如下：

1）设置被测终端的信息安全加密功能投入，被测终端与主站建立通信，数据正常收发，主站能正常遥控、遥信状态、遥测数据正确。

2）执行测试方案。依次对各功能进行测试，通过测试提示信息对终端开关进行有关操作，对提示需要核对的保护 SOE 信息，通过电话核对或 App 应用数据进行核对，避免遗漏；发现保护 FA 逻辑错误时自动退出该功能测试，性能指标不合格只记录，可不终止测试。

3）对测试存在的问题进行消缺，所有测试功能测试通过，完成主站联调测试。

4）保存测试记录，生成测试报告。

（4）终端充电包装待安装。

1）上述联调测试完成后，确保终端没有开关闭锁记忆，不得改变终端定值参数配置；如若改变，需重新测试。

2）联调测试完成后，给终端充满电，关机，断开电池。

3）给终端贴上名称标识标签，包装，待现场安装。

## 七、FA 现场分布式测试技术

1. 现场不停电测试方案

（1）测试设备配置方案。

越级跳闸现场不停电测试如图 6-88 所示，模拟 QF2～QF3 之间永久故障，由于 QF1 延时与 QF2 相同，所以会越级跳闸。给 QF1、QF2 与 QF3 处各配置一套 DAiT 测试设备，联络开关配置测试设备一套。QFY2 为末端开关，可以不配置测试设备。

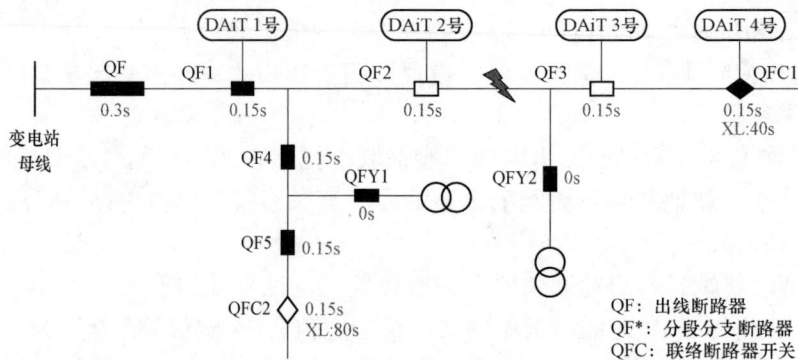

图 6-88 越级跳闸现场不停电测试

所有开关采用模拟开关代替，将配电终端与开关的控制电缆断开，接入 DAiT-3000 开关工况自适应模拟器。将开关的电压回路至配电终端的电缆断开接入 DAiT-3000 开关工况自适应模拟器，再接至配电终端，现场不停电测试接线示意图如图 6-89 所示。

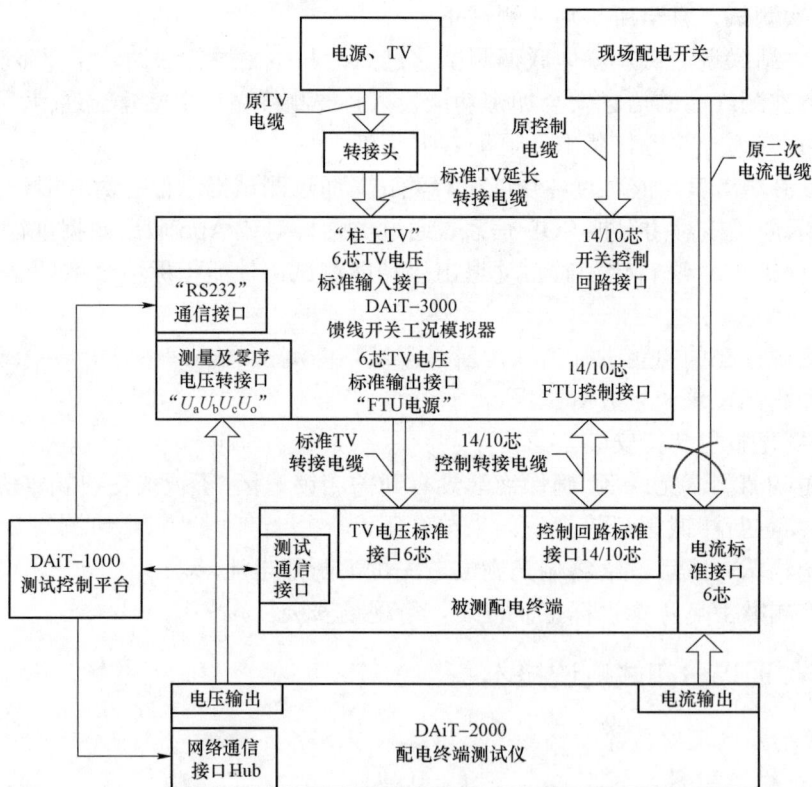

图 6-89 现场不停电测试接线示意图

各开关终端处配套的测试设备，在现场测试时不需要相互通信来完成配合，而是依靠馈线开关工况模拟器对配电网故障工况过程的实时监测配合模拟实际故障，分布式完成测试过程。

（2）测试设备编程。按 QF1、QF2 与 QF3 的延时速断定值的 10.5 倍，配置测试仪的保护故障电流。首先给四套测试设备编程。

1）DAiT 1 号只有一个状态：北斗定时输出过延时电流，开关跳闸或超时 1s 撤销。

2）DAiT 2 号事故发生时同步保护跳闸后等待延时合闸后加速动作闭锁过程，DAiT 2 号开关测试流程如图 6－90 所示。

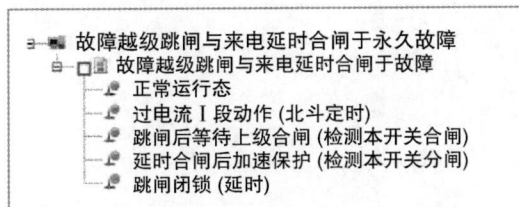

图 6－90　DAiT 2 号开关测试流程

3）DAiT 3 号在事故发生时同步模拟两侧失压，与 QF2 重合闸同步施加残压，残压大于 30%，时间为 50ms。延时等待 QF3 另一侧来电，延时时间内检测到 QF3 合闸时施加后加速保护定值，QF3 跳闸闭锁，延时时间内没有合闸正常退出。

4）联络开关 DAiT 4 号在事故发生时同步模拟一侧失压，检测到开关合闸后模拟双侧有压，超 $X_L$ 时限未合闸为异常。

（3）测试流程。联络开关设置硬软压板皆设为自动方式。

1）测试开始各开关正常运行，DAiT 1 号、DAiT 2 号通过北斗同步同时给 QF1、QF2 施加过电流，QF1、QF2 同时跳闸，若超时未跳闸，则为终端故障，停止测试。

2）QF1 检有压重合闸，QF1 与 QF2 之间没有故障，重合成功。

3）QF2 检测到一侧来电，开始 $X$ 计时，$X$ 时限到 QF2 合闸，DAiT 2 号检测到开关合闸，自动施加后加速故障电流，QF2 跳闸并闭锁。若 QF2 没有延时合闸或合闸后没有跳闸皆为终端故障，停止测试。

4）QF3 失压分闸，与 QF2 重合闸同时刻测试设备模拟残压，QF3 反向闭锁。

5）联络开关 QFC1 一侧失压后延时 $X_L$ 时限合闸。

6）QF3 经过 $X_L$ 时限后模拟反向来电有压，若经 $X_L + X + 10s$ 未检测到 QF3 合闸，试验正常结束；若检测到 QF3 合闸，则立即施加后加速电流，QF3 跳闸并闭锁。

现场不停电测试只有电源电压取自实际线路，其余是模拟测试。

2. 现场短时停电测试方案

（1）测试设备配置方案。

越级跳闸现场不停电测试如图 6－91 所示，模拟 QF1~QF2 之间永久故障，需给 QF1 配置一套 DAiT 测试设备，给 QF2、QF4 各配置一套 DAiT 测试设备，其余开关不配置。将 QF1、QF2、QF4 开关与终端的电流回路断开而接入测试设备电流回路即可，终端直接控制实际开关跳闸隔离模拟故障。

（2）测试设备编程。

1）DAiT 1 号发生过电流事故开关保护跳闸，重合闸后施加后加速故障电流，开关跳闸闭锁，与不停电测试 QF2 开关编程类似，不再赘述。

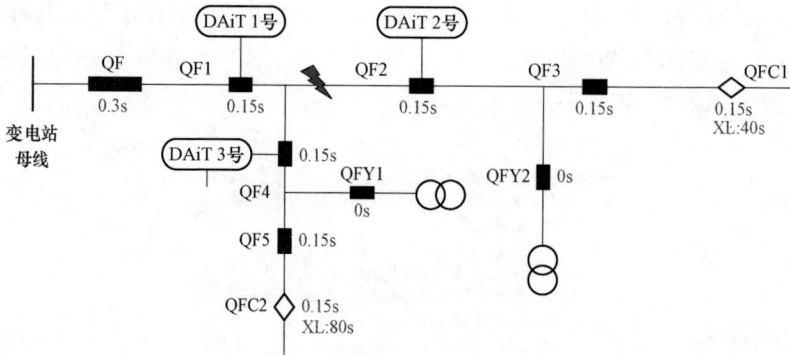

图 6-91　越级跳闸现场不停电测试

2）DAiT 2 号、DAiT 3 号主要用于 QF2、QF4 残压闭锁失败而合闸时施加合闸后加速过电流故障信号，使 QF2、QF4 实现闭锁，避免 QFC1 与 QFC2 合环。即检测到开关合闸，立即施加过电流，跳闸撤销，超时未跳闸则自动控制 FTU 跳闸。残压闭锁失效安全补救逻辑如图 6-92 所示。

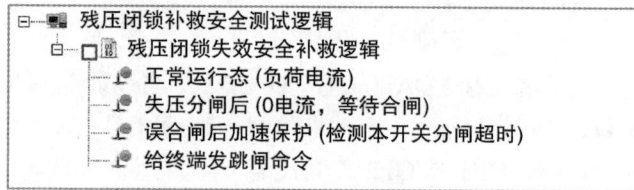

图 6-92　残压闭锁失效安全补救逻辑

（3）测试流程。联络开关 QFC1、QFC2 设置硬软压板皆设为自动方式。

1）测试开始各开关正常运行，DAiT 1 号定时给 QF1 施加过电流，QF1 跳闸，若超时未跳闸，则为终端故障，停止测试。

2）QF1 检有压重合闸，DAiT 1 号检测到开关合闸，自动施加后加速故障电流，QF1 再次跳闸，隔离故障并闭锁；若 QF1 没有重合闸或合闸后没有跳闸，均为终端故障，停止测试。

3）QF2、QF4 失压分闸，QF1 重合闸时应检测到残压反向闭锁。

4）经过 $X_{L1}$ 时限后联络开关 QFC1 合闸，经过 $X_{L2}$ 时限后联络开关 QFC2 合闸。

5）QF3 反向来电合闸，QF2 反向来电不合闸；若测试设备检测到 QF2 开关合闸，立即施加故障电流后加速跳闸闭锁，超时 1s 控制 FTU 跳闸隔离故障。

6）QF5 反向来电合闸，QF4 反向来电不合闸；若测试设备检测到 QF4 开关合闸，立即施加故障电流后加速跳闸闭锁，超时 1s 控制 FTU 跳闸隔离故障。

现场短时停电测试只有故障电流为模拟，开关为实际开关，电压、残压皆为实际电压。测试模拟故障区段需要停电 5min，其他区段停电小于 2min。

## 八、FA 云平台测试技术与 App 闭环全自动测试

### 1. 云存储与云管理

云平台部署的 DAiT－5000 平台服务软件提供测试方案下载、保存测试报告等多种服务功能。DAiT－1000 通过 WiFi 路由器或 4G/5G 移动终端网络，可以登录云平台，即可以下载测试方案、保存测试报告，方便测试管理与数据共享。

未来 DAiT－5000 云平台通过国家电网网络安全测试后，可以部署在电力企业物管中台，与配电网 PMS 打通，共享数据信息。

### 2. 云测试平台

DAiT 馈线自动化测试系统除就地测试功能外，通过 DAiT－5000 云测试平台，还具有云测试与云管理工作模式，适应现场测试需要。

云测试是通过 DAiT－5000 云平台的管理多套 DAiT－1000 测试系统协同工作，共同完成现场整条馈线多台开关终端设备的 FA 功能与技术指标测试。云测试系统组成框图如图 6－93 所示。

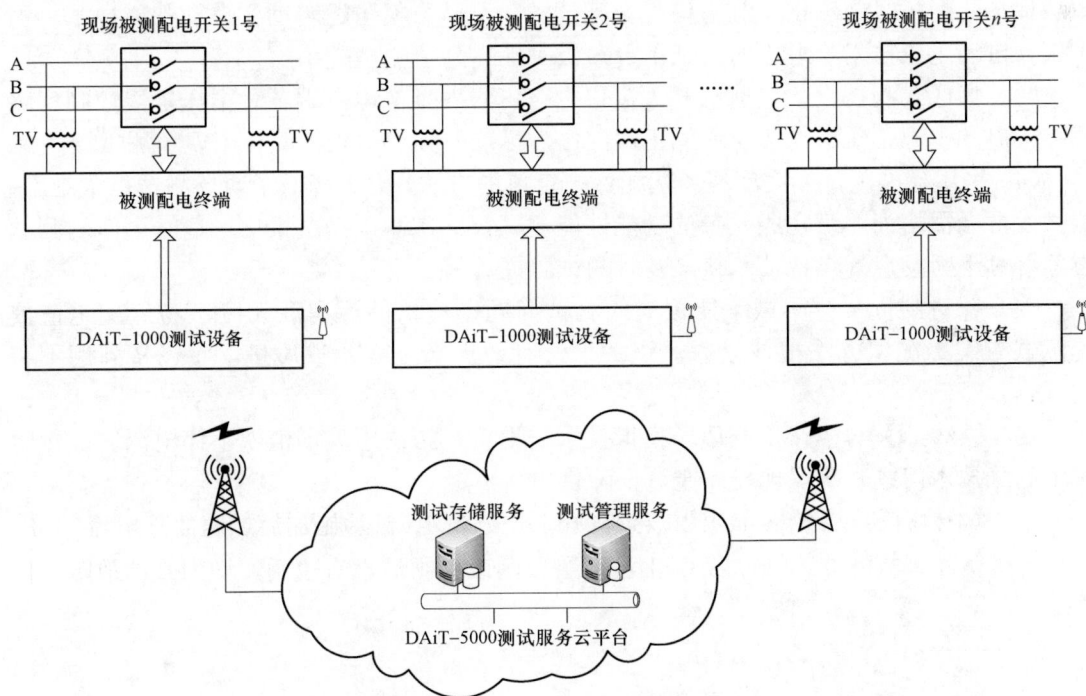

图 6－93　云测试系统组成框图

在云平台运行的 DAiT－5000 测试平台控制软件，对 DAiT－1000 就地测试平台的测试方案进一步集成，对每一台要测试的测试方案，统一测试启动时钟，统一配合参数，统一下发测试方案，统一启动测试软件。测试过程中，具体测试过程的模拟量输出及状态监测由各开关终端的 DAiT－1000 测试系统独立完成，DAiT－5000 收集各测试设备的信息，发现测试异常及时统一下发命令停止测试，测试完成后收集各台测试系统的报告，

生成总体测试报告。测试时，测试人员通过云平台，可以监视各开关测试状态与进程，故障处理逻辑一目了然。

3. 现场 App 闭环全自动测试

随着配电自动化各种移动终端 App 技术的应用，DAiT-1000 馈线自动化测试平台植入配电 App 应用模块，可获得所需的配电主站系统数据与有关应用系统数据，并与测试输入进行对比分析获得测试数据与结果，形成全自动闭环测试，是配电自动化系统测试的未来发展趋势。

## 九、小结

（1）本节针对就地智能 FA 测试问题，介绍了复杂逻辑功能及参数定值的自动测试技术、就地型 FA 现场自适应测试技术原理、小电流单相接地故障录波与状态可编程融合回放测试技术、现场 App 系统闭环全自动测试技术及实用化测试系统设备，解决了就地智能 FA 测试技术难题。

（2）由测试功能组织测试方案的两级测试方案可编程技术、保护定值与标准测试方案解耦与匹配技术、测试控制与信息交互技术、测试数据与逻辑动作自动判断技术、测试报告自动生成技术等组成的测试平台，极大地提高了测试效率。

（3）集成式测试设备自适应开关接口电路可与各型配电终端各种电压等级控制回路直接接口，电源正负极性接反均能正常工作，标准航插接口极大简化了现场测试接线。

（4）采用标准测试方案库现场匹配保护定值的方法，大大降低了现场测试技术难度，测试人员无需培训即可完成复杂的功能性能测试，非常利于基层推广。适时更新的测试方案可对不断发现的设备技术缺陷及时测试验证。

（5）针对到货全检测试不能覆盖的测试问题，提供的库房联调测试与保护定值校验测试方案、测试方法把住最后一道关卡，有效提高工程建设质量，将设备问题不带到现场。

（6）馈线开关与线路工况现场模拟技术与设备，解决了现场消缺不停电测试、短时停电测试技术问题，确保现场安全，保障供电。

该测试技术与设备的实际应用效果良好，受到配电网运维人员欢迎。

# 第七章　小电流接地配电系统故障处理技术

## 第一节　配电网系统中性点接地方式

### 一、中性点接地方式分类

配电网中性点接地方式指配电网（或配电系统）中性点与大地之间的电气连接方式，又称为配电网中性点运行方式。不同的接地方式均可等效为中性点经一定数值（从 0 到无穷大）阻抗接大地。因不同接地方式系统的零序阻抗不同，使系统单相接地时的故障电流大小不同。实际配电网中性点采用的接地方式主要有直接接地、低电阻接地、不接地、谐振接地（消弧线圈接地）等。

美国电机工程师协会（AIEE）在 1947 年颁布的 32 号标准将中性点接地方式分为有效接地与非有效接地 2 类。系统或系统的指定部分的任何各点上零序电抗对正序电抗之比都不大于 3，而且零序电阻对正序电抗之比不大于 1 时，该电力系统或系统的一部分被认为是中性点有效接地的，否则是非有效接地。

另外一种划分方法将中性点接地方式分为大电流接地方式与小电流接地方式。如果一个系统发生单相接地故障后，故障电流比较大，严重危害配电设备的安全，需要立即用断路器切除故障，则认为该系统中性点采用了大电流接地方式，若系统可以带接地故障继续运行一段时间，不需要立即切除故障，称为小电流接地方式。配电网采用小电流接地方式的主要目的是利用其单相接地故障的电弧能够自行熄灭的特点，减少故障跳闸率。现场通常认为，配电网大电流接地方式包括直接接地、经低电阻接地，小电流接地方式包括中性点不接地、谐振接地。

一般认为，以上两种划分标准基本上是等同的，即有效接地方式为大电流接地方式，非有效接地方式为小电流接地方式。事实上，这两种接地方式的划分标准有较大的差异。中国部分城市的电缆配电网采用低电阻接地方式，接地电阻值为 10Ω 左右，单相接地故障时接地电流为 600A，需要配置动作于跳闸的接地保护，属于大电流接地方式，但其接地故障回路的零序电阻将超过 30Ω，远大于正序电抗值，并不满足有效接地系统的条件。

### 二、配电网中性点接地方式及特点

1. 中性点直接接地方式

中性点直接接地方式指配电网中性点与大地直接（接近于零阻抗）连接，中性点直接接地电网如图7-1所示。对于存在多个中性点的配电网，又可分为单中性点（一般为母线变压器中性点）直接接地、部分中性点直接接地和全部中性点直接接地等方式。

中性点直接接地的配电网中发生单相接地故障时，短路电流将超过三相短路电流的50%。多点直接接地系统中，单相接地故障电流幅值甚至超过三相短路电流。巨大的短路电流会对电气设备造成危害并干扰邻近的通信线路，有可能使通信设备的接地部分产生高电位，以致引发事故；此外，故障点附近容易产生接触电压和跨步电压，可能对人身造成伤害。为避免这些危害，继电保护装置应立即动作，断路器跳闸，切除故障线路。

中性点直接接地方式的优点是单相接地故障时，非故障相对地电压一般低于正常运行电压的140%，不会引起过电压，且单相接地故障保护和监测易于实现、保护配置比较简单；其缺点是发生单相接地故障会引起跳闸，由于单相接地故障占到配电网故障的绝大多数（有统计表明可达80%左右），其中瞬时性故障又占有很大比例，频繁地跳闸会引起供电中断，影响供电可靠性。

2. 中性点经低电阻接地方式

直接接地配电网的单相接地故障电流较大，且单相接地故障发生较为频繁，为了减小单相接地故障电流对配电设备危害，出现了中性点经低电阻接地方式。

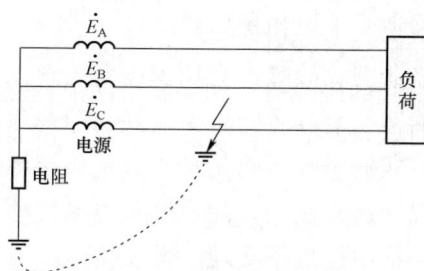

中性点经低电阻接地方式即配电网中性点（一般是母线变压器中性点）经一个电阻与大地连接，中性点经低电阻接地电网如图7-2所示。接地电阻的大小应使流经变压器绕组的故障电流不超过每个绕组的额定值。经低电阻接地的配电网发生单相接地故障时，非故障相电压可能达到正常值的 $\sqrt{3}$ 倍，但对配电设备不会造成危害，因为配电网的绝缘水平是根据更高的雷电过电压制定的。

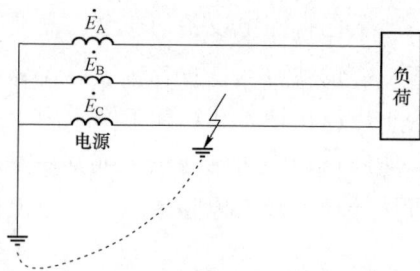

| 图7-1 中性点直接接地电网 | 图7-2 中性点经低电阻接地电网 |
|---|---|

中性点经低电阻接地的配电网中，接地电阻的选取应参照下列情况：① 以电缆为主的配电网，单相接地时允许阻性接地电流较大；② 以架空线路为主的配电网，单相接地时允许阻性接地电流较小；③ 考虑配电网远景规划中可能达到的对地电容电流；④ 考虑对电信设备的干扰和影响以及继电保护、人身安全等因素。

在中国，部分沿海城市和特大型城市的中压电缆网络也采用了低电阻接地方式，其

10kV 系统的接地电阻一般选为 7～30Ω，接地短路电流为 200～1000A。

相对于中性点直接接地的配电网，低电阻接地配电网单相接地故障电流显著减少，但仍然对配电网及其设备有危害，因此也需要立即切断故障线路，从而会导致供电中断。

3. 中性点不接地方式

中性点不接地方式即配电网不存在中性点或所有中性点对地均绝缘（悬空）的接地方式，中性点不接地电网及相量图如图 7-3（a）所示。

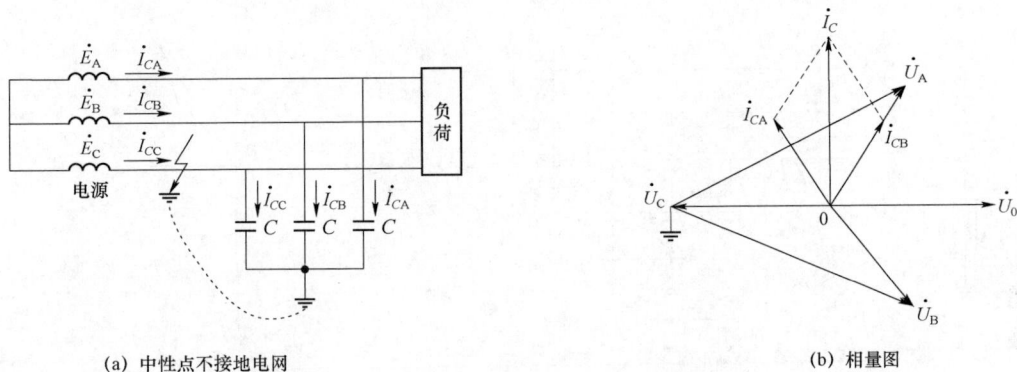

(a) 中性点不接地电网　　　　　　　　　　(b) 相量图

图 7-3　中性点不接地电网及相量图

图 7-3 中，$\dot{U}_A$，$\dot{U}_B$，$\dot{U}_C$ 分别为 A、B、C 三相对地电压，$\dot{I}_{CA}$，$\dot{I}_{CB}$，$\dot{I}_{CC}$ 分别为三相对地电容电流，$\dot{I}_C = \dot{I}_{CA} + \dot{I}_{CB} + \dot{I}_{CC}$ 为系统对地电容电流，$\dot{U}_0$ 为系统零序电压，即中性点电压。

中性点不接地配电网发生单相接地故障时，虽然三相对地电压会发生变化，但三相之间的线电压基本保持不变，不影响对负荷的供电；由于接地电流数值比较小，对电力设备、通信和人身造成的危害也较小，因此，允许系统在单相接地的情况下继续运行一段时间，运行人员可以在这段时间内采取措施加以处理。可见，配电网采用中性点不接地方式，在发生单相接地故障时不会立即造成停电，能够提高供电可靠性。

配电网中许多单相接地故障是"瞬时性"的，如雷电过电压引起的绝缘瞬间闪络、大风引起的碰线等。如果配电网中性点不接地，其单相接地故障电流比较小，则接地电弧有可能自行熄灭，使系统恢复正常运行。

配电网采用中性点不接地方式，在发生单相接地故障时，会造成两个非故障相出现过电压现象。由图 7-3 看出，对于永久金属性接地故障来说，非故障相对地电压将升至线电压，即升高 1.73 倍；如果接地点出现间歇性拉弧，由于配电网中电感、电容的充放电效应，非故障相电压峰值理论上可能达到额定电压的 3.5 倍。此外，故障电流比较小，也给实现可靠的继电保护、及时检测出故障线路并定位故障点带来了困难。配电网长期带接地点运行，有可能因接地过电压使非故障相绝缘击穿，造成事故扩大，并且会威胁人身安全，干扰通信系统。

4. 谐振接地方式

配电网采用中性点不接地方式的一个重要优点是可能使单相接地电弧自动熄灭，达到故障自愈的效果。理论分析与实测结果表明，当中压配电网接地电弧电流超过 30A 时，难以自动熄灭。中性点不接地配电网单相接地时，故障点电流等于正常运行时三相线路对地分布电容电流的算术和，实际配电网的电容电流在数安培到数百安培之间，因此，在配电网电容电流较大时，需要采用谐振接地方式，将接地电弧电流降低至一个有可能使其自行熄灭的数值。谐振接地方式又称为经消弧线圈接地方式，是一种在中性点与大地之间安装一个电感消弧线圈的方式，经消弧线圈接地电网及相量图如图7-4所示。

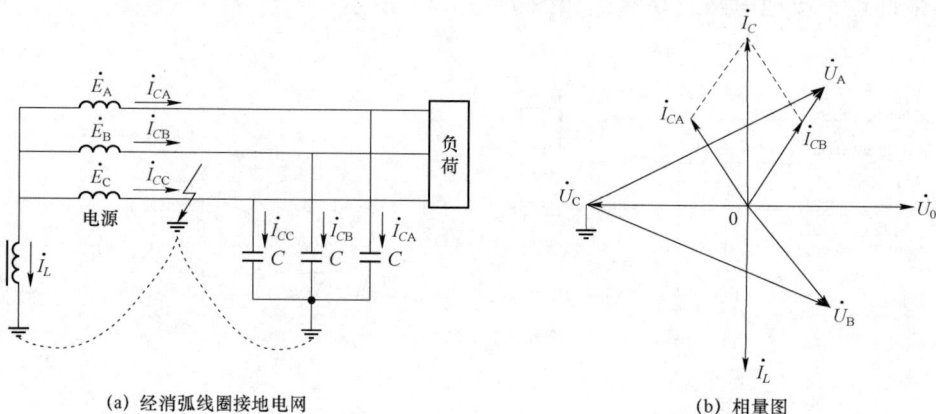

(a) 经消弧线圈接地电网  (b) 相量图

图7-4  经消弧线圈接地电网及相量图

（1）谐振接地原理。在中性点不接地的配电系统中，接地电容电流较大且超过一定值时，如果发生单相接地故障，故障点电弧不能自行熄灭。若在中性点上接一个电感线圈，在发生单相接地故障时，中性点位移电压将在电感线圈中产生与接地电容电流$\dot{I}_C$相位相反的电感电流$\dot{I}_L$，经大地由故障点流回电源中性点。故障点电流是接地电容电流$\dot{I}_C$与电感线圈电流$\dot{I}_L$的相量和。选择电感线圈的电感值使$I_L$等于$I_C$，则可使流过故障点的电流等于零，电弧因此熄灭，使电网恢复正常。此外，在电弧熄灭后，电感线圈可以限制故障相电压的恢复速度，给故障点绝缘恢复提供时间，从而减小了电弧重燃的可能性，有利于消除故障。这种在中性点接入电感线圈的接地方式是谐振接地方式，接入的电感线圈称为消弧线圈，其电感量根据配电系统电容电流的大小调整。谐振接地概念最早是由德国电力专家彼得逊（Peterson）提出的，因此，消弧线圈又叫作彼得逊线圈。

采取谐振接地的配电系统，消弧线圈的补偿情况可主要用失谐度（或称脱谐度）$\nu$来描述：

$$\nu = \frac{I_C - I_L}{I_C} \tag{7-1}$$

若$\nu = 0$，表明消弧线圈电感电流与系统对地电容电流大小相等、方向相反，故障点残流除工频有功分量、谐波分量外不含工频无功分量，为全补偿状态。此时，消弧线圈和电容处于谐振点。

若$\nu > 0$，表明电感电流幅值小于电容电流，故障点仍残余部分电容电流，为欠补偿状态。

若$\nu < 0$，表明电感电流幅值大于电容电流，故障点不仅没有电容电流，还存在部分

电感电流，为过补偿状态。

失谐度ν的数值大小表示了系统偏离谐振点的程度，ν幅值越大，偏离谐振点越远，故障点残余电流越大。

单纯从补偿效果（故障点残余电流的大小）来看，全补偿（ν=0）方式最好。但此时消弧线圈感抗等于系统对地电容容抗，在正常工作时容易引起串联谐振，使中性点位移电压大大升高，可能造成设备绝缘损坏。从安全角度出发，全补偿方式不宜使用。而欠补偿在电网改变运行方式、切除部分线路后容易形成全补偿，也不宜使用。因此，一般配电系统运行中都采用过补偿方式，失谐度一般为−10%左右。

由于电网的运行方式在不断变化，在某些情况下，电感补偿电流可能远大于电容电流，使故障点仍可能存在较大的电弧电流，达不到应有的灭弧效果，因此，需要根据系统运行方式的变化，及时地调整消弧线圈，避免电网出现较大幅度的脱谐。

除工频无功电流外，故障点残余电流还存在由线路和消弧线圈等产生的工频有功电流，可用阻尼率（残流中的有功电流与系统电容电流之比）来描述，传统消弧线圈无法补偿有功电流，反而由于自身的损耗增加了系统阻尼率。此外，故障点还存在由非线性电源和设备产生的谐波电流，传统消弧线圈对谐波电流的补偿作用也非常小。

谐振接地方式可以大大降低流过故障点的电流，使电弧易于熄灭，提高了接地故障的自愈率。由于消弧线圈多处于过补偿状态，故障时故障点仍然残余部分感性电流，加上系统固有的有功电流和谐波电流，故障点残余电流仍然较大，在一定程度上会影响故障点的自动熄弧，这是传统消弧线圈的不足之处。

（2）消弧线圈调谐方式。消弧线圈本质上是一种可调电感线圈。按照结构和工作原理，目前应用较为广泛的主要有多级有载抽头（机械）式和可控硅调节电感（电子）式消弧线圈，此外还有直流偏磁式、磁阀式、调容式等类型的消弧线圈。

早期消弧线圈采用人工调整方式，即人工估算系统对地电容电流并调节消弧线圈补偿容量，操作起来比较麻烦，并且还难以及时、准确地跟踪电容电流的变化，随着技术的发展，现在一般采用自动跟踪补偿装置，克服了人工调整方式存在的缺点。

自动跟踪补偿装置一般由驱动式消弧线圈及配套自动测控单元组成。在电网运行方式变化时，装置便自动跟踪测量系统对地电容电流，并在合适的时机将消弧线圈调至合适的运行状态。

根据消弧线圈在故障前后调整的时机，其调谐方式可分为预调式和随调式两种。预调式适用于调谐速度较慢的机械式消弧线圈，在正常运行时（故障发生前），根据测量的系统电容电流将消弧线圈调整到靠近完全补偿点运行，接地故障后能立即起到补偿作用。预调式需要在消弧线圈上串联或并联一定数值的阻尼电阻，以增大系统阻尼率，防止系统谐振引起中性点位移电压过度升高，但阻尼电阻在接地故障时需要尽快切除，以防止电阻过热损坏，故障解除后需要再接入。随调式适用于调谐速度较快的电子式消弧线圈，在正常运行时测量系统对地电容电流，但消弧线圈远离完全补偿点运行，在接地故障发生后迅速将消弧线圈调整到位，当接地故障解除时又调节到远离完全补偿工作点。由于在系统正常运行时随调式消弧线圈远离谐振点运行，因此可以避免串联谐振的发生，不会使中性点位移电压过高，不需要设置阻尼电阻。

根据消弧线圈补偿容量变化是否连续，调谐方式还可以分为分级调节和无级调节。分级调节方式适用于多级有载抽头式等类型消弧线圈，其补偿容量在产品出厂时就已确定，一般分为几个到十几个等级，当系统电容电流变化时，消弧线圈只能在 2 个相邻的补偿容量之间做出选择，其补偿精度（失谐度）不确定，随系统电容电流在一定范围内变化。无级调节方式适用于电子式消弧线圈，利用电力电子器件（如可控硅）连续可控的特点实现消弧线圈补偿容量的连续调节，当系统电容电流变化时，消弧线圈可按照预设的失谐度进行精确补偿。分级调节技术对设备要求较低，一般为机械式调节，性能稳定但调谐速度慢、失谐度不稳定。无级调节技术设备复杂，调谐速度快、失谐度稳定，但在补偿工频电流的同时易给故障点附加谐波电流。

中国目前应用的主要是自动调谐式消弧线圈，经过多年发展，技术已经成熟。

## 三、国内配电网中性点接地方式总体情况

Q/GDW 10370—2016《配电网技术导则》规定，中性点接地方式的选择应根据配电网电容电流，统筹考虑负荷特点、设备绝缘水平及电缆化率、地理环境、线路故障特性等因素，并充分考虑电网发展，避免或减少未来改造工程量。10kV 配电网的中性点接地方式可根据需要采取不接地、经消弧线圈接地或经小电阻接地方式。各类供电区域 10kV 配电网中性点接地方式见表 7-1。

表 7-1　　　　　　　　各类供电区域 10kV 配电网中性点接地方式

| 规划供电区域 | 中性点接地方式 | | |
| --- | --- | --- | --- |
| | 小电阻接地 | 消弧线圈接地 | 不接地 |
| A+ | √ | — | — |
| A | √ | √ | — |
| B | √ | √ | — |
| C | — | √ | √ |
| D | — | √ | √ |
| E | — | — | √ |

按照单相接地故障电容电流考虑，配电网技术导则对 10kV 配电网中性点接地方式的要求见表 7-2。且同一规划区域宜采用相同的中性点接地方式，以利于负荷转供。

表 7-2　　　　　配电网技术导则对 10kV 配电网中性点接地方式的要求

| 单相接地故障电容电流 | 10kV 配电网宜采用的接地方式 | 采用原则 |
| --- | --- | --- |
| 10A 及以下 | 不接地方式 | 一般 C、D 类区域采用不接地方式时，宜预留安装消弧线圈的位置 |
| 超过 10A 且小于 100A | 中性点经消弧线圈接地方式 | （1）消弧线圈容量的选择宜一次到位；<br>（2）采用自动补偿消弧装置；<br>（3）正常运行下，中性点长期电压位移不能超过 15%的系统标称相电压；<br>（4）残流宜控制在 10A 以下；<br>（5）采用适用的选线技术，满足 1000Ω 以下的可靠选线 |

续表

| 单相接地故障电容电流 | 10kV 配电网宜采用的接地方式 | 采用原则 |
|---|---|---|
| 150A 以上，或以电缆网为主 | 中性点经小电阻接地方式 | (1) 单相接地故障电流控制在 1000A 以下；<br>(2) 小电阻阻值不宜超过 10Ω；<br>(3) 架空线路应实现全绝缘化；<br>(4) 正常运行时要保障中性点接入一个小电阻，当失去接地变压器或中性点电阻时，要同时断开主变压器同级断路器 |

2016 年不同省市配电网中性点接地方式比例见表 7−3，截至 2016 年，经消弧线圈接地系统和不接地系统较多，但已经有一些省市开始大量采用小电阻接地方式。

表 7−3　　　　　　　　2016 年不同省市配电网中性点接地方式比例

| 地区 | 电压等级（kV） | 接地方式的变电站占比（%） | | | |
|---|---|---|---|---|---|
| | | 不接地 | 消弧线圈接地 | 小电阻接地 | 其他方式 |
| 北京市 | 35 | 73 | 24.3 | 2.7 | 0 |
| | 10 | 17.9 | 43.5 | 38.6 | 0 |
| 上海市 | 35 | 2.5 | 11 | 86.5 | 0 |
| | 10 | 16.2 | 33.3 | 50.5 | 0 |
| 江苏省 | 35 | 67 | 33 | 0 | 0 |
| | 20 | 6 | 69.6 | 24.4 | 0 |
| | 10 | 26.9 | 69.8 | 3.3 | 0 |
| 浙江省 | 35 | 58 | 42 | 0 | 0 |
| | 20 | 0 | 33* | 67 | 0 |
| | 10 | 48 | 52 | 0 | 0 |
| 河南省 | 35 | 88 | 12 | 0 | 0 |
| | 10 | 48 | 47 | 5 | 0 |
| 江西省 | 35 | 97.9 | 2.1 | 0 | 0 |
| | 10 | 70.4 | 28.5 | 0.2 | 0.9 |
| 辽宁省 | 66 | 0 | 98.6 | 0 | 1.4 |
| | 20 | 0 | 0 | 100 | 0 |
| | 10 | 54 | 45.9 | 0.1 | 0 |
| 陕西省 | 35 | 76.9 | 21.9 | 1.2 | 0 |
| | 10 | 53.8 | 43.1 | 3.1 | 0 |
| 山东省 | 35 | 71 | 27.5* | 1.5 | 0 |
| | 10 | 57 | 42* | 1 | 0 |
| 四川省 | 35 | 80.2 | 19.8 | 0 | 0 |
| | 10 | 85.1 | 14.9 | 0 | 0 |
| 福建省 | 35 | 84.74 | 15.26 | 0 | 0 |
| | 10 | 56.33 | 41.05 | 2.62 | 0 |
| 总计 | — | 49.55 | 34.85 | 15.51 | 0.09 |

* 包括消弧线圈并联小电阻方式。

从统计的整体数据可以看出，全国范围内，中性点不接地的变电站大约占 49.55%，中性点经消弧线圈接地的变电站大约占 34.85%，中性点经小电阻接地的变电站大约占 15.51%。

# 第二节　小电流接地系统故障特征

## 一、中性点不接地系统单相接地故障特征分析

10kV 中性点不接地系统单相接地故障示意图如图 7-5 所示，其中，$Z_{01} \sim Z_{0n}$ 为线路等效阻抗，$C_{01} \sim C_{0n}$ 为线路对地电容，$R_f$ 为故障过渡电阻，$g_{01} \sim g_{0n}$ 为线路对地电导。配电网发生单相接地故障时，线路自身的电阻和感抗远小于线路对地容抗，通常情况下，线路上的阻抗可忽略不计，后续计算仅考虑线路对地电导和对地电容的影响。

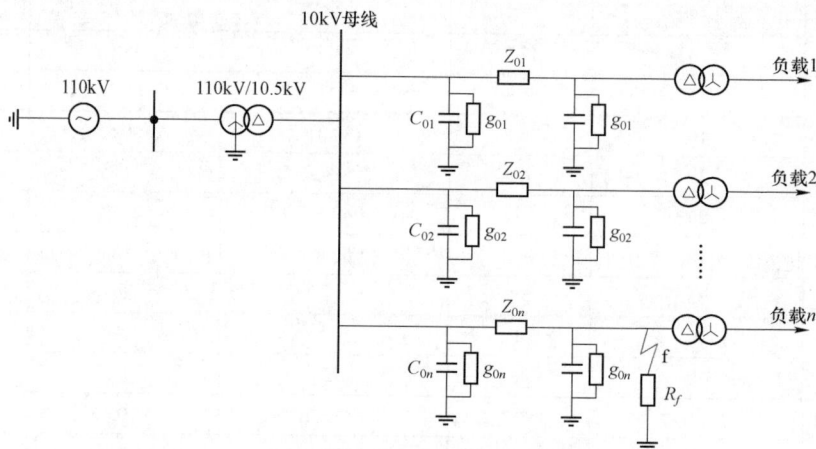

图 7-5　10kV 中性点不接地系统单相接地故障示意图

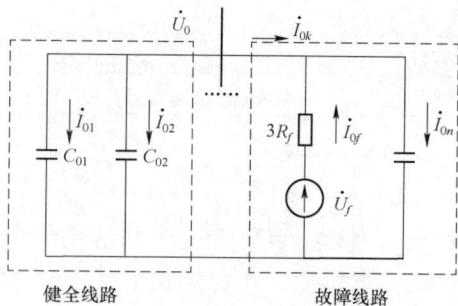

图 7-6　中性点不接地系统单相接地故障零序网络示意图

1. 稳态故障特征

若忽略线路上的有功损耗，中性点不接地系统单相接地故障零序网络示意图如图 7-6 所示，其中，$\dot{U}_0$ 为母线零序电压，$\dot{U}_f$ 为故障点等效电源电压（与故障相故障前相电压大小相等、方向相反，若 A 相发生单相接地故障，则 $\dot{U}_f = -\dot{U}_A$），$\dot{I}_{01} \sim \dot{I}_{0n-1}$ 为健全线路零序电流，$\dot{I}_{0n}$ 为故障线路对地零序电容电流，$\dot{I}_{0k}$ 为故障线路零序电流，$\dot{I}_{0f}$ 为故障点流过的零序电流。

母线零序电压如下式：

$$\dot{U}_0 = \dot{U}_f \frac{1}{1 + 3\mathrm{j}\omega R_f C_{0\Sigma}} \tag{7-2}$$

式中　$C_{0\Sigma}$ 为系统总对地电容，$C_{0\Sigma} = \sum\limits_{i=1}^{n} C_{0i}$。

健全线路的稳态零序电流为本线路对地电容电流，方向由母线流向线路。

$$\dot{I}_{0i} = j\omega C_{0i} \dot{U}_0 \; (i = 1, 2, 3, \cdots, n-1) \qquad (7-3)$$

故障点的零序电流 $\dot{I}_{0f}$ 为全系统所有线路的对地电容电流之和，方向由故障点流向母线。

$$\dot{I}_{0f} = \sum\limits_{i=1}^{n} \dot{I}_{0i} = j\omega C_{0\Sigma} \dot{U}_0 \qquad (7-4)$$

故障线路的稳态零序电流为所有健全线路的零序电流之和。

$$\dot{I}_{0k} = -\sum\limits_{i=1}^{n-1} j\omega C_{0i} \dot{U}_0 = -j\omega \, (C_{0\Sigma} - C_{0n}) \dot{U}_0 \qquad (7-5)$$

依据式（7-4）和式（7-5）得知，发生单相接地故障时，健全线路首端流过的零序电流为该线路对地电容电流，方向由母线流向线路；故障线路首端流过的零序电流为所有健全线路的零序电流之和，方向由线路流向母线。因此，故障线路的零序电流幅值大于健全线路的零序电流幅值，且两者的方向相反，相位差约为 180°。

若考虑线路上对地电导的有功损耗，健全线路的零序电流为：

$$\dot{I}_{0i} = g_{0i} \dot{U}_0 + j\omega C_{0i} \dot{U}_0 = \dot{I}_{Pi} + \dot{I}_{Qi} \qquad (7-6)$$

线路对地电导和对地电容的关系通常用阻尼率 $d_{0i} = \dfrac{g_{0i}}{\omega C_{0i}}$ 表示，在绝缘正常的不接地系统中，电缆线路的阻尼率一般不超过 1.5%，架空线的阻尼率一般为 1.5%～2.0%。

以零序电压 $\dot{U}_0$ 作为参考相量，画出健全线路零序电流 $\dot{I}_{0i}$ 和故障线路零序电流 $\dot{I}_{0k}$ 与 $\dot{U}_0$ 之间的相位关系，不接地系统的零序电流相位关系如图 7-7 所示。

由图 7-7 可知，健全线路零序电流与母线零序电压 $\dot{U}_0$ 的相位差为：

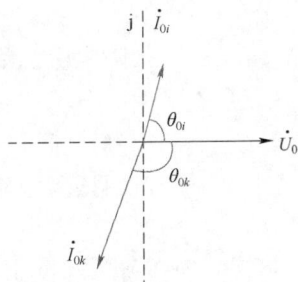

图 7-7　不接地系统的零序电流相位关系

$$\theta_{0i} = \arctan\frac{\omega \dot{C}_{0i} \dot{U}_0}{g_{0i} \dot{U}_0} = \arctan\frac{1}{d_{0i}} \qquad (7-7)$$

将电缆线路和架空线的阻尼率代入式（7-6）可得，在健全线路中，电缆线路零序电流 $\dot{I}_{0i}$ 与 $\dot{U}_0$ 的相位差范围一般为 89.14°～90°，架空线零序电流 $\dot{I}_{0i}$ 与 $\dot{U}_0$ 的相位差范围一般为 88.85°～89.14°。由于故障线路零序电流等于所有健全线路零序电流之和，因此故障线路零序电流 $\dot{I}_{0k}$ 与 $\dot{U}_0$ 的相位差范围为 -91.15°～-90°。由此可见，线路电导产生的有功电流远小于线路的对地电容电流，基本可以忽略。

2. 暂态故障特征

中性点不接地系统发生单相接地故障时，暂态等效电路图如图 7-8 所示。其中 $C_0$ 为系统总等效零序对地电容，$L$ 为三相线路和电源变压器等在零序回路中的等值电感，

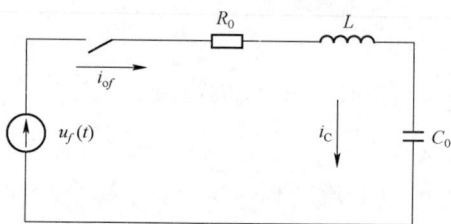

图 7-8　暂态等效电路图

$R_0$ 为零序回路中的等值电阻（其中包括故障点的接地电阻和弧道电阻），$u_f(t)$ 为故障等效电源，$u_f(t)=U_m\sin(\omega t+\varphi)$，$U_m$ 为系统额定电压峰值，$\varphi$ 为故障时刻故障点电压的初始相位。

由图 7-8 可知，故障点的暂态零序电流 $i_{0f}$ 等于暂态电容电流 $i_C$，对上述等值电路列写基尔霍夫电压方程。

$$R_0 i_C + L\frac{\mathrm{d}i_C}{\mathrm{d}t} + \frac{1}{C_0}\int_0^t i_C\,\mathrm{d}t = U_m\sin(\omega t+\varphi) \tag{7-8}$$

当 $R_0 < 2\sqrt{\dfrac{L}{C_0}}$ 时，回路电路有周期振荡和衰减特性，当 $R_0 > 2\sqrt{\dfrac{L}{C_0}}$ 时，回路电路有非周期振荡衰减特性，并逐渐趋于稳定。而不接地系统一般多用于纯架空线路，线路电感较大而对地电容较小。当过渡电阻较小时，一般满足 $R_0 < 2\sqrt{\dfrac{L}{C_0}}$，不接地系统的故障电容电流具有周期振荡衰减特性。

经过拉氏变换，得到故障点的暂态零序电流如下式所示，电流由故障点等效电源产生，其方向由故障点流向母线。

$$i_{0f}=i_{k.s}+i_{k.t}=I_{Cm}\left[e^{-\sigma t}\left(\frac{\omega_f}{\omega}\sin\varphi\sin\omega t-\cos\varphi\cos\omega_f t\right)+\cos(\omega t+\varphi)\right] \tag{7-9}$$

式中　$i_{k.s}$——故障电流的稳态分量；

　　　$i_{k.t}$——故障电流的暂态分量；

　　　$I_{Cm}$——故障点流过的电容电流幅值，且有 $I_{Cm}=U_m\omega C_0$；

　　　$\sigma$——自由振荡分量的衰减系数；

　　　$\omega_f$——暂态电容电流自由振荡角频率。

由式（7-9）可知，不接地系统发生单相接地故障时，故障点的暂态零序电流不仅包含了故障点流过的稳态对地电容电流，而且还含有自由振荡衰减分量，因此，故障点的暂态零序电流在数值上通常大于稳态零序电流。而且故障线路首端的暂态零序电流等于故障点暂态零序电流减去故障线路本身的暂态零序电流，后者通常远小于前者，因此，故障线路首端的暂态零序电流可近似为故障点的暂态零序电流，故障线路的暂态零序电流在数值上也通常大于稳态零序电流。但无论是稳态还是暂态电流，不接地系统故障线路的零序电流流向均从线路流向母线。

为了更准确地分析故障暂态信号特征，采用分布参数模型对故障暂态特性进行分析。单相接地故障全频零序网络等效图如图 7-9 所示，图中 $C_1\sim C_n$ 为线路单位长度的对地零序电容，$L_1\sim L_n$ 为线路单位长度的零序电感，$R_1\sim R_n$ 为线路单位长度的零序电阻。

在中性点不接地系统中，健全线路 $i$ 首端阻抗 $Z_{0ci}$ 可表示为：

$$Z_{0ci}(\omega)=\sqrt{\frac{R_i+\mathrm{j}\omega L_i}{\mathrm{j}\omega C_i}}c\ \mathrm{th}\bullet(l_i\sqrt{\mathrm{j}\omega R_i C_i-\omega^2 L_i C_i}) \tag{7-10}$$

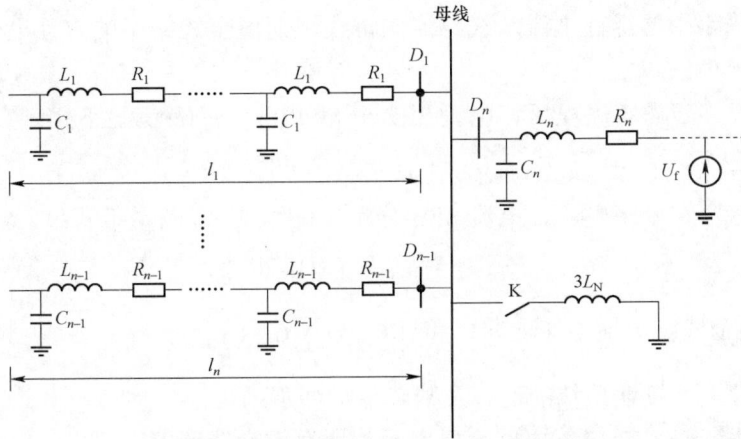

图 7-9 单相接地故障全频零序网络等效图

根据式（7-10），线路 $i$ 将发生无数次串联和并联谐振，其阻抗在低频段呈现容性，随着频率增加，将交替呈现感性和容性。

忽略线路电阻时，健全线路 $i$ 的首次串联谐振频率（即阻抗呈容性的低频段临界频率）$\omega_{is}$ 可表示为：

$$\omega_{is} = \pi / (2\sqrt{L_iC_il_i}) = \pi / (2\sqrt{L_iC_i}) \qquad (7-11)$$

在 $0$ 到 $\omega_{is}$ 频段内，健全线路 $i$ 可以等效为一集中参数电容。

设 $\omega'$ 为所有健全线路自身串联谐振频率最小值。

$$\omega' = \min(\omega_{is})_{i \neq n} \qquad (7-12)$$

则在 $0$ 到 $\omega'$ 特征频带（SFB）内，每条健全线路阻抗均呈容性，均可等效为一集中参数电容。

在 SFB 内，单相接地故障 SFB 内零序网络等效图如图 7-10 所示，零序容性电流从故障点虚拟电源输出，经故障线路分配到各健全线路。在 SFB 内，母线处检测到的暂态零序电压电流具有如下特性：

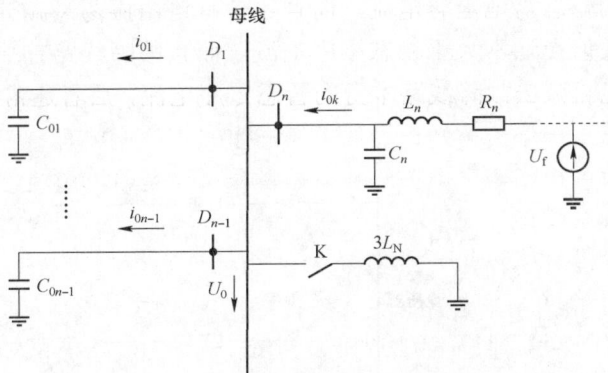

图 7-10 单相接地故障 SFB 内零序网络等效图

（1）当出线在 2 条以上时，故障线路的容性电流幅值大于任何一条健全线路。

（2）故障线路中的容性电流从线路流向母线，而健全线路中的容性电流从母线流向线路，二者方向相反。

（3）健全线路暂态零序电压、电流 SFB 分量 $u_0(t)$、$i_{0i}(t)$ 满足下式：

$$i_{0i}(t) = C_{0i}[\mathrm{d}u_0(t)] / \mathrm{d}t|_{i \neq n} \tag{7-13}$$

而故障线路暂态零序电压、电流 SFB 分量 $u_0(t)$、$i_{0k}(t)$ 满足下式：

$$i_{0k}(t) = -C_{0h}[\mathrm{d}u_0(t)] / \mathrm{d}t \tag{7-14}$$

式中　$C_{0h}$ 为健全线路对地零序电容之和，$C_{0h} = \sum_{i=1}^{n-1} C_{0i}$。

综上，中性点不接地系统的运行及故障特征如下：

（1）稳态特征：① 故障线路的零序电流为所有健全线路的零序电流之和，故障线路的零序电流幅值大于健全线路；② 故障线路的零序电流由线路流向母线，健全线路的零序电流由母线流向线路，故障线路与健全线路的零序电流相位差约为 $180°$；③ 考虑有功损耗时，健全线路零序电流与母线零序电压的相位差范围一般为 $88.85° \sim 90°$，健全线路上流过的有功功率为正；故障线路零序电流与母线零序电压的相位差范围为 $-91.15° \sim -90°$，故障线路上流过的有功功率为负。

（2）暂态特征：① 在 SFB 内，故障线路的暂态零序电流为健全线路的暂态零序电流之和，且故障线路的暂态零序电流幅值通常大于健全线路；② 在 SFB 内，故障线路的容性电流从线路流向母线，健全线路中的容性电流从母线流向线路，故障线路与健全线路的暂态零序电流极性相反。

## 二、中性点经消弧线圈接地系统单相接地故障特征分析

当中性点经消弧线圈接地系统发生单相接地故障时，消弧线圈的电感电流经接地点沿故障相返回，接地点的电流增加一个电感分量的电流，电感电流与电容电流相位相反，使流过接地点的总电流减小，从而使接地电弧自动熄灭的可能性增大，10kV 中性点经消弧线圈接地系统单相接地故障示意图如图 7-11 所示。

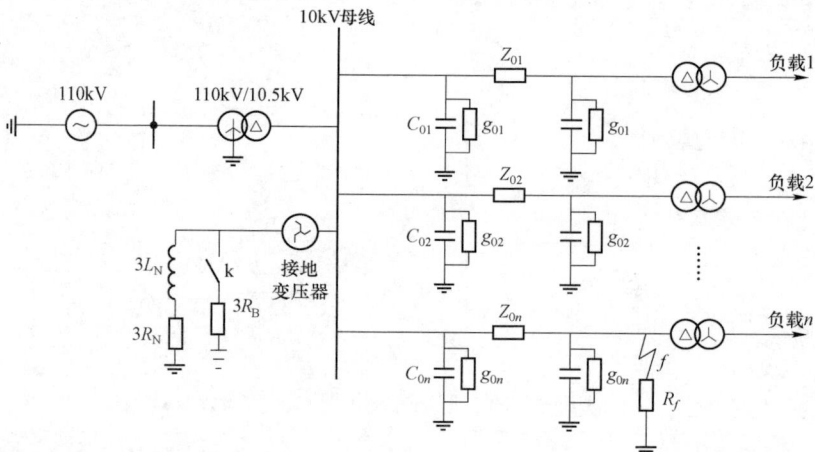

图 7-11　10kV 中性点经消弧线圈接地系统单相接地故障示意图

系统参数同图 7-5，$3L_N$ 为消弧线圈电感，$3R_N$ 为消弧线圈自身电阻和串联阻尼（若投入）的加和，$3R_B$ 为并联中电阻的阻值，由开关 K 控制投切。

1. 稳态故障特征

若忽略线路阻抗及中性点阻尼电阻，单相接地故障零序网络示意图如图 7-12 所示，$\dot{I}_L$ 为消弧线圈的零序电流。设系统总零序阻抗为 $X_{\Sigma(0)}$，则：

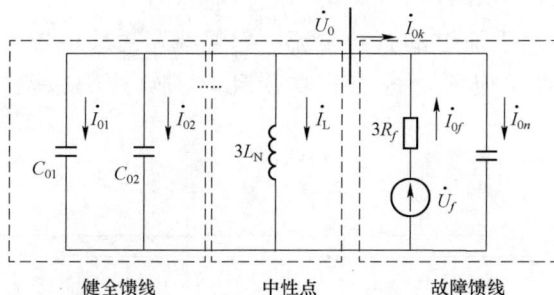

图 7-12 单相接地故障零序网络示意图

$$X_{\Sigma(0)} = -\frac{1}{\omega C_{0\Sigma}} // 3\omega L_N \tag{7-15}$$

进一步可得到零序电压如式（7-16），在零序电压作用下的消弧线圈零序电流见式（7-17）。

$$\dot{U}_0 = \dot{U}_f \frac{1}{1 + \dfrac{R_f}{j\omega L_N} + 3j\omega R_f C_{0\Sigma}} = \dot{U}_f \frac{jX_{\Sigma(0)}}{jX_{\Sigma(0)} + 3R_f} \tag{7-16}$$

$$\dot{I}_L = \frac{\dot{U}_0}{3j\omega L_N} \tag{7-17}$$

健全线路 $i$ 的稳态零序电流为本线路对地电容电流见下式：

$$\dot{I}_{0i} = j\omega C_{0i} \dot{U}_0 \tag{7-18}$$

故障线路的稳态零序电流为中性点和所有健全线路的稳态零序电流之和见下式：

$$\dot{I}_{0k} = -(\dot{I}_L + \dot{I}_{0\Sigma} - \dot{I}_{0n}) = -j\left(\omega C_{0\Sigma} - \omega C_{0n} - \frac{1}{3\omega L_N}\right)\dot{U}_0 \tag{7-19}$$

故障点残流 $\dot{I}_{0f}$ 由系统总对地电容电流 $\dot{I}_{0\Sigma}$（$\dot{I}_{0\Sigma} = \dot{I}_{01} + \dot{I}_{02} + \cdots + \dot{I}_{0n}$）与电感电流 $\dot{I}_L$ 组成：

$$\dot{I}_{0f} = \dot{I}_L + \dot{I}_{0\Sigma} = \dot{U}_0 j\left(\omega C_{0\Sigma} - \frac{1}{3\omega L_N}\right) \tag{7-20}$$

对比式（7-4）和式（7-20）可知，相比于中性点不接地系统，由于消弧线圈的引入，故障点的残流 $\dot{I}_{0f}$ 将减小。

当消弧线圈处于过补偿状态时，接地点残流呈感性，此时有 $C_{0\Sigma} < \dfrac{1}{3\omega L_N}$，结合式（7-19）可知，流经故障线路的容性无功电流方向是由母线流向线路，与健全线路相同，且故障

线路稳态零序电流幅值有可能小于健全线路的稳态零序电流幅值。因此，在中性点经消弧线圈接地系统中，难以通过比较稳态零序电流的幅值和相位选择故障线路。

若考虑线路对地电导和消弧线圈上的有功损耗，由于消弧线圈的零序电流不流过健全线路，因此健全线路上的有功电流主要指对地电导产生的有功电流，其与不接地系统中健全线路具有相同的规律。而故障线路上的有功电流还包括消弧线圈上流过的有功电流，其值远大于线路对地电导有功电流，一般不能忽略。

为简化分析故障线路上流过的有功电流，忽略线路对地电导流过的有功电流，只考虑消弧线圈上流过的有功电流，考虑有功损耗时消弧线圈接地系统零序等效网络如图 7-13 所示。

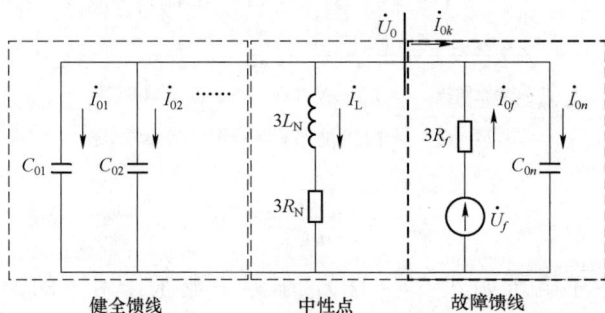

图 7-13 考虑有功损耗时消弧线圈接地系统零序等效网络

中性点经消弧线圈接地系统发生低阻接地故障时，母线零序电压大，中性点应退出消弧线圈串联阻尼电阻，此时图中 $3R_N$ 主要指消弧线圈自身电阻，通常取消弧线圈感抗的 3%。发生高阻接地故障时，零序电压相对较小，消弧线圈的串联阻尼无法正常退出，此时图中的 $3R_N$ 主要指消弧线圈自身电阻和串联阻尼之和，串联阻尼电阻通常为消弧线圈感抗的 5%。为方便分析，将消弧线圈串联电阻的形式等效，消弧线圈并联电导等效模型如图 7-14 所示。

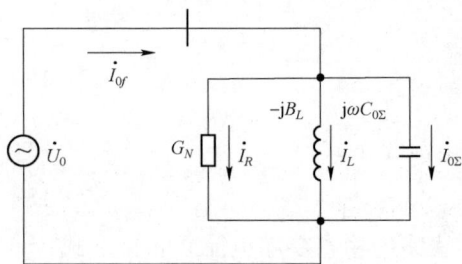

图 7-14 消弧线圈并联电导等效模型

$$\begin{cases} G_N = \dfrac{3R_N}{(3R_N)^2 + (3\omega L_N)^2} \\ B_L = \dfrac{3\omega L_N}{(3R_N)^2 + (3\omega L_N)^2} \end{cases} \quad (7-21)$$

由图 7-14 可知，故障点零序电流为：

$$\dot{I}_{0f} = \dot{I}_R + \dot{I}_L + \dot{I}_\Sigma = G_N \dot{U}_0 + \mathrm{j}(\omega C_{0\Sigma} - B_L)\dot{U}_0 \quad (7-22)$$

故障线路的零序电流为：

$$\dot{I}_{0k} = -\dot{I}_{0f} + \dot{I}_{0n} = -G_N \dot{U}_0 + \mathrm{j}(B_L - \omega C_{0\Sigma} + \omega C_{0n})\dot{U}_0 = \dot{I}_P + \dot{I}_Q \quad (7-23)$$

以零序电压 $\dot{U}_0$ 作为参考相量，画出故障线路零序电流 $\dot{I}_{0k}$ 与 $\dot{U}_0$ 之间的相位关系，消弧线圈接地系统的零序电流相位关系如图 7-15 所示。

其中，

$$\theta_{0k} = \arctan\left(\frac{B_L - \omega C_{0\Sigma} + \omega C_{0n}}{-G_N}\right) \qquad (7-24)$$

假设单条线路的最大对地电容电流不超过 40% 的系统电容电流，消弧线圈自身电阻为消弧线圈感抗的 3%，串联阻尼为消弧线圈感抗的 5%，则 $\theta_{0k}$ 的取值范围可由

图 7-15　消弧线圈接地系统的
零序电流相位关系

消弧线圈接地系统的补偿度计算得到，下面分别在过补偿和欠补偿两种状态下分析故障线路零序电流与母线零序电压之间的相位关系。

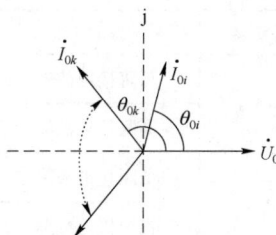

（1）过补偿。以消弧线圈过补偿 10% 为例，即 $3\omega L_N = \dfrac{1}{1.1\omega C_{0\Sigma}}$。

1）当系统发生低阻接地故障时，串联阻尼被短接，此时 $3R_N = 3\% \times 3\omega L_N$，代入式（7-24）可计算出 $93.78° \leq \theta_{0k} < 108.42°$，故障线路的对地电容越大，$\theta_{0k}$ 越接近 $93.78°$。

2）当系统发生高阻接地故障时，串联阻尼无法正常退出，此时 $3R_N = 8\% \times 3\omega L_N$，代入式（7-24）可计算出 $100.06° \leq \theta_{0k} < 133.23°$，故障线路的对地电容越大，$\theta_{0k}$ 越接近 $100.06°$。

（2）欠补偿。以消弧线圈欠补偿 10% 为例，即 $3\omega L_N = \dfrac{1}{0.9\omega C_{0\Sigma}}$。

1）当系统发生低阻接地故障时，串联阻尼被短接，可计算出 $95.15° \leq \theta_{0k} \leq 180°$ 或 $-180° \leq \theta_{0k} < -104.98°$，故障线路的对地电容越大，$\theta_{0k}$ 越接近 $95.15°$。

2）当系统发生高阻接地故障时，串联阻尼处于投入状态，可计算出 $103.66° \leq \theta_{0k} \leq 180°$ 或 $-180° \leq \theta_{0k} < -124.09°$，故障线路的对地电容越大，$\theta_{0k}$ 越接近 $124.09°$；由计算结果可知，欠补偿状态下，故障线路的零序电流位于第二象限或者第三象限。当故障线路的对地电容较大时，故障线路的零序电流位于第二象限，由容性分量和负的有功分量构成，与过补偿情况相似；当故障线路的对地电容较小时，故障线路的零序电流位于第三象限，由感性分量和负的有功分量构成。

同理，在单条线路的最大对地电容电流不超过系统电容电流的 40% 情况下，得到不同补偿度下故障线路零序电流与母线零序电压的相位差范围不同条件下故障线路的相位差范围见表 7-4。

表 7-4　　　　　　　　　　不同条件下故障线路的相位差范围

| 补偿度 | 系统或故障状态 | 阻尼状态 | 过补偿 10% |
|---|---|---|---|
| −10% | 低阻接地故障 | 短接阻尼 | $95.15° \leq \theta_{0k} \leq 180°$ 或 $-180° \leq \theta_{0k} < -104.98°$ |
| | 高阻接地故障 | 投入阻尼 | $103.66° \leq \theta_{0k} \leq 180°$ 或 $-180° \leq \theta_{0k} < -124.09°$ |

续表

| 补偿度 | 系统或故障状态 | 阻尼状态 | 过补偿10% |
|---|---|---|---|
| −5% | 低阻接地故障 | 短接阻尼 | $94.66° \leqslant \theta_{0k} \leqslant 180°$ 或 $-180° \leqslant \theta_{0k} < -119.25°$ |
| | 高阻接地故障 | 投入阻尼 | $102.38° \leqslant \theta_{0k} \leqslant 180°$ 或 $-180° \leqslant \theta_{0k} < -143.42°$ |
| 5% | 低阻接地故障 | 短接阻尼 | $94.01° \leqslant \theta_{0k} < 122.68°$ |
| | 高阻接地故障 | 投入阻尼 | $94.01° \leqslant \theta_{0k} < 122.68°$ |
| 10% | 低阻接地故障 | 短接阻尼 | $93.78° \leqslant \theta_{0k} < 108.42°$ |
| | 高阻接地故障 | 投入阻尼 | $100.06° \leqslant \theta_{0k} < 133.23°$ |

中性点经消弧线圈接地系统通常采用过补偿方式，补偿度一般为 5%～10%，结合表 7−4 可知，当发生低阻接地故障时，故障线路零序电流与母线零序电压的相位差范围为 93.78°～122.68°；当发生高阻接地故障时，故障线路零序电流与母线零序电压的相位差范围为100.06°～152.57°；若消弧线圈补偿不到位，系统处于欠补偿 5%～10%的状态，当发生低阻接地故障时，故障线路零序电流与母线零序电压的相位差范围为94.66°～180°或−180°～−104.98°；当发生高阻接地故障时，故障线路零序电流与母线零序电压的相位差范围为 102.38°～180°或−180°～−124.09°。

为了增强故障线路的稳态特征，在工程中也常采用消弧线圈并联中电阻方式，开关闭合，将中电阻投入中性点。当忽略消弧线圈的有功损耗时，投入并联电阻的消弧线圈接地系统零序网络图如图 7−16 所示。

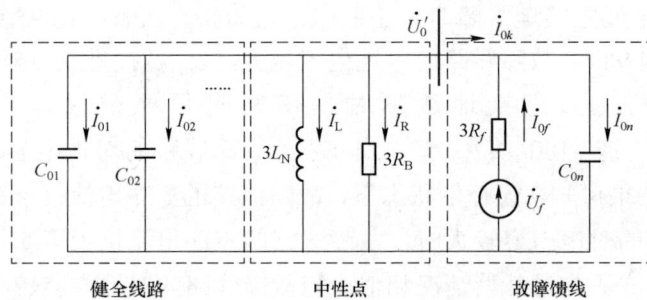

图 7−16　投入并联电阻的消弧线圈接地系统零序网络图

投入并联中电阻前，系统的零序电压如式（7−16）。投入并联中电阻后，系统的零序电压如式（7−25），可见接入并联中电阻后零序电压 $\dot{U}'_0$ 有降低的趋势。

$$\dot{U}'_0 = \dot{U}_f \frac{1}{1 + \dfrac{R_f}{R_B} + \dfrac{R_f}{j\omega L_N} + 3j\omega R_f C_{0\Sigma}}$$

$$= -\dot{U}_f \frac{j X_{\Sigma(0)}}{j X_{\Sigma(0)}(1 + R_f / R_B) + 3R_f} \tag{7−25}$$

并联中电阻投入后，健全线路的零序电流为：

$$\dot{I}'_{0i} = j\omega C_{0i} \dot{U}'_0 \tag{7-26}$$

故障线路零序电流为：

$$\dot{I}'_{0k} = -(\dot{I}'_L + \dot{I}'_R + \dot{I}'_{0\Sigma} - \dot{I}_{0n})$$

$$= -\dot{U}'_0 \left[ j\left( \omega C_{0\Sigma} - \omega C_{0n} - \frac{1}{3\omega L_N} \right) + \frac{1}{3R_B} \right] \tag{7-27}$$

故障点电流（残流）为：

$$\dot{I}'_{0f} = \frac{\dot{U}_f}{(jX_{\Sigma(0)} // 3R_B) + \omega R_f} \tag{7-28}$$

进而得到残流的幅值：

$$\dot{I}'_{0f} = \frac{U_f}{\sqrt{(3R_f)^2 + (jX_{\Sigma(0)} // 3R_B)^2}} \tag{7-29}$$

可以看出，投入并联中值电阻后，母线零序电压与健全线路零序电流的幅值都会减小，而故障点的零序电流幅值会增大，使得稳态故障特征更明显。

上述规律对中性点不接地系统同样成立。理论上，并联中电阻的方式在中性点经消弧线圈接地系统和中性点不接地系统均适用。

当考虑消弧线圈有功损耗时，并联中电阻的投入等价于图 7-14 中 $G_N$ 并联一个电导，相当于 $G_N$ 增大，不会影响故障线路零序电流 $\dot{I}_{0k}$ 和 $\theta_{0k}$ 的表达式。以系统电容电流为 100A、并联中电阻大小为 150Ω 为例，分别在过补偿和欠补偿两种状态下分析中电阻投入后故障线路零序电流与母线零序电压之间的相位关系。

（1）过补偿。以消弧线圈过补偿 10% 为例，中电阻投入后，故障线路零序电流与母线零序电压之间的相位差为 $133.78° \leqslant \theta_{0k} < 168.86°$，故障线路的对地电容越大，$\theta_{0k}$ 越接近 133.78°。

（2）欠补偿。以消弧线圈欠补偿 10% 为例，中电阻投入后，故障线路零序电流与母线零序电压之间的相位差为 $147.19° \leqslant \theta_{0k} < 180°$ 或 $-180° \leqslant \theta_{0k} < -166.96°$，故障线路的对地电容越大，$\theta_{0k}$ 越接近 147.19°。

同理，在单条线路的最大对地电容电流不超过系统电容电流的 40%、中电阻为 150Ω 情况下，得到不同补偿度下故障线路零序电流与母线零序电压的相位差范围，不同条件下故障线路的相位差范围见表 7-5。

表 7-5　　　　　　　　　　不同条件下故障线路的相位差范围

| 补偿度 | 系统或故障状态 | 中电阻 | 相位差 |
|---|---|---|---|
| −10% | 高阻接地故障 | 150Ω | $147.19° \leqslant \theta_{0k} \leqslant 180°$ 或 $-180° \leqslant \theta_{0k} < -166.96°$ |
| −5% | 高阻接地故障 | 150Ω | $143.24° \leqslant \theta_{0k} \leqslant 180°$ 或 $-180° \leqslant \theta_{0k} < -173.06°$ |
| 5% | 高阻接地故障 | 150Ω | $136.58° \leqslant \theta_{0k} < 174.72°$ |
| 10% | 高阻接地故障 | 150Ω | $133.78° \leqslant \theta_{0k} < 168.86°$ |

中电阻等效的并联电导远大于消弧线圈自身电阻和串联阻尼的等效电导，故障线路零序电流与母线零序电压的相位差主要由中电阻决定，无论串联阻尼是否被短接，$\theta_{0k}$ 的取值范围都不会发生较大的变化，因此，并联中电阻投入后无需划分为低阻接地故障和高阻接地故障，计算相位差时按照串联阻尼投入的情况考虑。当系统处于过补偿 $5\%\sim10\%$ 的状态时，并联中电阻投入后，故障线路零序电流与母线零序电压的相位差范围为 $133.78°\sim174.72°$；当系统处于欠补偿 $5\%\sim10\%$ 的状态时，并联中电阻投入后，故障线路零序电流与母线零序电压的相位差范围大约为 $143.24°\sim180°$ 或 $-180°\sim-166.96°$。

2. 暂态故障特征

中性点经消弧线圈接地系统，暂态接地电流为暂态电容电流和暂态电感电流之和。暂态等值电路图如图 7-17 所示，其中 $L_N$ 和 $R_L$ 为消弧线圈等效电感和电阻。故障瞬间线路分布电容已充满电，电容电压等于单相接地故障点的虚拟附加电源 $uf(t)$。

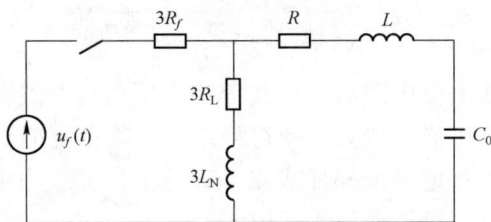

图 7-17　暂态等值电路图

发生单相低阻接地故障时，等效电容的充放电速度快，线路上电容电流的自由振荡频率较高，考虑到消弧线圈感抗远大于故障线路感抗，在分析暂态特性时可忽略 $3L_N$ 对 $C_0$ 的影响。在忽略过渡电阻，并不考虑有功损耗时，通过分析图 7-17 可以得到故障点的暂态零序电流如下：

$$i_{0f} = i_{k.s} + i_{k.t} \tag{7-30}$$

$$i_{k.s} = [I_{Cm}\cos(\omega t + \varphi) - I_{Lm}\cos(\omega t + \varphi)] \tag{7-31}$$

$$i_{k.t} = \left[ I_{Lm}e^{\frac{t}{\tau_L}}\cos\varphi + I_{Cm}e^{-\sigma t}\left( \frac{\omega_f}{\omega}\sin\varphi\sin\omega t - \cos\varphi\cos\omega_f t \right) \right] \tag{7-32}$$

式中　$i_{k.s}$ ——故障电流的稳态分量；

$\quad\quad i_{k.t}$ ——故障电流的暂态分量；

$\quad\quad I_{Cm}$ ——故障点流过的电容电流幅值，$I_{Cm} = U_m\omega C_0$；

$\quad\quad I_{Lm}$ ——消弧线圈流过电感电流幅值，$I_{Lm} = \dfrac{U_m}{3\omega L_N}$；

$\quad\quad \sigma$ ——暂态电容电流的衰减系数；

$\quad\quad \omega_f$ ——暂态电容电流自由振荡角频率；

$\quad\quad \tau_L$ ——消弧线圈回路的时间常数。

当发生单相高阻接地故障时，零模电容的充放电速度慢，自由振荡频率低，在分析暂态特性时，要考虑 $L_N$ 对 $C_0$ 的影响，但可以忽略线路自身阻抗的作用。在忽略有功损耗的情况下，通过分析图 7-17 可以得到系统发生单相高阻接地故障时故障点的暂态零序电流：

$$i_{0f} = I_{Lm}e^{\sigma t}\sin\left\{\omega_f t + \arctan\left[\frac{(D-G)\omega_f}{E+G}\right]\right\} + \sqrt{A^2 + B^2/\omega^2}\sin\left(\omega t + \arctan\frac{A\omega}{B}\right) \quad (7-33)$$

式中，$A$，$B$，$D$，$E$，$G$ 为常数，其值与回路的阻抗参数和故障初相角有关。

电感电流不能突变，暂态电感电流的衰减速度慢。暂态电容电流值大，衰减速度快。从式（7-33）可以看出，故障点的暂态零序电流大小与故障初相角有关。当过渡电阻较大时，回路的共振频率大于自由分量的衰减系数，暂态自由振荡分量与零模稳态分量相抵消，出现系统零序电压幅值缓慢上升现象，此时暂态过程明显，持续时间达数个周波。

接地点暂态故障电流由暂态故障电容电流和暂态电感电流组成，二者的频率不同，不仅不能相互补偿抵消，而且可能彼此叠加，稳态补偿度概念在暂态分析中失效。为了分析消弧线圈的暂态特征在不同频率下的特性，设消弧线圈在频率 $\omega_r$ 下能够完全补偿系统的电容电流，则有：

$$3L = 1/(\omega_r^2 C_{0\Sigma}) \quad (7-34)$$

在任意频率 $\omega$ 下，故障线路检测的容性电流 $\dot{I}_{0k}$ 为：

$$\dot{I}_{0k} = -\sum_{i=1,i\neq n}^{n}\dot{I}_{0i} - \dot{I}_L = -[(C_{0h}/C_{0\Sigma}) - (\omega_r^2/\omega^2)]\dot{I}_{0\Sigma} \quad (7-35)$$

式中　$\dot{I}_{0\Sigma}$——整个系统在频率 $\omega$ 下流过的零序电流，$\dot{I}_{0\Sigma} = j\omega C_0 \dot{U}_0$；

$\dot{I}_{0i}$——线路 $i$ 在频率 $\omega$ 下流过的零序电流，$\dot{I}_{0i} = j\omega C_{0i}\dot{U}_0$；

$\dot{I}_L$——消弧线圈在频率 $\omega$ 下流过的零序电流，$\dot{I}_L = \dot{U}_0/(j\omega L)$；

$\dot{U}_0$——频率 $\omega$ 下的零序电压。

从式（7-35）可知，如果定义：

$$\omega_L = \omega_r\sqrt{C_{0\Sigma}/C_{0h}} \quad (7-36)$$

则在 0 到 $\omega_L$ 频带内，故障线路容性电流与健全线路流向相同，不能作为保护依据。而从 $\omega_L$ 到 $\omega'$ 频段内，故障线路中容性电流从线路流向母线，而健全线路中的容性电流从母线流向线路，二者流向相反。

设最大的健全线路对地零序电容为 $C_{\max}$，再定义：

$$\omega_L' = \omega_r\sqrt{C_0/(C_{0h} - C_{\max})} \quad (7-37)$$

则根据式（7-38），在 $\omega_L'$ 到 $\omega'$ 频带范围内有：

$$|\dot{I}_{0k}| > \max(|\dot{I}_{0i}|)_{i\neq k} \quad (7-38)$$

即故障线路检测的容性电流幅值大于任一健全线路，且由于 $\omega_L' > \omega'$，其流向也与健全线路相反。此时故障线路检测到的等效电容为：

$$C_{0hp} = C_{0h} - \omega_r^2 C_{0\Sigma}/\omega^2 \quad (7-39)$$

如果取 SFB 为 $\omega_L'$ 到 $\omega'$ 的频带，则消弧线圈的影响可以忽略，即在 $\omega_L'$ 到 $\omega'$ 的频带内，中性点经消弧线圈接地系统跟中性点不接地系统具有相同的暂态规律。

综上，中性点经消弧线圈接地系统发生单相接地故障时具有以下几个故障特征：

（1）稳态特征：① 由于消弧线圈的接入，在一定补偿度下，故障线路的稳态零序电流幅值不再大于健全线路，故障线路与健全线路的稳态零序电流相位差也不再为180°；② 若考虑有功损耗，健全线路零序电流与母线零序电压的相位差范围一般为 88.85°～90°，健全线路上流过的有功功率为正；故障线路零序电流与母线零序电压的相位差范围与补偿度有关，当系统处于过补偿状态时，故障线路零序电流与母线零序电压的相位差为 100.06°～152.57°，当系统处于欠补偿状态时，故障线路零序电流与母线零序电压的相位差为 102.38°～180° 或 –180°～–124.09°，无论是过补偿还是欠补偿，故障线路流过的有功功率都为负；③ 并联中电阻后，健全线路零序电流与母线零序电压的相位差基本不变化，故障线路零序电流与母线零序电压的相位差更加靠近 180° 附近。

（2）暂态特征：① 在 SFB 内，故障线路的暂态零序电流为健全线路的暂态零序电流之和，故障线路的暂态零序电流幅值大于健全线路；② 在 SFB 内，故障线路的暂态容性电流从线路流向母线，而健全线路中的暂态容性电流从母线流向线路，故障线路与健全线路的暂态零序电流极性相反；③ 暂态零序电流幅值一般大于稳态零序电流。

## 三、小电流接地系统单相接地故障相电流突变特征分析

1. 故障前的运行状态

正常运行的小电流接地系统如图 7–18 所示，开关 K 打开为中性点不接地系统，闭合为消弧线圈接地系统，共有 $N$ 条出线，线路采用简单对地电容模型。系统正常运行时，可以近似认为三相参数相同，各相电压、电流对称，中性点对地电压为零。

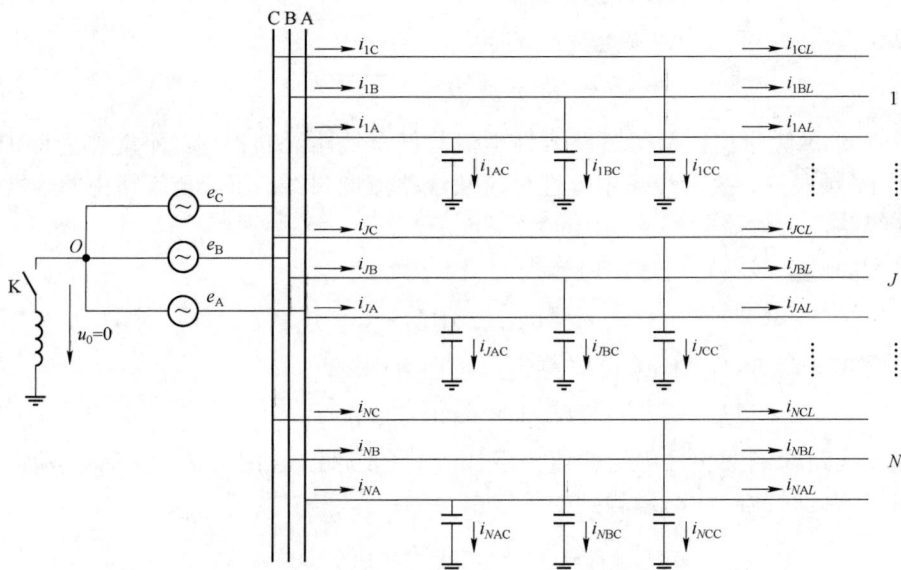

图 7–18　正常运行的小电流接地系统

在正常运行的小电流接地系统中，各线路的三相电流可以表示为：

$$\begin{cases} i_{kA} = i_{kAC} + i_{kAL} = c_k \dfrac{de_A}{dt} + i_{kAL} \\[2mm] i_{kB} = i_{kBC} + i_{kBL} = c_k \dfrac{de_B}{dt} + i_{kBL} \\[2mm] i_{kC} = i_{kCC} + i_{kCL} = c_k \dfrac{de_C}{dt} + i_{kCL} \end{cases} \tag{7-40}$$

式中　　　　$k$——线路编号，且 $k = 1, 2, \cdots, N$；

　　　　　　$c_k$——线路 $k$ 各相的对地电容；

$i_{kAL}$、$i_{kBL}$、$i_{kCL}$——线路 $k$ 各相负荷电流；

$i_{kAC}$、$i_{kBC}$、$i_{kCC}$——线路 $k$ 各相对地电容电流；

　$e_A$、$e_B$、$e_C$——各相电势。

同样地，在线路 $J$ 上任取一点 $f$，若令线路 $f$ 点与负荷之间的部分为线路 $J'$，则对线路 $J'$ 有：

$$\begin{cases} i_{J'A} = i_{J'AC} + i_{J'AL} = c_{J'} \dfrac{de_A}{dt} + i_{J'AL} \\[2mm] i_{J'B} = i_{J'BC} + i_{J'BL} = c_{J'} \dfrac{de_B}{dt} + i_{J'BL} \\[2mm] i_{J'C} = i_{J'CC} + i_{J'CL} = c_{J'} \dfrac{de_C}{dt} + i_{J'CL} \end{cases} \tag{7-41}$$

式中　　　　$c_{J'}$——线路 $J'$ 的对地电容；

$i_{J'AL}$、$i_{J'BL}$、$i_{J'CL}$——线路 $J'$ 各相负荷电流；

$i_{J'AC}$、$i_{J'BC}$、$i_{J'CC}$——线路 $J'$ 各相对地电容电流。

2. 故障后的运行状态

当系统发生单相接地故障时，令故障点在线路 $J$ 上 $f$ 点处的 A 相，发生单相接地故障的配电网电流分布示意图如图 7-19 所示，此时，故障相 A 相电压降低，B、C 相电压升高，故障点流过电流 $i_f$，中性点电压发生偏移，成为 $u'_0$，则此时各条线路上的电流如下所述。

健全线路三相电流为：

$$\begin{cases} i'_{k'A} = i'_{k'AC} + i'_{k'AL} = c_{k'} \dfrac{d(e_A + u'_0)}{dt} + i'_{k'AL} \\[2mm] i'_{k'B} = i'_{k'BC} + i'_{k'BL} = c_{k'} \dfrac{d(e_B + u'_0)}{dt} + i'_{k'BL} \\[2mm] i'_{k'C} = i'_{k'CC} + i'_{k'CL} = c_{k'} \dfrac{d(e_C + u'_0)}{dt} + i'_{k'CL} \end{cases} \tag{7-42}$$

式中　$k'$——健全线路编号，且 $k' = 1, 2, \cdots, J-1, J+1, \cdots, N$。

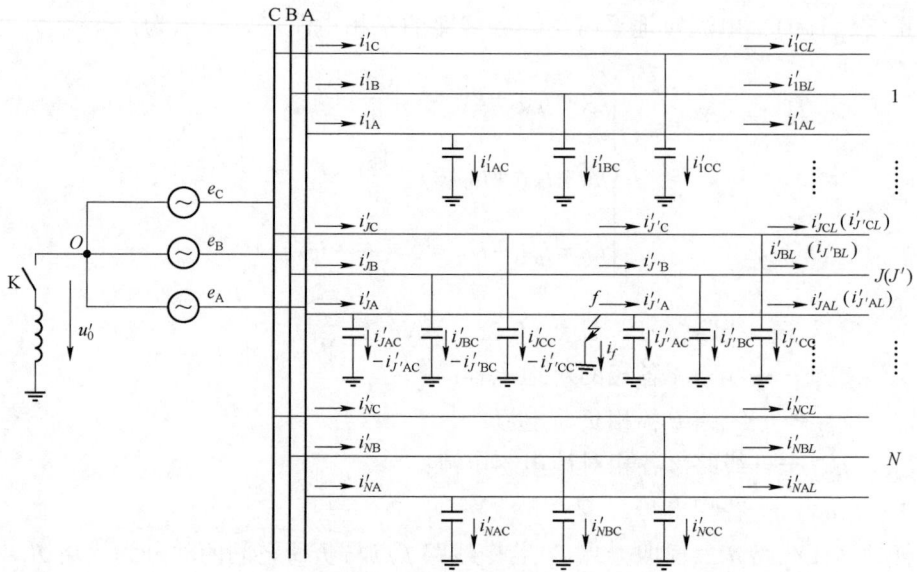

图 7-19　发生单相接地故障的配电网电流分布示意图

线路 $J$ 在故障点上游的三相电流为：

$$\begin{cases} i'_{JA} = i'_{JAC} + i'_{JAL} + i_f = c_J \dfrac{\mathrm{d}(e_A + u'_0)}{\mathrm{d}t} + i'_{JAL} + i_f \\[2mm] i'_{JB} = i'_{JBC} + i'_{JBL} = c_J \dfrac{\mathrm{d}(e_B + u'_0)}{\mathrm{d}t} + i'_{JBL} \\[2mm] i'_{JC} = i'_{JCC} + i'_{JCL} = c_J \dfrac{\mathrm{d}(e_C + u'_0)}{\mathrm{d}t} + i'_{JCL} \end{cases} \quad (7-43)$$

线路 $J'$ 上的电流，即出线 $J$ 在故障点下游的三相电流为：

$$\begin{cases} i'_{J'A} = i'_{J'AC} + i'_{J'AL} = c_{J'} \dfrac{\mathrm{d}(e_A + u'_0)}{\mathrm{d}t} + i'_{J'AL} \\[2mm] i'_{J'B} = i'_{J'BC} + i'_{J'BL} = c_{J'} \dfrac{\mathrm{d}(e_B + u'_0)}{\mathrm{d}t} + i'_{J'BL} \\[2mm] i'_{J'C} = i'_{J'CC} + i'_{J'CL} = c_{J'} \dfrac{\mathrm{d}(e_C + u'_0)}{\mathrm{d}t} + i'_{J'CL} \end{cases} \quad (7-44)$$

**3. 各线路区域的相电流突变分布规律**

由于故障前后的系统线电压保持不变，所以在各线路中，故障前后的负荷电流皆可视为不变，则故障后各线路的电流突变量如下。

健全线路的三相电流突变量为：

$$\begin{cases} \Delta i_{k'A} = i'_{k'A} - i_{k'A} = c_{k'} \dfrac{\mathrm{d}u'_0}{\mathrm{d}t} \\[2mm] \Delta i_{k'B} = i'_{k'B} - i_{k'B} = c_{k'} \dfrac{\mathrm{d}u'_0}{\mathrm{d}t} \\[2mm] \Delta i_{k'C} = i'_{k'C} - i_{k'C} = c_{k'} \dfrac{\mathrm{d}u'_0}{\mathrm{d}t} \end{cases} \quad (7-45)$$

线路 $J$ 在故障点上游的三相电流突变量为：

$$\begin{cases} \Delta i_{JA} = i'_{JA} - i_{JA} = c_J \dfrac{\mathrm{d}u'_0}{\mathrm{d}t} + i_f \\[2mm] \Delta i_{JB} = i'_{JB} - i_{JB} = c_J \dfrac{\mathrm{d}u'_0}{\mathrm{d}t} \\[2mm] \Delta i_{JC} = i'_{JC} - i_{JC} = c_J \dfrac{\mathrm{d}u'_0}{\mathrm{d}t} \end{cases} \tag{7-46}$$

线路 $J$ 在故障点下游的三相电流突变量为：

$$\begin{cases} \Delta i_{J'A} = i'_{J'A} - i_{J'A} = c_{J'} \dfrac{\mathrm{d}u'_0}{\mathrm{d}t} \\[2mm] \Delta i_{J'B} = i'_{J'B} - i_{J'B} = c_{J'} \dfrac{\mathrm{d}u'_0}{\mathrm{d}t} \\[2mm] \Delta i_{J'C} = i'_{J'C} - i_{J'C} = c_{J'} \dfrac{\mathrm{d}u'_0}{\mathrm{d}t} \end{cases} \tag{7-47}$$

由上面的分析可知：

（1）对于健全线路及故障线路在故障点下游的部分（健全部分）来说，三相电流突变量为线路对地电容电流，同一点测得的三相突变电流相同，即幅值相等、波形一致。

（2）对于故障线路在故障点上游的部分（故障部分）来说，两健全相的突变电流相同，而与故障相的突变电流不同，且在幅值和波形上都有很大差别，因为后者还含有故障点电流。在中性点不接地系统中，故障点电流为全网对地电容电流，此时故障相突变电流在幅值上将比健全相突变电流大很多，且波形相反；在消弧线圈接地系统中，由于系统过补偿，理论上它们波形一致，但故障相突变电流幅值大于健全相突变电流幅值。

对于小电流接地系统，其发生接地单相故障以后，在三相突变电流的幅值大小关系及波形一致程度两方面，系统的健全部分和故障部分之间有明显的差异。由于故障点上游和下游这些差异的存在，所以上述相电流突变量特征可以用于单相接地故障检测。由于推导过程在时域进行，故上述特征对故障后的稳态工频量和故障暂态过程中的高频分量均成立。

综上，无论是不接地系统还是消弧线圈接地系统，故障部分的故障相电流突变量的幅值和波形与健全部分均具有明显差异，且该特征在稳态和暂态过程中均成立。

## 第三节　小电流接地系统单相接地故障检测方法及适应性分析

小电流接地系统单相接地故障检测方法主要有基于零序暂稳态量的检测方法和相电流突变法两大类，前者采集线路零序电流和零序电压，通过分析健全线路与故障线路零序量幅值差异、高频特征、相位角度等的差异实现故障检测与选线目的，后者主要采集相电流，通过相电流前后时间段内的突变量大小完成健全线路与故障线路的区分。在实际运行工况中，电流互感器存在传变误差、过渡电阻并非固定不变、负荷多为不对称性负荷等因素，这些实际工况中的不确定性因素均会影响单相接地故障检测方法的准确性和适用范围，本节将对小电流接地系统单相接地故障检测方法及适应性进行研究。

## 一、小电流接地系统单相接地故障检测方法

1. 基于零序暂稳态量的检测方法

（1）稳态量法。

1）比幅比相法。比幅比相法包括比幅法和比相法，其基本原理是基于稳态零序电流的幅值和相位进行故障检测与选线。

比幅法的基本原理是选出零序电流幅值最大的线路作为故障线路。该方法适用于中性点不接地系统，而中性点经消弧线圈接地系统由于消弧线圈的补偿作用，故障线路与健全线路零序电流幅值相差不大，该方法不适用。由于要对各线路的零序电流进行幅值大小比较，因此该方法需要在站内集中判断，仅采集零序电流。

比相法的基本原理是选出与其他线路零序电流相位差均超过阈值（通常在 90° 以上）的线路作为故障线路。该方法适用于中性点不接地系统。由于要对各线路的零序电流进行相位比较，因此该方法需要在站内集中判断，仅采集零序电流。

2）零序功率方向法。零序功率方向法包括零序有功功率方向法和零序无功功率方向法。零序有功功率方向法的基本原理是发生单相接地故障时，以零序电压作为参考相量，选出有功功率为负或零序电流与零序电压相位差在整定范围内的线路作为故障线路。由于消弧线圈自身电阻及串联阻尼增加了有功损耗，理论上零序功率方向法在消弧线圈接地系统中的效果比在不接地系统中更理想。零序无功功率方向法是以零序电压作为参考相量，选出无功功率为负或零序电流与零序电压相位差在整定范围内的线路作为故障线路，但在消弧线圈系统中由于消弧线圈的补偿作用，故障线路零序无功功率方向与健全线路零序无功功率方向一致，无法进行判断，即零序无功功率方向法仅适用于中性点不接地系统。

（2）暂态量法。

1）暂态零序电流幅值比较法。暂态零序电流幅值比较法是针对暂态零序电流 SFB 内的某一特定频段分量，选出该分量幅值最大的线路作为故障线路。该方法对中性点不接地系统和经消弧线圈接地系统均适用，仅采集零序电流。

2）首半波法。首半波法是利用在故障暂态首半周，故障线路零序电流模极大值最大、极性与健全线路相反的特点构建选线判据。该方法不受消弧线圈的影响，适用于中性点经消弧线圈接地系统和中性点不接地系统，需要采集零序电流和零序电压。

3）暂态功率方向法。暂态功率方向法是利用电压导数与电流组成的暂态功率构建选线判据。故障区段暂态电流由线路流向母线，而健全区段暂态电流由母线流向线路。

线路的暂态无功功率可按 SFB 内某一特定频段分量的电压的导数与电流对应的平均功率计算：

$$Q_i = \frac{1}{T}\int_0^T i_{0i}(t)\mathrm{d}u_0(t) \tag{7-48}$$

式中　$T$——工频周期，则故障线路应满足 $Q_i<0$，健全线路应满足 $Q_i>0$。

该方法在中性点不接地系统和经消弧线圈接地系统中均适用，需要采集零序电流和

零序电压。

2. 基于并联中电阻的故障检测方法

为了增强故障线路的稳态特征，工程中也常采用消弧线圈并联中电阻方式，通常结合零序功率方向法和零序电流幅值变化量法进行故障检测与选线。

（1）零序功率方向法。发生单相接地故障时，以零序电压作为参考相量，选出有功功率为负或零序电流与零序电压相位差在整定范围内的线路作为故障线路。中电阻的投入增大了故障线路的有功功率，使得故障线路零序电流与零序电压的相位差更接近180°，进而增强了故障特征。该方法需要采集零序电流和零序电压。

（2）零序电流幅值变化量法。零序电流幅值变化量法的原理是利用单相接地故障并联电阻投入后，流过并联电阻上的电流使故障线路零序电流幅值增大进行选线。

故障线路投入并联中电阻前后的零序电流幅值比如下式：

$$k_{\mathrm{M}} = \frac{\left| \dot{I}'_{0\mathrm{k}} \right|}{\left| \dot{I}_{0\mathrm{k}} \right|} = \frac{\left| \dfrac{\mathrm{j}\omega C_{0\Sigma}(-k-p) + 1/3R_{\mathrm{B}}}{1 - 3p\mathrm{j}\omega C_{0\Sigma}R_f + R_f/R_{\mathrm{B}}} \right|}{\left| \dfrac{\mathrm{j}\omega C_{0\Sigma}(-k-p)}{1 - 3p\mathrm{j}\omega C_{0\Sigma}R_f} \right|} \tag{7-49}$$

式中　$k_{\mathrm{M}}$——并联中电阻投入后和投入前的故障线路零序电流幅值之比；

　　　$k$——故障线路对地零序电容占系统总对地零序电容的比例；

　　　$p$——消弧线圈补偿度；

　　　$R_{\mathrm{B}}$——中电阻阻值。

并联中电阻投入前后，故障线路的零序电流满足 $\Delta I_{0\mathrm{k}} = I'_{0\mathrm{k}} - I_{0\mathrm{k}} < 0$ 或 $k_{\mathrm{M}} > 1$，而健全线路的零序电流满足 $\Delta I_{0i} = I'_{0i} - I_{0i} < 0$ 或 $k_{\mathrm{M}} < 1$，对比各出线在并联电阻投入前后的零序电流变化量，可以进行正确选线。

需要注意的是，中性点并联中电阻方法在高阻接地故障中容易失效。并联中阻投入前后的故障线路零序电流满足以下关系：

$$\begin{aligned}
\dot{I}'_{0\mathrm{k}} &= -\dot{U}'_0 \frac{1}{3R_{\mathrm{N}}} - \mathrm{j}\dot{U}'_0 \left[ \omega(C_{0\Sigma} - C_{0m}) - \frac{1}{3\omega L_N} \right] \\
&= -\dot{U}'_0 \frac{1}{3R_{\mathrm{N}}} - \frac{\dot{U}'_0}{\dot{U}_0} \dot{I}_{0\mathrm{k}}
\end{aligned} \tag{7-50}$$

式中　$\dot{I}'_{0\mathrm{k}}$——并联中电阻投入后的故障线路零序电流；

　　　$\dot{U}'_0$——并联中电阻投入后的故障线路零序电压；

　　　$\dot{I}_{0\mathrm{k}}$——并联中电阻投入前的故障线路零序电流；

　　　$\dot{U}_0$——并联中电阻投入前的故障线路零序电压。

由式（7-50）可知，$\dot{I}_{0\mathrm{k}}$ 分为两个部分：随零序电压成比例减小的原故障线路零序电流和零序电压在并联电阻上产生的阻性电流。当并联电阻上的阻性电流不足以弥补减小的故障线路零序电流，故障线路的零序电流幅值将会减小，从而导致选线失败。

（3）基于相电流突变的故障检测方法。小电流接地系统发生接地单相故障以后，在三相突变电流的幅值大小和波形相似性方面，故障线路故障点上游部分和下游健全部分及健全线路的相电流突变量特征有明显差异，可以此用于单相接地故障检测。

用故障后的采样电流，减去故障前对应采样点的电流，即可提取出时域的电流突变量。具体来说，若数据窗长度为 $k$ 个工频周波，每周波采样点数为 $N$，则第 $j$ 个采样点对应的三相电流突变量为：$\Delta i_x(j) = i_x(j) - i_x(j-kN)$，其中 $i_x(j)$ 表示第 $x$ 相相电流采样序列，$x$ 为 A、B、C。

相电流突变量幅值可表示为 $\Delta I_x = \sqrt{\dfrac{1}{T} \cdot \sum\limits_{j=1}^{N} [\Delta i_x(j)]^2}$，相电流突变量波形相似性可表示

为 $\rho_{x \cdot x'} = \dfrac{\sum\limits_{m=1}^{N} [\Delta i_x(m) - \overline{\Delta i_x}][\Delta i_{x'}(m) - \overline{\Delta i_{x'}}]}{\sqrt{\sum\limits_{m=1}^{N} [\Delta i_x(m) - \overline{\Delta i_x}]^2 \cdot \sum\limits_{m=1}^{N} [\Delta i_{x'}(m) - \overline{\Delta i_{x'}}]^2}}$，其中 $T$ 为相电流周期，$x$ 和 $x'$ 表示 A、B、C 三相中的任意两相，$\overline{\Delta i_x}$ 表示第 $x$ 相突变量采样序列的平均值。

若故障相为 A 相，则系统中健全线路及故障点下游线路的相电流突变量波形相似性 $\rho_{AB}$、$\rho_{CA}$、$\rho_{BC}$ 近似相等，且接近 1；而故障线路三相相电流突变量波形相似性出现较大差异，其中 $\rho_{BC}$ 接近 1，$\rho_{AB}$、$\rho_{CA}$ 明显小于 1。

如果在各条线路上均安装单相接地故障检测终端，各终端将要述及的判断流程独立测量分析相电流突变量，处于故障线路故障点上游的终端会因为不符合健全部分特征而判定单相接地故障是发生在其下游；而健全线路和故障线路故障点下游线路上的终端则会因为符合健全部分特征，判断出单相接地故障不是发生在其下游。该方法需要在各线路出口及分支处安装接地故障检测装置，独立测量、比较各相电流突变量，需要采集相电流。

## 二、小电流接地系统单相接地故障检测方法适应性分析

考虑到实际工况中存在不确定性因素影响，如电流互感器误差、过渡电阻随电弧的变化而变化、不对称性负荷等，有必要对不同因素影响下的各方法适应性进行分析，明确方法的适用范围。

1. 零序电流互感器测量误差特性分析

标准中规定了保护及测量级电流互感器在测量处于线性测量范围的工频信号的测量误差。而工程中零序电流互感器会面临非线性测量范围信号或高频信号的测量需求，产生的测量误差与测量工频线性信号时有较大差异。下面分析零序电流互感器在非线性测量范围及高频信号时的误差特性。

（1）非线性误差特性分析。零序电流互感器的误差可按照变压器等效电路进行分析，零序电流互感器等效电路图如图 7−20 所示。其中，$k$ 为互感器变比，$X_m$ 为励磁阻抗，

$X_1$、$X_2$ 分别为一、二次的漏抗，$R_2$ 为二次负载。

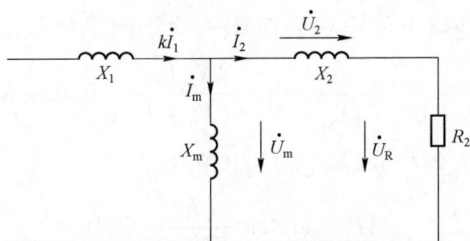

图 7-20　零序电流互感器等效电路图

流过一、二次绕组电流 $k\dot{I}_1$、$\dot{I}_2$ 及励磁支路的电流 $\dot{I}_m$ 满足如下关系：

$$k\dot{I}_1 = \dot{I}_2 + \dot{I}_m = \frac{R_2 + j(X_2 + X_m)}{jX_m}\dot{I}_2 \tag{7-51}$$

1）比差特性。零序电流互感器的测量比差 $\varepsilon_T$ 如下式所示：

$$\varepsilon_T = \frac{I_2 - kI_1}{kI_1} \times 100\% = \frac{I_2 - I_2\dfrac{\sqrt{R_2^2 + (X_2 + X_m)^2}}{X_m}}{I_2\dfrac{\sqrt{R_2^2 + (X_2 + X_m)^2}}{X_m}} \times 100\%$$

$$= -\left[1 - \sqrt{\frac{1}{\left(\dfrac{R_2}{X_m}\right)^2 + \left(\dfrac{X_2}{X_m} + 1\right)^2}}\right] \times 100\% < 0 \tag{7-52}$$

由式（7-52）可知，零序电流互感器的测量比差 $\varepsilon_T$ 一般小于 0，即 $\varepsilon_T$ 通常为负比差，测量的零序电流幅值通常小于实际的零序电流幅值。给定零序电流互感器参数后，计算得到励磁阻抗如下式：

$$X_m = \frac{N_1^2 \omega \mu S}{L} = \frac{2\pi f N_1^2 \mu S}{L} \tag{7-53}$$

式中　$N_1$ ——一次回路导线匝数；

$f$ ——电流频率；

$\mu$ ——铁芯的磁导率；

$S$ ——铁芯的截面积；

$L$ ——铁芯的平均长度。

当测量的零序电流在零序电流互感器的线性测量范围内时，电流和外磁场都较大，铁芯处于完全磁化的线性阶段，磁导率 $\mu$ 基本稳定，保持在一个较大值，由式（7-53）可知，励磁阻抗 $X_m$ 与磁导率 $\mu$ 成正比关系，因此励磁阻抗 $X_m$ 也较大，结合式（7-52），此时比差 $\varepsilon_T$ 较小，处于标准规定的范围内。

当测量的零序电流处于零序电流互感器的非线性测量范围，零序电流较小时，外磁场较小，铁芯处于未完全磁化的非线性阶段，此时磁导率 $\mu$ 较小，励磁阻抗 $X_m$ 也较小，

因此比差 $\varepsilon_T$ 较大，可能超过标准规定的范围，且测量零序电流越小，磁导率 $\mu$ 和励磁阻抗 $X_m$ 越小，比差 $\varepsilon_T$ 越大。

2）角差特性。二次绕组上的电流 $\dot{I}_2$ 可用一次绕组上的电流 $k\dot{I}_1$ 表示：

$$\dot{I}_2 = k\dot{I}_1 \frac{jX_m}{R_2 + jX_2 + jX_m} = \frac{kX_m\dot{I}_1}{R_2^2 + (X_2 + X_m)^2}[(X_2 + X_m) + jR_2] \qquad (7-54)$$

由式（7-54）可计算出 $\dot{I}_2$ 与 $k\dot{I}_1$ 之间的相角差为：

$$\Delta\theta_T = \arctan\frac{R_2}{X_2 + X_m} > 0 \qquad (7-55)$$

由式（7-55）可知，零序电流互感器的输出角差 $\Delta\theta_T$ 一般大于 0，即 $\Delta\theta_T$ 为正角差，测量的零序电流相位大于实际的零序电流相位。

当零序电流在零序电流互感器的非线性测量范围内，磁导率 $\mu$ 和励磁阻抗 $X_m$ 较小，角差 $\theta_T$ 较大，可能超过标准规定的范围，且零序电流越小，磁导率 $\mu$ 和励磁阻抗 $X_m$ 越小，角差 $\theta_T$ 越大。

（2）高频误差特性分析。信号频率对误差的影响主要体现在励磁电流产生的误差上。

由式（7-52）和式（7-53）可知，零序电流信号的频率 $f$ 越大，励磁阻抗 $X_m$ 越大，由励磁电流产生的比差 $\varepsilon_T$ 的绝对值越小。由式（7-55）可知，零序电流信号的频率 $f$ 越大，励磁阻抗 $X_m$ 越大，由励磁电流产生的角差 $\Delta\theta_T$ 越小。测量高频信号时零序电流互感器误差分析图如图 7-21 所示。

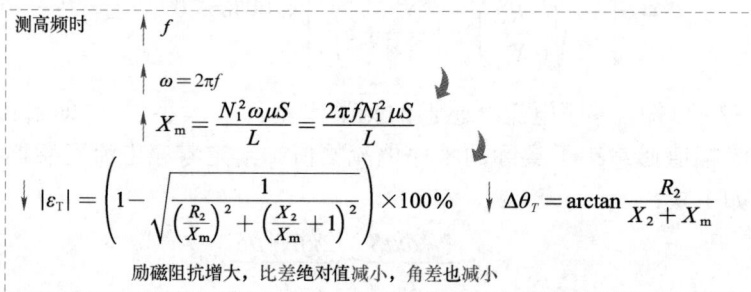

图 7-21　测量高频信号时零序电流互感器误差分析图

因此，从理论上分析，零序电流互感器测量高频信号时的比差和角差比测量工频信号时更小。

（3）零序电流互感器误差特性试验。对大批量零序电流互感器开展了误差特性试验，试验对象的准确等级包括 10P 和 0.5S 两类，试验电流频率包括 50、150Hz 和 1000Hz 三种。试验结果显示，当待测零序电流低于 1A 时，零序电流传感器的比差和角差高于 5%，且随着零序电流越低，误差越大。因此，本书将 1A 作为零序电流非线性测量范围的门槛，当测量零序电流小于等于 1A 时，认为该测量值处于非线性测量范围。

通过大量试验，得到规律：当测量小于等于 1A 的工频零序电流值时，平均最大比差为 −48.51%，个体最大比差为 −67.35%；当测量小于等于 1A 的工频零序电流值时，平均最大角差为 34.65°，个体最大角差可达到 47.8°。而在高频测试中，零序电流互感器测量频率为 50Hz、150Hz、1000Hz 的零序电流产生的平均最大角差分别为 34.65°、21.31°、13.93°，个体最大角差分别为 47.8°、33°、19.34°；平均最大比差分别为 $-48.51\%$、$-33.47\%$、$-20.37\%$，个体最大比差分别为 $-67.35\%$、$-47.06\%$ 和 $-25\%$。

2. 基于零序稳态量的故障检测方法适应性分析

（1）零序电流互感器误差对故障检测方法适应性的影响。

1）比幅比相法。比幅法仅需要稳态零序电流的幅值信息，不需要用到相位信息。因此，比幅法不受零序电流互感器角差和极性的影响，但零序电流互感器的比差可能会影响该方法的准确性。

由互感器误差特性试验结果可知，零序电流互感器测量工频信号的个体最大比差为 $-67.35\%$，在该比差影响下，测量零序电流将相对于原始信号大幅减小。以极端情况为例进行分析，假设母线出线仅为 3 条，健全线路分别为 1 条长电缆线（$I_{01}$）和 1 条短架空线（$I_{02}$），不同阈值零序电压启动下消弧线圈接地系统的耐过渡电阻能力如图 7-22 所示。

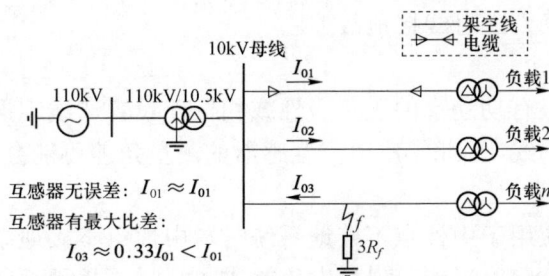

图 7-22　不同阈值零序电压启动下消弧线圈接地系统的耐过渡电阻能力

此时，健全线路中电缆线的零序电流远大于架空线路，故障线路的零序电流幅值（$I_{03}$）约为 $I_{01}$，在最大比差（$-67.35\%$）的影响下，测量的故障线路零序电流变为 $0.33I_{01}$，小于健全电缆线路的零序电流幅值，最终导致选线错误。

显然，比幅法在故障线路零序电流处于非线性测量范围时有不适应场景，当配电网出线少或电缆架空混合配电网中电缆数量少时，该方法受零序电流互感器比差的影响大，易失效。但当故障线路零序电流为健全线路的 3.1 倍以上时，在最大比差影响下，故障线路零序电流始终大于健全线路，比幅法仍适用。因此，比幅法适用于母线出线数量多且线路分布较为均匀的配电网，如纯架空线配电网、纯电缆配电网或电缆线路在 2 条以上的混合线路配电网。对于线路出线较少且电缆出线数量只有 1～2 条的配电网，该方法可能出现误判。

此外，当母线发生故障时，比幅法易将对地电容电流最大的线路误判为故障线路。因此，比幅法在理论上无法判断母线接地故障。介于以上原因，比幅法通常与比相法结合使用，比相法利用相位信息进行选线，不需要幅值信息。因此，比相法不受零序电流互感器比差的影响，弥补了比幅法对配电网分布均匀的要求，但零序电流互感器的角差可能会影响比相法的准确性。

为分析比相法的适应条件，以最大误差这种极端情况分析互感器测量角差对比相法的影响。由互感器误差特性试验结果可知，零序电流互感器测量工频信号的个体最大角差为 47.80°。根据第 7.2.2 节分析，健全线路零序电流与零序电压的相位差为 88.85°～90°，故障线路零序电流与零序电压的相位差为 −91.15°～−90°。即在考虑有功损耗的情况下，故障线路与健全线路零序电流的最小相位差为 178.85°。此时，考虑最大工频角差 47.80° 的影响，故障与健全线路零序电流的最小相位差为 130.05°，角差影响下不接地系统的零序电流相位变化图如图 7−23 所示。

在考虑互感器工频角差的影响下，故障线路与健全线路的零序电流相位差仍很大，通过合理地整定比相法的阈值，即可选出故障线路。但当互感器极性接反时，故障线路零序电流跟健全线路同相，此时比相法失效，因此，比相法在零序电流互感器极性接反时不适用。

当母线发生故障时，理论上所有线路均为健全线路，各出线的零序电流相位基本相同，即使考虑各出线零序电流均受最大角差的影响，各出线零序电流之间的相位差也不会超过 48.95°，不会将健全线路判断为故障线路。因此，无论是否考虑互感器误差的影响，比相法都能够正确判断母线接地故障。

2）零序功率方向法。

零序功率方向法以有功功率的正负极性或相位差设置选线判据，本质上是依据零序电流的相位进行故障选线，因此零序电流互感器的测量角差可能会影响该方法的准确性，但不受比差影响。

零序功率方向法应用于中性点不接地系统时，中性点不接地系统中，极端情况下，健全线路和故障线路零序电流均出现最大角差 47.80°，不接地系统的零序电流相位变化图如图 7−24 所示。

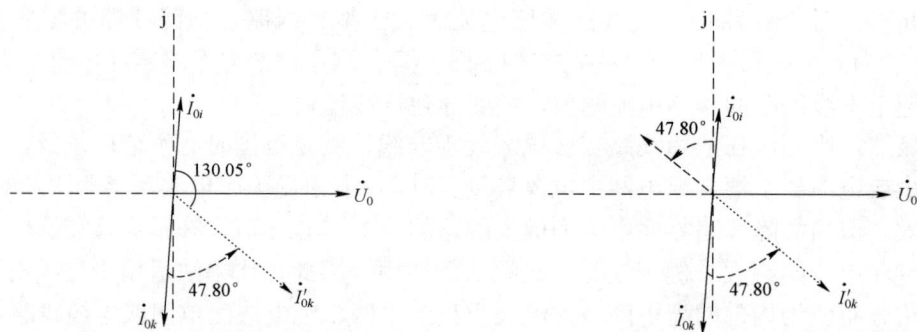

图 7−23  角差影响下不接地系统的零序电流相位变化图    图 7−24  不接地系统的零序电流相位变化图

以零序电压为参考相量，在最大角差影响下，故障线路零序电流 $\dot{I}_{0k}$ 由第三象限偏移至第四象限，出现了较大的正有功功率；健全线路零序电流 $\dot{I}_{0i}$ 由第一象限偏移至第二象限，出现了较大的负有功功率。

当以有功功率为负作为故障选线判据时，在零序电流互感器角差的影响下，健全线路易被误判为故障线路，故障线路也易被判断为健全线路，从而导致选线错误。

当根据相位差的整定角度设置选线判据时，零序功率方向法的故障线路判据通常设定为$90°+\theta' < \theta < 270°$，无论$\theta'$如何选取，角差的影响都容易导致故障线路不能被判别出，从而导致选线失败。

因此，无论是从有功功率的正负极性还是相位差的整定角度设置选线判据，角差的影响都会影响选线结果。

零序功率方向法应用于中性点经消弧线圈接地系统时，当消弧线圈接地系统处于过补偿状态时，极端情况下，健全线路零序电流出现最大角差47.80°，消弧线圈过补偿的零序电流相位变化图如图7-25所示。

以零序电压为参考相量，在极端情况下，故障线路零序电流$\dot{I}_{0k}$相位基本不变化，由本章第二节分析可知，$\dot{I}_{0k}$与零序电压$\dot{U}_0$的相位差为100.06°~152.57°。而健全线路零序电流$\dot{I}_{0i}$在角差影响下由第一象限移至第二象限，落在了故障线路零序电流可能的范围内（图7-25中阴影区域，对地电容较大的线路发生故障）。

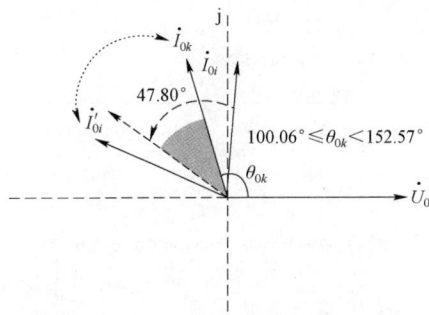

图7-25　消弧线圈过补偿的零序电流相位变化图

当以有功功率为负作为故障选线判据时，健全线路受角差影响，出现较大的负有功功率，易使健全线路被误判为故障线路。

当根据相位差的整定角度设置选线判据时，零序功率方向法的故障线路判据通常设定为$90°+\theta' < \theta < 270°$，$\theta'$的整定值决定了选线方法的整体性能，不同整定角度下的零序功率方向法性能见表7-6。可见，基于相位差的选线判据不能同时保障方法的选择性和灵敏性。整定角度$\theta'$较小时，零序功率方向法的灵敏性得到了保障，但牺牲了选线方法的选择性。整定角度$\theta'$较大时，零序功率方向法的选择性得到了保障，但选线方法的灵敏性大大降低。为了保障选线方法的选择性，建议整定角度$\theta'$设置得较大一点，灵敏性可通过其他方法提升。

表7-6　　　　　　　　　不同整定角度下的零序功率方向法性能

| 整定角度 | $0 < \theta' < 10.06°$ | $10.06° < \theta' < 47.8°$ | $\theta' > 47.8°$ |
|---|---|---|---|
| 角差影响下方法的性能 | （1）健全线路易被误判为故障线路；<br>（2）故障线路能正确选出 | 故障线路易被误判为健全线路，且健全线路易被误判为故障线路 | （1）故障线路易被误判为健全线路；<br>（2）健全线路不发生误判 |

消弧线圈欠补偿时，考虑极端情况下，健全线路出现最大正角差，消弧线圈欠补偿的零序电流相位变化图如图7-26所示，反映了仅健全线路出现最大角差和故障与健全线路均出现最大角差两种情况下零序电流的相位变化。

分析可知，在欠补偿状态下，$\dot{I}_{0k}$与零序电压$\dot{U}_0$的相位差为102.38°~180°或-180°~-124.09°。由图7-26（a）可知，当健全线路出现最大正角差，故障线路不出现角差时，健全线路零序电流$\dot{I}_{0i}$由第一象限移至第二象限，落在了故障线路零序电流可能的范围内（图7-26中阴影区域，对地电容较大的线路发生故障）。由图7-26（b）可知，当健全线路和故障线路均出现最大正角差时，不仅健全线路零序电流 $\dot{I}_{0i}$ 由第一象限移至第二象限，若故障线路的对地电容较小，还可能发生故障线路零序电流 $\dot{I}_{0k}$ 由第三象限移至第四象限的情况，故障线路的有功功率由负变正。

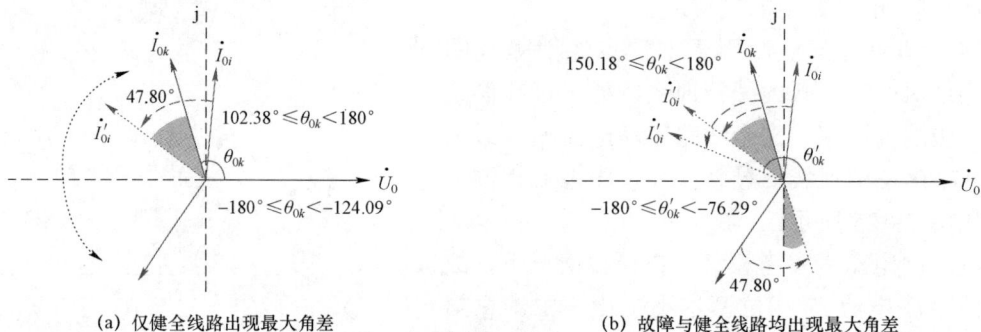

(a) 仅健全线路出现最大角差 　　　　(b) 故障与健全线路均出现最大角差

图 7-26　消弧线圈欠补偿的零序电流相位变化图

当以有功功率为负作为故障选线判据时，健全和故障线路均受角差影响。健全出现较大的负有功功率，易使健全线路被误判为故障线路；而故障线路可能出现正有功功率，易使故障线路被误判为健全线路。

当根据相位差的整定角度设置选线判据时，零序功率方向法的故障线路判据通常设定为 $90°+\theta'<\theta<270°$。欠补偿时，无论整定角 $\theta'$ 如何整定，受角差影响，故障线路零序电流均可能偏移到第四象限，超过整定判据范围，不能绝对可靠地被判别出。

当零序电流互感器极性接反时，无论是过补偿方式还是欠补偿方式，故障线路上的零序有功功率都会由负变为正，再加上角差的影响，选线的结果会变得更加不可靠。因此，零序功率方向法在互感器极性接反时不适用。

当发生母线接地故障时，考虑零序电流互感器角差的影响，无论是过补偿还是欠补偿方式，健全线路均易被判断为故障线路，使得母线接地故障被误判为线路故障。因此，对于零序功率方向法，根据所有线路均满足健全线路来判断母线接地故障是不可靠的。

（2）间歇性故障时选线方法适应性分析。当系统发生间歇性单相接地故障时，单次接地故障时间短，小电流接地系统发生间歇性故障时，间歇性故障的故障线路零序电压和零序电流波形如图 7-27 所示。从图 7-27 中看出，在故障消失阶段，故障线路零序电流为 0；零序电压波形虽然不会立刻变为 0，但是会呈现逐渐衰减的"拖尾现象"。在这种情况下，基于稳态量的比幅比相法和零序功率方向法都会失效。因此，稳态量法无法判别故障持续时间较短的间歇性故障。

3. 基于零序暂态量的选线方法适应性分析

（1）零序电流互感器误差对故障检测方法适应性的影响。

1）暂态零序电流幅值比较法。暂态零序电流幅值比较法是利用 SFB 内故障线路的暂态零序电流幅值大于健全线路的特征作为选线判据。该方法仅利用幅值信息进行选线，不受零序电流互感器角差和极性的影响。但由于暂稳态信号本身特性的不同及零序电流互感器对高低频信号测量比差特性的差别，出线零序电流处于非线性测量范围时，暂态零序电流幅值比较法的适应性与比幅法存在较大差异。

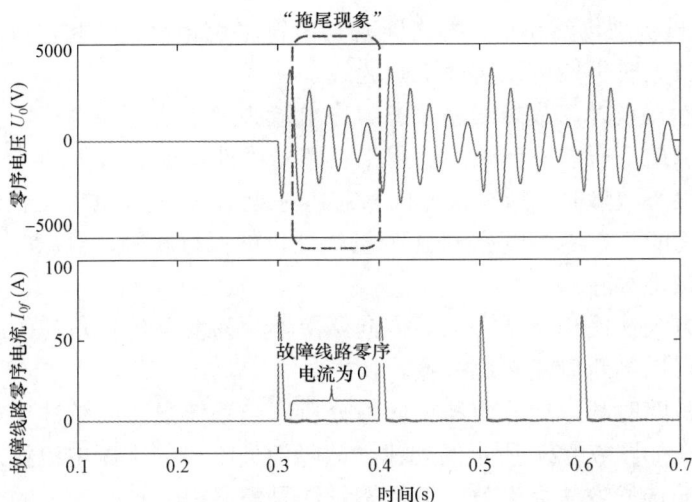

图 7 - 27　间歇性故障的故障线路零序电压和零序电流波形

一方面，SFB 内故障线路的暂态零序电流幅值大于健全线路的特征不受补偿度的影响，即暂态零序电流幅值比较法可以用于消弧线圈接地系统。而且暂态零序电流幅值通常大于稳态零序电流幅值，相同的场景下，暂态零序电流更不容易进入零序电流互感器的非线性测量范围。因此，暂态零序电流幅值比较法理论上比稳态量法对零序电流互感器比差的容忍度更好。

另一方面，零序电流互感器测量高频分量的误差小于工频分量，且测量信号频率越高，零序电流互感器的测量比差越小。因此，暂态零序电流幅值比较法比稳态量法更不容易受互感器比差的影响。

当母线发生故障时，暂态零序电流幅值比较法与稳态比幅法相同，可能存在某条线路的暂态零序电流幅值远大于其他线路的情况，特别是配电网中最长的电缆线路容易被误判为故障线路。因此，暂态零序电流幅值比较法不能判断母线接地故障。

综上，暂态零序电流幅值比较法比稳态比幅法更不容易受互感器比差的影响；暂态零序电流幅值比较法不能判断母线接地故障。

2）暂态方向法。

暂态方向法包含首半波法和暂态功率方向法，二者均是利用故障线路暂态电流由线路流向母线，而健全线路暂态电流由母线流向线路作为选线依据。首半波法的适应性与暂态功率方向法类似，本节以暂态功率方向法为例进行适应性分析。该类方法仅利用相位信息进行选线，不受零序电流互感器比差的影响。

无论是中性点不接地系统还是中性点经消弧线圈接地系统，故障线路与健全线路之间的暂态零序电流 SFB 分量极性相反。相比于稳态零序电流，暂态零序电流幅值更大，不容易进入零序电流互感器的非线性测量范围。因此，暂态方向法理论上比零序功率方向法更可靠，且对零序电流互感器误差的容忍度更好。

由于零序电流互感器测量高频分量的角差要小于工频分量，所以 SFB 内的暂态零序电流的测量角差比稳态量小得多。而且在角差影响下，故障线路与健全线路之间的暂态零序电流 SFB 分量极性仍然相反，暂态无功功率符号也相反。因此，暂态方向法在零序电流互感器角差较大时仍然可以实现正确选线。

当互感器极性接反时，故障线路暂态零序电流跟健全线路的零序电流极性相同，暂态方向法失效。因此，暂态方向法不适用于互感器极性接反的情况。

当母线发生接地故障时，所有线路的暂态零序电流 SFB 分量极性相同，在角差影响下，健全线路之间的暂态零序电流 SFB 分量极性仍能保持相同，暂态方向法依旧能够可靠地判断出母线接地故障。

综上，暂态方向法比稳态零序功率方向法更不容易受互感器角差的影响；暂态零序电流幅值比较法可以判断母线接地故障。

（2）间歇性故障时故障检测方法适应性分析。当系统发生间歇性单相接地故障时，零序电压电流存在如图 7-27 所示的规律，故障消失阶段的零序电流稳态特征会消失，导致基于稳态量的选线方法会失效，但暂态量法只需要提取短时间内的暂态零序电流和电压信息，理论上只要能够检测到线路的暂态零序电流和零序电压，暂态量法就能准确检测出故障线路。小电流接地系统发生时，间歇性故障的暂态零序电流波形如图 7-28 所示，从图 7-28 中可以看出，发生间歇性故障时，故障线路的暂态零序电流幅值远大于健全线路，且二者极性相反。因此，暂态零序电流幅值比较法、首半波法与暂态功率方向法在间歇性故障时能够实现正确选线。

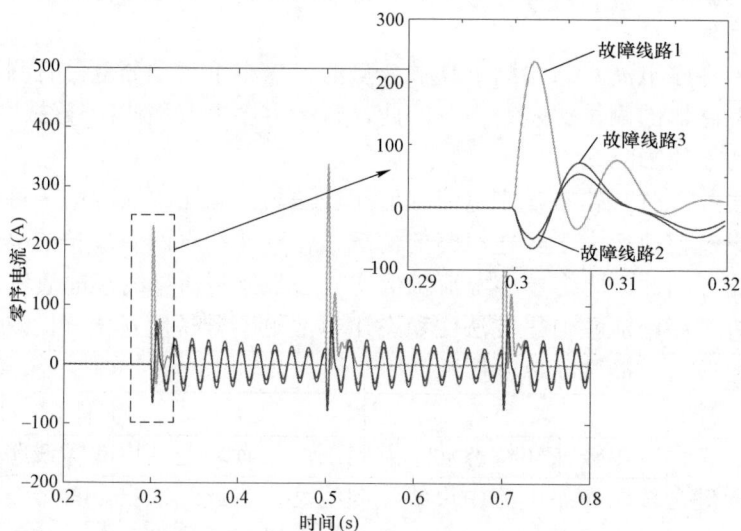

图 7-28　间歇性故障的暂态零序电流波形

4. 基于并联中电阻的故障检测方法适应性分析

（1）零序电流互感器误差对故障检测方法适应性的影响。

1）零序功率方向法。

并联中电阻能够增大故障线路零序电流的有功分量，但对健全线路零序电流的有功分量几乎没有影响。基于并联中电阻的零序功率方向法与基于零序稳态量的功率方向法在原理上一致，都不受互感器比差的影响，但可能会受角差影响。适应性分析与基于零序稳态量的功率方向法同理，此处不再赘述。

2）零序电流幅值变化量法。受过渡电阻影响，当并联电阻上的阻性电流不足以弥补减小的故障线路零序电流，故障线路的零序电流幅值将会减小，零序电流幅值变化量法将会选线失败。即只有当过渡电阻在临界电阻以下时，零序电流幅值变化量法才能正确选线；当过渡电阻超过该临界电阻时，零序电流幅值变化量法便会失效。

对于一个确定的消弧线圈接地系统，临界电阻为系统中对地零序电容最大的线路发生单相接地故障时计算得到的临界电阻。根据式（7-49），代入消弧线圈接地系统典型参数（$k$ 表示故障线路对地零序电容占系统总对地零序电容的比例；$p$ 为消弧线圈补偿度；$R_B$ 为中电阻阻值），可计算出不同系统电容电流下临界电阻的取值范围，该临界电阻指能够保障零序电流幅值变化量法原理绝对正确的过渡电阻值。过补偿时不同系统电容电流对应的临界电阻见表 7-7，欠补偿时不同系统电容电流对应的临界电阻见表 7-8。

表 7-7　　　　　　　　　过补偿时不同系统电容电流对应的临界电阻

| 系统电容电流 $I_C$（A） | 临界电阻 | | 临界电阻对应的系统参数 | | |
|---|---|---|---|---|---|
| | | $R_f$（Ω） | $k$ | $p$ | $R_B$（Ω） |
| 10 | 最小 | 1000 | 40% | +10% | 150 |
| | 最大 | 4000 | 10% | +5% | 50 |
| 50 | 最小 | 120 | 40% | +10% | 150 |
| | 最大 | 740 | 10% | +5% | 50 |
| 100 | 最小 | 30 | 40% | +10% | 150 |
| | 最大 | 350 | 10% | +5% | 50 |
| 200 | 最小 | 0（0）* | 23%（40%）* | +10% | 150 |
| | 最大 | 150 | 10% | +5% | 50 |
| 300 | 最小 | 0（0）* | 15%（40%）* | +10% | 150 |
| | 最大 | 90 | 10% | +5% | 50 |

\* 理论上 $k=40\%$ 时临界电阻最小，但本节只考虑线路最大电容电流到 46.2A。

表 7-8　　　　　　　　　欠补偿时不同系统电容电流对应的临界电阻

| 系统电容电流 $I_C$（A） | 临界电阻 | | 临界电阻对应的系统参数 | | |
|---|---|---|---|---|---|
| | | $R_f$（Ω） | $k$ | $p$ | $R_B$（Ω） |
| 10 | 最小 | 1500 | 40% | -5% | 150 |
| | 最大 | ∞ | 10% | -10% | 50 |
| 50 | 最小 | 210 | 40% | -5% | 150 |
| | 最大 | ∞ | 10% | -10% | 50 |
| 100 | 最小 | 70 | 40% | -5% | 150 |
| | 最大 | ∞ | 10% | -10% | 50 |
| 200 | 最小 | 70（20）* | 23%（40%）* | -5% | 150 |
| | 最大 | ∞ | 10% | -10% | 50 |
| 300 | 最小 | 90（0）* | 15%（40%）* | -5% | 150 |
| | 最大 | ∞ | 10% | -10% | 50 |

\* 理论上 $k=40\%$ 时临界电阻最小，但本节只考虑线路最大电容电流到 46.2A。

　　根据上述分析，可以得到确保零序电流幅值变化量法绝对有效性的临界过渡电阻能力为：① 临界电阻与系统电容电流、最大线路电容电流在系统电容电流中的占比、消弧线圈补偿度和中电阻阻值均呈现负相关关系；② 消弧线圈过补偿系统中，保障零序电流幅值变化量法原理绝对正确的临界电阻最大为 4000Ω，此时系统电容电流为 10A。系统电容电流越大，耐过渡电阻能力越差，当系统电容电流为 100A 以上时，临界电阻可能会下降到几百欧姆甚至几十欧姆。

　　零序电流幅值变化量法不需要相位信息，不受零序电流互感器角差和极性的影响，但会受零序电流互感器比差的影响。

　　对于健全线路，中电阻投入后的健全线路零序电流减小，健全线路零序电流更容易进入非线性测量范围。在互感器比差影响下，健全线路的零序电流可能会进一步减小，增强了健全线路零序电流减小的特征。

　　对于故障线路，中电阻投入后的故障线路零序电流会增大，而投入中电阻前测量的零序电流相对更易进入非线性测量范围。在互感器比差影响下，故障线路零序电流幅值增量可能会增加，增强了故障线路零序电流增大的特征。

　　当母线发生接地故障时，所有线路的零序电流幅值在中电阻投入后均会减小，理论上该方法能够正确判断母线接地故障。

　　综上，零序电流幅值变化量法不适应高阻接地故障，其耐过渡电阻能力低于零序功率方向法；零序电流幅值变化量法不受零序电流互感器比差的影响，可以判断母线接地故障。

　　（2）间歇性故障时故障检测方法适应性分析。与基于暂稳态量的故障检测方法不同，间歇性故障并非直接影响故障特征，而是影响并联中电阻是否能够正确投入。

　　中电阻通常是在母线零序电压或线路零序电流超过设定阈值后延时一段时间 $T_1$ 投入，但当发生故障持续时间较短的间歇性故障时，母线零序电压和线路零序电流并不会一直超过设定阈值，中电阻投入时间与间歇性故障关系示意图如图 7-29 所示。

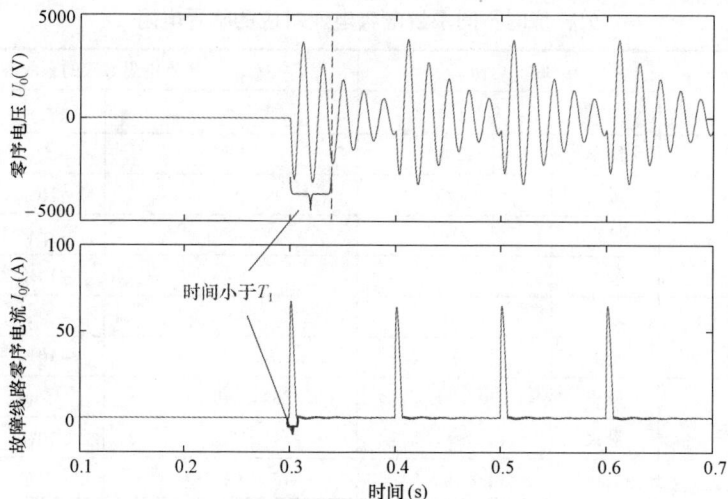

图 7-29　中电阻投入时间与间歇性故障关系示意图

在延时等待中电阻投入期间，线路零序电流可能会直接衰减为 0，母线零序电压也会迅速衰减至设定阈值以下，此时延时等待的过程会终止，中电阻不能及时投入。当后续故障重燃且母线零序电压或线路零序电流再次超过设定阈值时，延时等待过程又会重新开始，若故障持续时间一直很短，则中电阻会一直处于延时等待的过程，无法正常投入。

5. 基于相电流突变量法的故障检测方法适应性分析

相电流突变量法原理简单，仅需测量电流，已应用于实际配电网中。但受变压器和外部扰动的影响，该方法在实际使用效果并不理想。下面将具体分析变压器、负荷不对称对基于相电流突变量的单相接地故障处理技术的影响及适应性分析。

（1）变压器对相电流突变法适应性的影响。在上述分析中，默认系统中的变压器为理想元件，即近似认为变压器的阻抗为零。事实上，理论及仿真分析均发现变压器的阻抗对相电流突变特征有一定影响。所以，本节将主要分析变压器阻抗的影响和带来的问题，并给出解决办法。

电流的突变量即为电流的故障分量，在故障分量网络中，突变电流从故障点附加电源流向各相对地电容。据此可以设置第一层保护判据，$\rho_{\min} = \rho_{\mathrm{set1}}$ 且 $\Delta I_{\max} \leqslant K_{\mathrm{set1}} \Delta I_{\min}$，当满足该判据时，判断该部分为健全部分。其中，$\rho$ 为任意两相突变电流间的相关系数，$\rho_{\min}$ 为 $\rho_{\mathrm{AB}}$、$\rho_{\mathrm{BC}}$、$\rho_{\mathrm{CA}}$ 中的最小值；$\Delta I_{\min}$、$\Delta I_{\max}$ 为 A、B、C 相突变电流有效值中的最小值和最大值；$K_{\mathrm{set1}}$ 为比例系数。

对于健全线路，可取 $\rho_{\mathrm{set1}} = 0.6$，$K_{\mathrm{set1}} = 1.5$（不接地系统），$K_{\mathrm{set1}} = 1 + 3p$（消弧线圈接地系统，$p$ 为过补偿度）。

实际上，由于母线侧变压器和用户侧变压器阻抗的影响，三相电压突变不相等，导致部分突变电流从用户侧变压器上流过，形成"穿越电流"，会对健全线路突变电流特征造成影响。

令系统有 $n$ 条健全线，1 条故障线，各线路等长。将所有健全线并联等效为线路 1，故障线为线路 2，等效故障分量网络如图 7-30 所示，线路的对地电容电流和穿越电流如图 7-30 中标示。在图 7-30 中，健全相（B、C 相）参数可并联起来，形成简化网络，简化等效故障分量网络如图 7-31 所示。

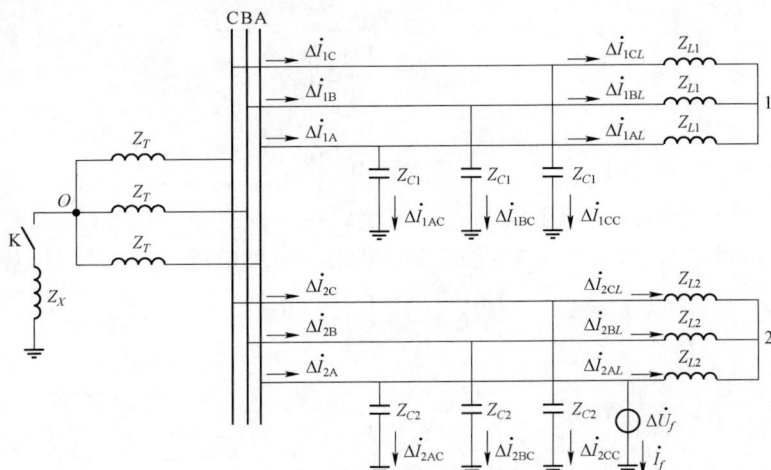

图 7-30　等效故障分量网络

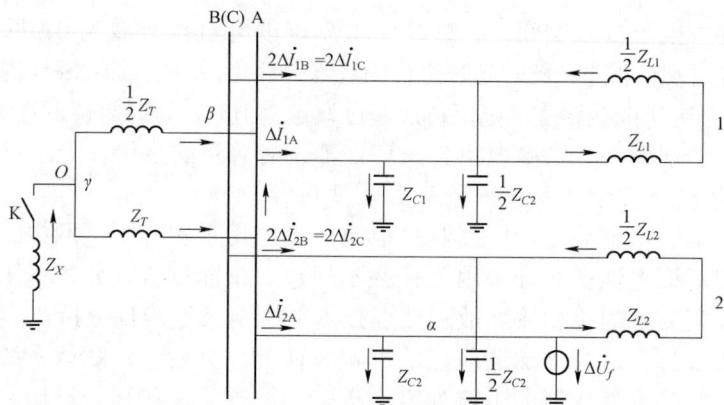

图 7-31　简化等效故障分量网络

在图 7-31 中，开关 K 闭合，令 A 相母线（$\alpha$）电压为 $\dot{U}_\alpha$，B 相和 C 相并联等效母线（$\beta$）电压为 $\dot{U}_\beta$，中性点（$\gamma$）电压为 $\dot{U}_\gamma$，则可列写节点电压方程组：

$$\begin{cases} \left( \dfrac{2}{Z_T} + \dfrac{2}{Z_{C1}} + \dfrac{2}{Z_{C2}} + \dfrac{2}{3Z_{L1}} + \dfrac{2}{3Z_{L2}} \right)\dot{U}_\beta - \left( \dfrac{2}{3Z_{L1}} + \dfrac{2}{3Z_{L2}} \right)\dot{U}_\alpha - \dfrac{2}{Z_T}\dot{U}_\gamma = 0 \\ \dot{U}_\alpha = \dot{U}_f \\ \left( \dfrac{3}{Z_T} + \dfrac{1}{Z_X} \right)\dot{U}_\gamma - \dfrac{1}{Z_T}\dot{U}_\alpha - \dfrac{2}{Z_T}\dot{U}_\beta = 0 \end{cases} \qquad (7-56)$$

典型配电线路中，电容电流约为负荷电流的 1%，则有 $|Z_{C1}| = 100|Z_{L1}|$，$|Z_{C2}| = 100|Z_{L2}|$；取母线侧变压器参数 $U_k\% = 10\%$，并假设各负荷侧变压器同型号，有 $|Z_{L2}| = 10(n+1)|Z_T|$，$|Z_{L1}| = \dfrac{10(n+1)}{n}|Z_T|$；取过补偿度 10%，则 $|Z_X| = 0.9 \times \dfrac{1}{3}\left( |Z_{C1}| / / |Z_{C2}| \right)$。

解方程组（7-57）求得 $\alpha$、$\beta$、$\gamma$ 三处电压，再计算线路各相电流，得到各相穿越电流与对地电容电流的大小关系为：

$$\begin{cases} |\Delta \dot{i}_{1AL}| \approx \dfrac{1}{50}|\Delta \dot{i}_{1AC}| \\ |\Delta \dot{i}_{1BL}| \approx \dfrac{1}{100}|\Delta \dot{i}_{1BC}| \\ |\Delta \dot{i}_{1CL}| \approx \dfrac{1}{100}|\Delta \dot{i}_{1CC}| \end{cases} \qquad (7-57)$$

从式（7-57）可见，穿越电流的影响很小。对中性点不接地系统，相当于 $Z_X = \infty$，解节点电压方程组（7-57）后计算线路各相电流，穿越电流与对地电容电流的关系为：

$$\begin{cases} |\Delta \dot{i}_{1AL}| \approx \dfrac{1}{5.5}|\Delta \dot{i}_{1AC}| \\ |\Delta \dot{i}_{1BL}| \approx \dfrac{1}{11}|\Delta \dot{i}_{1BC}| \\ |\Delta \dot{i}_{1CL}| \approx \dfrac{1}{11}|\Delta \dot{i}_{1CC}| \end{cases} \qquad (7-58)$$

综合以上分析可知，穿越电流比较小，对一般健全线路影响很小。但若健全线或故障线路上故障点下游的线路很短，其流过的穿越电流将远大于其本身的对地电容电流，此时，$\rho_{\min} \approx -1$，$\Delta I_{\max} \approx 2\Delta I_{\min}$，可作为健全短线的突变电流特征引入工作流程，避免将健全短线误判为故障线。故可以设置第二层保护判据，$\rho_{\min} = \rho_{\text{set2}}$ 且 $\Delta I_{\max} \leqslant K_{\text{set2}}\Delta I_{\min}$，其中 $\rho_{\text{set2}} = -0.3$，$K_{\text{set2}} = 2.5$。当满足该阈值时，判断该部分为健全部分，否则需进一步进行判断。

（2）负荷不对称时电流突变法适应性分析。除了单相接地外，负荷的变化也会引起电流突变。因此，有必要研究负荷电流变化对该方法的影响。用户负荷分为单相负荷和三相负荷，下面分别讨论。

1）单相负荷变化。在 380V 系统中，其中性点直接接地，所以单相负荷变化仅导致本相电流变化；这相当于在用户侧发生高过渡电阻的单相接地短路，突变电流可分解为大小相等、相位相同的正、负、零序分量，用户侧单相负荷变化相量图如图 7-32 所示（以 A 相负荷变化为例）。但由于受配电变压器绕组作用，该突变电流在进入 10kV 系统后，各序分量的相位将发生改变。配电变压器一般采用 Dyn11 和 Yyn0 两种接线组别，以下分别讨论。

对于 Dyn11 接线，零序电流在 D 绕组内环流，因而只有正序、负序分量可以进入配电线路。D 侧突变电流相量图如图 7-33 所示，某两相突变电流大小相等、方向相反，另一相突变电流为零，据此可与单相短路故障区别。故可以设置第三层保护判据，$\rho_{\min} = \rho_{\text{set3}}$ 且 $\Delta I_{\max} \leqslant K_{\text{set3}}\Delta I_{\min}$，其中 $\rho_{\text{set3}} = -0.5$，$K_{\text{set3}} = 1.5$。当满足该阈值时，判断该部分为健全部分，否则判断为故障部分。

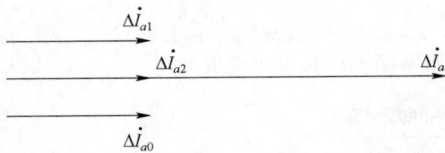

图 7-32　用户侧单相负荷变化相量图

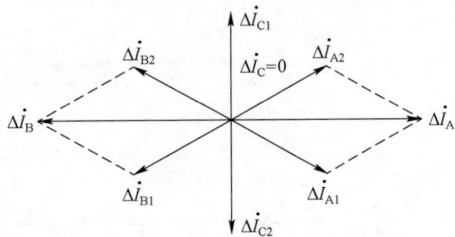

图 7-33　D 侧突变电流相量图

对于 Yyn0 接线，零序电流无法进入配电线路，只有正序、负序分量可以进入。Y 侧突变电流相量图如图 7-34 所示。由图 7-34 可见，用户单相负荷变化，在 10kV 系统表现为某相突变电流大小为另两相突变电流的两倍，方向相反；符合前面分析到的"穿越电流"的特点，在第二层保护判据环节保证不误判。

2）三相负荷变化。用户侧三相负荷变化时，三相突变电流呈对称关系，大小相等、角度相差 120°，通过计算可知，其相关系数为 -0.5，在第二层保护判据环节的作用范围

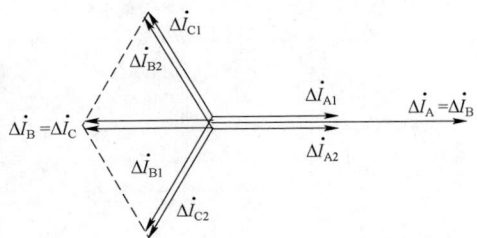

图 7-34　Y 侧突变电流相量图

之内，不会误判。

另外，由于配电变压器变比的作用，用户侧的电流反映到 10kV 系统后会显著减小，而且负荷一般不会急剧变化。这些因素也限制了负荷电流的影响。

综上，通过设置合适的判据（第二层和第三层保护判据），以避免变压器和负荷不对称导致的将健全部分误判为故障部分，负荷电流的变化不会影响相电流突变量法的性能。

（3）间歇性故障时相电流突变法适应性分析。设置不接地系统发生间歇性单相接地故障，故障部分 A 相分别在 0.5s、0.7s 和 0.9s 发生持续时间为 0.01s 的金属性单相接地故障，得到小电流接地系统发生间歇性故障时，故障线路的各相的相电流突变量波形和故障部分与健全部分 A 相（故障相）的相电流突变量，发生间歇性故障时故障线路零序电压和零序电流波形如图 7-35 所示，不接地系统发生间歇性故障时故障与健全部分 A 相相电流突变量波形如图 7-36 所示。

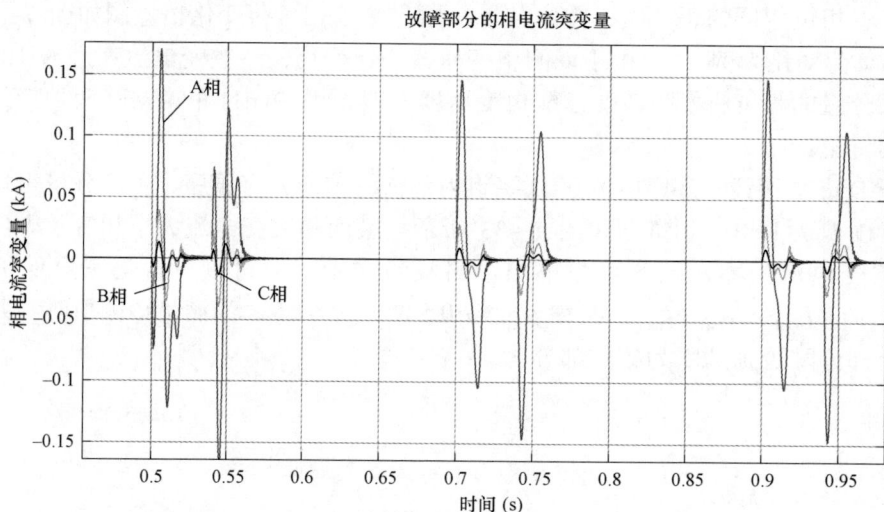

图 7-35　发生间歇性故障时故障线路零序电压和零序电流波形

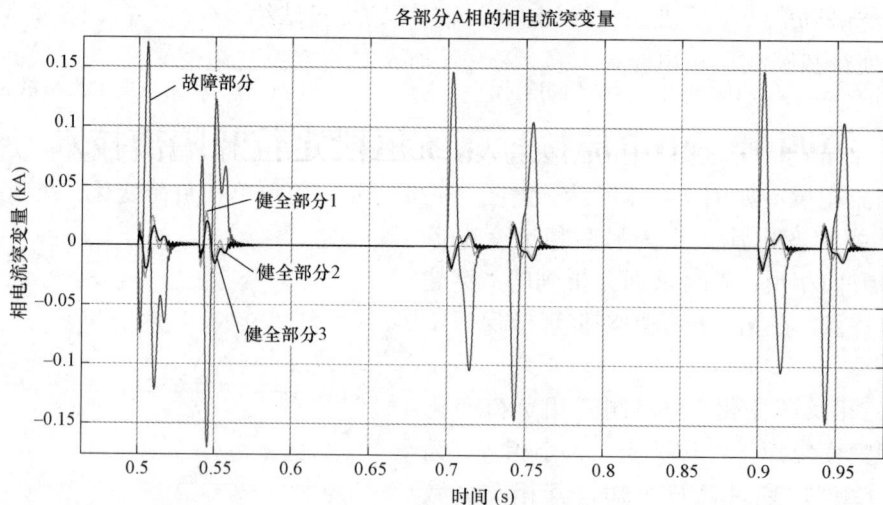

图 7-36　不接地系统发生间歇性故障时故障与健全部分 A 相相电流突变量波形

可见，当小电流系统发生间歇性故障时，相电流突变量特征依然存在。因此，只要能够准确检测到相电流突变信号，基于相电流突变量法的选线装置能适应间歇性故障。

（4）高阻接地故障时相电流突变法适应性分析。设置在 0.5s 不接地系统中故障部分的 A 相发生过渡电阻为 $10000\Omega$ 的单相接地故障，故障部分与健全部分 A 相（故障相）的相电流突变量波形如图 7-37 所示。

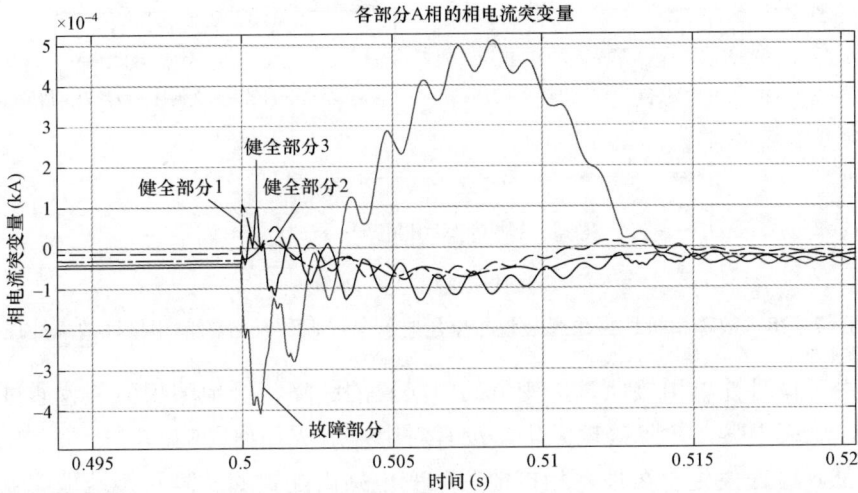

图 7-37　故障部分与健全部分 A 相（故障相）的相电流突变量波形

可见，过渡电阻改变了系统中各部分相电流突变量的幅值大小，但不影响相电流突变量的特征。发生高阻接地故障时，若能准确提取突变量的幅值信息，就可以准确判断出故障部分。

实验室中已验证霍尔电流传感器能够在 450A 的负荷电流中可靠识别至少 2A 的突变电流，因此可以以 2A 突变电流作为保障相电流突变量法绝对有效性的门槛值，当临界过渡电阻使得故障线路相电流突变量低于 2A 时，相电流突变量法失效。

# 第四节　小电流接地系统区段定位及隔离技术

## 一、基于就地智能的小电流接地系统单相接地故障区段定位及隔离

1. 选线跳闸和电压时间型馈线自动化技术配合的单相接地故障处理

对于电压时间型馈线自动化技术，只需在变电站出线断路器配置单相接地选线跳闸功能，而不需要对分段开关和联络开关配置的电压—时间型分段器做任何改变，就可以实现单相接地故障自动处理。

故障相接地型熄弧装置与电压时间型分段器配合的单相接地故障处理如图 7-38 所示，在变电站内采用故障相接地型熄弧装置，当判断为永久性单相接地时，驱动单相接

地所在馈线的变电站出线断路器跳闸，并具有两次重合功能，重合闸延时时间分别 15s 和 5s；馈线上配置电压—时间型分段器，分段开关 B、C 和 D 等采用电压—时间型分段器并设置在第 I 套功能，它们的 $X$ 时限均整定为 7s，$Y$ 时限均整定为 5s；联络开关 E 也采用电压—时间型分段器，但设置在第 II 套功能，其 $X_L$ 时限整定为 60s，$Y_L$ 时限整定为 5s。所有分段开关、联络开关均采用了"残压闭锁"机制[19]。

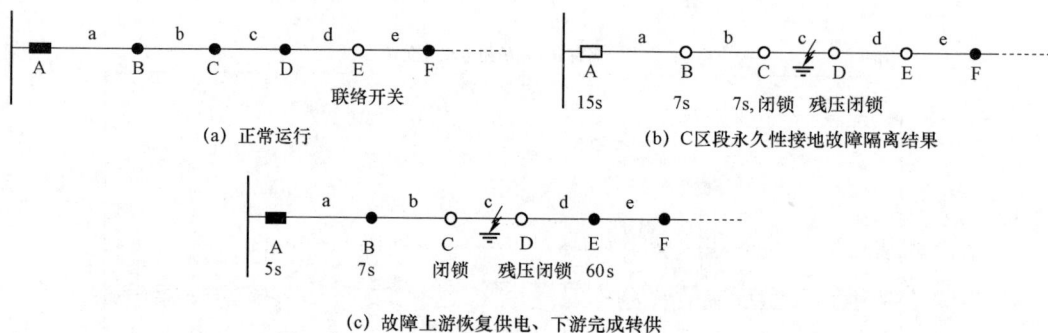

(a) 正常运行  (b) C区段永久性接地故障隔离结果

(c) 故障上游恢复供电、下游完成转供

图 7-38  故障相接地型熄弧装置与电压时间型分段器配合的单相接地故障处理

在发生了瞬时性单相接地时，变电站内配置的故障相接地型熄弧装置通过故障相短暂接地快速熄灭电弧，故障处理完毕，没有对用户造成任何影响。

假设在 c 区段发生永久性单相接地后，变电站内配置的故障相接地型熄弧装置通过故障相短暂接地快速熄灭电弧，但是随着故障相接地的断开，电弧又重燃，故障相接地型熄弧装置采用故障相接地断开增量原理，正确选出故障线路后，驱动变电站出线断路器 A 跳闸，随后 B、C、D 因失压而分闸。

15s 后 A 第一次重合，把电送到 B，再过 7s 后 B 重合把电送到 C，再过 7s 后 C 重合到单相接地点，故障相接地型熄弧装置通过故障相短暂接地快速熄灭电弧，但是随着故障相接地的断开，电弧又重燃；故障相接地型熄弧装置正确选出故障线路后，再次驱动变电站出线断路器 A 跳闸，随后 B、C 因失压而再次分闸，由于 C 合闸后未达到 $Y$ 时限再次失压，则其闭锁在分闸状态，D 由于"残压闭锁"机理也被闭锁在分闸状态，如图 7-38（b）所示。

变电站出线断路器 A 再次跳闸后，又经过 5s 进行第二次重合，随后分段器 B 自动合闸，而分段器 C 因闭锁保持分闸状态，变电站出线断路器 A 第一次跳闸后，经过 60s 的 $X_L$ 时限后，联络开关 E 自动合闸，将电供至 d 区段，D 由于"残压闭锁"不重合，故障下游健全区段转供完成，如图 7-38（c）所示，故障处理过程结束。

值得一提的是，任何具备选线跳闸功能的技术都可以与电压—时间型分段器配合，实现单相接地故障的自动处理功能，但是其他技术即使在瞬时性单相接地时，也需要采取跳闸的措施熄灭电弧，从而引发沿线所有电压—时间型分段器因失压而分闸，需要经过一轮顺序重合过程才能恢复全线供电。而故障相接地型熄弧装置能够不以跳闸为代价熄灭电弧，因此在瞬时性单相接地时，不至于引发沿线所有电压—时间型分段器因失压而分闸，不会对用户产生任何影响；只有在永久性故障时，故障相接地型熄弧装置才进行选线跳闸并与电压—时间型分段器配合，隔离单相接地故障区段，恢复健全区段供电。因此，故障相接地型熄弧装置和电压—时间型分段器是最佳组合。

虽然故障相接地型熄弧装置和电压—时间型分段器是最佳组合，但是在进行永久性单相接地故障处理时，与基于故障相接地断开增量原理的单相接地全过程自动处理相比，不仅处理时间较长，而且在处理过程中会引起单相接地所在馈线全线停电，而"基于故障相接地断开增量原理实现单相接地全过程自动处理"所论述的方法只会引起单相接地所在馈线在单相接地区段及其下游停电，而上游区段不必停电。另外，故障相接地型熄弧装置和电压—时间型分段器配合方式需要变电站出线断路器具备两次重合功能。

2. 选线跳闸和合闸速断方式馈线自动化技术配合的单相接地故障处理

对于选线跳闸和合闸速断方式馈线自动化技术配合，除了需要在变电站出线断路器配置单相接地延时选线跳闸以外，还需要对变电站出线断路器、分段开关和联络开关配置的合闸速断方式分段器进行改进，配置零序电压互感器，增加合闸瞬时速断零序电压保护功能，即变电站出线断路器或分段器合闸时开放瞬时速断零序电压保护功能，若合到单相接地点，则零序电压超过阈值，令该变电站出线断路器或分段器跳闸并且闭锁在分闸状态；若合闸后超过 $Y$ 时限都没有检测到超过阈值的零序电压，则关闭瞬时速断零序电压保护功能。

选线跳闸和合闸速断方式馈线自动化技术配合的单相接地故障处理如如图 7-39 所示，以如图 7-39（a）所示的"手拉手"配电线路为例加以说明，A 为变电站出线断路器，具有选线跳闸功能，仅配置一次重合闸功能，重合延时时间为 5s；分段开关 B、C 和 D 采用增加合闸瞬时速断零序电压保护功能的合闸速断方式分段器，它们设置在第 I 套功能，其 $X$ 时限均整定为 3s，$Y$ 时限均整定为 2s；联络开关 E 也采用增加合闸瞬时速断零序电压保护功能的合闸速断方式分段器，设置在第 II 套功能，其 $X_L$ 时限整定为 25s，$Y_L$ 时限整定为 2s。

假设在 c 区段发生永久性故障后，A 选线跳闸，随后 B、C、D 因失压而分闸，如图 7-39（a）所示；5s 后 A 把电送到 B，且 A 合闸后在 Y 时限内未检测到零序电压超过阈值，则关闭瞬时速断零序电压保护功能。

再过 3s 后，B 因 $X$ 时限到合闸将电送到 C，且 B 合闸后在 Y 时限内未检测到零序电压超过阈值，瞬时速断零序电压保护功能；又过 3s 后，C 因 $X$ 时限到合闸，由于合到单相接地故障点，C 在合闸后 Y 时限内检测到零序电压超过阈值，因此跳闸并闭锁在分闸状态；A 因选线跳闸功能延时时间且瞬时速断零序电压保护功能关闭而不跳闸，B 因瞬时速断零序电压保护功能关闭而不跳闸，如图 7-39（b）所示。

A 选线跳闸后，经过 25s 的 $X_L$ 时限后，联络开关 E 自动合闸；又过 3s 后，D 因 $X$ 时限到合闸，由于合到单相接地故障点，D 在合闸后 Y 时限内检测到零序电压超过阈值，因此跳闸并闭锁在分闸状态，对侧变电站出线断路器的选线跳闸功能因延时时间未到，不跳闸，故障处理过程结束，如图 7-39（c）所示。

(a) C区段发生永久性接地故障

(b) 故障点上游开关完成隔离

(c) 故障点下游开关完成隔离和健全区段转供

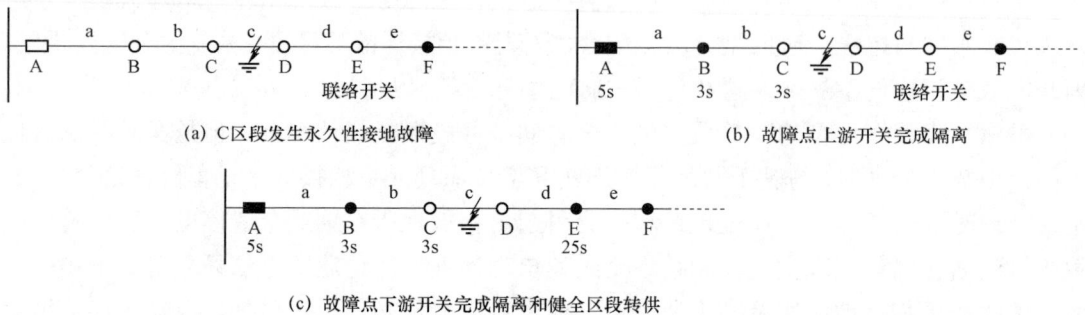

图 7-39　选线跳闸和合闸速断方式馈线自动化技术配合的单相接地故障处理

与选线跳闸和电压时间型馈线自动化技术配合的单相接地故障处理相比，选线跳闸和合闸速断方式馈线自动化技术配合的单相接地故障处理的处理时间更短，但是需要馈线沿线配置零序电压互感器。需要指出的是，对于增加合闸瞬时速断零序电压保护功能改进合闸速断馈线自动化技术，在单相接地故障处理过程中，在分段开关合闸后的 $Y$ 时限内，若在同一 10kV 母线所带其他馈线上再次发生单相接地故障而引起零序电压越限，则有可能导致分段开关的误闭锁，但概率很小。

## 二、基于集中智能的小电流接地系统单相接地故障区段定位及隔离

将单相接地检测装置（如配电自动化终端、故障指示器等）的信息传送至配电自动化系统主站，由主站根据这些信息实现单相接地选线和定位，还可利用数据冗余实现一定的容错性。

集中智能单相接地故障选线与区段定位的关键在于各个监测装置判断出单相接地的位置是否在该监测装置安装处的下游，从而将单相接地故障信息"两值化"，即若单相接地的位置在该监测装置安装处的下游，则上报"1"；否则上报"0"或不上报。

1. 节点和区域

将安装有单相接地故障信息采集装置（包括变电站内单相接地选线装置或单相接地线路保护装置、具有单相接地检测功能的配电终端和智能开关、具有单相接地检测功能的故障指示器等）的节点称为单相接地故障信息采集节点。

将配电网上由单相接地故障信息采集节点和末梢节点围成的、其中不再包含单相接地故障信息采集节点或末梢节点的区域，称为最小单相接地故障定位区域，将围成该区域的节点称为其端点。最小单相接地故障定位区域是集中智能单相接地区段定位的最小单元。

2. 集中智能单相接地故障区域定位的判据

集中智能单相接地故障区段定位的判据为若一个最小单相接地定位区域的一个端点上报了"单相接地故障在其下游"的信息，并且其他所有端点均未上报"单相接地故障在其下游"的信息，则反映该区域内发生了单相接地故障；若一个最小单相接地定位区域的所有端点均没有上报"单相接地故障在其下游"的信息，或至少有两个端点同时上报了"单相接地故障在其下游"的信息，则反映故障不在该区域内。

配电自动化主站单相接地定位判据示例如图 7–40 所示，矩形框代表变电站出线开关，圆圈代表线路分段开关，当在分段开关 C 下游发生单相接地故障时，如果不发生信息"漏报"和"误报"，则配电自动化主站应当收到的各个单相接地检测装置上报的故障信息如图所示，图中"＋"表示主站收到该装置上报信息"单相接地发生在检测装置下游"，"－"表示主站未收到该装置上报信息"单相接地发生在检测装置下游"。

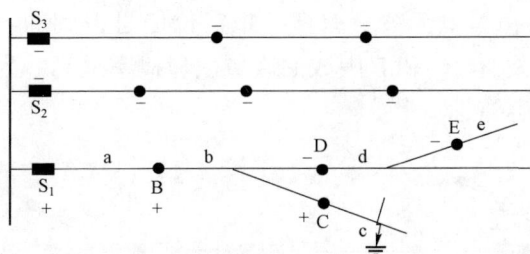

图 7–40　配电自动化主站单相接地定位判据示例

对于 S2、S3 所供馈线，由于主站未收到沿线单相接地检测装置上报"单相接地发生在检测装置下游"信息，因此 S2、S3 所供馈线上的各个区域均满足"所有端点均没有上报'单相接地故障在其下游'的信息"，主站判断单相接地故障不是发生在上述区域内。

对于 S1 所供馈线，区域 a 和 b 满足"至少有两个端点同时上报了"单相接地故障在其下游"的信息，因此主站判断单相接地故障不是发生在区域 a 和 b 内；区域 d 和 e 满足"所有端点均没有上报'单相接地故障在其下游'的信息"，主站判断单相接地故障不是发生在区域 d 和 e 内；只有区域 c 满足"一个端点上报了'单相接地故障在其下游'的信息"，并且其他所有端点均未上报"单相接地故障在其下游"的信息"，因此主站最终正确判断出单相接地故障发生在区域 c 内部。

由于不需要更改配电自动化系统主站的应用软件，而是直接利用其已经成熟的相间短路故障定位功能就可以实现单相接地定位，因此本节论述的方法对于所有已经建成的配电自动化系统主站都直接适用。但是要求具有单相接地检测功能的终端能够将定位信息"两值化"之后以配电终端通信协议上传到配电自动化主站。

值得一提的是，由于单相接地故障发生比相间短路故障更加频繁，因此更加有条件建立起先验概率，更适合运用贝叶斯估计实现容错区段定位。

基于极大似然估计法的单相接地容错定位示例如图 7–41 所示，图 7–41（a）所示的架空配电线路，矩形框代表开关。在各个开关处安装了同时具备基于暂态分量的参数辨识原理和相电流突变原理的单相接地检测装置，并能向配电自动化主站上报单相接地是否发生在其下游的定位信息。在图中，"＋"表示主站收到该检测装置上报信息"单相接地发生在检测装置下游"，"－"表示主站未收到该检测装置上报信息"单相接地发生在检测装置下游"。

假设在有开关 B、C 和 F 围成的区域内发生了单相接地，主站收到的基于参数识别原理上报的定位信息如图 7–41(b)所示，基于相电流突变原理上报的定位信息如图 7–41(c)所示，由图可见它们均含有差错。假设信息正确的概率为 0.9，采用极大似然估计的容错方法,单独基于参数识别原理上报的定位信息得到的各区段单相接地概率如图 7-41 (d) 所示, 开关 B、C 和 F 围成的区域故障概率最高, 为 66.94%。采用极大似然估计的容错方法, 单独基于相电流突变原理上报的定位信息得到的各区段单相接地概率如图 7-41 (e) 所示, 开关 $S_1$、A 围成的区域及开关 B、C 和 F 围成的区域故障概率最高, 均为 42.16%。可见, 采用极大似然估计法进行单相接地故障定位能够具有一定的容错能力。

融合参数识别原理和相电流突变原理上报定位信息得到的各区段单相接地概率如图 7-41 (f) 所示, 开关 B、C 和 F 围成的区域故障概率最高, 为 95.24%, 综合两种原理上报信息后显著提升容错性。

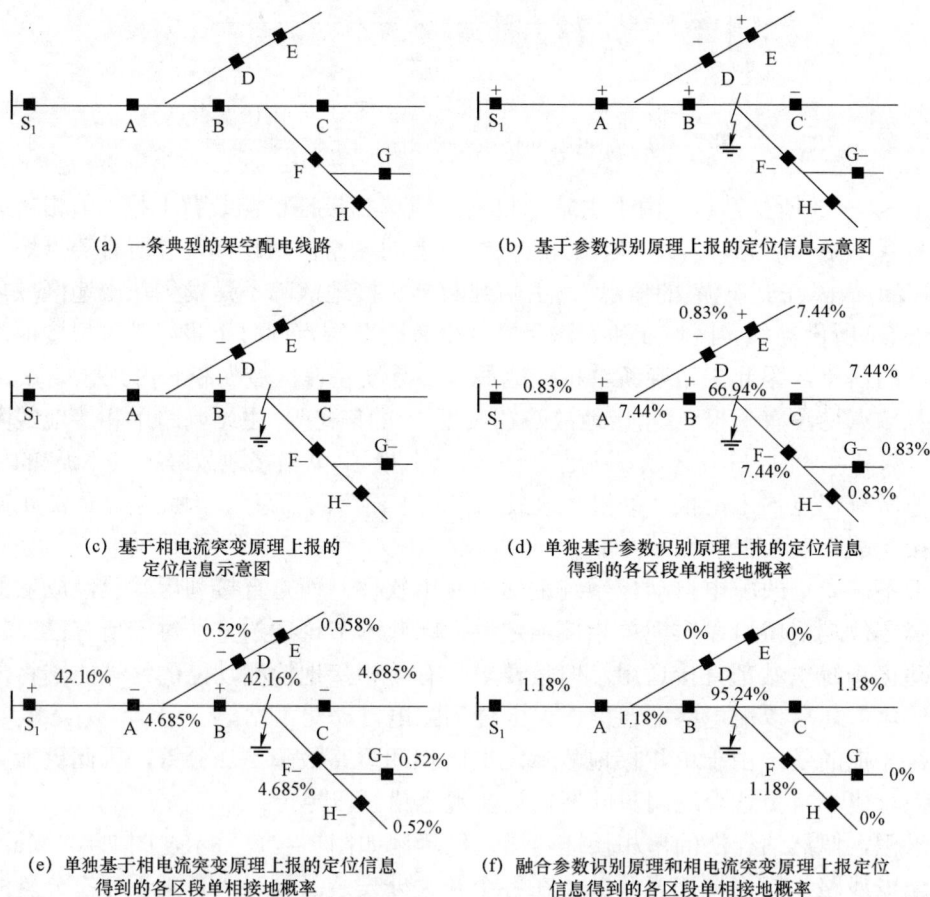

(a) 一条典型的架空配电线路

(b) 基于参数识别原理上报的定位信息示意图

(c) 基于相电流突变原理上报的定位信息示意图

(d) 单独基于参数识别原理上报的定位信息得到的各区段单相接地概率

(e) 单独基于相电流突变原理上报的定位信息得到的各区段单相接地概率

(f) 融合参数识别原理和相电流突变原理上报定位信息得到的各区段单相接地概率

图 7-41 基于极大似然估计法的单相接地容错定位示例

假设根据该馈线历史上发生故障的统计信息, 在开关 B、C 和 F 围成的区域发生单相接地故障的比例较高, 达到 20%, 其余区域发生单相接地故障的比例比较平均, 均为 10%, 则可以进一步采用贝叶斯估计法, 得出各个区段单相接地的概率基于贝叶斯估计法的单相接地容错定位计算结果如图 7-42 所示, 开关 B、C 和 F 围成的区域故障概率最高, 为 97.6%, 可见采用贝叶斯方法计算得到的单相接地故障区段的概率更高, 准确性进一步提升。

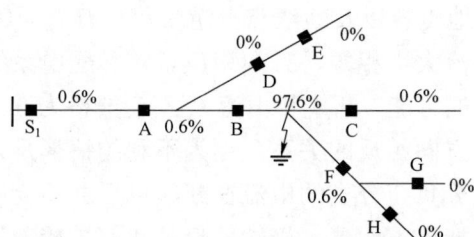

图 7－42 基于贝叶斯估计法的单相接地容错定位计算结果

# 第五节 小电流接地系统断线检测技术

断线故障是配电线路上除单相接地故障和相间短路故障以外的另一大类故障，实际配电系统中的断线故障形态比较复杂多变，可能呈现断线不接地、断线电源侧接地、断线负荷侧接地、断线两侧接地等多种形态。对于断线两侧接地或断线电源侧接地的情形，若断线接地过渡电阻较低，则会同时伴随有明显的接地故障特征，变电站内配置的小电流接地选线装置和单相接地保护监测装置可有效处理这类断线故障。对于断线两侧不接地或者断线接地过渡电阻较高的情形，则有可能会由于没有接地故障特征或者接地故障特征微弱，而导致变电站内配置的小电流接地选线装置和单相接地保护监测装置无法有效发现这类断线故障，需采用基于断线故障特征的故障处理方法。

## 一、基于电流特征的断线故障保护

基于电流特征的断线故障保护主要分为基于相电流和负序电流特征两大类。

1. 基于相电流特征的断线故障保护

以 A 相断线为例，断线线路等效分析模型如图 7－43 所示，图中 $\dot{E}_A$、$\dot{E}_B$、$\dot{E}_C$ 为系统各相电源电动势，$\dot{I}_A$、$\dot{I}_B$、$\dot{I}_C$ 为断线点上游各相电流，$Z_{fA1}$、$Z_{fB1}$、$Z_{fC1}$ 为断线点上

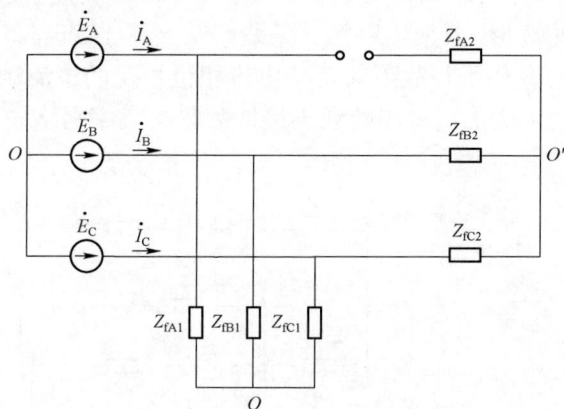

图 7－43 断线线路等效分析模型

游各相负荷等效阻抗，$Z_{fA2}$、$Z_{fB2}$、$Z_{fC2}$ 为断线点下游各相负荷等效阻抗。

理想情况下，忽略对地电容以及断线点上游负荷，有 $\dot{I}_A = 0, \dot{I}_B = -\dot{I}_C$，即断线相电流变为 0，两个非断线相电流大小相等，方向相反。实际配电系统中，考虑到系统对地电容的存在及断线伴随接地的可能，断线相电流 $\dot{I}_A$ 不会严格为 0，非故障相电流 $\dot{I}_B$ 和 $\dot{I}_C$ 也不会严格满足大小相等、方向相反的关系。更为不利的情形是，若断线点和保护安装点之间存在负荷分支，该部分负荷分支的电流在断线以后并不会发生变化，则保护安装点检测到的相电流特征有可能更不明显，极端情形是线路末梢断线的情形，此时断线点和保护安装点之间负荷电流较大而断线点下游负荷很小，$\dot{I}_A$、$\dot{I}_B$ 和 $\dot{I}_C$ 均不会有明显改变。

以 A 相断线为例，基于相电流特征的断线故障保护通常可采用如式（7-59）所示的判据：

$$\begin{cases} \Delta I_A < 0 \\ \dfrac{|\Delta I_A|}{I_{A,Z}} > \lambda_{set} \\ 180° - \varphi_{set} < \left|\arg \dfrac{\dot{I}_B}{\dot{I}_C}\right| < 180° + \varphi_{set} \end{cases} \tag{7-59}$$

式中　$\Delta I_A$ ——A 相电流有效值的变化量；

　　　$I_{A,Z}$ ——A 相电流突变前的有效值；

　　　$\lambda_{set}$ ——电流有效值变化率门槛，通常可整定为 20%～30%；

　　　$\varphi_{set}$ ——非故障相电流相角差的整定裕度，通常可整定为 30°～45°。

对于断线同时伴随一侧或者两侧接地的情形，当断线接地过渡电阻较小时，有可能会对断线相的电流特征造成一定的不利影响，极端情况是当断线两侧接地过渡电阻均接近 0 时，$\dot{I}_A$、$\dot{I}_B$ 和 $\dot{I}_C$ 均不会有明显改变，但实际配电系统中断线接地过渡电阻一般较高，最小一般不会小于 30Ω，大多数情形一般均在数千欧姆，因而对式（7-59）的基于相电流特征的断线故障保护影响有限。

2. 基于负序电流特征的断线故障保护

对于断线不接地的情形，若配电网第 $n$ 条线路某支路 $M$ 点与 $N$ 点之间发生单相断线故障，相当于断口之间叠加了与故障前负荷电流相位相反的电流源。假设该电流源经派克变换后所得的负序电流为 $i_n$，单相断线不接地故障的负序网络如图 7-44 所示。

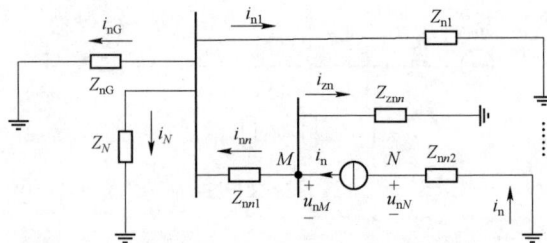

图 7-44　单相断线不接地故障的负序网络

图 7-44 中，$Z_{ni}(i=1, 2, \cdots, n-1)$ 为健全线路 $i$ 的等效负序阻抗，包括线路阻抗和负荷阻抗，$Z_{nn1}$ 和 $Z_{nn2}$ 为故障线路 $n$ 断口上游和下游的等效负序阻抗，$Z_{znn}$ 为与故障支路并联支路的等效阻抗，$u_{nM}$ 和 $u_{nN}$ 为断口两侧的负序电压，$i_{ni}(i=1, 2, \cdots, n)$ 表示线路 $i$ 的负序电流，$i_{zn}$ 为与故障支路并联支路的负序电流；$Z_N$ 为中性点对地阻抗，当中性点为电阻或消弧线圈接地时分别对应电阻或消弧线圈阻抗，当中性点不接地时为 $\infty$；$i_N$ 为流过中性点的电流；$Z_{nG}$ 为高压系统的等效负序阻抗；$i_{nG}$ 为流过系统侧的负序电流；$i_n$ 为流经故障支路的负序电流。

从图 7-44 可见，当发生断线故障后负序电流的分布为：

（1）从故障支路经故障点上游区段及母线流向高压系统、中性点以及健全线路，最终经大地从故障点下游线路流回到等效电流源。

（2）从故障支路流向与之并联的健全支路，最终经大地从故障点下游线路流回到等效电流源。

对于故障线路，不管是故障点上游和下游，负序电流都是从线路流向母线，对于健全线路和故障线路中的健全支路，负序电流都是从母线流向线路。

根据图 7-44，以母线指向线路为电流正方向，可以得到，对于健全线路，负序电压就是负序电流流过相应阻抗后的电压降，满足：

$$\dot{U}_n = Z_n \dot{I}_n \tag{7-60}$$

式中　$\dot{U}_n$、$\dot{I}_n$——变电站内单相接地保护装置检测到的负序电压和负序电流；

　　　　$Z_n$——线路等效负序阻抗。

对于故障线路，满足：

$$\dot{U}_n = -Z_{eq} \dot{I}_n \tag{7-61}$$

式中　$Z_{eq}$——从变电站内单相接地保护装置安装点看向系统侧的负序等效阻抗，由于高压系统等效负序阻抗远小于负荷阻抗，$Z_{eq}$ 主要体现为高压系统等效负序阻抗。

对于断线同时伴随接地的情形，负序网络中除了断口处施加的负序电流源 $\dot{i}_n$ 以外，相当于在相应接地侧再施加负序电压源 $\dot{U}_n$，单相断线电源侧接地故障负序网络及基于叠加定理的求解电路如图 7-45 所示，单相断线负荷侧接地故障负序网络及基于叠加定理的求解电路如图 7-46 所示。图 7-45 和图 7-46 中负序等效电压源的电压向量 $\dot{U}_n$ 及等效电流源的电流向量 $\dot{i}_n$ 可以根据复合序网法求解得到。当得到等效电源向量后，可以根据叠加定理进行求解，分解成图 7-45 和图 7-46 中所示的等效电流源单独作用和等效电压源单独作用的两个电路，将两个电路单独求解，各测点的向量相加就是实际测量得到的量。综合图 7-45 和图 7-46 负序网络，可见断线同时伴随有接地故障下健全线路、故障点下游及与故障线路中健全支路的各区段同样满足式（7-60），而故障线路故障点上游各区段的负序电压和电流同样满足式（7-61）。

因此，基于负序电流特征的断线故障保护判据可用式（7-62）和式（7-63）描述。

(a) 负序网络　　　　　　　　　(b) 等效电流源单独作用

(c) 等效电压源单独作用

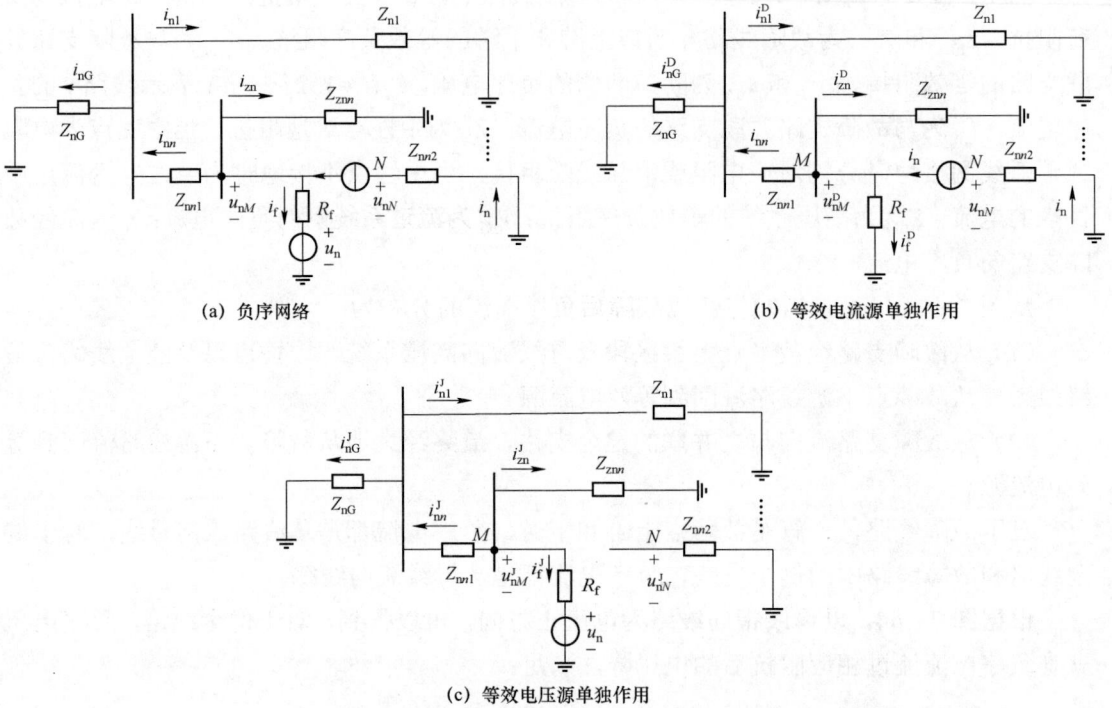

图 7-45　单相断线电源侧接地故障负序网络及基于叠加定理的求解电路

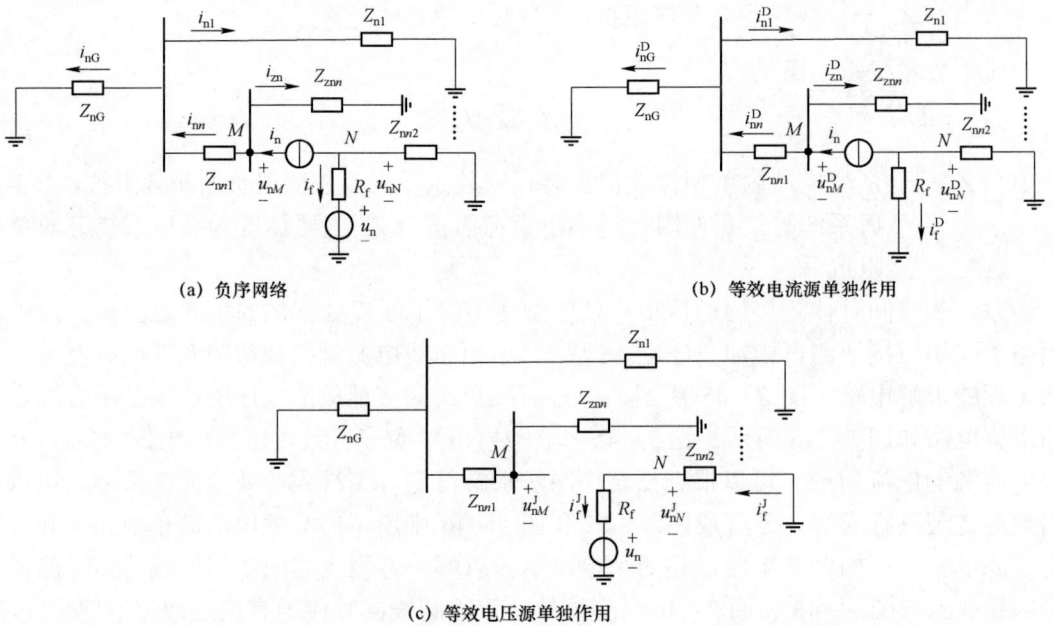

(a) 负序网络　　　　　　　　　(b) 等效电流源单独作用

(c) 等效电压源单独作用

图 7-46　单相断线负荷侧接地故障负序网络及基于叠加定理的求解电路

健全线路负序电压、电流相位差满足下式：

$$-90°<\arg\left(\frac{\dot{U}_\text{n}}{\dot{I}_\text{n}}\right)<90° \tag{7-62}$$

断线故障线路负序电压、电流相位差满足下式：

$$-180°<\arg\left(\frac{\dot{U}_\text{n}}{\dot{I}_\text{n}}\right)<-90°\bigcup 90°<\arg\left(\frac{\dot{U}_\text{n}}{\dot{I}_\text{n}}\right)<180° \tag{7-63}$$

无论是基于相电流特征还是负序电流特征的断线故障保护判据，在一些特殊情况下都会存在误判或灵敏度不足的问题，包括：

（1）当切除单相负荷使得三相负荷不对称达到一定程度时，三相电流会出现与断线故障相似的电流特征，有可能会导致误判，但正常运行情况下一般不会出现电流大幅度的波动。

（2）断线点下游负荷相对于断线点上游负荷较小的情形下，存在灵敏度不足的问题。

（3）对于轻载、空载运行的线路，由于电流幅值较小，灵敏度不足和误判的可能均存在。

在配电网中，除断线故障外线路的非全相运行大多是由开关操作导致的。配电网的开关基本都是三相操作，一般不会出现长时间的非全相运行状态。如果由于开关故障等原因导致线路长时间非全相运行，可视为断线故障。对于诸如由于三相合闸时间不严格一致等造成的短时间非全相运行状态，可设置适当的动作延时以躲过短时非全相运行可能造成的断线保护误动。

## 二、基于电压特征的断线故障保护

### 1. 中压配电线路断线故障的电压特征

（1）等效分析模型。以三相配电系统中某一条配电线路上发生 A 相单相断线故障为例，中性点非有效接地系统配电线路断线等效分析电路如图 7-47 所示。$\dot{E}_\text{A}$、$\dot{E}_\text{B}$、$\dot{E}_\text{C}$ 为系统三相电源电势；线路 1 等效代表所有非故障线路，线路 2 代表故障线路；N 为断线位置上游（电源侧）中性点，$\dot{U}_\text{NO}$ 表示断线位置上游（电源侧）中性点对地电压；M 为断线位置下游（负荷侧）中性点，$\dot{U}_\text{MO}$ 表示断线位置下游（负荷侧）中性点地电压；$C_{0\Sigma-f}$ 为所有非故障线路总等效对地电容；$C_{0f}$ 为故障线路对地电容；$j\omega L_\text{p}$ 为消弧线圈感抗；$k_x$ 表示断口下游断线相对地电容占断线所在线路对地电容的比例，可以反应断线位置；A、A′、B、B′、C、C′ 分别代表各相的断口两侧节点，$R_{f1}$ 和 $R_{f2}$ 分别代表断线点两侧断线接地过渡电阻，通过设置 $R_{f1}$ 和 $R_{f2}$ 的不同组合变化可以涵盖断线不接地、断线负荷侧接地、断线电源侧接地、断线两侧都接地等多种形态，当 $R_{f1}$、$R_{f2}$ 趋于 ∞ 时，代表相应一侧发生的是断线不接地故障；$Z_\text{Load1}$ 为线路 1 的负荷等效阻抗，$Z_\text{Load2}$ 为线路 2 的断线点下游负荷等效阻抗；线路阻抗与线路对地容抗和负荷阻抗相比小得多，可忽略。系统总对地电容为 $C_{0\Sigma}=C_{0\Sigma-f}+C_{0f}$，故障线路 2 对地电容 $C_{0f}$ 占系统总对地电容 $C_{0\Sigma}$ 的 $1/k_\text{c}$。

忽略负荷电流在线路阻抗上造成的压降，对于断线位置下游（负荷侧）非断线相电压而言，有：

$$\begin{cases}\dot{U}_{\text{B}'}=\dot{U}_\text{B}=\dot{U}_\text{NO}+\dot{E}_\text{B}\\\dot{U}_{\text{C}'}=\dot{U}_\text{C}=\dot{U}_\text{NO}+\dot{E}_\text{C}\end{cases} \tag{7-64}$$

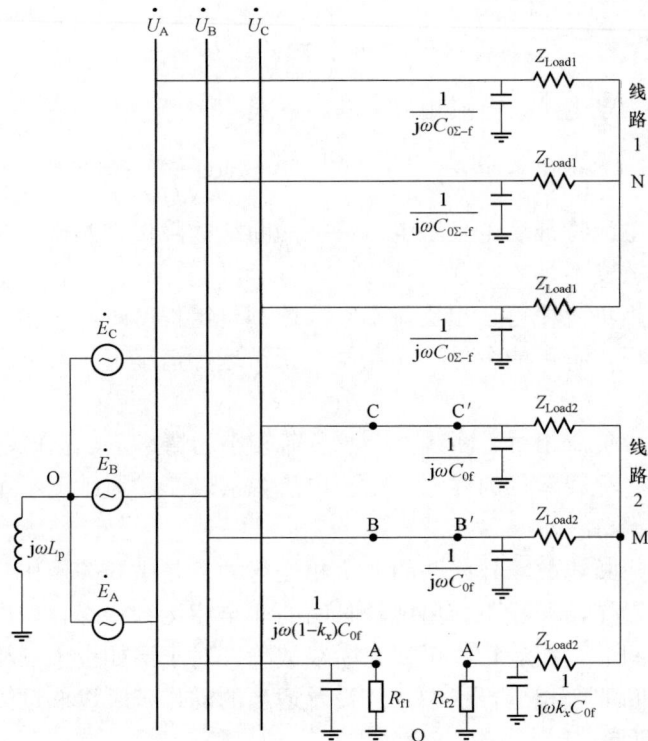

图 7-47　中性点非有效接地系统配电线路断线等效分析电路

对节点 M 应用基尔霍夫电流定律，有：

$$\frac{\dot{U}_{B'} - \dot{U}_{MO}}{Z_{Load2}} + \frac{\dot{U}_{C'} - \dot{U}_{MO}}{Z_{Load2}} = \dot{U}_{MO} \cdot \frac{1}{Z_{Load2} + \dfrac{k_c R_{f2}}{jk_x \omega C_{0\Sigma} R_{f2} + k_c}} \tag{7-65}$$

根据式（7-64）和式（7-65）并考虑 $\dot{E}_A$、$\dot{E}_B$、$\dot{E}_C$ 的关系，有：

$$\dot{U}_{NO} = \frac{1}{2}\dot{E}_A + \dot{U}_{MO} + \frac{Z_{Load2}}{2\left(Z_{Load2} + \dfrac{k_c R_{f2}}{jk_x \omega C_{0\Sigma} R_{f2} + k_c}\right)}\dot{U}_{MO} \tag{7-66}$$

对节点 N 应用基尔霍夫电流定律，有：

$$\dot{U}_{NO} \cdot \left[\left(3 - \frac{k_x}{k_c}\right)j\omega C_{0\Sigma} + \frac{1}{j\omega L_p} + \frac{1}{R_{f1}}\right] + \dot{E}_A \cdot \left(\frac{1}{R_{f1}} - j\frac{k_x}{k_c}\omega C_{0\Sigma}\right)$$
$$= -\dot{U}_{MO} \cdot \frac{1}{Z_{Load2} + \dfrac{k_c R_{f2}}{jk_x \omega C_{0\Sigma} R_{f2} + k_c}} \tag{7-67}$$

由式（7-66）和式（7-67）可以确定 $\dot{U}_{NO}$、$\dot{U}_{MO}$ 与 $\dot{E}_A$ 之间的关系。进一步可以表达出断线位置下游（负荷侧）各相对中性点 M 的电压和线电压，分别如式（7-68）和式（7-69）所示，它们都是 $C_{0\Sigma}$、$L_p$、$k_c$、$k_x$、$Z_{Load2}$、$R_{f1}$、$R_{f2}$ 的函数。

$$\begin{cases} \dot{U}_{\text{A'M}} = -\dfrac{Z_{\text{Load2}} \cdot \dot{U}_{\text{MO}}}{Z_{\text{Load2}} + \dfrac{k_{\text{c}} R_{\text{f2}}}{\mathrm{j} k_x \omega C_{0\Sigma} R_{\text{f2}} + k_{\text{c}}}} \\[4mm] \dot{U}_{\text{B'M}} = \dot{E}_{\text{B}} + \dfrac{1}{2} \dot{E}_{\text{A}} + \dfrac{1}{2} \dfrac{Z_{\text{Load2}} \cdot \dot{U}_{\text{MO}}}{Z_{\text{Load2}} + \dfrac{k_{\text{c}} R_{\text{f2}}}{\mathrm{j} k_x \omega C_{0\Sigma} R_{\text{f2}} + k_{\text{c}}}} \\[4mm] \dot{U}_{\text{C'M}} = \dot{E}_{\text{C}} + \dfrac{1}{2} \dot{E}_{\text{A}} + \dfrac{1}{2} \dfrac{Z_{\text{Load2}} \cdot \dot{U}_{\text{MO}}}{Z_{\text{Load2}} + \dfrac{k_{\text{c}} R_{\text{f2}}}{\mathrm{j} k_x \omega C_{0\Sigma} R_{\text{f2}} + k_{\text{c}}}} \end{cases} \tag{7-68}$$

$$\begin{cases} \dot{U}_{\text{A'B'}} = -\dfrac{1}{2} \dot{E}_{\text{A}} - \dot{E}_{\text{B}} - \dfrac{3}{2} \dfrac{Z_{\text{Load2}} \cdot \dot{U}_{\text{MO}}}{Z_{\text{Load2}} + \dfrac{k_{\text{c}} R_{\text{f2}}}{\mathrm{j} k_x \omega C_{0\Sigma} R_{\text{f2}} + k_{\text{c}}}} \\[4mm] \dot{U}_{\text{B'C'}} = \dot{E}_{\text{B}} - \dot{E}_{\text{C}} \\[4mm] \dot{U}_{\text{C'A'}} = \dot{E}_{\text{C}} + \dfrac{1}{2} \dot{E}_{\text{A}} + \dfrac{3}{2} \dfrac{Z_{\text{Load2}} \cdot \dot{U}_{\text{MO}}}{Z_{\text{Load2}} + \dfrac{k_{\text{c}} R_{\text{f2}}}{\mathrm{j} k_x \omega C_{0\Sigma} R_{\text{f2}} + k_{\text{c}}}} \end{cases} \tag{7-69}$$

（2）断线位置上游（电源侧）中压配电线路的电压特征。如图 7-47 所示的中性点非有效接地配电系统，忽略负荷电流在线路阻抗上造成的压降，无论 $\dot{U}_{\text{NO}}$ 如何偏移，断线位置上游（电源侧）各相对中性点 N 的电压始终为：

$$\begin{cases} \dot{U}_{\text{AN}} = \dot{E}_{\text{A}} \\ \dot{U}_{\text{BN}} = \dot{E}_{\text{B}} \\ \dot{U}_{\text{CN}} = \dot{E}_{\text{C}} \end{cases} \tag{7-70}$$

相应的断线位置上游（电源侧）各相之间的线电压始终满足：

$$\begin{cases} \dot{U}_{\text{AB}} = \dot{E}_{\text{A}} - \dot{E}_{\text{B}} \\ \dot{U}_{\text{BC}} = \dot{E}_{\text{B}} - \dot{E}_{\text{C}} \\ \dot{U}_{\text{CA}} = \dot{E}_{\text{C}} - \dot{E}_{\text{A}} \end{cases} \tag{7-71}$$

因此，断线位置上游（电源侧）中压配电线路电压特征：发生断线故障以后，断线位置上游（电源侧）中压配电线路的各相对中性点 N 的电压及三个线电压与断线前相比均没有变化。

（3）断线位置下游（负荷侧）中压配电线路的电压特征。

1）断线不接地情形。对于断线不接地情形，有 $R_{\text{f1}}$、$R_{\text{f2}}$ 为无穷大，同时考虑到断线通常发生在架空线，断线点下游部分线路的对地容抗 $\dfrac{k_{\text{c}}}{\mathrm{j} k_x \omega C_{0\Sigma}}$ 是极高的，满足 $Z_{\text{Load2}} \ll \dfrac{k_{\text{c}}}{\mathrm{j} k_x \omega C_{0\Sigma}}$，式（7-66）和式（7-67）可简化为：

$$\dot{U}_{\text{NO}} = \frac{1}{2}\dot{E}_{\text{A}} + \dot{U}_{\text{MO}} \qquad (7-72)$$

$$\dot{U}_{\text{NO}} \cdot \left( \left( 3 - \frac{k_x}{k_c} \right) j\omega C_{0\Sigma} + \frac{1}{j\omega L_p} \right) + \dot{E}_{\text{A}} \cdot \left( -j\frac{k_x}{k_c}\omega C_{0\Sigma} \right) = -\dot{U}_{\text{MO}} \cdot \left( -j\frac{k_x}{k_c}\omega C_{0\Sigma} \right) \quad (7-73)$$

根据式（7-72）和式（7-73），对于消弧线圈接地系统，有：

$$\dot{U}_{\text{NO}} = \frac{1}{2}\dot{E}_{\text{A}} \cdot \frac{k_x}{k_c} \cdot \frac{\omega L_p}{\omega L_p - \dfrac{1}{3\omega C_{0\Sigma}}} \qquad (7-74)$$

式（7-74）中 $\dfrac{k_x}{k_c}$ 小于 1，消弧线圈配置合理的情况下其过补偿度通常为 5%～10%，

也即有 $-10 < \dfrac{\omega L_p}{\omega L_p - \dfrac{1}{3\omega C_{0\Sigma}}} < -20$，理论上 $0 < U_{\text{NO}} < 10E_{\text{A}}$，即对于中性点消弧线圈接地

系统，配电线路发生断线不接地故障以后，电源侧中性点对地电压 $\dot{U}_{\text{NO}}$ 的幅值有可能比较高，消弧线圈过补偿度较小时有可能引发串联谐振。

对于不接地系统，将 $\omega L_p$ 替换为无穷大阻抗，有：

$$\dot{U}_{\text{NO}} = \frac{1}{2}\dot{E}_{\text{A}} \cdot \frac{k_x}{k_c} \qquad (7-75)$$

即对于中性点不接地系统，配电线路发生断线不接地故障以后，电源侧中性点对地电压 $\dot{U}_{\text{NO}}$ 的幅值最高不超过 $0.5E_{\text{A}}$。

同时，式（7-68）和式（7-69）可简化为：

$$\begin{cases} \dot{U}_{\text{A'M}} = 0 \\ \dot{U}_{\text{B'M}} = \dot{E}_{\text{B}} + \frac{1}{2}\dot{E}_{\text{A}} = -\frac{\sqrt{3}}{2}\dot{E}_{\text{A}} \cdot e^{j90°} \\ \dot{U}_{\text{C'M}} = \dot{E}_{\text{C}} + \frac{1}{2}\dot{E}_{\text{A}} = \frac{\sqrt{3}}{2}\dot{E}_{\text{A}} \cdot e^{j90°} \end{cases} \qquad (7-76)$$

$$\begin{cases} \dot{U}_{\text{A'B'}} = -\frac{1}{2}\dot{E}_{\text{A}} - \dot{E}_{\text{B}} = \frac{\sqrt{3}}{2}\dot{E}_{\text{A}} \cdot e^{j90°} \\ \dot{U}_{\text{B'C'}} = \dot{E}_{\text{B}} - \dot{E}_{\text{C}} \\ \dot{U}_{\text{C'A'}} = \dot{E}_{\text{C}} + \frac{1}{2}\dot{E}_{\text{A}} = \frac{\sqrt{3}}{2}\dot{E}_{\text{A}} \cdot e^{j90°} \end{cases} \qquad (7-77)$$

据式（7-77）、式（7-78），断线不接地情形下负荷侧电压相量图如图 7-48 所示，可见，断线不接地情形下，断线位置下游（负荷侧）故障相对中性点 M 的电压下降到 0，两个非故障相对中性点 M 的电压均下降到故障前额定相电压的 $\dfrac{\sqrt{3}}{2}$ 倍；断线位置下游（负荷侧）含故障相的两个线电压相同，幅值为故障前额定线电压的 0.5 倍，两个非故障相对应的线电压保持不变，仍为额定线电压。

2）断线伴随接地的情形。由式（7－66）～
式（7－69）可以看出，断线伴随一侧或两侧接
地的情形下，影响断线位置下游（负荷侧）电
压特征的因素包括断线位置、中性点接地方
式、断线形态、接地过渡电阻、系统电容电
流及负载大小和功率因数，由于变量较多，
难以直观得到电压特征的定量分析结果，因
此本节基于蒙特卡洛法进行负荷侧电压特征
的概率分析。

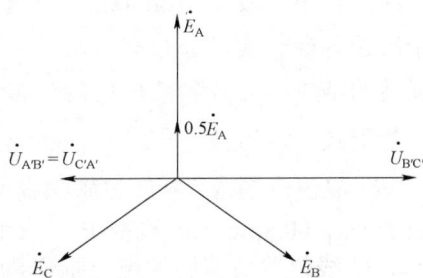

图 7－48　断线不接地情形下负荷侧电压相量图

假设抽样模拟计算次数为 $n$，最终解取决于 $k$ 个互相独立的参数，即有：

$$Y(j) = F[X(1,j), X(2,j), \cdots, X(k,j)]$$
$$\left.\begin{array}{l} i = 1, 2, \cdots, k \\ j = 1, 2, \cdots, n \end{array}\right\} \tag{7-78}$$

式中　$X(i,j)$——第 $i$ 个参数按照其分布函数 $f(i)$ 在第 $j$ 次计算时抽取的随机值；

　　　$Y(j)$——第 $j$ 次计算所得最终解。

当 $n$ 次模拟计算完成后，统计 $Y(j)$ 满足阈值条件的次数并记为 $m$，则满足阈值条件
的样本占总样本的比例 $P$ 为：

$$P = m/n \tag{7-79}$$

当 $n$ 越大时，$P$ 越接近在给定参数分布下的解满足阈值条件的概率。在负荷侧电压
特征的概率分析中，各参数取值按照如下分布选取：

a. 根据 Q/GDW 10370—2016《配电网技术导则》规定，10kV 配电系统容性电流大
于 100～150A 时宜采用中性点小电阻接地方式，考虑一定的裕度，对于 10kV 中性点非
有效接地系统，容性电流变化范围可按 1～200A 考虑，对应折算系统总对地电容为 $C_{0\Sigma}$。

b. 根据 GB 50064《交流电气装置的过电压保护和绝缘配合设计规范》规定，10kV
系统当容性电流超过 10A 时，应配置消弧线圈，消弧线圈电感值 $L$ 按过补偿度 5%～10%
确定。

c. 根据《国家电网公司输变电工程典型设计：110kV 变电站分册》，110kV 变电站一
段 10kV 母线所带出线为 16 回，考虑一定的裕度，设定 $k_c$ 的取值范围为 5～20，即断线
线路的对地电容 $C_{0f}$ 占系统总对地电容 $C_{0\Sigma}$ 的比值为 1/20 到 1/5。设定 $x$ 的取值范围从 0～
1，表征断线点从线路首端到末端的变化。

d. 配电系统常用导线规格中，架空线路截面最大为 LGJ－240 导线，额定载流量为
610A，电缆线路截面最大为 YJV－300 导线，额定载流量为 580A，考虑 $N-1$ 准则，单
条线路的最大负荷电流通常不超过 300A，考虑断线点可以在线路首端到末端之间变化，
断线点下游负荷阻抗 $Z_2$ 按负荷电流变化范围 1～300A、负荷功率因数 0.9 来折算等效。

e. 对于断线接地的情形，考虑不同接地场景，$R_{f1}$ 和 $R_{f2}$ 最小为 30Ω，最大可达数十
千欧级，为了使概率计算的结果更趋严格，$R_{f1}$ 和 $R_{f2}$ 的值取为 30Ω～100kΩ。

在计算中，取 $n = 1000000$，可近似认为计算所得 $P$ 即为满足断线故障判据的概率。由于缺乏各参数实际分布概率，且不同系统中各参数分布规律有较大不同，为获得更具普适性的结论，对各参数按均匀分布考虑。

基于式（7-66）～式（7-69），采用蒙特卡罗法得出在 $C_{0\Sigma}$、$L_p$、$k_c$、$k_x$、$Z_{Load2}$、$R_{f1}$、$R_{f2}$ 取值范围内，断线位置负荷侧中压线路各相对中性点 M 的电压幅值中至少有一个低于 $U_{th1}$（0.8p.u.）的概率 $P_1$、三个线电压幅值中至少有一个低于 $U_{th2}$（0.8p.u.）的概率 $P_2$，断线位置负荷侧的电压幅值概率特征如图 7-49 所示。

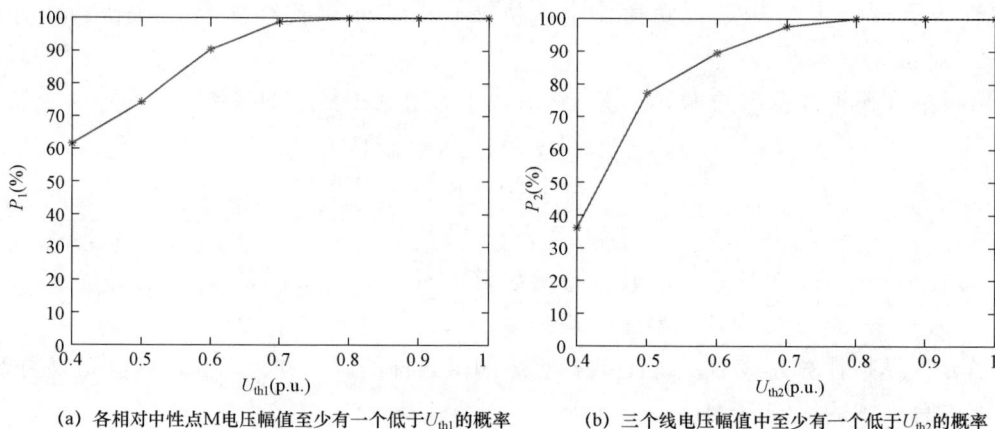

(a) 各相对中性点M电压幅值至少有一个低于$U_{th1}$的概率　　(b) 三个线电压幅值中至少有一个低于$U_{th2}$的概率

图 7-49　断线位置负荷侧的电压幅值概率特征

由图 7-49 可以得出，对于断线伴随接地的情形，断线位置下游（负荷侧）的中压配电线路的电压特征满足：

a）综合考虑接地过渡电阻、系统容性电流水平、负荷变化等因素，对于断线接地情形，断线位置负荷侧下游（负荷侧）中压线路各相对中性点 M 的电压中至少有一个幅值低于 0.8p.u.的概率为 99%以上，三个线电压中至少有一个幅值低于 0.8p.u.的概率也为 99%以上。

b）以中压线路各相对中性点 M 的电压中至少有一个幅值低于 0.8p.u.及三个线电压中至少有一个幅值低于 0.8p.u.作为断线点下游（负荷侧）电压特征判据，其成功率能够达到 99%以上。对断线点负荷侧不满足电压幅值低于 0.8p.u.特征的情形（概率小于 1%）进行分析后发现，它们具有下列特点：① 断线点电源侧接地过渡电阻 $R_{f1}$ 均小于 2000Ω；② 断线点下游负荷 $Z_{Load2}$ 均大于 500Ω，即负荷电流小于 12A；③ 容性电流水平比较高，$I_C > 50A$ 的情形的占比为 95%以上。不满足阈值的样本中 $R_{f1}$、$Z_{Load2}$、$I_C$ 的分布如图 7-50 所示。

2. 配电变压器低压侧的电压特征

实际配电系统中的配电变压器常见的有 Yy0 和 Dy11 两种接线方式。

对于 Dy11 接线组别的配电变压器，假设变比为 $k_T$，则低压侧三相电压与高压侧电压的关系如式（7-80）所示，其低压侧相电压与所接入位置的中压线路线电压特征一致。

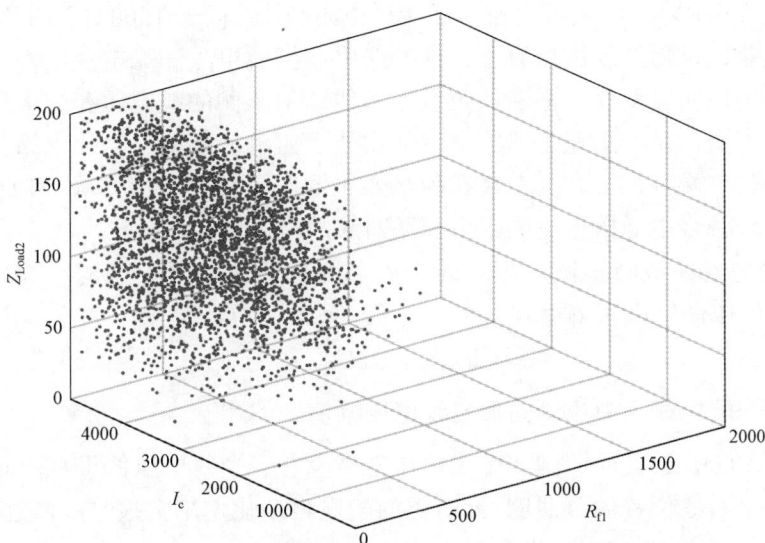

图 7-50 不满足阈值的样本中 $R_{f1}$、$Z_{Load2}$、$I_C$ 的分布

$$\begin{cases} \dot{U}_a = \dfrac{1}{k_T}(\dot{U}_{AN} - \dot{U}_{BN}) \\ \dot{U}_b = \dfrac{1}{k_T}(\dot{U}_{BN} - \dot{U}_{CN}) \\ \dot{U}_c = \dfrac{1}{k_T}(\dot{U}_{CN} - \dot{U}_{AN}) \end{cases} \quad (7-80)$$

对于 Yy0 接线组别的配电变压器，低压侧三相电压与高压侧电压的关系如式（7-81）所示，其低压侧相电压与所接入位置的中压线路各相对相应中性点的电压特征一致。

$$\begin{cases} \dot{U}_a = \dfrac{1}{k_T}\dot{U}_{AN} \\ \dot{U}_b = \dfrac{1}{k_T}\dot{U}_{BN} \\ \dot{U}_c = \dfrac{1}{k_T}\dot{U}_{CN} \end{cases} \quad (7-81)$$

（1）断线位置上游（电源侧）配电变压器低压侧电压特征。根据本章第二节及式（7-80）、式（7-81）可得，断线位置上游（电源侧）Yy0 型和 Dy11 型配电变压器低压侧相电压与发生断线故障前相比没有变化。

（2）断线位置下游（负荷侧）配电变压器低压侧电压特征。根据式（7-80）、式（7-81）可得，综合考虑各种断线形态、系统容性电流水平、负荷变化等因素，断线位置下游（负荷侧）的 Yy0 型和 Dy11 型配电变压器低压侧电压满足至少一相电压幅值下降到 0.8 倍额定相电压以下的概率均在 99% 以上。

3. 融合中低压信息的配电线路断线故障区域定位方法

前述分析可知，除断线位置上游断线接地电阻较小（低于 1500 Ω）的部分情形以外，配电线路发生断线以后，断线位置下游侧线路中压侧线电压和配电变压器低压侧的相电压的幅值均会出现明显变化，而断线位置上游线路中压侧的线电压和配电变压器低压侧的相电压基本不变，是一个稳态量特征，非常便于监测。配电自动化主站基于安装在中压馈线开关处的终端（FTU）及安装在配电变压器低压侧的监测终端（TTU）采集到的电压信息，实现融合中低压信息的配电线路断线故障区域定位。

（1）终端的断线故障检测判据。对于安装在中压馈线开关处的 FTU 可以按照式（7−82）设置中压侧线电压阈值 $U_{H,set}$：

$$U_{H,set} = 0.8U_{H,N} \tag{7−82}$$

式中　　$U_{H,N}$ ——配电线路中压侧的额定线电压幅值。

对于一个 FTU，当其监测到 3 个线电压中至少有一个线电压低于 $U_{H,set}$ 时，则可判断出该监测点位于断线位置的负荷侧，此时需向配电自动化主站上报"断线故障告警信息"。

对于安装在配电变压器低压侧的 TTU，可以按照式（7−83）设置相电压阈值 $U_{L,set}$：

$$U_{L,set} = 0.8U_{L,N} \tag{7−83}$$

式中　　$U_{L,N}$ ——配电变压器低压侧的额定相电压幅值。

无论是 Yy0 型配电变压器还是 Dy11 型配电变压器，对于一个 TTU，若检测到的配电变压器低压侧三相电压中有至少有一相低于 $U_{L,set}$，则可判断出该监测点位于断线位置的负荷侧，此时需向配电自动化主站上报"断线故障告警信息"。

（2）集中智能断线故障定位方法。

1）断线故障区域定位模型。具有断线故障检测功能的 FTU 和 TTU 称为断线故障信息采集节点。将断线故障信息采集节点和 T 接点作为节点，将节点间的馈线段作为边，以馈线段上潮流的方向作为相应的边的方向，可以将配电网定义为一个有向图。将配电网由断线故障信息采集节点围成的、其中不再包含断线故障信息采集节点的区域称为断线故障定位区域，将围成一个断线故障定位区域的断线故障信息采集节点称为其端点，将潮流流入的端点称为其入点，将潮流流出的端点称为其出点。显然，对于开环运行的配电网上的一个断线故障定位区域，只能有一个入点，而出点可以不止一个。

利用中压侧开关电压信息的馈线 L6 断线故障定位区域划分如图 7−51 所示，若仅能利用中压线路开关 FTU 的电压信息，则可将馈线 L6 划分为 4 个断线故障定位区域，图 7−51 中箭头所示为潮流方向。

利用配电变压器终端低压侧电压信息的馈线 L6 断线故障定位区域划分如图 7−52 所示，若能够结合线路中压侧开关 FTU 和配电变压器低压侧 TTU 的电压信息，则可以将馈线 L6 划分为如图 7−52 所示的 9 个断线故障定位区域，图中箭头所示为潮流方向，断线故障定位区域划分更为精细。

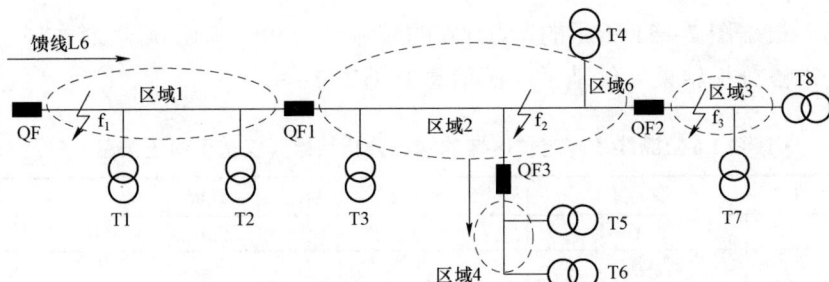

图 7-51 利用中压侧开关电压信息的馈线 L6 断线故障定位区域划分

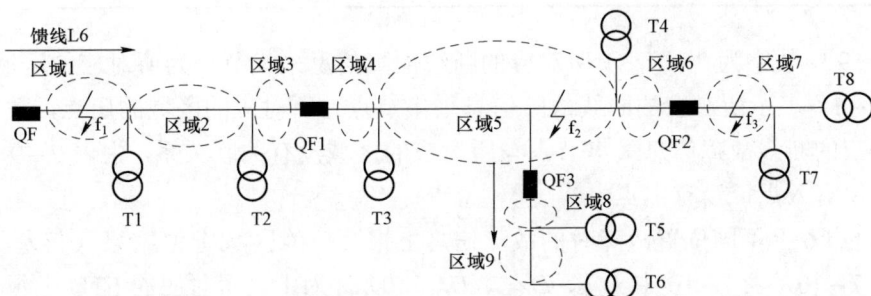

图 7-52 利用配电变压器终端低压侧电压信息的馈线 L6 断线故障定位区域划分

基于配电线路拓扑和断线故障信息采集节点上报的"断线故障告警信息",为了实现断线区域定位,首先需进行下列建模过程:

a. 断线故障定位区域分解。根据配电网架连接关系和监测终端的配置情况,对配电网进行分解,得出其包含的所有断线故障定位区域。

在主站系统初始化时,以及配电网架或监测终端配置情况发生变化时,都要执行断线故障定位区域分解过程。

b. 断线故障定位区域端点分析。根据配电网的运行状态(即馈线开关的状态),得出馈线上的潮流方向,进而确定各个断线故障定位区域的入点和出点。

每当配电开关的状态发生变化时,都要执行断线故障定位区域端点分析过程。

c. 故障信息收集。在配电自动化主站收到来自断线故障信息采集节点上报的"断线故障告警信息"时,启动故障信息收集过程,延时一段时间(根据数据采集周期确定,如 1~3min),将各个断线故障信息采集节点的故障信息收集齐全。

在配电自动化主站完成了故障信息收集过程后,执行断线故障区域定位算法。

2)集中智能断线故障区域定位规则。在所有断线故障定位区域中判断出实际发生了断线故障的区域的规则为:若一个断线故障定位区域的至少一个出点收到"断线故障告警信息",而其入点没有收到"断线故障告警信息",则断线发生在该断线故障定位区域内;若其入点也收到"断线故障告警信息",或所有端点都没有收到"断线故障告警信息",则断线故障不在该断线故障定位区域内。

结合图 7-51 所示的馈线 L6 上分别在 $f_1$、$f_2$、$f_3$ 点发生断线故障的电压特征仿真结果,对配电监控主站的断线故障区段定位规则进行说明。若仅能利用中压线路开关 FTU

的电压信息，根据图7－51所示的馈线 L6 的潮流方向和区域划分，馈线 L6 上断线故障定位区域的端点分析结果（仅基于中压信息）见表7－9。

表7－9　　　馈线 L6 上断线故障定位区域的端点分析结果（仅基于中压信息）

| 节点编号 | 区域1 | 区域2 | 区域3 | 区域4 |
|---|---|---|---|---|
| QF | 1 | 0 | 0 | 0 |
| QF1 | −1 | 1 | 0 | 0 |
| QF2 | 0 | −1 | 1 | 0 |
| QF3 | 0 | −1 | 0 | 1 |

表7－9中数字为"1"表示所对应的断线故障信息采集节点为所对应的区域的入点，数字为"−1"表示所对应的断线故障信息采集节点为所对应的区域的出点，数字为"0"表示所对应的断线故障信息采集节点与所对应的区域没有关联关系。由表7－9可见，区域3和4仅有入点，没有出点。

馈线的 L6 上不同位置故障时的故障信息上报及故障区域定位结果（仅基于中压信息）见表7－10，表7－10中 $D_{QF}$、$D_{QF1}$、$D_{QF2}$、$D_{QF3}$ 为1表示对应的 FTU 上报"断线故障告警信息"，$D_{QF}$、$D_{QF1}$、$D_{QF2}$、$D_{QF3}$ 为0表示对应的 FTU 不上报"断线故障告警信息"。

表7－10　　　　　馈线的 L6 上不同位置故障时的故障信息上报及
故障区域定位结果（仅基于中压信息）

| 故障位置 | $D_{QF}$ | $D_{QF1}$ | $D_{QF2}$ | $D_{QF3}$ | 故障区域 |
|---|---|---|---|---|---|
| $f_1$ | 0 | 1 | 1 | 1 | 区域1 |
| $f_2$ | 0 | 0 | 1 | 0 | 区域2 |
| $f_3$ | 0 | 0 | 0 | 0 | — |

表7－10可见，当在 $f_3$ 点发生断线故障时，由于其所在区域3仅有入点，没有出点，无法采用集中智能断线故障区域定位规则进行断线故障区域定位，同理，当在区域4内发生断线故障时，也无法采用集中智能断线故障区域定位规则进行断线故障区域定位。可见，由于中压线路末梢无法安装 FTU，仅利用中压线路开关 FTU 的电压信息进行断线故障区域定位存在明显的盲区。

若能够结合中压线路开关 FTU 和配电变压器低压侧 TTU 的电压信息，根据图7－52所示的馈线 L6 的潮流方向和区域划分，可以分析得到馈线 L6 上断线故障定位区域的端点分析结果（融合中低压信息）见表7－11。

表7－11　　馈线 L6 上断线故障定位区域的端点分析结果（融合中低压信息）

| 节点编号 | 区域1 | 区域2 | 区域3 | 区域4 | 区域5 | 区域6 | 区域7 | 区域8 | 区域9 |
|---|---|---|---|---|---|---|---|---|---|
| QF | 1 | 0 | 0 | 0 | 0 | 0 | 0 | 0 | 0 |
| QF1 | 0 | 0 | −1 | 1 | 0 | 0 | 0 | 0 | 0 |
| QF2 | 0 | 0 | 0 | 0 | 0 | −1 | 1 | 0 | 0 |

| 节点编号 | 区域1 | 区域2 | 区域3 | 区域4 | 区域5 | 区域6 | 区域7 | 区域8 | 区域9 |
|---|---|---|---|---|---|---|---|---|---|
| QF3 | 0 | 0 | 0 | 0 | -1 | 0 | 0 | 1 | 0 |
| $T_1$ | -1 | 1 | 0 | 0 | 0 | 0 | 0 | 0 | 0 |
| $T_2$ | 0 | -1 | 1 | 0 | 0 | 0 | 0 | 0 | 0 |
| $T_3$ | 0 | 0 | 0 | -1 | 1 | 0 | 0 | 0 | 0 |
| $T_4$ | 0 | 0 | 0 | 0 | -1 | 1 | 0 | 0 | 0 |
| $T_5$ | 0 | 0 | 0 | 0 | 0 | 0 | 0 | -1 | 1 |
| $T_6$ | 0 | 0 | 0 | 0 | 0 | 0 | 0 | 0 | -1 |
| $T_7$ | 0 | 0 | 0 | 0 | 0 | 0 | -1 | 0 | 0 |
| $T_8$ | 0 | 0 | 0 | 0 | 0 | 0 | -1 | 0 | 0 |

馈线的 L6 上不同位置故障时的故障信息上报及故障区域定位结果（融合中低压信息）见表 7-12。

表 7-12　　馈线的 L6 上不同位置故障时的故障信息上报及故障区域定位结果（融合中低压信息）

| 故障位置 | $D_{T1}$ | $D_{T2}$ | $D_{T3}$ | $D_{T4}$ | $D_{T5}$ | $D_{T6}$ | $D_{T7}$ | $D_{T8}$ | $D_{QF}$ | $D_{QF1}$ | $D_{QF2}$ | $D_{QF3}$ | 故障区域 |
|---|---|---|---|---|---|---|---|---|---|---|---|---|---|
| $f_1$ | 1 | 1 | 1 | 1 | 1 | 1 | 1 | 1 | 0 | 1 | 1 | 1 | 区域1 |
| $f_2$ | 0 | 0 | 0 | 1 | 0 | 0 | 1 | 0 | 0 | 0 | 1 | 0 | 区域5 |
| $f_3$ | 0 | 0 | 0 | 0 | 0 | 0 | 1 | 1 | 0 | 0 | 0 | 0 | 区域7 |

对比表 7-10 和表 7-12 可见，融合中压线路开关 FTU 和配电变压器低压侧 TTU 的电压信息以后，一方面可以实现更精细的断线故障区域定位，将故障定位在更小范围内；另一方面可以有效解决中压线路因末端不安装 FTU 导致的断线故障检测和定位盲区问题。

3）断线故障区间定位流程。将断线故障信息采集节点和 T 接点作为节点，将节点间的馈线段作为边，可以进一步采用"权比法"实现断线故障区间定位，判断出断线故障具体发生的边，具体如下：

第 1 步：将断线所在的断线故障定位区域中所有边的权重 $w$ 设置为 0，即

$$w_i = 0 \ (i \in E) \tag{7-84}$$

式中　$E$——该最小故障定位区域内所有边的集合。

将上报"断线故障告警信息"的出点放入队列 $X$ 中，将未上报"断线故障告警信息"的出点放入队列 $Y$ 中。

第 2 步：从 $X$ 中取出一个出点 $x$，将该出点到入点的路径上的边的权重标注加 1，即：

$$w_u = w_u + 1 \ (u \in E_x) \tag{7-85}$$

式中　$E_x$——出点 $x$ 到入点的路径上所有边的集合。

第 3 步：若 $X$ 未空，从 $X$ 中取出一个出点 $x$，返回第 2 步；否则执行第 4 步。

断线故障区间定位算法计算过程示例如图 7-53 所示，对于图 7-53（a）所示的由监测终端 T1～T5 围成的含多个 T 接点的断线故障定位区域，假设故障点具体位于边②，

则监测终端 T3、T4、T5 上报"断线故障告警信息",执行完第 3 步后,各个边的权重如图 7-53 断线故障区间定位算法计算过程示例图 7-53(b)所示。

第 4 步:若 $Y$ 为空,执行第 6 步;否则执行第 5 步。

第 5 步:从 $Y$ 中取出一个出点 $y$,将该出点到入点的路径上的边权重清零,即:

$$w_v = 0 \qquad (v \in E_y) \tag{7-86}$$

其中,$E_y$ 为出点 $y$ 到入点的路径上所有边的集合。返回第 4 步。

第 6 步:比较各条边的权重,权重最大的边的集合即为断线发生的区间。

对于图 7-53 断线故障区间定位算法计算过程示例图 7-53 所示的由监测终端 T1~T5 围成的含多个 T 接点的断线故障定位区域,在执行完上述步骤 1~步骤 6 的完整流程后,各个边的最终权重如图 7-53 断线故障区间定位算法计算过程示例图 7-53(c)所示,边②权重为 3,在所有边中最大,进一步将断线故障定位在边②上。

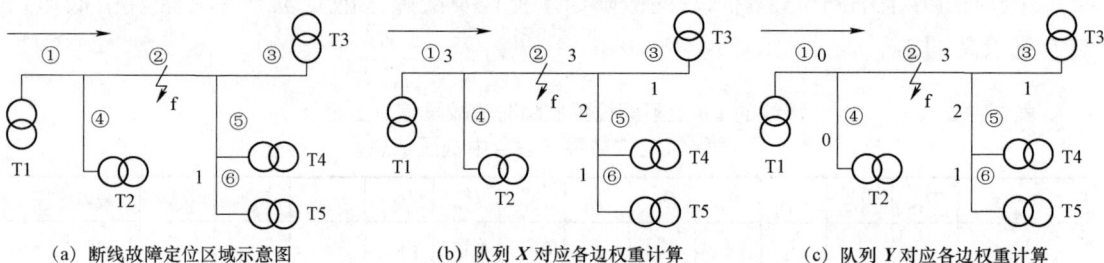

图 7-53　断线故障区间定位算法计算过程示例

# 第六节　小电流接地系统单相接地保护配合

## 一、小电流接地系统单相接地保护配置方案

1. 变电站内单相接地保护

变电站内的单相接地保护装置可以有两种解决方案:

(1)集中式单相接地选线保护装置。每段母线配置一套集中式单相接地选线保护装置,通过采集母线零序电压及各条出线的零序电流实现单相接地故障选线和保护功能。

集中式单相接地选线保护装置的优点是:所需装置数量少;选线建立在"全局"信息基础上,所以容错性更高。其缺点是:二次连线多,一旦装置失效则整段母线的所有出线将失去选线保护功能。

集中式单相接地选线保护装置建议优先选用零序暂稳态量法原理,算法配置以暂态量法为主,若能确定零序电流互感器的极性均正确,优先采用暂态方向法;若不能确保零序电流互感器的极性均正确,则建议采用暂态零序电流幅值比较法。同时配置稳态量法作为暂态量法的补充,其中,中性点不接地系统建议采用比幅比相法;中性点经消弧线圈接地系统建议采用零序功率方向法,且建议采用相位差作为选线判据。

(2)分散式单相接地保护装置。每条出线配置一套,可以与针对相间短路的线路保

392

护装置共用硬件，采集母线零序电压（或三相电压）、本线路三相电流（或零序电流）实现单相接地保护功能。

分散式单相接地保护装置的优点是：二次连线少、站内改造容易；即使装置失效也仅影响所在馈线的单相接地保护。其缺点是：所需装置数量多，缺乏"全局"信息而容错性一般。

在变电站内，可以分别采用上述两种类型装置的一种，也可以两种都采用以进一步提高可靠性。同时采用集中式单相接地选线保护装置和分散式单相接地保护装置时，两者可以采用延时时间级差配合。

分散式单相接地保护装置仍然建议优先选用零序暂稳态量法原理，算法配置以暂态量法为主，采用暂态方向法，且必须确保零序电流互感器的极性均配置正确。同时配置稳态量法作为暂态量法的补充，中性点不接地和经消弧线圈接地系统均采用零序功率方向法，同样需要确保零序电流互感器的极性均配置正确。同时，由于不接地系统的故障线路有功分量很小，不接地系统还需要配置高性能互感器，确保零序电流互感器不会产生较大角差。

2. 变电站外的单相接地保护

部署在馈线开关的自动化终端可以配置单相接地保护功能，对于馈线开关自动化终端单相接地保护算法的选用与分散式单相接地保护装置类似，不再赘述。

为实现小电流接地配电系统发生单相接地故障时的故障点就近隔离，变电站内单相接地保护装置与馈线开关自动化终端之间采用级差配合实现相接地保护选择性配合，从末级开关往变电站方向，单相接地保护动作时间按照一定的时间级差从小到大设置。考虑到用户和分支是故障的高发区域，为避免用户故障影响主干线正常运行，优先为分支或用户安装分支开关或分界开关，并且配置单相接地保护功能，以此作为供电末级开关。

由于配电网规模巨大，在变电站外全部馈线开关和分支线配置自动化资源是不现实的，不仅耗资巨大，而且维护工作量更大，考虑到供电可靠性和停电范围影响，总体应该遵循如下原则：

（1）变电站外针对单相接地故障处理的资源应与针对相间短路的资源统筹兼顾尽量公用，并纳入配电自动化系统。

（2）对于大主干布置的馈线，宜在主干线上配置 1~2 套自动化装置（包括互感器），将馈线分为 2~3 段，采用具有本地动作功能的自动化装置或智能开关实现单相接地保护功能。

（3）对于大分支布置的馈线，宜在每个大分支上配置 1 套自动化装置（包括互感器），采用具有本地动作功能的自动化装置或智能开关实现单相接地保护功能。

（4）对于用户开关，宜配置具有相间短路和单相接地故障处理功能的分界开关，可根据故障率的高低分批布置，逐步实现全覆盖。

（5）应结合重合闸功能的合理应用，尽量减少单相接地保护跳闸对用户供电可靠性的影响。

## 二、保护延时时间的整定

（1）最小保护延时整定。由于 80% 左右的单相接地故障为自熄弧故障，且大部分能在 1s 内电弧自行熄灭，为了尽可能躲开自熄弧故障，单相接地保护延时最小不低于 1s，即末级开关单相接地保护延时需整定为 1s 以上。

（2）时间级差整定。关于时间级差的整定，需要躲过单相接地故障切除后系统零序电压缓慢恢复时间。在故障切除电弧熄灭后，系统故障期间积蓄的能量将通过系统中的电容、电感、电阻进行释放，需经过一段时间才能恢复到正常状态，系统恢复的过程也就是零序电压不断衰减的过程。若时间级差 $\Delta t$ 小于零序电压恢复时间，保护动作跳闸 $\Delta t$ 时间后，系统零序电压依然高于阈值，则上级保护会误判故障未消失而发生误跳。因此，有必要研究小电流接地系统熄弧后零序电压恢复规律及时间，以合理设置时间级差。

有文献详细分析了小电流接地系统零序电压恢复过程，得到同一馈线上单相接地故障时，即使是金属性单相接地故障即零序电压为最大时，故障切除后上游侧的非故障区间各级接地保护处的零序电压其初始值基本与故障点位置无关，且不同保护处的零序电压大致按照相同的衰减速度进行衰减；不接地系统主要由系统自身的零序电感、零序电阻和电压互感器 TV 参数确定；消弧线圈接地系统受消弧线圈自身参数影响较大，本质上与全系统电容电流水平和补偿度有直接关系。研究得出，对于不接地系统，上游侧非故障区段的零序电压幅值衰减至 $0.2U_N$ 的过渡时间为 0.3～1.2s；对于消弧线圈接地系统，上游侧非故障区段的零序电压衰减至 $0.2U_N$ 的过渡时间为 0.1～0.3s。考虑三相不同期跳闸 50～100ms，裕度 50～100ms，对于中性点不接地系统时间级差可取 $\Delta t = 1.3～1.4s$，消弧线圈接地系统时间级差可取 $\Delta t = 0.4～0.6s$。

## 三、间歇性弧光接地保护逻辑

间歇性弧光接地故障是单相接地故障中危害最大的一类故障，它会造成健全相高倍数过电压，对电缆及绝缘设施伤害较大。

间歇性弧光接地故障的表现为在某条线路上多次弧光接地故障在间隔比较短的时间内连续发生，每次弧光接地故障持续时间可在半个到数十个周波之间，各次弧光接地故障的间隔时间可达秒级。

一些单纯基于延时跳闸机制的单相接地保护装置有可能频繁启动却由于单次故障持续时间不能达到装置跳闸延时而返回，从而无法完成跳闸功能，导致故障长期不被切除。例如，某电缆线路曾在 4 点 17 分 21 秒～4 点 17 分 44 秒的 23s 内，先后发生了 11 次弧光接地故障，单次持续时间最大 210ms，间隔时间最小 1s、最大 5s 以上，最终引起电缆沟起火。

为了实现间歇性弧光接地故障时的可靠跳闸，可以在单相接地保护装置中增加基于时间窗内瞬时性接地故障计数的跳闸逻辑，即在一定的时间窗内若监测到同一线路发生多次瞬时性（弧光）接地故障，则跳开该线路。若装置在 10s 内检测到同一线路 3 次及以上的瞬时性接地故障（短时延判据），或在 30s 内检测到同一线路 5 次及以上的瞬时性接地故障（长时延判据），则跳开该线路。

设置短时延判据和长时延判据两个判据的目的，是为了在弧光接地比较频繁的紧急状况下能更快地切除故障线路。

### 四、小电流接地系统单相接地重合闸后加速判据

工程实践表明，发生单相接地故障后，即使在消弧线圈熄弧失败导致跳闸的情况下，重合闸后仍有 20%～30%的情况可以恢复供电。

在单相接地故障下，即使重合到永久性单相接地故障时，其容性电流水平也在负荷电流范围内，因此，即使全电缆线路在因单相接地保护动作跳闸后，也可以自动重合闸。

一些单相接地保护装置采用了基于暂态量法的检测方法，如相电流突变法等，在进行重合闸时，即使在单相接地已经消除的情况下，三相电流也发生了突变，有可能对暂态量检测方法带来困扰。

为了解决上述问题，在重合闸时可采用零序电压判断故障性质，但需短暂延时躲开励磁涌流和三相非同期合闸过程（一般为 100～200ms），检测零序电压是否仍在阈值以上，若是，则为永久性单相接地，再次跳开该线路的开关；否则为瞬时性单相接地，此次单相接地故障处理过程结束。

# 第八章  分布式电源接入及储能技术

## 第一节  分布式电源和储能接入配电网的
## 现状与发展趋势

### 一、分布式电源接入配电网的现状和发展趋势

分布式电源作为布置在用户附近、发电功率在几千瓦到几十兆瓦之间的小型独立电源，所发的电量向用户负载分配，不足或超出部分由配电网负责调节。低于 10kV 电压等级电网作为常见接入位置，普遍与 0.4kV 低压配电网连接。主要有分散式风电、微型燃气轮机、分布式光伏、储能装置等。分布式电源凭借其灵活、分散、经济、环保的优势得到了快速的发展，在电力系统中的渗透率逐步提高，对电网运行的影响也日益增强。近年来，国内外分布式电源领域的研究非常多，侧重于分布式电源运行特性分析、动态稳定性分析、分布式电源控制、优化配置、继电保护、电能质量等维度。在运行特性维度，分布式光伏和风电出力极易受到气候、地理特性、天气等的影响，具有显著的随机性和波动性，一般采用最大功率点跟踪控制模式，为不可控分布式发电单元。微型燃气轮机等常规分布式电源具有出力稳定的特征，能够成为可控分布式发电单元，不但能够满足分布式开发的需求，还能够提供后备供电和高峰供电，有效缓解电力系统负荷高峰压力，提升电力系统机动性，大大降低送电成本，提高电能质量，从而为客户提供更加可靠的电力服务。为了平抑可再生能源功率波动的问题，燃料电池等储能装置逐步在电力系统中大规模使用。储能系统与分布式发电系统联合运行，可以减少由于分布式发电输出功率的波动，有效改善电能质量，提高分布式发电系统的可控性，增强配电网的主动性和灵活性。

### 二、分布式电源接入对配电网的影响

分布式电源因其清洁、效率高及灵活等特点被广泛应用于配电网，但分布式电源的接入势必会对配电网的电压、潮流分布及短路电流等相关参数产生影响。主要体现在配电网中分布式电源之间相互独立，电气衔接不够紧密，用户能够根据自身需要调整电源的输出功率，减少供电企业在输配电环节产生的电能损耗，同时带来了诸多负面影响。分布式电源与传统的集中式电源相比，分布更分散，给供电企业的管理和调度带来了严

峻挑战。在电能相对充足的地区，如果分布式电源发出的电能不能被及时消纳或是并入配电网，将会产生弃光、弃风等现象。

**1. 分布式电源接入配电网的模式**

（1）低压分散接入。低压分散接入是一种常见的分布式电源接入配电网模式。该模式主要针对规模较小的电源，接入电压等级一般为 380V。对于这种接入方式，分布式电源与负荷之间经过的配电环节较少，可以发挥分布式电源并网灵活、发电方式多样的优点，缺点是使配电网故障检修排查变得困难，配电系统的调度方式实现也存在一定的难度。

（2）中压分散接入。与低压分散接入配电网类似，该方式是通过容量中等的配电变压器低压侧并入配电网。它的整体稳定性和容量与低压分散接入相比会更高，投资成本也会相应增加。

（3）专用线路接入。专线接入指在分布式电源容量较大时，为了降低对电能质量的影响，选择一种专线接入的方式提升系统的稳定性。专线接入指分布式电源系统通过变电站中低压母线接入配电网，虽然接入容量受变电站容量的限制，但是接入电压相对稳定，适合大容量分布式电源并网。需要注意，在选择不同类型方式接入配电网时，必须满足不会越级到上一电压等级线路送电的基本原则，否则会出现稳定性下降的情况。

**2. 分布式电源对配电网潮流的影响**

常规配电网线路潮流一般是从变电站低压侧母线流向各负荷节点，即单向流动。当分布式电源系统接入配电网后，从根本上改变了传统的系统潮流流向，使系统潮流变为双向流动。分布式电源在向电网传输电能时，根据电源和负荷节点的物理位置关系，线路各点的潮流可能变大也可能变小。当分布式电源的输出功率大于所带负荷时，线路某些部分可能会出现反向潮流。由于光伏、风电等系统的输出受光照、风力等自然因素的影响较大，因此分布式电源的输出功率很不稳定，给配电网的调度带来了极大困难，使得无法预测潮流。如果从分布式电源流向配电变压器的反向潮流过大，上级变电站主变压器可能会过负荷，导致变电站低压侧母线电压越限，从而影响系统的安全稳定运行。

**3. 分布式电源对配电网稳定性影响的分析**

当接入的分布式电源部分发生系统故障时，分布式电源可以通过单独供电的方式为停电的用户供电，这对于一些非常重要的企业及单位具有重要作用。此外，一些分布式电源在并网过程中可能需要可靠性评估，这时会出现一些其他影响因素，如孤岛效应、输出功率不稳定问题等。分布式电源接入配电网会抵消一部分线路上的负荷，会影响线路负载率。在线路不同位置接入分布式电源，对线路负载率稳定性的影响不同。研究中模拟了一个固定容量的分布式电源光伏，分别通过不同专线接入 10kV 配电变压器，然后统计不同位置接入对负载率的影响，不同接入位置时各线路负载率如图 8-1 所示。

由图 8-1 可见，在线路末端靠近负荷处接入分布式电源，负载率更合理，电网更稳定。

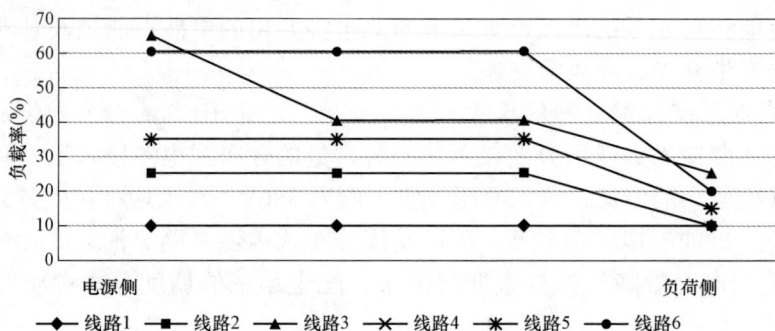

图 8-1　不同接入位置时各线路负载率

## 三、分布式储能接入对配电网的影响

1. 分布式储能对电能质量的影响

（1）电压波动和电压暂降的影响。分布式储能系统具备快速响应的特点，可以监测电网电压变化并实时注入或吸收电能来调节电压水平，使其维持在稳定范围内。同时，根据电网需求，通过无功功率的调节来维持电压在合适的范围内，从而减少电压波动和电压暂降的发生。

（2）电压谐波和畸变的影响。电压谐波和畸变会导致电网中出现频谱扩展和非线性失真。分布式储能系统通过集成滤波器来消除谐波成分，减少谐波电流对电网和用户设备的影响，并通过提供无畸变的电流，使其与电网电流合成时能够抵消畸变成分，从而降低电网中的畸变程度。

2. 分布式储能对网损的影响

（1）减少输电线路电阻损耗。分布式储能系统可以通过调节电压水平来控制电流的流动，减少输电线路上的电流，通过保持合适的电压水平，可以降低线路电阻损耗。并通过控制无功功率的流动，可以减少电流在输电线路上的流动，从而降低电阻损耗。

（2）降低变压器和开关设备的损耗。分布式储能系统可以通过调节电压水平来维持变压器的额定运行状态，减少变压器中的电流流动，降低变压器的损耗。分布式储能系统还可以通过调节充放电功率来平衡电网负荷和供电，减少电网负荷峰值和波动，可以降低开关设备的负荷压力，减少损耗。

3. 分布式储能对配电网系统的实时监控影响

（1）实时监测分布式储能状态和性能。

1）储能状态监测。监测储能系统的电池状态、电流、电压和温度等参数，以评估储能设备的健康状况和性能。

2）能量存储监测。实时监测储能系统的充放电能量、能量流动和效率等信息，以评估储能系统的能量存储和释放能力。

3）安全监测。监测储能系统的安全参数，如过充、过放、短路等，以保障储能系统的安全运行。

（2）动态调整储能系统的功率输出。分布式储能系统在配电网实时监控中可以根据需求动态调整其功率输出，根据负荷需求的变化，动态调整储能系统的功率输出，利用储能设备在负荷高峰时段进行充电，在负荷低谷时段进行放电，以平衡负荷波动，减少电网负荷峰值。根据电网频率和电压的变化，动态调整储能系统的功率输出，以维持电网频率和电压在合理范围内，提高电网的稳定性和电能质量。储能系统可以在电网故障或中断时提供备用功率，支持电网的稳定运行和恢复供电，缩短故障恢复时间。

# 第二节　分布式电源并网及反孤岛技术

## 一、并网控制分析

### 1. 并网控制目的和方式

并网目的是控制逆变输出电流为高质量正弦波，保持与电网电压的同频同相，相关标准还规定并网电流总谐波畸变率不得超过 5%。

根据直流侧电源性质不同，传统上把逆变器划分成电流型逆变器及电压型逆变器两种，电流型逆变器需要在直流端串联大的电感，对电流起稳定作用，但串联电感后又会影响系统动态响应速度。电压型逆变器中有大电容并联在直流端，可对无功电流提供通路并对直流电压波纹起到抑制作用，是当前使用较多的逆变器。逆变器示意图如图 8-2 所示。

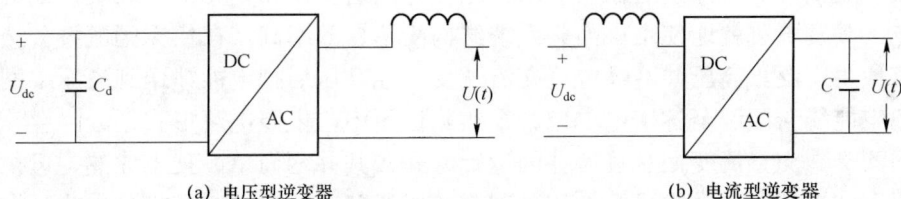

(a) 电压型逆变器　　　　　　　　　　(b) 电流型逆变器

图 8-2　逆变器示意图

逆变器输出控制方式中，输出与电网电压频率和相位相同电压信号的是电压型输出，如果使用该输出形式，系统等同于两个电压源并联运行，如果电网发生频率扰动，便会对输出电压产生影响，此时可使用锁相控制环节，但加入锁相环节后，相应的速度会大大降低。电流型输出的是与电网电压同频率、同相位的电流信号，电网电压的微小波动不会影响逆变输出电流的质量，只需设定输出电流大小并控制其跟踪电网电压相位即可实现并网运行，这种方式能输出高质量电流，控制效果好且方法简单，其应用越发广泛。

### 2. 并网控制目标

光伏并网系统是将太阳能电池组件发出的直流电转化为正弦交流电，从而向电网供电的一个装置，它实际上是一个有源逆变系统。并网光伏逆变器的控制目标为控制逆变电路输出的交流电流为稳定的、高品质的正弦波，且与电网电压同频、同相，同时希望通过调节输出电流的幅值，使光伏阵列工作在最大功率点。因此选择并网逆变器的输出电流 $I_{out}$ 以作为被控制量，并网工作时的等效电路和电压电流矢量图如图 8-3 所示，其中 $U_{net}$ 为电网电压、$U_{out}$ 为并网逆变器交流侧电压，$I_{out}$ 为电感电流。并网逆变器的输出滤波电感的存在会使逆变电路的交流侧电压与电网电压之间存在相位差，即为了满足输出电流与电网电压同相位的关系，逆变输出电压要超前于电网电压。

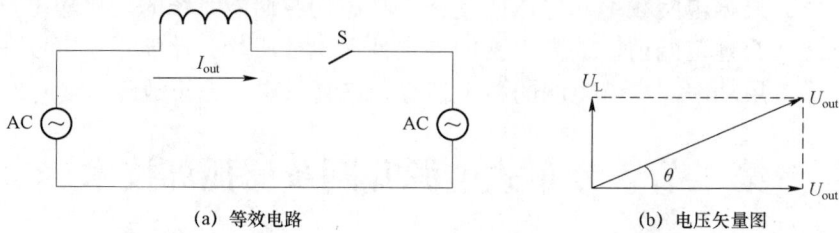

图 8-3　并网工作时的等效电路和电压电流矢量图

3. 典型分布式电源的并网

目前，世界上分布式电源主要有用液体或气体作燃料的内燃机、微型燃气轮机、各种工程用的燃料电池和可再生能源发电。其中太阳能、风力发电、潮汐能等再生能源相对传统的化石能源具有地域分散和能量变化随机等特点，不便实现集中供能，而采用分布式发电形式可实现能源资源的地域互补和优化配置。

光伏电源的并网实际上包含功率点控制及对输出电流质量的控制，对功率点的控制即实现光伏电源最大效能输出，对输出电能质量的控制即控制并网逆变的输出电流波形是标准正弦波，向电网馈送高质量电能。低压、高压并网是按电压等级划分的两种并网发电形式。其中，低压并网是在局域网上连接并网逆变器和电力保护装置，配合电网向负载供电，其发电可就地使用，因其系统结构简单、效率高，在住宅区、办公楼等光伏发电系统使用广泛。高压并网经过直交流逆变，经升压后把电能馈送到高压电网，而后电网再把电能统一配送至各用电单位。在实际运用中，依照电流形式划分，存在直流、交流并网两类。交直流变换是直流并网运行方式，其并网简单、技术成熟、可供多样化负载使用。交流并网包含光伏组件和并网逆变器两部分，该方式是把光伏阵列发出的电能经由并网逆变器将电能直接输送到交流电网或直接为交流负载供电。

由于外界风速、风向的改变，致使风力发电存在波动性和间歇性，风电并网时要求在系统稳定运行的条件下向电网馈送高质量电能。目前，直接联网、降压上网、通过晶闸管软并网方式及准同步并网等方式适用于异步发电机形式的风机并网。其中，直接并网适合较小容量等级并网；降压并网常见于容量在千瓦级以上容量的并网，但该方式经济性差。目前世界流行的是先进的晶闸管软并网模式，它多用于大中型风电机组。风机并网时需实行机组启动、离网等进行有效操控，以减少对系统产生的冲击，另外，通过智能化的方式优化系统控制，也可提升机组并网后的电能质量。

燃料电池通过电化学过程将化学能转化为电能，具有效率高、清洁无污染、噪声低、安装便捷经济的特点。燃料电池按电解质可分为聚合电解质膜电池、碱性燃料电池、磷酸型燃料电池、固体电解质燃料电池和熔融碳酸盐燃料电池。目前磷酸型燃料电池技术较成熟，已商业化；最有望用于电力系统发电的是新一代熔融碳酸盐燃料电池和固体氧化物燃料电池。燃料电池输出的直流电幅值一般不高，采用直流变换器来维持幅度变化较大的输出直流电压的恒定，并在直流端连接电压逆变器控制输出为稳定交流电，以满足配电网需求，国内外应用最多的是纯正弦电流并网技术。与光伏电池并网构造相同，系统应用双级拓扑形式，即前级 DC/DC 变换器实现稳定的直流电压输出，后级完成直交电的转换并将电能送入电网。

## 二、并网控制策略的研究

并网逆变器的控制策略是整个光伏发电系统正常、稳定、安全、可靠工作的关键技术之一，其控制策略的好坏对整个系统能否完成有效并网发挥着至关重要的作用。逆变控制策略的目标是保持逆变器侧直流母线电压的稳定性，控制并网电流使其与电网电压同频同相，并确保并网电流谐波总畸变率（THD）满足国家规定的标准，从而提高系统的安全性、稳定性和经济性。

发电系统输出电能质量的高低取决于并网逆变器控制技术的优异，近年来，控制技术越发受到关注，常用的逆变控制技术主要包括电压电流双闭环控制、滞环电流控制、重复控制、无差拍控制、重复＋PI 控制及模糊控制等。

电流滞环控制法原理简单，系统具有很快的瞬态响应，且能保持较高的稳定性；但其不足之处是不固定的功率开关管的频率会导致电流频谱变宽，增加了滤波器的设计难度，电路的可靠性会也有所下降，从而会影响系统的稳定性。

20 世纪 80 年代，基于内膜理论的重复控制法应运而生，重复控制法是将外部信号放入可以周期性地对外部参考信号进行不断跟踪的内部模型里，并形成精确度很高的反馈控制，在非线性负载下系统保持良好的输出，能完全补偿系统相位误差，稳态性能好。实际应用中配合其他控制法能得到更理想的动态性能。但其缺点是动态响应很慢，系统要在几个周期后才能实现对负载扰动的抑制，系统出现的静差即使在加入辅助补偿器后也难以消除。重复控制法框图如图 8－4 所示。

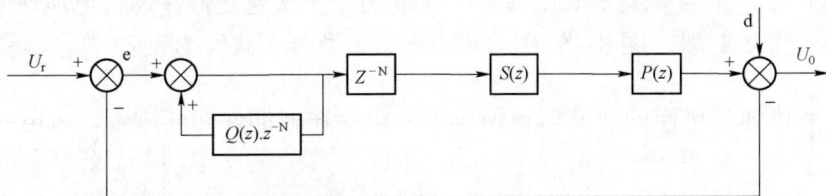

图 8－4 重复控制法框图

无差拍控制法是一种兼顾动态响应和控制精度的控制方法，该方法必须基于精确的数学模型，综合逆变器状态方程和当前的状态反馈，计算出下一个开关周期的脉宽。该方法能保证系统的优异性，动态响应快，脉冲可以即刻计算即刻输出，能在一个周期内校正输出误差，其优异的系统特性可以实现光伏逆变器以高功率因数并网。但是此方法易受负载变动影响，对模型的精确度要求很高，算法也相当复杂，目前还未广泛使用。

双闭环控制是目前应用较多的控制方法，相比于无差拍控制，双闭环控制策略的运算量要小得多，它采用电流内环电压外环控制方式，直流母线电压的稳定工作是直流电压环的控制目标，为实现逆变控制，通过调节作用使并网电流的频率和相位是并网电流环的控制目标。该方法算法灵活、系统易于设计并容易实现，固定的开关频率还使得输出滤波电感更容易设计。稳定直流母线电压的电压外环同时也保证了逆变系统输出电流稳定性的提高，输出更高品质的正弦波电流。双闭环控制结构图如图 8-5 所示。

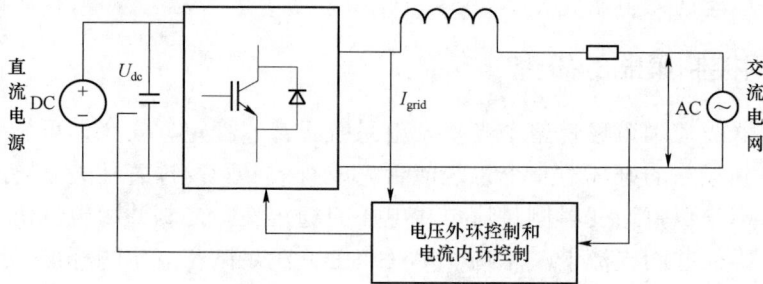

图 8-5　双闭环控制结构图

## 三、孤岛效应的特征及危害

孤岛效应的定义是因故障事故或停电维修导致电网供电中断时，并网逆变运行的分布式发电设备（如光伏发电、风能发电、储能电池发电等）未能即时的检测出电网掉电并将自身与电网断开，形成一个由分布式并网发电设备和周围负载组成的持续供电的孤岛。

在实际的电网中有多种的分布式发电设备连接，其发电容量和连接位置有很大的不同。分布式发电设备的典型接入拓扑如图 8-6 所示，图 8-6 中画出了常见的不同位置可能形成的孤岛分布式发电机有可能的接入点有接入主馈电线段与低压馈电线段。连接的位置主要与分布式发电机的容量有关系，例如同步发电机和异步发电机等大型发电装置主要安装于主馈电线上，在图 8-6 中，DG1 表示大型的分布式发电设备，相对小型的分布式发电设备，主要安装于低压馈电线处，例如光伏逆变器、燃料电池逆变器、储能逆变器等小型发电装置。图 8-6 中，DG2 表示小型分布式发电设备。

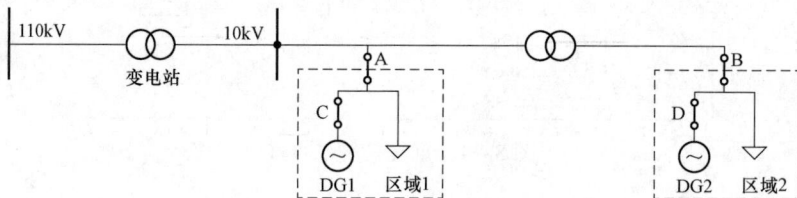

图 8-6　分布式发电设备的典型接入拓扑

当图 8-6 中的开关 A 由于人为或故障断开，而 DG1 没有检测到孤岛的发生并停止运行，而是继续向负载供电，则图中虚线区域 1 就形成了孤岛。同样，当图中的开关 B 由于人为或故障断开，而 DG2 并没有检测到孤岛的发生并停止运行，而是继续向负载供电，则图中虚线区域 2 就形成了孤岛。

向用户输送的电能质量是电网供电的重要因素，而非计划孤岛运行可能无法保证供电时的电压、频率稳定在正常范围内。孤岛运行有可能出现的危害大致为以下四点：

（1）孤岛系统内的电压幅值和电压频率会产生很大的波动，从而对用电设备造成损坏。

（2）某些故障无法被清除，导致系统设备的二次损坏及正常的电力系统无法恢复运行。

（3）孤岛产生后，分布式发电系统会继续向一些本不应该带电的设备供电，会对电力检修人员和用户的人身安全带来极大的危害。

（4）当孤岛系统再次并网运行时，若与电网不同步，将会引起很大的冲击电流，对系统电气设备造成损坏，导致继电保护跳闸，造成大范围停电事故。

由于孤岛效应的危害极大，世界各国的标准机构对并网光伏逆变器的反孤岛效应都制定了相应的标准，我国当前大部分标准都是采用 IEC 标准，随着近年来光伏产业的快速发展，我国在光伏并网逆变器行业的标准也在国产化和体系化。IEEEs Std.1574—2005 是继 IEEE Std.1574—2003 之后对反孤岛效应测试过程的一个标准。标准要求光伏逆变器工作在额定负载并联 RLC 电路和谐振点在电网频率品质因素为 1 的 LC 谐振电路条件下，能够局部平衡有功和无功功率，此时反孤岛效应的限定时间是 2s。因此光伏并网发电系统必须配备至少一种反孤岛装置，且必须在 2s 内反应孤岛状态并将其切断。

## 四、孤岛检测原理及方法

通常光伏并网系统的逆变器通过电压源恒定电流进行控制，电压源形式输入逆变器，逆变器输出为电流形式。输出为纯有功功率，功率因数为 1。通常在电网结构的拓扑分析中，将可控电流源等效为并网逆变器。电力系统正常运行时光伏发电系统接入电网的拓扑结构图如图 8-7 所示，开关 1、2 都是合闸的状态，PCC 点为光伏发电系统与电力系统的公共耦合点，本地负载由电阻 $R$、电感 $L$、电容 $C$ 并联组成，并网型的太阳能发电系统和电力系统同时给负载提供电能。

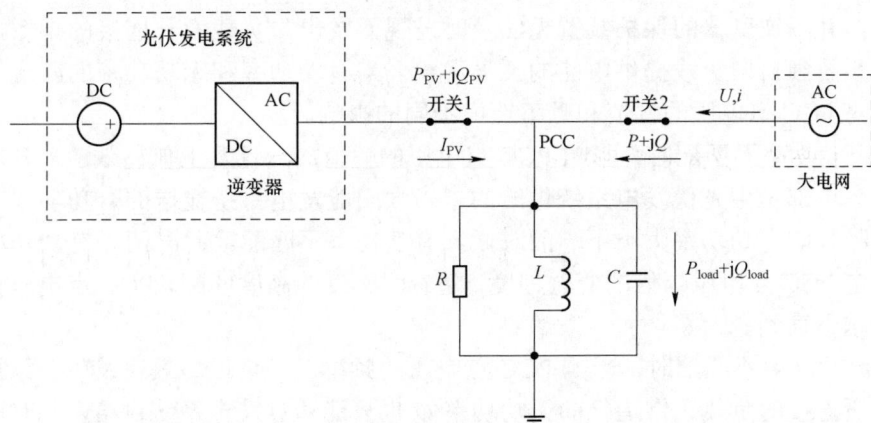

图 8-7　电力系统正常运行时光伏发电系统接入电网的拓扑结构图

电力系统正常地向负载输送电能时，假设光伏发电系统向负载输送的有功功率和无功功率分别为 $P_{PV}$、$Q_{PV}$，电力系统向本地负载输送电能功率的大小为 $P+jQ$，此时负载消耗的功率为 $P_{load}+jQ_{load}$。

当电网出现故障或者维修时，电力系统停止向负载供电，相当于开关 2 与负载断开连接，而开关 1 仍处于合闸状态，光伏发电系统没有断开与负载的连接，持续不断地给所连负载输送电能，此时就酿成了非计划孤岛效应，电力系统故障时光伏发电系统接入电网的拓扑结构图如图 8-8 所示。

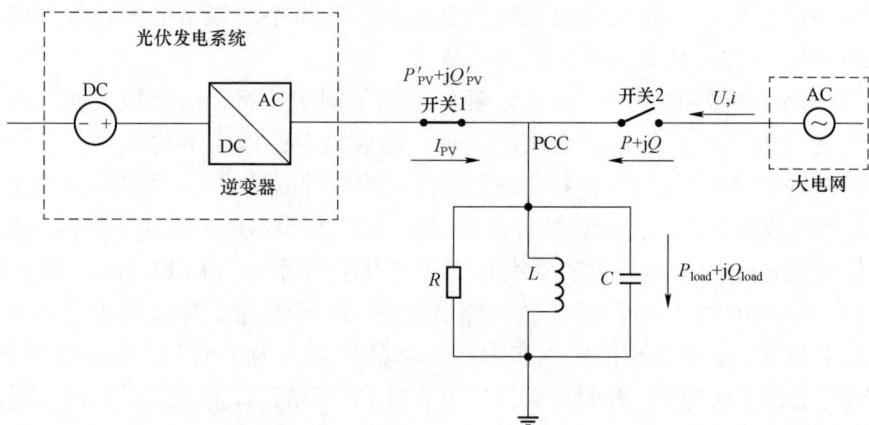

图 8-8　电力系统故障时光伏发电系统接入电网的拓扑结构图

如图 8-8 所示，系统已经产生了光伏发电系统单独向负载供电的孤岛状态，太阳能发电系统向负载提供的功率由 $P_{PV} + jQ_{PV}$ 变为 $P'_{PV} + jQ'_{PV}$，电网断开连接，向本地负载提供的功率零，因此有：

$$\begin{cases} P'_{PV} = P'_{load} \\ Q'_{PV} = Q'_{load} \end{cases} \qquad (8-1)$$

当逆变器的输出功率等于或接近等于负载消耗的功率时，即功率匹配程度极高，电网的断开不会引起公共耦合点电压的幅值和频率发生很大的变化，这种很小的变化不容易被察觉，并网逆变器的保护装置无法及时发现而发出与负载断开连接的指令，形成了光伏发电系统独自向负载提供电能的孤岛现象。当有功功率和无功功率的匹配程度不同时，分别对 PCC 点电压的幅值和频率造成不同的影响。

（1）有功功率不匹配时，影响 PCC 点电压的幅值。一旦发生孤岛效应后，本地负载消耗的功率全部是由光伏发电系统供给的。当太阳能发电系统输送的有功功率与它所连接的负载吸收的有功功率大小不一的时候，有功功率不匹配。此时两者有功功率的匹配程度将决定 PCC 点电压幅值的变化程度，随着匹配度的高度匹配，PCC 点电压幅值的变化将越来越小直到变为零。

（2）无功功率不匹配时，影响 PCC 点电压的频率。一旦孤岛效应发生，维持太阳能发电系统所连接的负载正常运行的无功功率 $Q$ 也只能通过发电系统供给。此时两者无功功率的匹配程度将决定 PCC 点电压频率的变化程度，随着匹配度的高度匹配，PCC 点电压频率的变化将越来越小直到不发生变化。

孤岛效应的功率匹配特征一直是限制各种基于并网逆变器侧的孤岛检测策略发展和应用的问题所在，检测孤岛策略的基础手段是量测和判断 PCC 点电压幅值和电压频率的偏移量在孤岛发生时是否越过预先设定的允许临界值。基础手段的实现能成功检测出系统的孤岛状态的必要条件是太阳能发电系统向负载输送的有功功率、无功功率不等于所连负载消耗的有功功率、无功功率。

## 五、反孤岛策略研究分析

孤岛效应是分布式发电设备在并网逆变发电运行时的一种故障状态，当孤岛发生时，逆变器要及时地检测出孤岛状态，并及时采取相应的措施（一般为停机），孤岛检测技术是现代分布式发电设备的必备重要功能，确保逆变设备正常运行、电网设备安全的同时也保障了线路检修人员的人身安全。技术发展到现在，孤岛检测技术的方法也已经有很多种，从检测位置的角度来看有基于逆变器侧的孤岛检测方法（本地反孤岛检测）和基于电网侧的检测方法（远程反孤岛检测）。常用孤岛检测方法分类如图8-9所示。

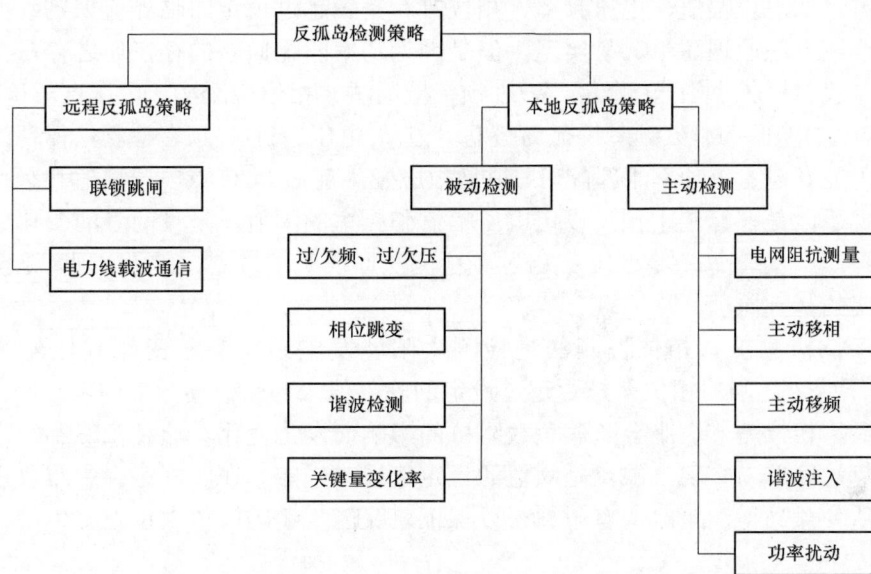

图8-9 常用孤岛检测方法分类

1. 远程反孤岛检测方法

电网侧的远距离通信法的基本步骤：在并网逆变器的内部装配具备接收载波信号功能的接收器终端，发达的无线通信技术实时监视各个开关的分合状态，接收器终端接收到的开关状态中的分闸状态传递给逆变器的微机处理器，使保护装置动作，断开与本地负载的连接。这种检测策略准确可靠，不会给电网的电能质量带来谐波污染，但是建设成本较高，因为性价比低的原因尤其不适用于小型光伏发电系统。但是随着通信技术飞跃式的发展和大范围的大功率的分布式光伏电源接入电力系统，远距离通信法的应用逐渐受到关注。以下是几种常用的电网侧的远距离通信法。

（1）电力线载波通信方法。该方法的基本原理：电网正常运行状态下，在电网侧安装一个持续给配电网的所辖线路发送信号的远程发信终端，而位于并网逆变器侧的信号接收器能每时每刻地接收到传递过来的信号；若接收终端无法接收到这个信号，表示电力系统与并网逆变器两者之间的某个断路器处于非正常状态并产生了孤岛状态。给电力线路加载线路信号的技术已经很成熟，所以电力线载波通信方法具备可靠性高的优势。

（2）传输断路器跳闸信号方法。该方法的实现手段：实时监视串联电力系统和太阳能发电系统两者所有的断路器与自动重合闸，若两者之间断路器或自动重合闸发生异常，则判定为孤岛状态。

（3）数据采集与监视控制法。该方法的实现原理：监视所有与大电网电路开关连接的辅助设备，从而判断孤岛现象是否发生，孤岛状态一旦被检测出来，触发报警信号，相应的断路器跳闸，分布式光伏电源停止向负载输送电能。

**2. 本地侧被动式孤岛检测策略**

本地侧孤岛检测策略因为具备低建设成本的优势，应用较为广泛，一般分为主动式检测策略和被动式检测策略。被动式孤岛检测策略的基本原理是监视并网逆变器输出的相关电参量（如电压幅值、电压频率、相位等）是否越过设定的临界值来判别孤岛的发生。这类检测方法原理简单、易实现，但是因为功率匹配问题的存在使之存在很大的检测盲区，一般包括欠/过压检测法、欠/过频率检测法、相位检测法、电压谐波检测法等。

（1）过/欠电压、过/欠频率反孤岛策略。过/欠电压、过/欠频率检测法体现的是本地负载与太阳能发电系统功率不匹配时，孤岛效应发生前后 PCC 点电压幅值和频率的变化情况，实现手段是在算法中预先设定电压幅值和频率的阈值，一旦两者的变化大于设定值则判定系统产生孤岛。欠/过压、欠/过频检测法原理明了易懂、容易实现，是全部被动式检测策略的基础原理。

（2）相位检测法。相位检测法是检测太阳能发电系统的逆变电流与公共耦合点（PCC）电压两者之间的相位差是否越过设定的临界值来判断孤岛效应的发生，在孤岛状态发生前后，相位差的大小会随着负载阻抗的影响而发生变化。这种策略不给电网加入扰动量，算法简单易实现，缺点是阈值的设定值很难确定，在实际运行中难以设置最合适的临界值使孤岛检测策略的有效性得以保证，又能规避因阈值太小而产生的误动作的风险。

（3）电压谐波检测策略。该方法主要基于分布式发电系统中变压器或电感的非线性特性，当与电网断开时，由于失去了电网的平衡作用，并网逆变器的输出电流会在线路上出现较大的电压谐波含量，监测线路电压的谐波含量，发现谐波含量突然增加时，就认为发生了孤岛效应。但是这种方法很难找到谐波幅值的门限，因为目前电网中存在大量的非线性设备，谐波变化复杂，影响判断的准确性。

**3. 本地侧主动式孤岛检测策略**

主动式检测策略指给逆变电流加入一定大小的扰动量，使 PCC 点的电压幅值或频率在孤岛发生时迅速地发生偏移从而越过设定的阈值，通过这种手段判断孤岛状态是否发生。下面几种方法都是属于主动式检测策略的范畴。

（1）阻抗测量策略。该策略的实现手段是在逆变电流的幅值上施加一定大小的扰动，各个电气量之间相互有联系，电流变化造成功率大小改变，逆变器输出电压也随之改变，通过欠/过压检测策略来判断系统是否处于孤岛状态，该策略属于电压偏移原理范畴的主动式检测策略。

（2）SVS 策略。该检测策略的核心手段是给公共耦合点 PCC 处电压的幅值施加的合适正反馈。在电力系统停止向负载输送电能时，施加的正反馈使 PCC 点电压发生很大的波动,从而越过正常范围,PCC点电压的增大或者减小都会造成并网逆变器的输出电流和输出功率发生变化,负载电压也随之变化,由于正反馈的作用使得逆变电流进一步增大,直到电压因为逆变电流的增大而增大到一定值从而触发欠/过压检测策略。SVS策略因为扰动量的引入,会给电网的电能质量带来一定的影响。

(3)AFD策略。主动频率偏移策略的原理是通过逆变器电流注入电网,使电流稍微失真,使逆变器输出的电压频率形成连续上升或下降的变化趋势,最终频率偏移越过阈值,即检测到孤岛状态。

## 六、反孤岛装置的工程应用

1. 低压反孤岛装置的定义和设计原则

低压反孤岛装置是专门为电力检修人员设计的一种反孤岛设备,由操作开关和扰动负载组成,用于破坏分布式光伏发电系统的非计划孤岛运行。

低压反孤岛装置主要用于区域电网中,一般安装在分布式光伏发电系统送出线路侧,如配电变压器低压母线侧、配电分支箱、用户配电箱等处。低压反孤岛装置示意图如图8－10所示。

2. 低压反孤岛装置的工程应用

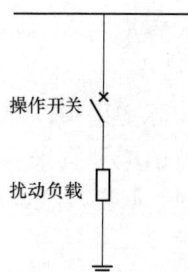

图8－10　低压反孤岛装置示意图

《分布式光伏发电接入配电网相关技术规定》中提出了三种分布式光伏发电接入220V/380V配电网的典型接入形式,为明确低压反孤岛装置的应用环境及安装位置提供了依据。

(1)分布式光伏接入配变低压母线端。低压反孤岛装置在分布式光伏接入配电变压器低压母线端时的安装示意图如图8－11所示,电力检修人员要对图8－11中的线路$L1$进行检修时,分布式光伏自身不会发生孤岛效应,但在检修配电变压器时,分布式光伏发电可能会同配电变压器低压母线其他负荷之间可能发生孤岛效应,因此,应在图8－11中的$a$点安装低压反孤岛装置。

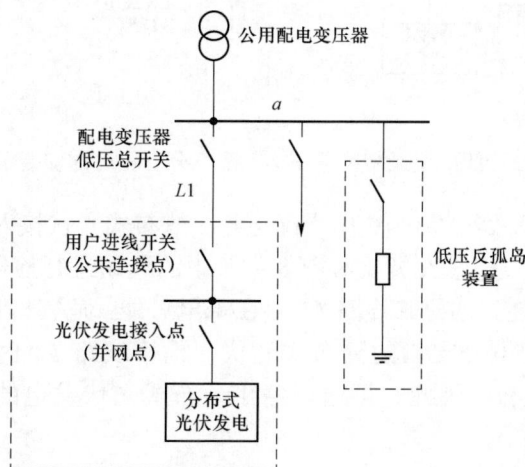

图8－11　低压反孤岛装置在分布式光伏接入配电变压器低压母线端时的安装示意图

在实际工程中，此类配电变压器低压母线一般是变电站、欧式箱式变压器或美式箱式变压器，分布式光伏容量较大，相应配置较大容量的低压反孤岛装置，低压反孤岛装置的类型宜采用户内落地式和户外式。

（2）分布式光伏接入 380V 配电变压器分支箱。低压反孤岛装置在接入配电分支箱时的安装示意图如图 8-12 所示，电力检修人员要对图 8-12 中的线路进行检修时，分布式光伏发电存在发生孤岛效应的可能，被检修线路 L1 存在带电可能，危害检修人员的人身安全，因此，为破坏该分布式光伏发电的孤岛运行，应在图 8-12 中的点 $a$ 安装低压反孤岛装置。

此外，当电力检修要对图中的配电变压器进行检修时，如果低压母线下端存在多路分布式光伏，也可在图 8-12 中的点 $b$ 安装大容量的低压反孤岛装置，通过直接一次性投入该大容量的专用操作开关，破坏所有可能存在的孤岛运行，同时也可节省安装空间和成本。

在实际工程中，此类配电变压器低压母线 $b$ 一般也是变电站或箱式变压器，低压反孤岛装置的类型宜采用户内落地式和户外式。当配电变压器低压母线是 220V/380V 配电分支箱时，低压反孤岛装置的类型宜采用户外式。此时，低压反孤岛装置的安装图 8-12 的点 $a$ 位置。

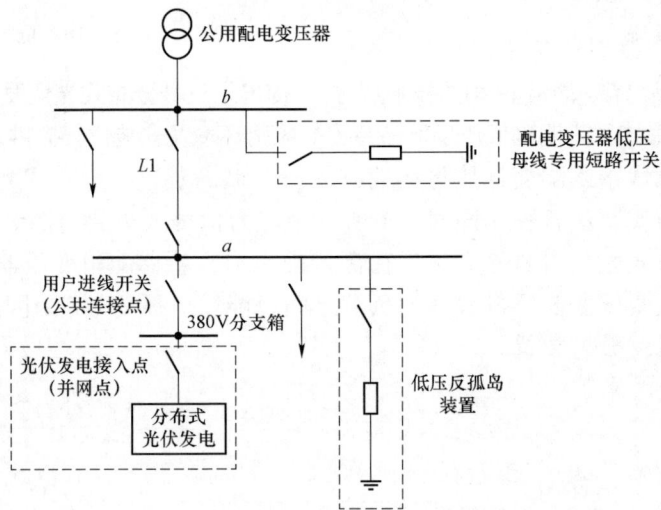

图 8-12　低压反孤岛装置在接入配电分支箱时的安装示意图

（3）分布式光伏接入 220V/380V 用户配电箱。分布式光伏接入 220V/380V 用户配电箱如图 8-13 所示，电力检修人员要对图 8-13 中的线路进行检修时，分布式光伏发电存在发生孤岛效应的可能，被检修线路 L1 存在带电可能，危害检修人员的人身安全，但接入 220V/380V 用户配电分支箱的分布式光伏，检修线路 L1 时，涉及用户的直接供电，一般用户将直接参与，因此，可通过停止分布式光伏发电的方式终止可能存在的孤岛运行。

电力检修人员对图 8-13 中的线路 220V/380V 用户配电分支箱进行检修时，如果分支箱接入的分布式光伏与负荷之间匹配，可能发生孤岛效应，此时，可按分支箱的容量，

在 $a$ 点配置适合的低压反孤岛装置。

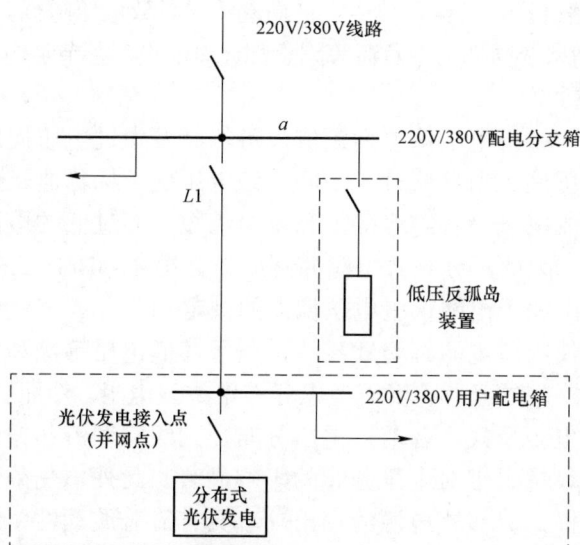

图 8-13　分布式光伏接入 220V/380V 用户配电箱

在实际工程中，此类用户配电分支箱一般为壁挂式，低压反孤岛装置的类型宜采用户内壁挂式。

3. 低压反孤岛装置现场技术条件要求

（1）分布式光伏无论以哪种形式接入配变低压母线，现场周围需要有适当的空间，以便不同形式的低压反孤岛装置安装和接入。

（2）设备旁边应有接地性能良好的接地装置，以便于低压反孤岛装置可靠接地。

（3）配电变压器与低压母线之间如无进线总开关，应根据配电变压器容量增设相匹配的进线总开关，以便与低压反孤岛装置操作开关联锁。

（4）壁挂式低压反孤岛装置的安装高度应为 1.5～1.6m，以便检修人员操作合闸或分闸开关。

（5）壁挂式、户外落地式或柱上安装式低压反孤岛装置采用电缆接入，户内柜式低压反孤岛装置采用铜母线或母线桥接入，如因安装位置因素（如两台配电变压器或三台配电变压器的用户）导致铜母线或母线桥接入不易实施，则采用电缆接入。

（6）原设备的低压母线应根据低压反孤岛装置的接入方式在适宜的位置进行打孔改造，以便于低压反孤岛装置用电缆或母线接入。

# 第三节　含分布式电源的配电网运行特征和分析方法

## 一、分布式电源接入对配电网电压的影响

配电网呈辐射状，电压沿馈线潮流方向逐步降低。分布式电源接入后，潮流减少，使各负荷节点电压上升，从而引发节点电压变化。当分布式电源功率较小，潮流降低较

轻微，负荷节点电压略有提升，实现电压支撑；然而，若分布式电源功率较大，潮流降低明显，节点电压显著升高，甚至可能引发逆向潮流，导致电压超标。分布式电源的接入位置、并网容量、发电功率及同期用电负荷等因素都会对配电网各节点电压产生影响。

1. 电压偏差标准

光伏并网系统中，如果电压偏差为正值，可能会发生过电压问题，因为此时系统电压高于标称值；而电压偏差为负值时，说明系统电压低于标称值，此情况较为罕见。电压超过标准可能会造成电气设备绝缘受损和寿命缩短，而过低的电压则会导致负荷设备无法正常运行或停机。因此，分布式电源并网应严格遵守 GB/T 12325—2008《电能质量 供电电压偏差》标准中关于电网供电电压偏差的规定。

传统配电网通常使用单电源辐射式接线，由于其低电压等级和短馈线，可以忽略地面分布电容和三相线路间的互感，仅需考虑分布电抗与电阻。然而当接入分布式电源后，配电网结构转变为多电源形式，各节点电压分布受到线路潮流和方向变化的影响。分布式电源的接入位置和容量大小对电压分布的影响显著。此外，受外界温度和光照辐射等因素的影响及频繁启停，分布式电源的输出功率具有显著波动性，从而导致电网电压波动和闪变问题。

2. 分布式电源接入配电网对电压影响

（1）分布式电源并网点位置对配电网电压的影响。通过研究一个典型分布式电源，分析其接入位置对配电网电压的影响。综合考虑，分布式光伏接入后，馈线电压在各个节点上都有所提升。本节研究的重点是比较不同位置分布式电源并网后的电压变化情况，在固定分布式光伏接入容量的情况下，距离线路终点更近的接入位置可以提供更高的馈线电压提升，从而更好地支持馈线电压的稳定性。因此，在实际应用过程中，应当根据具体情况选择最佳的分布式电源接入位置，从而达到更好的电压支持效果。

当分布式电源接入配电网时，可以提供一定的负荷支撑，并减少电网功率的传输。然而，这种接入方式可能会引起馈线电压升高的问题，因为它需要在接入点处平衡负荷、缩小馈线的潮流并减少电压损失。此外，分布式电源接入容量越大，电压升高的幅度也会随之增加。这也会导致过剩的功率倒送至线路上游。如果分布式电源连接到线路末端附近，那么馈线电压上升幅度就会更大，也会增加电压越限的风险。因此，特别要注意潜在的电压越限问题，并采取必要的措施来规避这种风险。例如，可以通过调节分布式电源的输出功率、接入容量及合理的负载调度，来控制馈线电压的波动。

（2）分布式电源并网容量对配电网电压的影响。本节旨在探究分布式电源并网容量对配电网电压的影响。在研究中选取了不同容量的分布式电源进行并网。根据系统最低电压、并网前后节点电压变化最大值及电压超限节点个数三个评价指标进行仿真分析，随着分布式光伏电源并网容量的增大，它对系统电压的提升作用逐渐增强，尤其是在并网节点及周围节点的电压提升上表现得更为显著。但是，需要控制并网容量不能过大，以免节点电压超过电压上限，从而威胁电网的安全性。在并网过程中，还需要考虑调节电压的能力和稳定性，否则可能会对电网产生不利影响。因此，在制定分布式光伏电源接入方案时，需要充分考虑并网电容和电感的选择和配置，以及有功和无功功率控制等方面的问题，以确保分布式光伏电源的并网能力最大化，同时保证电网的安全稳定性。

3. 陕西省分布式光伏产业推进情况

陕西省积极发展分布式光伏产业，固然与国家层面正大力推动"双碳战略"有一定联系，但值得注意的是，其得天独厚的地理优势有利于分布式光伏落地。陕西省具有丰富的太阳能资源，太阳能资源空间分布特征是北部多于南部，全省太阳能年总辐射量为 $4410 \sim 5400 MJ/m^2$。初步推算，陕西的太阳能资源经济技术可开发量大约 1.1 亿 kW。

2021 年 9 月 27 日，陕西省发展改革委印发《陕西省整县（市、区）推进屋顶分布式光伏发电试点工作方案的通知》，在全省 10 个市 26 个县（市、区）开展屋顶分布式光伏发电项目整县推进试点，规划装机容量 420 万 kW。近年来，陕西积极抢抓光伏产业发展机遇，充分发挥产业基础、政策和空间区位优势，已形成年产值超 1000 亿元的光伏产业发展集群。在这场"追光逐日"的竞赛中，陕西借"光"生"金"，让光伏产业的潜在价值不断释放，转化为可持续发展的力量。"推进农村电网巩固提升，发展农村可再生能源"，2023 年中央一号文件对推动农村可再生能源发展作出重要部署。在"双碳"目标与乡村振兴战略驱动下，光伏产业在广阔的农村正步入发展快车道。2022 年，各地市供电分公司实施完成多项配电网基建工程，为分布式光伏的接入筑牢设备基础。闲置的屋顶、良好的光照条件为户用光伏的发展提供了先天便利条件。户用分布式光伏运行既可采用"自发自用、余电上网"，也可采用"全额上网"，灵活的模式使家庭式"小型电站"在陕西省各市（区）快速推广。

光伏产业是陕西聚力打造的重点产业链之一，近年来陕西光伏产业发展迅速、规模持续扩大。陕西省利用四大举措整县推进屋顶分布式光伏发电试点工作。

（1）坚持因地制宜、自愿参与。以电网、安全等条件为前提开展屋顶资源详查，统筹各类建筑屋顶特点，做到宜建尽建。建筑屋顶开展光伏项目建设，由屋顶产权单位综合考虑屋顶承重、安全等因素后自主决定，不得强制屋顶产权人安装光伏发电设施。

（2）坚持市场主导、充分竞争。充分发挥市场配置资源的作用，鼓励各类市场主体参与项目建设。试点县（市、区）屋顶产权单位应自主选择开发主体，也可由当地政府通过招标等市场竞争方式确定 2～3 家开发主体开展项目建设，不得以签订排他性协议和特许经营权协议的方式垄断经营。

（3）坚持政策支持、多方参与。市县政府要协调落实屋顶资源，扩大屋顶分布式光伏市场空间，引导市场主体建设屋顶分布式光伏的积极性。发改、住建、电网等部门要简化相关手续办理流程，为开发建设营造良好营商环境。要充分发挥行业协会的引领、纽带作用，鼓励和引导社会各界支持和参与屋顶分布式光伏发电项目建设，形成共建共享共管的良好氛围。

（4）坚持安全发展、强化监管。严格落实国家光伏产品准入认证有关要求，加强建筑安装光伏发电设施的安全性评价，加强屋顶分布式光伏发电项目的质量管理和安全监督。要建立健全屋顶分布式光伏安全规章制度，强化和落实生产经营单位主体责任与属地监管责任，建立生产经营单位负责、属地监管的机制，确保屋顶分布式光伏发电项目安全。

此外，榆林和汉中两市在推动"光储直柔"建筑试点示范成果斐然。按照向外输出与就地消纳并重、集中式与分布式并举的原则，榆林示范推广大容量、高塔架、轻量化、智能化风电机组，建设百万千瓦级"牧光互补""光伏＋荒漠化土地生态恢复""光伏＋矿区生态治理"等示范项目，力争 2025 年风电装机达 1300 万 kW、光伏发电装机突破 2400 万 kW。

目前，我国光伏行业总产值突破 1.4 万亿元，陕西光伏产业产值逾千亿元，占全国规模的 1/14。下一步，陕西将大力实施太阳能光伏产业链的延链、补链、强链行动，通过技术迭代更新、提升产品市场竞争力，不断推动陕西光伏产业迈上新台阶，让光伏产业成为推动能源变革的重要引擎。而随着建筑光伏一体化新技术的推广和应用，陕西省越来越多的城市大型建筑将实现建筑光伏一体化，为城市增添一道道新能源变革的亮丽风景。

## 二、含分布式电源的配电网分析方法

随着我国智能电网的大规模建设及电力市场的不断改革推进，传统的集中式大电网供电模式已经不能相互匹配现代社会的需求，未来电网将通过微电网对分布式电源进行高效的管理和最大限度的利用，采用大规模分布式发电是大势所趋。

分布式发电单元的特点是发电功率不确定、电压控制灵活。由于分布式电源的引入，配电网控制更加灵活，将会出现新的节点类型，分析更加复杂，若采用传统潮流计算方法对这些新节点进行处理，将难以取得理想结果。由于潮流计算是系统稳定性分析、故障计算等电网分析、规划工作的基础，因此，研究含分布式电源的配电网潮流计算非常重要。

1. 分布式电源与潮流计算

对于包含分布式电源的电网进行潮流计算，首先要研究各种分布式电源的工作原理、运行方式和控制特性并对应建模。

从配电网的角度来进行建模，需将并网点处的分布式电源等效为一个节点。由于分布式电源出力的随机性，在潮流计算时需采用统计分析法（蒙特卡罗方法、解析法、近似法）；从分布式电源角度建模，需考虑分布式电源与配电网互联的接口，存在电力电子换流器、同步发电机、异步发电机、双馈电机四种形式。

由于分布式电源种类繁多特性各异，在潮流计算中不能简单地将其全部作为一类节点。本章针对几种常用分布式电源，通过其与电网连接的接口方式及其运行和控制方式，对各类节点进行划分，提出了各自在潮流计算中的处理方法，核心是将多种节点转换为传统方法便于处理的常见节点。

2. 常用分布式电源工作原理及其在潮流计算中的处理

（1）风力发电系统。风力发电是分布式电源发电技术中比较成熟的一种。在配电网中，风电系统通常是单个风力发电机或小型风电机组，将自然风资源进行转化利用。考虑风电接入的潮流计算建模时，需要得到风机输出功率，又因为风电系统发出的有功功率与风能的大小有着直接的关系，所以需对风速进行统计或估算。有功输出为风速的函数，可根据发电机组所处区域的风速分布曲线，近似计算发出功率。其中功率与风速的常用关系有以下两种：

1）风力发电机发出的机械功率如下：

$$P_m = 0.5Av^3\rho C_p \tag{8-2}$$

式中 $A$——叶片扫风面积；

$\quad\quad v$——风速；

$\quad\quad \rho$——空气密度；

$\quad\quad C_p$——风能利用系数，表示风电装置获得的有用风能的占比。

这些参数的大小通常与当地地形、海拔等地理因素有关，可视作常数。

2）考虑风机切入与切出的关系式。由于风电场装机容量较大，以及风速的不断变化，机组注入功率的不确定性也较大，需要分段考虑。风力发电机功率输出曲线如图 8-14 所示，其中 $P_r$ 是风机额定功率，$V_r$ 是额定风速，$V_i$ 是切入风速，$V_o$ 是切出风速。

当风速过低，达不到风机切入风速时，风机处在停机状态，机组发出功率为 0；当风速在切入风速和额定风速之间时，风机出力与风速的关系可近似为一次函数表达式；当风速在额定风速与切出风速之间时，风机出力处理为额定值 $P_r$；当风速大于切出风速时，若超过切出风速还不切出，将存在塔架倒塌、叶轮飞车的风险，此时风机停机。

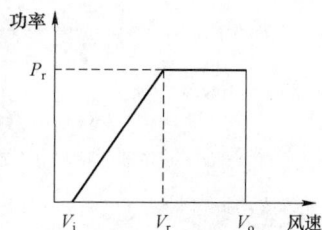

图 8-14 风力发电机功率输出曲线

求解含风力发电系统的配电网潮流时，可将风力发电机节点视为 PQ 值给定的负荷节点，认为风电机组发出的功率是由该时刻风速所决定的定值。

假定功率因数保持不变，无功功率可按照下式来确定：

$$Q = \frac{P}{\tan\varphi} \tag{8-3}$$

（2）太阳能光伏电池。太阳能发电具有很强的随机性，输出功率在很大程度上取决于当地气候条件，如光日照强弱、温度、阴、雨等。

光伏发电系统发出的直流电需经过逆变器转换才能并网。逆变器可分为电流控制型和电压控制型。如果采用电流控制型逆变器，电流值为可控量，光伏电池可以等效为一个注入有功功率和电流恒定的 PI 节点；如果采用电压控制型逆变器，电压值为可控量，可将其等效为注入有功功率和电压恒定的 PV 节点。

采用电压源电流控制方法，通过控制逆变器的输出电流使其能够实时跟踪电网电压的变化，实现并网运行。在潮流计算也可以只考虑有功功率，将光伏电池处理为 PQ 节点。在进行潮流计算时，光伏电池输出的有功功率和注入电网的电流是定值，而注入的无功功率为：

$$Q = \sqrt{U^2I^2 - P^2} \tag{8-4}$$

式中 $P$——恒定的输出有功；

$\quad\quad I$——注入配电网的恒定电流；

$\quad\quad U$——分布式电源并网节点处的电压。

根据每次迭代所得到的电压值，再由上式可计算得到计算所需的无功功率。

（3）燃料电池。燃料电池将化学能转化为电能，发电效率大概是传统发电厂的 2 倍，还具有清洁无污染、安装机动灵活、噪声低等优点。其输出电也需要经过逆变器转化才能并网。燃料电池并网等效电路如图 8−15 所示。

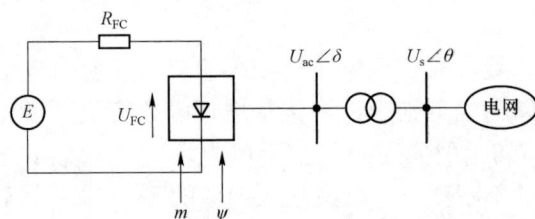

$R_{FC}$ —等效内阻；$U_{FC}$ —直流侧电压；$m$ —逆变器的调节指数；

$\psi$ —逆变器的超前角；$U_{ac}$ —输出交流侧电压；$U_s$ —并网母线电压；$\delta$、$\theta$ —电压的相角

图 8−15　燃料电池并网等效电路

（4）微型燃气轮机。微型燃气轮机指以甲烷、天然气、柴油、汽油为燃料的发电装置，具有体积小、低排放、操作简单、高发电效率、低维修率等特点。

同样地，微型燃气轮机输出的交流电也不能直接并网，需通过变流器将高频交流电先转化成直流电，再转化成工频交流电才可以并网运行。

微型燃气轮机的输出功率控制依靠调节转速来实现。因此微型燃气轮机在潮流计算中可以等效为一个 PV 节点来处理。

3. 分布式电源在潮流计算中的统一模型

将多种分布式电源在潮流计算中所等效的节点类型进行汇总，分布式电源的节点类型见表 8−1。

表 8−1　　　　　　　　　　　分布式电源的节点类型

| 分布式电源类别 | 节点类型 |
|---|---|
| 风力发电系统通过异步发电机并网 | PQ |
| 风力发电系统通过双馈式电机并网 | PQ |
| 太阳能光伏电池通过电流型逆变器并网 | PI |
| 太阳能光伏电池通过电压型逆变器并网 | PV |
| 燃料电池 | PV |
| 微型燃气轮机 | PV |

在不同的研究领域中，分布式电源有不同的分类方式。在潮流计算中，根据其输出功率的可控性，上文讨论的几种常见分布式电源可以进一步分为不可控分布式电源、可控分布式电源。

（1）不可控分布式电源。该类分布式电源以风电机组、光伏电池为代表，受到风力、光照等不可控因素的影响，装置输出功率不确定，可以写为：

$$P = F(x) \qquad\qquad (8-5)$$

式中　$x$——影响因素。

（2）可控分布式电源。可控型分布式电源不受自然因素影响，以燃料电池和微型燃气轮机为代表。该类分布式电源通常是根据电网的需要来确定输出，利用并网装置的控制系统进行调节，可以采取控制燃料输入、反馈控制等方式使机组出力得到比较精确地控制，以此得到固定或是预期输出功率值。

4. 分布式电源的接入对潮流计算的影响

分布式电源接入配电网后，使系统网络结构发生变化，电网从一个单端辐射状的网络变为多电源的互联网络，极大地影响了配电网中的潮流。潮流从传统的单向流动变得复杂，不一定单向地从变电站母线流向各用户负荷，还有可能会出现回流和复杂的电压变化，潮流方向难以确定。同时还可能影响系统损耗，或增大或减小，这取决于分布式电源的接入位置、负荷量的相对大小及网络的拓扑结构等多重因素。

分布式电源的并网运行改变了系统中的潮流分布，对配电网而言，由于分布式电源的接入导致系统中具有双向潮流，给系统电压调节、继电保护与能量优化带来了新问题。

# 第四节　分布式电源调度控制

## 一、分布式电源对电网调度运行影响

1. 对大电网调度运行影响

（1）降低大电网安全稳定性。分布式光伏并网容量快速增长，大量电力电子设备并网导致系统无功支撑能力与转动惯量下降，导致电网暂态电压水平及频率稳定性降低；局部高比例分布式光伏接入地区，有源线路占比提高，不仅低频减载负荷控制率逐步下降，而且分布式光伏可能造成线路功率潮汐变化，造成装置动作行为不合理，影响系统第三道防线安全。

（2）增加大电网调峰难度。分布式电源的随机性和波动性影响功率预测及负荷预测精度，分布式电源缺少预测手段，未纳入电力电量平衡，分布式电源出力存在不确定性，且在现有情况下同时加大了负荷预测难度，对日前平衡的准确性产生较大影响，要求预留更多的正负备用容量来应对电网调峰问题；分布式电源与多直流馈入、冬季供暖、集中式光伏、风电等多重因素相互叠加，调峰难度逐年增加。分布式电源缺少控制手段，特别是分布式光伏在光资源充足天气情况下，与集中式光伏、风电、小水电相互叠加，导致局部地区白天时段调峰难度加大，且无法进行调控。随着屋顶分布式光伏项目推进，装机增大后，在消纳弃电方面，与集中式光伏不同，屋顶分布式光伏项目弃电管理面临"三公"调度风险。

（3）扩大故障影响范围。分布式电源并网技术要求偏低，故障后可能引发连锁反应，造成电网故障扩大。近期国外大停电事故中，分布式电源在电网故障后无序脱网，是造成事故扩大的重要原因。按照现行国家标准计算，部分直流大功率运行时闭锁，存在分布式电源大规模脱网、引发连锁事故风险。

（4）影响数据准确性。分布式电源由于并网技术门槛偏低，缺少实时数据监测手段，在调度端处于未被感知状态，未真实计入发电出力曲线，而以负荷形式体现，随着装机量增大，统调负荷午间将呈现低谷"鸭形曲线"特征，缺少准确出力、电量数据为平衡和消纳研究做支撑。分布式电源功率预测水平不足，随着分布式电源渗透率的不断提升，负荷特性逐步发生变化，缺少精准的分布式发电功率预测，将无法适应高比例分布式电源并网的要求。

2. 对配电网调度运行影响

（1）影响电网电压水平。分布式光伏接入配电网线路末端，出力高发时段抬升并网点电压，直接影响周边用户用电质量，甚至因并网点电压过高导致分布式光伏脱网。分布式光伏高渗透区发电功率受天气影响，间歇性大幅波动，光伏出力大幅波动，可能造成 10kV 母线电压大幅度波动。

（2）继电保护适应性要求提高。有源化、网络化将配电网单向潮流改变为往复潮流，单端保护适用范围受到影响，双端或多端保护将广泛应用。重合闸、备自投、主变压器保护、线路保护及解列装置相互配合更加复杂。

（3）调度运行的变革压力。一是调度对象日益多元，随着配电网新业态快速发展，地、县（配）调的调度对象将由传统的供电设备和大用户向储能、微电网、虚拟电厂等新型负荷侧可控资源快速扩展，对传统调度业务形成较大挑战。二是电网负荷侧调节能力亟待提升，新能源规模快速增长，电网运行面临系统安全、新能源弃网等突出难题，亟需引导负荷侧资源参与电网调节，提升电网调节能力、保障电网安全运行。三是源网荷储协同控制的要求更加迫切，分布式电源和储能设备基本部署在中低压配电网，调度技术支撑手段应加强源网荷储协同控制功能建设，统筹主网运行要求和配电网负荷控制功能。

## 二、分布式电源并网运行调度管理

1. 并网调度管理

（1）地市供电公司调控机构及供电服务指挥中心（配网调控中心）应参加由地市供电公司发展部门组织的 10（6）～35kV 接入的分布式电源接入系统方案审定，宜参加由地市供电公司营销部门组织的 380/220V 接入的分布式电源接入系统方案审定，审定分布式电源接入系统方案和相关参数配置。

（2）并网验收及并网调试申请受理后，10（6）～35kV 接入项目，地市供电公司调控机构和供电服务指挥（配网调控）中心根据分布式电源接入方式和调管范围分别负责办理与项目业主（或电力用户）签订调度协议方面的工作。380/220V 接入项目，地市供电公司调控机构应备案由地市公司营销部门抄送的项目业主（或电力用户）购售电、供用电和调度方面的合同。

（3）电能计量装置安装、合同与协议签订完毕后，10（6）～35kV 接入项目，地市供电公司调控机构或供电服务指挥中心（配网调控中心）应开展本专业并网验收及并网调试，出具并网验收意见，调试通过后并网运行。与调度相关验收项目应包括但不限于检验继电保护情况、检验防孤岛测试情况、检验自动化信号上传主站情况、检验接受调度调节控制指令情况等。

（4）10（6）～35kV 接入的分布式电源项目，其涉网设备应按照并网调度协议约定，纳入地市供电公司调控机构调度管理；380/220V 接入的分布式电源项目，由地市供电公司营销部门管理。

（5）10（6）～35kV 接入的分布式电源，站内一次、二次系统设备变更时，分布式电源运行维护方应将变更内容及时报送地市供电公司调控机构备案。

（6）分布式电源首次并网及其主要设备检修或更换后重新并网时，应进行并网调试和验收，试验项目和试验方法应满足 Q/GDW 666《分布式电源接入配电网测试技术规范》的规定，试验报告应在并网前向电网运营管理部门提交。

（7）分布式电源并网时应监测当前配电网频率、电压等电网运行信息，当配电网电压偏差、频率偏差超出 GB/T 12325 和 GB/T 15945《电能质量　电力系统频率偏差》规定的正常运行范围时，分布式电源不得并网。

（8）电网运营管理部门应与用户明确双方安全责任和义务，至少应明确以下内容：

1）并网点开断设备（属用户）操作方式。

2）检修时的安全措施。双方应相互配合做好电网停电检修的隔离、接地、加锁、悬挂标示牌等安全措施，并明确并网点安全隔离方案。

3）由电网运营管理部门断开的并网点开断设备，仍应由电网运营管理部门恢复。

2. 调度运行管理

（1）基本要求。

1）省级和地市级电网范围内，分布式光伏等发电项目应按照调度机构要求开展短期和超短期功率预测。省级电网公司调控机构分布式电源功率预测主要用于电力电量平衡，地市级供电公司调控机构分布式电源功率预测主要用于母线负荷预测，预测值的时间分辨率为 15min。并对其有功功率输出进行监测，监测值的时间分辨率为 15min。

2）分布式电源运行维护方应服从电网调控机构的统一调度，遵守调度纪律，严格执行电网调控机构制定的有关规程和规定；10（6）～35kV 接入的分布式电源，项目运行维护方应根据装置的特性及电网调控机构的要求制定相应的现场运行规程，经项目业主同意后，报送地市供电公司调控机构备案。

3）10（6）～35kV 接入的分布式电源项目运行维护方，应及时向地市供电公司调控机构备案各专业主管或专责人员的联系方式。专责人员应具备相关专业知识，按照有关规程、规定对分布式电源装置进行正常维护和定期检验。

4）10（6）～35kV 接入的分布式电源，项目运行维护方应指定具有相关调度资格证的运行值班人员，按照相关要求执行地市供电公司调控机构值班调度员的调度指令。电网调控机构调度管辖范围内的设备，分布式电源运行维护方应严格遵守调度有关操作制度，按照调度指令、电力系统调度规程和分布式电源现场运行规程进行操作，并如实告知现场情况，答复调控机构值班调度员的询问。

5）在进行一般调度业务联系和接受调度指令时，现场运行值班人员应通报单位、姓名，使用普通话和统一的调度、操作术语，严格按调度规程要求执行接令、复诵、监护、汇报、录音和记录等制度，遵守调度相关操作规定，对汇报内容的正确性负责。

6）分布式电源并网点开关等属于调度许可范围内的设备，现场运行值班人员未经值班调度员允许，严禁擅自操作。在威胁人身、设备安全等紧急情况下，可按相关规定边处理边向值班调度员汇报，但再次并网前须经得调度许可。

（2）正常运行方式。

1）分布式电源的有功功率控制、无功功率与电压调节应满足 GB/T 29319《光伏发电系统接入配电网技术规定》和 NB/T 32015《分布式电源接入配电网技术规定》的要求。

2）通过 10（6）～35kV 电压等级接入的分布式电源，应纳入地区电网无功电压平衡。地市供电公司调控机构应根据分布式电源类型和实际电网运行方式确定电压调节方式。

3）接入 10（6）～35kV 配电网的分布式电源，若向公用电网输送电量，则其有功功率和无功功率输出应执行电网调控机构指令，紧急情况下，电网调控机构可直接限制分布式电源向公共电网输送的功率。

4）接入 10（6）～35kV 配电网的分布式电源，若不向公用电网输送电量，由分布式电源运行管理方自行控制其有功功率和无功功率。

5）接入 10（6）～35kV 配电网且向公用电网输送电量的分布式电源，应具有控制输出功率变化率的能力，其最大输出功率和最大功率变化率应符合电网调控机构批准的运行方案。同时应具备执行电网调控机构指令的能力，能够通过执行电网调控机构指令进行功率调节。

6）接入 380V 配电网低压母线且向公用电网输送电量的分布式电源，应具备接受电网调度指令进行输出功率控制的能力。

（3）特殊运行方式。

1）电网出现特殊运行方式，可能影响分布式电源正常运行时，地市供电公司调控机构应将有关情况及时通知分布式电源项目运行维护方和地市供电公司营销部门；电网运行方式影响 380/220V 接入的分布式电源运行时，相关影响结果通过地市供电公司营销部门转发。

2）电网运行方式发生变化时，地市供电公司调控机构应综合考虑系统安全约束及分布式电源特性和运行约束等，通过计算分析确定允许分布式电源上网的最大有功功率和有功功率变化率。

3）事故或紧急控制。分布式电源应配合电网调控机构保障电网安全，严格按照电网调控机构指令参与电力系统运行控制。

在电力系统事故或紧急情况下，为保障电力系统安全，电网调控机构有权限制分布式电源出力或暂时解列分布式电源。10（6）～35kV 接入的分布式电源应按地市供电公司调控机构指令控制其有功功率；380/220V 接入的分布式电源应具备自适应控制功能，当并网点电压、频率越限或发生孤岛运行时，应能自动脱离电网。

分布式电源因电网发生扰动脱网后，在电网电压和频率恢复到正常运行范围之前不允许重新并网。在电网电压和频率恢复正常后，通过 380/220V 接入的分布式电源需要经过一定延时时间后才能重新并网，延时值应大于 20s，并网延时时间由地市供电公司调控机构在接入系统审查时给定，避免同一区域分布式电源同时并网；通过 10（6）～35kV 接入的分布式电源恢复并网应经过地市供电公司调控机构的允许。

10（6）～35kV 接入的分布式电源因故退出运行，应立即向地市供电公司调控机构汇报，经调控机构同意后方可按调度指令并网。分布式电源应做好事故记录并及时上报调控机构。

（4）分布式电源检修管理。

1）接有分布式电源的配电网电气设备倒闸操作和运维检修，应严格执行 GB 26860《电力安全工作规程　发电厂和变电站电气部分》等有关安全组织措施和技术措施要求。

2）电网输电线路的检修改造应综合考虑电网运行和分布式电源发电规律及特点，尽可能安排在分布式电源发电出力小的季节和时段实施，减少分布式电源的电量损失。

3）接入 10（6）～35kV 的分布式电源，系统侧设备消缺、检修优先采用不停电作业方式；若采用停电作业方式，系统侧设备停电检修工作结束后，分布式电源应按次序逐一并网。

4）系统侧设备停电检修，应明确告知分布式电源用户停送电时间。由电网运营管理部门操作的设备，应告知分布式电源用户。无明显断开点的设备作为停电隔离点时，应采取加锁、悬挂标示牌等措施防止反送电。

5）有分布式电源接入的低压配电网，宜采取不停电作业方式。

6）有分布式电源接入的配电网，高压配电线路、设备上停电工作时，应断开相关分布式电源的并网开关，且在工作区域两侧接地。有分布式电源接入的配电网检修示意图如图 8-16 所示，10kV 甲线 2 号环网柜 111 开关后段接有分布式电源，当 1 号环网柜 102 开关至 3 号环网柜 101 开关范围停电检修时，需拉开 2 号环网柜 111 开关。

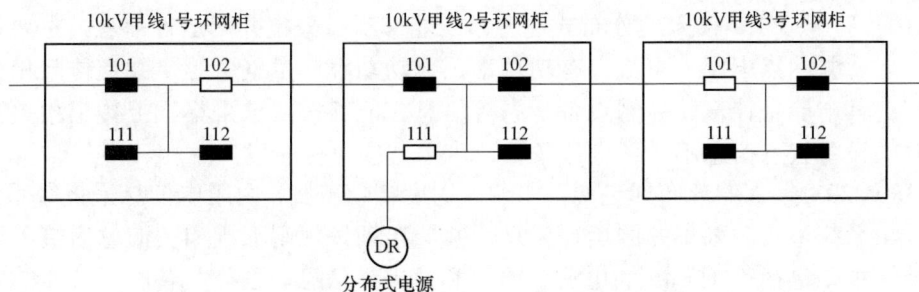

图 8-16　有分布式电源接入的配电网检修示意图

7）由分布式电源供电的设备，在检修安排、安措要求和倒闸操作中应按带电设备处理，并严格执行《电力安全工作规程》等有关安全组织措施和技术措施要求。

（5）分布式电源继电保护及安全自动装置管理。

1）分布式电源继电保护及安全自动装置应满足 GB/T 14285《继电保护和安全装置技术规程》、NB/T 32015 的要求。

2）10（6）～35kV 接入的分布式电源安全自动装置的改造应经地市供电公司调控机构的批准。

3）10（6）～35kV 接入的分布式电源应按电网调控机构有关规定管理所属微机型继电保护装置的程序版本。

4）10（6）～35kV 接入的分布式电源涉网继电保护定值应按电网调控机构要求整定并报地市供电公司调控机构备案，其与电网保护配合的场内保护及自动装置应满足相关标准的规定。

5）分布式电源（电力用户）厂站端二次设备的运维、故障处理、修理、改造工作由分布式电源项目业主（电力用户）负责。二次设备检修工作应按二次设备检修管理规定执行，向相应调控机构提交检修申请，得到同意后方可进行。

6）分布式电源（电力用户）应保障厂站端远动、安防设备、电能量计量、通信传输等设备的连续、稳定运行，对传送的远动、电能量等信息的准确性、及时性、安全性负责，及时处理安防设备告警。

7）分布式电源（电力用户）必须严格执行电力监控系统安全防护相关规定，满足电力监控系统安全防护相关技术要求。

（6）分布式电源通信运行和调度自动化管理。

1）分布式电源通信运行、调度自动化和并网运行信息采集及传输应满足 DL/T 516《电力调度自动化运行管理规程》、DL/T 544《电力通信运行管理规程》、电监会 5 号令等相关制度标准要求。

2）通过专线接入 10（6）～35kV 的分布式电源通信运行和调度自动化应满足 NB/T 32015 的要求。

3）380/220V 接入的分布式电源及 10（6）kV 接入的分布式光伏发电、风电、海洋能发电项目，可采用无线公网通信方式（光纤到户的可采用光纤通信方式），并应采取信息安全防护措施。

4）10（6）～35kV 接入的分布式电源，应能够实时采集并网运行信息，主要包括并网设备状态、并网点电压、电流、有功功率、无功功率和发电量等，并上传至相关电网调控机构；其电能量计量、并网设备状态等信息应能够按要求采集、上传至相关营销部门，如并网设备状态信息不具备直传条件，可由调控机构转发。

5）380/220V 接入的分布式电源，如纳入调度管辖范围，由用电信息采集等系统（或电能量采集系统）实时采集并网运行信息，并能自动按规则汇集相关信息后接入调度自动化系统，主要包括每 15min 的电流、电压和发电量信息。条件具备时，分布式发电项目应预留上传及控制并网点开关状态能力。

6）10（6）～35kV 接入的分布式电源开展与电网通信系统有关的设备检修，应提前向地市供电公司调控机构办理检修申请，获得批准后方可进行。如设备检修影响到继电保护和安全自动装置的正常运行，还需按规定向地市供电公司调控机构提出继电保护和安全自动装置停用申请，在继电保护和安全自动装置退出后，方可开始通信设备检修相关工作。

7）10（6）～35kV 接入的分布式电源，其并入电力通信光传输网、调度数据网的分布式电源通信设备，应纳入电力通信网管系统统一管理。

8）分布式电源调度自动化信息传输规约由电网调控机构确定。

### 三、分布式光伏"观测调控"技术手段

近年来，随着新型电力系统建设及"整县屋顶分布式光伏"等政策引导，以分布式光伏为主的分布式电源快速发展，对电网运行带来巨大影响。调度机构对分布式光伏的感知及控制能力不足，将严重制约电网安全运行及分布式光伏友好接入发展，建立调度侧对分布式光伏"观测调控"技术手段，是实现有源配电网调控及资源配置调节的必然要求。

1. 分布式光伏"观测调控"典型方案

（1）10（35、6）kV 分布式光伏。10（35、6）kV 分布式光伏电站，其量测信息应全部直接接入调度/配电自动化系统，并预留控制通道，实现"直采直控"，场站终端侧改造可选择以下三种模式。

1）模式一：融合网关＋调度/配电自动化系统。适用于接入变电站间隔或公网分支线路的 10（35、6）kV 分布式光伏，无论"全量上网""余电上网"均可采取此种模式。对于光伏电站内有箱变测控、智能电表、自动化通信管理机等装置的，可实现发电及用电分别采集的，可通过该类装置将光伏逆变器信息接入融合网关。如有箱变测控的 10kV 分布式光伏场站内逆变器通过 RS-485 接入箱变测控装置，由箱变测控装置转成 FE/GE 网络接口接入融合网关。有智能电表的可通过 RS-485 接入到融合网关，需确认电表采集的加密数据可正常解析。有综合自动化系统通信管理机的可通过通信管理机接入融合网关。有综合自动化装置 10（35、6）kV 分布式光伏通过"融合网关"接入方式如图 8-17 所示。

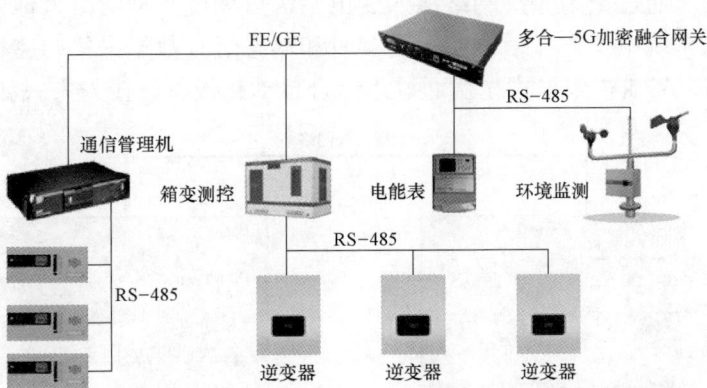

图 8-17 有综合自动化装置 10（35、6）kV 分布式光伏通过
"融合网关"接入方式

对于逆变器未接入以上任何装置的光伏电站，加密融合网关可与逆变器直接通信，与逆变器通过 RS-485 或 HPLC 等方式进行通信，采集全量纯发电运行数据，支持逆变器柔性调节控制；同时可通过通信管理机、站控交换机接入站内并网开关保护测控信息及接入箱变测控信息等，如图 8-18 所示。

实现 10kV 分布式光伏场站数据全接入后，由网关内置的加密装置完成数据加密，通过无线公网或专网上送到配电自动化系统安全接入区，或采用光纤通信方式接入就近变电站。融合网关内置 AGC、AVC 功能，可实现对分布式光伏逆变器的柔性调节。

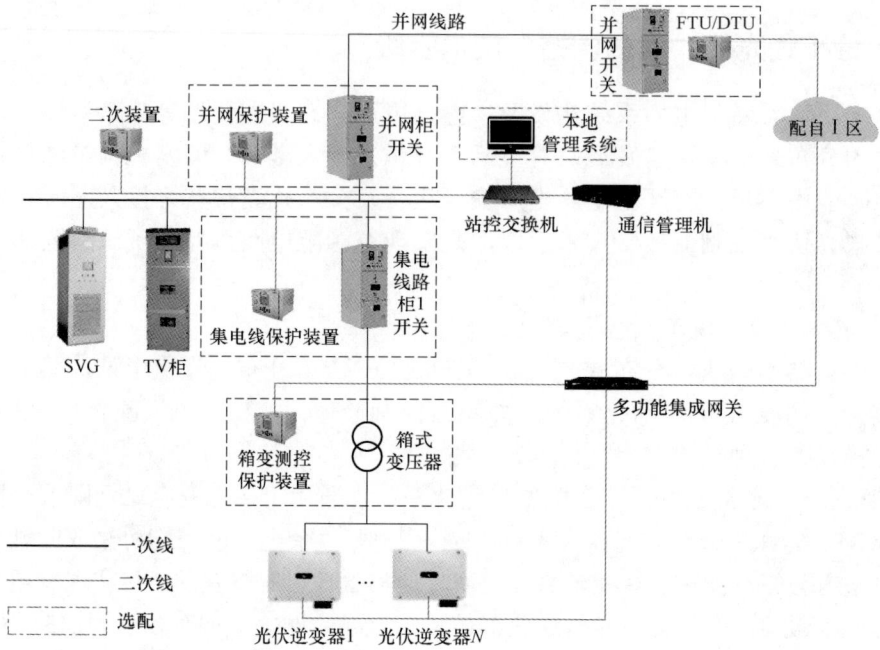

图 8-18　（35、6）kV 分布式光伏逆变器通过"融合网关"接入方式

2）模式二：综自设备＋调度自动化系统。电站侧建设自有监控系统，配置远动装置、功率预测及有功控制、调度数据网及网络安防、电量采集等设备，应建设专用光纤通道接入并网变电站。通过专用光纤网络接入变电站，以调度数据网接入地区调度自动化系统。调度自动化系统中，光伏信息应满足实时和动态运行数据采集、监视控制和调度管理要求。10（35、6）kV 分布式光伏通过"综合自动化设备"接入方式如图 8-19 所示。

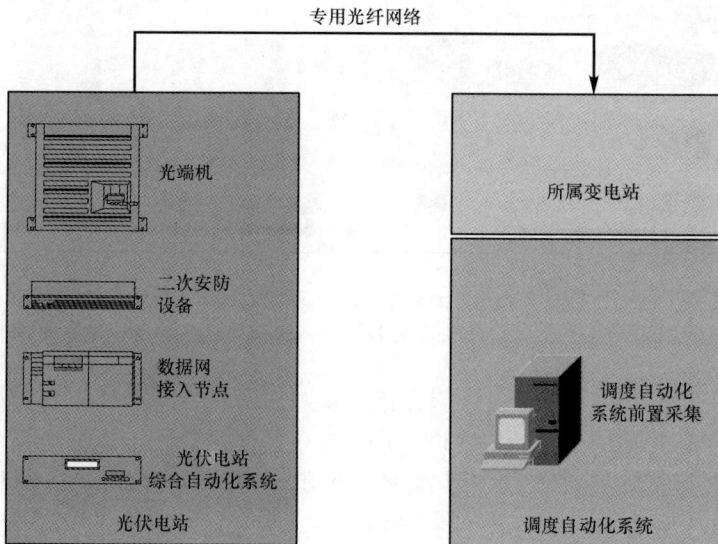

图 8-19　10（35、6）kV 分布式光伏通过"综合自动化设备"接入方式

3）模式三：自动化分界开关＋配电自动化系统。在 10kV 分布式光伏总出口处加装

自动化分界开关，通过 FTU 采集开关本体量测数据，支持对全站进行开关分合控制，不支持与低压侧逆变器或用户采集装置通信及柔性调节需求。通过无线网络上送配电自动化 I 区主站、配电自动化系统中，光伏信息应满足实时和动态运行数据采集、监视控制和调度管理要求。10（35、6）kV 分布式光伏通过自动化分界开关接入方式如图 8-20 所示。

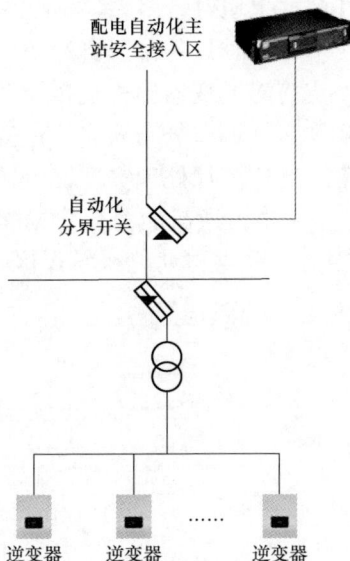

图 8-20　10（35、6）kV 分布式光伏通过自动化分界开关接入方式

对以上三种 10（35、6）kV 分布式光伏接入模式进行改造量、采集及控制功能、适用场景及经济成本比较，10（35、6）kV 分布式接入模式对比见表 8-2。

表 8-2　　　　　　　　　　10（35、6）kV 分布式接入模式对比

| 接入模式 | | 终端、通道、主站基础改造 | 应用场景及采集、控制功能 | 经济成本 |
|---|---|---|---|---|
| 模式一 | 融合网关+调度/配电自动化系统 | 场站侧建设融合网关等设备 | 适用于接入变电站间隔或公网分支光伏，可满足"全额上网""余电上网"等类型采集需求，可实现电站出力柔性控制 | 整站 2 万～3 万元 |
| 模式二 | 综自设备+调度自动化系统 | 实现主配自动化系统交互，若实现电站出力柔性控制需进行终端改造 | 仅适用于已接入系统且通信、数据质量良好、具备控制路径的 10kV 光伏，满足"全额上网""余电上网"等类型采集需求，实现整站控制 | 视站内综自设备情况进行控制功能改造，整站约 10 万元 |
| 模式三 | 自动化分界开关+配电自动化系统 | 仅在电站出口处加装 FTU，通过无线网络接入，改造量较小 | 适用于接入变电站间隔或公网分支的"全额上网"光伏电站，仅满足整站采集和控制需求，无法精确调节逆变器 | 整站 2 万～3.5 万元 |

原则上各 10（35、6）kV 分布式光伏电站应根据适用场景选择接入模式，综合考虑将来实现控制功能的存量光伏及增量接入光伏的控制需求。

（2）380/220V 分布式光伏。目前，通过新型台区智能融合终端或用电信息采集系统

可实现 380/220V 分布式光伏试点信息接入。

1）模式一：智能电表/（逆变器+规约转换器）+台区智能融合终端+管理信息大区+生产控制大区。适用于台区智能融合终端覆盖的 380/220V 分布式光伏。智能电表采集的分布式光伏量测数据，或具备 HPLC 通信模块的分布式光伏逆变器量测数据均上送至融合终端，不具备 HPLC 通信模块的通过低压电力线高速载波通信（HPLC）尾端装置（规约转换装置）将 RS-485 协议转 HPLC 并上送融合终端，融合终端将台区 N 个逆变器数据汇聚进行边缘分析。台区智能融合终端应同时具备台区自治及接受主站控制命令功能：融合终端根据实时负荷，基于本地策略支持对逆变器出力直接调节和控制，防止反向功率过载，同时还能接受主站控制命令，实现柔性调节分布式光伏逆变器输出功率。

在融合终端原有标准协议上，通过芯片处理实现协议转换、加密传输、本地控制及定时任务等，以台区为单位将数据基于电力通信加密标准 MQTT 协议上送至物管平台，再进一步接入管理信息大区的数据中心、配电自动化系统Ⅳ区、Ⅰ区等。380/220V 分布式光伏通过融合终端接入示意如图 8-21 所示。

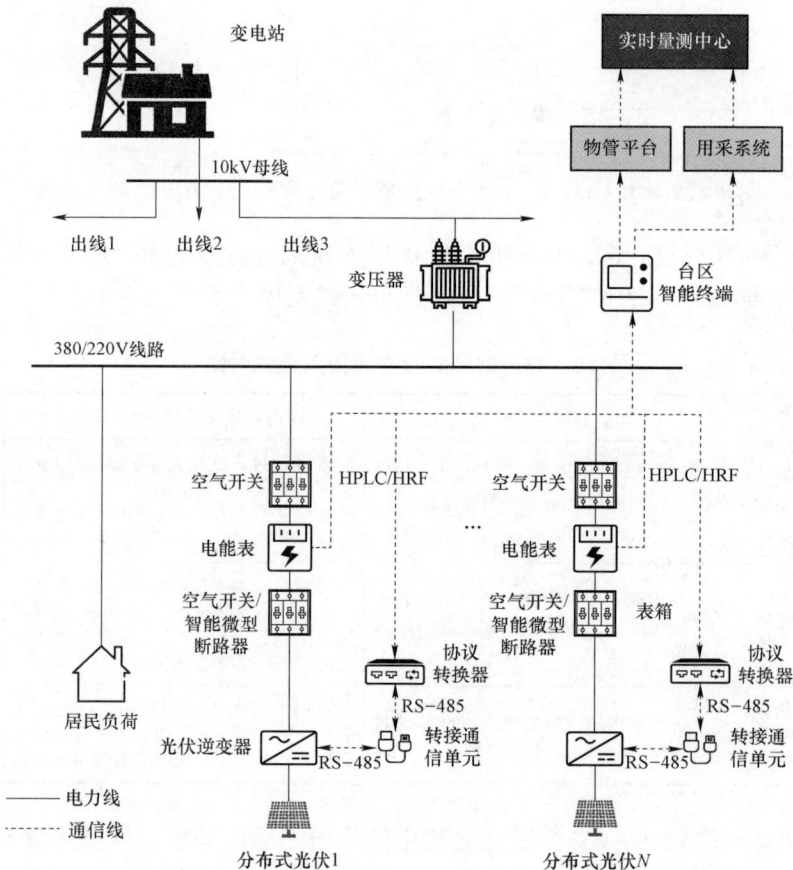

图 8-21　380/220V 分布式光伏通过融合终端接入示意

2）模式二：智能电表+集中器+营销用采系统+生产控制大区。适用于融合终端未覆盖台区的 400V 及以下分布式光伏。以台区为单位在用采系统中实现分布式光伏信息聚合，利用营销用电信息采集系统与配电自动化系统IV区间已贯通的数据通道，将台区分布式光伏信息转发至配电自动化系统IV区，进行数据和图模的关联匹配，最终同步至 I 区主站进行展示，通过升级改造台区集中器和营销用采系统，实现分布式光伏数据较短时限延时及十五分钟级采集转发，该方式无需进行站端改造。

对以上两种 400V 及以下分布式光伏接入模式进行终端改造量、采集及控制功能、适用场景及经济成本比较，400V 分布式接入模式对比见表 8-3。

表 8-3                          400V 分布式接入模式对比

| | 接入模式 | 终端改造 | 采集及控制功能 | 适用场景 | 经济成本 |
|---|---|---|---|---|---|
| 模式一 | 智能电表/（逆变器+规约转换器）+台区智能融合终端+管理信息大区+生产控制大区 | 无需改造或场站侧加装规约转换装置 | 可满足"全额上网""余电上网"等类型采集需求，可实现分路控制逆变器 | 适用于融合终端覆盖台区 | 2千元以下 |
| 模式二 | 智能电表+集中器+营销用采系统+生产控制大区 | 无需改造 | 无法实现柔性调节功能，可刚控电表内开关 | 适用于所有低压分布式 | 基本无 |

原则上融合终端覆盖的分布式光伏应优先选择模式一接入，配电变压器智能终端未覆盖的分布式光伏采用模式二接入。

2. 陕西供电公司分布式光伏"四可"技术路线

截至 2024 年 6 月，陕西供电公司台区智能融合终端全省累计安装 13.8 万余台，公变覆盖率超 83%，终端整体运行稳定，在线率 99.16%，是中低压配电网透明化建设的重要载体。基于融合终端高覆盖率的良好基础，确立了基于分布式光伏信息精准接入调度侧模型的观测调控技术路线。

分布式光伏采集调控的总体架构分为横向和纵向两个方向。横向分为生产控制大区与管理信息大区，生产控制大区根据调度需求，负责中压 10kV 接入分布式光伏调控与低压 380/220V 接入分布式光伏台区级控制指令生成。管理信息大区负责台区级分布式光伏管控、低压分布式光伏数据管理等工作。分布式光伏管控的纵向系统可分解为场站侧、终端侧、平台侧。场站侧包括分布式光伏能源系统，完成场站侧分布式光伏数据采集上送、响应调控需求。终端侧主要包括 10kV 分界开关、台区智能终端。其中分界开关负责中压 T 接光伏的数据采集与上送，接收配电自动化 I 区从调度系统下发的调节指令，分闸指令由分界开关直接执行，调节指令经过 FTU 转发至 10kV 场站。台区智能终端负责台区分布式光伏数据采集汇聚、台区分布式光伏自治和接收调度调节指令并进行分解等工作。平台侧由调度系统、配电自动化系统、用电信息采集系统等组成，负责分布式光伏数据管控、生成功率调节等工作。分布式光伏采集调控架构图如图 8-22 所示。

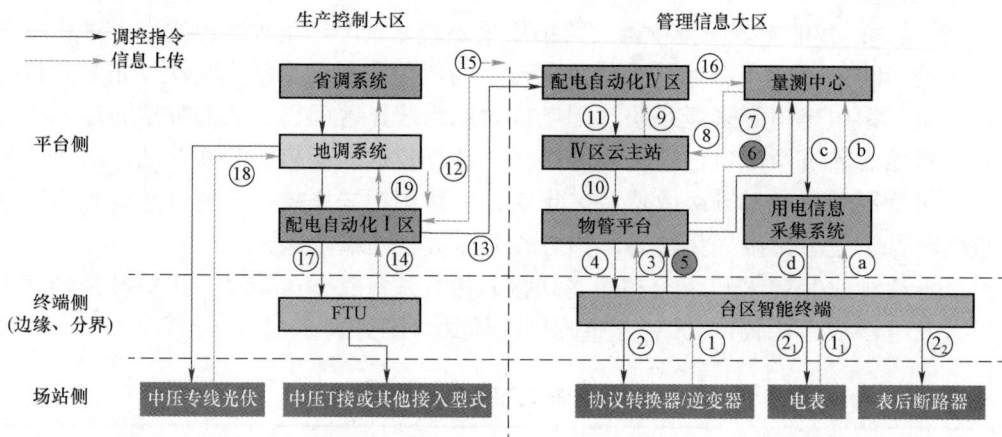

图 8 – 22 分布式光伏采集调控架构图

（1）平台功能描述。

1）配电自动化Ⅰ区：光伏有功调节方面，通过 104 规约接收地调下发的调控指令，按照线路拓扑结构及光伏设备的装机容量进行拆分（需要将专用变压器与公共变压器统一考虑），将拆分的调节需求以命令方式下发。对于通过 104 规约直接接入配电自动化Ⅰ区系统的配电终端、多功能融合网关等设备，主站以 104 规约直接下发遥调命令进行有功调节。中压光伏调节方面，配电自动化Ⅰ区系统下发调节指令至分界开关。低压光伏调节方面，分解地调系统下发的光伏调节指令，通过 E 文件的方式经过安全隔离发送至配电自动化Ⅳ区。中压光伏数据采集方面，中压光伏数据通过分界开关，采用 104 规约转发至调度Ⅰ区。低压光伏数据采集方面，低压光伏的采集数据从配电自动化Ⅳ区通过 E 文件转发至Ⅰ区后，再通过 104 规约转发至调度系统。

2）配电自动化Ⅳ区：将配电自动化Ⅰ区生成的调节指令 E 文件，以 sftp 的传输方式发送给配自云主站。配电自动化Ⅳ区以 json 形式获取云主站发送的低压光伏数据，以 E 文件形式发送至配电自动化Ⅰ区。

3）配电自动化云主站：配电自动化云主站接收配电自动化Ⅳ区发送的 E 文件，通过程序解析 E 文件中的台区同源 ID、调节策略、调节值，在云主站进行同源 ID 关联，找到对应台区智能终端 esn 码，以 json 形式下发调节值至物管平台。配电自动化云主站通过量测中心获取低压光伏数据，在配电自动化云主站展示对应遥测、遥信数据，对历史缺失数据通过物管平台向智能终端下发补录命令。通过量测中心获取补录后的数据，以 json 格式传输至配电自动化Ⅳ区。

4）量测中心：接收物管平台推送的协议转换器/逆变器、电表数据及表内负荷开关或表后断路器的分合闸指令。接收用采系统推送的电表量测数据。接收配电自动化Ⅳ区推送的中压光伏量测数据。接收物管平台的表内负荷开关或表后断路器的调节指令，经过加密后，将指令发至用采系统。为配电自动化云主站提供各台区光伏汇总数据。

5）物管平台：通过 MQTT 协议接入注册在台区融合终端下的末端设备。接收配电自动化云主站下发的 JSON 格式调控指令，下发至智能融合终端。接收台区融合终端采集的数据和对电表的分合闸控制指令，传输至量测中心。

6）用采系统：接收智能融合终端采集的电表数据，上送至量测中心。接收量测中心下发的调控指令，经过加密并通过台区智能终端对电能表下发费控指令，并将执行结果反馈至量测中心（该反馈信息是否需要进一步反馈至云主站，待配网部确认）。

7）台区智能终端：融合终端采集电表数据，上送至用采系统，采集频次暂定为5min。从数据中心获取光伏档案、电能表采集数据。将光伏数据按照台区进行汇总，经数据中心、IOT上送至物管平台。接收物管平台转发的调度控制指令，依据内部算法进行分解，形成电表分闸指令，上送至物管平台。根据本地电压情况进行自控制，将自控制的表内负荷开关或表后断路器指令上送至物管平台；接收从逆变器/协议转换器上传的光伏采样数据，上送至物管平台。

（2）数据链路。中压分布式光伏数据需要汇集至量测中心，即中压专线接入地调的分布式光伏通过地调系统发送至配电自动化Ⅴ区，与中压T接分布式光伏在配电自动化一区汇集后（或分别转发），发送至配电自动化Ⅳ区，配电自动化Ⅳ进一步转发至量测中心。配电自动化Ⅰ区生成调节指令，下发至FTU。

低压分布式光伏融合终端下发采集命令后，采集协议转换器及逆变器数据，并上送至物管平台，物管平台转发至量测中心。协议转换器或逆变器根据自身调控响应情况生成反馈指令，上送至物管平台，转发至量测中心。配电自动化云主站根据需求从量测中心提取数据，并转发至配电自动化Ⅳ区。由配电自动化Ⅰ区生成调节指令，下发至配电自动化Ⅳ区后，下发至配电自动化云主站，再转发至融合终端，融合终端进行指令拆解，生成调节策略。融合终端生成自调节策略，上送至物管平台，物管平台将数据转发至量测中心进行加密，并下发用采系统，用采系统将调节指令转发至融合终端，由融合终端自主调节。

（3）省—地—配三级调度协同控制。在省—地—配三级调度/配电自动化系统（其架构图见图8-23）中实现台区级及以上的数据集中监视，10kV馈线及以上的数据逐级聚合，生成分解至10kV光伏场站及台区级的低压光伏控制策略。在现有省—地—配调自动化系统体系下，对能量控制系统功能进行扩展。每一级自动化系统应汇集本级及下级电网运行数据，并上送至上一级自动化系统。每一级自动化系统应按照一定规则分解上级系统所下发的控制指令，并下发到本级系统责任区内的常规电源、分布式光伏和下级自动化系统。相邻两级自动化系统通过边界设备模型字段同步，实现汇集数据和控制指令的上送和下发。

建设满足陕西电网实际运行需求的省地新能源协同监视与控制系统+配电自动化AGC系统，满足省地协同电网平衡与断面约束控制需求。

省地新能源协同监视与控制系统，一是协助常规机组进行电网调峰，当常规电源已不满足实时平衡调节需求时，新能源协同AGC发电目标及调节需求，根据火电机组的下旋转备用适时调整，当火电下备用低于预设门槛下限值时，开展对新能源的限电控制。二是满足安全约束，保证设备、断面不过载和越限，当设备、断面安全裕度低于预设门槛下限值时，开展对新能源的限电控制，同时保证新能源输送断面最高效利用，确保新能源消纳。

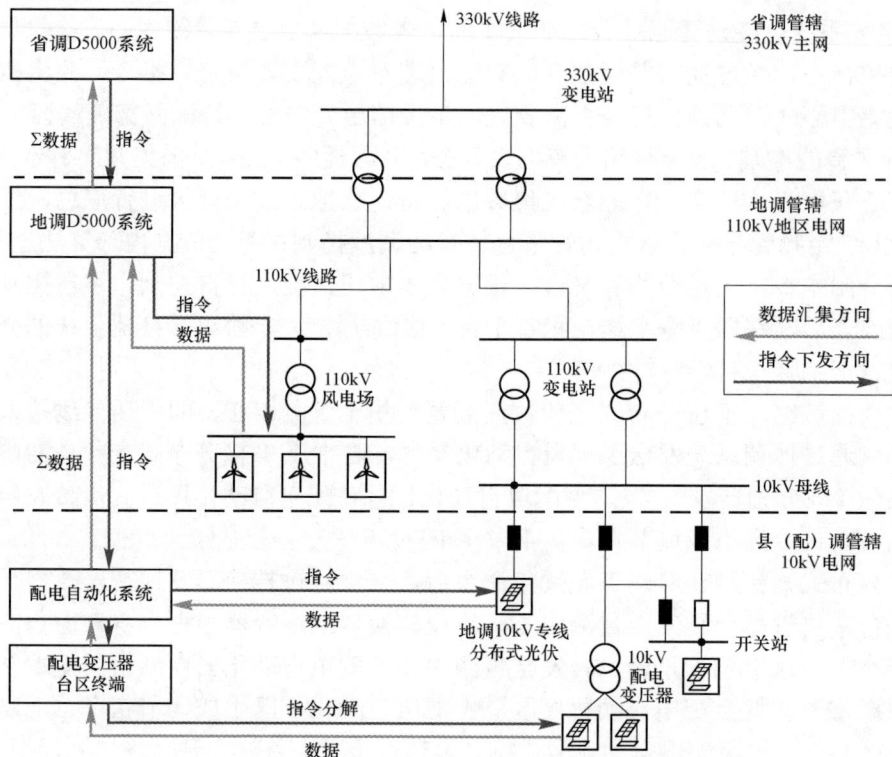

图 8-23　省—地—配三级调度/配电自动化系统架构图

配电自动化 AGC 系统控制策略生成来自两方面,一是接受来自地调自动化系统省地新能源协同 AGC 的控制策略,地调自动化系统调控指令通过 104 规约下发配电自动化系统。二是基于本系统内 10kV 馈线反向重过载等安全约束条件,生成直控 10kV 分布式光伏场站及台区级低压分布式光伏控制指令。在实施控制策略上,对中压光伏方面按照线路拓扑结构及光伏设备的装机容量将调节需求进行拆分,下发调节指令至 10kV 分布式光伏监控机、多合一智能融合网关等设备。对低压光伏方面,优先中压调控后仍有需求情况下,将台区级调节控制指令,通过 E 文件的方式经过安全隔离发送至配电自动化Ⅳ区。实现主配协同安全运行及配电网区域自治,参与大电网调峰及主网设备、断面反向过载控制,同时基于配电网 10kV 设备反向重过载情况开展调节控制。

# 第五节　储能技术在配电网中的应用

## 一、新型储能的应用概述和发展趋势

### 1. 新型储能发展情况

新型储能技术能够实现能量的储存、释放和快速功率交换,装机规模范围广,从几十千瓦到几百兆瓦;放电时间跨度大,从秒级到小时级;应用范围广,贯穿整个发电、输电、配电和用电系统。

储能本体技术方面正在向高安全、大容量、长寿命、低成本方向发展，压缩空气、飞轮等机械储能，铅酸电池、锂电池、液流电池等电化学储能，超级电容等电磁储能均有示范电站。其中，锂离子电池作为主流电化学储能技术，基本实现了关键材料和设备的国产化，性能已达到世界先进水平，循环寿命、能量密度等关键技术指标得到大幅度提升，应用成本快速下降，实现了百兆瓦级储能电站系统集成应用。液流电池、压缩空气等储能技术已进入商业化示范阶段，其中压缩空气储能已进入百兆瓦示范工程。

在储能预警与消防方面，技术手段包括电池管理系统（BMS）、气体探测器（包括 $H_2$、CO、$CH_4$、挥发性有机化合物等）、电化学阻抗谱（EIS）法、超声波检测方法等，实现电池热失控的早期预警和处置。部分学者提出将光纤传感器等内嵌在锂离子电池内部，通过感知电池内部温度实现电池热失控早期预警。还有部分学者提出将极早期火灾探测（如热释离子火灾探测器）用于探测电池热失控前的状态异常。消防灭火装置主要包括七氟丙烷灭火系统、全氟己酮灭火系统、模组级细水雾灭火系统及气液复合灭火系统。

储能系统集成方面，通常采用电池串联形成电池簇，电池簇并联形成容量为 1～3MWh 电池堆，通过 500kW～1.5MW 的集中式储能变流器接入电网。或者是电池串联成电池簇，每簇单独通过储能变流器与电网交互，以交流侧并联的分散方式集成。近年来，中压级联储能系统因其单机大容量、高效率和快速响应的优势，在大容量储能系统应用中受到广泛关注。另外，随着储能系统集成要求的提升，新一代储能系统集成产品通常采用液冷系统或更精确的风冷系统。

储能应用场景方面，经历了用户侧—电网侧—电源侧的发展历程。2018 年前，铅酸电池储能企业凭借"投资+运营"的模式带动了用户侧储能的快速崛起，探索了用户侧储能商业化的可行性。2018 年，随着江苏、河南电网侧储能的异军突起，中国储能产业迈过吉瓦/吉瓦时大关。2019 年下半年，安徽、湖南、内蒙古等多个省份出台"新能源+储能"相关政策，通过配备储能解决相对严峻的新能源消纳形势。

2．政策支持方面

（1）新能源配置储能方面。新能源电站配置储能逐步成为地方推行可再生能源项目的标配。天津、河北、山西、山东、青海、宁夏等 20 余省（市）出台政策，鼓励或要求新能源场站按照 5%～20%新能源装机比例配置储能设施，储能时长不低于 1～2h。

山东、湖南、辽宁等省对满足配置要求的新能源项目优先并网，山东省能源局《山东省风电、光伏发电项目并网保障指导意见（试行）》，对市场化项目按照储能容量比例、规模比例、储能方式等因素，由高到低通过竞争排序获得并网资格。湖南省发展改革委《关于开展 2022 年新能源发电项目配置新型储能试点工作的通知》，对已按要求配置新型储能的新建新能源项目，电网企业优先予以并网。辽宁省发展改革委《辽宁省风电项目建设方案》，指出优先支持承诺配套占风电装机规模 10%以上的储能设施。

（2）储能补贴方面。为促进新型储能发展，各省（市）或地级市相继出台各项补贴政策，以支持当地储能产业发展、储能项目建设等。

在储能项目补贴方面，浙江《关于浙江省加快新型储能示范应用的实施意见》对年利用小时数不低于 600h 的调峰项目给予容量补偿，补贴期暂定 3 年［按 200 元、180 元、170 元/（kW·年）退坡］；新疆《新疆电网发电侧储能管理暂行规则》对根据电力调度机构指令进入充电状态的发电侧储能设施、充电电量进行补偿，具体补偿标准为 0.55 元/kWh；广东《深圳市福田区支持战略性新兴产业和未来产业集群发展若干措施》对已并网投运且实际投入 100 万元以上的电化学储能项目按照实际放电量，给予最高 0.5 元/kWh 的支持。

在储能产业发展方面，甘肃金昌《支持新能源电池产业发展的若干政策》对新建固定资产投资 5000 万元以上的新能源电池产业项目，按项目固定资产投资的 2%给予一次性奖励；湖南长沙市《关于支持先进储能材料产业做大做强的实施意见》对符合条件的规模以上先进储能材料企业，按上年度用电增量给予 0.15 元/kWh 奖励。

在支持分布式光伏发展方面，江苏苏州对配套储能设施，按项目放电量补贴 0.3 元/kWh，补贴 3 年；浙江诸暨和绍兴对储能设施分别按照每 kWh 储能能力 200 元和 100 元的标准发放一次性补助。

3. 电网企业层面

（1）国家电网有限公司。2019 年 2 月，国家电网有限公司印发《关于促进电化学储能健康有序发展的指导意见》，从支持电源侧储能发展、服务客户侧储能发展、加强储能和电网统筹规划、规范接入系统和调控管理等方面促进电化学储能健康有序发展。

2022 年 2 月，国家电网有限公司董事长、党组书记辛保安在《人民日报》发表署名文章《坚决扛牢电网责任 积极推进碳达峰碳中和》，提出积极支持新型储能规模化应用，力争到 2030 年公司经营区电化学储能由 300 万 kW 提高到 1 亿 kW。

2022 年 8 月，为贯彻落实国家《关于进一步推动新型储能参与电力市场和调度运用的通知》，国家电网有限公司制定了《关于进一步推动新型储能参与电力市场和调度运用工作落实方案》，提出了包含促进储能与电网协调发展、提升储能调度运用、促进储能参与市场 3 个方面 11 项具体措施。

（2）南方电网有限责任公司。2019 年 1 月，南方电网有限责任公司发布了《电网公司关于促进电化学储能发展的指导意见（征求意见稿）》，提出要把握储能发展的重大机遇，将储能作为推动发展、解决问题的重要手段，密切跟踪储能技术发展，积极推动储能多方应用。

2021 年 11 月，南方电网有限责任公司印发《南方电网"十四五"电网发展规划》，提出"十四五"期间，电网建设将规划投资约 6700 亿元，以加快数字电网建设和现代化，推动新能源配套储能 2000 万 kW。

## 二、分布式储能系统运行控制技术

1. 分布式储能系统基本原理

（1）储能装置拓扑结构。储能装置拓扑如图 8-24 所示，装置采用两电平三相半桥拓扑结构，是一种用于交直流变换系统中实现能量双向流动的电力电子装置，能够稳定运行于并网模式。并网时采用功率控制，满足储能系统的充放电需求。

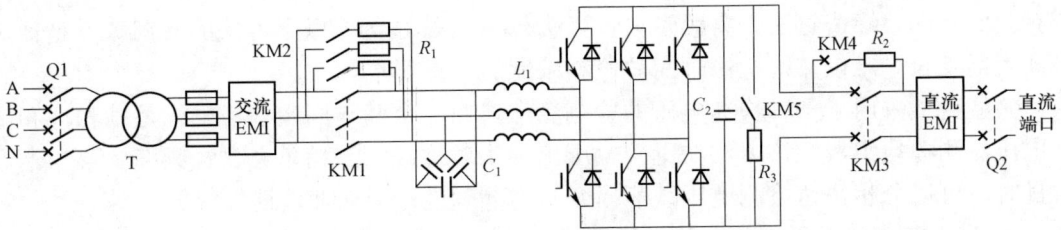

图 8-24　储能装置拓扑

储能装置一般采用电压型 DC/AC 变流器，三相电压型变流器数学模型如图 8-25 所示。假设电网为理想电压源、三相回路等效电阻和电感相等、忽略开关器件的导通压降和开关损耗、忽略分布参数影响。

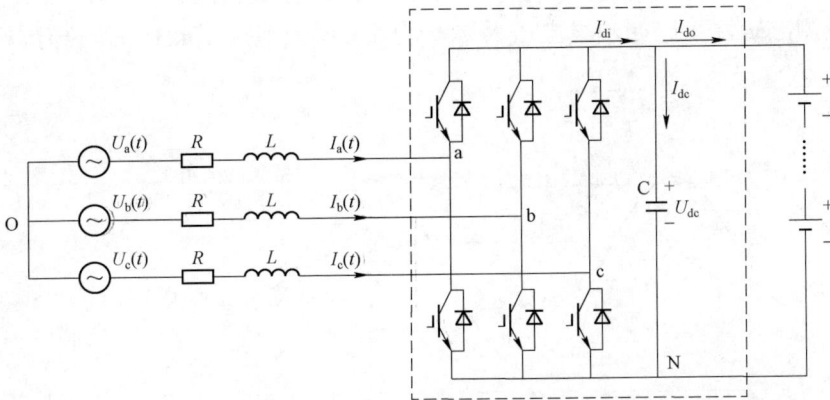

图 8-25　三相电压型变流器数学模型

通过不同的控制方法控制输入电流的大小，以控制输入功率变换的能量，也就控制了直流侧输出电压。因此，通常采用双闭环 PI 调节实现上述变流器控制。外环根据控制目标采用恒功率或恒压控制，内环采用交流输入电流控制。外环的作用是保证控制目标的稳定性，内环作用是用于提高系统的动态性能和实现限流保护。外环调节的输出即为内环输入电流的参考值，比较得到电流误差后，对电流误差进行 PI 调节，用以减缓电流在动态过程中的突变。得到调节后的 dq 坐标系下的两相电压，再通过坐标反变换公式，变换到 ABC 坐标系或 αβ 坐标系下，采用合适的 PWM 调制技术，即可生成相应 6 路驱动脉冲控制三相整流桥 IGBT 的通断。

（2）有功/无功解耦控制技术。储能变流器 P/Q 控制的目的是使储能系统输出的有功和无功功率维持在其参考值附近。变流器并网运行时，直接采用电网频率和电压作为支撑，根据上级控制器发出的有功和无功参考值指令，变流器按照 P/Q 控制策略实现有功、无功功率控制，其有功功率控制器和无功功率控制器可以分别调整有功和无功功率输出，按照给定参考值输出有功和无功功率，以使储能系统的输出功率维持恒定。

2. 并网点电压/频率检测技术

（1）并网点电压检测技术。储能装置实现并网模式下主动支撑电网的电压/频率的前提条件是对并网系统出口侧的电网电压进行快速准确的检测。传统的电压跌落检测方法有有效值算法、峰值算法、离散傅立叶算法、dq 分解法等。以上方法的共同缺点是计算时间大幅延长，难以兼顾检测时间与检测精度的双重要求。

储能装置采用了一种快速电压的检测算法，由一个基于同步参考坐标系锁相环和 2 个电压检测模块组成。该方法在电网电压出现不对称故障、相角突变、频率偏移与谐波干扰时，可以分相快速检测电压跌落幅度，为准确进行无功补偿提供依据。

1）最大值点追踪子模块因为电网电压跌落时刻的随机性，在跌落发生后，低电压检测程序先追踪到最大值点或过零点的概率是相同的，最大值点追踪如图 8-26 所示。图 8-26 中点 a 为故障点，点 b 为跌落发生后最先追踪到的最大值点。最大值点追踪子模块对实时电压进行采样后，求其导数值。当导数值等于零时，即认为捕捉到最大值点，电压瞬时值即为跌落后电压幅值。之后经过简单的比较就可以得出电网电压的跌落深度。当采样频率较低时，可以将导数等于零的条件修改为导数值的绝对值小于一个常数，有利于提高检测准确性。比如，线电压为 380V 而采样频率为 10kHz 时，导数门槛值可设为 200。

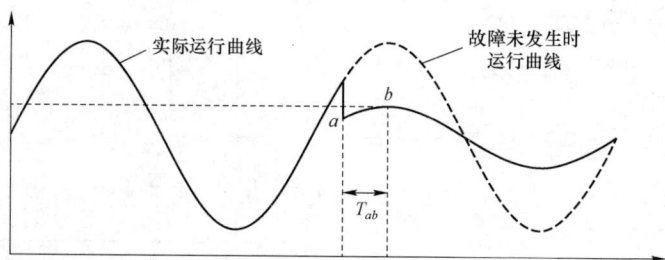

图 8-26 最大值点追踪

2）过零点子追踪模块如果只使用上文提到的最大值点追踪，则需要最长半个周期（10ms）的时间才可以获得准确的跌落后电压幅值。为此，本文设计并添加了过零点追踪子模块，在电网电压不存在谐波畸变与频率变化时可以将检测时间缩短至四分之一个周期内（5ms）。过零点追踪如图 8-27 所示，与图 8-26 类似，c 点为故障点，跌落后电压先追踪到的过零点为 d 点。电网电压发生故障的同时，过零点追踪子模块启动计时并对实时电网电压信号进行采样。当实时电压值等于零时，停止计时，获得的时间即为图中 cd 段的时间 $T_{cd}$。

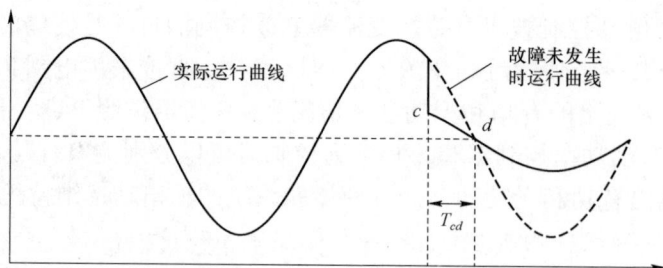

图 8-27 过零点追踪

3）当电网电压存在谐波畸变时，快速检测模块已经不能得到准确的电压跌落幅度。串联延时对消技术可以消除固定次数的谐波，且可靠性较好。准确检测模块在点追踪前先由串联延时对消子模块进行滤波，然后再由最大值点与过零点追踪子模块通过点追踪获得准确的电网电压幅值。

本节所提出的电压检测方法控制策略如下：首先采用基于同步参考坐标系锁相环获得电网正常运行的幅值。由锁相环计算的幅值 $An$ 与之后获得的计算幅值 $An+j$ 比较后得出幅值差值 $\Delta A$。当 $\Delta A > \varepsilon$ 时，启动电压检测程序。快速电压检测算法借助于最大值点与过零点追踪技术，可快速分相计算三相电压的跌落深度。利用串联延时对消技术，该算法可以在复杂电网条件下分相准确检测电压幅值。

（2）并网点频率检测技术。储能装置实现并网模式下主动支撑电网的电压/频率的另一个前提条件是对并网系统出口侧的电网频率进行快速准确的检测。现有的电网频率检测算法大致可以分为硬件法和软件法。硬件法通过检测过零点对电网频率进行测量或是采用锁相环取得同步频率。软件法是通过 AD 电路将电压或电流变换成数字信号，然后通过微控制器运算获得频率。硬件算法主要存在的问题是当系统中存在谐波干扰或系统发生故障时，信号过零点就会出现偏差，通过硬件很难获得基波分量，导致测量误差增大。软件法的缺点是计算复杂、计算周期长，要么对谐波抑制能力差，需要高性能的滤波器为前提，实现困难。

储能装置的频率检测算法利用三相电力系统固有特点，通过对三相电压（电流）信号进行 dq 坐标变换，分离出基波分量来检测电网频率。该算法对滤波器要求不高，所需计算数据量少、实时性强。

3. 并网模式下电压/频率主动支撑技术

储能装置在并网运行时能够根据自身容量大小、储能 SOC 状态及所采集到的并网点电压/频率信息进行有功/无功输出协调控制，实现对并网点电压频率的主动支撑，提高并网点电能质量。为了控制方便，根据储能 SOC 大小将工作区域分别为 5 个，储能 SOC 状态区域划分如图 8-28 所示。$SOC < SOC_0$ 时为禁放区，$SOC_0 \leqslant SOC < SOC_1$ 时为电量偏低区，$SOC_1 \leqslant SOC < SOC_2$ 时为电量正常区，$SOC_2 \leqslant SOC < SOC_3$ 时为电量偏高区，$SOC_3 \leqslant SOC$ 时为禁充区。

（1）并网点频率主动支撑。通过调节储能装置的有功输出实现对并网点频率的主动支撑，当并网点频率偏低时提高系统的有功输出，提高并网点频率，反之则减少有功输出，降低频率。为了便于控制，并网点频率分区如图 8-29 所示，阴影部分为设置的频率滞环。并网频率支撑控制流程如图 8-30 所示。

图 8-30 中，$P_{DG}$ 为储能装置输出有功功率，$P_{max}$ 为储能装置可输出的最大功率，$\Delta P$ 为功率调节步长，$P_{pv}$ 为光伏侧输出功率，$\Delta P_{pv}$ 为光伏侧输出功率调节步长，$S_{DG}$ 为储能装置输出视在功率，$S_{max}$ 为储能装置输出视在功率最大值。

1）当检测到并网点频率偏低时，判断分布式光伏是否处于 MPPT 状态。如果不是，则调节分布式光伏进行 MPPT 运行，否则判断储能单元 SOC，若 $SOC > SOC_2$ 且 $S_{DG} < S_{max}$，则调节储能装置功率输出 $P_{DG} = P_{DG} + \Delta P$。

图 8-28  储能 SOC 状态区域划分

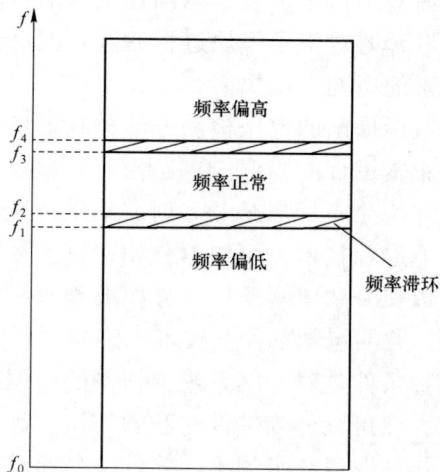

图 8-29  并网点频率分区

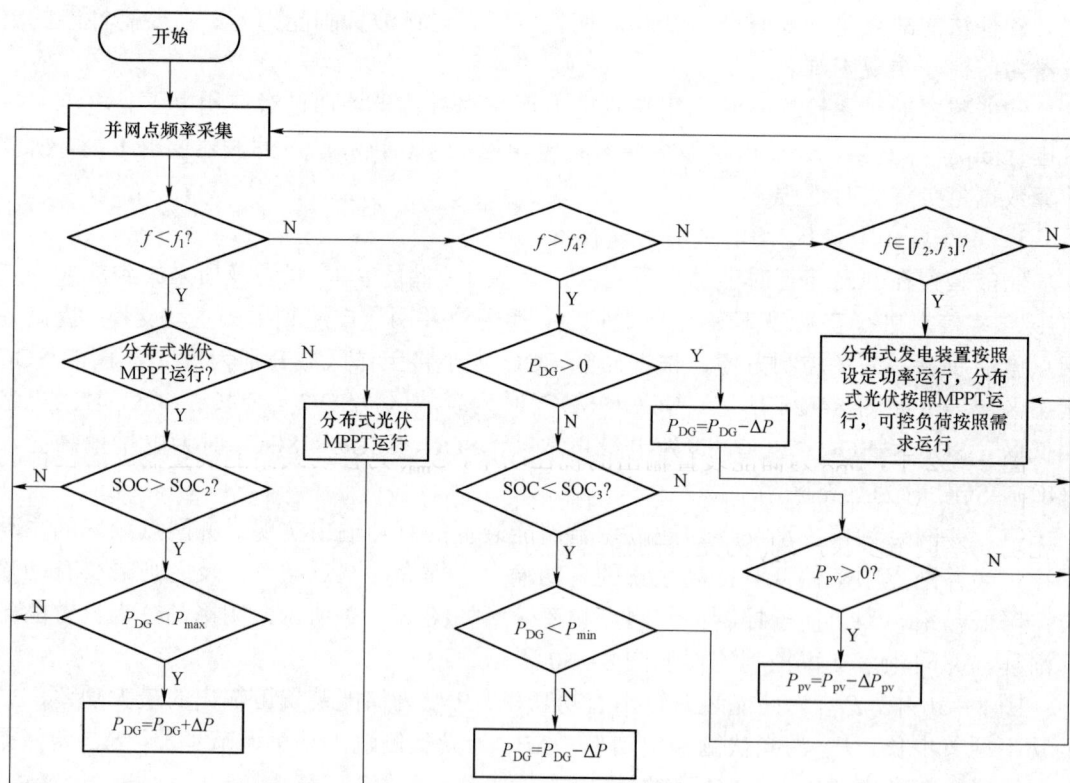

图 8-30  并网频率支撑控制流程

2）当检测到并网点频率偏高时，若 $P_{DG}>0$，则调节储能装置功率输出 $P_{DG}=P_{DG}-\Delta P$。否则，判断储能单元 SOC，若 SOC$<$SOC$_3$ 且 $S_{DG}<S_{max}$，则继续降低调节储能装置功率

输出。若 $SOC > SOC_3$ 则降低光伏处理，输出功率为 $P_{pv} = P_{pv} - \Delta P_{pv}$。

3）当检测到并网点频率处于正常区间时，储能装置按照设定功率运行，分布式光伏按照 MPPT 运行。

（2）并网点电压主动支撑。储能装置实时采集并网点电压，当其超出设定范围时，进一步对分布式光伏、储能的运行状态进行判断，调整交流侧无功输出，并根据实际情况设定无功输出上限，在保证自身能够安全稳定运行的同时实现对并网电压的支撑。运行一段时间后逐步恢复调整前的有功、无功输出。并网点电压是储能装置是否进行无功补偿的判断依据，并网点电压分区如图 8-31 所示。当检测到并网点电压 $U < U_1$ 或 $U > U_4$ 时电压越限，当 $U \in [U_2, U_3]$ 时并网点电压恢复至正常区域。不同区域间设定有滞环区域，防止频繁切换。

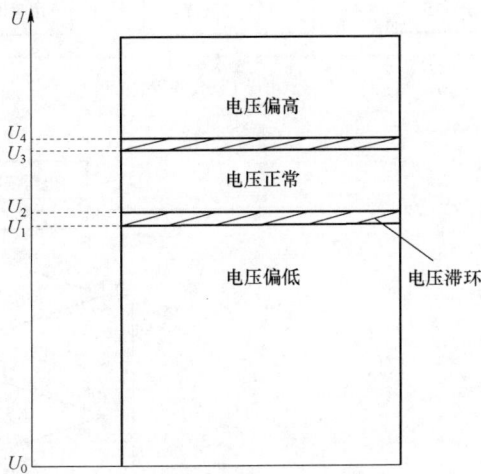

图 8-31 并网点电压分区

储能装置综合并网点电压、储能 SOC 状态及装置当前的运行状态的信息，进行无功协调控制输出，并网点电压主动支撑控制流程如图 8-32 所示。

图 8-32 中，$S_{DG}$ 为储能装置输出的视在功率，$S_{max}$ 为移动式储能装置输出的视在功率上限，$P_{DG}$ 为输出的有功功率，$Q_{DG}$ 为输出的无功功率，$\Delta P$ 为有功功率调节步长，$\Delta Q$ 为无功功率调节步长，$P_{PV}$ 为光伏侧输出有功功率。

4. 离网模式下电压/频率控制技术

储能变流器（PCS）离网运行时，独立为负荷供电，通常采用电压/频率（$V/f$）控制方法，控制交流侧的电压和频率，为系统提供稳定的电压和频率支撑。$V/f$ 控制的基本思想是无论储能系统的输出功率如何变化，其出口电压的幅值和频率均不会发生变化。

本次设计中采用电压电流双闭环控制，以输出电压为外环控制，滤波电感电流为内环控制，电压电流双闭环控制框图如图 8-33 所示。图 8-33 中，$u_{ref}$ 为给定电压参考值，$u_{dref}$、$u_{qref}$ 分别电压参考值的 dq 分量，$i_{dref}$、$i_{qref}$ 分别为交流侧电流 dq 轴分量的参考值，$i_d$、$i_q$ 分别为交流侧电流 dq 轴分量的实际值，$v_d$、$v_q$ 分别为变流器输出电压 dq 轴分量的实际值，$v_{sd}$、$v_{sq}$ 分别为变流器输出电压 dq 轴分量的参考值，$L_s$ 为交流侧耦合电感，$f$ 为给定频率指令，$\omega$ 为电压初始电角度，$\theta$ 为电压相位角。

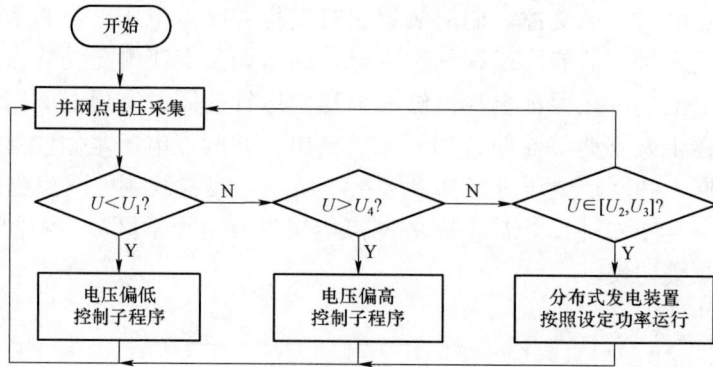

(a) 并网点电压主动支撑控制流程

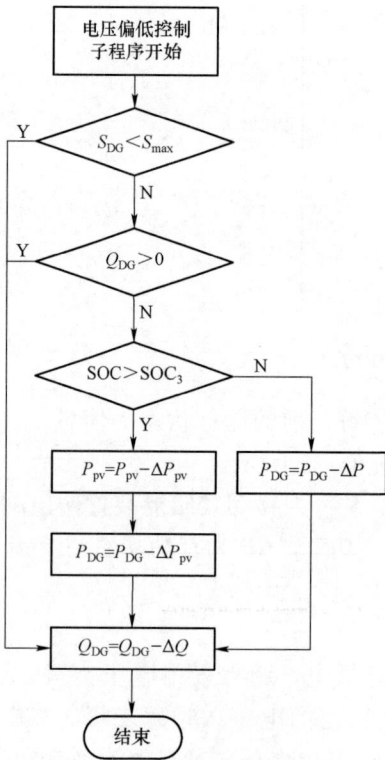

(b) 电压偏低情况下无功协调控制流程

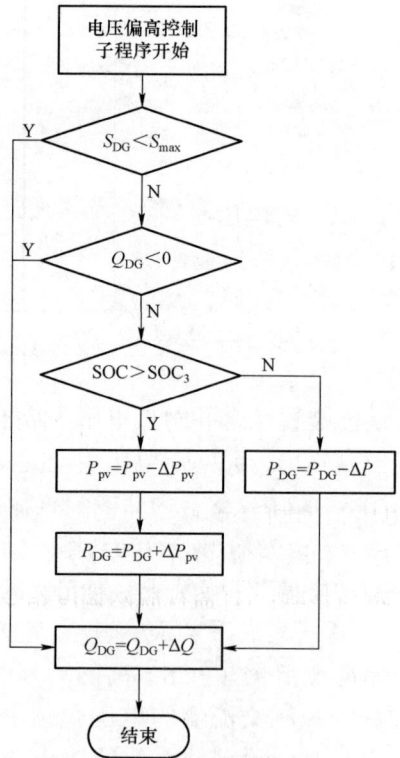

(c) 电压偏高情况下无功协调控制流程

图 8-32  并网点电压主动支撑控制流程

该控制策略在电压闭环的基础上，又增加了电流内环，实现了既对输出电压有效值进行控制，又对输出电流的波形进行控制。电压外环控制为交流侧提供电压支撑，电感电流内环控制能够快速跟踪负荷变化，提高动态响应速度。

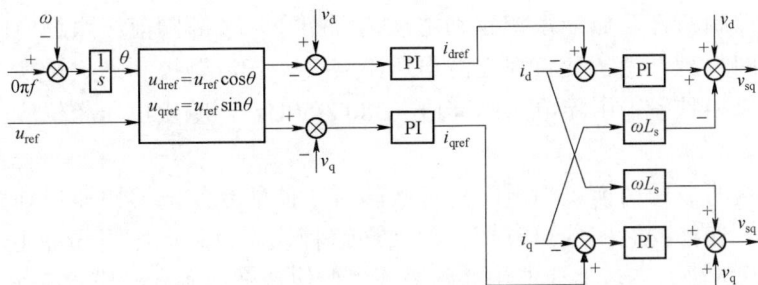

图 8-33　电压电流双闭环控制框图

5. 储能并网/离网切换控制技术

储能系统一个重要的应用场景是实现重要负荷的保供电，为了保证重要负荷的可靠运行，要求储能系统在电网发生故障时不掉电，储能系统采用并/离网模式下无缝切换控制技术可以有效解决上述问题，系统的双模式切换主要指并网运行模式和离网运行模式之间的切换。在并网模式下，储能变流器采用 $P/Q$ 控制或恒压控制；在离网模式下，储能变流器采用 $V/f$ 控制。当电网发生故障时，由并网模式无缝切换至离网模式。

（1）并网转离网切换控制。

储能变流器从并网切换到离网的过程主要是 AC/DC 变流器从并网 $P/Q$ 控制模式切换到离网 $V/f$ 控制模式。并网转离网切换主要发生在电网计划性停电或电网突发性故障时，要求储能系统不掉电，继续给负载供电。在电网掉电过程中重要敏感负荷不掉电，切换后 PCS 控制的电压频率稳定。

当大电网突然出现故障或者人为需要切断储能系统和外电网时，储能变流器应迅速改变控制策略，实现并网转离网平滑切换。此时，变流器检测切换过程前一时刻的电网电压相位，作为变流器离网模式下电压型变换器控制的电压相位初始值，在并网开关断开瞬间，同时切换变流器为 $V/f$ 电压型控制方式。

由此可得变流器由并网向离网过渡切换的控制逻辑与步骤：① 监视脱网调度指令或"孤岛"状态信息；② 一旦确认脱网要求，变流器转换为 $V/f$ 控制，输出电压相位对外电网电压相位进行跟踪；③ 发出分断并网开关指令；④ 延时等待并网开关可靠关断；⑤ 变流器以标准电压、频率为基准，进行 $V/f$ 控制。并离网切换流程如图 8-34 所示。

并网到离网的主动切换：当电网进行计划检修而需要停电时，控制器接收到停电指令后，能够主动地转至离网运行模式，变流器从并网状态到离网状态的主动切换中，并网开关在电网正常的

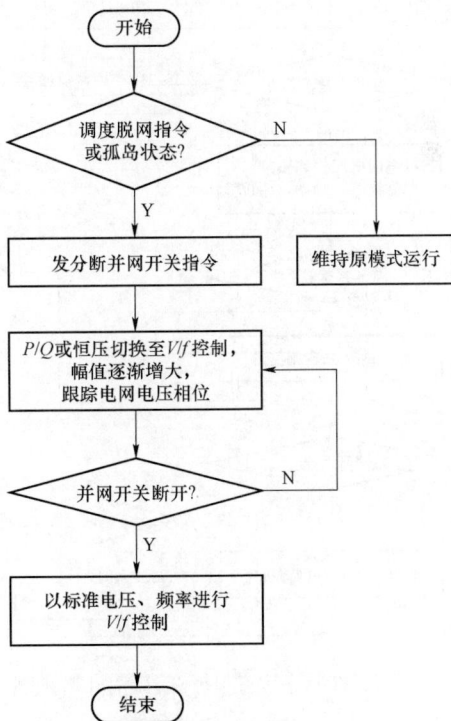

图 8-34　并离网切换流程

情况下受人为控制断开。储能系统收到主动离网指令，在断网前，跟踪电网电压的幅值和相位。在断网时刻，为了使负载上的电压不突变，变流器控制方式转换为电压频率控制，电压有效值和频率采用配电网标准值（380V/50Hz），输出电压相位应当延续断网前负载电压相位。

并网到离网的被动切换：当电网出现故障时，储能系统能够快速识别并迅速切换到离网运行模式，切换的时间应足够短。要实现这种切换过程的平滑无冲击，需要做到快速准确检测电网故障，变流器应能由并网模式工作快速转换到离网模式工作。为实现系统检测电网的准确性和快速性，采用频率检测和幅值检测相结合的方法判断电网的故障。在被动切换中，由于电网故障检测模块固有的延迟，逆变器在电网断电后迅速启动，负载电压不会像主动切换过程中那样平滑，会存在短时间的下降。

（2）离网转并网同期控制。储能变流器从离网到并网的切换过程主要是变流器从 $V/f$ 控制模式切换到 $P/Q$ 控制模式或恒压控制模式。储能系统从离网切换到并网称为"同期"，由专门的同期装置控制。

由于离网供电工作模式下，储能变流器输出电压与系统基准信号同步，特别是电网失电条件下，变流器不可能从电网获取同步标准，电网恢复正常后，变流器输出的电压幅值、频率和相位都有可能与电网不一致。所以，在并网开关闭合前，必须首先通过锁相环跟踪控制，使变流器输出电压在幅值、频率和相位上都与电网电压匹配。否则，并网开关闭合时存在较大的电压差，从而导致并网冲击电流，同时对变流器的安全造成威胁。考虑到线路连接电感等影响，应控制电网电流的上升速度，避免引起负载端过电压尖锋或者对负载可能的电流冲击。

由此可得变流器由离网向并网过渡切换的控制逻辑和步骤：① 检测系统电网是否满足并网条件；② 实现变流器输出电压对电网电压的锁相跟踪，保持在幅值、频率、相位上与电网电压的一致；③ 闭合并网开关；④ 渐增变流器功率控制量至给定功率值。离网到并网切换流程如图 8-35 所示。

监控装置发出并网指令，当储能系统收到并网指令时，变流器仍然以 $V/f$ 控制方式运行，电压指令为配电网电压有效值，频率指令为小于电网频率 0.1Hz，进行并网调节。此时变流器输出电压与配电网电压一致，频率比配电网频率低 0.1Hz，进行同期检测，PCS 接收同期装置发来的电网电压和频率，根据电网电压和频率调整 PCS 输出电压和频率，使其和电网电

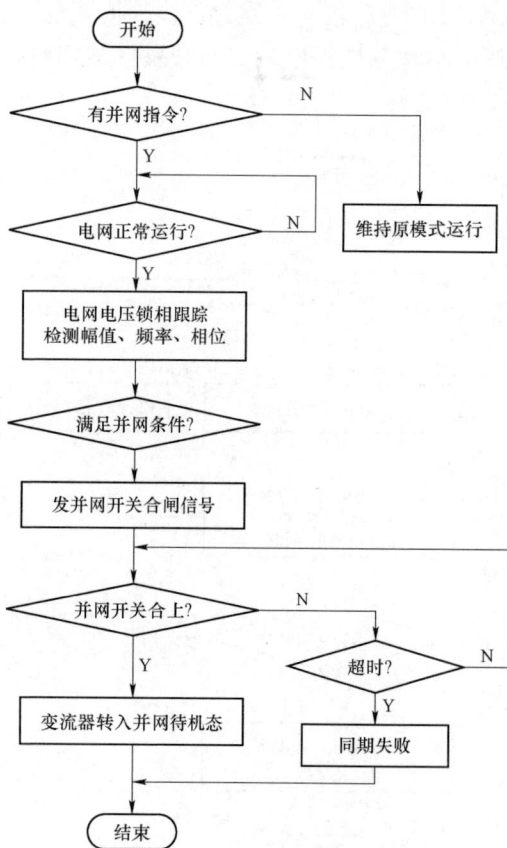

图 8-35 离网到并网切换流程

压频率达到一致，同期装置分别检测配电网和变流器输出的电压、频率、相位，当变流器输出与配电网满足并网要求时，发出并网开关合闸信号。同期装置检测同期并网成功后，储能系统转入并网模式待机状态，等待监控发出功率或电压指令。在规定的时间内没有完成并网，则判"同期失败"。

## 三、基于锂电池的移动式储能多功能电源车

现代社会对电力能源的依赖性日益增强，突然断电必然会给人们的正常生活秩序和社会的正常运转造成破坏。移动式储能供电系统具有环境友好、机动灵活、启动迅速等诸多优点，在重要负荷保电、城市电网应急、对抗重大自然灾害、电力紧缺地区临时用电及提升配电网供电能力和供电质量等中小型用电场所发挥日趋显著的作用。移动储能车外观如图 8-36 所示。

图 8-36　移动储能车外观

除了可以提供应急供电功能外，电源车可以提供野外照明、给工业器具提供动力源、装载部分抢修工具等。这也将决定着电源车的发展方向，多功能抢险电源照明车主要功能有：

（1）交通代步功能。采用五十铃等名牌车双排座二类底盘，驾驶室宽敞明亮，乘坐舒适，耗能少、故障率低、售后服务完善。

（2）电源功能。电源选用的是具有国际知名品牌的发电机组，其体积小、质量轻、功率强劲、排放达到欧洲Ⅲ号标准。倾斜转子芯片将使波形失真度降至最低，四冲程水冷柴油发动机与发电机直接耦合，效率高、能耗低。

（3）照明功能。选用隐藏式车载照明系统，可提供夜间照明。行车时该系统隐藏在导流罩内，以减少风阻、降低能耗；作业时可翻转 330°，升降 1480mm，旋转 380°照明，其照明半径可达 80m，最大作业高度达 5m。

（4）配载各类工业器具功能。车载用途广泛的逆变弧焊机和氧乙炔焊、切割设备，便于在紧急情况下应急使用。

（5）配载自动转换开关（ATS）柜。ATS 柜为主、备用电源自动投切装置，可以保证市电通断电过程中主备用电源的顺序工作，而不至于发生冲突。目前 ATS 柜质量较重，

多为固定装置，应用不便。针对电源车特点，集成设计于一体的车载 ATS 柜将是一个重要的发展方向。

移动式储能供电系统主要由 PCS 储能变流器、电池系统、监控系统三部分构成，通过该系统能够保证对所接入负荷的可靠供电。

车内各部分功能如下：

1）PCS 储能变流器。该部分由一台 50kW PCS 组成，其中储能变流器通过静态开关与电网、柴发相连，在电网正常情况下可根据储能电池当前电量进行直流侧恒压或恒功率运行，保证电池电量充足。在电网故障情况下 PCS 与重要负荷相连，在电池电量允许的情况下工作在 $V/f$ 模式，为负荷提供稳定的 220V/50Hz 电源，当电池电量不足时停机运行。

2）电池系统。与 PCS 的直流侧相连，电网出现故障时作为直流源为储能变流器提供稳定的直流电压，保证其正常 $V/f$ 运行；电池系统由电池柜和 BMS 电池管理系统组成。电池柜采用海基（江阴）120Ah 电芯，模组 2P12S，标称电压 38.4V（33.6～43.2V），标称容量 9.216kWh。单簇电池组分别模组 1P12S 标称容量分别为 110.6kWh，按放电深度 90%计，可放电 99.5kWh。电池管理系统直接检测及管理电池柜运行的全过程，包括电池运行基本信息测量、电量估计、单体电池间的均衡、系统运行状态分析、电池/系统故障诊断和保护、系统上下电策略控制、数据通信等。

3）监控系统。该系统包括就地监控平台和手持终端两部分，其中就地监控平台可实现与储能变流器、电池系统以及两块多功能表、空调系统的双向通信，监测各装置的运行状态，实现对各装置的控制操作，并对整个系统进行协调控制，保证系统安全可靠的运行。手持终端可通过无线通信与就地监控平台进行通信，显示各装置当前运行状态，同时可向就地监控平台下达控制指令，实现对移动储能系统的远程监控。

储能监控系统集成在监控柜内，主要部件有工控机、电源模块、数采设备、4G 联网设备。储能监控系统采集和处理下列几类数据：遥信量、遥测量、遥控量、遥调量、状态量、保护装置定值参数和动作信号、录波数据等。

储能监控系统的主要数据采集来源包括：

1）从电池管理系统采集的电池系统实时数据（如单元电池电压、温度、内阻；电池串端电压、电流、输出功率、SOC、SOH，电池串内最高单元电池电压及编号、最低单元电池电压及编号、最高单元电池温度及编号、最低单元电池温度及编号）。

2）从双向变流器（PCS）采集的 PCS 交直流侧实时运行数据。

3）从多功能表、空调系统、消防系统采集的数据及信号。

储能监控系统可就地监控，也可远程上传云端，通过手持终端实时查看集装箱式移动储能系统并网接口处数据，供技术人员分析。

车内辅助设施包括：

1）热管理系统。移动式储能车具备温湿度控制系统，一旦发现温度和湿度超过设定的数值将启动空调/加热器进行温湿度的控制，当温湿度超过设定的最高报警值时，向后台监控传送过温及湿度过高报警信息。

集装箱空调（制冷功率 3000W）制冷开启温度值为 35℃，报警值 50℃；制热开启温度值为−5℃，报警值−10℃，集装箱默认湿度控制数值为 80%，报警值为 95%，集装箱空调如图 8−37 所示。

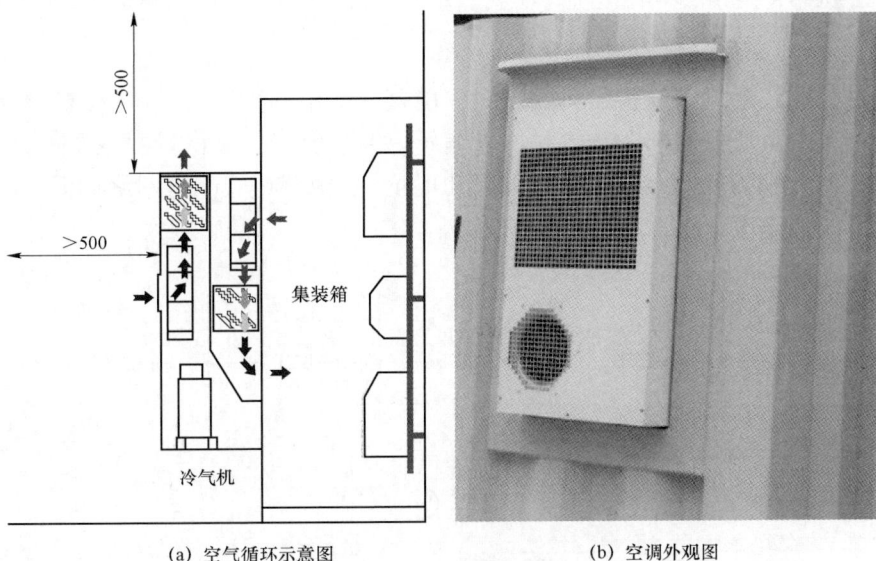

(a) 空气循环示意图　　　　　　　　(b) 空调外观图

图 8−37　集装箱空调

2）消防系统。消防系统由烟感探测器、温湿度报警器、声光报警器、七氟丙烷灭火器组成。该系统带有温度传感器，在温度达到报警值，或者检测到烟雾时，系统可以实现自动声光报警，提示进行手动灭火，在 40s 内未解除报警/未手动灭火后，系统自动进行灭火。

该系统主要特点如下：① 系统能自动检测火灾，自动报警，提示启动灭火系统；② 有自动控制、手动控制和机械应急操作三种启动方式；③ 独立的应急手动操作机构；④ 配备火灾和灭火剂释放的警铃及声光报警器；⑤ 自检系统，定期自动巡查，监视故障及故障报警；⑥ 与集装箱门禁系统联动，门打开时只会报警不会动作，保障人员安全。

3）接地系统。移动式储能车提供螺栓安装固定方式，螺栓固定点可与整个集装箱的非功能性导电导体（正常情况下不带电的集装箱金属外壳等）可靠联通，同时集装箱以铜排的形式向用户提供 2 个符合最严格电力标准要求的接地点，向用户提供的接地点必须与整个集装箱的非功能性导电导体形成可靠的等电位连接，接地点位于集装箱的对角线位置。

4）照明系统。移动式储能车对箱内照明、插座、温湿度控制系统、消防系统、应急逃生系统等设备供电进行集中控制。系统并网运行时采用电网取电方式；离网运行时采用电池直流取电方式，可以进行黑启动操作，系统正常运行后从交流自取电给系统设备供电；同时为满足检修、调试等工作，系统还设计了单独取电模式，接入外接单相 AC220 电源后，系统触发电气连锁，采用 AC220 调试电源供电。照明系统设计特点如下：① 照明灯使用 LED 防爆灯，供电电源采用直流 24V；② 照明灯与门禁系统联动，当打开门时，照明灯自动亮，门关闭时，照明灯自动断灭；③ 有独立的照明控制开关来控制灯的亮灭，管理人员可在现场用手动开关进行控制。

另设计多点插座系统分布，在电池仓、电气仓均设置有 220V 插座，并预留 USB 接口，方便检修、调试使用。

## 四、储能对配电网的调节作用

### 1. 储能接入对调整配电网电压分布的作用分析

以放射状链式配电网结构为对象，对储能接入配电网潮流及电压分布进行分析。沿馈线将每一集中负荷视为一个节点并加以编号，始端变电站为 0 母线，依次编为 1，2，…，$N$。图中 $R_i$、$X_i$ 分别为每一小段线路的电阻和电抗，放射状链式配电网络如图 8-38 所示。令系统侧母线为参考节点，线电压表示为 $\dot{U}_0 = U_0 e^{i0}$。

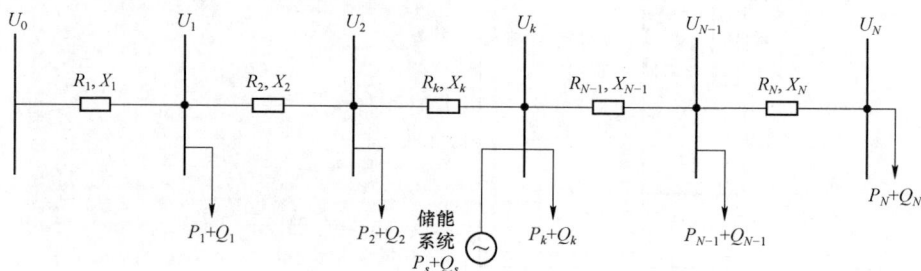

图 8-38 放射状链式配电网络

电网实际运行中，即使网络中接有多个储能系统，但负荷总容量一般情况下仍大于储能系统放电的总容量，从而保证整个配电线路是严格吸收型的受端网络。

首先假设有一个储能系统接入第 $k$ 个节点，可以是末端节点。未接光伏电源时，潮流是单向地从变电站母线流向负荷。若 $k$ 节点上的储能投入运行，加入储能后，改变了潮流的方向和大小，各节点的电压损耗会发生一定变化。

由于线路阻抗的存在，电流流过时必然引起电压降。压降的大小取决于通过的电流，电压降的表达式见式（8-6）。

$$\Delta V = ZI \tag{8-6}$$

式中　$Z$——线路的阻抗；

　　　$I$——流经线路的电流。

线路的功率因数较小时，送端与受端电压差的幅值可以近似表示为：

$$\Delta V = IR_{\text{line}} \cos\theta + IX_{\text{line}} \sin\theta = \frac{PR_{\text{line}} + QX_{\text{line}}}{U_s} \tag{8-7}$$

式中　$P$、$Q$——流过线路的有功和无功功率；

　　$R_{\text{line}}$ 和 $X_{\text{line}}$——线路电阻和电抗，即 $Z = R_{\text{line}} + \text{j} X_{\text{line}}$；

　　　$U_s$——送端电压大小。

在峰荷条件下，并且假设负荷状态不变，也没有电压调节器和电容器的作用，此时馈线末端将出现最大的压降。而当储能系统并入配电系统后，配电线路潮流发生较大变化，馈线电压分布也随之发生改变。假设此时储能运行于放电状态，受端节点负荷从储能系统处得到容量 $S = P_1 + \text{j} Q_1$，保持送端电压不变，则线路压降变为：

$$\Delta V = \frac{(P - P_1)R_{line} + (Q - Q_1)X_{line}}{U_s} \qquad (8-8)$$

可以看出，储能系统注入一定量的功率后，线路流过的有功和无功功率有所降低，线路压降有所减小，储能系统对该节点电压起到了支撑作用。当储能系统注入容量达到某一定值时，受端电压将达到额定值，如果再继续增加注入容量，线路流过的有功和无功功率又会增加，此时电压降可能会变为负值，并网节点电压甚至会超过送端电压。

同理，当储能系统运行于充电状态时，系统相当于增加了一定的负荷，线路流过的有功和无功功率会增加，线路压降增加，从而可以一定程度上降低节点电压。

因此，储能系统接入可以在一定程度上调整电压分布，调节能力取决于储能系统的容量大小和安装位置。

（1）储能容量对调整配电网电压分布的作用分析。当储能运行于充电状态时，从电网吸收功率，可以降低并网点及系统内其他节点的电压幅值；当储能运行于放电状态时，输出功率，可以有效抬高并网点及系统内其他节点的电压；小容量储能系统并网时，对系统电压分布的影响较小，随着储能容量的增加影响越来越大，即储能对调整电压分布的作用和储能的出力成正比。

（2）储能位置对调整配电网电压分布的作用分析。储能越靠近输电线末端（靠近负荷），对抬高末端负荷节点电压的作用越大；储能越接近系统母线，对节点的电压分布影响越小。储能接入后对并网点所在馈线的节点电压影响较大，对相邻馈线的电压影响较小。

（3）储能运行方式对调整配电网电压分布的作用分析。储能接入对电压的水平有一定的提升作用，提升的程度主要取决于储能是处于吸收还是发出无功状态，显然储能系统并网后，应当适当控制在发出无功或高功率因数方式下运行，这对提升系统电压的水平有较大作用。

2. 储能接入对改善配电网电压偏差的作用分析

电压偏差是指供电系统在正常运行下，某一节点的实际电压与系统标称电压之差对系统标称电压的百分数，数学表达式为：电压偏差＝（实际电压－系统标称电压）/系统标称电压×100%，它是电能电压质量的重要指标。根据国家标准 GB 12325《电能质量　供电电压》的规定，电压偏差超过允许偏差时就要进行电压调节，以保证电能质量，电压偏差允许范围见表 8-4。

表 8-4　　　　　　　　　　　　电 压 偏 差 允 许 范 围

| 供电电压 | 允许偏差 |
| --- | --- |
| ≥35kV | ｜正偏差＋负偏差｜≤10% |
| ≤10kV | ±7% |
| 220V 单相 | +7%、－10% |

实际电压偏高将造成设备过电压，威胁绝缘和降低使用寿命；实际电压偏低，将影响用户的正常工作，使用户设备和电器不能正常运行或停止运行。

电压偏差是由于供配电系统运行方式改变及负荷变化而引起的。储能系统接入后，相对于配电网中的其他节点来说，对并网点的改善效果是最大的，因此，选择并网点作为电压变化的评估点。

系统的短路容量是电网电压强度的标志，短路容量越大，电压变化越小，系统电压强度越强。储能接入可在一定程度上提高了系统的整体短路容量，但是通常逆变器的最大电流仅为其额定电流的 1.2～1.5 倍，向系统提供的短路电流要远小于同步机等旋转设备提供的短路电流，所以目前中小容量储能对提高系统短路容量的贡献不大。

储能接入后对可以改善电压偏差的最大因素体现在可以有效调节负荷功率的变化情况，通过合理的充放电控制减小 $\Delta S_l$ 值以达到减小电压变化的目的。同时，储能可以任意调节输出的功率因数，在一定程度上抵消由于负荷功率变化引起的功率因数变化，也可以达到减小电压变化的效果。

储能运行状态对改善电压偏差有直接影响，合理的储能系统充放电可以在一定程度上改善电压偏差，不合理的充放电控制反而会增加系统电压偏差，因此，必须根据负荷情况来制定储能充放电控制策略。

3. 储能接入对减小配电网损耗的作用分析

电网的损耗主要取决于系统的潮流，在配电网的负荷附近接入储能系统后，整个配电网的负荷分布将发生变化，继而配电网的潮流也可能由原来的"单向"流动变为"双向"，由于储能系统可以向配电网同时输入有功功率和无功功率，可以减少系统损耗。

理想配电网模型图如图 8-39 所示，以图 8-39（a）所示的简单理想配电网模型为分析对象，图 8-39（b）为接入储能系统后的配电网模型。两个模型在输电线路末端均含有相同的负荷，假设负荷以 Y 型接入系统且三相负荷平衡，负荷以某一固定的功率因数从系统中吸收有功功率和无功功率；输电线路不长，可假设输电线路上电压均相同且输电线路上电压在储能接入前后变化不大而忽略。

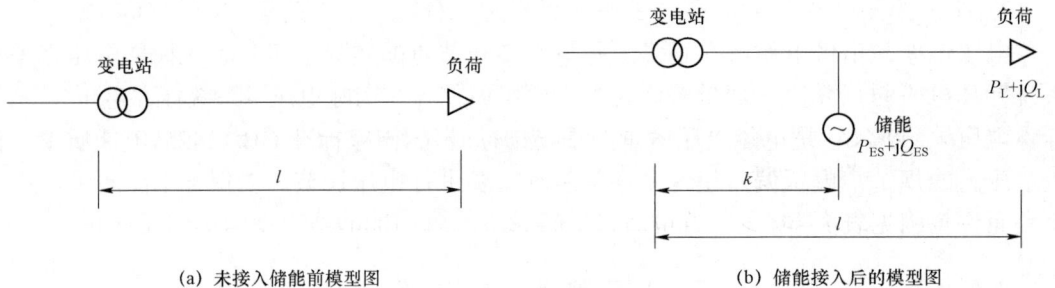

(a) 未接入储能前模型图　　　　　　　　(b) 储能接入后的模型图

图 8-39　理想配电网模型图

图 8-39 中，负荷消耗有功功率 $P_L$，无功功率 $Q_L$，功率因数为 $\cos\theta$，假设线路总长为 $l$，在距离线路首端 $k$ 处接入储能系统，储能系统输出或吸收有功功率 $P_{ES}$，输出或吸收无功功率 $Q_{ES}$，功率因数为 $\cos\psi$。负荷接入系统不可避免的会产生网络损耗，对于系统一条支路上的损耗，其大小取决于流过该支路的电流和该支路的电阻，因此减少该支路的损耗可以通过减少该支路的电阻，也可以通过减少流经该支路的电流实现。如果在负荷侧引入储能系统，就可以减少系统支路上的电流，从而减少网损。

4. 储能接入对提高配电网供电可靠性的作用分析

储能接入提高配电网供电可靠性本质上是减少用户停电时间和停电次数。储能系统可以作为独立电压源运行，在大电网遇到故障停电时，储能系统通过无缝切换使配电网末端形成一个独立运行的微电网，可降低线路跳闸对配电网用户的影响；在配电网临时停电或应急检修时可作为独立电源，为重要用户提供供电保障，从而提高供电可靠性。

当电网进行计划检修而需要停电时，储能系统接收到停电指令后，能够主动地转至离网运行模式，以确保微电网内负荷的供电连续性，维持微电源的正常运行。当电网出现故障时，储能系统能够快速识别并迅速切换到离网运行模式，切换的时间应足够短，最大限度地减少电网故障对微电网负荷和微电源的影响。并离网无缝切换时，在电网掉电过程中重要敏感负荷不掉电，微网中其他分布式电源不跳闸；切换后储能系统控制的电压频率稳定。

## 五、陕西省储能产业的发展

储能产业是新兴产业、未来产业。当前，我国新型储能已进入规模化发展阶段，各地摩拳擦掌、纷纷入局，加快谋划和培育储能产业。陕西是能源大省，在"双碳"目标下，加快陕西省储能产业发展，有利于激发经济高质量发展新动能，对促进经济社会发展全面绿色转型有重要意义。

近年来，风电、光伏等间歇性电源在电力系统中的比例快速提升，但"三北"等风光富集地区电网调峰能力不足，出现了严重的弃风弃光问题。经过电源侧、电网侧和负荷侧多端发力，我国的新能源利用水平不断提升，从 2019 年开始，新能源利用率达到95%以上并逐年提高。在"双碳"政策驱动下，未来陕西风电、光伏等新能源装机将快速增长，预计 2025 年总规模达到 5950 万 kW，2030 年将超过 1 亿 kW，大规模新能源并网带来的调峰问题会越发突出。陕西电网电源以煤电为主且调峰潜力已基本挖掘殆尽，水电占比较小且多为径流式小水电，调节能力有限，急需新增电网的调节能力。抽水蓄能是当前技术最成熟、经济性最优、最具大规模开发条件的电力系统绿色低碳清洁灵活调节电源，但受建设周期限制，规划的抽蓄项目无法满足陕西电网"十四五"及"十五五"期间系统的调峰需要。

目前国内已经有 20 多个省市出台了新能源配置储能的政策，要求或建议新增风电、光伏项目配置储能，配置比例为 5%～20%，容量时长为 1～2h，这些政策从客观上调动了新能源发电企业配置储能或调峰资源的积极性，但在实际的操作层面，其有效性还是值得商榷，一是加重了新能源发电企业的负担，二是分散式储能配置缺乏对全网的统筹优化，效率较低。在此背景下，促生了国内共享储能模式，较为成熟的有以新疆、青海两地为代表的减少弃电、增发电量分成共享，以及山东和湖南省采取的电网集中规划、容量租赁模式。2022 年陕西省发展改革委发布《陕西省 2022 年新型储能建设实施方案》，采用"集中共享式储能"为主、新能源企业自建为辅的发展模式，鼓励新能源企业通过容量租赁方式购买共享储能服务，探索容量租赁＋辅助服务补贴的共担共享模式，明确了 2022 年陕西省主要围绕陕湖直流一期配套及 2021 年渭南新能源基地项目建设，开展新型储能项目示范，规划建设约 100 万 kW（2h）新型储能示范项目。

为着力提升新型储能的规模化与集约化效益。陕西省依据陕湖直流一期和渭南新能源基地项目建设规模及布局，开展新型储能电站项目示范；规划建设共享储能电站17座，其中渭南7座、延安5座、榆林5座。17座共享储能电站可服务约55个新能源场站，且初期建设规模1030MW/2060MWh；远期规模为2000MW/4000MWh。为鼓励新型储能建设，实施方案要求单个储能项目容量不低于50MW，放电时长不低于2h。优先在升压变电站、汇集站、变电站附近布局独立共享储能电站。对于独立共享储能电站的运营，明确指出了其充电、放电电价机制，并制定了额外的补偿机制。2022年的示范项目给予储能企业充放电补贴，充电电价按照当年新能源市场交易电价，并给予100元/MWh充电补偿；放电电价按照燃煤火电基准电价，并给予100元/MWh放电补偿。

为加快陕西省储能产业高质量发展，解决市场化运营机制不健全、新型储能设施利用率低、技术研发、专业人才培养较为薄弱等问题。陕西省各能源行业从业者讨论后提出以下建议：

1. 建立支持储能产业链发展的激励机制

陕西省政协常委、国家开发银行陕西分行党委书记、行长吴元作认为，陕西应从发电侧、电网侧、用户侧同时发力，加快推进源网荷储一体化建设。同时，聚焦压缩空气储能、重力储能、全钒液流电池等新兴技术和产业，有针对性地推进补链强链，建立支持储能产业链加快发展的激励机制，引导省内企业参与储能项目建设。当前，陕西省正加快构建新型电力系统，对储能设施建设的需求十分迫切。对此，陕西省政协委员、国网陕西省电力有限公司董事长张薛鸿建议，需加强储能规模化布局应用体系建设，加快推动抽水蓄能发展应用，持续推动新能源与抽水蓄能一体化发展；统筹推进源网荷各侧新型储能快速发展，推动新型储能技术规模化应用；强化储能领域标准与规范创新，促进储能产业链健康协调发展；完善储能参与电力市场相关机制，激励储能投资建设，推动储能产业高质量发展。

2. 支持高校和企业联合开展技术攻关

陕西煤业化工技术研究院有限责任公司西安分公司副总经理邵乐认为，陕西省发展储能产业的劣势主要是储能产业链缺链、短链问题突出；应用场景转化为应用需求慢；校企研发转化两张皮现象明显。他建议，陕西省应设立若干重大专项，支持高校和企业联合开展技术攻关。同时，在应用端支持优势企业开展工程化示范，对首台套、首批次的项目给予倾斜支持。陕西省政协委员、陕西鼓风机（集团）有限公司总经理刘金平建议，全面推动陕西省电力现货市场改革和运行，支持储能电站参与电力现货交易市场。同时，组织制定分布式能源参与市场化交易的相关细则，探索"分布式发电＋储能＋隔墙售电"试点项目建设，创新探索新型商业模式应用，破解新能源分布式发电项目就近交易和消纳问题。

3. 将氢纳入能源储存和管理系统

氢能被称为21世纪的"终极能源"，具有高效、高压、环保、体积小等特点。日前，陕西省首条氢燃料电池全自动生产线开工建设，助力陕西氢能源产业延链补链。西安财经大学总支副主委、西安财经大学经济学院副教授李勃昕建议，应研究建立可量化的氢储能价值评估模型，全面客观评估氢储能系统产生的经济、社会和环境效益，有效弥补电化学储能安全性较差、资源紧缺、配储时长短等不足，充分利用工业副产氢技术，将氢纳入能源储存和管理系统，并利用现有天然气网络储存氢气。陕西省发展改革委副主任、陕西省能源局局长何钟回应，陕北煤炭运输运行着约 15 万台重载化石能源运输卡车，且部分已达到报废年限，这为氢燃料电池汽车提供了理想的应用场景。陕西省工业和信息化厅副厅长张康宁表示，工业和信息化厅将持续开展低碳零碳负碳和储能新材料新技术新装备攻关，加强减碳去碳基础零部件、基础工艺、关键基础材料以及颠覆性低碳技术的研究，加快关键节能环保技术、装备产品的研发和产业化。同时，鼓励企业和园区推进多能互补和源网荷储一体化示范项目建设，支持有条件的企业开展压缩空气储能、"光伏＋储能"等自备电源建设，加快工业绿色微电网建设，推动企业用能结构优化，打出产业发展"组合拳"。

# 第九章 智能配电网新技术展望

随着新型电力系统的快速发展，大量的分布式能源、电力电子装置接入及供电可靠性要求的不断提升都给传统配电网保护及运行调控带来了巨大挑战。本章介绍近年来配电网故障处理方面、运行控制方向的一些新技术，可为新型配电系统建设提供指导。

## 第一节 柔 性 接 地 技 术

有别于传统接地方式（如经消弧线圈接地、小电阻接地等）的固定接地阻抗，柔性接地技术是一种新型的智能化配电网接地技术，通过利用有源补偿装置向系统中性点注入一定电流，对故障点电流中的无功、有功和谐波分量进行全电气量补偿，或者控制故障相电压接近为零，达到提升熄弧能力和抑制系统过电压的目的。

柔性接地技术根据受控对象可以分为有源电流消弧法（将故障点电流补偿至零）和有源电压消弧法（将故障相母线电压控制为零）两类。

### 一、有源电流消弧法柔性接地技术

瑞典的 Swedish Neutral 公司首先提出残余电流补偿的概念，同时研发出残余电流补偿设备（GFN）。GFN 装置属于典型的有源电流消弧法柔性接地装置，GFN 装置原理示意图如图 9−1 所示，其原理是凭借无源消弧线圈补偿配电网接地残流中主要的工频容性电流，然后经有源补偿设备补偿接地残流中的谐波电流及有功电流，从而将接地残流数值补偿为零。GFN 装置目前已在欧洲、澳洲、亚洲等地现场已有一定数量的实际应用。

国内方面，典型的主从式全补偿消弧线圈也属于有源电流消弧法原理，主从式二次侧调感消弧线圈原理示意图如图 9−2 所示，主消弧线圈实现对接地故障残流中主要的容性电流的补偿，正常运行时置于 15%过补偿点附近；同时使用有源逆变装置，基于单相电压源式逆变器和脉宽调制技术发挥辅助消弧线圈的作用，故障时快速预测跟踪接地电流变化，用以补偿接地残流中的谐波电流以及有功电流，实现精确补偿的效果。在故障选线上，结合新型的有源式从消弧线圈，采用电流突变量方法，在自动跟踪补偿接地电流的过程中，故障线路的零序电流产生的突变最大的原理来进行选线。

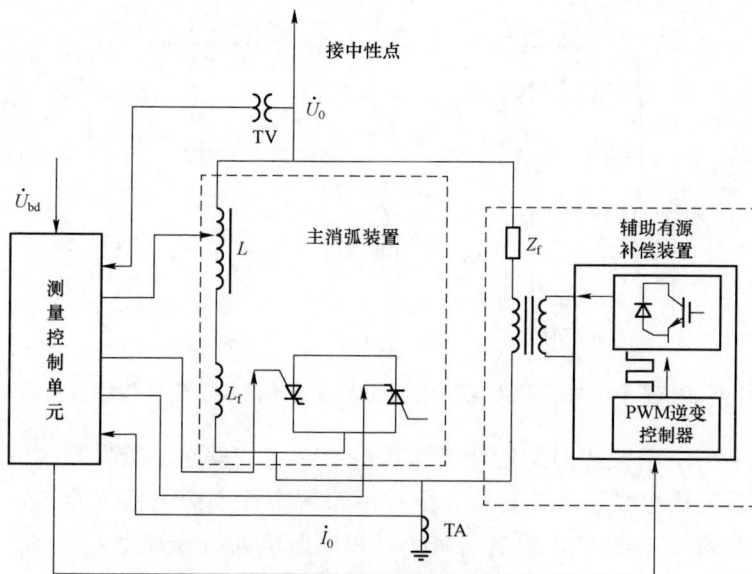

图 9 - 1　GFN 装置原理示意图

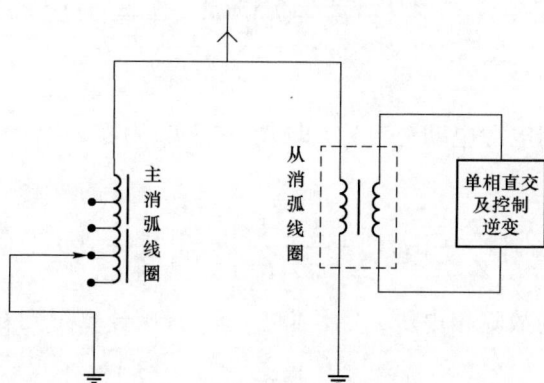

图 9 - 2　主从式二次侧调感消弧线圈原理示意图

从目前来看，国内有源电流消弧法柔性接地装置的投入实际应用仍然较少，其在实际应用中面临的困难主要在于接地残流不能直接获取，需要精确的系统对地参数来估算，而系统对地参数的精确测量本身难度较大，导致补偿精度受影响，且熄弧效果难以直接观测。

## 二、有源电压消弧法柔性接地技术

有源电压消弧法柔性接地技术从技术路线上又可以分为基于中性点注入零序电流调节原理和基于中性点外加零序电压源调节原理两类。

（1）基于中性点注入零序电流的有源电压消弧法柔性接地技术。基于中性点注入零序电流的有源电压消弧法柔性接地技术原理如图 9 - 3 所示，在小电流接地系统出现单相接地故障时，凭借 PWM 有源逆变设备向系统中性点注入幅值、相位能够控制的零序电流，将接地故障相电压限定到零，从而实现接地残流数值大幅度降低，促进瞬时性接地故障的快速消弧，防止电弧复燃。

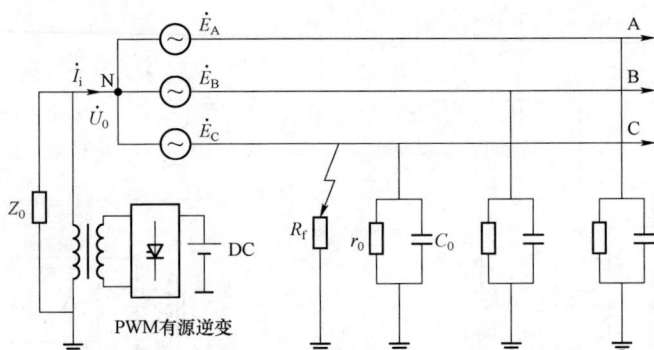

图 9-3 基于中性点注入零序电流的有源电压消弧法柔性接地技术原理

如图 9-3 所示，消弧线圈副边绕组所接的有源逆变器在故障发生瞬间向配电网注入补偿电流。若系统三相线路参数对称，配电网系统中性点接地阻抗为 $Z_0$，单相泄漏电阻与对地电容分别为与 $r_0$ 和 $C_0$，配电网系统三相电源电动势分别为 $\dot{E}_A$、$\dot{E}_B$、$\dot{E}_C$，中性点电压为 $\dot{U}_0$，过渡电阻为 $R_f$，注入补偿电流为 $\dot{I}_i$。由 KCL 可得：

$$\dot{I}_i = \frac{\dot{U}_0}{Z_0} + (\dot{E}_A + \dot{U}_0)\left(j\omega C_0 + \frac{1}{r_0}\right) + (\dot{E}_B + \dot{U}_0)\left(j\omega C_0 + \frac{1}{r_0}\right) + (\dot{E}_C + \dot{U}_0)\left(j\omega C_0 + \frac{1}{r_0} + \frac{1}{R_f}\right)$$

$$(9-1)$$

若配电网系统三相电源电动势对称，即 $\dot{E}_A + \dot{E}_B + \dot{E}_C$ 为零，中性点电压为 $\dot{U}_0 = \dot{U}_C - \dot{E}_C$，可得：

$$\dot{I}_i = \dot{U}_C\left(\frac{1}{Z_0} + j3\omega C_0 + \frac{3}{r_0} + \frac{1}{R_f}\right) - \dot{E}_C\left(\frac{1}{Z_0} + j3\omega C_0 + \frac{3}{r_0}\right) \qquad (9-2)$$

若控制目标为限制故障相电压为零，即 $\dot{U}_C = 0$，则计算得到补偿电流为：

$$\dot{I}_i = -\dot{E}_C\left(\frac{1}{Z_0} + j3\omega C_0 + \frac{3}{r_0}\right) \qquad (9-3)$$

式（9-3）表明，通过对注入电流 $\dot{I}_i$ 的合理控制，有源电压消弧法可以将故障相电压限定到零。

在控制算法方面，要达到限定故障相电压为零的控制目标，通常可以采用的控制策略有两种：① 基于式（9-3），采用开环控制，但实际应用中，配电网参数 $r_0$ 和 $C_0$ 很难精确测量；② 采用闭环控制，以故障相电压为反馈量，控制 PWM 有源逆变注入零序电流 $\dot{I}_i$，使故障相电压为 0，可以降低对配电网参数 $r_0$ 和 $C_0$ 的依赖，因而实际应用中多采用闭环控制策略。

（2）基于中性点外加零序电压源的有源电压消弧法柔性接地技术。基于中性点外加零序电压源的有源电压消弧法柔性接地技术通过在配电网中性点外加一单相零序电压源，配电网发生单相接地故障时，调控单相零序电压源的输出电压幅值和相位，即调控接地故障相电压，将故障点电压控制到小于电弧重燃电压，实现电压消弧。

基于中性点外加零序电压源的有源电压消弧法柔性接地装置原理示意图如图 9-4 所

示，接地变压器的作用是引出配电系统的中性点；消弧线圈的作用是补偿电容电流，降低接地残流水平，同时提高高阻接地检测灵敏度；注入变压器一次侧与消弧线圈并联，电压源屏和二次阻容器柜接在注入变压器二次侧，二次阻容器柜中的电阻器实现的是阻尼电阻的作用，二次阻容器柜中的电容器组用于抵消过补偿的电感电流，减小电压源的容量要求，电压源屏采用电力电子电压源，可根据需要灵活调整其幅值和相角，以满足故障相电压的调控要求。

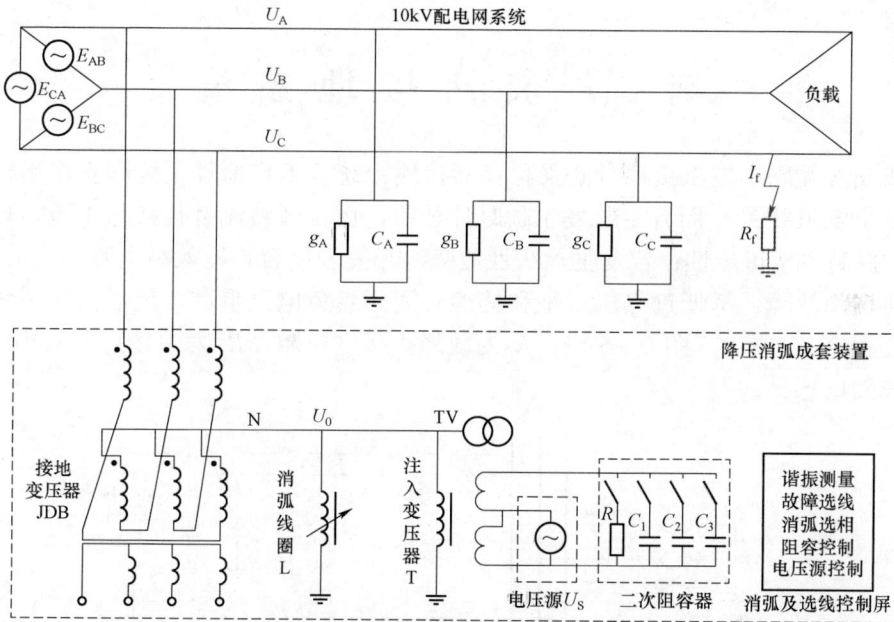

图 9-4 基于中性点外加零序电压源的有源电压消弧法柔性接地装置原理示意图

以 C 相发生单相接地故障为例，图 9-4 中，$E_{AB}$、$E_{BC}$、$E_{CA}$ 为电源电势，$U_A$、$U_B$、$U_C$ 为三相对地电压，$U_0$ 为中性点零序电压，$C_A$、$C_B$、$C_C$ 为三相对地电容，$g_A$、$g_B$、$g_C$ 为三相对地泄漏电导，配电网中性点 N 由 ZNyn11 型接地变压器引出，消弧线圈工作在过补偿状态。

发生单相接地后，有源电压消弧法柔性接地装置电压控制轨迹示意图如图 9-5 所示，零电位点 $O$ 沿半圆轨迹移动到 $O'$，之后有源电压消弧法柔性接地装置控制电压源输出，强迫零电位点 $O'$ 脱离半圆轨迹，移动到 $OC$ 直线上 $O''$ 点，使得故障相 C 相电压降低在电弧重燃电压 $U_{ds}$ 为半径的圆轨迹内，达到强迫故障电弧熄灭的目的；同时控制非故障 A、B 相电压 $U_A''$、$U_B''$ 在 ABC 三角区域内，抑制非故障相电压升高。

有源电压消弧法柔性接地原理下，中性点电压变化不影响三相线电压，具有中性点电压变化不影响电

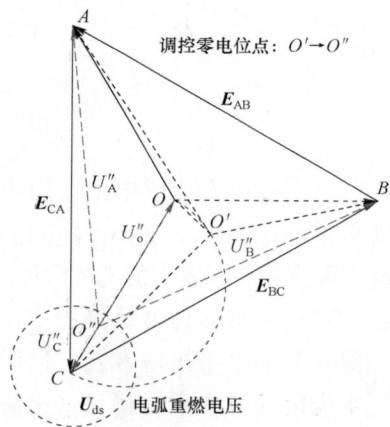

图 9-5 有源电压消弧法柔性接地装置电压控制轨迹示意图

源和负荷正常运行的天然优势，因此小电流接地系统的零序电压可以灵活调控，由于小电流接地配电网的零序回路阻抗大，调控所需零序电源容量小，故障相主动降压消弧实现方便。

有源电压消弧法柔性接地技术无需精确的系统参数，能够适应线路结构的动态变化，有较强的实用性，但在低阻接地故障时，尤其负荷电流较大，故障距离较远时，有源电压消弧法反而会导致故障点电流增大，严重影响熄弧效果，在工程应用中需注意规避上述不利场景。

# 第二节　灵活接地系统

消弧线圈并联小电阻接地方式又称灵活接地系统。工作原理是配网正常运行时，中性点并联小电阻开关 S 断开。若发生瞬时性故障，由消弧线圈补偿接地电流，熄灭瞬时性电弧，提高供电可靠性；若发生永久性故障，开关 S 闭合，投入小电阻增大故障电流，实现快速切除故障，降低过电压水平和持续时间，避免电弧重燃。灵活接地系统单相接地故障如图 9-6 所示，图 9-6 中，$R_f$ 为故障点接地电阻，$R_n$ 为中性点并联小电阻，$L_p$ 为消弧线圈电感。

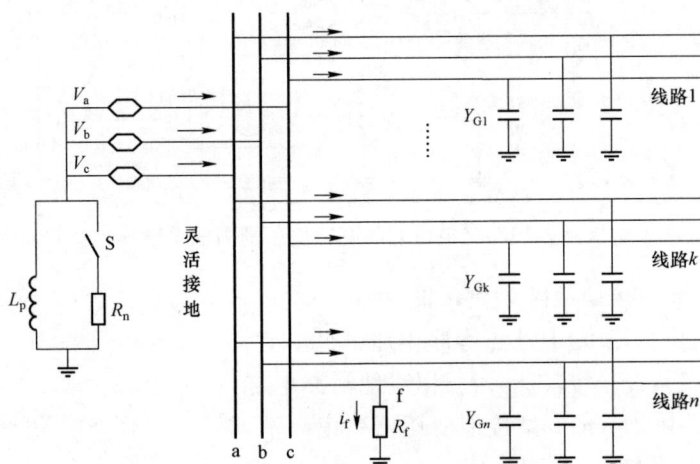

图 9-6　灵活接地系统单相接地故障

灵活接地方式近年来在国内配电网得到较为广泛的应用。2001 年起，云南昆明、浙江嘉兴等地的 10、20kV 变电站中性点先后试运行灵活接地方式。2016 年 12 月，南方电网有限责任公司发布的 Q/CSG 1203004.3—2017《20kV 及以下电网装备技术导则》正式提出，对供电可靠性有较高要求的 10kV（20kV）配电系统，经论证分析后，可选用消弧线圈并联小电阻接地方式，同时，依照相关规程出台了《消弧线圈并联小电阻接地装置技术规范（征求意见稿）》（简称为《规范》）。按照《规范》要求，灵活接地方式在南方电网有限责任公司开始获得较大面积的推广应用。

关于灵活接地系统的单相接地故障的保护与处理，《规范》中仅给出基本流程，缺乏必要的分析与论证，对于灵活接地系统接地故障特征，多认为是谐振接地系统与小电阻接地系统接地故障特征的简单组合，而缺乏全局性、系统性的深入分析。目前，多数灵活接地系统仍采用小电阻接地系统的零序过电流保护，保护整定数值较高，一般为40～60A，最大检测到135Ω左右的故障过渡电阻，耐故障过渡能力较弱，灵敏度较低。灵活接地系统发生弧光高阻接地故障时，其故障过渡电阻一般远超100Ω，因此线路自身零序过电流保护很可能无法触发。如果故障线路长时间得不到切除，故障范围可能会扩大，并且可能出现对人身安全构成威胁地跨步及接触电压。

近年来，越来越多的学者针对灵活接地系统的单相高阻故障检测问题开展研究，主要可分为基于稳态量与暂态量的检测方法。

## 一、基于稳态量的检测方法

基于稳态量主要是采用相量法来分析小电阻投入前后各馈线零序电流与母线零序电压的变化规律。灵活接地系统单相接地故障零序等效网络如图9-7所示。图9-7中，$3R_f$为零序等值接地电阻，$X_L=3\omega L_p$为消弧线圈零序等值电抗，$\omega$为工频角频率，$3R_n$为零序等值并联电阻；$\dot{U}_0$为系统母线零序电压，$\dot{U}_f$为故障点处虚拟电压源；$\dot{I}_{0k}$（$k=1,2,\cdots,n-1$）为健全馈线零序电流，$\dot{I}_{0f}$为故障馈线零序电流。$C_{0k}$（$k=1,2,\cdots,n-1$）为健全馈线零序对地电容，$C_{0n}$为故障馈线零序对地电容。将各零序电气量加下标"0"，并联小电阻投入后，对应的电压、电流加上标"'"。

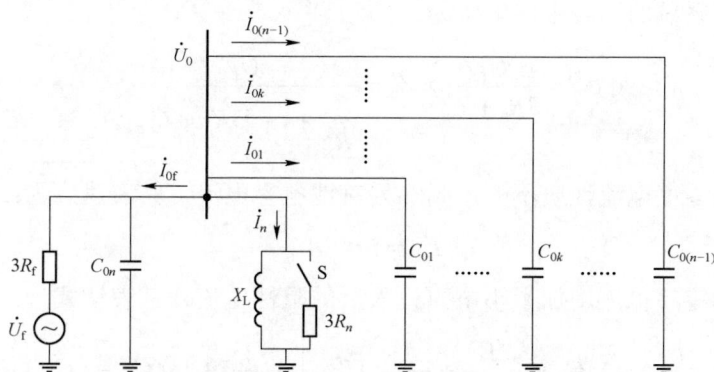

图9-7　灵活接地系统单相接地故障零序等效电路

（1）小电阻投入前。小电阻投入前即图9-7中开关S断开，中性点经消弧线圈接地。中性点消弧线圈与各出线的对地零序电容并联得到零序阻抗$Z_0$：

$$Z_0 = \frac{1}{\frac{1}{j3\omega L}+j\omega C_{0\Sigma}} \tag{9-4}$$

由此可得，系统母线零序电压为：

$$\dot{U}_0 = \frac{\dot{U}_f}{3R_f+Z_0}\times Z_0 = \frac{\dot{U}_f}{1+j3R_f\upsilon\omega C_{0\Sigma}} \tag{9-5}$$

式中    $\upsilon = 1 - \dfrac{1/(\omega L)}{3\omega C_{0\Sigma}}$，消弧线圈补偿脱谐度。

健全线路的零序电流为对地电容电流，表达式为：

$$\dot{I}_{0k} = j\omega C_{0k}\dot{U}_0 \tag{9-6}$$

对于故障线路，其零序电流为所有健全线路零序电流及中性点零序电流之和，其表达式为：

$$\dot{I}_{\mathrm{f}} = -\left(j\omega\sum_{k=1}^{n-1}C_{0k} + \frac{1}{j3\omega L_{\mathrm{p}}}\right)\dot{U}_0 = j\omega(C_n - \nu C_{0\Sigma})\dot{U}_0 \tag{9-7}$$

中性点零序电流表达式为：

$$\dot{I}_n = \frac{\dot{U}_0}{j3\omega L_{\mathrm{p}}} = -j\frac{1}{3\omega L_{\mathrm{p}}}\dot{U}_0 \tag{9-8}$$

（2）小电阻投入后。小电阻投入后，中性点变为消弧线圈并联小电阻接地。中性点消弧线圈与中性点小电阻及各出线的对地零序电容并联得到零序阻抗 $Z_0'$：

$$Z_0' = \frac{1}{\dfrac{1}{j3\omega L} + j\omega C_{0\Sigma} + \dfrac{1}{3R_{\mathrm{N}}}} \tag{9-9}$$

由此可得，系统的母线零序电压为：

$$\dot{U}_0' = \frac{\dot{U}_{\mathrm{f}}}{3R_{\mathrm{f}} + Z_0'} \times Z_0' = \frac{\dot{U}_{\mathrm{f}}}{\dfrac{R_{\mathrm{f}}}{R_{\mathrm{N}}} + 1 + j3R_{\mathrm{f}}\upsilon\omega C_{0\Sigma}} \tag{9-10}$$

健全线路的零序电流性质不变，始终为对地电容电流，其表达式为：

$$\dot{I}_{0k}' = j\omega C_{0k}\dot{U}_0' \tag{9-11}$$

故障线路的零序电流增加了小电阻投入后的阻性电流，其表达式为：

$$\dot{I}_{0f}' = -\left(j\omega\sum_{i=1}^{n-1}C_{0i} + \frac{1}{j3\omega L} + \frac{1}{3R_{\mathrm{N}}}\right)\dot{U}_0' = \left[-\frac{1}{3R_{\mathrm{N}}} + j\omega(C_{0f} - \nu C_{0\Sigma})\right]\dot{U}_0' \tag{9-12}$$

中性点的零序电流同样增加了小电阻投入后的阻性电流，其表达式为：

$$\dot{I}_n' = \left(\frac{1}{j3\omega L_{\mathrm{p}}} + \frac{1}{3R_n}\right)\dot{U}_0' \tag{9-13}$$

对于非故障线路，小电阻投入前后其始端零序电流均为本线路对地零序电容电流，非故障线路始端零序电流与母线零序电压相位差为 $\theta_{\mathrm{IU}i} = \theta_{\mathrm{IU}i}' = 90°$。

小电阻投入前后非故障线路始端零序电流与母线零序电压相位差的变化量为：

$$\theta_{\mathrm{IU}i} - \theta_{\mathrm{IU}i}' = 0° \tag{9-14}$$

即小电阻投入前后，非故障线路始端零序电流与母线零序电压相位差保持不变始终为 **90°**，且与过渡电阻无关。

综上可知，小电阻投入前故障线路始端零序电流与母线零序电压相位差为：

$$\theta_{IUf} = 90° \tag{9-15}$$

故障线路始端零序电流 $\dot{I}_{0f}'$ 与母线零序电压 $\dot{U}_0'$ 的相位差为：

$$\theta_{IUf}' = 180° + arctg[-3R_N \omega(C_{0f} - \upsilon C_{0\Sigma})] \tag{9-16}$$

根据式（9-16）可知，此相位差只与系统电容参数和中性点接地电阻大小有关，与过渡电阻无关。

由于 10kV 配电系统的单条线路对地电容电流最大不超过 50A，系统对地电容电流一般不大于 200A。所以 $\omega C_{0f} \leqslant 2.9ms$、$\omega C_{0\Sigma} \leqslant 11.6ms$、$-\upsilon \omega C_{0\Sigma} \leqslant 1.16ms$。中性点接地电阻 $R_N$ 为工程实际中常用的 10Ω，则 $\omega(C_{0f} - \upsilon C_{0\Sigma}) \leqslant 4.06ms$。根据式（9-16），可以得到故障线路始端零序电流 $\dot{I}_{0f}'$ 与母线零序电压 $\dot{U}_0'$ 的相位差满足：

$$\theta_{IUf}' \in (173.06°, 180°) \tag{9-17}$$

根据式（9-15）、式（9-17）可得，小电阻投入前后故障线路始端零序电流与母线零序电压相位差的变化量满足：

$$\theta_{IUf} - \theta_{IUf}' \in (-90°, -83.06°) \tag{9-18}$$

由式（9-15）、式（9-17）、式（9-18）可知，小电阻投入后故障线路始端零序电流与母线零序电压相位差增大而不再为90°，且该相位差变化量与过渡电阻无关。

综上所述，以小电阻投入前母线零序电压 $\dot{U}_0$ 的方向为参考方向，小电阻投入前后母线零序电压和各线路始端零序电流相位关系图如图 9-8 所示。图 9-8 中各电气量的含义与前文中的分析相同。

根据式（9-9）、式（9-10）得到零序电气量矢量分布图，消弧线圈补偿阶段矢量分布如图 9-9 所示。

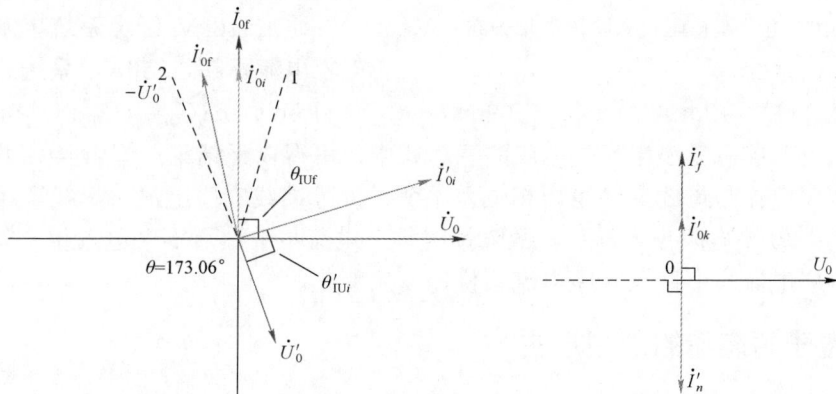

图 9-8　小电阻投入前后母线零序电压和　图 9-9　消弧线圈补偿阶段矢量分布
各线路始端零序电流相位关系图

由图 9-9 可知，消弧线圈补偿阶段各线路零序电流均与中性点零序电流相位相反，即：

$$\varphi_{k-n} = arg(\dot{I}_{0k} / \dot{I}_n) = 180° \tag{9-19}$$

$$\varphi_{f-n} = \arg(\dot{I}_f / \dot{I}_n) = 180° \tag{9-20}$$

式中　　$\varphi_{k-n}$——健全线路与中性点零序电流相位差；

　　　　$\varphi_{f-n}$——故障线路与中性点零序电流相位差。

根据式（9-15）、式（9-16）可知，健全线路与中性点零序电流的相位差为：

$$\varphi'_{k-n} = \arg(\dot{I}'_{0k} / \dot{I}'_n) \tag{9-21}$$

$$= \arg\left(\frac{-\omega^2 R_n^2 L_p C_{0k} + j\omega^3 L_p^2 R_n C_{0k}}{R_n^2 + \omega^2 L_p^2}\right)$$

$$= 180° - \arctan(\omega L_p / R_n)$$

通常情况下，10kV 配电系统对地电容电流不超过 200A，$\omega C_{0\Sigma} \leqslant 11.5$ms；过补偿状态下消弧线圈 $\omega L_p \geqslant 26.35\Omega$。据此得到健全线路与中性点零序电流的相位差为：

$$90° \leqslant \varphi'_{k-n} \leqslant 110.78° \tag{9-22}$$

同理，根据式（9-21）、式（9-22），故障线路与中性点零序电流的相位差为：

$$\varphi'_{f-n} = \arg(\dot{I}'_f / \dot{I}'_n) = 180° + \theta \tag{9-23}$$

相关标准规定，10kV 配电系统单条线路对地电容电流不得超过 50A，即有 $\omega C_{0n} \leqslant 2.9$ms，$\omega(C_{0n} - \upsilon C_{0\Sigma}) \leqslant 4.05$ms，进一步得到：

$$180° \leqslant \varphi'_{f-n} \leqslant 193.88° \tag{9-24}$$

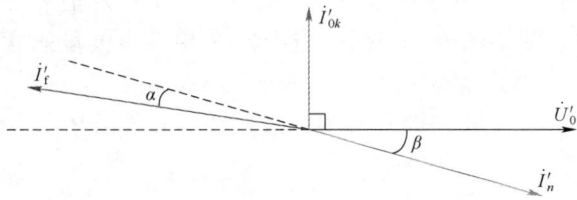

图 9-10　并联小电阻投入阶段矢量分布

根据式（9-22）、式（9-24），定义 $0 \leqslant \alpha \leqslant 13.88°$，$0 \leqslant \beta \leqslant 20.78°$，可得到并联小电阻投入后各线路和中性点零序电流的矢量分布，并联小电阻投入阶段矢量分布如图 9-10 所示。

通常 10kV 配电系统单条馈线对地电容电流不超过 50A，系统总对地电容电流不超过 200A。由此可得 $\omega C_{0k} \leqslant 2.9$ms，$\omega C_{0\Sigma} \leqslant 11.6$ms，$\omega(C_{0n} - \upsilon C_{0\Sigma}) \leqslant 4.06$ms。将其带入小电阻投入前后零序电流与电压的表达式中，可得以下结论：① 小电阻投入前后，健全馈线零序电流与母线零序电压相位差不变，故障馈线零序电流与母线零序电压相位差发生变化；② 小电阻投入前后，故障馈线零序电流与中性点零序电流相位差不变，而健全馈线零序电流与中性点零序电流相位差发生变化。

## 二、基于暂态量的检测方法

目前文献中针对灵活接地系统单相接地故障的暂态方法，主要是利用了并联小电阻投入后暂态分量幅值较大的特点，从而对小电阻投入前后的母线零序电压和馈线零序电流及其导数的关系进行分析，从而得出判据：

1. 小电阻投入前

母线零序电压：

$$u_0 = 3L_p \frac{\mathrm{d}i_{0L_p}}{\mathrm{d}t} = 3\omega_0 L_p B \cos(\omega_0 t + \varphi) + 3L_p(p_1 A_1 \mathrm{e}^{p_1 t} + p_2 A_2 \mathrm{e}^{p_2 t}) \tag{9-25}$$

健全线路的零序电流：

$$i_{0k} = i_{C0k} = C_{0k} \frac{\mathrm{d}u_0}{\mathrm{d}t} \quad (k=1,2,\cdots,n-1) \tag{9-26}$$

故障线路的零序电流：

$$i_{0n} = i_{C0n} - (i_{0L_p} + i_{0\Sigma} + i_{R_N}) = -\sum_{k=1}^{n-1} i_{0k} - i_{0L_p} - i_{R_N} = [3\omega_0^2 L_p(C_{0\Sigma} - C_{0n})]$$

$$-B\sin(\omega_0 t + \varphi) - \frac{\omega_0 L_p B \cos(\omega_0 t + \varphi)}{R_N} - \frac{L_p(p_1 A_1 \mathrm{e}^{p_1 t} + p_2 A_2 \mathrm{e}^{p_2 t})}{R_N} \tag{9-27}$$

$$-[3L_p(C_{0\Sigma} - C_{0n})p_1^2 + 1]A_1 \mathrm{e}^{p_1 t} - [3L_p(C_{0\Sigma} - C_{0n})p_2^2 + 1]A_2 \mathrm{e}^{p_2 t}$$

2. 小电阻投入后

母线零序电压：

$$u_{0,T} = 3L_p(p_1 A_1 \mathrm{e}^{p_1 t} + p_2 A_2 \mathrm{e}^{p_2 t}) \tag{9-28}$$

健全线路的零序电流：

$$i_{0k,T} = 3L_p C_{0k}(p_1^2 A_1 \mathrm{e}^{p_1 t} + p_2^2 A_2 \mathrm{e}^{p_2 t}) \quad (k \neq n) \tag{9-29}$$

故障线路的零序电流：

$$i_{0n,T} = -\frac{L_p(p_1 A_1 \mathrm{e}^{p_1 t} + p_2 A_2 \mathrm{e}^{p_2 t})}{R_N} - [3L_p(C_{0\Sigma} - C_{0n})p_1^2 + 1]A_1 \mathrm{e}^{p_1 t}$$

$$-[3L_p(C_{0\Sigma} - C_{0n})p_2^2 + 1]A_2 \mathrm{e}^{p_2 t} \tag{9-30}$$

据此，可以得出结论：对于灵活接地系统，单相高阻接地故障时小电阻投入后，健全线路暂态零序电流与母线暂态零序电压的导数成正比；故障线路暂态零序电流与母线暂态零序电压及其导数呈线性组合关系。

# 第三节 配电线路故障行波定位技术

行波定位技术指当系统发生故障后，线路中的电压电流行波在经过故障点时，由于此处的波阻抗不均匀，就会发生一系列的折反射，行波在电缆中的传播速度可看作近似不变的。因此可利用行波传播到母线两端的时间与行波传播速度的比值来实现故障点的测距，该方法的测量精度主要取决于反射行波的返回时间的准确度。根据采用行波信息的不同可以分为单端法与双端法，根据测距方式可分为被动式和主动式。

## 一、行波基本原理

### 1. 行波的产生

行波指在线路上传播的电压波和电流波。暂态行波指行波的暂态分量，其在线路发生故障时会突然出现而后又逐渐消失。当线路发生故障时，故障点电压会发生突变，此时在线路上会出现故障暂态行波，在故障暂态行波过程的分析中可以利用叠加原理对暂态行波进行分解。当线路发生故障时，依据叠加原理可以将线路看作在故障的瞬间系统电源等效为零时，在故障点处叠加了一个和故障前故障点对地电压大小相等、方向相反的虚拟电压源。此虚拟电压源导致了暂态行波的出现，也是暂态行波过程的波源。该电压源所产生的行波近似光速在线路中以浪涌的形式向两端传播，并在故障点、分支节点等阻抗不连续点之间来回折反射，在折反射过程中也伴随着衰减现象，直至其到达稳态过程，其具体的传播过程、波速度则取决于线路分布参数。

故障状态分解如图 9-11 所示，当线路发生单相接地故障时，如图 9-11（a）所示，网络所处的状态称为故障状态，而此时的故障状态可以用图 9-11（b）等效，利用叠加原理可以把故障状态分解为非故障状态图 9-11（c）和故障附加状态图 9-11（d）。

非故障状态指线路正常运行时的状态，电压 $U_f$ 是指在无故障状态下该时刻的电压值。由图 9-11（d）知，故障附加状态相当于在系统电势为零时，在故障点 F 处加一个与该点正常负荷状态下大小相等、方向相反的电压源，该电源称为虚拟电源或者叫作行波源。在该电源的作用下，在故障点 F 处会产生向两端传播的电压和电流行波。

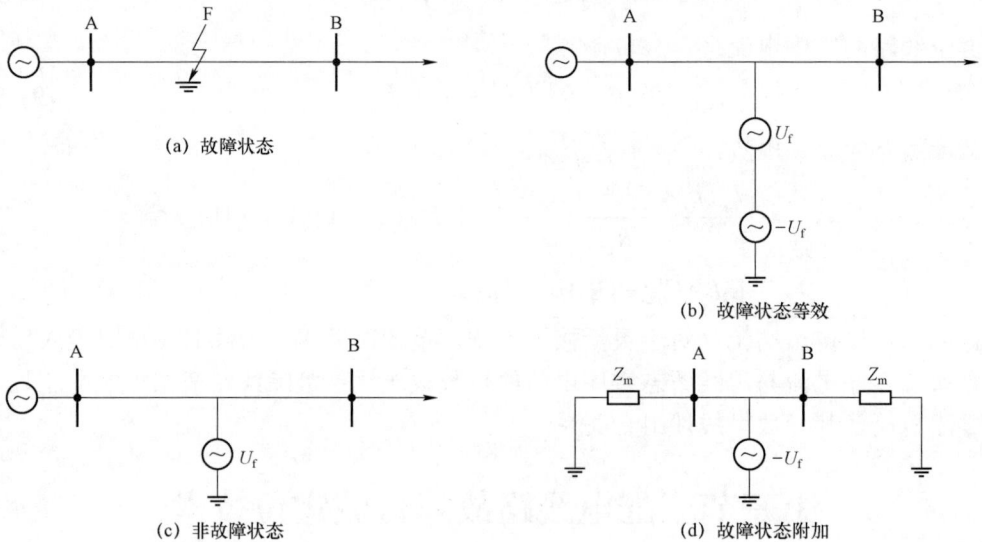

(a) 故障状态　(b) 故障状态等效　(c) 非故障状态　(d) 故障状态附加

图 9-11　故障状态分解

2. 行波折反射

配电线路短、分支多，常见的配网结构有电缆、架空线路、混合线路和多点分支线路等，因此线路行波的折反射现象复杂。当线路上发生故障时，故障点产生的暂态行波将以故障点为中心沿线路向两侧传播，在线路分叉点和波阻抗不连续点时均会产生折射、反射现象，即为行波的折反射。以入射波为方波为例，分支点折射与反射如图 9-12 所示。设线路 1、2、3 的波阻抗为 $Z_1$、$Z_2$、$Z_3$，A 点是波阻抗突变点，假定行波传播方向如图 9-12 所示，由于 A 点波阻抗突变，则将在 A 点发生行波的折射、反射现象。按照行波理论将分叉点后的线路 2 和线路 3 进行简化，得到并联等效波阻抗：

$$Z = \frac{Z_2 Z_3}{Z_2 + Z_3} \tag{9-31}$$

则电压入射波在 A 点的反射波在线路 2 和线路 3 中折射波分别为：

$$U_1 = \frac{Z - Z_1}{Z + Z_1} U \tag{9-32}$$

$$U_2 = U_3 = \frac{2Z}{Z + Z_1} U \tag{9-33}$$

式（9-32）中，$U$ 为电压入射波，式（9-33）中，$U_2$、$U_3$ 为折射波。显然，在波阻抗不连续点 A 处，行波会发生折射、反射现象，相关线路的波阻抗决定了反射波及折射波电压的幅值。通过行波折射、反射的理论分析，对于带分支线路的配电网架空线、电缆混合线等含有波阻抗突变点，可将其进行等效，即简化行波在分支点和波阻抗不连续点的分析。

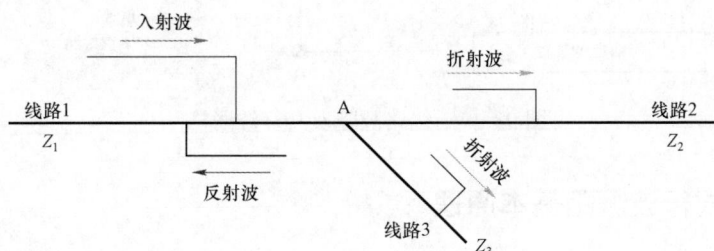

图 9-12　分支点折射与反射

线路故障及其行波网格如图 9-13 所示，若配电线路 $f$ 发生单相接地故障，则线路上将会出现向两端传播的电压行波和电流行波，母线 M 处观测到的行波为各到达时刻行波的叠加。

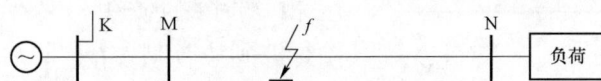

(a) 线路故障示意图

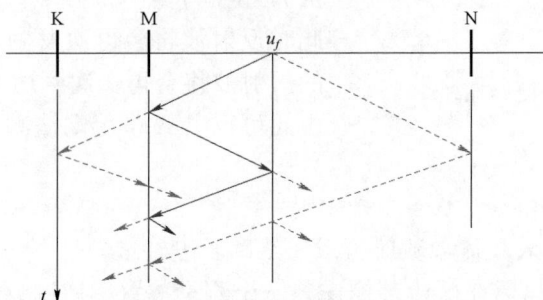

(b) 故障行波网格图

图 9-13　线路故障及其行波网格

### 3. 复杂配网拓扑及安装

线路故障及其行波网格如图 9-14 所示。

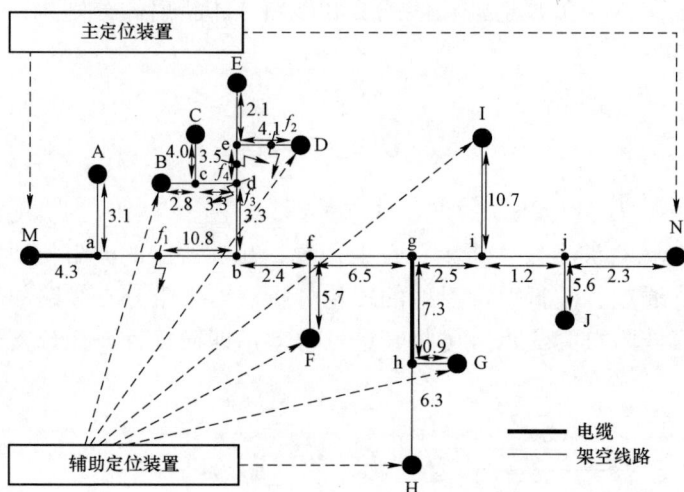

图 9-14　线路故障及其行波网格

## 二、被动式行波测距基本原理

### 1. A 型行波测距

A 型单端法测距在线路 M 侧安装行波检测装置，A 型行波测距原理如图 9-15 所示。

图 9-15 中，假设 MN 为故障区段且总长度为 $l$，在 $f$ 点发生单相接地故障，暂态电压行波将以接近光速 $v$ 向两端传播。区段 M 侧装有行波检测装置，由 $f$ 点产生的暂态行波到达 M 端时将会产生一次"突变"，此时记录初始行波到达时刻为 $t_1$。随后故障行波将会进行折射、反射现象，反射波将会再一次到达故障点 $f$。由于 $f$ 点为故障点，波阻抗不连续，所以此时反射波将会再次发生折反射现象，反射波的折射波将会再一次到达 M 侧，此时时间为 $t_3$。由此可推出 A 型单端法测距公式为：

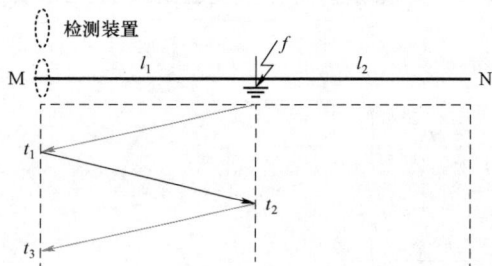

图 9-15　A 型行波测距原理

$$l_1 = \frac{1}{2}v(t_3 - t_1) \tag{9-34}$$

式中　$v$——波速度，带入具体参数就可求出线路长度。

A 型行波测距方案只需在区段某侧安装一个测量装置，通过分析故障信号，识别行波抵达时刻就可完成故障精准测距，方案原理简单、经济效益高，但在实际工程中，行波的折射、反射现象极其复杂，仅靠单侧的故障信号就准确、可靠地分析出波头的抵达时刻相当困难，因此在实际工程中应用较小。

2. D 型双端法测距

D 型双端法测距是在线路两侧均安装行波检测装置，D 型行波测距原理如图 9-16 所示。

区段 M、N 两侧装有行波检测装置，故障点 $f$ 发生单相接地故障后，产生向线路两侧传播的行波，线路两侧装设有 GPS 同步定时装置，可以精确同步两端的接收行波的时间。假设初始行波波头到达 M 侧的时间为 $t_1$，到 N 侧的时间为 $t_2$，初始时刻为 $t$，区段 MN 长度为 $l$，可以得到：

$$\begin{cases} l_1 = v(t_1 - t) \\ l_2 = v(t_2 - t) \end{cases} \tag{9-35}$$

将式（9-35）中参数 $t$ 消掉并结合下式：

$$l_1 + l_2 = l \tag{9-36}$$

可以得到故障距离为：

$$\begin{cases} l_1 = \dfrac{l_{MN} + v(t_1 - t_2)}{2} \\ l_2 = \dfrac{l_{MN} + v(t_2 - t_1)}{2} \end{cases} \tag{9-37}$$

式中　$v$——波速度。

在实际中，线路长度是根据配电网拓扑结构设计的，属于已知信息，故该方法仅需准确标定故障点暂态行波到达检测装置时间和波速的确定，便可以实现故障的测距。

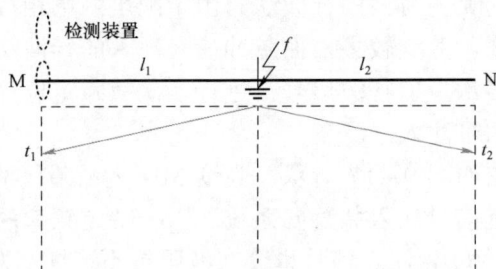

图 9-16　D 型行波测距原理

双端法行波测距的优点是原理简单，仅需要标定初始波头到达时刻，无需考虑来自故障点的二次折反射波，对于故障定位在很大程度降低难度。但是其缺点是需要同步时钟精确对时，对于时间同步精度要求较高；结合配网结构，则需要大量的行波检测装置，故在一定程度上成本较高。

当线路两端故障检测装置的时钟无法达到完全同步时，两端故障检测点记录的故障行波抵达时刻必然存在误差。假设两端故障检测装置存在 $\Delta t$ 的不同步误差，则 $\Delta t$ 是在某一时刻下 A 端检测点标示时刻 $T'_A$ 与 B 端检测点标示时刻 $T'_B$ 之差，即：

$$|T'_A - T'_B| = \Delta t \tag{9-38}$$

将式（9-38）带入双端测距公式中，可得：

$$\begin{cases} X'_A = \dfrac{L+(T_A-T_B+\Delta t)\times V}{2} \\[3mm] X'_B = \dfrac{L+(T_B-T_A+\Delta t)\times V}{2} \end{cases} \qquad (9-39)$$

实际测距误差为:

$$\Delta d = \frac{\Delta t \times V}{2} \qquad (9-40)$$

目前通用的做法是采用双端测距算法,其原理基本上都是基于 GPS 的双端同步采样,GPS 同步采样的精度将直接影响测距精度,由式(9-40)可得,GPS 时钟每偏差 1μs,测距误差将增大 150m。可见,行波测量设备需要具有高精度和高分辨率来准确地测量行波传播的时间延迟和到达时间。根据现有文献资料,当行波采集装置采样频率在 1MHz 及以上时,可以满足混合线路故障定位的需求。

## 三、主动式行波测距基本原理

虽然中性点不接地系统在发生单相接地故障后允许带故障运行 1～2h,但为了避免非故障相电压升高引起相间短路等其他更为严重的故障,有些供电部门采取马上断开线路,然后在故障线路与系统分离的情况下确定故障位置的方式,这种定位方式即为离线故障定位。

由于故障线路已从系统中分离,线路中没有电信号,必须外加信号,通过检测外加信号在故障线路中的流通特性来判断故障位置。注入信号分为交流信号、直流信号和脉冲信号。脉冲信号注入的典型方法即行波法。由于配电网单相接地故障电流较小,故障自身产生的行波信号较弱,分支较多,而脉冲信号注入的行波法不受信号故障时刻行波信号强弱的影响,可以多次发射行波信号,进行多次故障定位,因此适合配电网故障定位的行波法只能是脉冲信号注入法。

脉冲注入法的原理图如图 9-17 所示,假设 MN 为故障区段,在 $f$ 点发生单相接地故障后,在线路首端通过信号注入装置向系统注入一特定频率的行波信号,该信号传播速度为 $v$、记录注入时间为 $t_0$,注入信号也会在波阻抗不连续点发生折射、反射现象,所以到达故障点 $f$ 处时会产生反射波,记录反射波到达首端行波装置的时间为 $t_1$。假设故障点距离首端行波检测装置的距离为 $l_1$,则有:

$$l_1 = \frac{v}{2}t_1 \qquad (9-41)$$

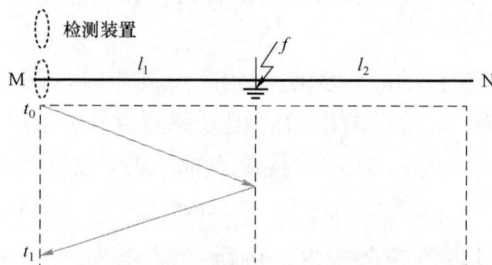

图 9-17　脉冲注入法的原理图

脉冲注入法仅需要识别注入信号反射波抵达时刻，根据式（9−41）可实现故障定位，同时仅需识别一次波头，其难度大大降低，在工程实际中可得到有效应用，具有直接定位故障距离和故障分支、不需要巡线、定位速度快的优点，但由于脉冲信号遇到分支后信号会按比例衰减、遇到接地电阻后反射波会减弱，并且线路的分布电感和电容会引起注入信号波形的畸变，当配电线路接线复杂、分支众多、接地电阻大于 3kΩ 时，无法有效定位。

# 第四节  配电网柔性互联技术

随着分布式可再生能源渗透率的不断提高，配电网潮流由单向流动变为双向流动，导致部分线路容量过载，节点电压越限。而分布式储能的接入和消费端电动汽车的普及，使得负荷特性多样化，源—荷之间的界限模糊。同时，配电网末端的电能消费者对于供电可靠性和电能质量的要求日渐提升，希望从配电网运营者处获取更多能量灵活流动、电力议价谈判等自主性。

传统分段开关响应速度慢、无法频繁动作、合闸冲击电流大，无法适应新型配电系统下拓扑灵活多变的要求。采用闭环运行能够在一定程度上改善运行可靠性，但可能带来循环功率、电磁环网及扩大故障范围、增大短路电流等负面问题。

柔性互联是将两条或多条配电馈线通过电力电子装置连接，以实现有功功率和无功功率调节。配电网柔性互联技术将电力电子柔性控制技术与配电网网架优化设计相结合，能够在配电网线路间和台区间提供快速准确的有功、无功功率控制和失电支援及电能质量治理功能，为挖掘配电网供电潜能和提高供电可靠性提供了有效的技术手段，是解决配电网高比例消纳分布式电源的重要技术路线。

传统配电网与柔性互联配电网的比较见表 9−1。

表 9−1　　　　　　　　传统配电网与柔性互联配电网的比较

| 配电网类型 | 具体参数 | | | | | | | | |
|---|---|---|---|---|---|---|---|---|---|
| | 拓扑结构 | 建设成本 | 潮流情况 | 控制难度 | 供电可靠性 | 运行灵活性 | 拓扑扩展性 | 保护配置 | 接入友好度 |
| 传统配电网 | 简单 | 低 | 简单 | 低 | 一般 | 低 | 低 | 容易 | 低 |
| 柔性互联配电网 | 复杂 | 高 | 复杂 | 高 | 高 | 高 | 高 | 复杂 | 高 |

## 一、中压配电网柔性互联

柔性互联配电系统的初始含义为双端馈线的柔性互联，柔性互联配电系统的基本理念如图 9−18 所示。

采用背靠背形式的全控型电力电子换流器取代传统的联络开关，实现双端馈线的常态化互联。早期示范工程,如 2007 年日本投运的 LBC 工程、2015 年英国投运的 FUN−LV 工程，均采用此种结构。相较于传统配电网，以换流器为核心的柔性互联配电系统主要具有以下优点：

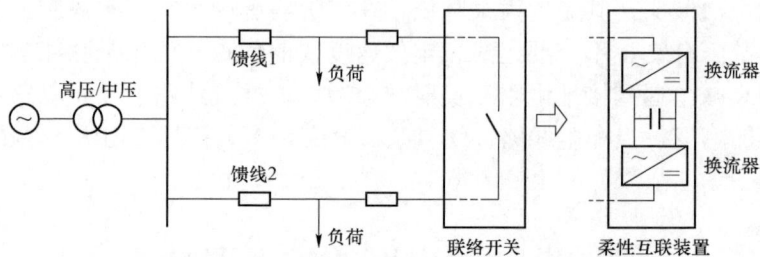

图 9-18    柔性互联配电系统的基本理念

（1）响应快速。传统联络开关通过机械结构控制断路器动作，响应速度较慢且合闸时产生较大的电气冲击，动作成本较高，而换流器采用全控型电力电子开关器件，可实时响应动作指令，输出电流可控，不会造成合环冲击。

（2）潮流可控。传统联络开关仅有开通、关断两种状态，不具备功率调节能力，而换流器能够对端口输出的有功功率及无功功率解耦控制，可四象限灵活运行，可以实现对馈线潮流精确、连续地调控。

（3）故障隔离。联络开关闭合后，两端馈线将具有电气联系，导致故障范围的扩大，而换流器可通过闭锁装置实现对故障电流的隔离，从而减小故障影响。

可见，柔性互联配电系统中潮流流向、大小可控，可实现馈线间的能量互济，有利于馈线功率均衡，同时其可通过优化潮流分布降低网损、改善电网电压质量，增强供电灵活性与可靠性。此外，柔性互联配电系统能够促进分布式能源的消纳，更好地满足储能设备、电动汽车等新型负荷的接入需求，顺应构建新型电力系统的发展趋势。

在双端互联的基础上，相关研究深入挖掘出多样化的柔性互联应用场景，如多端柔性互联、交直流混联、多电压等级柔性互联等，柔性互联配电系统典型架构如图 9-19 所示。图 9-19 中，装置 1 实现了同一变电站中多条馈线的柔性互联，装置 2 实现了交直流配电网的柔性互联，装置 3 实现了不同变电站、不同电压等级的馈线柔性互联。与双端互联系统相比，多端互联系统利用公共直流母线及多个换流器实现了更多端口的柔性互联，潮流调控范围扩大，且多个端口之间可以互为备用，供电可靠性显著提升。因此，多端互联是柔性互联配电系统的主要发展方向之一。交直流混联系统主要是在交流配电网和直流配电网之间搭建互联接口，由于现阶段直流配电线路较少，交直流混联需求较为有限，现有柔性互联配电示范工程大多选择开放背靠背换流装备中的直流母线，利用直流变压器为储能装置及新型负荷等提供直流电气接口。多电压等级互联系统可实现不同电压等级馈线间的潮流调控，增强了柔性互联技术在复杂供电网络中的适用性。上述典型应用场景也可互相融合，以满足配电网中多元化的互联需求。柔性互联配电示范工程汇总见表 9-2，汇总了近年来国内外建设投运的柔性互联配电示范工程，罗列了各项工程的投运时间、端口数、电压等级、容量及应用场景。

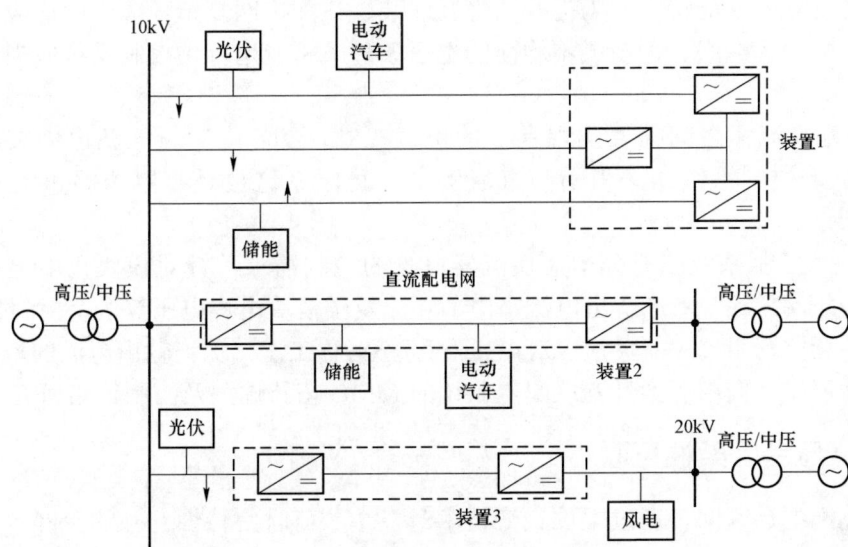

图 9-19 柔性互联配电系统典型架构

表 9-2 柔性互联配电示范工程汇总

| 示范工程 | 投运时间 | 端口数 | 交流侧电压等级 | 直流侧电压等级 | 容量 | 应用场景 |
|---|---|---|---|---|---|---|
| 苏州工业园区柔性互联配电示范工程 | 2018 年 | 4 | 20kV | ±20kV | 20MVA | 多端互联、交直流混联 |
| 杭州江东新城柔性互联配电示范工程 | 2018 年 | 3 | 10kV、20kV | ±10kV、±0.375kV | 10MVA | 多端、多电压等级互联 |
| 天津北辰柔性互联配电示范工程 | 2018 年 | 4 | 10kV | ±10kV | 6MVA | 多端互联 |
| 贵州中压五端柔性互联配电示范工程 | 2018 年 | 5 | 10kV、0.38kV | ±10kV、±0.375kV | 1MVA | 多端、多电压等级互联 |
| 广东珠海三端柔性互联配电示范工程 | 2018 年 | 3 | 10kV、 | ±10kV、±0.375kV | 10MVA、20MVA | 多端互联 |
| 北京延庆柔性互联配电示范工程 | 2019 年 | 3 | 10kV | ±10kV | 10MVA | 多端互联 |
| 英国 Network Equilibrium 示范工程 | 2019 年 | 2 | 33kV | — | 20MVA | 双端互联 |
| 英国 ANGLE-DC 示范工程 | 2020 年 | 2 | 33kV | ±27kV | 30MVA | 双端互联 |

柔性互联装置作为中压互联配电系统的核心装备，通常由具有公共直流侧的两端或多端 VSC 构成，并且各端换流器输出的有功功率及无功功率能够解耦控制，以实现馈线互联及潮流调控。柔性互联装置的电压等级、容量等基本参数及占地面积、投资成本功

率调节能力等指标均与各端换流器的拓扑结构紧密相关，需选取合理的换流器拓扑以保证装置具备良好的性能特征。为提升柔性互联装置在配电网复杂环境中的适应性，保障装置在随机的功率冲击、均衡或不均衡的电压条件下平稳运行，控制系统应当满足以下要求：

（1）各端换流器之间需要实现良好的协调控制，灵活应对新能源出力突增、负荷突变等工况，控制系统功率平衡与直流侧电压稳定，这也是装置能够正常工作的重要前提。

（2）各端控制系统应充分考虑换流器自身的控制需求，针对模块化多电平换流器（MMC）拓扑，需综合考虑输出电流、内部环流及子模块电容电压等多个控制目标。

（3）各端控制系统应能灵活应对电压对称/不对称工况，保证输出电流的均衡性。对此，本节开展了面向中压柔性互联配电系统的 MMC 拓扑选型及控制策略研究。

## 二、低压台区柔性互联

在低压配电台区间，通过柔性直流技术对多个负荷时空特性互补的台区实施互联互供，将是改变台区运营现状、多维度提升台区供电水平、实现台区高级应用功能的全新方案。目前，采用柔性直流技术互联以实现配电台区负载均衡、供需互动的场景和先例还未大面积推广，也缺乏相关的经验与方向指导，本节将结合配电台区系统互联的场景与发展需求、提出配电台区柔性互联的拓扑及网架结构，梳理在关键设备、运行控制与快速保护等方面的关键技术。

1. 配电台区系统柔性互联发展需求

（1）支撑大规模高渗透率分布式电源消纳。采用交直流混合配电网接入光伏、风电等直流型分布式电源，可减少 AC/DC 换流环节，仅对电压进行控制即可。通过台区间柔性互联，配置一定容量储能，可对经济结构不同台区内源、网、荷、储进行毫秒级到小时级的并网、离网统一管控，优化系统运行工况，提高清洁能源消纳效率。

（2）支撑终端电能替代，提升用户互动水平。电力系统正逐步成为清洁能源生产、消费的核心枢纽，碳排放强度持续下降。而随之带来的配电网末端台变负载率上升将导致负荷不平衡度加剧，且负荷骤升将导致电压质量、无功等一系列问题，低压台区间采用柔性互联形式组网可以实现更大范围内的电能优化配置。

（3）满足新基建建设需求。新型基础设施建设主要包括电动汽车充电桩、数据中心、5G基站，人工智能、城际高速铁路和城际轨道交通、工业互联网等领域。

（4）应对季节性负荷波动实现动态增容。采用柔性互联技术，针对负荷具有时空互补特性的台区，在季节性负荷期间可实现功率转供，解决台区瞬时重载或过载的问题，均衡负载，降低线损。同时可维持原系统低压拓扑，根据负荷情况实现动态增容，大幅提升配变负荷承载能力，减少无必要的增容布点投资。

2. 配电台区系统柔性互联关键技术

本节将重点探讨配电台区柔性互联在网架结构设计、关键设备、稳定运行控制、快速保护等方面的关键技术。

（1）柔性互联系统网架结构设计。在交流侧，根据《国家电网公司配电网工程典型设计—10kV 配电台变分册》要求，针对 400kVA 及以下柱上变压器接线组别为 D/Yn11，即当前配电台区出线为三相四线制为主，由此在选择柔性互联换流器时可考虑带隔离变压器的三相三线制换流器或采用三相四线制的换流器。

在直流侧，换流器接线主要可分为单级接线、伪双极接线和真双极接线 3 种。换流器接线方式如图 9－20 所示。

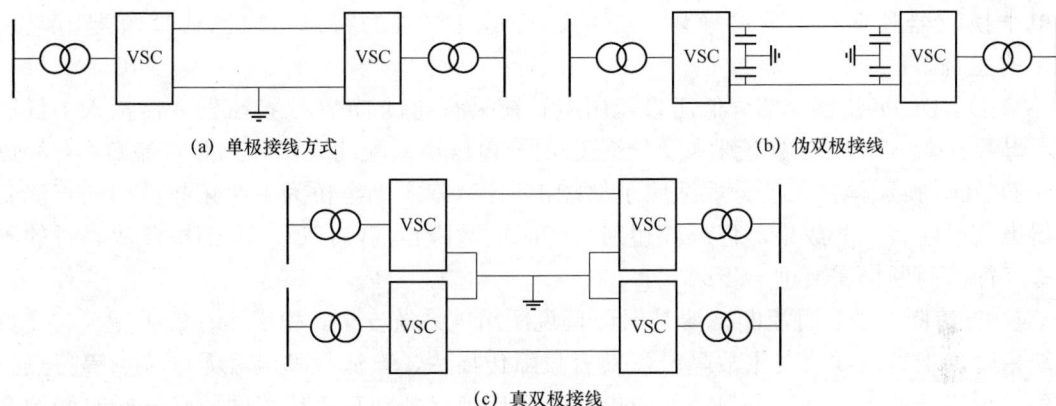

(a) 单极接线方式　　　　　　　　　　　　　　　(b) 伪双极接线

(c) 真双极接线

图 9－20　换流器接线方式

单级接线主要用于轨道交通牵引供电系统，接线方式简单、投资少，但可靠性较差。伪双极接线的正、负极线路出自同一个换流器，并通过电容或电阻中点构建接地点，降低了联结变压器的直流应力及设备的绝缘要求，目前的直流配电系统大多采用该接线方式；真双极系统具有独立的正、负极换流器，可单极运行，传输容量大、可靠性高、运行方式灵活，同时其造价也更高，占地面积大，控制保护也更加复杂。

考虑低压台区电压等级较低，容量较小，且是多台区互联系统，本身已具备较高的可靠性。因此，从设备、建设成本、性能等各方面综合考虑采用伪双极接线方式性价比最高。对于低压真、伪双极接线系统，接地方式均推荐采用浮地运行方式，在母线侧配置绝缘检测设备（IMD），用于发现并告警单点接地故障；在用户侧同步配置剩余电流设备（RCD），可作为单点接地故障未及时清除时人身触电的后备保护，以提高系统整体运行的安全性。参考 GB/T 35727—2017《中低压直流配电电压导则》推荐的低压直流电压等级序列，宜选择直流母线电压为±375V，极间电压 750V，以满足不同配电台区柔性互联场景下的负荷和电源的接入需求。

（2）柔性互联系统关键设备。低压配电台区柔性互联的拓扑可采用 3 种结构，分别为公共直流母线集中配置结构、直流母线分段分散配置结构和环状结构。现将柔性互联系统所需关键设备简单介绍。

1）交流低压智能断路器。用智能断路器替代原配电台区内不具备电气量测量、采集及通信功能的开关是能源互联网背景下台区智能化改造的重要一环。柔性互联系统可实现动态功率互济、故障功率转供、容灾备份等功能，动态功率互济在现有配置的基础上即可实现，若要实现故障功率转供和容灾备份功能，要求配电台区交流总进线开关及馈线开关更换为一二次融合并具备"三遥"功能的智能断路器，其中欠压分闸脱扣的时间及过电流保护回路的限值可整定，需要与上级电网重合闸及安全自动装置的时间及整定值相匹配。

2）AC/DC 换流器。互联系统通过 AC/DC 换流器与交流系统相连，实现潮流的四象限瞬时灵活控制。现阶段，传统的电压源型换流器虽然已广泛应用，但仍存在电容均压、电磁干扰、开关损耗等问题。随着电力电子技术的进一步发展，模块化多电平换流器具有可扩展的模块化结构、普适性更强的特点，现已成直流配用电系统中的主流。

3）DC/DC 换流器。部分低压直流用电负荷只有通过 DC/DC 换流器才能接入中低压直流母线。单向 DC/DC 换流器接入一般适用于电压不匹配的光伏阵列和直流负荷；经过双向 DC/DC 换流器接入的一般适用于储能电池；以双主动全桥为主要拓扑结构的直流变压器虽然已经有一些成果，但外部短路故障时的故障自清除问题、内部桥臂故障时的不对称运行等问题仍需要进一步研究。

4）直流断路器。直流断路器是保证直流配用电系统安全、稳定运行的关键。与交流系统相比，当直流线路发生故障时，具有故障传播快、直流故障电流无过零点等特点。在不同应用场景下，可针对保证故障电流不损坏换流器和直流线路的故障开断时间的需求对直流断路器进行选型。考虑不同柔性互联系统拓扑及结构，可按需配置一二次融合的直流断路器或采用可控的塑壳断路器＋集中式测控保护的形式。

5）直流限流器。直流故障限流器是降低直流断路器开断容量和速度的关键设备，但基于不同拓扑结构、不同工作原理的故障限流器之间的差异很大，各有优缺点。互联系统相对配电网整体而言，输送功率和短路容量小，故障后电流上升速率相对较慢，对直流断路器的性能要求低，在这种应用场景中对限流器配置的要求也会较低。

6）直流适配器。随着直流技术在低压领域的迅速发展，已经出现了多种用电负荷，尚未有多端口直流适配器在市面上实现规模化的应用，具备 0～48V 输出电压自适应调节功能的直流适配器将是未来直流用电侧的关键设备。

（3）柔性互联系统运行控制。

1）稳定控制技术。由于在交流系统引入了大量电力电子器件，将导致整个系统呈现出低惯量、弱阻尼的特性，因此其稳定控制的难度会大于纯交流系统。现阶段在低压交直流混合微电网的控制研究已有了相对成熟的控制策略。

2）考虑储能的台区互联调控技术。储能作为能源互联网环境下的重要能源设备之一，在柔性互联系统中选配合理容量的储能装置在能量优化调度中能够发挥关键作用。

3）柔性互联系统控制架构。在台区柔性互联场景下，系统控制从上至下可依次分为最优控制、统一控制和就地控制 3 层。3 层控制可分别映射到系统的监控主站、柔性互联协调控制器和设备层各单元。

（4）快速保护技术。针对接入交流系统的配电台区柔性互联系统，典型故障可以概括为以下 4 种类型：① 交流系统故障，主要包括交流进线故障和联接变压器故障；② 换流器故障，主要包括换流器模块、桥臂电抗器、直流电抗器等设备的短路或开路故障等；③ 直流故障，主要包括直流线路和直流母线的短路、开路故障等；④ 接入换流器及负载故障，主要包括接入 DC/DC 换流器的故障、直流负荷、风光储或交直流微电网的故障等。目前国内外学者提出了相应保护，并指出，若采用全控型器件的低压直流配电系统，对于控制和保护的响应速度比常规直流至少提高了 1 个数量级，特别是临时性闭锁的引入对于使得控制保护系统的联系更加紧密。未来，针对直流配用电系统级和设备级保护整体优化配置方案将是直流配用电系统保护技术的重点研究方向。

在配电领域，随着源、荷直流化的趋势日益明显及电力电子技术的日益成熟，通过柔性直流技术对多个台区实施互联互供，有效集成大规模、多类型分布式电源及负荷，通过灵活、敏捷的分散调控策略开展供需侧灵活互动，是低压直流在用户侧发展的驱动力和重要应用模式之一。包含规划建设、设备选型、运行控制、快速保护技术的研究成为当前的研究热点。

参 考 文 献

[1] 陈怡，蒋平，万秋兰，等. 电力系统分析 [M]. 北京：中国电力出版社，2018.

[2] 舒印彪. 新型电力系统导论 [M]. 北京：中国科学技术出版社，2022.

[3] 舒印彪. 配电网规划设计 [M]. 北京：中国电力出版社，2018.

[4] 董梓童，苏南. 配电网数字化转型潜力十足 [N]. 中国能源报，2023-03-20（007）.

[5] 辛保安. 新型电力系统与新型能源体系 [M]. 北京：中国电力出版社，2023.

[6] 陈勇. 配电智能设备 [M]. 北京：中国电力出版社，2022.

[7] 孙换春，徐逸群. 高可靠性配网一二次融合技术 [J]. 电工技术，2020，（01）：1-2.

[8] 郑文玮，丘雪娇. 基于大数据平台的智能配电站房的关键技术研究 [C] //浙江省电力学会，江苏省电机工程学会，安徽省电机工程学会，福建省电机工程学会. 第十三届电力工业节能减排学术研讨会论文集. 国网龙岩供电公司，2018：4.

[9] 苑舜，王承玉，海涛，等. 配电网自动化开关设名 [M]. 北京：中国电力出版社，2007.

[10] 马制，安婷，尚宇炜. 国内外配电前沿技术动态及发展 [J]，中国电机工程学报，2016，36（6）：1552-1567.

[11] 秦立军，马其燕. 智能配电网及其关键技术 [M]. 北京：中国电力出版社，2010.

[12] 杨绍军. 基于智能开关设备的配电网线路自动化技术 [J]. 电力设备，2007，8（12）：6-9.

[13] 黄祖委，熊洽，黄国权，等. 柱上开关一二次融合的技术发展阶段分析 [J]. 大众用电，2019，34（02）：29-30.

[14] 张历强，李力，陆培钧. 12kV 环保气体绝缘环网柜的研制 [J]. 价值工程，2022，41（20）：62-64.

[15] 孙立成，田三巧. 新型 $SF_6$ 气体绝缘环网柜 [J]. 江苏电器，2002，（01）：16-18+25.

[16] 刘日亮，刘海涛，夏圣峰，等. 物联网技术在配电台区中的应用与思考 [J]. 高电压技术，2019，45（06）：1707-1714.

[17] 刘明清，钱远驰，周斌. 浅谈永磁操作机构的发展及其运用 [J]. 电力设备，2014（12）：34-36.

[18] 王秋梅，金伟君，徐爱良，等. 10kV 开关站建设与运行 [M]. 北京：中国电力出版社，2015.

[19] 陆志欣，黄胜. 有载调容调压配电变压器的设计 [J]. 光源与照明，2023，（01）：147-149.

[20] 黄楷涛，刘明清，周斌. 浅谈气体绝缘柜的现状和发展趋势 [J]. 电力设备，2016（12）：4-6.

[21] 国家电网公司运维检修部. 10kV 一体化柱上变台和配电一二次成套设备典型设计及检测规范 [M]. 北京：中国电力出版社，2016.

[22] 刘日亮，刘海涛，夏圣峰，等. 物联网技术在配电台区中的应用与思考 [J]. 高电压技术，2019，45（6）：1707-1714.

[23] 刘健，同向前，张小庆，等. 配电网继电保护与故障处理 [M]. 北京：中国电力出版社，2014.

[24] 刘健，张志华，等. 配电网故障自动处理 [M]. 北京：中国电力出版社，2020.

[25] 刘渊，李镇春，等. 配电网馈线自动化与故障自动处理 [M]. 北京：中国水利水电出版社，2019.

[26] 刘健，张伟，程红丽. 重合器与电压时间型分段器配合的馈线自动化系统的参数整定 [J]. 电网

技术，2006，30（16）：45－49.

[27] 刘健，赵树仁，贠保计，等. 分布智能型馈线自动化系统快速自愈技术及可靠性保障措施［J］. 电力系统自动化，2011，37（17）：67－71.

[28] 刘健，崔健中，顾海勇. 一组适合于农网的新颖馈线自动化方案［J］. 电力系统自动化，2005，29（11）：82－86.

[29] 程红丽，张伟，刘健，合闸速断方式馈线自动化的改进与整定［J］. 电力系统自动化，2006，30（15）：35－39.

[30] 刘夏宇，王振雄，易皓，等. 数字化主动配电网中光伏逆变器并网主动支撑方案研究［J］. 河北电力技术，2021.

[31] 许晓艳，黄越辉，刘纯，等. 分布式光伏发电对配电网电压的影响及电压越限的解决方案［J］. 电网技术，2010.

[32] 陈海焱，陈金富，段献忠. 含分布式电源的配电网潮流计算［J］. 电力系统自动化，2006.

[33] 曹蓓. 含分布式电源的配电网继电保护技术［J］. 分布式能源，2021.

[34] 王鲍雅琼，陈皓. 含分布式电源的配电网保护改进方案综述［J］. 电力系统保护与控制，2017.

[35] 赵拥华，方永毅，王娜，等. 逆变型分布式电源接入配电网对馈线自动化的影响研究［J］. 电力系统保护与控制，2013.

[36] 赵清林，郭小强，邬伟扬. 单相逆变器并网控制技术研究［J］. 中国电机工程学报，2007.

[37] 刘波，杨旭，孔繁麟，等. 三相光伏并网逆变器控制策略［J］. 电工技术学报，2012.

[38] 刘杨华，吴政球，涂有庆，等. 分布式发电及其并网技术综述［J］. 电网技术，2008.

[39] 金结红，余晓东. 光伏并网系统反孤岛控制策略研究［J］. 通信电源技术，2008.

[40] 袁玲，郑建勇，张先飞. 光伏发电并网系统孤岛检测方法的分析与改进［J］. 电力系统自动化，2007.

[41] 冯炜，林海涛，张羽. 配电网低压反孤岛装置设计原理及参数计算［J］. 电力系统自动化，2014.

[42] 曹成帅，赵允贵，王太国，等. 基于顺序检测的联络开关自动识别研究［J］. 电子设计工程，2017.

[43] 高孟友，徐丙垠，范开俊，等. 基于实时拓扑识别的分布式馈线自动化控制方法［J］. 电力系统自动化，2015.

[44] 范开俊，徐丙垠，董俊，等. 基于智能终端逐级查询的馈线拓扑识别方法［J］. 电力系统自动化，2015.

[45] 陈基雄，蔡霞. 基于第三层 VLAN 技术的园区网实现［J］. 计算机系统应用，2001.

[46] 刘健，贠保记，崔琪，等. 一种快速自愈的分布智能馈线自动化系统［J］. 电力系统自动化，2010.

[47] 樊轶，周俊，刘遐龄，等. 基于 GOOSE 协议和边缘计算的配电网设备监测系统［J］. 电力信息与通信技术，2021.

[48] 仝新宇，张宇泽，杨乔川. 清洁能源接入的配电网运行特性分析［J］. 资源节约与环保，2020（02）.

[49] 唐西胜，邓卫，李宁宁，等. 基于储能的可再生能源微网运行控制技术［J］. 电力自动化设备，2012.

[50] 林汉平，林汉德. 在线供电模式的储能系统变流器原理及拓扑研究［J］. 电气开关，2020.

[51] 马聪，高峰，田昊，等. 适用于并网系统低电压穿越的电压检测算法［J］. 电力系统自动化，2015.

[52] 周伟，牟龙华. 一种基于 αβ 与 dq 坐标变换的频率检测算法［J］. 电力系统保护与控制，2012.

［53］杨子龙，伍春生，王环. 三相并网/独立双模式逆变器系统的设计［J］. 电力电子技术，2010.

［54］陈洁，杨秀，朱兰，等. 微网多目标经济调度优化［J］. 中国电机工程学报，2013.

［55］林汉平，林汉德. 在线供电模式的储能系统变流器原理及拓扑研究［J］. 电气开关，2020.

［56］王兵，汪宁，吴冬. 基于充电过程数据的锂离子电池健康状态评估方法［J］. 科学技术创新，2022.

［57］吴福保，杨波，叶季蕾，等. 电力系统储能应用技术［M］. 北京：中国水利水电出版社，2014.

［58］李建林，修晓青，惠东，等. 储能系统关键技术及其在微网中的应用［M］. 北京：中国电力出版社，2016.

［59］贺达江，叶季蕾. 微电网储能技术原理及应用［M］. 四川：西南交通大学出版社，2022.

［60］张亮，陶以彬，霍群海，等. 现代电力电子技术在智能配电网中的应用［M］. 北京：中国水利水电出版社，2018.

［61］陈杰，陈新，冯志阳，等. 微网系统并网/孤岛运行模式无缝切换控制策略［J］. 中国电机工程学报，2014，19（34）：3089－3097.

［62］余勇，年珩. 电池储能系统集成技术与应用［M］. 北京：机械工业出版社，2021.

［63］刘建强，黄锦明，伊立挺，等. 应急发电车0.4kV电源快速接入用户侧装置研制［J］. 中国高新技术企业，2017（1）：10－11.

［64］Janssen M. Residual current compensation (RCC) for resonant grounded transmission systems using high performance voltage source inverter［C］. Transmission and Distributi on Conference and Exposition, 2003.

［65］Klaus M. Winter. The RCC Ground Fault Neutralizer－A Novel Scheme for Fast Earth－fault Protection［C］. 18th International Conference on Electricity Distribution, Turin, Italy, 2005.

［66］曲轶龙，董一脉，谭伟璞，等. 基于单相有源滤波技术的新型消弧线圈的研究［J］. 继电器，2007（03）：29－33.

［67］曾祥君，王媛媛，李健，等. 基于配电网柔性接地控制的故障消弧与馈线保护新原理［J］. 中国电机工程学报，2012，32（16）：137－143.

［68］陈锐，周丰，翁洪杰，等. 基于双闭环控制的配电网单相接地故障有源消弧方法［J］. 电力系统自动化，2017，41（05）：128－133.

［69］彭沙沙，曾祥君，喻琨，等. 基于二次注入的配电网接地故障有源电压消弧方法［J］. 电力系统保护与控制，2018，46（20）：142－149.

［70］卓超，曾祥君，彭红海，等. 配电网接地故障相主动降压消弧成套装置及其现场试验［J］. 电力自动化设备，2021，41（01）：48－58.

［71］郭谋发. 配电网单相接地故障人工智能选线［M］. 北京：中国水利水电出版社，2020.

［72］薛永端，金鑫，刘晓，等. 灵活接地系统中配电网接地保护的适应性分析［J］. 电力系统自动化，2022，46（05）：112－121.

［73］李建蕊，李永丽，王伟康，等. 基于零序电流与电压相位差变化的灵活接地系统故障选线方法［J］. 电网技术，2021，45（12）：4847－4855.

［74］刘朋跃，邵文权，弓启明，等. 利用零序电流相位变化特征的灵活接地系统故障选线方法［J］. 电网技术，2022，46（05）：1830－1838.

［75］黄亚峰，王浩天，朱登宝，等. 基于零序电流特性的中性点灵活接地系统的故障选线方法［J］. 东

北电力大学学报，2023，43（03）：16－22＋71.

［76］杨帆，金鑫，沈煜，等. 基于零序导纳变化的灵活接地系统接地故障方向判别算法［J］. 电力系统自动化，2020，44（17）：88－94.

［77］闫森，黄纯，刘映彤，等. 基于零序功率比的灵活接地系统故障选线方法［J］. 电力系统及其自动化学报，2023，35（03）：46－52.

［78］王晓卫，刘伟博，郭亮，等. 基于不同时段内积投影的灵活接地系统高阻故障选线方法［J］. 电工技术学报，2024，39（01）：154－167.

［79］HE YU, ZHANG XINHUI, WU WENHAO, et al. Faulty line selection method based on comprehensive dynamic time warping distance in a flexible grounding system［J］. Energies, 2022, 15(2): 471－487.

［80］汤涛，周宇，曾祥君，等. 基于过渡电阻评估的灵活接地系统暂态故障选线方法［J］. 电力系统自动化，2023，47（05）：171－179.

［81］吴宇奇，李正天，林湘宁，等. 基于变电站高频滤波边界特性的配电网线模行波选线方法［J/OL］. 电工技术学报，1－19［2024－03－14］.

［82］刘晓琴，王大志，江雪晨，等. 利用行波到达时差关系的配电网故障定位算法［J］. 中国电机工程学报，2017，37（14）：4109－4115＋4290.

［83］贾清泉，郑旭然，刘楚，等. 基于故障方向测度的配电网故障区段定位方法［J］. 中国电机工程学报，2017，37（20）：5933－5941.

［84］邓丰，李欣然，曾祥君，等. 基于多端故障行波时差的含分布式电源配电网故障定位新方法［J］. 中国电机工程学报，2018，38（15）：4399－4409＋4640.

［85］周聪聪，舒勤，韩晓言. 基于线模行波突变的配电网单相接地故障测距方法［J］. 电网技术，2014，38（07）：1973－1978.

［86］王楠，张利，杨以涵. 10kV配电网单相接地故障交直流信号注入综合定位法［J］. 电网技术，2008，32（24）：88－92.

［87］胡鹏飞，朱乃璇，江道灼，等. 柔性互联智能配电网关键技术研究进展与展望［J］. 电力系统自动化，2021，45（08）：2－12.

［88］王成山，宋关羽，李鹏，等. 基于智能软开关的智能配电网柔性互联技术及展望［J］. 电力系统自动化，2016，40（22）：168－175.

［89］张国驹，裴玮，杨鹏，等. 中压配电网柔性互联设备的电路拓扑与控制技术综述［J］. 电力系统自动化，2023，47（06）：18－29.

［90］霍群海，李梦菲，粟梦涵，等. 柔性多状态开关应用场景分析［J］. 电力系统自动化，2021. 45（8）：13－21.

［91］王成山，宋关羽，李鹏，等. 基于智能软开关的智能配电网柔性互联技术及展望［J］. 电力系统自动化，2016，40（22）：168－175.

［92］王成山，季节，冀浩然，等. 配电系统智能软开关技术及应用［J］. 电力系统自动化. 2022. 46（4）：1－14.

［93］王朝亮，吕文韬，许烽，等. 柔性直流配电网MMC子模块级联数量优化设计［J］. 浙江电力，2019. 38（4）：8－12.

［94］申洪，周勤勇，刘耀，等. 碳中和背景下全球能源互联网构建的关键技术及展望［J］. 发电技术，

2021，42（1）：8－19.

[95] 熊雄，季宇，李蕊，等. 直流配用电系统关键技术及应用示范综述 [J]. 中国电机工程学报，2018，38（23）：6802－6813.

[96] 苏宇，王强钢，雷超，等. 电能替代下的城市配电网有载调容配电变压器规划方法 [J]. 电工技术学报，2019，34（7）：1496－1504.

[97] 周亦洲，孙国强，黄文进，等. 多区域虚拟电厂综合能源协调调度优化模型 [J]. 中国电机工程学报，2017，37（23）：6780－6790.

[98] 张传福，赵立英，张宇，等. 5G 移动通信系统及关键技术 [M]. 北京：电子工业出版社，2018.

[99] 王晓云，刘光毅，丁海煜，等. 5G 技术与标准 [M]. 北京：电子工业出版社，2019.

[100] 杨志强，粟栗，杨波，等. 5G 安全技术与标准 [M]. 北京：人民邮电出版，2020.

[101] 刘健，赵树仁，贠保记，等. 分布智能型馈线自动化系统快速自愈技术及可靠性保障措施 [J]. 电力系统自动化，2011（17）：72－76.

[102] 刘健，贠保记，崔琪，等. 一种快速自愈的分布智能馈线自动化系统 [J]. 电力系统自动化，2010，34（10）：62－66.

[103] 宋志伟，马天祥，沈宏亮，等. 基于 5G 通信的智能分布式配电保护技术研究与应用 [J]. 供用电，38（2）：7.

[104] 邹剑锋，张建雨，金盛，等. 基于 5G 通信的新型配电网馈线自动化方法研究 [J]. 浙江电力，2020，295（11）：32－37.

[105] 梁子龙，李晓悦，邹荣庆，等. 基于 5G 通信智能分布式馈线自动化应用 [J]. 电力系统保护与控制，49（7）：7.

[106] 吴圣芳，赵雷，顾健雨. 智能分布式 FA 在配电网中的应用 [J]. 建筑电气，2018，037（006）：23－26.

[107] 艾福洲，李昇，蔡超，等. 基于 5G 通信的智能分布式馈线自动化 [J]. 通信电源技术，38（7）：3.

[108] 刘健，张小庆，张志华，等. 配电网单相接地故障处理实践 [M]. 北京：中国电力出版社，2023.

[109] 刘健，宋国兵，张志华，等. 配电网单相接地故障处理 [M]. 北京：中国电力出版社，2023.

[110] 黄智慧，邹积岩，邹啟涛，等. 中性点直接接地系统的相控重合闸研究 [J]. 中国电机工程学报，2016，36（17）：4753－4762.

[111] 朱玲. 20kV 配电网中性点经低电阻接地方式及设备的选择 [J]. 山东工业技术，2015，（12）：285－286.

[112] 刘健，张志华，张小庆. 中性点非有效接地系统单相接地故障处理新技术 [J]. 供用电，2022，39（05）：48－53.

[113] 刘映彤，黄纯，袁静泊，等. 谐振接地系统两点同相接地故障暂态特征及选线 [J]. 中国电力，2022，55（10）：62－70.

[114] 刘健，王毅钊，张小庆，等. 中性点经消弧线圈接地系统单相接地故障数据分析 [J]. 供用电，2022，39（04）：40－44.

[115] 高俊杰. 中性点不接地系统单相接地故障原理与分析 [J]. 电子技术与软件工程，2017，（14）：222－223.

[116] 吴乐鹏，黄纯，林达斌，等. 基于暂态小波能量的小电流接地故障选线新方法 [J]. 电力自动化设备，2013，33（05）：70－75.

[117] 薛永端，李娟，徐丙垠. 中性点经消弧线圈接地系统小电流接地故障暂态等值电路及暂态分析 [J]. 中国电机工程学报，2015，35（22）：5703－5714.

[118] 刘健，张小庆，张志华，等. 提升小电流接地系统单相接地故障处理能力 [J]. 供用电，2021，38（10）：52－56.

[119] 刘健，刘海，杨晓西，等. 零序电流互感器配大电阻的配电网单相接地故障检测 [J]. 电测与仪表，2023，60（10）：92－97.

[120] 王鹏玮，徐丙垠，陈恒，等. 零序电流互感器误差对小电流高阻接地保护影响及选型 [J]. 电力系统自动化，2023，47（12）：154－162.

[121] 戴军瑛. 采用消弧线圈并联中电阻的小电流接地系统故障选线方式[J]. 电力科学与工程，2006，（04）：45－47.

[122] 高海涛. 小电流接地系统零序功率方向选线技术的研究及应用 [J]. 自动化应用，2015，（11）：100－101＋109.

[123] 宫德锋，乔东伟，张帆，等. 基于相电流突变量的故障点残流测算方法 [J]. 供用电，2023，40（10）：81－88.

[124] 刘健. 配电网的协调控制需尽量简单化 [J]. 供用电，2016，33（07）：28－31.

[125] 宋国兵，李广，于叶云，等. 基于相电流突变量的配电网单相接地故障区段定位 [J]. 电力系统自动化，2011，35（21）：84－90.

[126] 刘谋海，王媛媛，曾祥君，等. 基于暂态相电流特征分析的故障选线新方法 [J]. 电力系统及其自动化学报，2017，29（01）：30－36.

[127] 刘健，张小庆，张志华，等. 变电站和馈线单相接地故障处理技术的协调配合[J]. 供用电，2022，39（01）：47－51.

[128] 刘健，张志华，吴水兰，等. 一二次配合的配电网故障处理 [J]. 电力系统保护与控制，2019，47（20）：1－6.

[129] 刘健，张志华，李云阁，等. 基于故障相接地的配电网单相接地故障自动处理 [J]. 电力系统自动化，2020，44（12）：169－177.

[130] 刘健，张薛鸿，张小庆，等. 预防电缆沟起火的小电流接地系统单相接地故障处理 [J]. 电力系统保护与控制，2023，51（06）：21－29.

[131] 王兴念，张维，许光，等. 基于配电自动化主站的单相接地故障定位系统设计与应用 [J]. 电力系统保护与控制，2018，46（21）：160－167.

[132] 刘健，张志华. 配电网故障自动化处理 [M]. 北京：中国电力出版社，2020.

[133] 徐丙垠，李天友，薛永瑞，等. 配电网继电保护与自动化 [M]. 北京：中国电力出版社，2017.

[134] 张志华，曾志豪，张英，等. 一种基于时间级差配合的配电线路断线故障保护方法[J]. 供用电，2022，39（04）：59－67.

[135] 常仲学，宋国兵，张维. 配电网单相断线故障的负序电压电流特征分析及区段定位 [J]. 电网技术，2020，44（08）：3065－3074.

[136] 康奇豹，丛伟，盛亚如，等. 配电线路单相断线故障保护方法 [J]. 电力系统保护与控制，2019，

47（08）：127－136.

[137] 王茂成，吕永丽，邹洪英，等.10kV 绝缘导线雷击断线机理分析和防治措施［J］.高电压技术，2007，33（1）：102－105.

[138] 何金良，曾嵘.配电线路雷电防护［M］.清华大学出版社，2013.

[139] 刘健，张志华，王毅钊.基于电压信息的配电网断线故障定位［J］.电力系统自动化，2020，44（21）：123－131.

[140] 杜志华，徐驰，秦至臻，等.基于智能融合终端的中压配电线路断线故障检测方案［J］.电网与清洁能源，2022，38（12）：79－85＋94.

[141] 中国航空工业规划设计研究院.工业与民用配电设计手册［M］.北京：中国电力出版社，2005.

[142] 刘健，田晓卓，李云阁，等.主动转移型熄弧装置长馈线重载应用问题分析［J］.电网技术，2019，43（03）：1105－1110.

[143] AUCOIN B, JONES R. High impedance fault detection implementation issues［J］. IEEE Transactions on Power Delivery, 1996, 11(1): 139－148.

[144] 王成楷，洪志章.基于线电压判据的配电网单相断线故障定位方法［J］.电气技术，2017，18（5）：51－57.